Cepheid

세페이드

5F-B 창의기출 150제

(생명,지구과학) 개정2판

사람은 누구나 창의적이랍니다.
창의력 과학의 세계로 오심을 환영합니다!

★ ★ ★ ★ ★

세페이드 시리즈의 구성

이제 편안하게 과학공부를 즐길 수 있습니다.

1F
중등과학 기초

2F
중등과학 완성

3F
고등과학 Ⅰ

4F
고등과학 Ⅱ

5F
실전 문제 풀이

세페이드
모의고사

세페이드
고등 통합과학

세페이드
고등학교 물리학 Ⅰ

창의력과학의 대표 브랜드

과학 학습의 지평을 넓히다!

특목고 | 영재학교 대비

창의력과학 세페이드 시리즈!

imagine

Infinite!

무한 상상하는 법

1. 고개를 숙인다.
2. 고개를 든다.
3. 뛰어간다.
4. 무한상상한다.

창의력과학

세페이드

5F. 창의기출 150제

생명, 지구과학

개정2판

Structure

단원별 내용 구성

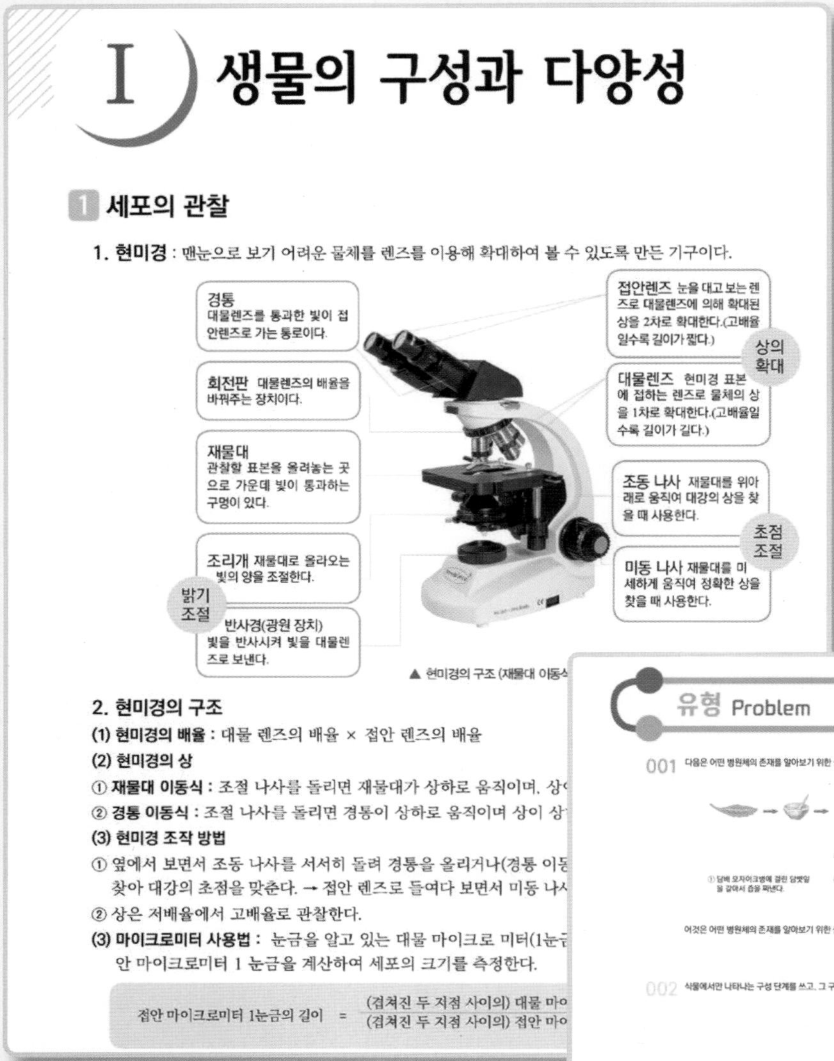

I 생물의 구성과 다양성

1 세포의 관찰

1. 현미경 : 맨눈으로 보기 어려운 물체를 렌즈를 이용해 확대하여 볼 수 있도록 만든 기구이다.

경통
대물렌즈를 통과한 빛이 접안렌즈로 가는 통로이다.

회전판 대물렌즈의 배율을 바꿔주는 장치이다.

재물대
관찰할 표본을 올려놓는 곳으로 가운데 빛이 통과하는 구멍이 있다.

조리개 재물대로 올라오는 빛의 양을 조절한다.

밝기 조절

반사경(광원 장치)
빛을 반사시켜 빛을 대물렌즈로 보낸다.

접안렌즈 눈을 대고 보는 렌즈로 대물렌즈에 의해 확대된 상을 2차로 확대한다.(고배율일수록 길이가 짧다.)

상의 확대

대물렌즈 현미경 표본에 접하는 렌즈로 물체의 상을 1차로 확대한다.(고배율일수록 길이가 길다.)

조동 나사 재물대를 위아래로 움직여 대강의 상을 찾을 때 사용한다.

초점 조절

미동 나사 재물대를 미세하게 움직여 정확한 상을 찾을 때 사용한다.

▲ 현미경의 구조 (재물대 이동식

2. 현미경의 구조

(1) 현미경의 배율 : 대물 렌즈의 배율 × 접안 렌즈의 배율

(2) 현미경의 상

① **재물대 이동식** : 조절 나사를 돌리면 재물대가 상하로 움직이며, 상이

② **경통 이동식** : 조절 나사를 돌리면 경통이 상하로 움직이며 상이 상

(3) 현미경 조작 방법

① 옆에서 보면서 조동 나사를 서서히 돌려 경통을 올리거나(경통 이동
찾아 대강의 초점을 맞춘다. → 접안 렌즈로 들여다 보면서 미동 나사

② 상은 저배율에서 고배율로 관찰한다.

(3) 마이크로미터 사용법 : 눈금을 알고 있는 대물 마이크로 미터(1눈금
안 마이크로미터 1 눈금을 계산하여 세포의 크기를 측정한다.

접안 마이크로미터 1눈금의 길이 = (겹쳐진 두 지점 사이의) 대물 마이 / (겹쳐진 두 지점 사이의) 접안 마이

1.주요 이론 요약

과목당 4개 대단원으로 나누어서 주요 이론을 요약하였습니다.
실생활 관련된 질문을 하였습니다.

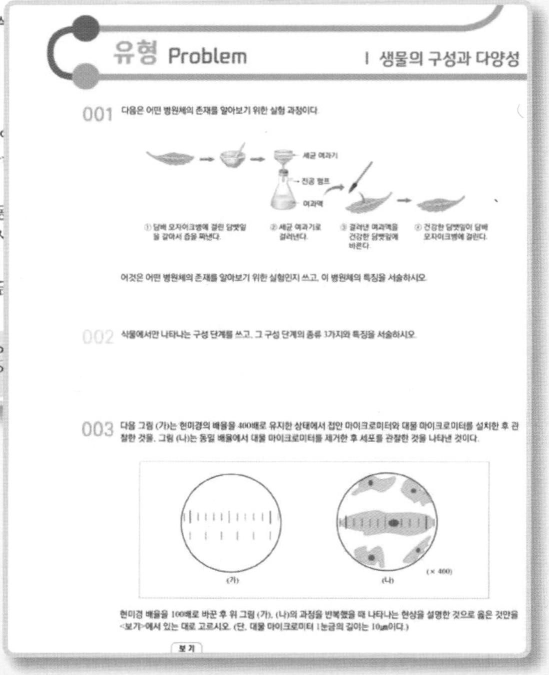

유형 Problem | 생물의 구성과 다양성

001 다음은 어떤 병원체의 존재를 알아보기 위한 실험 과정이다.

세균 여과기
진공 펌프
여과액

① 담배 모자이크병에 걸린 담뱃잎을 갈아서 즙을 짜낸다.
② 세균 여과기로 걸러낸다.
③ 걸러낸 여과액을 건강한 담뱃잎에 바른다.
④ 건강한 담뱃잎이 담배 모자이크병에 걸린다.

이것은 어떤 병원체의 존재를 알아보기 위한 실험인지 쓰고, 이 병원체의 특징을 서술하시오.

002 식물에서만 나타나는 구성 단계를 쓰고, 그 구성 단계의 종류 3가지와 특징을 서술하시오.

003 다음 그림 (가)는 현미경의 배율을 400배로 유지한 상태에서 접안 마이크로미터와 대물 마이크로미터를 설치한 후 관찰한 것을, 그림 (나)는 동일 배율에서 대물 마이크로미터를 제거한 후 세포를 관찰한 것을 나타낸 것이다.

(가) (나) (× 400)

현미경 배율을 100배로 바꾼 후 위 그림 (가), (나)의 과정을 반복했을 때 나타나는 현상을 설명한 것으로 옳은 것만을 <보기>에서 있는 대로 고르시오. (단, 대물 마이크로미터 1눈금의 길이는 10㎛이다.)

보 기

2.유형 problem

대단원에 해당하는 내용 중 중요하게 다루어지는 심화 유형 문제를 선별하여 구성하였습니다.

이론 - 유형 - 창의력 - 기출 - 주제탐구&논술

세페이드 5F는 영재학교, 과학고 대비 파이널 단계입니다.

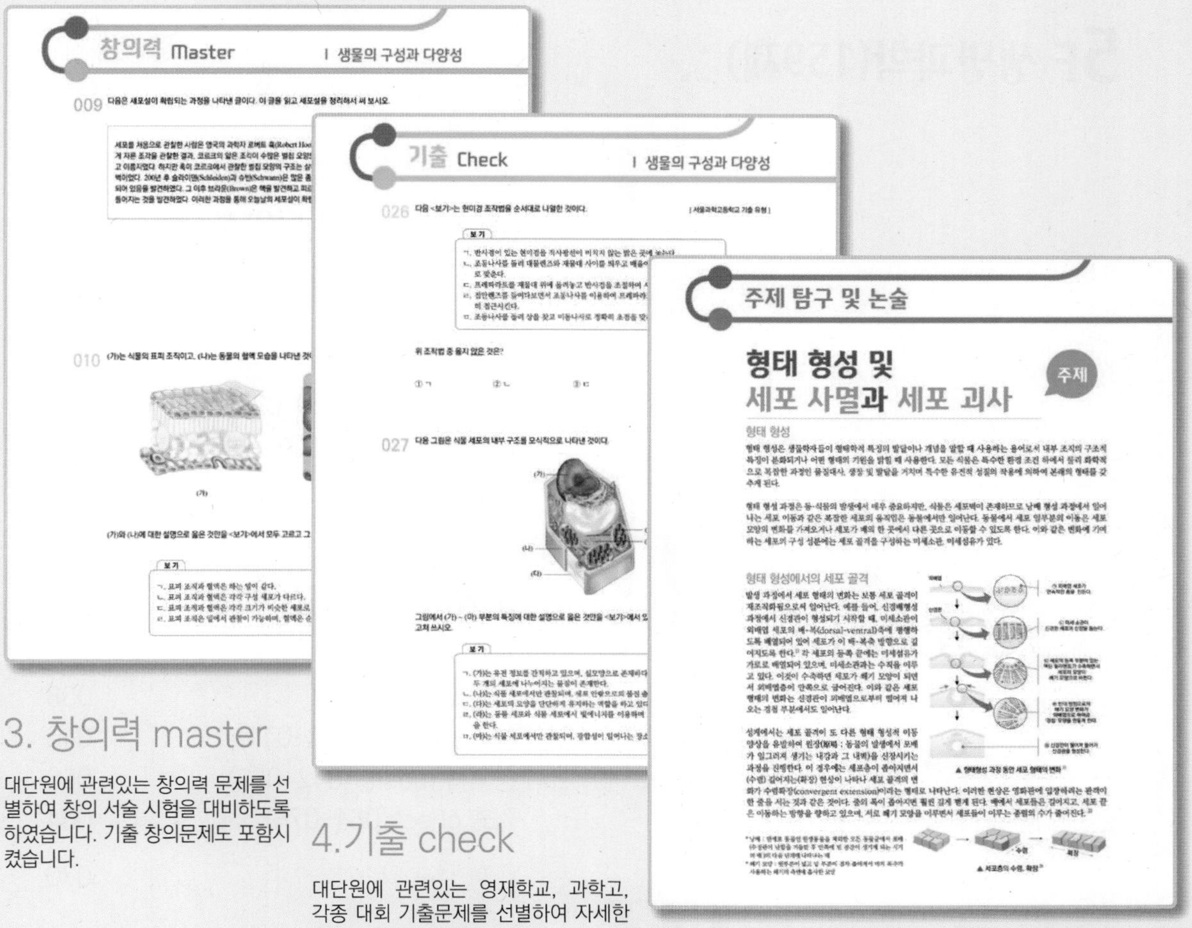

3. 창의력 master

대단원에 관련있는 창의력 문제를 선별하여 창의 서술 시험을 대비하도록 하였습니다. 기출 창의문제도 포함시켰습니다.

4.기출 check

대단원에 관련있는 영재학교, 과학고, 각종 대회 기출문제를 선별하여 자세한 풀이와 함께 수록하였습니다.

5.주제 탐구 및 논술

서술 및 논술 연습 단계입니다. 각 단원 관련 서술, 논술 주제를 선정하여 읽기 자료 등의 형태로 제시하였습니다.

CONTENTS | 목차

5F 생명과학(159제)

5F 지구과학(119제)

I 지구계와 지권의 구성

II 판 구조론과 지각 변동

III 수권과 기권

IV 태양계와 우주

5F

생명과학

I 생물의 구성과 다양성

1 세포의 관찰

1. 현미경 : 맨눈으로 보기 어려운 물체를 렌즈를 이용해 확대하여 볼 수 있도록 만든 기구이다.

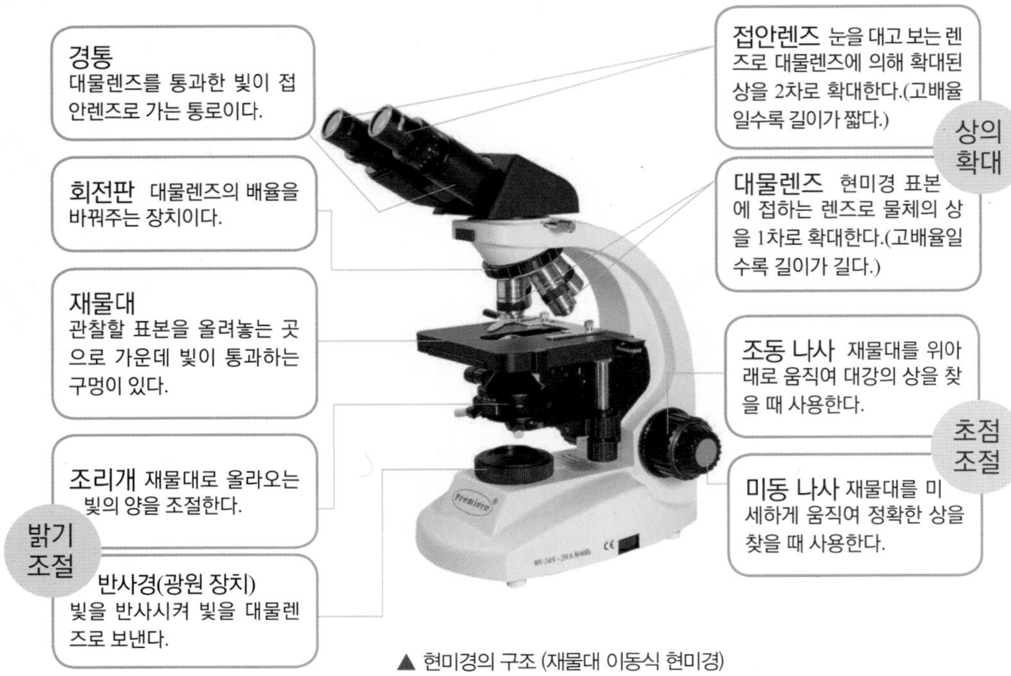

▲ 현미경의 구조 (재물대 이동식 현미경)

2. 현미경의 구조

(1) 현미경의 배율 : 대물 렌즈의 배율 × 접안 렌즈의 배율

(2) 현미경의 상

① **재물대 이동식 :** 조절 나사를 돌리면 재물대가 상하로 움직이며, 상이 좌우 반대로 보이는 현미경이다.

② **경통 이동식 :** 조절 나사를 돌리면 경통이 상하로 움직이며 상이 상하좌우 바뀌어서 보이는 현미경이다.

(3) 현미경 조작 방법

① 옆에서 보면서 조동 나사를 서서히 돌려 경통을 올리거나(경통 이동식), 재물대를 낮추며(재물대 이동식) 상을 찾아 대강의 초점을 맞춘다. → 접안 렌즈로 들여다 보면서 미동 나사를 서서히 돌리면서 정확한 초점을 맞춘다.

② 상은 저배율에서 고배율로 관찰한다.

(3) 마이크로미터 사용법 : 눈금을 알고 있는 대물 마이크로 미터(1눈금의 길이 10㎛)를 통해 눈금으르 모르는 접안 마이크로미터 1 눈금을 계산하여 세포의 크기를 측정한다.

$$\text{접안 마이크로미터 1눈금의 길이} = \frac{\text{(겹쳐진 두 지점 사이의) 대물 마이크로미터 눈금 수}}{\text{(겹쳐진 두 지점 사이의) 접안 마이크로미터 눈금 수}} \times 10\mu m$$

정답 및 해설 02 쪽

Q1 세포를 저배율에서 고배율로 바꿔서 관찰할 때 상의 크기, 시야의 밝기는 어떻게 바뀌는지 쓰시오.

2 세포의 구조와 기능

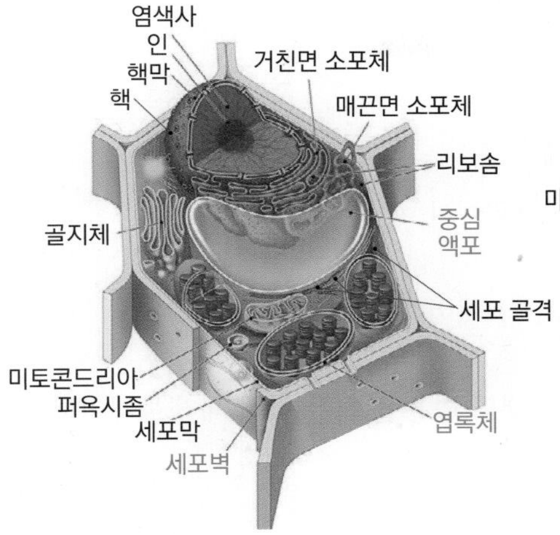

▲ 식물 세포

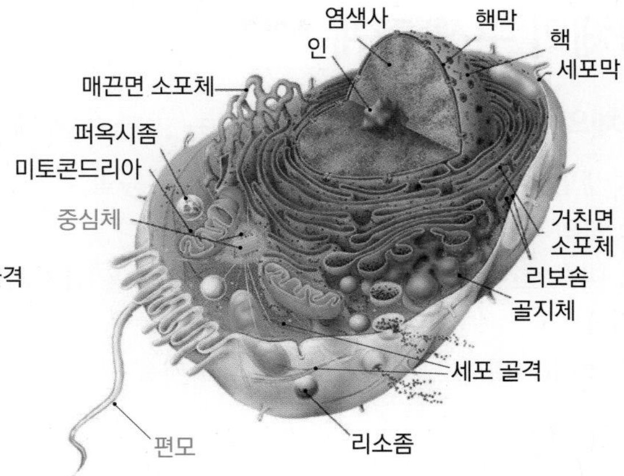

▲ 동물 세포

1. 세포의 구조 : 세포는 생물을 구성하는 구조적, 기능적 기본 단위로서 세포막으로 둘러싸여 있으며, 핵과 세포질로 구분된다.

2. 식물 세포와 동물 세포의 비교

① **공통점 :** 다양한 종류의 세포 소기관 중 막으로 둘러싸인 뚜렷한 모양의 핵이 존재하며, 그 외 미토콘드리아, 소포체, 골지체, 리보솜을 공통으로 가지고 있다.

② **차이점 :** 엽록체와 세포벽은 식물 세포에만 있으며, 중심체와 편모는 동물 세포에만 있다.

3. 세포 소기관의 주요 기능

① **핵 :** 핵막, 인, 염색사(염색체)로 구성되어 있으며, 유전 물질인 DNA를 가지고 있어 유전 현상이 나타나게 하고, 세포의 생명 활동을 조절하는 중심이 된다.

② **리보솜 :** 단백질과 RNA로 구성되어 있으며, 핵으로부터 전달받은 DNA의 유전 정보에 따라 단백질이 합성되는 장소이다.

③ **소포체 :** 세포 내 물질 수송의 이동 통로 역할을 한다. → 리보솜에서 합성된 단백질을 골지체나 세포의 다른 부위로 운반한다.

④ **골지체 :** 주머니 모양의 시스터나가 여러 개 포개져 있는 구조이며, 소포체에서 전달받은 단백질이나 지질 등을 막으로 싸서 세포 밖으로 분비한다.

⑤ **미토콘드리아** : 2중막 구조이며, 세포 호흡(생명 활동에 필요한 ATP 생성)이 일어나는 장소이다. DNA가 있어 자기 증식이 가능하다.

⑥ **세포막** : 인지질과 단백질로 구성되어 있으며, 세포를 둘러싸는 얇은 막이다. → 세포 안팎으로의 물질 출입을 조절한다.

⑦ **액포** : 물 · 색소 · 노폐물 등을 저장한다. → 오래된 식물 세포일수록 발달하므로 성숙한 식물 세포에서 크게 발달한다.

⑧ **엽록체** : 독자적인 리보솜과 DNA를 가지며, 광합성이 일어나는 장소이다. → 이산화 탄소와 물을 원료로 하여 포도당을 합성한다.

⑨ **세포벽 :** 식물 세포의 세포막 바깥을 둘러 싸고 있는 두껍고 단단한 막이다. → 세포 모양을 유지하고, 세포를 보호하는 역할을 한다.

⑩ **리소좀 :** 가수 분해 효소를 함유하고 있어 세포 내 소화 작용을 한다.

⑪ **중심체 :** 동물 세포에만 있으며, 세포 분열시 방추사를 형성한다.

정답 및 해설 02 쪽

Q2 셀룰로스가 주성분이며, 세포의 골격 역할을 하는 세포 소기관은 무엇인지 쓰시오.

3 생물체의 구성 단계

1. 생물체의 구성 단계 : 세포 → 조직 → 기관 → 개체

① **세포 :** 생명 시스템을 구성하는 구조적 · 기능적 기본 단위이다.
② **조직 :** 모양과 기능이 비슷한 세포의 모임이다.
③ **기관 :** 여러 조직이 모여 고유한 형태와 기능을 가지게 된 것이다. 예 동물의 심장 · 간 · 폐, 식물의 잎 · 줄기 · 뿌리 등
④ **개체 :** 여러 기관이 모여 독립된 구조와 기능을 가지고 생명 활동을 하는 하나의 생물체이다.

2. 식물의 구성 단계 : 세포 → 조직 → 조직계 → 기관 → 개체

조직	· 분열 조직 : 세포 분열이 일어남 (생장점, 형성층) · 영구 조직 : 세포 분열이 일어나지 않음 (표피 조직, 통도 조직, 유조직)
조직계	· 표피 조직계 : 식물체를 감싸 보호함 (표피 조직, 뿌리털, 공변 세포 등으로 구성) · 기본 조직계 : 양분의 합성과 저장 (울타리 조직, 해면 조직 등으로 구성) · 관다발 조직계 : 물질의 이동 및 식물체를 지지함 (물관, 체관, 형성층으로 구성)
기관	· 영양 기관 : 양분의 합성, 이동 및 저장 (뿌리, 줄기, 잎으로 구성) · 생식 기관 : 씨를 만들어 자손을 만듦 (꽃, 열매로 구성)

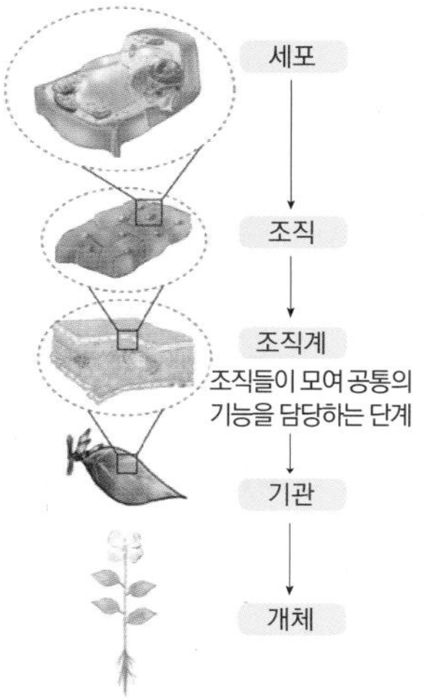

▲ 식물의 구성 단계

3. 동물의 구성 단계 : 세포 → 조직 → 기관 → 기관계 → 개체

조직	· 상피 조직 : 몸을 둘러쌈 (피부, 소장의 융털) · 신경 조직 : 감각과 반응 조절 (감각 신경, 운동 신경 등) · 근육 조직 : 근육과 내장 운동 담당 (골격근, 내장근) · 결합 조직 : 조직이나 기관을 연결하거나 몸을 지탱함 (혈액, 림프, 뼈, 힘줄)
기관	· 감각 기관 : 눈, 귀, 코, 혀 · 호흡 기관 : 폐, 기관지 · 배설 기관 : 신장, 방광, 요도 · 순환 기관 : 심장, 혈관 · 소화 기관 : 입, 식도, 위, 소장
기관계	소화계, 호흡계, 순환계, 배설계, 감각계

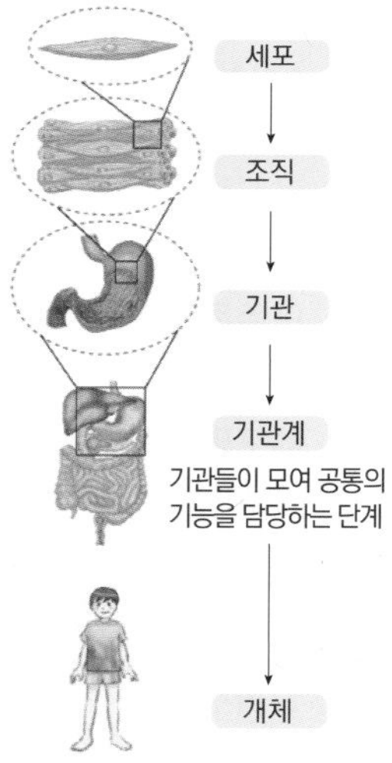

▲ 동물의 구성 단계

정답 및 해설 02 쪽

Q3 식물체에서 물의 이동 통로는 식물의 구성 체계 중 어디에 해당하는지 쓰시오.

4 생물체의 분류

1. 분류 단계

① **종** : 생물을 분류하는 기본 단위로서 자유롭게 교배하여 생식 능력을 가진 자손을 낳을 수 있을 개체들을 말한다.

② **단계** : 종 < 속 < 과 < 목 < 강 < 문 < 계

2. 계통과 계통수

① **계통** : 같은 조상을 가지며, 같은 유전자형을 가진 개체의 모임이다.

② **계통수** : 생물 사이의 유연관계를 나무 모양의 그림으로 나타낸 것으로서 계통수의 가장 위쪽에 위치한 생물은 가장 고등한 생물이며, 같은 가지에서 뻗어나온 생물일수록 유연관계가 가깝다.

▲ 계통수

3. 식물의 분류

① **균류** : 몸이 균사로 이루어져 있으며, 엽록체가 없어 기생 생활을 한다. ㊐ 곰팡이, 버섯류

② **조류(藻類)** : 물속에서 광합성을 하는 식물로서 엽상체로 이루어져 있으며, 헛뿌리를 가지고 있다. ㊐ 녹조류, 갈조류, 홍조류

③ **선태식물** : 뿌리(헛뿌리), 줄기, 잎의 구별이 뚜렷하지 않는 이끼류로서 관다발이 없고 물과 양분은 몸 전체에서 흡수하며, 포자로 번식한다. ㊐ 우산이끼(태류), 솔이끼(선류)

④ **양치식물** : 꽃이 피지 않는 민꽃식물로서 뿌리, 줄기, 잎의 구분이 뚜렷하고(관다발은 있으며, 형성층은 없다.) 포자로 번식한다. ㊐ 고사리, 고비, 쇠뜨기

⑤ **겉씨식물** : 밑씨가 겉으로 드러나 있고, 줄기의 관다발에는 헛물관이 있다. 꽃은 풍매화, 단성화이다. ㊐ 소철, 소나무, 은행나무

⑥ **속씨식물** : 잎의 수에 따라 외떡잎식물과 쌍떡잎식물로 구분하며, 밑씨가 씨방에 싸여 있고 중복 수정을 한다. ㊐ 외떡잎식물(보리, 벼), 쌍떡잎식물(민들레, 복숭아나무)

4. 동물의 분류

① **원생생물** : 이분법으로 번식하는 단세포 생물이다.(유글레나만 광합성을 한다.) ㊐ 짚신벌레, 아메바, 유글레나

② **강장동물** : 자세포를 가지고 있으며, 촉수를 이용하여 먹이를 잡아먹는다. ㊐ 히드라, 해파리, 말미잘, 산호

③ **편형동물** : 사다리 신경계를 가지고 있으며, 몸이 납작하고 편평하다. ㊐ 우촌충, 플라나리아, 디스토마

④ **환형동물** : 몸이 체절로 되어 있다.(피부 호흡, 난생, 변온) ㊐ 지렁이, 거머리, 갯지렁이(아가미 호흡을 한다.)

⑤ **연체동물** : 몸이 연하고 부드러우며, 외투막을 갖는다.(아가미 호흡, 변온, 난생, 체외 수정) ㊐ 대합, 오징어, 소라

⑥ **절지동물** : 몸이 외골격으로 덮여 있고 몸과 다리는 체절로 나뉘어 있다.(변온, 체내 수정, 난생) ㊐ 메뚜기, 나비 등 곤충류(다리수 3쌍, 기관으로 호흡), 전갈, 거미 등 거미류(다리수 4쌍, 폐로 호흡), 지네, 노래기 등 다지류(다수의 다리, 기관으로 호흡), 새우, 게 등 갑각류(다리수 5쌍, 아가미로 호흡)

⑦ **극피동물** : 수관계가 발달하였고, 관족으로 이동하며 먹이를 잡는다. ㊐ 해삼, 성게, 불가사리

⑧ **척추동물**

분류	호흡 기관	수정 방법	체온	생식 방법	㊐
어류	아가미	체외 수정	변온	난생	붕어
양서류	폐, 피부	체외 수정	변온	난생	개구리
파충류	폐	체내 수정	변온	난생	뱀
조류	폐	체내 수정	정온	난생	닭
포유류	폐	체내 수정	정온	태생	사람

정답 및 해설 02 쪽

Q4 몸 전체로 물과 무기 양분을 흡수하는 다시마는 식물의 어느 분류에 속하는지 쓰시오.

001 다음은 어떤 병원체의 존재를 알아보기 위한 실험 과정이다.

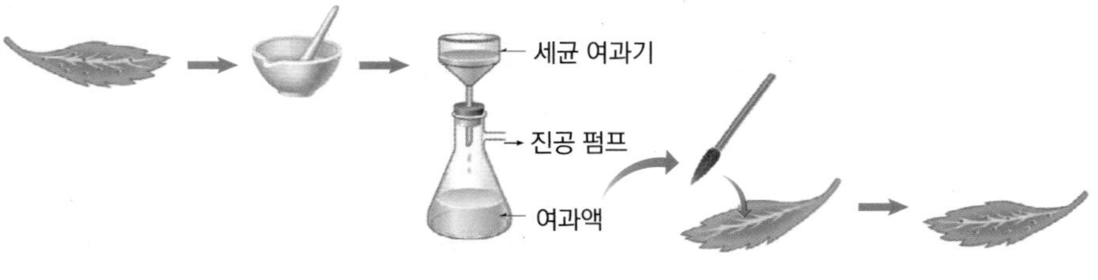

① 담배 모자이크병에 걸린 담뱃잎을 갈아서 즙을 짜낸다.　② 세균 여과기로 걸러낸다.　③ 걸러낸 여과액을 건강한 담뱃잎에 바른다.　④ 건강한 담뱃잎이 담배 모자이크병에 걸린다.

어것은 어떤 병원체의 존재를 알아보기 위한 실험인지 쓰고, 이 병원체의 특징을 서술하시오.

002 식물에서만 나타나는 구성 단계를 쓰고, 그 구성 단계의 종류 3가지와 특징을 서술하시오.

003 다음 그림 (가)는 현미경의 배율을 400배로 유지한 상태에서 접안 마이크로미터와 대물 마이크로미터를 설치한 후 관찰한 것을, 그림 (나)는 동일 배율에서 대물 마이크로미터를 제거한 후 세포를 관찰한 것을 나타낸 것이다.

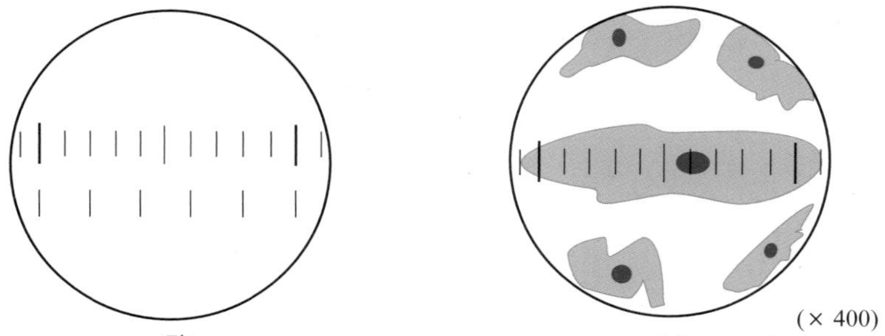

(가)　(나)

현미경 배율을 100배로 바꾼 후 위 그림 (가), (나)의 과정을 반복했을 때 나타나는 현상을 설명한 것으로 옳은 것만을 <보기>에서 있는 대로 고르시오. (단, 대물 마이크로미터 1눈금의 길이는 10㎛이다.)

보 기

ㄱ. 현미경 관찰시 시야는 밝아진다.
ㄴ. 측정한 세포의 크기는 400배일 때보다 작아진다.
ㄷ. 접안 마이크로미터 1눈금의 길이는 20㎛로 변한다.
ㄹ. 현미경 시야에서 보이는 접안 마이크로미터의 눈금 수는 변하지 않는다.

004 다음 표는 어린 식물 세포와 성숙한 식물 세포에서 세포 소기관의 상대적인 부피비(단위 : %)를 조사한 결과를 나타낸 것이다.

세포 소기관	어린 세포	성숙한 세포
핵	30	0.3
엽록체	7	2
미토콘드리아	5	4
액포	3	88
소포체	0.8	0.09
골지체	0.5	0.06
기타	53.7	5.55

* 어린 세포의 크기는 1,000㎛^{3}, 성숙한 세포의 크기는 150,000㎛^{3}이다.

위 결과를 토대로 식물 세포가 성숙함에 따라 가장 큰 변화를 나타내는 세포 소기관은 무엇이며 이를 통해 알 수 있는 사실은 무엇인지 서술하시오.

005 다음은 세포의 특성을 알아보기 위한 실험이다.

< 실험 과정 >
A. 운동을 시키지 않은 쥐와 운동을 시킨 쥐의 근육 세포를 각각 채취한다.
B. 각각의 근육 세포에 DNA와 결합하는 형광 물질을 처리한 후 현미경으로 관찰한다.

< 실험 결과 >

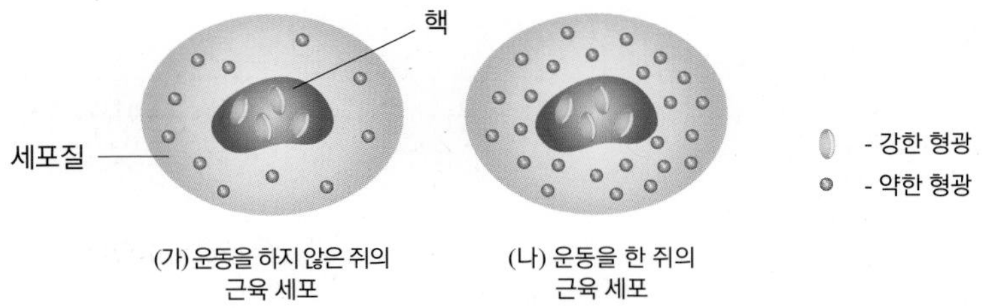

쥐의 근육 세포 (가), (나)로부터 내릴 수 있는 결론을 세포 내 소기관과 관련지어 서술하시오.

006 다음은 여러 가지 생물의 모습과 특징을 정리한 것이다.

비늘이끼

영지버섯

인삼

소나무

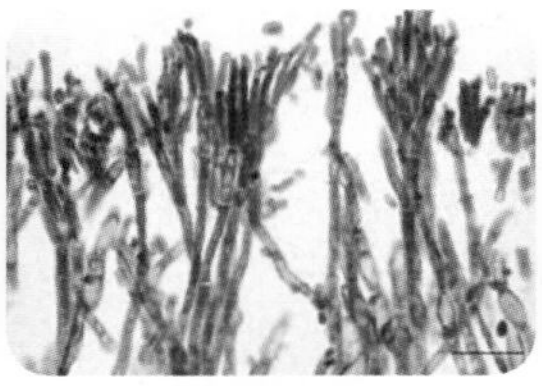
푸른곰팡이

고비

구분	영지버섯	고비	소나무	푸른곰팡이	인삼	비늘이끼
엽록소	없음	있음	있음	없음	있음	있음
관다발	-	있음	있음	-	있음	없음
씨방	-	-	없음	-	있음	-
번식 방법	포자	포자	종자	포자	종자	포자

(1) 이 생물들을 분류 기준에 따라 묶어 빈칸을 채우시오.

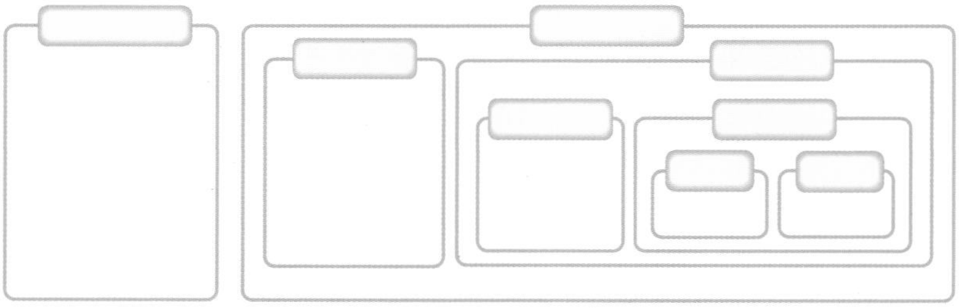

(2) 이 생물들을 분류한 기준에 따라 계통수를 그리시오.

정답 및 해설 03쪽

007 다음 표는 침샘 세포에서 관찰되는 세포 소기관 (가) ~ (다)의 특징을 나타낸 것이다. (가) ~ (다)는 각각 핵, 리보솜, 엽록체 중 하나이다.

	막 구조	DNA 존재 여부	단백질 합성
(가)	○	○	○
(나)	×	×	○
(다)	○	○	×

(○ : 있음, × : 없음)

(가) ~ (다)는 각각 무엇인지 이유와 함께 서술하시오.

008 그림은 동물 세포와 식물 세포를 나타낸 것이다. (단, 식물 세포를 관찰할 때 염색하지 않았다.)

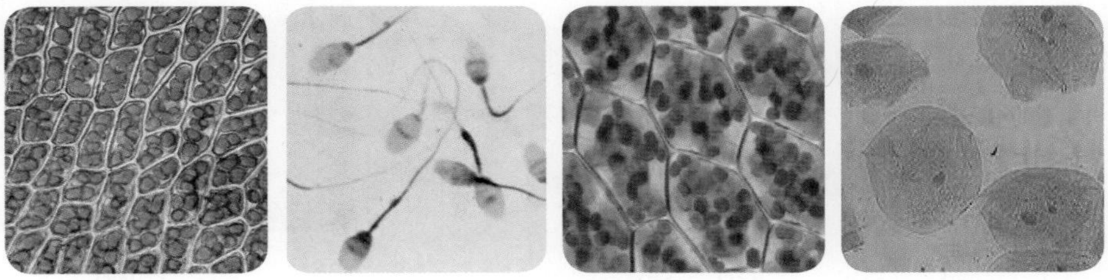

(가)　　(나)　　(다)　　(라)

(1) (가)~(라)를 동물 세포와 식물 세포로 구분하시오.

(2) 위와 같이 동물세포와 식물 세포로 구분한 근거를 2가지 이상 쓰시오.

009 다음은 세포설이 확립되는 과정을 나타낸 글이다. 이 글을 읽고 세포설을 정리해서 써 보시오.

> 세포를 처음으로 관찰한 사람은 영국의 과학자 로버트 훅(Robert Hooke)이다. 훅은 자신이 만든 현미경으로 코르크를 얇게 자른 조각을 관찰한 결과, 코르크의 얇은 조각이 수많은 벌집 모양으로 구성되어 있음을 발견하고는 이를 세포(cell)라고 이름지었다. 하지만 훅이 코르크에서 관찰한 벌집 모양의 구조는 살아있는 세포가 아니라 코르크 세포를 둘러싸는 세포벽이었다. 200년 후 슐라이덴(Schleiden)과 슈반(Schwann)은 많은 종류의 식물과 동물을 연구한 결과, 모두 세포로 구성되어 있음을 발견하였다. 그 이후 브라운(Brown)은 핵을 발견하고 피르호(Virchow)는 분열 과정에 의해 새로운 세포가 만들어지는 것을 발견하였다. 이러한 과정을 통해 오늘날의 세포설이 확립되었다.

010 (가)는 식물의 표피 조직이고, (나)는 동물의 혈액 모습을 나타낸 것이다. [대회 기출 유형]

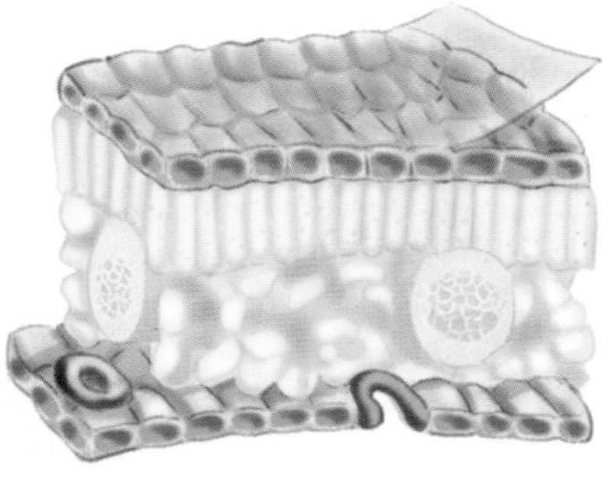

(가)

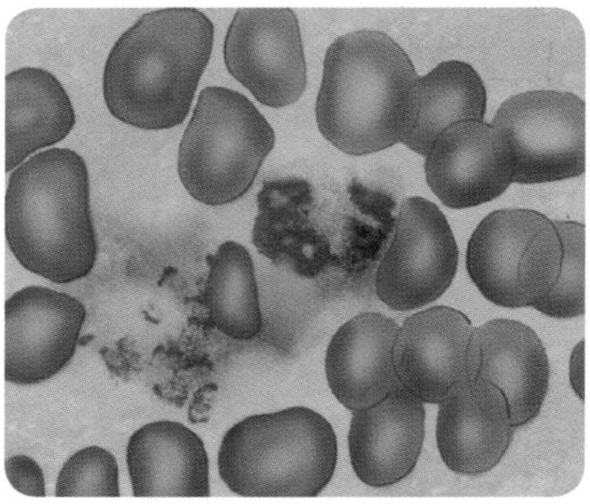

(나)

(가)와 (나)에 대한 설명으로 옳은 것만을 <보기>에서 모두 고르고 그 이유를 설명하시오.

보 기

ㄱ. 표피 조직과 혈액은 하는 일이 같다.
ㄴ. 표피 조직과 혈액은 각각 구성 세포가 다르다.
ㄷ. 표피 조직과 혈액은 각각 크기가 비슷한 세포로 이루어져 있다.
ㄹ. 표피 조직은 잎에서 관찰이 가능하며, 혈액은 순환 기관을 구성한다.

011 다음 표의 (가) ~ (라)는 각각 간 세포, 공변 세포, 대장균, 유글레나 중 하나이며, A ~ C는 각각 엽록체, 세포벽, 리보솜 중 하나이다.

구분	A	B	미토콘드리아	C
(가)	○	○	○	○
(나)	○	○	×	×
(다)	○	×	○	×
(라)	○	×	○	○

(○ : 있음, × : 없음)

(가) ~ (라)와 A ~ C는 각각 무엇인지 쓰고 그 이유를 설명하시오.

012 다음 그림 (가)와 (나)는 식물 줄기의 어떤 부분을 현미경으로 관찰한 결과이다. 각 그림에 표시된 부분의 명칭과 특징을 쓰고, 공통점을 식물의 구성 단계와 관련지어 서술하시오.

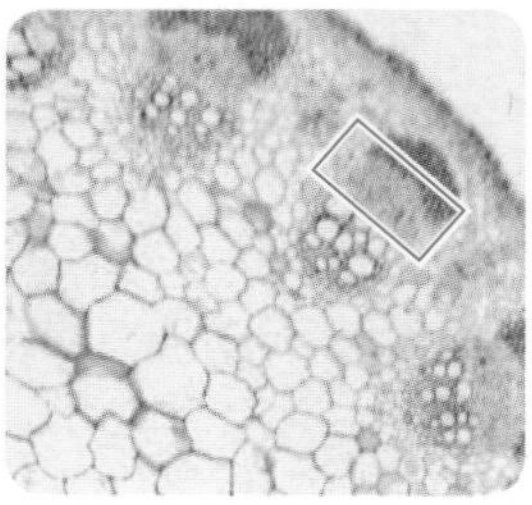
(가)

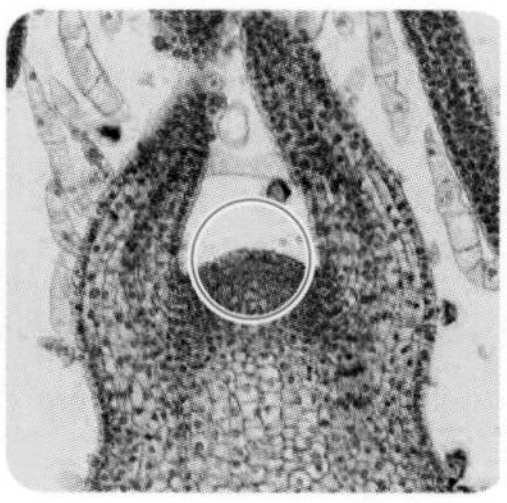
(나)

창의력 Master

013 다음은 광학 현미경과 마이크로미터를 사용하여 양파 표피 세포의 크기를 측정하기 위해 수행한 실험 과정과 결과를 나타낸 것이다.

(가) 대물렌즈(×20)와 접안렌즈(×15)로 맞추었다.
(나) 접안 렌즈 안에 접안 마이크로미터를 넣고, 재물대 위에 대물 마이크로미터를 올려놓고 관찰하였다.
관찰 결과 다음 그림과 같은 결과를 얻었다.

(다) 재물대에 대물 마이크로미터 대신 준비한 시료(양파 표피 세포의 표본)를 올려놓고 관찰한 결과, 현미경 시야에는 약 270개의 세포가 관찰되었고 양파 표피 세포 1개의 크기는 접안 마이크로미터 25눈금에 해당하였다.
(라) 회전판을 돌려 ×60의 대물렌즈로 교체한 후 관찰하였다.

(1) 양파 표피 세포 1개의 크기는 얼마인지 답을 구하는 과정을 단계별로 설명하시오. (단, 대물 마이크로미터 1눈금의 크기는 10㎛이다.)

(2) (라)에서 현미경의 배율은 어떻게 달라졌으며, 배율이 바뀐 후 관찰되는 양파 표피 세포의 수는 어떻게 달라질 것인지 설명하시오.

014 단세포 생물과 다세포 생물을 비교했을 때 어느 것이 생존하는데 더 유리할 지 그 이유와 함께 서술하시오.

정답 및 해설 04쪽

015 다음은 파리지옥에 대한 설명이다.

파리지옥은 곤충을 잡아먹는 생물이다. 파리, 나비, 거미 등의 곤충을 산 채로 먹으며 일단 먹이를 삼키면 소화가 완전하게 될 때까지 잎을 닫아 놓는다. 파리지옥은 유인 냄새를 뿌려 파리가 덫으로 들어오게 하고, 잎의 안쪽의 자극털을 건드리면 덫을 닫는다. 보통 일주일이나 10일간의 소화 기간을 가지며 소화가 끝나면 잎이 열리고 소화가 안 되는 뼈다귀 등이 나오며 이것들은 바람에 날려간다.

곤충을 잡아먹는 파리지옥은 식물인가, 동물인가? 그리고 파리지옥이 곤충을 잡아먹는 이유는 무엇 때문인지 서술하시오.

016 그림은 종 P가 여러 종으로 분화되는 과정을 나타낸 것이다. 물음에 답하시오.

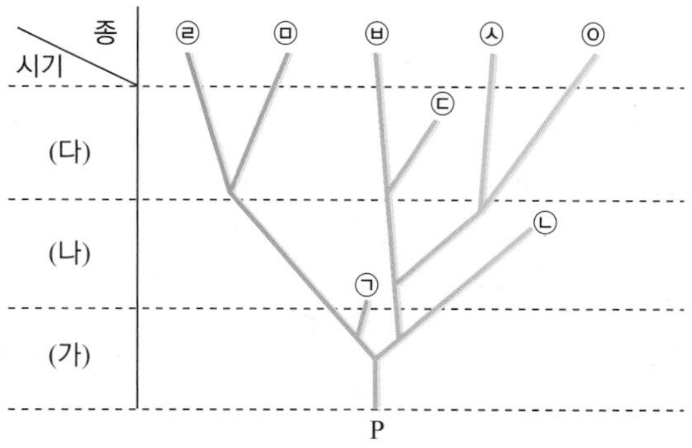

(1) 공통 조상 P에서 분화하여 현재까지 생존하고 있는 종은 총 몇 종인가?

(2) 위 계통수에 대한 설명으로 옳은 것만을 〈보기〉에서 있는 대로 고르고, 옳지 않은 것은 그 이유를 각각 서술하시오.

보 기

ㄱ. (다) 시기에는 새로운 종이 출현하지 않았다.
ㄴ. 종의 분화가 가장 많이 일어난 시기는 (가)이다.
ㄷ. 현재까지 생존하는 종들을 두 무리로 분류할 때 ㉥, ㉦, ㉧은 한 무리로 분류하는 것이 타당하다.

017 표는 서로 다른 생물 6종 (가)~(바)의 과와 목을 나타낸 것이다.

종	(가)	(나)	(다)	(라)	(마)	(바)
과	a	c	b	c	b	d
목	A	B	A	B	A	B

(가)~(바)의 계통수를 그리시오.

018 다음 최대단순성(maximum parsimony)의 원리와 동물 7종의 형질을 나타낸 것이다. 표의 형질을 바탕으로 최대단순성의 원리를 이용하여 동물 7종의 계통수를 작성했다. (단, 칠성장어는 외부군(outgroup)이다.)

[대회 기출 유형]

동물 \ 형질	털	허파	발톱	모래 주머니	깃털	유선
칠성장어	×	×	×	×	×	×
잉어	○	×	×	×	×	×
도롱뇽	○	○	×	×	×	×
도마뱀	○	○	○	×	×	×
악어	○	○	○	○	×	×
비둘기	○	○	○	○	○	×
침팬지	○	○	○	×	×	○

(○ : 있음, × : 없음)

* 최대단순성의 원리 : 추론 가능한 계통수 중에서 형질 상태 변화 횟수의 총합이 가장 작은 것을 선택하는 것이다.
* 고유파생형질 : 파생된 형질이지만 다른 계통과 공유하지 않고 단독으로만 가지고 있는 형질이다.
* 공유파생형질 : 파생된 형질이 다른 특정 계통과 공유되는 형질이다.

(1) 고유파생형질을 가지는 동물을 모두 고르시오.

(2) 허파와 척수의 출현 순서에 대해서 서술하시오.

(3) 비둘기와 도마뱀의 유연관계를 비둘기와 악어의 유연관계와 비교하여 서술하시오.

019 다음 (가)는 우리 주변에서 쉽게 볼 수 있는 종자식물의 특징을 관찰한 것이며, (나)는 이 관찰 결과를 바탕으로 종자식물을 분류한 검색표이다.

(가) 식물의 종류와 관찰한 특징

식물의 종류	물관의 모양	잎맥의 모양	씨방의 유무	나이테 유무
콩	물관	그물맥	○	×
벼	물관	나란히맥	○	×
대나무	물관	나란히맥	○	×
잣나무	헛물관	×	×	○
참나무	물관	그물맥	○	○

(○ : 있음, × : 없음)

(나) 관찰한 식물의 검색표(여러 가지 상반되는 형질들을 순서대로 배열하고 양자택일하는 형식으로 차례로 택해 나가도록 적당한 검색 형질들을 정리해 놓은 표)

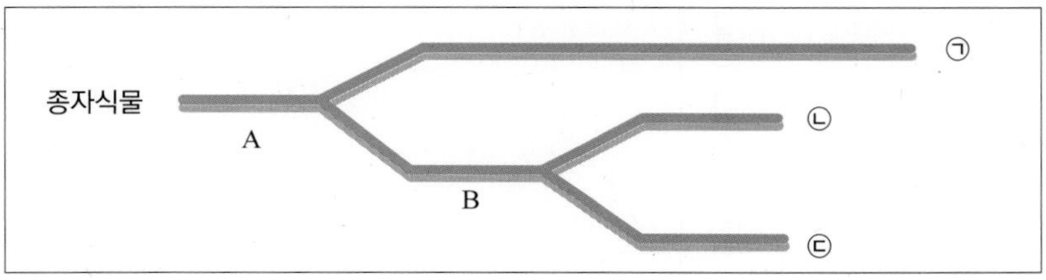

검색표의 기준 A와 B에 해당하는 것을 고르고, 기준에 따라 ㉠ ~ ㉢에 해당하는 식물을 쓰시오. (단, ㉡에는 참나무, ㉢에는 벼가 포함된다.)

020 다음은 여러 동물을 나타낸 것이다.

악어, 맹꽁이, 게, 두꺼비, 사람, 타조, 상어, 도마뱀, 고래, 청둥오리, 박쥐, 타조

다음의 ㄱ + ㄴ + ㄷ의 값을 구하시오.

ㄱ. 정온동물의 수
ㄴ. 척추동물의 수
ㄷ. 어린 시절에는 아가미로, 성체는 피부와 폐로 호흡하는 동물의 수

창의력 Master

021 어떤 생물학자가 세포막에서 물질 A의 기능을 알아보기 위해 다음과 같은 실험을 하였다.

< 실험 과정 >

ㄱ. 인지질로 지질막을 만들었다.
ㄴ. 지질막 안쪽에 설탕 용액을 넣은 후, 지질막 밖으로 설탕 분자가 이동하는 속도를 측정하였다.
ㄷ. 지질막에 물질 A를 삽입한 후, 지질막 안쪽에 설탕 용액을 넣고 지질막 밖으로 설탕 분자가 이동하는 속도를 측정하였다.
ㄹ. 설탕 용액의 농도를 변화시키면서 ㄴ과 ㄷ의 실험을 반복하였다.

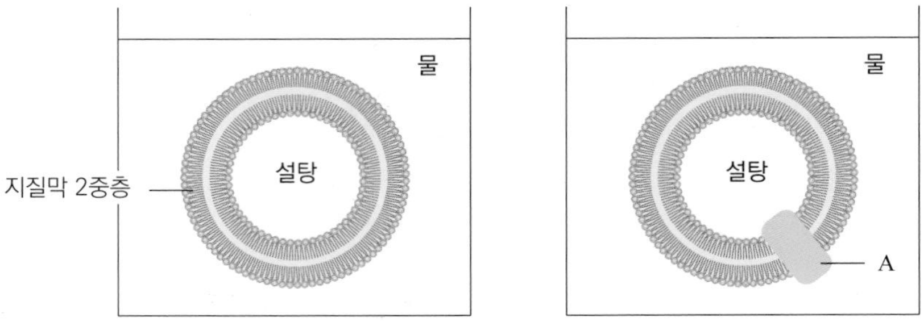

(가) (나)

< 실험 결과 >

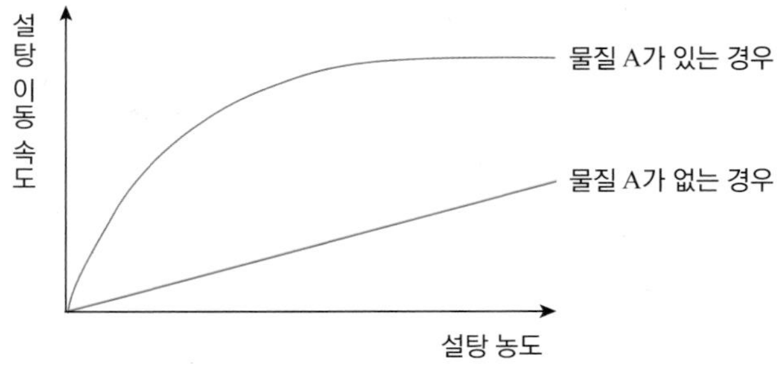

위 실험 결과에 대한 해석 결과 A로 추정되는 물질에 대해 서술하시오.

022 (가)는 동물들의 주위 온도에 따른 체온 변화를 나타낸 것이다. 척추 동물의 계통수 (나)에서 그래프 (가)와 관련된 동물 무리들을 모두 찾으시오. (단, 동물 무리 C는 2심방 불완전 2심실의 심장 구조를 가지고 있다.)

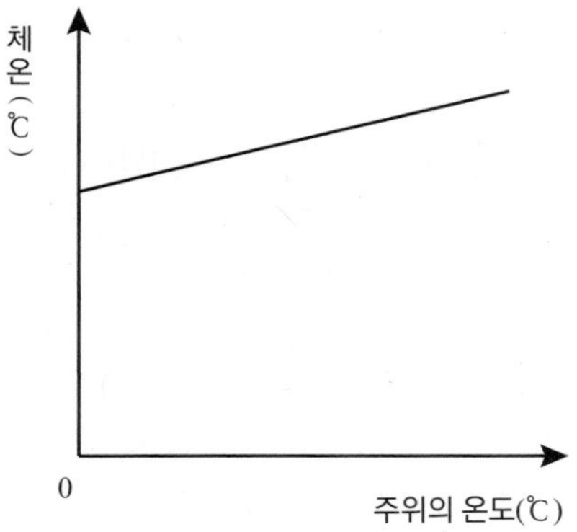

(가)

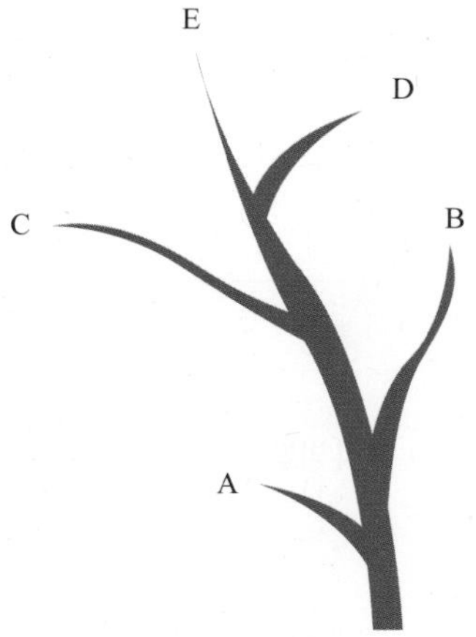

(나)

023 아래의 표는 여러 가지 생물군들의 유연 관계를 알아내기 위해 각 생물군이 가지는 특징들을 조사하여 표기한 것이다.

[대회 기출 유형]

특징 \ 생물군	S1	S2	S3	S4	S5	S6	S7
A				○	○		
B				○		○	
C	○	○	○	○	○	○	○
D	○	○			○	○	○
E		○			○	○	○
F		○			○		
G			○				

위 표에서 생물군 S5와 유연 관계가 가장 가까운 것과 가장 먼 것을 그 이유와 함께 서술하시오.

024 다음 표는 <보기>의 5종류의 척추동물 중 4종류의 특징을 나타낸 것이다.

보기

ㄱ. 붕어　　ㄴ. 뱀　　ㄷ. 도롱뇽　　ㄹ. 닭　　ㅁ. 고래

특징 \ 동물		(가)	(나)	(다)	(라)
생식 방법	a. 난생	○	○	○	
	b. 태생				○
체온	c. 정온				○
	d. 변온	○	○	○	
호흡기	e. 폐		○		○
	f. 어릴 때 아가미, 성체일 때 폐			○	
	g. 아가미	○			

(1) (가) ~ (라)에 해당하는 동물의 이름을 〈보기〉에서 골라 기호로 쓰시오.

(2) (가) ~ (라)에 해당하지 않는 나머지 동물의 특징에 해당하는 것을 a ~ g에서 골라 차례대로 쓰시오.

정답 및 해설 06쪽

025 다음은 마이크로미터를 사용하여 현미경으로 양파 표피 세포를 관찰하는 모습에 대한 설명이다. 이에 대한 설명으로 옳은 것만을 <보기>에서 있는 대로 고르고, 옳지 않은 것은 그 이유를 각각 서술하시오.

보 기

ㄱ. 접안 마이크로미터는 프레파라트 위에 놓고 사용한다.
ㄴ. 세포를 실제로 관찰할 때에는 대물 마이크로미터의 눈금을 읽는다.
ㄷ. 배율을 높일수록 접안 렌즈의 길이는 짧아지고, 대물 렌즈의 길이는 길어진다.
ㄹ. 양파 표피 세포를 200배의 배율로 관찰했을 때, 시야에 보이는 세포의 수가 약 100개였다면, 배율은 400배로 높이면 시야에 보이는 세포의 수는 50개이다.
ㅁ. 광학 현미경으로 사용하여 100배의 배율로 관찰했을 때 모양이 다음과 같다면, 배율은 200배로 높였을 때 관찰되는 모양은 a이다.

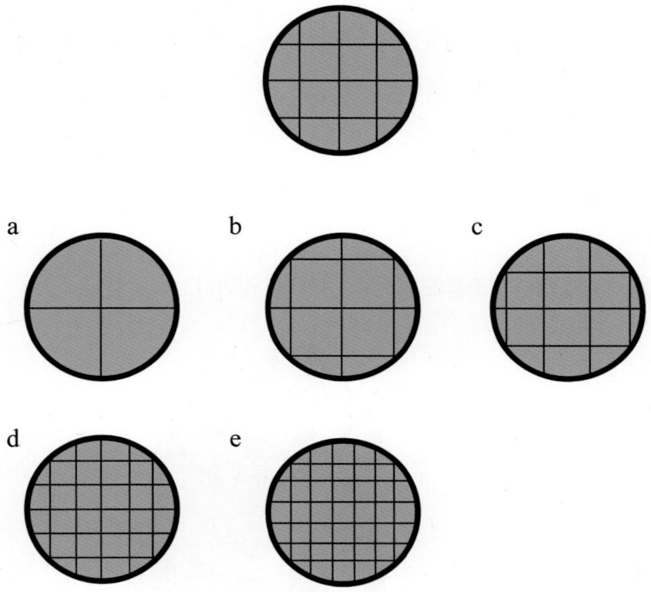

026 다음 <보기>는 현미경 조작법을 순서대로 나열한 것이다. [서울과학고등학교 기출 유형]

보 기

ㄱ. 반사경이 있는 현미경을 직사광선이 비치지 않는 밝은 곳에 놓는다.
ㄴ. 조동나사를 돌려 대물렌즈와 재물대 사이를 띄우고 배율이 가장 낮은 대물렌즈로 맞춘다.
ㄷ. 프레파라트를 재물대 위에 올려놓고 반사경을 조절하여 시야를 밝게 한다.
ㄹ. 접안렌즈를 들여다보면서 조동나사를 이용하여 프레파라트를 대물렌즈에 천천히 접근시킨다.
ㅁ. 조동나사를 돌려 상을 찾고 미동나사로 정확히 초점을 맞춘다.

위 조작법 중 옳지 않은 것은?

① ㄱ　② ㄴ　③ ㄷ　④ ㄹ　⑤ ㅁ

027 다음 그림은 식물 세포의 내부 구조를 모식적으로 나타낸 것이다. [특목고 기출 유형]

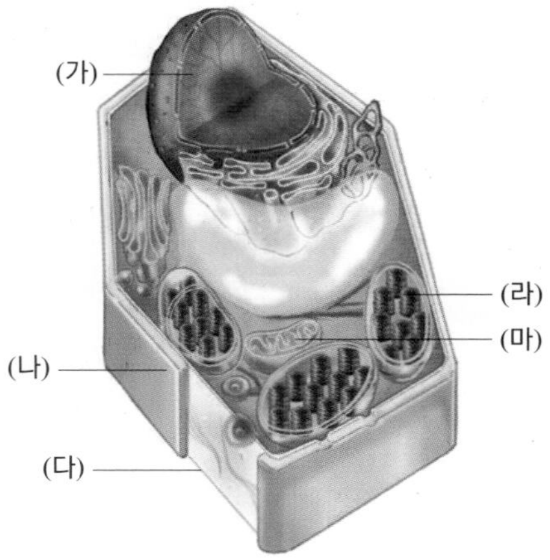

그림에서 (가) ~ (마) 부분의 특징에 대한 설명으로 옳은 것만을 <보기>에서 있는 대로 고르고, 옳지 않은 것은 올바르게 고쳐 쓰시오.

보 기

ㄱ. (가)는 유전 정보를 간직하고 있으며, 실모양으로 존재하다가 세포 분열할 때 응축되어 두 개의 세포에 나누어지는 물질이 존재한다.
ㄴ. (나)는 식물 세포에서만 관찰되며, 세포 안팎으로의 물질 출입을 조절하는 역할을 한다.
ㄷ. (다)는 세포의 모양을 단단하게 유지하는 역할을 하고 있다.
ㄹ. (라)는 동물 세포와 식물 세포에서 빛에너지를 이용하며 포도당을 만드는 공장 역할을 한다.
ㅁ. (마)는 식물 세포에서만 관찰되며, 광합성이 일어나는 장소이다.

028 생명 현상을 유지하기 위해 생물체를 구성하고 있는 세포는 세포막을 통해 세포 안팎으로 물질을 투과시킨다. 세포막을 통한 물질의 이동은 투과되는 물질 자체의 특성이나 세포막의 특성, 그리고 세포의 크기 등에 의해 영향을 받는다. 아래 그림은 세포의 모양은 같지만 반지름이 2배가 차이나는 구형의 두 세포를 나타낸 것이다. (단, 두 세포에 들어있는 물질 P의 농도는 같다.)

[서울과학고등학교 기출 유형]

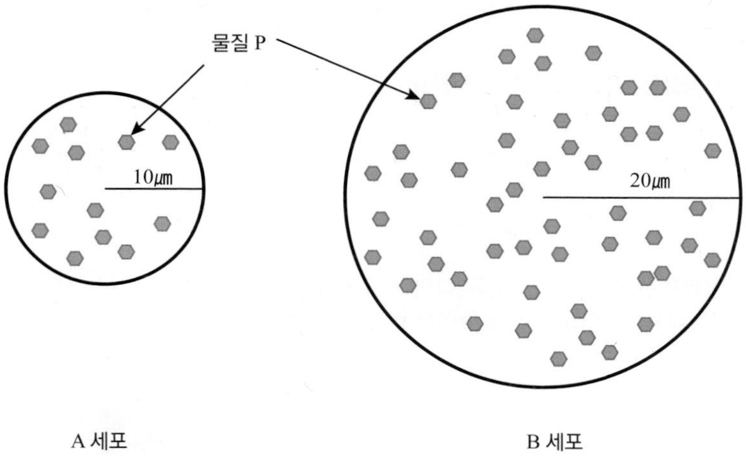

(1) 세포에 들어있는 물질 P가 세포 밖으로 모두 빠져 나가려면, A 세포와 B 세포에 있어 세포막의 단위면적 당 투과해야 하는 물질 P의 비율을 쓰시오.

(2) (1)번 문제에서 세포막의 단위면적 당 투과해야 하는 물질의 양이 많은 세포는 적은 세포에 비해 생명을 유지하는데 있어서 어떤 점이 불리한 지 말하시오.

(3) (2)번 문제의 세포가 가지는 불리한 점을 극복하기 위한 방법 2가지를 말하시오.

기출 Check

029 다음 제시된 식물을 보고 물음에 답하시오. [경기과학고등학교 기출 유형]

민들레, 백합, 국화, 해바라기, 코스모스, 장미, 나팔꽃, 벚꽃

통꽃을 가지는 식물을 모두 고르시오. (5가지)

030 다음 그림은 단세포 생물의 하나인 유글레나이다. 유글레나는 분류할 때 어느 때는 식물로 다른 때는 동물로 분류되기도 한다. 이처럼 유글레나가 분류학적으로 애매한 원인이 되는 특징을 쓰시오. [특목고 기출 유형]

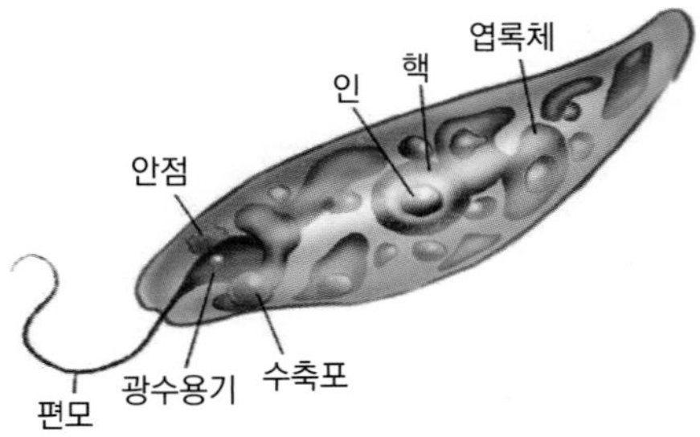

031 아프리카산 천인조 수컷은 50cm 정도의 긴 꼬리가 특징이다. '암컷이 꼬리가 긴 수컷을 선택하기 때문에 수컷의 꼬리가 길어졌다.'라는 가설을 증명하기 위해 다음과 같이 실험하였다. [서울과학고등학교 기출 유형]

(1) 수컷 천인조를 A~D의 네 집단으로 나누었다.
- 집단 A : 자연 상태의 집단
- 집단 B : 꼬리를 바싹 잘라서 짧게 한 집단
- 집단 C : 꼬리를 짧게 잘랐다 다시 접착제로 붙인 집단
- 집단 D : 집단 B에서 자른 꼬리를 자연 상태의 수컷 꼬리에 접착제로 길게 덧붙인 집단

(2) 암컷이 어떤 집단의 수컷을 선택하는지 알아보았다.

위 실험에서 대조군에 해당하는 것을 모두 고른 것은?

① 집단 A, 집단 B
② 집단 A, 집단 C
③ 집단 B, 집단 C
④ 집단 B, 집단 D
⑤ 집단 C, 집단 D

정답 및 해설 07쪽

032 다음 제시된 생물을 보고 물음에 답하시오. [경기과학고등학교 기출 유형]

아메바, 해캄, 대장균, 지렁이, 불가사리, 달팽이, 은행나무, 사과나무, 벼

(1) 이분법으로 번식하는 생물은 무엇인가?

(2) 분절증식하는 생물은 무엇인가?

(3) 유성생식을 하는 생물은 무엇인가?

(4) 중복수정을 하는 생물은 무엇인가?

033 영재는 친구를 집으로 초대하였고, 식사를 대접하기 위해 스테이크과 감자튀김을 준비하였다. 그러나 영재의 친구는 또 다른 친구들을 데리고 왔기 때문에 준비한 음식이 부족해졌다. 감자튀김을 빠르게 튀길 수 있는 방법을 세포의 크기와 관련지어 서술하시오.(단, 감자는 생감자이며, 기름 온도는 일정하다.)
[한국과학영재학교 기출 유형]

주제 탐구 및 논술

형태 형성 및 세포 사멸과 세포 괴사

주제

형태 형성

형태 형성은 생물학자들이 형태학적 특징의 발달이나 개념을 말할 때 사용하는 용어로서 내부 조직의 구조적 특징이 분화되거나 어떤 형태의 기원을 밝힐 때 사용한다. 모든 식물은 특수한 환경 조건 하에서 물리 화학적으로 복잡한 과정인 물질대사, 생장 및 발달을 거치며 특수한 유전적 성질의 작용에 의하여 본래의 형태를 갖추게 된다.

형태 형성 과정은 동·식물의 발생에서 매우 중요하지만, 식물은 세포벽이 존재하므로 낭배 형성 과정에서 일어나는 세포 이동과 같은 복잡한 세포의 움직임은 동물에서만 일어난다. 동물에서 세포 일부분의 이동은 세포 모양의 변화를 가져오거나 세포가 배의 한 곳에서 다른 곳으로 이동할 수 있도록 한다. 이와 같은 변화에 기여하는 세포의 구성 성분에는 세포 골격을 구성하는 미세소관, 미세섬유가 있다.

형태 형성에서의 세포 골격

발생 과정에서 세포 형태의 변화는 보통 세포 골격이 재조직화됨으로써 일어난다. 예를 들어, 신경배형성 과정에서 신경관이 형성되기 시작할 때, 미세소관이 외배엽 세포의 배-복(dorsal-ventral)축에 평행하도록 배열되어 있어 세포가 이 배-복축 방향으로 길어지도록 한다.[1] 각 세포의 등쪽 끝에는 미세섬유가 가로로 배열되어 있으며, 미세소관과는 수직을 이루고 있다. 이것이 수축하면 세포가 쐐기 모양이 되면서 외배엽층이 안쪽으로 굽어진다. 이와 같은 세포 형태의 변화는 신경관이 외배엽으로부터 떨어져 나오는 경첩 부분에서도 일어난다.

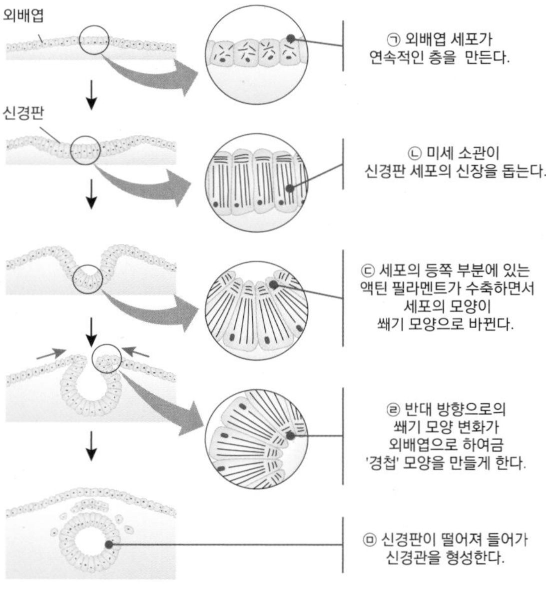

▲ 형태형성 과정 동안 세포 형태의 변화 [1]

성게에서는 세포 골격이 또 다른 형태 형성적 이동 양상을 유발하여 원장(原腸 ; 동물의 발생에서 포배가 일그러져 생기는 내강과 그 내벽)을 신장시키는 과정을 진행한다. 이 경우에는 세포층이 좁아지면서(수렴) 길어지는(확장) 현상이 나타나 세포 골격의 변화가 수렴확장(convergent extension)이라는 형태로 나타난다. 이러한 현상은 영화관에 입장하려는 관객이 한 줄을 서는 것과 같은 것이다. 줄의 폭이 좁아지면 훨씬 길게 뻗게 된다. 배에서 세포들은 길어지고, 세포 끝은 이동하는 방향을 향하고 있으며, 서로 쐐기 모양을 이루면서 세포들이 이루는 종렬의 수가 줄어진다. [2]

* 낭배 : 단세포 동물인 원생동물을 제외한 모든 동물군에서 포배(수정란이 난할을 거듭한 후 안쪽에 빈 공간이 생기게 되는 시기의 배)의 다음 단계에 나타나는 배
* 쐐기 모양 : 윗부분이 넓고 밑 부분이 점차 좁아져서 마치 목수가 사용하는 쐐기의 측면에 흡사한 모양

▲ 세포층의 수렴, 확장 [2]

세포 이동에서의 세포 골격

세포 골격은 세포형태 변화뿐만 아니라 세포 이동에도 중요한 역할을 한다. 척추동물의 기관 형성 과정에서 세포들은 세포 골격을 이용하여 세포 돌출부를 연장하거나 물리면서 아메바 운동과 유사하게 세포 이동을 한다. 이때 세포막을 관통하는 당단백질인 세포흡착분자(cell adhesion molecule)가 세포 간의 상호결합을 촉진함으로써 세포 이동을 돕는다. 또한, 세포 이동에는 세포외기질(extracellular matrix, ECM)도 관여한다. 세포외기질은 세포막 바깥에 분비된 당단백질과 고분자 물질의 그물망과 같이 생긴 구조로서 개별 세포의 이동이나 세포군의 형태 변화 등 다양한 세포 이동에 관여한다. 이동하는 세포의 경로상에 있는 세포들은 ECM에 특정 물질을 분비하여 이동 양상을 조절하기도 한다.

세포 사멸(아폽토시스 ; Apoptosis) vs 세포예정사 ; programmed cell death(PCD)

세포 사멸(Apoptosis)

세포 사멸은 세포가 기능적인 역할은 유지하면서 유전적 성질에 의해 죽음으로 이르는 단계이다. 세포 전체가 위축되면서 새로운 단백질이 합성되고 세포의 자살 유전자에 의해 죽음으로 유도된다.

세포 사멸은 생체의 정상 과정 중 하나로서 태아의 발생시 만약의 사태를 대비해 미리 준비해 둔 여분의 세포가 사용되지 않고 남아 있을 때, 세포가 바이러스에 감염되었을 때, DNA의 심한 손상 등으로 정상화가 불가능할 때 일어난다. 세포 사멸 과정은 핵 단편화, 염색질의 응축, 염색체 절단, 세포의 균열과 팽창, 세포막의 변화, 다른 세포에게 먹힘 현상으로 이어진다. 즉, 세포 사멸시 세포막과 핵막이 붕괴되고 세포의 크기가 줄어드는 특징을 가지며, 염색질의 응집과 광범위한 핵구조의 파쇄가 동반된다.

세포 예정사(PCD) - 세포들은 사멸하도록 이미 프로그램화되어 있다.

생명체는 태어날 때부터 외부의 공격이나 화학물질 등의 영향이 아닌 세포 내부와 형태의 생화학적 변화로 인해 세포가 사멸되도록 유전자에 프로그램 되어 있다. 이것은 생체의 자발적인 반응의 일부이므로 일정한 규칙에 따라 조용히 진행된다. 죽음을 대비하는 시간이 충분히 주어지므로 불필요한 조직은 단계적으로 분해하고 사용 가능한 영양물질들은 이웃 세포들에게 전달되기도 한다.

세포 사멸(Apoptosis)과 세포 예정사(PCD)

아폽토시스는 암세포의 사멸, 바이러스 감염, 약물이나 방사선 등에 의한 세포 죽음과 관련되어 있으며, 계획된 세포 사멸(PCD) 이외의 경우에도 일어난다는 점에서는 PCD와 구별되지만, 계획된 세포 죽음(PCD)과 아폽토시스는 같은 과정을 보이므로 같은 뜻으로 보는 학자도 있다.

세포 사멸의 기능

세포 사멸은 세포가 유전자에 의해 제어되어 스스로 자해되어 사멸하는 것으로서 인체의 초기 발생 과정에서 우리 몸의 형태를 만드는 데 관여하며, 성인에게는 정상적인 세포의 갱신이 필요할 때, 정상적인 세포가 노화될 때, 비정상 세포나 손상된 세포 등 이상이 생긴 세포가 존재할 때 이들 세포를 제거하는 일을 담당한다. 예를 들어 신경세포는 기능적인 연결을 가질 때에만 생존하며 그렇지 않으면 사멸한다(생존을 위한 경쟁 상황). 따라서 세포 사멸은 전체적인 신체 건강을 유지하게 해 주는 메커니즘이다.

세포 사멸의 예

최초 올챙이의 꼬리는 헤엄을 치는데 필수적이지만 개구리가 되면서 꼬리는 세포의 자살로 인해서 퇴화되어 사라진다.

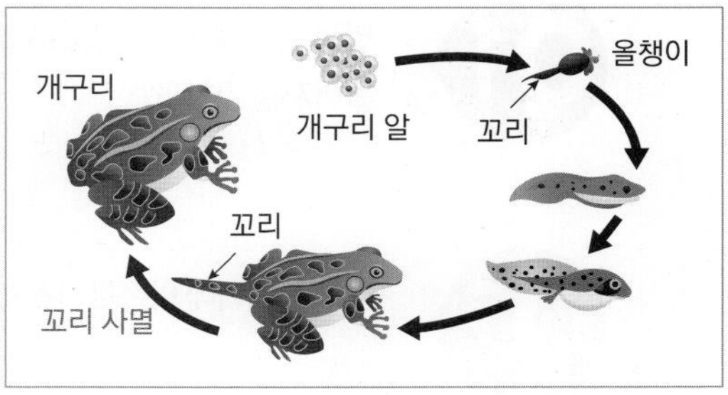

▲ 개구리의 발생 과정

주제 탐구 및 논술

사람의 경우 임신 초기부터 살펴보면 태아 초기의 손발은 제대로 갖춰진 형태가 아니다. 초기 발달이 일어나는 동안 인간의 손과 발은 오리 발과 같은 형태로 붙어 있는 하나의 조직 세포로, 손가락과 발가락은 막으로 연결되어 손가락, 발가락이 없이 뭉툭하게 돌출된 인형 손 모양을 하고 있다. 후기 발생 과정에서 뭉툭한 손 모양 사이의 막에 존재하는 세포가 '계획된 세포죽음'에 빠져 자살함으로써 손가락, 발가락의 형태가 되고 손가락과 발가락이 벌어져 자유자재로 움직일 수 있게 되는 것이다. 즉, 모체 속 태아의 발생 과정에서 세포의 분열과 소멸이 적절하게 일어남으로써 기형이 되는 것을 방지한다.

아폽토시스 현상은 미토콘드리아의 지령에 의해 일어난다.

세포 사멸은 세포 스스로가 죽음에 이르기로 작정하고 에너지인 ATP를 소모해가면서 능동적으로 죽음에 이르는 기작이다. 이때 유전자가 작동해 죽음에 이르게 하는 단백질을 만들어낸다. 이와 같은 현상이 일어나는 이유는 생체 내에서 적절한 세포의 수를 유지하기 위해서이거나, 전체 개체에 해를 끼치는 비정상적인 세포를 제거하기 위해서이다.

세포 사멸 과정

먼저 세포는 축소되면서 쪼그라들기 시작한다. 이후 인접하는 세포와의 사이에 틈새가 생기고 세포의 핵 안에서는 유전 물질인 DNA가 규칙적으로 절단되어 단편화된다. 쪼그라들어 단편화된 세포 조각들(아폽토시스 소체)은 주변의 식세포가 잡아먹음으로써 자살의 과정이 종료된다.

< 세포 사멸(Apoptosis)의 과정 >

세포의 점차적인 축소
↓
인접하는 세포 사이의 틈새 발생
↓
세포 내 DNA의 규칙적인 절단(단편화)
↓
세포 죽음
↓
세포 전체의 단편화(아폽토시스 소체)
↓
근접해 있는 세포에 먹힘으로써 완전한 죽음

Q1 발생 중인 배에서 아폽토시스를 하는 세포들은 언뜻 아무런 역할이 없어 보인다. 왜 이러한 세포들이 만들어지는 것일까?

Q2 적절한 시기에 아폽토시스가 일어나지 못한다면 어떤 현상이 일어날지 서술하시오.

세포 괴사(Necrosis)

조절되지 않은 유연한 세포의 죽음으로, 세포막에 손상이 있는 경우나 이온 항상성(생물 내 이온 농도가 일정하게 유지되는 성질)의 파괴로 일어난다. 괴사는 급격한 온도나 삼투압의 변화, 혹은 독성 물질에 의해 격렬하게 세포가 파괴되는 과정으로서 대개는 세포가 터져서 죽게 되어 형태상으로도 아폽토시스와 구분된다. 마치 유언장도 남기고 자신의 주위를 잘 정리하고 생을 마감하는 죽음이 아폽토시스에 비유된다면, 교통사고와 같은 불의의 사고로 맞는 죽음은 괴사에 비유할 수 있다. 즉, 화상과 타박상, 독극물의 자극에 의해 일어나는 세포의 죽음으로서, 세포의 사고사 또는 세포의 돌연사라고 할 수 있다.

세포 괴사 과정에서는 세포 내에서 에너지를 만들어내는 역할을 하는 미토콘드리아의 활동은 정지되고 광범위하게 단백질이 분해됨으로써 DNA가 무작위적으로 파손된다.

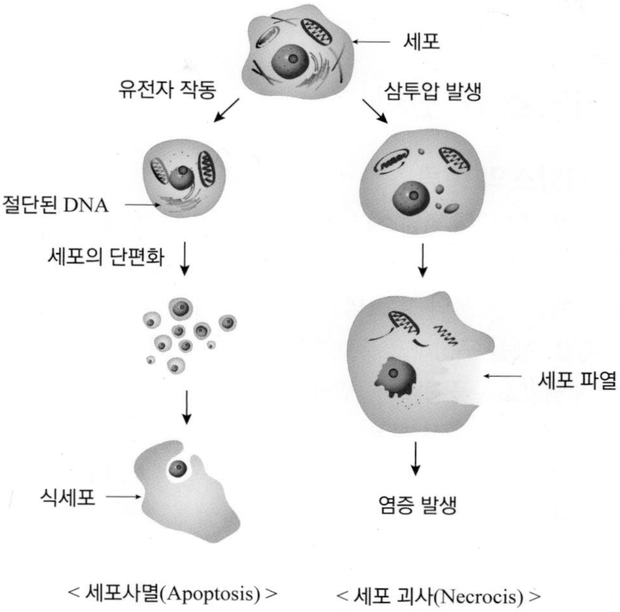

▲ 세포 사멸 VS 세포 괴사

세포 괴사 과정

외부 공격이나 화학 물질, 기타 등등의 이유로 세포가 부풀어 오르며, ATP 등의 에너지 생산이 일어나지 않아 나트륨-칼륨 펌프가 작동하지 않는다. 따라서 세포질 내 나트륨 이온의 축적이 일어나 삼투압이 상승하게 되어 세포 밖에서 수분이 유입된다. 물의 유입으로 세포막은 팽창하고 세포막 사이 외부와 내부의 삼투압의 차이는 수백에서 수만 배 이상이 되어 결국 세포는 터지고 세포와 핵의 용해에 의해 세포의 내용물이 세포 외부로 노출되면서 염증이 발생한다. 즉, 세포 괴사는 세포와 핵이 용해됨으로써 세포 내 각종 분해 요소들이 주변 세포로 노출되며 염증을 동반하는 세포의 죽음이므로 사람의 경우, 각종 후유증을 일으킬 수 있다.

Q3 세포사멸과 세포괴사의 차이점에 대해서 비교 서술하시오.

Ⅱ 소화, 순환, 호흡, 배설

1 영양소와 소화

1. 영양소의 종류

(1) 주영양소(3대 영양소) : 몸을 구성하거나 에너지원으로 쓰이는 등 생명 활동에 필요한 물질이다.

① **탄수화물** : 주 에너지원(4kcal/g)으로 쓰이며, 여분의 탄수화물은 글리코젠과 지방 등으로 전환되어 저장된다.

② **단백질** : 세포와 효소의 주요 구성 성분이며, 에너지원(4kcal/g)으로도 쓰인다.

③ **지방** : 몸을 구성하고 주로 에너지원(9kcal/g)으로 쓰이며, 체온 유지에 중요한 역할을 한다.

(2) 부영양소 : 물질대사, 생리 기능을 조절하지만, 에너지원으로 쓰이지는 않는다.

① **물** : 인체의 구성 성분 중 가장 많은 비율을 차지하고, 비열이 커 체온 유지에 유리하며, 물질대사의 매개체가 된다.

② **무기염류** : 생물체를 구성하는 원소 중에서 3원소(탄소, 수소, 산소)를 제외한 생물체의 무기적 구성요소로서, 체내에서 합성되지 않으므로 음식물을 통해 섭취해야 한다.

③ **바이타민** : 소량으로 몸의 여러 가지 생리 작용을 조절하며, 체내에서 합성되지 않으므로 음식물을 통해서 섭취해야 한다. 지용성 바이타민(바이타민 A, D, E, K), 수용성 바이타민(바이타민 B, C)으로 나뉘며, 부족하면 결핍증이 나타난다.

2. 영양소의 검출

① **포도당 검출** : 베네딕트 용액을 넣고 가열하면 황적색을 나타낸다. → **베네딕트 반응**

② **녹말 검출** : 아이오딘-아이오딘화 칼륨 용액을 넣으면 청람색을 나타낸다. → **아이오딘 반응**

③ **단백질 검출** : 5% 수산화 나트륨 수용액과 1% 황산 구리 용액을 넣으면 보라색을 나타낸다. → **뷰렛 반응**

④ **지방 검출** : 수단 Ⅲ 용액을 넣으면 선홍색을 나타낸다. → **수단 Ⅲ 반응**

3. 영양소의 소화 : 음식물이 소화 기관을 지나면서 탄수화물은 단당류로, 단백질은 아미노산으로, 지방은 지방산과 모노글리세리드로 분해된다.

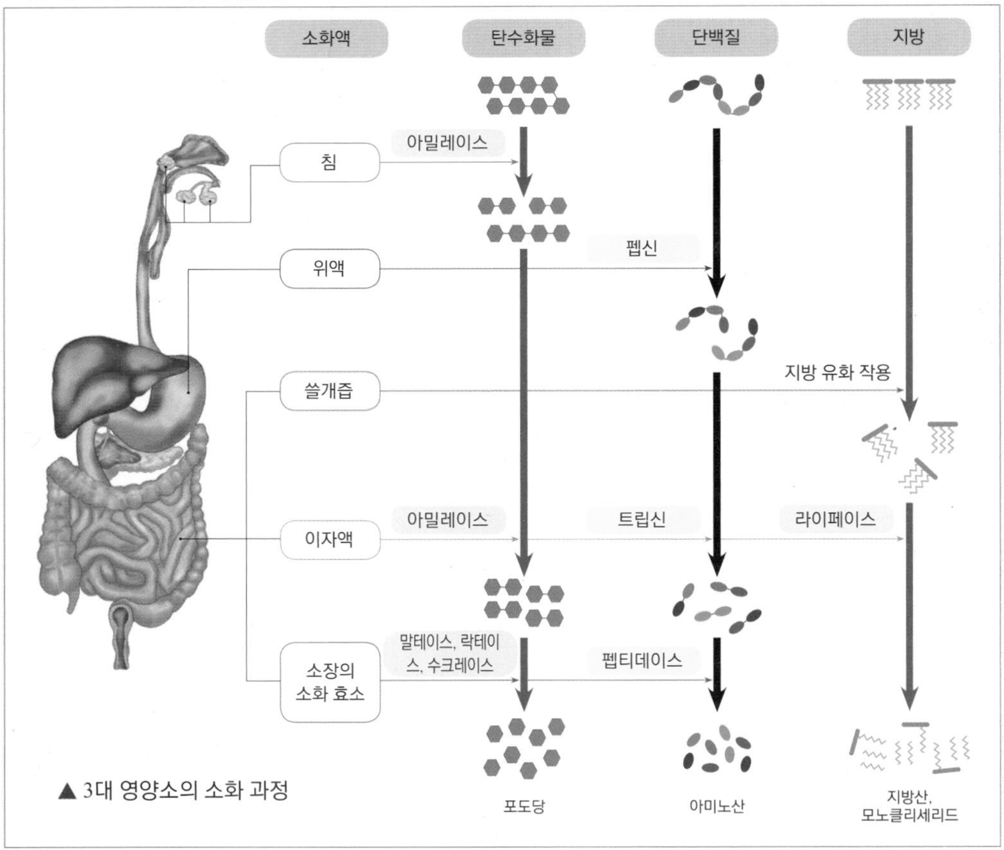

▲ 3대 영양소의 소화 과정

4. 영양소의 흡수와 이동

(1) 영양소의 흡수 : 최종 소화된 영양소는 소장의 융털에서 확산과 능동 수송에 의해 흡수된다.

① **수용성 영양소 :** 단당류, 아미노산, 무기 염류, 수용성 바이타민 등 수용성 영양소는 융털의 모세혈관으로 흡수된다.

② **지용성 영양소 :** 지방산, 모노글리세리드, 지용성 바이타민 등 지용성 영양소는 융털의 암죽관으로 흡수된다.

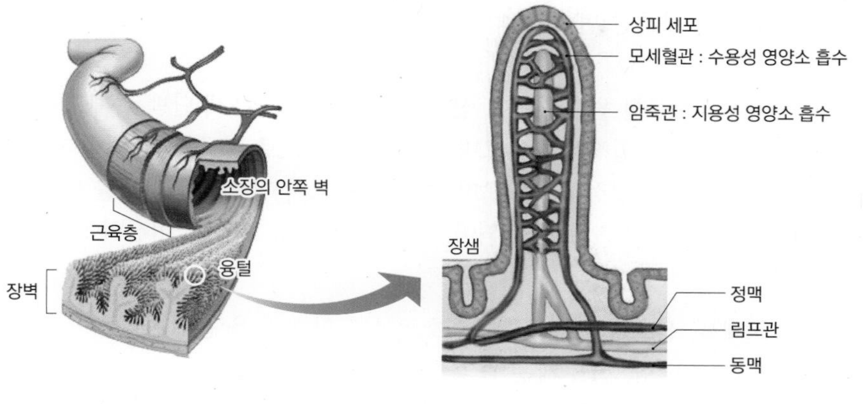

▲ 소장의 내벽의 구조(좌)와 융털의 구조(우)

소장의 안쪽 벽은 많은 주름이 있으며, 주름에는 수많은 융털이 있어 영양소와 접촉하는 표면적이 넓기 때문에 영양소의 흡수가 효율적으로 일어난다. 융털의 내부에는 가운데 암죽관이 있고, 모세혈관이 암죽관을 둘러싸고 있다.

(2) 영양소의 이동 : 흡수된 영양소는 심장으로 이동하여 온몸의 조직 세포로 운반되어 생명 활동에 쓰이거나 저장된다.

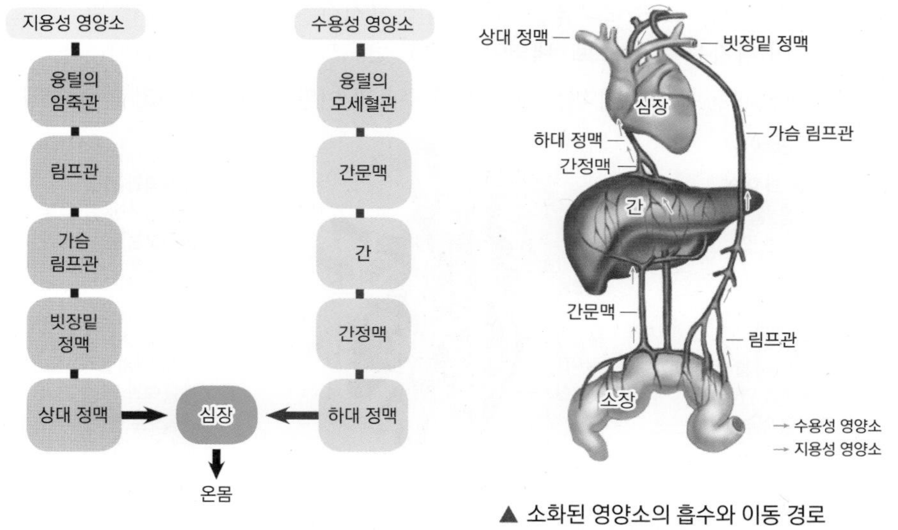

▲ 소화된 영양소의 흡수와 이동 경로

정답 및 해설 08쪽

Q1 다음 <보기>는 화학적 소화에 관여하는 소화 효소들이다. 제시된 영양소와 관련된 소화 효소들의 기호를 쓰시오.

보 기

ㄱ. 펩신	ㄴ. 펩티데이스	ㄷ. 트립신	ㄹ. 수크레이스
ㅁ. 라이페이스	ㅂ. 아밀레이스	ㅅ. 락테이스	ㅇ. 말테이스

(1) 탄수화물 (　　　　)
(2) 지방 (　　　　)
(3) 단백질 (　　　　)

2 순환

1. 혈액의 구성 : 45%의 고체 성분인 혈구(혈액의 세포 성분)와 55%의 액체 성분인 혈장(혈액의 액체 성분)으로 구성된다.

① **적혈구 :** 핵이 없고 가운데가 오목한 원반형이며, 산소를 운반하는 붉은색 단백질 헤모글로빈(Hb)을 포함한다.

② **백혈구 :** 핵이 있고 모양과 크기가 일정하지 않으며, 아메바 운동으로 식균 작용을 한다.

③ **혈소판 :** 핵이 없고 모양과 크기가 일정하지 않으며, 혈액을 응고시키는 지혈 작용을 한다.

④ **혈장 :** 물, 혈장 단백질, 무기 염류 등으로 구성되어 있으며, 영양소, 노폐물, 이산화 탄소 등을 운반한다.

2. 혈액의 기능

(1) 운반 작용 : 영양소와 노폐물, 산소와 이산화 탄소, 호르몬과 항체 등을 운반한다.

(2) 조절 작용 : 혈액의 삼투압, 혈당량, pH, 체온 등의 항상성을 조절한다.

(3) 방어 작용

① **혈액 응고 :** 출혈이 생기면 혈소판의 작용으로 혈액을 응고시켜 출혈을 막는다.

② **면역 기능 :** 이물질이나 병원체에 대항하여 림프구가 항체를 생산하여 몸을 보호한다.

③ **식균 작용 :** 체내에 이물질이나 세균이 들어오면 백혈구가 아메바 운동을하여 잡아먹는다.

3. 심장의 구조 : 심장은 주먹만한 크기의 근육질 주머니로서 2심방 2심실로 구성되어 있다.

① **심방 :** 심장으로 혈액이 들어오는 부분으로, 심실에 비해 크기가 작고 내벽이 얇다.

② **심실 :** 심장에서 혈액이 나가는 부분으로, 내벽이 두껍고 탄력이 있다.

③ **판막 :** 심방과 심실, 심실과 동맥 사이에 있으며, 심장의 수축과 이완에 따라 열리고 닫혀 혈액의 역류를 방지한다.

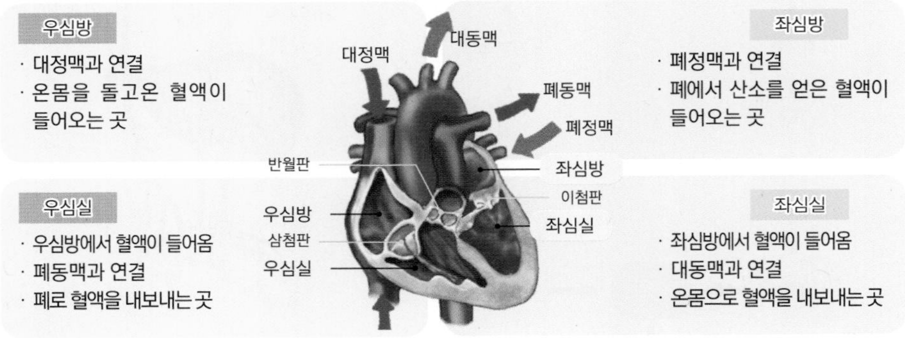

▲ 심장의 구조

3. 심장 박동 : 심방과 심실의 규칙적인 수축과 이완 운동으로 혈액 순환의 원동력이다.

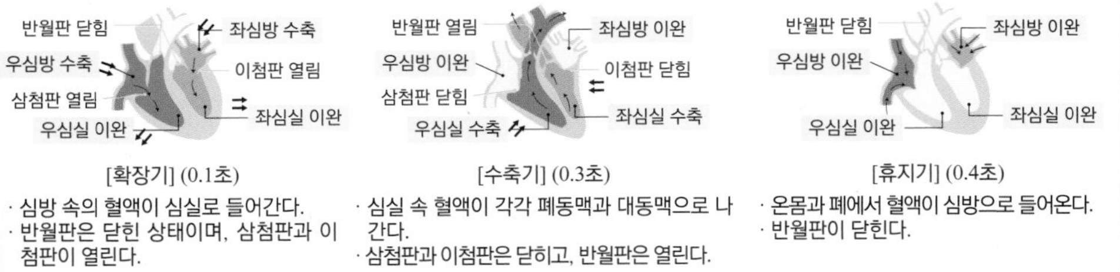

▲ 심장 박동 과정

4. 심장 박동의 조절 : 심장 박동의 중추는 연수이고, 혈중 CO_2의 농도에 따라 자율 신경에 의해 박동의 세기와 속도가 조절된다.

① 혈중 CO_2 농도 증가 → 연수 → 교감 신경 → 아드레날린 → 굴심방결절 흥분 촉진 → 박동 촉진

② 혈중 CO_2 농도 감소 → 연수 → 부교감 신경 → 아세틸콜린 → 굴심방결절 흥분 억제 → 박동 억제

4. 혈관과 혈압

(1) 혈관

① **동맥 :** 심장에서 나가는 혈액이 흐르는 혈관으로서 벽이 두껍고 탄력이 강하다.

② **정맥 :** 심장으로 들어오는 혈액이 흐르는 혈관으로서 혈압이 낮아 혈액의 역류를 방지하는 판막이 존재한다.

③ **모세혈관 :** 동맥과 정맥을 이어 주는 혈관으로서 혈관벽이 얇고, 혈류 속도가 느려서 주변의 조직 세포와 물질 교환이 효과적으로 일어난다.

(2) 혈압 : 혈액이 혈관벽에 미치는 압력으로서 최고 혈압은 심실 수축시에 나타나고, 최저 혈압은 심실 이완시에 나타난다. (최고 혈압과 최저 혈압의 차이를 맥압이라고 한다.)

(3) 혈관의 비교

① **혈관벽의 두께 :** 동맥 > 정맥 > 모세혈관

② **혈압 :** 동맥 > 모세혈관 > 정맥

③ **혈관벽의 탄력성 :** 동맥 > 정맥

④ **혈류 속도 :** 동맥 > 정맥 > 모세혈관

⑤ **총 단면적 :** 모세혈관 > 정맥 > 동맥

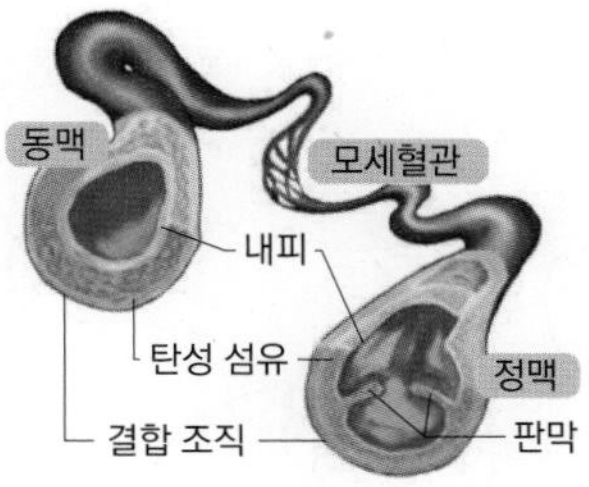

▲ 혈관 구조

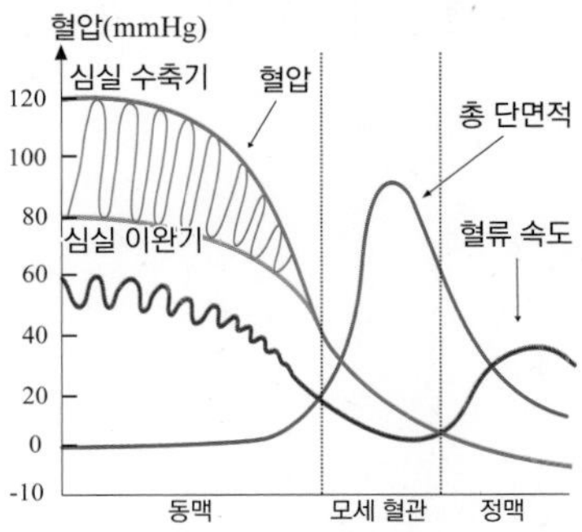

▲ 혈관과 혈압

5. 혈액 순환

(1) 혈액의 순환

① **온몸 순환 :** 좌심실에서 나온 동맥혈이 온몸을 돌면서 조직 세포에 산소와 영양소를 주고, 조직 세포에서 생긴 이산화 탄소와 노폐물을 받아 정맥혈이 되어 우심방으로 들어오는 혈액 순환 과정이다. (동맥혈에서 정맥혈로 바뀐다.)

좌심실 → 대동맥 → 온몸의 모세혈관(물질 교환) → 대정맥 → 우심방

② **폐순환 :** 우심실에서 나온 정맥혈이 폐를 순환한 후 이산화 탄소를 내보내고 산소를 받아 동맥혈이 되어 좌심방으로 들어오는 혈액 순환 과정이다. (정맥혈이 동맥혈로 바뀐다.)

우심실 → 폐동맥 → 폐포의 모세혈관(기체 교환) → 폐정맥 → 좌심방

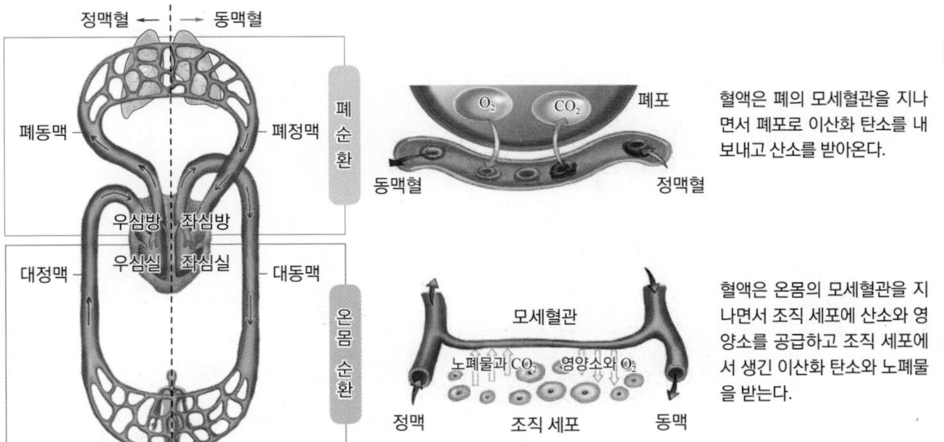

▲ 혈액의 순환

(2) 림프의 순환 : 림프관의 수축과 근육 운동에 의해 림프의 순환이 일어난다. 림프관을 통해 이동하는 림프는 좌우 림프총관에서 모여 이동하다가 좌우 빗장밑정맥에서 혈액과 합류하여 심장으로 들어간다.

정답 및 해설 08쪽

Q2 심장으로 혈액이 들어오는 과정부터 나가기까지의 과정을 심장의 수축과 이완 운동과 연계하여 설명하시오.

3 호흡

1. 호흡과 호흡 기관

① **호흡 :** 산소를 이용해 영양소를 분해하여 생물이 살아가는 데 필요한 에너지를 얻는 과정이다.

② **호흡 기관 :** 산소를 받아들이고 이산화 탄소를 내보내는 기능을 하는 기관이다.

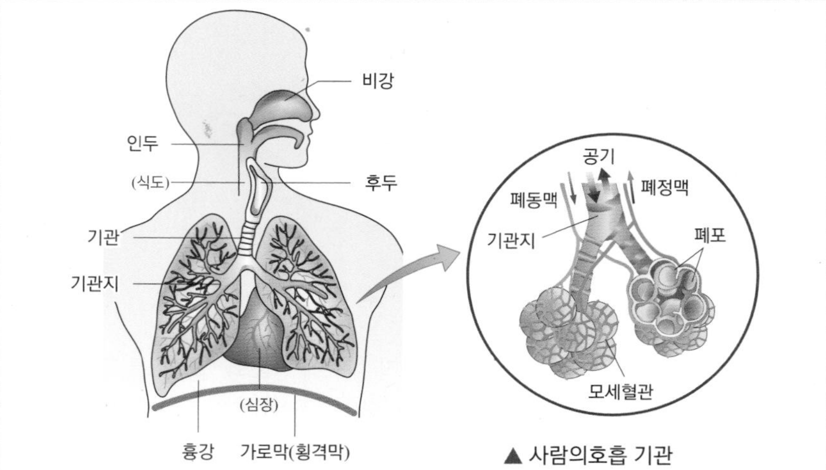

▲ 사람의호흡 기관

2. 호흡 운동

(1) 호흡 운동의 원리 : 폐는 근육으로 되어있지 않아 스스로 운동하지 못하기 때문에, 갈비뼈와 가로막의 상하 운동으로 흉강의 부피를 조절하여 압력의 변화를 일으켜 공기의 출입이 이루어지도록 한다.

① **들숨(흡기) :** 외늑간근 수축, 내늑간근 이완 → 갈비뼈 상승 → 가로막 수축으로 인한 가로막 하강 → **흉강 내 부피 증가** → 흉강 내 압력 감소 → 폐의 팽창으로 폐의 압력이 대기압보다 낮아짐 → 공기가 외부에서 폐로 들어옴

② **날숨(호기) :** 외늑간근 이완, 내늑간근 수축 → 갈비뼈 하강 → 가로막 이완으로 인한 가로막 상승 → **흉강 내 부피 감소** → 흉강 내 압력 증가 → 폐의 수축으로 폐의 압력이 대기압보다 높아짐 → 공기가 폐에서 외부로 나감

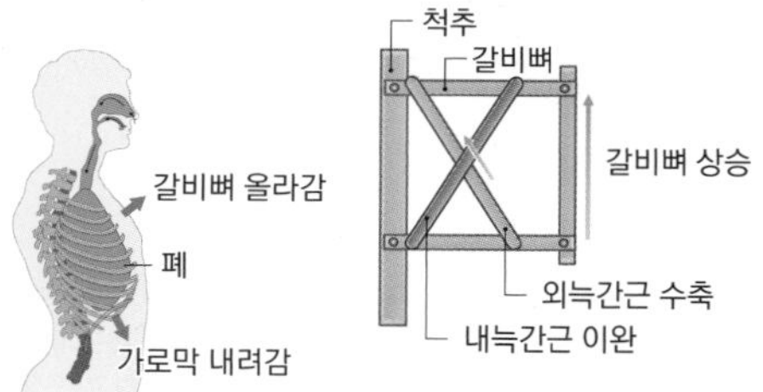

▲ 들숨(흡기)

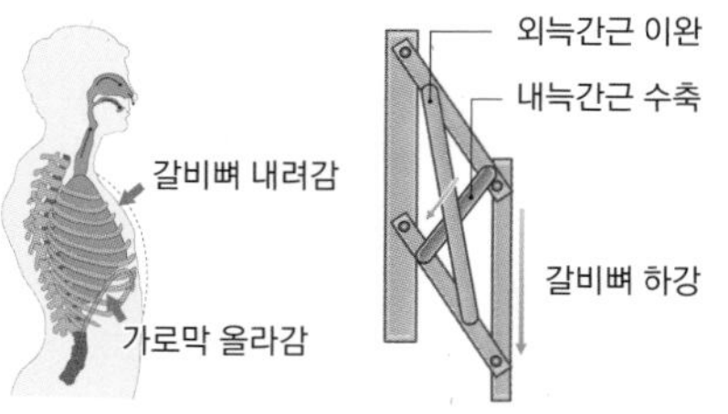

▲ 날숨(호기)

구분	늑간근(갈비사이근)	갈비뼈	가로막	흉강 내 부피	흉강 내 압력	폐	폐 압력	공기의 이동
들숨 (흡기)	외늑간근 수축 내늑간근 이완	상승	수축 → 하강	커짐	낮아짐	팽창	낮아짐	외부 → 폐
날숨 (호기)	외늑간근 이완 내늑간근 수축	하강	이완 → 상승	작아짐	높아짐	수축	높아짐	폐 → 외부

(2) 호흡 운동 시 압력 변화 : 흉강의 부피가 변하여 압력이 변하면 흉강 압력은 폐포 압력에 영향을 주며, 폐포 내압이 대기압보다 낮으면 들숨, 대기압보다 높으면 날숨이 일어난다.

① 흉강 내압은 항상 대기압보다 낮다.

② 외공기는 압력이 높은 곳에서 낮은 곳으로 이동한다.

4. 기체의 교환

(1) 기체 교환의 원리 : 기체의 분압 차에 의한 확산 현상으로 일어난다.

(2) 외호흡과 내호흡

① **외호흡 :** 폐포와 모세혈관 사이에서 이루어지는 기체 교환이다.

② **내호흡 :** 모세혈관과 조직 세포 사이에서 이루어지는 기체 교환이다.

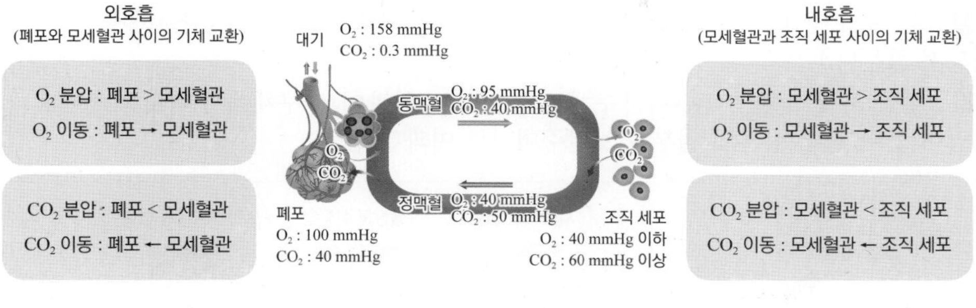

▲ 외호흡과 내호흡

정답 및 해설 08쪽

Q3 사고로 호흡을 멈춘 사람에게 가장 기본적인 응급처치로 인공호흡을 실시하는 이유는 무엇인지 서술하시오.

4 배설

1. 배설계

(1) 사람의 배설 기관 : 노폐물의 배설을 담당하는 기관들의 모임을 배설계라고 하며 콩팥, 오줌관, 방광, 요도 등으로 구성되어 있다.

① **콩팥 :** 혈액 속의 노폐물을 걸러내어 오줌을 생성하는 기관이다.

② **오줌관 :** 콩팥에서 만들어진 오줌을 방광으로 보내는 통로이다.

③ **방광 :** 오줌관 끝에 있으며, 오줌을 저장하는 주머니이다.

④ **요도 :** 방광에 모인 오줌이 몸 밖으로 나가는 통로이다.

(2) 콩팥의 구조와 기능 : 콩팥은 강낭콩 모양의 암적색 기관으로, 길이는 약 10cm 정도이며, 가로막 아래의 등쪽에 좌우 한 쌍이 존재한다.

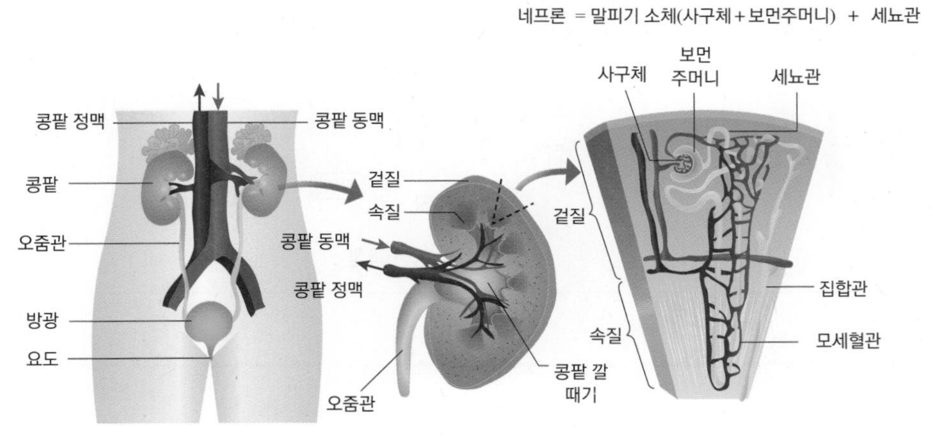

▲ 콩팥의 구조

2. 오줌의 생성

(1) 여과 : 사구체로 들어온 혈액 일부가 압력 차에 의해 보먼주머니로 빠져나오는 과정으로, 이때 보먼주머니로 여과된 여과액을 원뇨라고 한다.

① **이동 물질 :** 물, 포도당, 아미노산, 무기 염류, 요소, 요산, 크레아틴 등이 있다. (분자량이 큰 혈구, 단백질, 지방은 여과되지 않는다.)

② **이동 원리 :** 혈압 차에 의한 이동 → 사구체로 들어가는 혈관이 사구체에서 나오는 혈관보다 굵어서 사구체 내부의 혈압이 높아 혈액 성분의 일부가 보먼주머니로 여과된다.

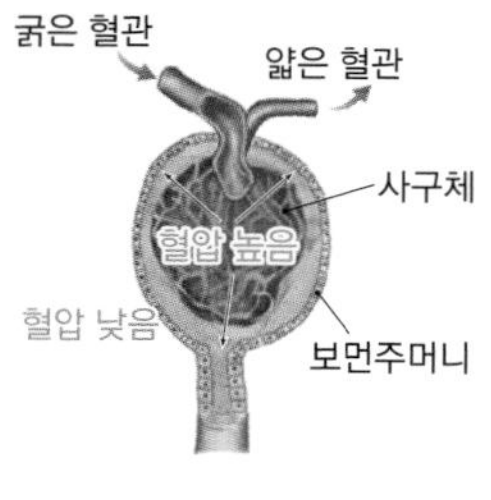

▲ 압력차에 의한 여과

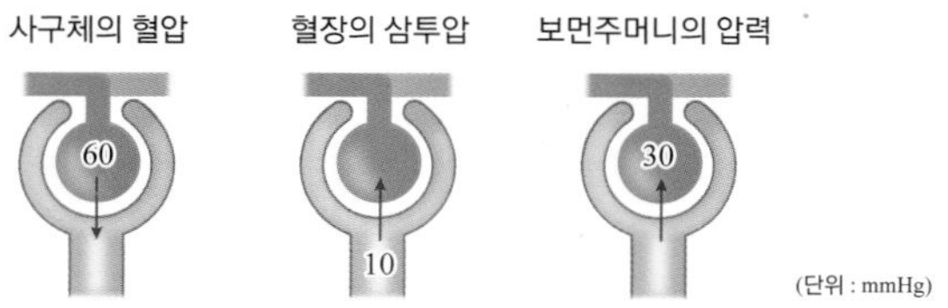

· 여과를 일으키는 압력은 사구체의 혈압에서 여과를 방해하는 압력인 혈장의 삼투압과 보먼주머니의 압력을 뺀 값에 해당한다.

· 순 여과 압력 = 사구체의 혈압 - 혈장의 삼투압 - 보먼주머니의 압력
= 60mmHg - 10mmHg - 30mmHg = 20mmHg

(2) 재흡수 : 원뇨가 세뇨관을 지나는 동안 여과된 물질 중 우리 몸에 필요한 성분이 세뇨관을 둘러싸고 있는 모세혈관으로 다시 흡수되는 과정이다.

① **이동 물질 :** 포도당과 아미노산(100%), 물과 무기 염류(90 ~ 99%), 요소(50%) 등이 있다.

② **이동 원리 :** 능동 수송(포도당, 아미노산, 무기 염류), 확산(요소), 삼투 현상(물)

(3) 분비 : 미처 여과되지 않고 모세혈관에 남아 있던 노폐물이 세뇨관으로 이동하는 과정이다.

① **이동 물질 :** 요소, 크레아틴 등

② **이동 원리 :** 능동 수송

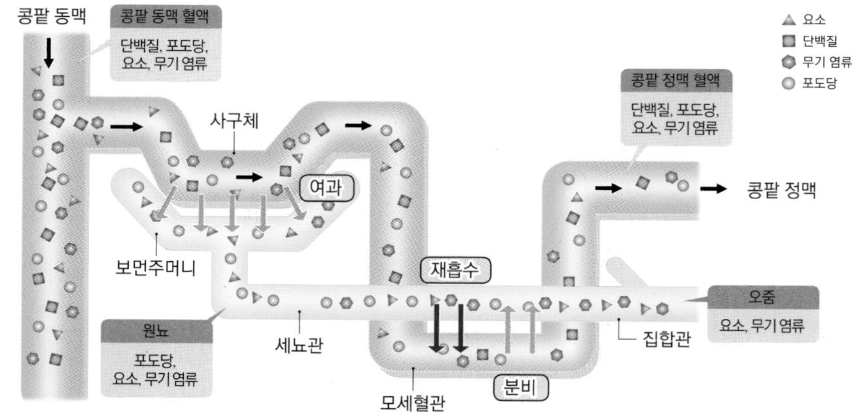

▲ 오줌의 생성 과정

정답 및 해설 08쪽

Q4 달걀 다이어트식 이후 같은 칼로리의 일반식을 해도 체중이 증가하는 이유를 설명하시오.

3. 콩팥 질환

① **증상 :** 몸이 붓거나 심한 피로를 느끼며, 오줌에 단백질이나 혈구 등이 섞여 나온다.

② **치료법 :** 인공 콩팥, 콩팥 이식 등

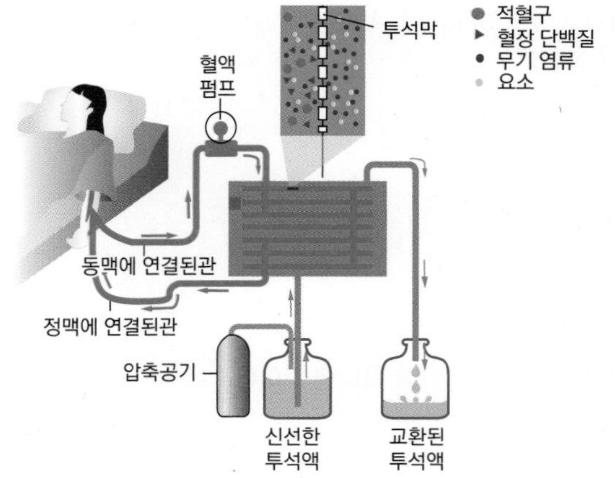

· 인공 콩팥 : 콩팥 기능 상실증 환자의 혈액을 몸밖에서 여과시켜 노폐물을 제거한 후 몸 안으로 돌려보내는 장치이다.

· 원리 : 새 투석액에서는 요소와 같은 노폐물이 들어 있지 않아 노폐물 농도가 높은 혈액에서 노폐물 농도가 낮은 투석액 쪽으로 노폐물이 확산된다.

▲ 인공 콩팥의 원리 및 과정

5 소화, 순환, 호흡, 배설의 유기적 상호 관계

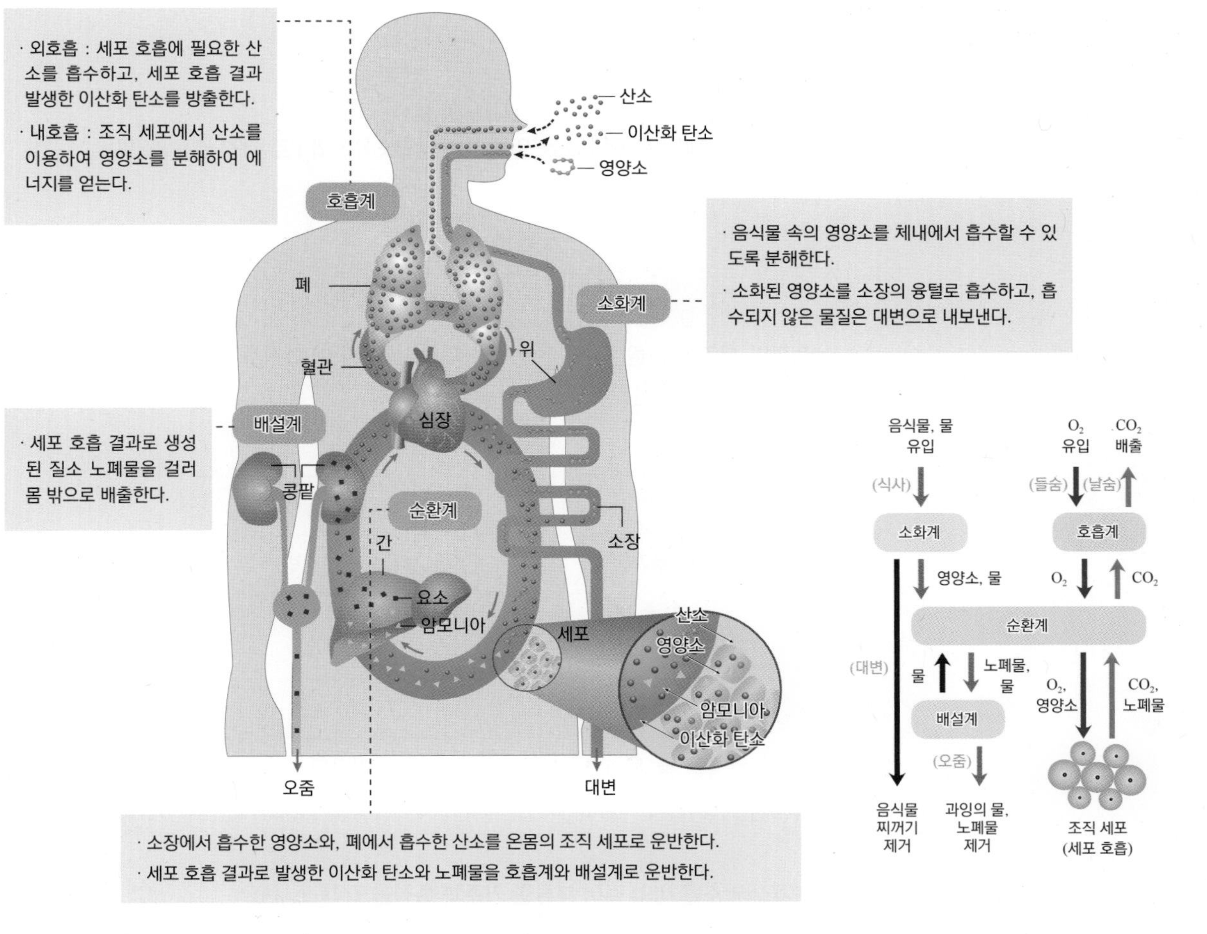

034 어떤 사람에게 하루에 필요한 열량이 3,000kcal라고 할 때, 이 사람이 하루 세끼 식사를 통해 섭취해야 하는 3대 영양소의 양은 몇 g인지 계산식을 써서 구하시오. (단, 이 사람이 식사를 통해 섭취하는 3대 영양소의 비율은 지방과 단백질이 각각 20%, 탄수화물이 60% 라고 가정한다.)

035 다음 표는 어떤 식품 포장지에 표시되어 있는 영양 성분표를 나타낸 것이다.

영양소	탄수화물	지방	단백질
함량	10	5	80

이 식품을 섭취했을 때 얻을 수 있는 총 열량은 몇 kcal인지 구하시오.

036 무한이는 영양소를 A와 B로, 상상이는 영양소를 C와 D로, 알탐이는 영양소를 E와 F로 각각 분류하였다.

<무한>

(A)	(B)
바이타민, 무기염류, 물	탄수화물, 지방, 단백질

<상상>

(C)	(D)
단백질, 물, 바이타민, 무기염류	탄수화물, 지방

<알탐>

(E)	(F)
탄수화물, 지방, 단백질, 물, 무기염류	바이타민

무한이와 상상이 그리고 알탐이가 영양소를 이와 같이 분류한 기준과 특징을 각각 쓰시오.

037 어느 집에나 가정용 구급함을 열어 보면 소화제가 한 두 종류 있다. 최근 스트레스로 인한 소화 불량증 환자들이 많은 탓에 소화제의 판매량이 급증하고 있다. 소화제는 음식물의 소화를 촉진하고, 위와 장의 소화 기능을 높이는 약물이다. 이러한 소화제에는 어떤 물질이 주성분으로 들어가야 하는지 서술하시오.

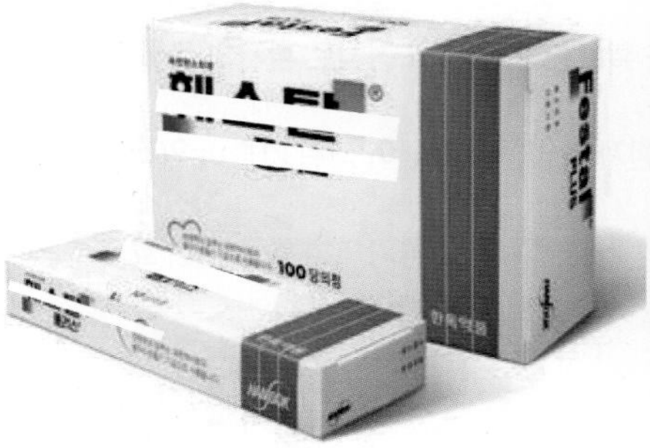

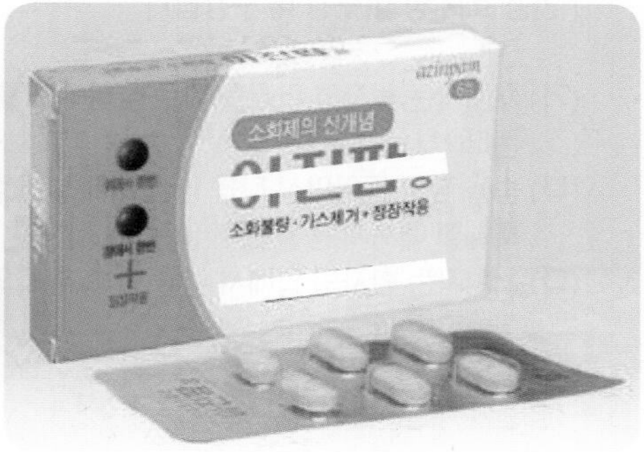

038 다음은 혈압과 혈장 삼투압의 차이에 의한 혈장의 이동을 나타낸 것이다.

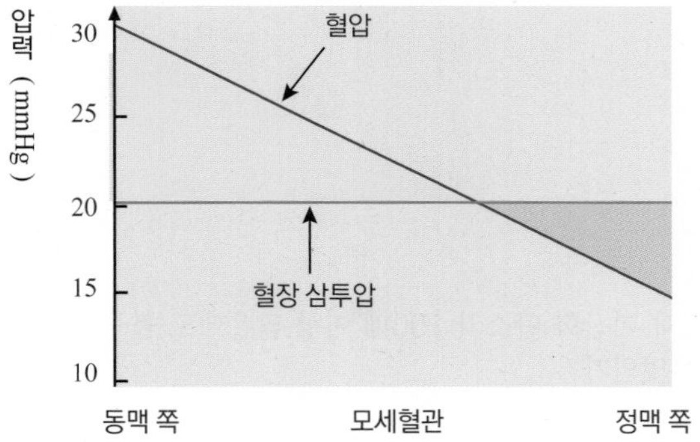

모세혈관의 혈장은 혈압과 혈장 삼투압의 차이에 의해 이동한다. 모세 혈관의 혈압이 크면 모세 혈관 내 혈장 성분이 조직 사이로 퍼져 나가고, 혈장 삼투압이 혈압에 비해 크면 조직 세포 사이로 퍼져 나간 액체(조직액)가 모세 혈관 안으로 스며들어 온다.

다리에 근육이 없는 사람은 다리가 잘 붓는다고 한다. 이때 근육의 역할은 무엇인지 서술하시오.

유형 Problem

039 다음은 인공 호흡 방법과 들숨, 날숨의 구성에 대한 자료이다. 제시된 자료를 이용하여 물음에 답하시오.

[인공 호흡 방법(구강 대 구강법)]

(가) 처치자는 환자의 머리를 뒤로 젖혀 기도를 확보한 후 엄지와 검지로 환자의 코를 잡는다.
(나) 숨을 깊이 들이마신 다음 입을 크게 벌려 환자의 입둘레에 덮어 씌워 가슴이 약간 불룩해질 때까지 숨을 불어 넣는다.
(다) 처치자는 환자의 입에서 입을 뗀 후 환자의 가슴을 보거나 공기의 흐름을 느껴 효과를 확인한다.

(가)
(나)
(다)

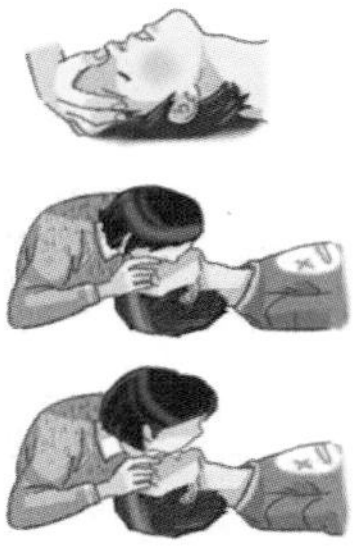

< 인공 호흡 과정 >

구분	질소(%)	산소(%)	이산화 탄소(%)	수증기(%)
들숨	78.63	20.84	0.030	0.500
날숨	74.50	15.70	3.600	6.200

< 들숨과 날숨의 구성 >

(1) 인공 호흡 (구강 대 구강법)을 할 때 환자의 코를 막는 이유는 무엇인가?

(2) 날숨에는 들숨보다 이산화 탄소가 100배 이상 많은데도 불구하고 인공 호흡 과정에서 날숨을 환자에게 공급하는 이유는 무엇인가?

정답 및 해설 09쪽

040 다음은 헌혈 과정을 나타낸 것이다. 자료를 읽고 물음에 답하시오.

(가) 헌혈 전 여러 검사를 통해 헌혈할 조건을 갖추고 있는지 판단한다.
(나) 팔의 위쪽을 고무줄로 묶은 후 아래쪽의 부풀어 오른 혈관 A에 주사 바늘을 꽂는다.
(다) 흰색 용액이 들어있는 채혈 봉투에 주사기를 연결한다.
(라) 주먹을 쥐었다, 폈다를 반복하며 체혈한다.

(1) 혈관 A는 무엇이며, 혈관 A가 가지는 특징을 3가지 이상 쓰시오

(2) 헌혈 과정의 (다)에서 채혈 봉투에 들어 있던 흰색 용액의 역할은 무엇일지 설명해 보시오.

041 표는 여러 가지 질소성 노폐물의 특성과, 여러 동물들의 질소성 노폐물의 종류와 비율을 나타낸 것이다.

종류	성질	노폐물 1g 배설시 필요한 수분량 (mL)	사람	닭	붕어
요산	불용성	10	0.65 %	87.0 %	-
요소	수용성	50	86.9 %	10.0 %	9.9 %
암모니아	수용성	500	4.8 %	3.0 %	73.3 %

암모니아는 요소나 요산에 비하여 독성이 많은데도 불구하고 붕어는 왜 암모니아를 주요 노폐물의 형태로 배설할 수 있는 지 서술하시오.

042 다음은 자료는 셀룰로스에 대한 설명이다.

(가) 셀룰로스는 지구 상에서 가장 풍부하게 존재하는 물질로 포도당 분자들로 구성되어 있지만 너무 조밀하게 결합되어 있어 분해하기가 어렵다. 셀룰로스는 셀룰레이스라는 소화 효소에 의해 포도당으로 분해된다. 사람은 셀룰로스를 분해하는 소화 효소가 없지만, 달팽이나 균류 같은 소수의 생물은 셀룰레이스를 생성한다. 또한, 초식성 동물이나 흰개미들은 직접 이 효소를 생성하지는 않지만, 장 내에 셀룰로스를 분해할 수 있는 미생물이 있어 이들이 분해한 셀룰로스의 분해 산물인 포도당을 장을 통해 흡수한다.

(나) 최근 식물에서 얻은 에탄올을 자동차의 연료로 사용하기 시작하였다. 이는 친환경 에너지로서 많은 관심을 받고 있다. 그러나 이 에탄올은 주로 곡물 알갱이를 원료로 쓰기 때문에 식량 가격을 폭등시키고 식량난 문제를 일으킬 수 있어 많은 비판이 있다. 따라서 현재는 곡물이나 옥수수가 아닌 식물 줄기나 목재를 원료로 한 셀룰로스 에탄올 개발이 한창이다.

(1) 풀의 주요 성분은 셀룰로스이다. 풀을 뜯어먹고 사는 토끼와 사람의 소화 작용을 알아보기 위해 다음과 같이 셀룰로스 15ml에 A, B, C, D와 같은 재료를 넣고 실험을 하였다. 실험 결과 베네딕트 반응을 보인 시험관과 이를 통해 알 수 있는 사실에 대해 서술하시오.

구분	A	B	C	D
셀룰로스 용액	토끼 위의 순수 분비액	토끼 위에서 분리된 미생물	사람 위의 순수 분비액	사람 위에서 분리된 미생물

(2) 글 (나)의 문제점을 해결할 수 있는 방법을 (가) 글을 바탕으로 다양하게 써 보시오.

043 지방의 소화를 알아보기 위해 3개의 시험관 (가) ~ (다)에 식용유를 3mL씩 넣고 표와 같이 처리하여 그래프와 같은 결과를 얻었다. A ~ C는 각각 어느 시험관의 실험 결과를 나타낸 것인지 쓰고, 그 이유를 설명하시오.

시험관	첨가 물질
(가)	증류수 1mL + 쓸개즙 1mL
(나)	이자액 1mL + 증류수 1mL
(다)	쓸개즙 1mL + 이자액 1mL

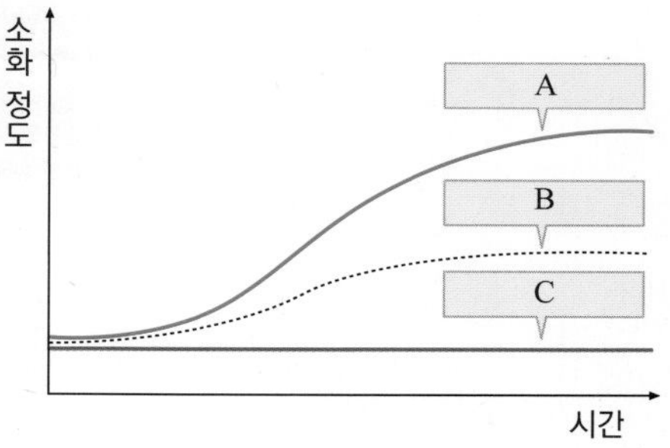

044 다음 표는 영양소 A, B형태와 소화된 산물을, 그림은 소장에서 흡수된 여러 가지 영양소의 이동 경로를 나타낸 것이다.

영양소	영양소 형태	소화된 산물	
A	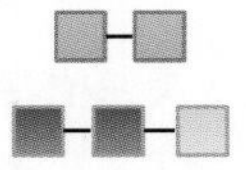		아미노산
B		 	글리세롤 지방산

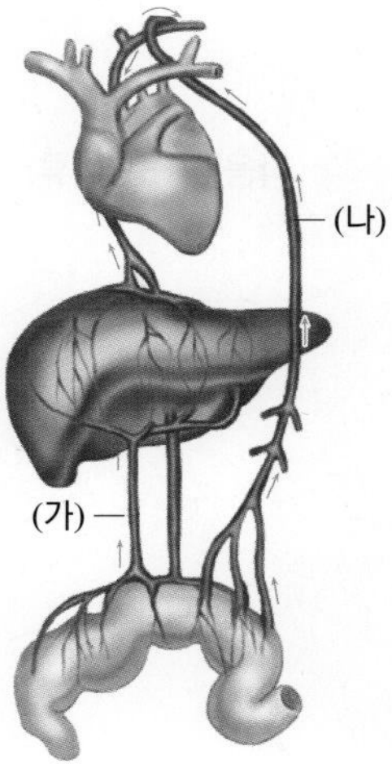

영양소 A와 B가 최종 소화되어 소장에서 흡수되어 이동하는 경로를 (가), (나)를 사용하여 각각 서술하시오.

045 그림은 다른 혈관과 모세혈관의 혈류 속도를 비교하여 설명하기 위한 모형이다.

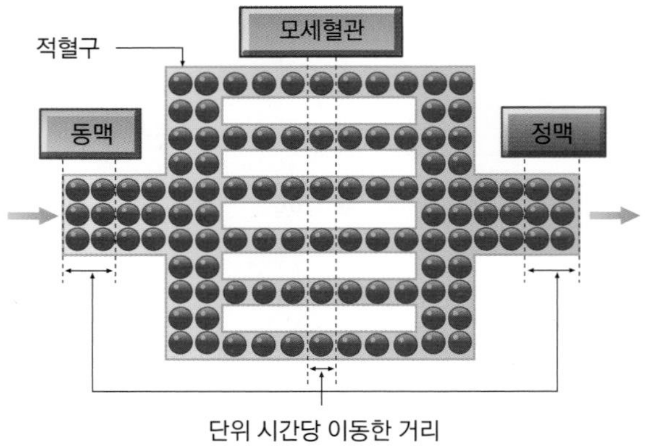

(1) 위 모형에서 잘못된 부분을 찾고, 그 이유를 쓰시오.

(2) 위의 자료를 바탕으로 동맥, 모세혈관, 정맥의 특징을 각각 3가지 이상 쓰시오.

046 다음 (가)는 어류, (나)는 포유류의 순환계를 나타낸 모식도이다. 어류와 포유류의 순환 구조를 비교 서술하시오.

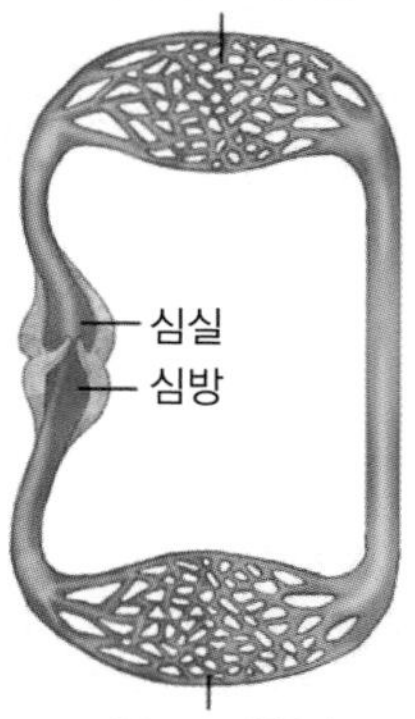

(가)

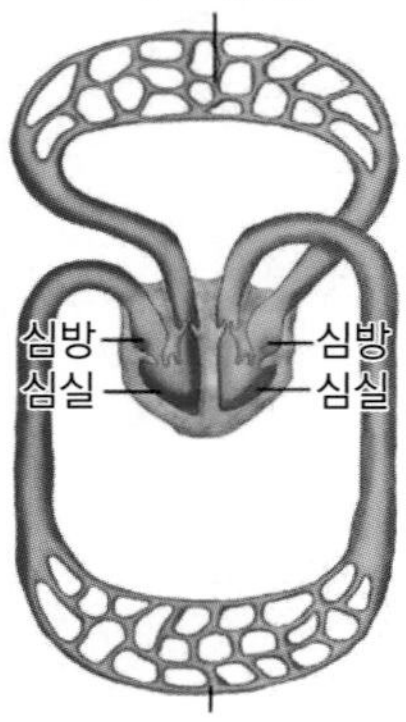

(나)

047 다음은 심전도에 대한 설명이다.

심전도(ECG : Eletrocardiogram) 검사는 체표면에 전극을 부착하여 심장에서 일어나는 전위의 변화를 기록한 것이며, 그 결과로 얻은 그래프는 심장 주기의 각 단계에 따라 전형적인 형태로 나타난다. 심전도 검사를 통해 협심증, 심근 경색, 부정맥 등을 알 수 있다.

· P 파 : 심방 수축기(심방 수축, 심실 이완)이며 약 0.11초이다.
· QRS 파 : 심실 수축기(심방 이완, 심실 수축)이며 약 0.27초이다.
· T 파 : 심실 이완기(심방, 심실 이완)이며 약 0.42초이다.
· 박동 주기 : P + QRS + T = 0.11 + 0.27 + 0.42 ≒ 0.8 (초)

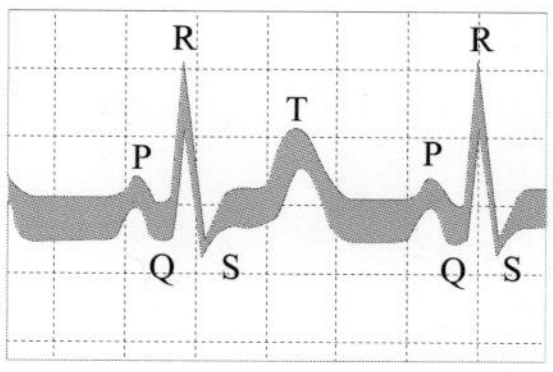

다음 그래프 (가)에서 시점 t 에서의 판막의 개폐 여부를 그림 (나)에 표시하고, 혈액의 흐름을 화살표로 그리시오.

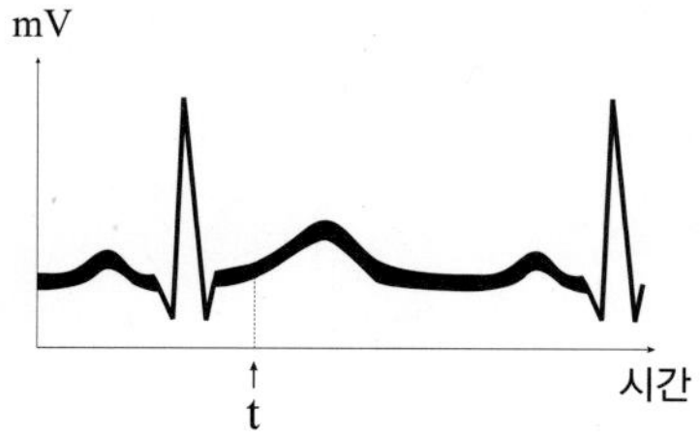

(가)

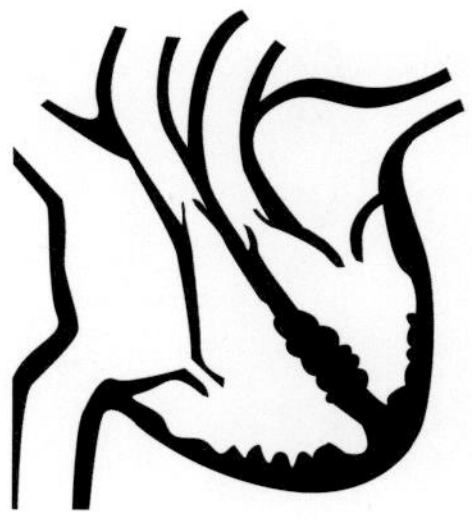

(나)

048 다음은 어떤 사람의 혈액, 심장, 콩팥의 생리 지표를 나타낸 것이다.

· 혈액 중 혈구가 차지하는 부피의 비 : 0.35
· 심실이 한 번 수축할 때 좌심실에서 심장 밖으로 내보내는 혈액량 : 90 mL
· 심장 박동수 : 80회/분
· 콩팥 혈류량 : 심박출량의 20%
· 콩팥의 여과율 : 25%

이 사람의 사구체 여과율(mL/분)은 얼마인지 계산 과정과 함께 서술하시오.

049 다음은 심장 박동 시 좌심실의 부피 변화 및 심장 박동음을 나타낸 것이다.

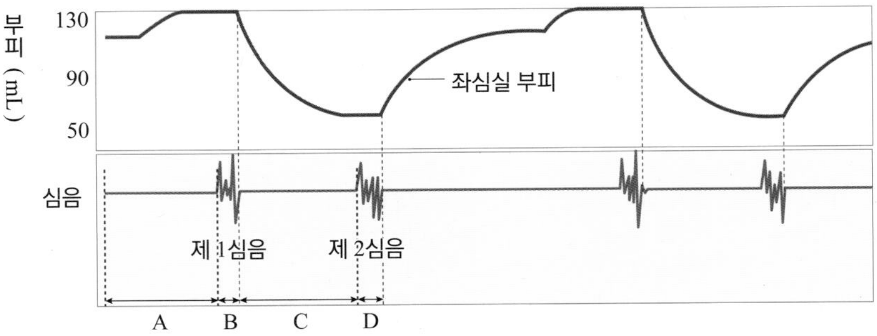

(1) 다음 (가) ~ (라)는 심장의 운동 상태를 순서 없이 나타낸 것이다. 각각에 해당하는 시기를 위 그래프에서 찾아 기호(A~D)로 쓰시오.

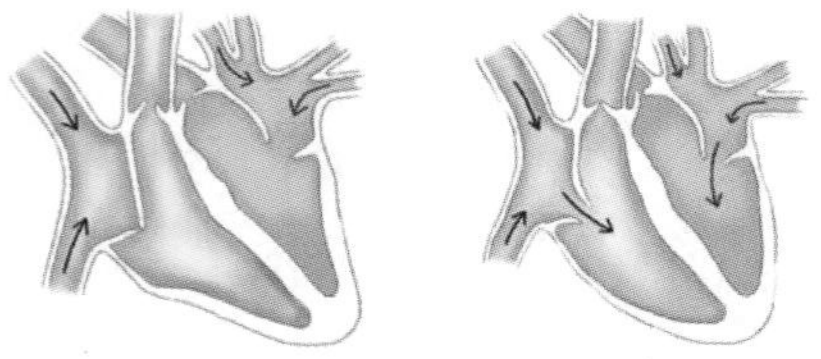

(가) : (　　　　) (나) : (　　　　)

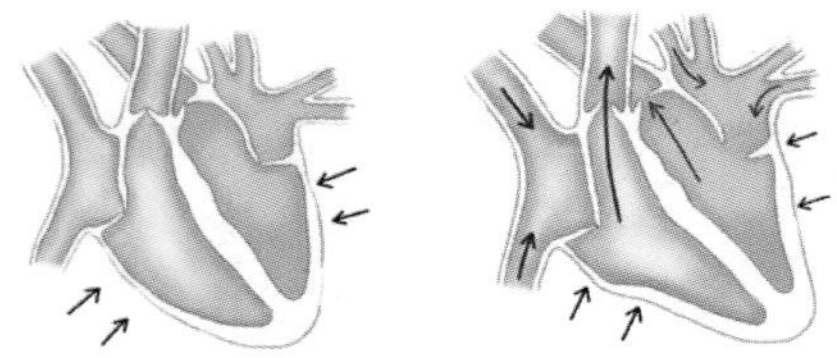

(다) : (　　　　) (라) : (　　　　)

(2) 다음 설명으로 옳은 것만을 〈보기〉에서 있는 대로 고르고, 옳지 않은 것은 올바르게 고쳐 쓰시오.

보 기

ㄱ. A 시기에는 이첨판과 삼첨판이 열려 있다.
ㄴ. C 시기에 좌심실과 대동맥 사이에 있는 반월판이 열린다.
ㄷ. 제 1심음은 혈액이 좌심실에서 좌심방으로 역류하는 것을 막기 위해 판막이 닫히면서 나는 소리이다.
ㄹ. 제 2심음이 발생한 이후 혈액은 좌심실에서 대정맥으로 흐른다.

정답 및 해설 11쪽

050 다음은 사람의 혈관에서 혈압 변화와 혈관의 특성을 나타낸 자료이다. [대회 기출 유형]

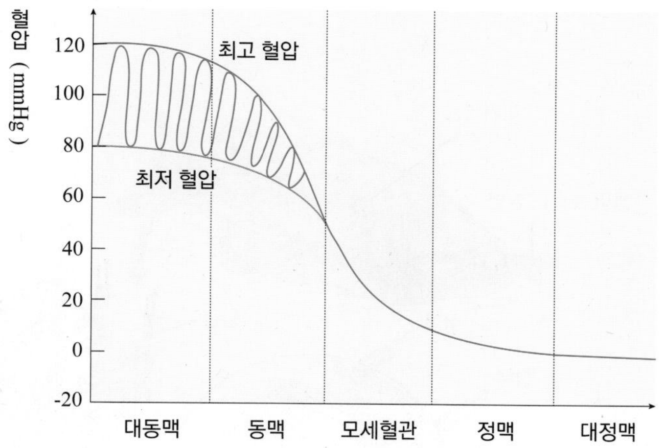

혈관	안쪽 지름(mm)	벽의 두께 (mm)	총 단면적 (cm^2)
대동맥	25	2	4.5
동맥	4	1	20
모세혈관	0.006	0.001	4500
정맥	5	0.5	40
대정맥	30	1.5	18

이 자료에 대한 설명으로 옳은 것만을 <보기>에서 있는 대로 고르고, 옳지 않은 것은 올바르게 고쳐 쓰시오.

보 기

ㄱ. 동맥에서의 최저 혈압은 심방이 이완될 때 나타난다.
ㄴ. 혈관벽을 통한 물질 교환은 모세혈관에서 가장 잘 일어난다.
ㄷ. 대동맥의 혈관벽은 매우 두꺼워서 높은 혈압을 견딜 수 있다.
ㄹ. 심실의 수축기와 이완기의 혈압 차이는 우심실에 가까운 동맥일수록 더 크다.
ㅁ. 모세혈관은 벽의 두께가 매우 얇아서 혈장 단백질의 대부분이 주변 조직으로 빠져나간다.

051 어류는 아가미 호흡을 한다. 아래 모식도에서와 같이 아가미 호흡이 일어나는 장소인 라멜라(호흡기 표면)에서 물의 흐름 방향과 혈액의 흐름 방향은 서로 반대이다. 이 때문에 언제나 아가미의 모세혈관 쪽으로 확산에 의해 산소가 이동한다.
[대회 기출 유형]

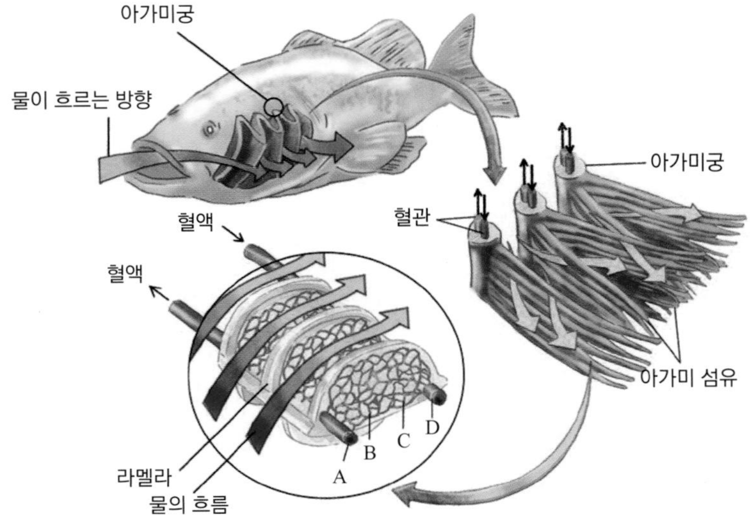

어류의 아가미에서 일어나는 기체 교환에 대한 설명으로 옳은 것만을 <보기>에서 있는 대로 고르고, 옳지 않은 것은 올바르게 고쳐 쓰시오.

보 기

ㄱ. 산소 함유량 정도를 비교하면 A > B > C > D 순이다.
ㄴ. 건조한 환경에서도 아가미의 호흡기 표면으로 공기가 잘 녹아 들어간다.
ㄷ. 아가미에서 물이 흐르는 방향과 모세혈관의 혈액이 흐르는 방향이 같으면 모세혈관으로의 산소 이동량은 증가한다.

정답 및 해설 11쪽

052 다음 (가)는 에베레스트 산 주위를 날고 있는 인도 기러기(줄기러기)의 모습을, 그림 (나)는 새가 가지고 있는 기낭(공기 주머니)을 나타낸 그림이다.
[대회 기출 유형]

(가)

(나)

철새들이 어떻게 고산 산맥을 횡단할 수 있는지 철새의 호흡과 관련된 적응 현상을 들어 서술하시오.

053 다음 그림 (가)는 날숨이 끝날 때 폐포 내의 공기압($P_{폐포}$), 흉강 벽과 폐포 사이의 공간이 갖는 압력($P_{공간}$)과 대기압($P_{대기}$)과의 관계를 나타낸 것이다. 그림 (나)는 날숨 때의 흉강 속의 폐와 가로막을 나타낸 것이다. 그림 (가)에서는 수많은 폐포 중 하나만을 단순화시켜 나타냈다.

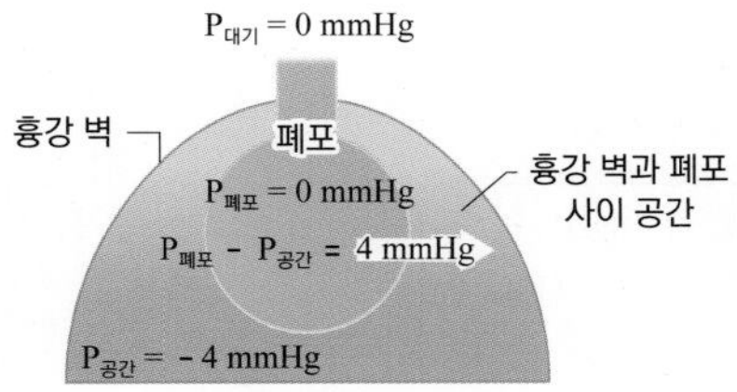

(가)

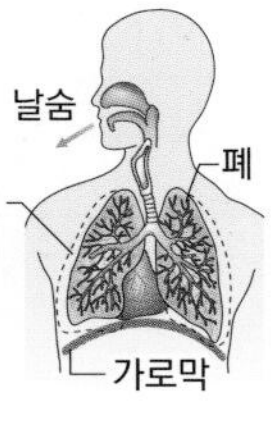

(나)

사람이 숨을 내쉬고 들이쉴 때 이들 압력의 관계에 대한 설명으로 옳은 것만을 <보기>에서 있는대로 고르고, 옳지 않은 것은 그 이유를 각각 서술하시오.

보 기

ㄱ. $P_{폐포}$값은 들숨이 끝날 때 가장 낮다.
ㄴ. 들숨이 끝날 때 $P_{폐포}$의 값은 0mmHg이다.
ㄷ. 숨을 들이쉴 때 $P_{공간}$과 $P_{폐포}$는 더욱 낮아진다.
ㄹ. 들숨과 날숨에서 공기의 이동은 $P_{폐포}$와 $P_{대기}$사이의 차이에 의해 결정된다.
ㅁ. 숨을 내쉴 때 늑간근과 가로막은 수축을 해서 흉강의 크기를 줄이고 $P_{폐포}$는 양의 값으로 증가한다.

054 온도가 올라갈수록 기체(산소)의 용해도는 낮아진다. 따라서 물에 사는 척추동물의 체액 속에 있는 헤모글로빈의 양도 그들이 살고 있는 물의 온도에 따라 달라진다. 다음의 그래프 곡선 ㉠ ~ ㉣ 중 이와 같은 특성을 잘 나타낸 그래프를 고르고 그 이유를 설명하시오. [대회 기출 유형]

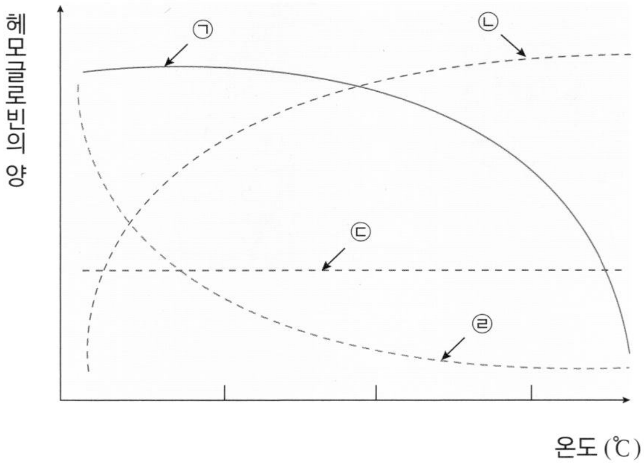

055 다음 그래프는 산소와 이산화 탄소의 농도를 다르게 하였을 때 (가) 호흡 속도의 변화와 (나) 폐활량의 변화를 타낸 것이다.

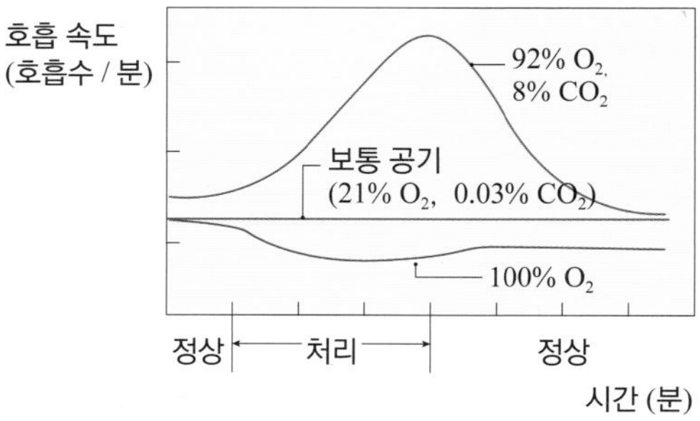

(가)
O_2와 CO_2의 농도에 따른 호흡 속도의 변화

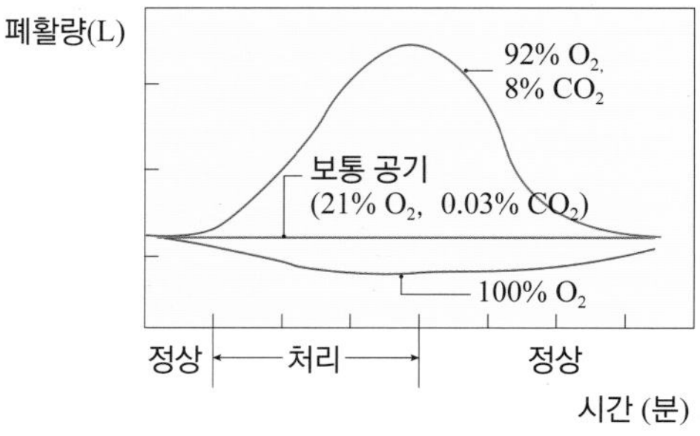

(나)
O_2와 CO_2의 농도에 따른 폐활량의 변화

(1) 빈칸에 알맞은 말을 차례대로 쓰시오.

· 이산화 탄소의 농도가 높을수록 호흡의 속도는 ( )
· 호흡 속도는 ( )보다 ( )의 영향을 더 많이 받는다.

(2) 혈액 내 이산화 탄소의 농도가 높아지면 1회 호흡 시 드나드는 공기의 양은 어떻게 변하는지 서술하시오.

정답 및 해설 12쪽

056 다음은 건강한 사람이 기온에 따라 배출하는 (가) 오줌과 땀의 양의 그래프와, (나) 오줌과 땀에 포함되어 있는 염분의 변화량의 그래프를 나타낸 것이다.

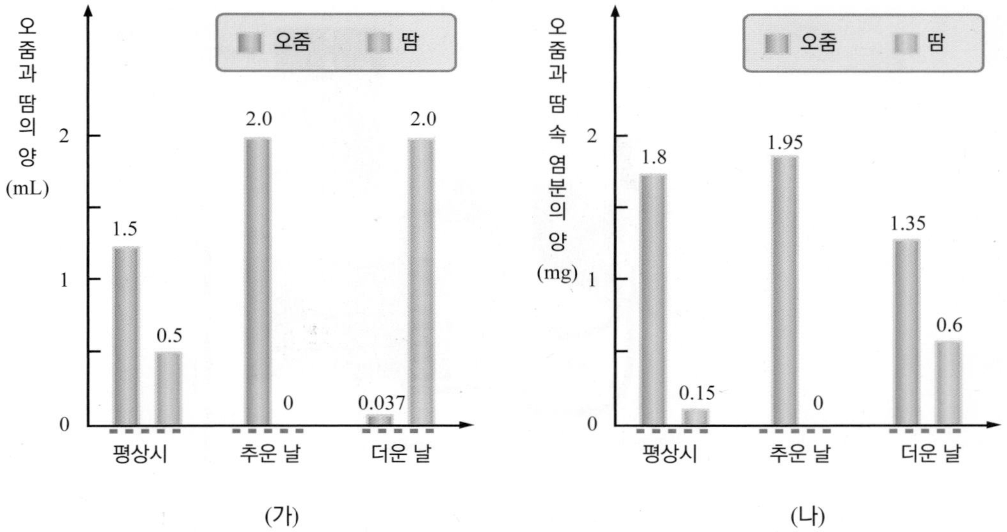

(1) 추운 날 땀의 양이 줄고 오줌량은 늘어나는 이유에 대해 설명하시오.

(2) (가), (나) 그래프에 나타난 것처럼 기온에 따라 우리 몸이 오줌과 땀의 양과 농도를 조절하는 이유에 대해 설명하시오.

057 요소는 단백질의 산화로 생긴 노폐물로서 신장을 통해 배설된다. 아래와 같은 상태로 요소가 배설된다면 요소의 재흡수율은 몇 %인가?

- 오줌 속의 요소 농도는 20mg/mL이다.
- 혈액 속의 요소 농도는 0.25mg/mL이다.
- 오줌량은 1mL/분이다.
- 사구체 여과량은 100mL/분이다.

058 콩팥이 제대로 기능을 하지 못하면 체내의 노폐물을 걸러 내지 못하기 때문에 콩팥 질환을 앓고 있는 사람들은 인공 신장기의 반투과성막을 이용하여 인위적으로 노폐물을 걸러냄으로써 생명을 연장시키고 있다. 물음에 답하시오. (그림은 인공 신장기의 투석 원리를 간단하게 나타낸 그림이다.)

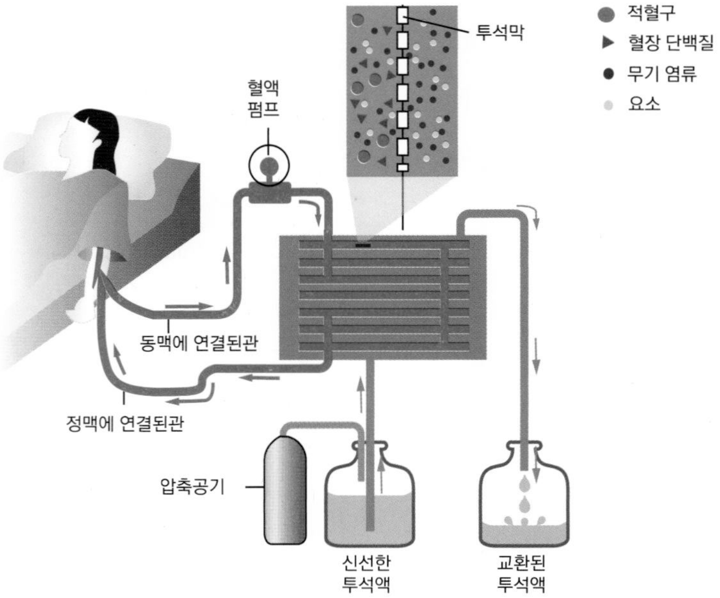

(1) 신선한 투석액 속 포도당과 요소는 혈액 속의 농도와 비교하여 어때야 하는지 인공 신장기의 투석 원리를 이용하여 설명하시오.

(2) 인공 신장기에서 혈액과 투석액은 흐르는 방향이 서로 반대 방향으로 되어 있다. 그 이유를 인공 신장기의 원리와 관련지어 설명하시오.

059 콩팥의 단위인 네프론에서 혈액은 사구체를 지나면서 보먼주머니로 여과된다. 다음은 혈액에 있는 용질이 사구체에서 투과될 때 용질의 크기와 전하가 투과에 미치는 영향을 나타낸 것이다.

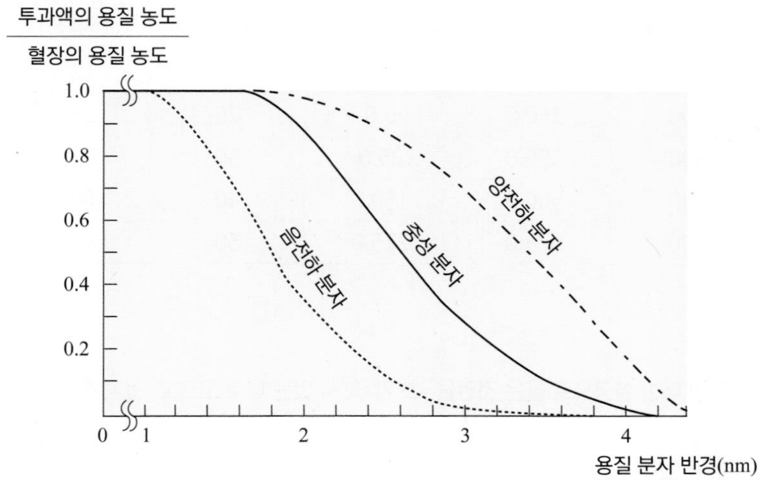

용질	상대질량	분자 반경(nm)
Na^+	23	0.10
요소	60	0.16
글리신	75	0.22
락토글로빈	36,000	2.16
혈청 알부민	69,000	3.55

*글리신 : 아미노산의 일종　*락토글로빈, 알부민 : 단백질의 일종

위 현상과 관련된 설명이나 추론에 대한 설명으로 옳은 것만을 <보기>에서 있는 대로 고르고, 옳지 않은 것은 그 이유를 각각 서술하시오.

보 기

ㄱ. 혈장에서 농도가 높은 용질일수록 사구체에서 많이 투과된다.
ㄴ. 락토글로빈과 동일한 크기를 갖는 혈장 단백질은 사구체에서 투과된다.
ㄷ. 혈청 알부민이 음전하를 띠고 있다면 사구체에서 거의 투과되지 않는다.

060 다음 표는 어떤 사람에서 물질 A와 B가 오줌으로 배설될 때 혈장 농도에 따른 콩팥에서의 분당 여과량과 배설량을 나타낸 것이다. [대회 기출 유형]

A			B		
혈장 농도 (mg/100mL)	분당 여과량 (mg/분)	분당 배설량 (mg/분)	혈장 농도 (mg/100mL)	분당 여과량 (mg/분)	분당 배설량 (mg/분)
100	125.0	0.0	10	12.5	62.5
200	250.0	0.0	20	25.0	105.0
300	375.0	25.0	30	37.5	117.5
400	500.0	150.0	40	50.0	130.0
500	625.0	275.0	50	62.5	142.5

A와 B의 배설에 대한 설명으로 옳은 것만을 <보기>에서 있는 대로 고르고, 옳지 않은 것은 올바르게 고쳐 쓰시오.

보 기

ㄱ. A는 B보다 콩팥을 통해 더 잘 배설된다.
ㄴ. A의 사구체 여과율(분당 여과량 ÷ 혈장농도)은 B와 같다.
ㄷ. A의 최대 재흡수량은 350mg/분, B의 최저 분비량은 80mg/분이다.

061 다음 표는 오줌의 생성 과정에서 오줌, 원뇨와 혈장 등이 포함하고 있는 각 성분의 농도(g/100mL)를 조사하여 나타낸 것이다. [대회 기출 유형]

물질	오줌	원뇨	혈장
A	1.80	0.03	0.03
B	0.00	0.10	0.10
C	0.00	0.00	8.00
D	0.00	0.05	0.05

(1) A ~ D 중 세뇨관에서 재흡수되는 물질을 모두 고르시오.

(2) A ~ D 중 오줌의 생성 과정에서 다량의 물이 재흡수되었다는 사실을 알 수 있는 물질을 있는 대로 쓰시오.

062

다음은 혈중 농도에 따른 물질 X의 콩팥에서의 여과율(F), 재흡수율(R), 배설율(E)을 나타낸 것이다.

[대회 기출 유형]

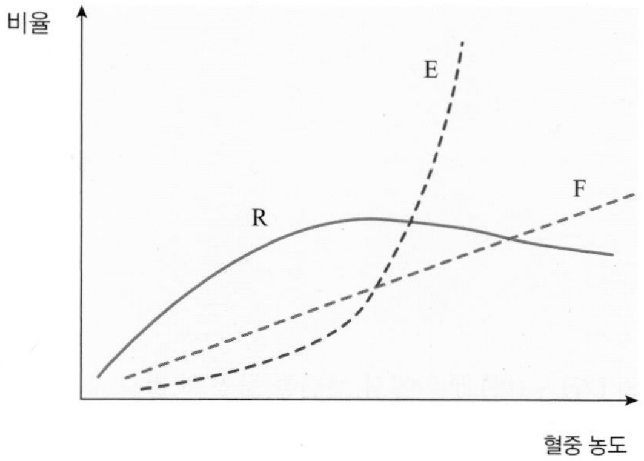

이에 대한 설명으로 옳지 않은 것은?

① X의 여과율은 혈중 X의 농도에 비례한다.
② 사구체에서 X의 여과율은 항상 일정하다.
③ 오줌 속의 X의 농도는 사구체에서 여과된 양보다 높을 것이다.
④ X의 혈중 농도가 어느 수준에 도달하면, 배설율이 급격히 증가한다.
⑤ X의 재흡수는 어느 일정 수준까지는 혈액 속 X의 농도에 영향을 받는다.

063

다음 자료를 읽고 물음에 답하시오.

> 혈액은 우리 몸에서 끊임없이 순환하며, 그 양은 체중의 약 $\frac{1}{13}$ 정도이다. 혈액 순환 경로 중 특히 신장으로 들어온 혈액은 네프론을 거치면서, 노폐물이 제거되어 다시 심장으로 되돌아가는데, 이때 사구체에서 여과되는 혈액은 매분 125mL 정도이다. 네프론의 사구체로 들어가는 혈관의 직경은 나오는 혈관의 직경보다 커서 사구체 내의 혈압은 다른 모세혈관에 비하여 두배 정도 높다. 그 결과 단백질과 같은 물질을 제외한 대부분의 혈장 성분이 사구체로부터 보먼주머니로 여과되는데 이 액체를 원뇨라고 한다.

분비되는 물질의 양을 무시할 때, 하루 배출하는 오줌량이 2L인 경우 하루 동안의 재흡수량은 총 얼마(L)인가?

기출 Check

064 그림은 신장의 일부분을 네프론 중심으로 나타낸 것이다.

[2021~23 기출 유형]

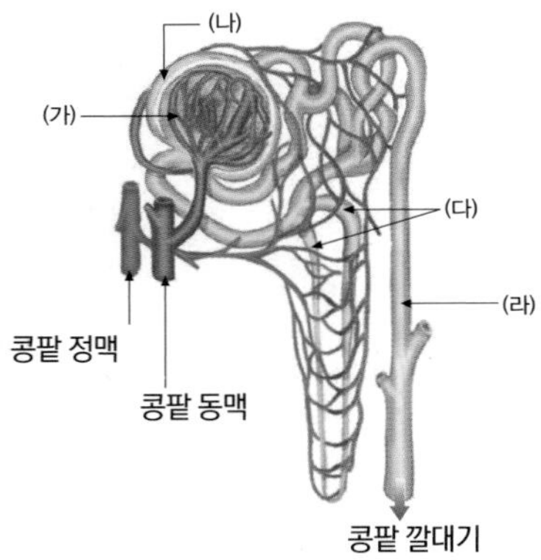

(1) 상상이와 알탐이의 (가) ~ (라) 부위에서 채취한 물질을 검사한 결과이다. 상상이와 알알이가 겪고있는 질병에 대해서 설명해 보시오.

	상상이				알알이			
	(가)	(나)	(다)	(라)	(가)	(나)	(다)	(라)
단백질	+	-	-	-	+	+	+	+
포도당	+	+	+	+	+	+	+	-
요소	+	+	+	+	+	+	+	+

(2) (가)~(라)의 명칭을 쓰고, 네프론에서의 요소의 이동에 대해 설명해 보시오.

065 다음은 사람의 혈액 속 모습을 나타낸 것이다.

[대구과학고등학교 기출 유형]

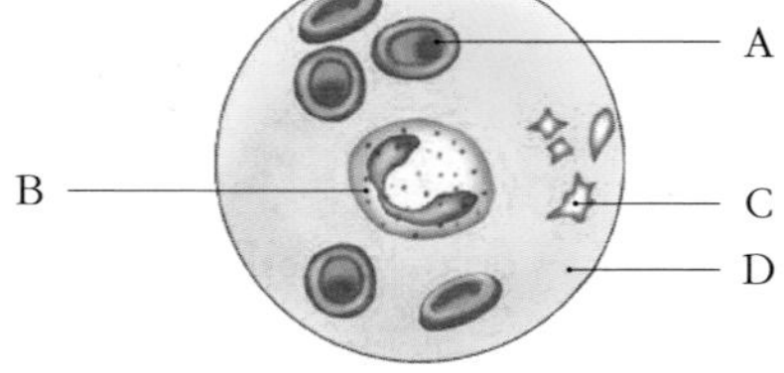

A를 아래 그림처럼 서로 다른 포도당 용액 (가), (나), (다)에 넣었을 때, 세 용액의 농도를 부등호를 사용하여 비교하고, 그 이유를 설명하시오..

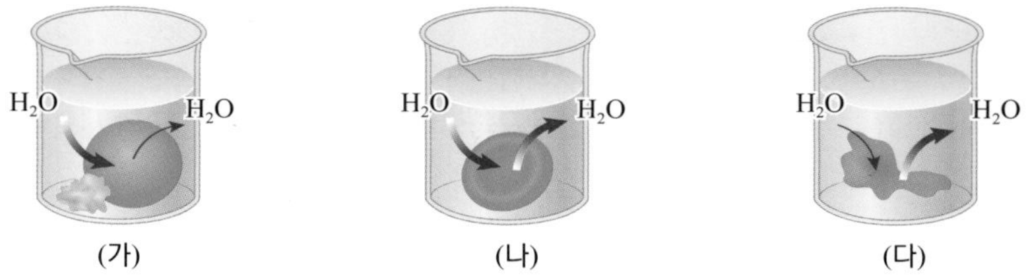

066 그림은 폐호흡을 모형으로 나타낸 것이다. 표는 무한이의 들숨과 날숨 시 대기압과 한쪽 폐, 흉강의 압력을 나타낸 것이다. 무한이의 상태에 대해 설명해 보시오.

[2021~23 기출 유형]

	들숨 시(mmHg)	날숨 시(mmHg)
대기압	760	760
폐의 압력	759	761
흉강의 압력	759	761

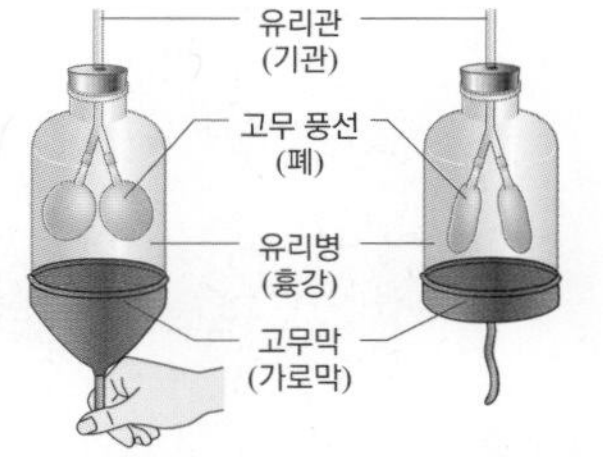

▲ 고무막을 잡아 당겼을 때　▲ 고무막을 놓았을 때

067 그림 (가)는 평상시 어떤 사람의 심장이 1회 박동할 때의 주기를 나타낸 것이고, 그림 (나)는 이 사람의 심장이 활동할 때 발생하는 전위 변화를 기록한 심전도를 나타낸 것이다.

[경기과학고등학교 기출 유형]

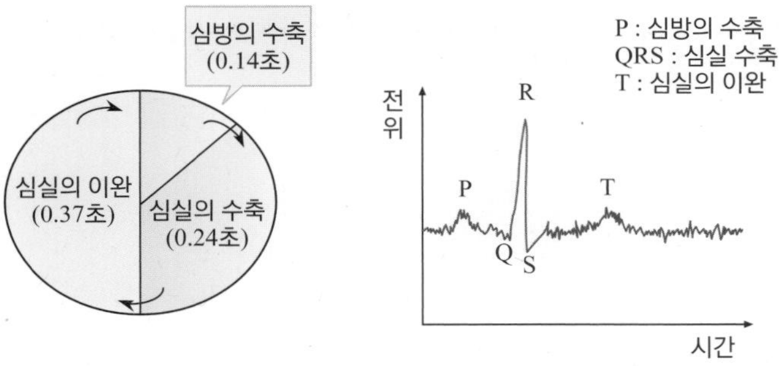

(가)　(나)

(1) P파 발생 시 심장에서 혈액이 이동하는 방향을 설명하시오.

(2) 평상시 위 사람의 1분간 심장 박동수를 구하시오.

(3) 위 사람의 혈액의 총량은 5.6L이고, 한 번의 박동으로 심장에서 나가는 혈액의 양이 70mL이라면, 체내의 모든 혈액이 심장을 1번 통과하는데 소요되는 시간을 구하시오.

068 우주에서의 혈액 흐름 및 혈압 변화 현상에 대해서 설명하시오. [서울과학고등학교 기출 유형]

069 다음 그래프는 정상인의 식사한 후와 운동 후의 (가) 상대적인 혈당량과 (나) 인슐린 분비량의 변화를 각각 나타낸 것이다.

[서울과학고등학교 기출 유형]

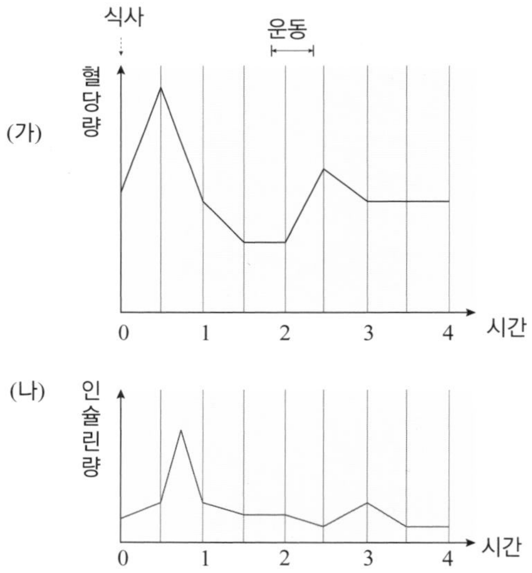

위 그래프에 대한 설명으로 옳은 것만을 있는 대로 고르시오. (2개)

① 인슐린량은 식사 후 30분에 최고에 이른다.
② 식사 후 혈당량이 증가하면 인슐린량이 증가한다.
③ 운동하는 동안 인슐린량이 증가한다.
④ 인슐린은 혈당량을 증가시켜 글루카곤이 분비되게 할 것이다.
⑤ 단식을 하면 인슐린의 농도는 낮은 상태를 유지할 것이다.

정답 및 해설 14쪽

070 **다음은 3대 영양소 A, B, C 가 소화관을 지나는 동안 소화가 진행되는 정도를 그래프로 나타낸 것이다.**

[2021~23 기출 유형]

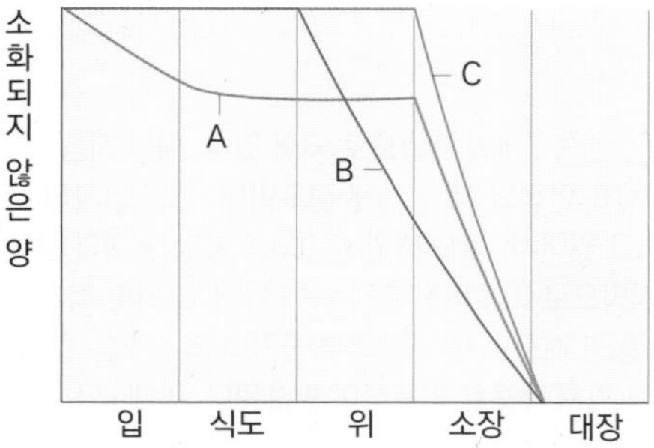

(1) A, B, C 는 각각 무엇인지 쓰시오.

(2) B의 검출 방법과, B가 소화되었을 때 최종 분해 산물이 흡수되는 과정을 서술하시오.

(3) C의 검출 방법을 쓰시오.

071 산소가 많이 포함된 혈액은 붉은색 빛에 대한 흡수도가 높고, 산소가 적게 포함된 혈액은 녹색 빛에 대한 흡수도가 높다. 동맥혈은 선홍색, 정맥혈은 검푸른색을 띨 때, A, B 중 동맥혈은 무엇인지 고르고, 그 이유를 쓰시오.

[대구과학고등학교 기출 유형]

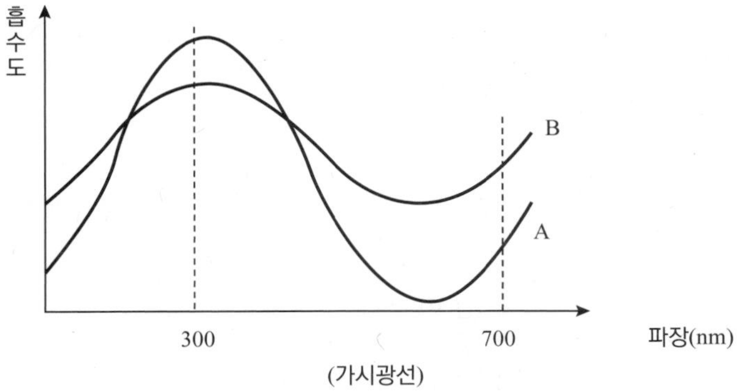

기출 Check

072 다음 두 제시문을 읽고 물음에 답하시오. [서울과학고등학교 기출 유형]

[제시문 1]

사람의 폐는 좌우 1쌍으로, 오른쪽 3개, 왼쪽 3개의 폐엽으로 되어 있다. 폐는 지름이 0.1mm 정도인 폐포 3억 ~ 4억 개로 이루어져 있어 공기와 접하는 면적이 체표 면적의 25 ~ 50배 정도인데, 성인 남자의 경우는 무려 100㎡에 달한다. 폐포의 표면에는 모세혈관이 조밀하게 분포하고 있어서, 폐포 내의 공기와 모세혈관 내의 혈액 사이에서 산소와 이산화 탄소의 교환이 일어난다. 한편, 폐는 늑막과 횡격막으로 이루어진 흉강 속에 들어 있으며, 척추에서 뻗어나온 늑골에 의해 외부 충격으로부터 보호를 받는다. 호흡을 하는 동안 폐포로 들어온 외부 공기 속의 산소는 혈액을 거쳐 조직 세포로 공급되고, 조직 세포에서 발생한 이산화 탄소는 혈액을 거쳐 폐포로 이동하여 방출된다. 이때 폐포와 혈액, 혈액과 조직 세포 사이에서 기체 교환이 일어나는 기본 원리는 분압차에 의한 확산이다.

[제시문 2]

아래 그림은 폐활량 모식도와 심호흡 시 폐의 부피 변화 그래프이다. (사강은 숨쉬기에 관여하지 아니하는 호흡 기관의 빈 곳이다.)

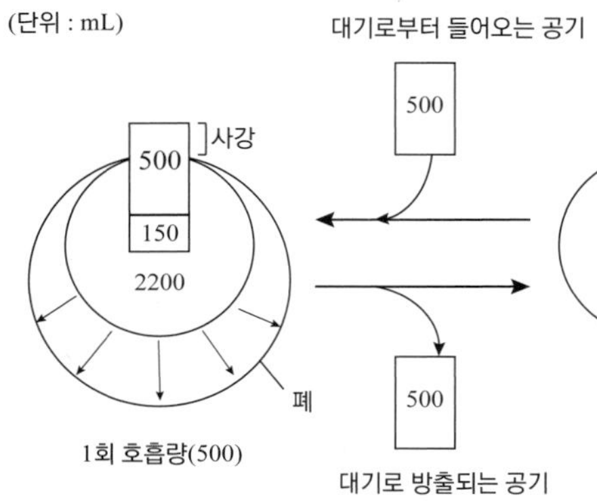

(가)

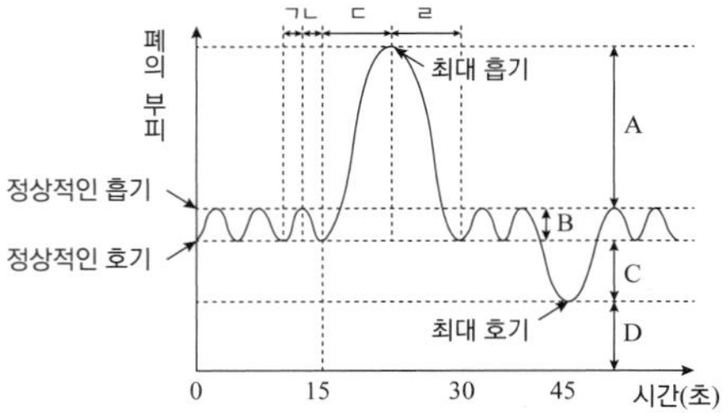

(나)

그림 (가)는 들숨과 날숨 시 공기의 이동량을 나타낸 것이고, 그림 (나)는 평상시 호흡량과 심소흡시 폐활량을 나타낸 그래프이다. 그림 (가)를 보면 들숨과 날숨 과정에서 모든 공기가 폐포로 들어가는 것이 아니라 150mL 정도의 공기는 항상 기관지나 기관에 남아있다.

(1) 평상시 1분당 호흡횟수는 12회이고, 한번 호흡시 호흡량은 500ml이다. 하지만 얕고 빠르게 숨을 쉴 경우 1분당 호흡횟수는 30회이고, 이때의 호흡량이 200ml이다. 만약 위의 조건이라면 1분당 평상시 호흡량과 얕고 빠르게 숨을 쉴 경우 호흡량이 모두 6000 ml이다. 그렇다면 얕고 빠르게 쉬는 숨이랑 평상시 호흡 중 어느 것이 효율적일지 서술하시오.

(2) 기체의 확산이 잘 일어나는 세 가지 조건(A ~ C)은 다음과 같다. 각 조건에 맞춰 폐가 어떻게 진화했는지 설명하시오.

(A) 기체의 확산은 표면적이 클수록 잘 일어난다.
(B) 기체의 확산은 이동거리가 짧을수록 잘 일어난다.
(C) 기체의 확산은 분압차가 클수록 잘 일어난다.

(3) 제주도 해녀들은 물속에 들어갔다 나오면서 휘파람 소리를 분다. 이 소리를 숨비소리라 하는데, 이것은 제주도 해녀들이 자맥질 이후 빠르게 숨을 내뱉으면서 하는 호흡 방법이다. 제주도 해녀들의 호흡 방법이 잠수에 유리한 이유를 서술하시오.

정답 및 해설 15쪽

073 '투석'이란 신장의 기능에 이상이 있는 환자의 혈액을 몸 밖으로 빼내어 요소와 같은 노폐물을 걸러내는 방법이다. 그림은 인공 투석기의 모식도이다.

[영재학교 기출 유형]

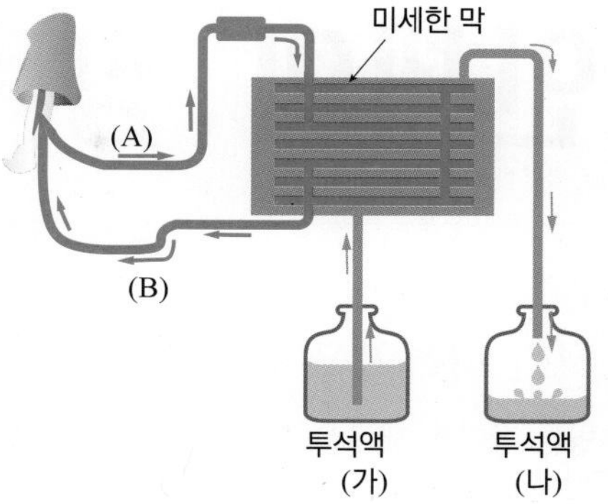

A와 B의 배설에 대한 설명으로 옳은 것만을 <보기>에서 있는 대로 고르고, 옳지 않은 것은 올바르게 고쳐 쓰시오.

보 기

ㄱ. 투석액 (가)는 투석액 (나)보다 요소 농도가 낮다.
ㄴ. 단백질이 혈액 (A)에서 투석액으로 배출된다.
ㄷ. 혈액 (A)는 투석액 (가)보다 포도당 농도가 높다.
ㄹ. 혈액 (A)는 혈액 (B)보다 요소 농도가 낮다.
ㅁ. 투석기는 신장의 네프론 역할을 담당한다.

074 그림은 어떤 사람이 걸을 때 다리 안에서 일어나는 근육 운동과 혈액 이동을 나타낸 것이다.

[서울과학고등학교 기출 유형]

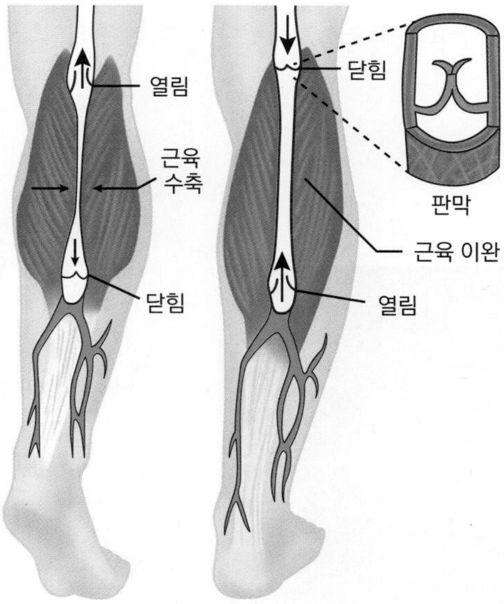

위 혈관의 혈액 이동에 대하여 옳게 설명한 것만을 있는 대로 고르시오. (3개)

① 혈액은 판막이 닫힘으로써 거꾸로 흘러가지 않는다.
② 높은 혈압 때문에 혈액은 수축된 근육 사이의 좁은 혈관 안을 흘러 갈 수 있다.
③ 혈관 주위의 근육운동은 척수에 의해 자동적으로 조절된다.
④ 혈관 주위의 근육이 수축 이완됨으로써 정맥 안의 혈액이 원활하게 이동된다.
⑤ 움직이지 않고 장시간 앉아 있으면 혈액이 발쪽으로 쏠려 발이 붓는다.

인체의 장기 이식

주제 I

장기 이식의 역사

병든 장기를 새로운 장기로 바꿔주면 건강이 회복될 것이라는 생각은 오래 전부터 있었다. 기원전 2000년 이집트에 장기 이식과 관련된 신화가 있고, 기원전 700년 인도에서도 자기 조직을 이식해 코 성형수술을 한 기록도 남아있다. 11세기에는 치아이식이, 15세기에는 피부이식이 시도됐다. 하지만 자기 조직을 이식하는 경우를 제외하면 대부분 실패로 돌아갔다.

근대의학의 여명기라고 할 수 있는 18세기부터 의학자들은 동물 실험을 통해 이식에 관한 지식을 얻기 시작했다. 영국의 외과의사 존 헌터는 닭의 고환이나 동물의 아킬레스건을 동종끼리 이식했다. 이러한 노력이 축적돼 1880년에는 각막 이식에 성공했다. 그러나 피부나 각막같이 단순한 조직이 아니라 체내의 장기와 같은 기관을 이식하는 것은 20세기가 될 때까지 불가능했다. 이유는 크게 두 가지다. 첫째, 작은 혈관이라도 막히지 않고 혈액을 통과시킬 수 있게 하는 봉합 기술과 미세 수술 기술이 부족했다. 둘째, 수술 후 이식한 장기가 염증을 일으키며 손상돼 버리는 현상, 즉 '거부 반응'이 생겼다.
이 중 혈관 봉합 기술은 1910년대에 해결됐다. 동맥을 자르고 이어줄 때 혈관 조직에 상처를 주지 않으면서 잠시 피가 흐르지 않도록 집어주는 가위 모양의 동맥 겸자가 등장했고, 미국의 의학자 알렉시스 캐럴이 서로 이어줄 양측 혈관 단면을 삼각형처럼 만들어 봉합하는 '삼각 봉합법'을 고안해 냈다. 캐럴은 삼각 봉합법을 고안해 동물 이식 실험을 한 공로로 1912년 노벨 생리의학상을 받았다.
혈관을 이어주는 수술 기술이 확립되자 가장 먼저 이식 수술의 대상으로 떠오른 장기는 신장이다. 신장 이식 수술은 이미 1936년 러시아의 보로노이가 처음으로 시도했다. 비록 환자는 수술 후 이틀 만에 사망했지만 장기 이식의 역사에서 대단히 중요한 수술로 기록된다. 이후 많은 의사들이 신장 이식 수술에 도전하기 시작했다.

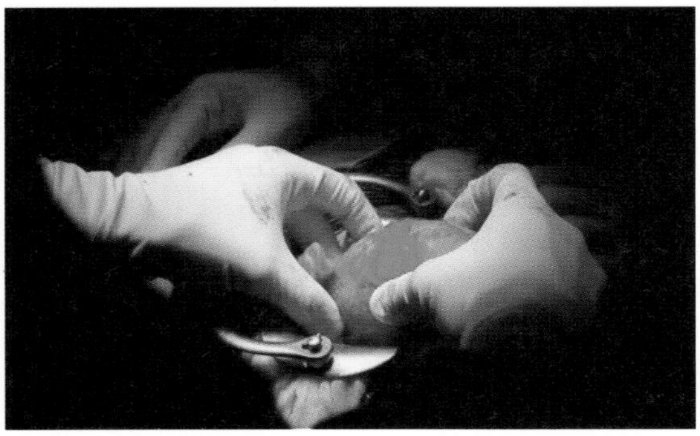

▲ 병든 장기를 새로운 장기로 바꾸는 장기 이식 수술

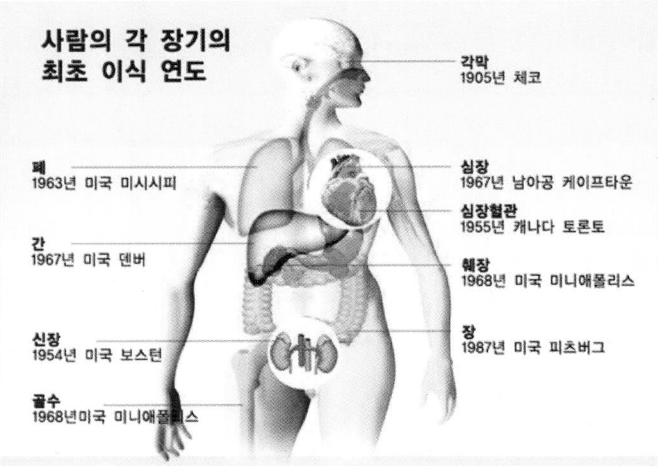

▲ 사람의 각 장기의 최초 이식 연도

정답 및 해설 15쪽

신장 이식

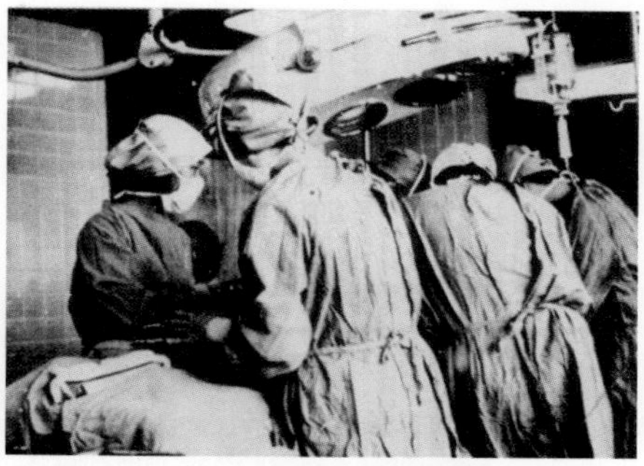
▲ 국내 최초 신장 이식 수술 장면

신장 조직이 손상되어 회복이 불가능한 상태로 진행된 만성 신부전 환자들은 오줌을 통해 배설되어야 할 노폐물과 수분이 몸속에 축적되어 피로감, 식욕 부진, 구토증, 호흡 곤란 등이 나타난다. 이런 환자는 일주일에 여러 번 인공 신장기를 이용해야 하므로 시간과 비용 및 심리적 부담이 크기 때문에 신장병을 근본적으로 치료하기 위해서는 다른 사람의 건강한 신장을 이식받는 것이 가장 좋은 방법이다.

그런데 신장을 기증받고자 하는 환자의 수에 비해, 기증되는 신장의 수는 훨씬 적다. 따라서, 신장을 이식받고자 하는 환자들 중에서 일부 환자에게만 우선권을 주어야 하는 등의 사회 문제가 생겨나고 있다. 또한 이식을 받는 환자의 신체적 조건이 다른 사람의 장기나 조직에 대해서 거부 반응을 일으킬 수 있기 때문에 건강한 신장이라고 모두 다 환자에게 이식할 수 있는 것은 아니다. 신장 이식에서의 성공 가능성은 기증자가 환자와 1란성 쌍생아일 경우가 가장 높고, 그 다음으로 좋은 경우가 형제, 자매 등의 가족과 친척이다. 따라서 수요와 공급의 불균형으로 인해 대체 장기나 획기적인 치료법이 나오기 전까지는 신장을 필요로 하는 환자들은 오랫동안 인공 신장기에 의지해야 한다.

한편 우리나라에서는 1969년 3월 서울 명동의 성모병원에서 처음으로 신장 이식 수술이 시행되었으며 성공하였다. 이는 국내 최초의 장기 이식 수술로, 국내 이식 의학의 바탕이 된 의미 있는 수술이었다.

인공 심폐기

심장의 주요 기능은 산소가 많은 신선한 혈액을 몸에 공급하고 이산화 탄소가 포함된 탁한 혈액을 몸 밖으로 내보내는 일이다. 이때 산소와 이산화 탄소의 교환은 폐에서 이루어진다. 만일 심장을 수술한다면 그 동안 몸에 필요한 산소는 어떻게 공급해야 할까? 또 폐를 수술할 때는 어떻게 할까?
인공 심폐기는 바로 이런 상황에서 필요한 장치이다. 즉, 폐를 대신해 혈액에 산소를 공급하고 이산화 탄소를 제거하는 목적으로 만들어졌다.
인공 심폐기는 수술 도중 몸의 각 부분에서 돌아오는 정맥혈을 차단하여 심장과 폐로 혈액이 유입되지 못하도록 하고, 이 정맥혈을 체외 순환으로 인공 심폐기로 유입시키게 된다. 인공 심폐기는 폐 역할을 대신하여 정맥혈로부터 이산화 탄소를 제거하고 신선한 산소를 공급하여 동맥혈이 되도록 해준다. 또한 심장 역할을 하는 펌프를 이용하여 일정한 혈압을 만들어 동맥혈을 대동맥으로 직접 연결시켜 모든 정맥혈이 심장과 폐를 경유하지 않고 인공 심폐기를 통해 산소가 풍부한 동맥혈로 되어 대동맥을 통해 온몸 순환을 하게 된다.
인공 심폐기의 원리는 인공 심장과 비슷하다. 하지만 인공 심장의 분리막이 액체 투과 형인데 비해 인공 심폐기의 경우 기체 투과 형이라는 점이 다르다. 초기에 인공 심폐기는 수술을 받는 환자에게만 사용되었지만 막형 인공 심폐기의 기술이 점차 개발됨에 따라 폐렴과 같이 일시적으로 폐의 기능이 떨어질 때에도 이 장치가 사용되기도 한다. 폐렴 환자에게 2주간 계속 사용된 예가 있지만 현재로서는 영구적으로 폐의 기능을 대행해 주는 장치를 개발하는 것이 중요한 관건 중의 하나라고 볼 수 있다.

Q1 신장 이식이 다른 장기 이식보다 먼저 발달한 이유는 무엇인지 서술하시오.

Q2 장기 이식을 할 수 있는 미래의 기술에는 무엇이 있을지 서술하시오.

인공 심장

주제 II

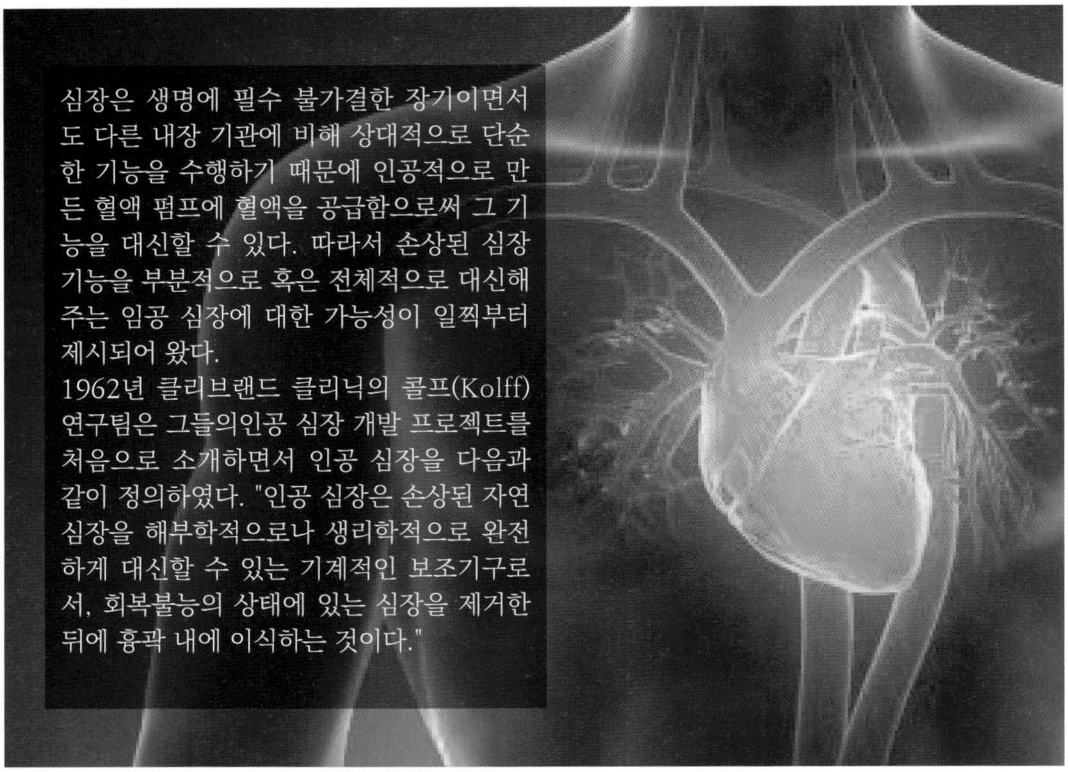

심장은 생명에 필수 불가결한 장기이면서도 다른 내장 기관에 비해 상대적으로 단순한 기능을 수행하기 때문에 인공적으로 만든 혈액 펌프에 혈액을 공급함으로써 그 기능을 대신할 수 있다. 따라서 손상된 심장 기능을 부분적으로 혹은 전체적으로 대신해주는 인공 심장에 대한 가능성이 일찍부터 제시되어 왔다.
1962년 클리브랜드 클리닉의 콜프(Kolff) 연구팀은 그들의인공 심장 개발 프로젝트를 처음으로 소개하면서 인공 심장을 다음과 같이 정의하였다. "인공 심장은 손상된 자연 심장을 해부학적으로나 생리학적으로 완전하게 대신할 수 있는 기계적인 보조기구로서, 회복불능의 상태에 있는 심장을 제거한 뒤에 흉곽 내에 이식하는 것이다."

인공 심장은 기능상 완전 인공 심장인 TAH(Total Artificial Heart)와 보조 인공 심장인 VAD(Ventricular Assist Device), IABP(Intra Aortic Baloon Pump)로 나눌 수 있다. IABP는 인공 심장의 가장 원시적인 형태로 혈액 순환의 일부만을 보조하는 역할을 하지만, 시술이 비교적 간단하기 때문에 현재 가장 많이 사용되고 있다.

▲ TAH(Total Artificial Heart)

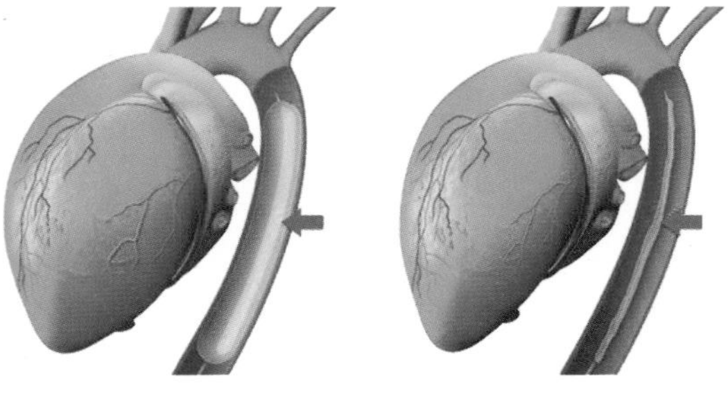

▲ IABP(Intra Aortic Balloon Pump)

IABP의 기본 원리는 대퇴 동맥이나 말초 동맥으로부터 풍선을 부착한 관을 왼쪽 빗장밑 동맥 바로 아래까지 삽입하고, 풍선의 수축과 확장을 심장의 박동 주기에 맞추어 작동시킨다. 이는 심장의 확장기에 풍선이 확장되고, 수축기 직전에 풍선이 급속히 수축되어, 좌심실압을 낮추어 줌으로써 심장의 부담을 덜어준다. 동시에 심장 근육이 운동할 때 사용하는 산소 소비량을 감소시키는데 도움을 준다. 또한 심장 동맥은 심장에 양분을 공급하는 기능을 하는데, IABP의 사용에 의하여 심장 동맥에 들어가는 혈류량을 증가시킨다.

IABP만으로 혈액 순환이 불가능한 경우에 사용되는 것이 VAD이다. 이는 심실의 혈액 방출 작업을 보조해 주는 장치이다. 주로 좌심실에 걸리는 부하가 많기 때문에 좌심실의 기능에 이상이 생긴 환자가 많으며, 따라서 좌심실보조장치(Left VAD)가 보편적으로 많이 사용되고 있다.

한편 심장의 기능이 완전히 저하된 경우 자연 심장의 기능을 전적으로 대신해 주는 TAH를 사용한다. TAH는 자연 심장의 좌우심방과 대동맥 및 폐동맥과 연결 부위를 잘라낸 자리에 부착되어 자연 심장의 기능을 완전히 대체하는 것이다. 현재 인공 심장 장치의 문제점은 에너지와 크기이다. 인공 심장 장치는 큰 에너지를 필요로 하기 때문에 배터리의 규모가 커지게 되고, 결국 전체적인 장치의 크기가 커지게 된다. 따라서 에너지 효율이 높은 장치를 개발하는 것이 관건이다. 또한 실제 심장의 피는 뭉치지 않는 반면 인공 심장 장치는 이물질이기 때문에 플라스틱, 금속 등에 피가 뭉치는 것이 가장 큰 문제로 지적되고 있다. 인체에 이식할 수 있는 인공 심장이 되기 위해선 아직도 많은 문제점을 해결해야 한다.

전 세계적으로 많은 연구팀들은 전기 기계식 인공 심장이 차세대 인공 심장으로 가능하리라 예상하고 이의 개발에 매진하고 있다. 자연 심장의 기능을 완벽하게 대신할 수 있는 인공 심장의 개발이 현재는 매우 어렵고 힘들지만, 급속히 발전하고 있는 기초 과학 및 응용 과학의 도움으로 인하여 현재의 인공 심장이 가지고 있는 문제들이 하나씩 해결될 수 있으리라 기대해 본다.

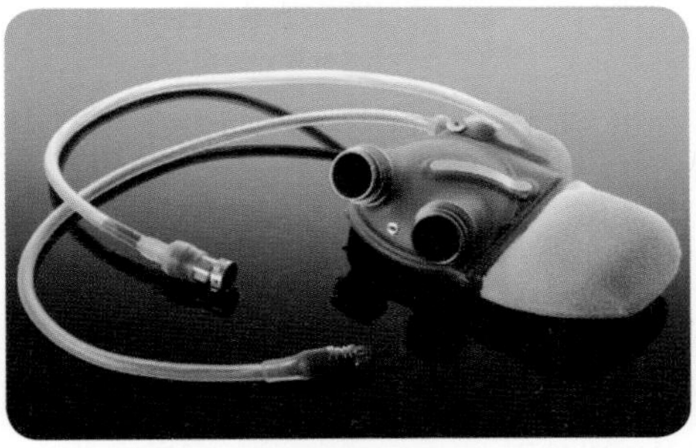

▲ VAD(Ventricular Assist Device)

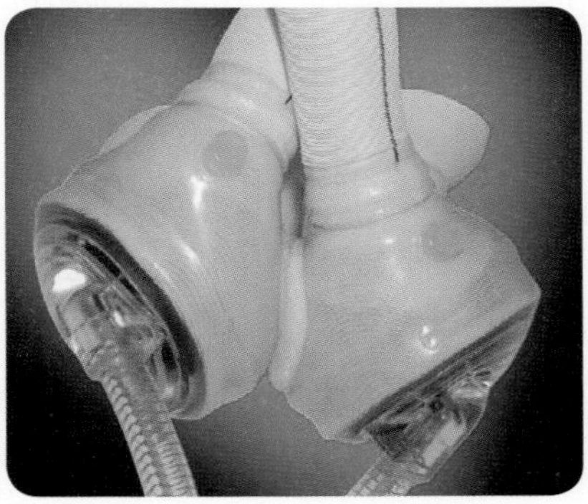

▲ TAH(Total Artificial Heart)

Q3 현재 상용화된 인공 심장 장치가 가지고 있는 문제점은 무엇인가?

Ⅲ 식물과 에너지 / 자극과 반응

1 식물의 기관

1. 뿌리

(1) 뿌리의 구조

종단면	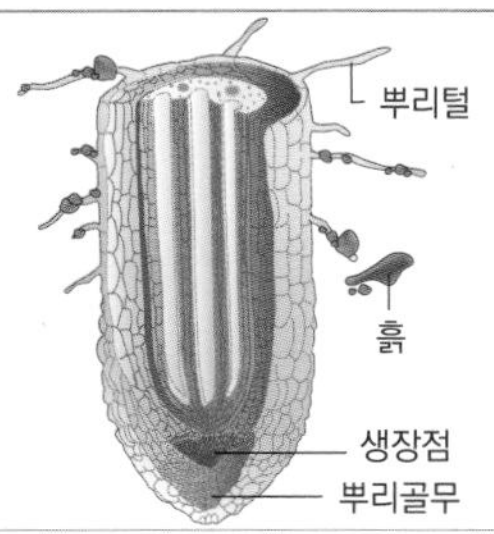	**뿌리털** : 흙 속의 물과 무기 양분을 흡수함 · 한 개의 표피 세포가 변형되어 만들어짐 · 뿌리털이 많을수록 흙과의 접촉면이 넓어져 물과 무기 양분을 효율적으로 흡수함 **생장점** : 세포 분열이 활발하게 일어나 새로운 세포가 만들어져 생장함 → 뿌리의 길이 생장 **뿌리골무** : 생장점을 싸서 보호함, 죽은 세포로 구성
횡단면	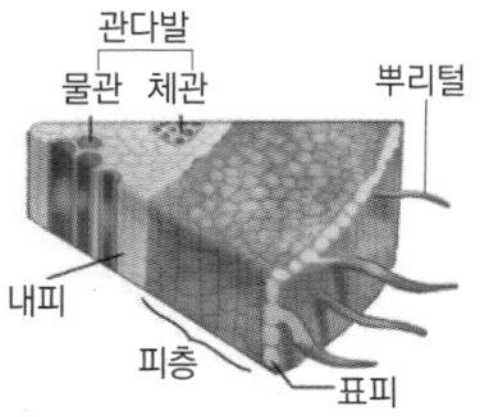	**관다발** : 물질의 이동 통로 · 물관 : 뿌리털에서 흡수한 물과 무기 양분의 이동 통로 · 체관 : 잎에서 만든 유기 양분의 이동 통로 **표피** : 뿌리의 가장 바깥쪽의 한 겹의 세포층으로 내부를 보호함 **피층** : 표피 안쪽으로부터 내피 사이의 여러 겹의 세포층 **내피** : 피층 안쪽의 한 겹의 세포층

(2) 뿌리의 기능 : 지지 작용(식물체 지탱), 저장 작용(유기 양분 저장), 흡수 작용(물, 무기 양분 흡수), 호흡 작용(산소 흡수, 이산화 탄소 배출)이 있다.

(3) 뿌리에서 물의 흡수와 이동

① **물의 흡수 원리 :** 뿌리털의 세포막인 반투과성 막을 통해서 삼투 현상(저농도 용액에서 고농도 용액으로 물이 이동)에 의해 물이 흙에서 뿌리털로 이동한다.

② **물의 이동 경로 :** 흙 속 → 뿌리털 → 피층 → 내피 → 물관

2. 줄기

(1) 줄기의 구조 : 줄기의 가장 바깥쪽의 표피, 표피 안쪽의 여러 세포층인 피층, 줄기의 가장 안쪽 세포층인 속, 물관 + 체관 + 형성층으로 구성된 관다발로 이루어져 있다.

구분	물관	체관	형성층
기능	뿌리에서 흡수한 물과 무기 양분의 이동 통로	잎에서 광합성으로 만들어진 유기 양분의 이동 통로	세포 분열이 일어나 줄기의 부피 생장이 일어나는 부분
위치	형성층 안쪽	형성층 바깥쪽	물관과 체관 사이
구성 세포	죽은 세포로 구성 세포벽이 두꺼움	살아 있는 세포로 구성 세포벽이 얇음	세포 분열이 활발한 살아 있는 세포로 구성
특징	위아래 세포벽이 없어져 연속된 하나의 관 모양을 이루며, 겉 부분에 다양한 무늬가 있음 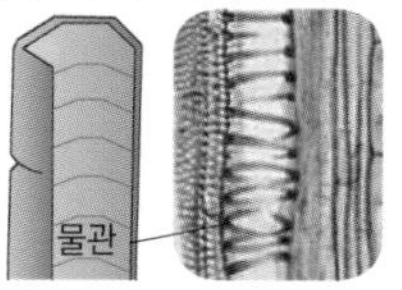 ▲ 물관의 단면	위아래 세포들 사이에 구멍이 뚫린 체판이 있어 이를 통해 양분이 이동함 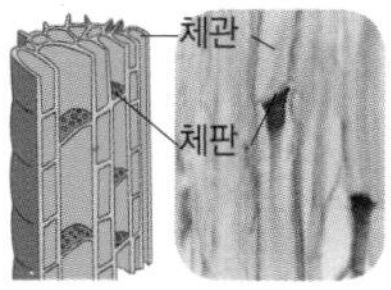 ▲ 체관의 단면	쌍떡잎식물과 겉씨식물에만 있음 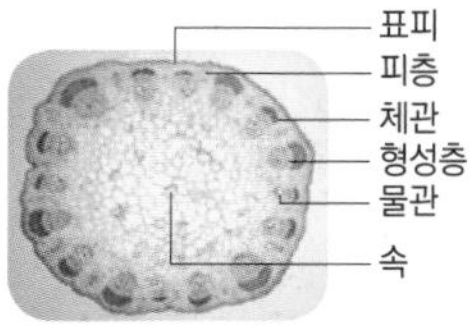 ▲ 줄기의 단면

(2) 줄기의 기능 : 지지 작용(식물체 지탱), 운반 작용(물과 양분 운반), 저장 작용(여분의 양분 저장), 호흡 작용(산소로 호흡하고 이산화 탄소 내보냄)이 있다.

(3) 쌍떡잎식물과 외떡잎식물의 줄기 비교

쌍떡잎식물	외떡잎식물
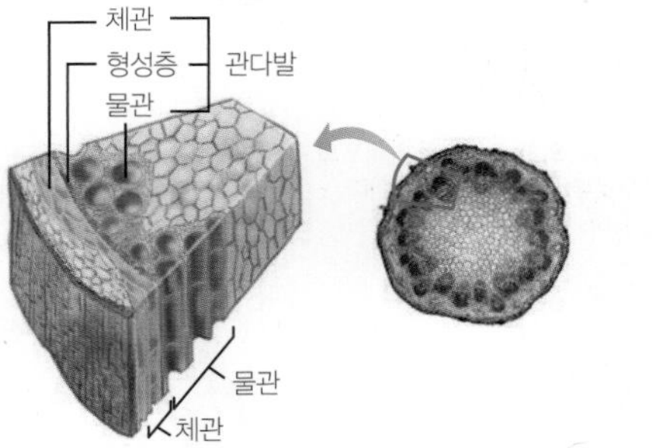	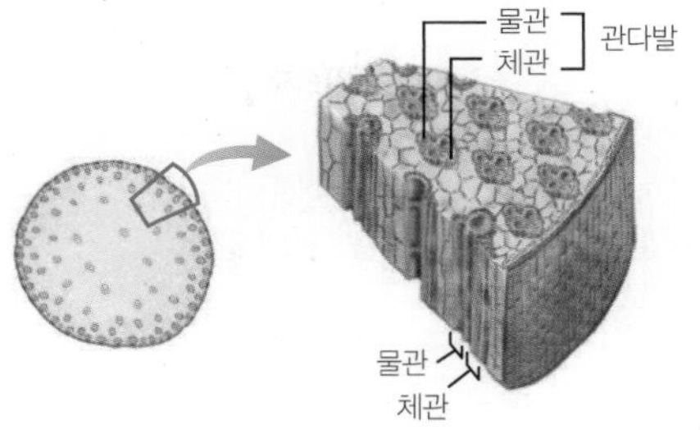
· 관다발 배열이 규칙적 · 형성층이 있어 부피 생장이 일어남 예 봉선화, 민들레, 해바라기, 땅콩 등	· 관다발 배열이 불규칙적 · 형성층이 없어 부피 생장이 일어나지 않음 예 보리, 벼, 강아지풀, 옥수수, 백합 등

3. 잎

(1) 잎의 구조

잎의 겉 구조

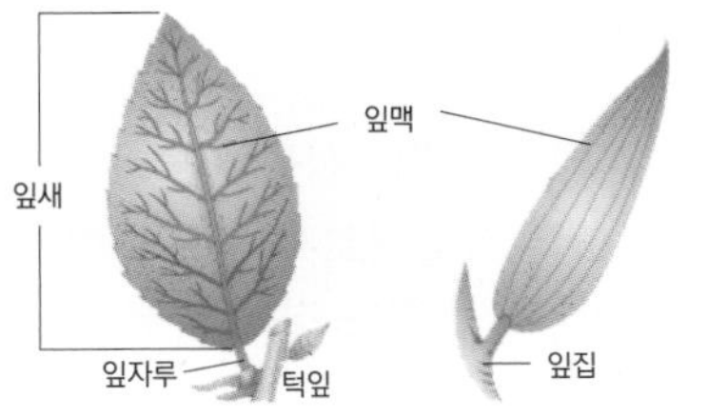

▲ 쌍떡잎 식물 ▲ 외떡잎 식물

잎의 속 구조

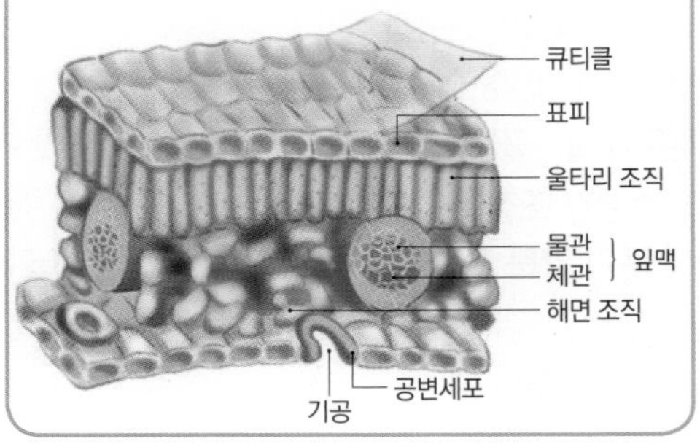

(2) 잎의 기능 : 광합성 작용(엽록체에서 빛을 이용하여 포도당 합성), 증산 작용(기공을 통해 식물체 내 물을 공기 중으로 방출), 호흡 작용(기공을 통해 산소를 받고, 이산화 탄소 방출)

(▬ : 광합성이 일어나는 부분)

표피 조직	표피	· 잎을 감싸고 있는 한 겹의 세포층으로, 큐티클층으로 싸여 있다. · 엽록체가 없어 광합성이 일어나지 않는다.
	기공	· 2개의 공변세포로 이루어진 구멍이다. · 주로 잎의 뒷면에 분포한다. · 기체(이산화 탄소, 산소, 수증기)의 출입이 일어난다. (기체 교환의 장소)
	공변세포	· 표피 세포가 변형된 반달 모양 세포로 주로 잎의 뒷면에 분포한다. · 엽록체가 있어 광합성이 일어난다.
울타리 조직		· 길쭉한 모양의 세포가 규칙적으로 빽빽하게 배열되어 있다. · 엽록체가 있으며 광합성이 가장 활발하게 일어난다.
해면 조직		· 세포가 엉성하게 배열되어 세포 사이의 빈틈으로 기체의 통로가 형성된다. · 엽록체가 있어 광합성이 일어난다.
잎맥		· 잎에 퍼져 있는 관다발로 물관과 체관으로 구성된다. · 잎을 지탱하며, 물질의 이동 통로이다.

정답 및 해설 16쪽

Q1 나무를 옮겨 심을 때 지지대로 나무를 지탱하는 이유는 무엇인지 뿌리의 역할과 비교하여 설명하시오.

(3) 증산 작용

① **증산 작용 조절 :** 공변세포에 의해 기공이 열리거나 닫히면서 증산 작용이 조절된다.

기공이 열리는 과정 (낮)

공변세포 내 엽록체에서 광합성이 일어난다. → 포도당의 생성으로 공변세포 내의 농도가 증가한다. → 삼투 현상에 의해 주변 세포로부터 물을 흡수한다. → 공변세포의 팽압이 증가한다. → 공변세포가 휘어지면서 기공이 열린다.

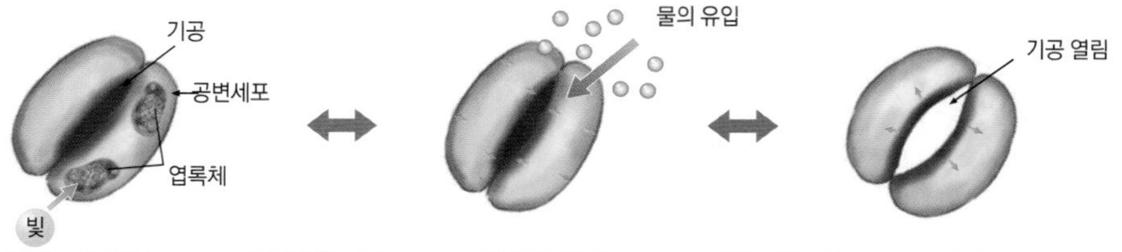

햇빛이 약할 때 기온이 낮을 때 습도가 높을 때 → 공변세포 내의 농도가 감소한다. → 삼투 현상에 의해 주변 세포로 물을 방출한다. → 공변세포의 팽압이 감소한다. → 공변세포가 원래 모양으로 되면서 기공이 닫힌다.

기공이 닫히는 과정 (밤)

(4) 증산 작용의 의의

① **식물체 내부의 물 상승의 원동력 :** 기공을 통해 물을 내보내면 부족한 물을 보충하기 위해 뿌리에서 올라오는 물을 계속 흡수하면서 물 상승을 유발시킨다.

② **식물체의 체온 조절 :** 물이 증발되면서 많은 열을 빼앗아가므로 높은 태양열에도 식물체의 온도가 올라가지 않는다.

③ **식물체 내의 수분량 조절 :** 식물체 내의 수분의 양이 적당량 유지되도록 식물체로부터 수분이 방출된다.

④ **식물체 내의 무기 양분 농출 :** 무기 양분이 과도하게 묽은 상태로 물에 녹아 있는 경우 물을 증발시켜서 농축한다.

2 광합성과 호흡

1. 광합성

(1) 광합성 : 식물 세포의 엽록체에서 빛에너지를 이용하여 물과 이산화 탄소를 재료로 포도당을 생산하고 부산물로 산소를 얻는 과정이다.

$$\text{물}(12H_2O) + \text{이산화 탄소}(6CO_2) \xrightarrow{\text{빛 에너지}} \text{포도당}(C_6H_{12}O_6) + \text{산소}(6O_2) + \text{물}(6H_2O)$$

(2) 광합성의 과정

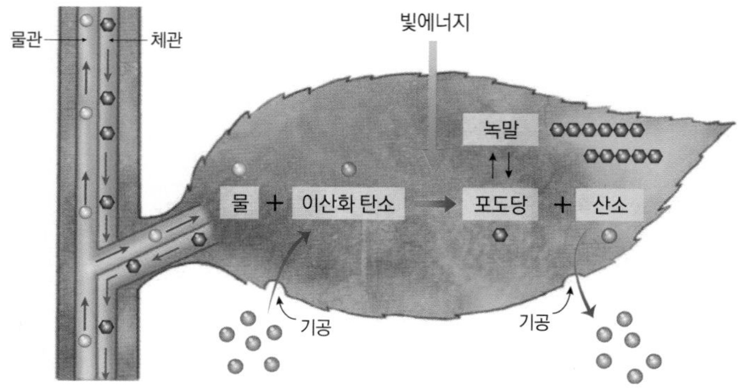

- 물 : 뿌리에서 흡수된 물이 물관을 따라 잎으로 이동
- 이산화 탄소 : 잎의 기공을 통해 흡수

↓

- 포도당 : 광합성 결과로 만들어지는 유기물로 대부분 녹말로 바꾸어 저장
- 산소 : 호흡에 이용하고 나머지는 기공을 통해 방출

▲ 광합성의 과정

(3) 광합성에 영향을 미치는 환경요인

빛의 세기 (이산화 탄소의 농도와 온도가 일정할 때)	이산화 탄소의 농도 (빛의 세기와 온도가 일정할 때)	온도 (빛의 세기와 이산화 탄소의 농도가 일정할 때)
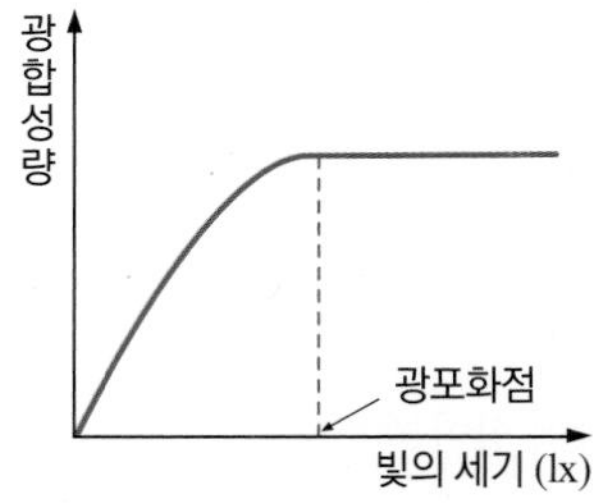	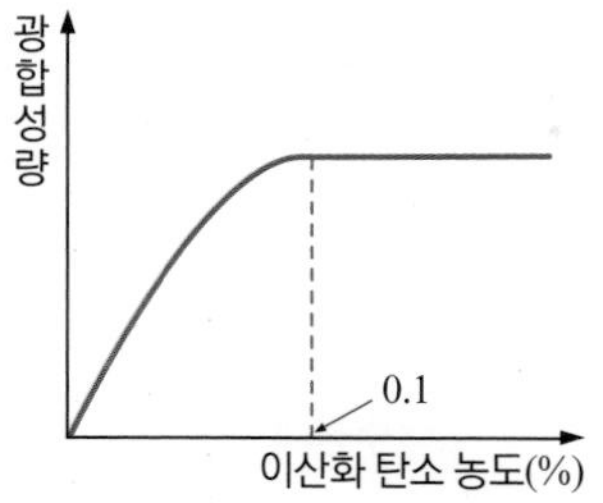	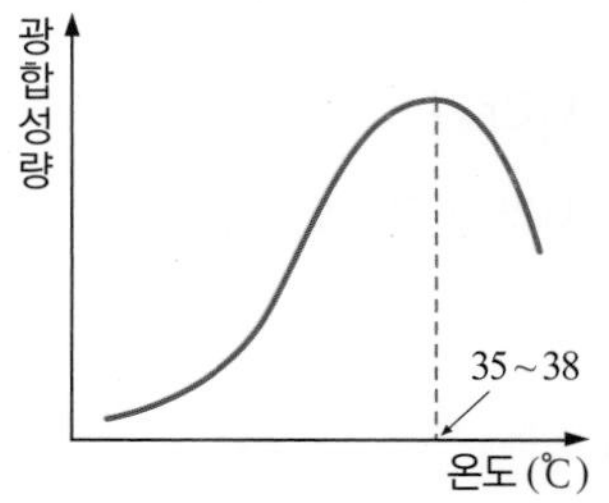
빛의 세기가 강할수록 광합성량이 어느 정도까지 증가하다가 더 이상 증가하지 않는다.	이산화 탄소의 농도가 증가할수록 광합성량이 어느 정도까지 증가하다가 더 이상 증가하지 않는다.	온도가 높을수록 광합성량이 증가하지만 약 40℃ 이상이 되면 광합성량이 급격히 감소한다.

2. 호흡

(1) 호흡 : 산소를 이용해 유기물을 분해하여 생활에 필요한 에너지를 얻는 작용이다. 모든 세포의 미토콘드리아에서 밤낮 구분 없이 산소를 이용하여 포도당을 분해하여 에너지를 얻는다.

포도당($C_6H_{12}O_6$) + 산소($6O_2$) + 물($6H_2O$) →→ 물($12H_2O$) + 이산화 탄소($6CO_2$) + 에너지

(2) 식물의 기체 교환

낮	아침·저녁	밤
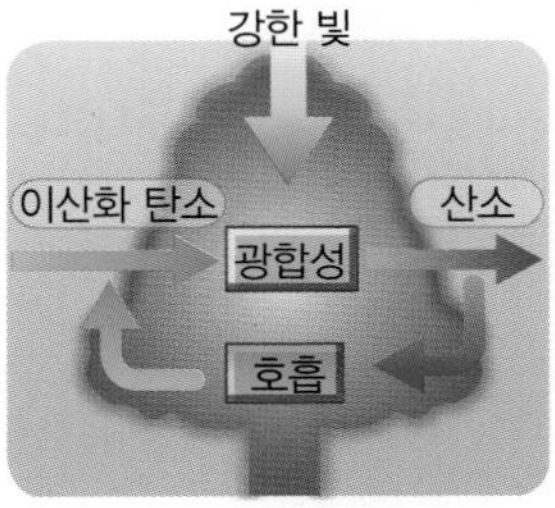	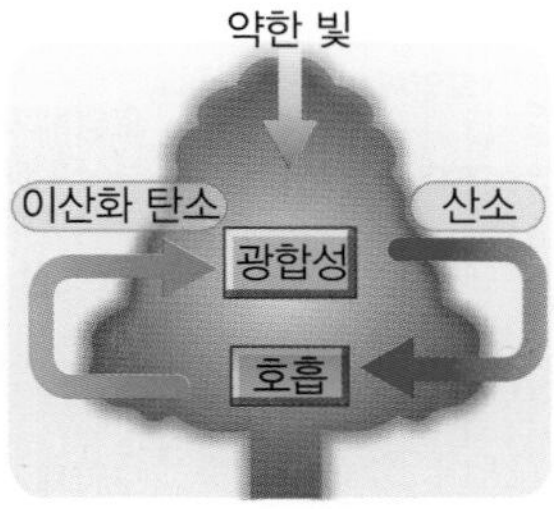	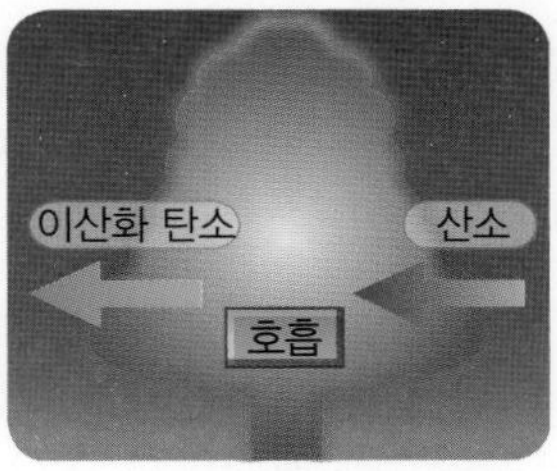
광합성량 〉 호흡량	광합성량 = 호흡량 (외관상 기체의 출입이 없다.)	광합성량 〈 호흡량 (호흡만 일어난다.)
광합성량이 호흡량보다 많아 이산화 탄소를 흡수하고 산소를 방출한다.	광합성 결과로 발생된 산소는 모두 호흡에 이용되고, 호흡의 결과로 생성된 이산화 탄소는 모두 광합성에 이용된다.	호흡만 일어나기 때문에 잎의 기공을 통해 산소를 흡수하고 이산화 탄소를 방출한다.

정답 및 해설 16쪽

Q2 벼의 생산량에 영향을 주는 요인에 대해 서술하시오.

3 감각기관

1. 시각기

(1) 시각의 구조와 기능

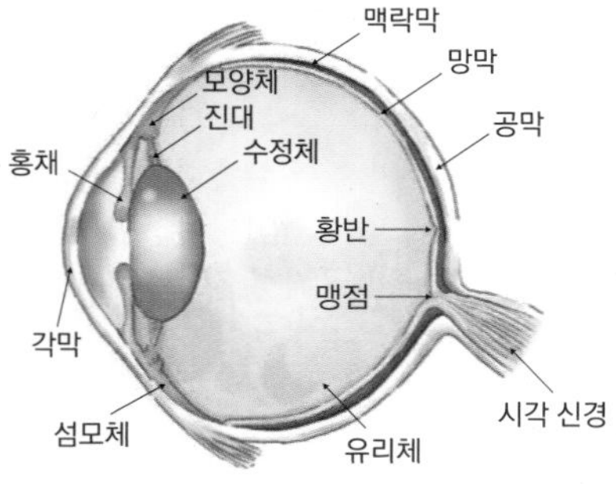

▲ 시각의 구조

각막	공막의 일부가 변해서 된 것으로 눈의 가장 앞쪽을 싸고 있는 투명한 막
수정체	빛을 굴절시켜 망막에 상이 맺히도록 함
홍채	동공의 크기를 조절하여 눈으로 들어오는 빛의 양을 조절
모양체 진대	진대는 수정체와 모양체를 연결하는 인대로 모양체와 함께 수정체의 두께를 조절
망막	눈의 가장 안쪽에 위치한 막으로 시각 세포가 있어 빛 자극을 수용
맥락막	멜라닌 색소를 함유한 막으로 빛의 산란을 막음
황반	망막의 중심부, 시각 세포가 밀집
맹점	시각 신경이 빠져나가는 곳으로 시각 세포가 없어 상이 맺혀도 보이지 않음
공막	안구를 보호하는 역할을 함

(2) 눈의 명암, 원근조절 작용

① **원근 조절 :** 모양체와 진대의 수축과 이완에 의한 수정체의 두께 조절로 물체의 상이 망막에 정확하게 맺히도록 한다.

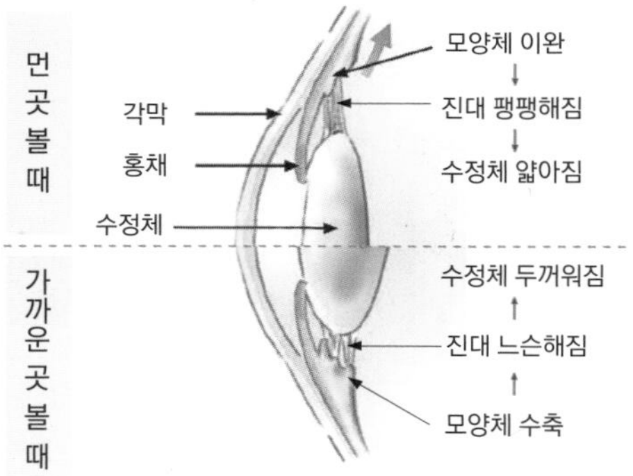

모양체가 이완하여 수정체로부터 먼 쪽으로 이동한다.
→ 진대가 당겨져 팽팽해진다.
→ 수정체가 바깥으로 당겨져 얇아진다.
(초점 거리가 길어진다.)

모양체가 수축하여 수정체 쪽으로 이동한다.
→ 진대가 느슨해진다.
→ 수정체의 탄력성 때문에 부풀어 올라 두꺼워진다.
(초점 거리가 짧아진다.)

② **명암 조절 :** 홍채의 수축과 이완에 의해 동공의 크기를 조절하여 눈으로 들어오는 빛의 양을 조절한다.

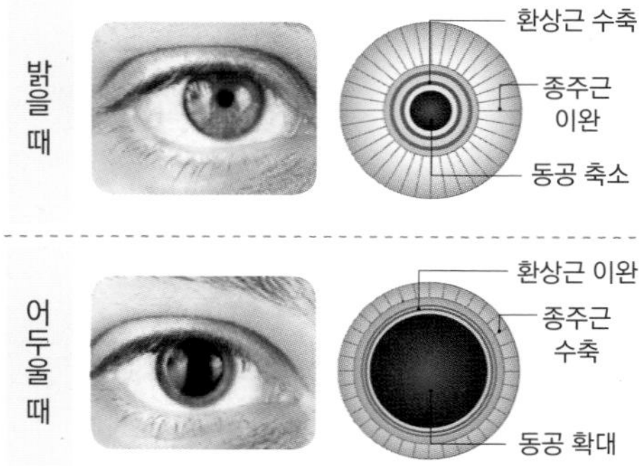

· 환상근이 수축하면 동공 쪽으로 홍채가 확장되어 면적이 넓어지면서 동공이 작아진다.
· 홍채(종주근) 이완 → 동공 축소
→ 망막에 도달하는 빛의 양 감소

· 종주근이 수축하면 동공의 바깥쪽으로 홍채가 이동하여 면적이 작아지고 그에 따라 동공이 커진다.
· 홍채(종주근) 수축 → 동공 확대
→ 망막에 도달하는 빛의 양 증가

③ **눈의 시력 이상과 교정**

비교	근시	원시
원인	수정체와 망막 사이의 거리가 정상인보다 길거나 수정체가 정상인보다 두껍다.	수정체와 망막 사이의 거리가 정상인보다 짧거나 수정체가 정상인보다 얇다.
증상	가까운 곳의 물체는 잘 볼 수 있지만, 먼 곳의 물체를 잘 볼 수 없다.	먼 곳의 물체는 볼 수 있지만, 가까운 곳의 물체를 잘 볼 수 없다.
물체의 상	망막의 앞에 맺힌다.	망막의 뒤에 맺힌다.
모식도	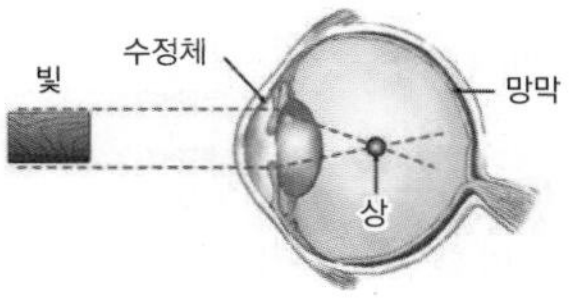	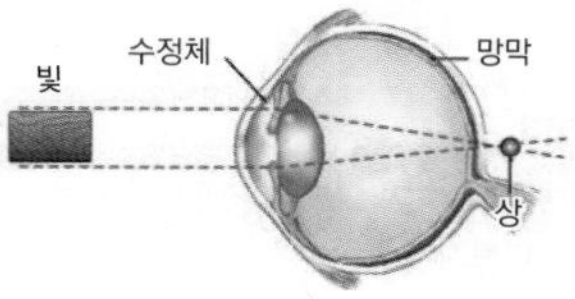

2. 청각기

(1) 귀의 구조와 기능

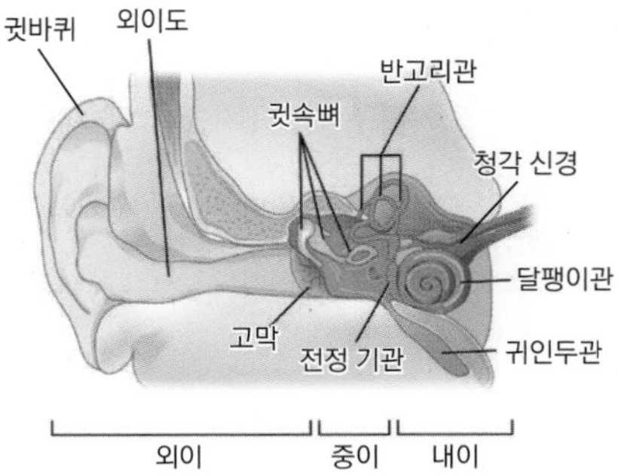

▲ 귀의 구조

위치	구조	기능
외이	귓바퀴, 귓구멍, 외이도	소리를 모아 중이로 전달
중이	고막	음파에 의해 최초로 진동되는 얇은 막
	귓속뼈	고막의 진동을 증폭시켜 내이로 전달
	귀인두관	중이 속의 압력을 내부와 같게 조절
내이	달팽이관	· 전정계, 고실계, 달팽이세관으로 구성 · 청각 세포가 분포되어 소리 자극을 청각 신경으로 전달
	전정 기관	몸의 위치와 자세를 감각
	반고리관	몸의 이동과 회전 감각을 수용

(2) 평형 감각 기관

① **반고리관 :** 몸의 이동과 회전을 느끼게 한다.

자극원	원리
몸의 이동 방향에 따라 나타나는 림프의 관성	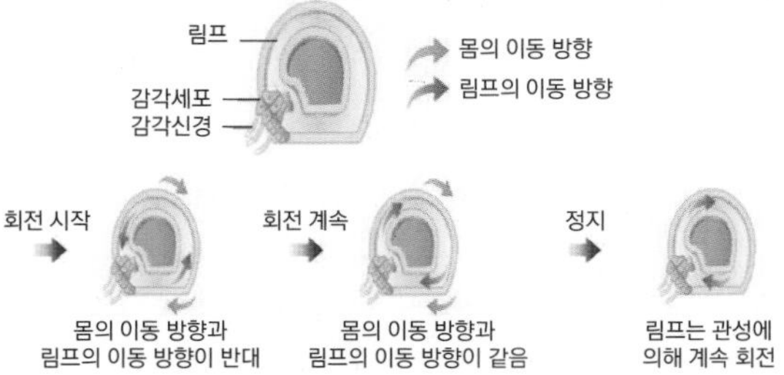

② **전정 기관 :** 몸의 움직임과 기울기를 느끼게 한다.

자극원	원리
몸의 기울임에 따라 이석에 작용하는 중력	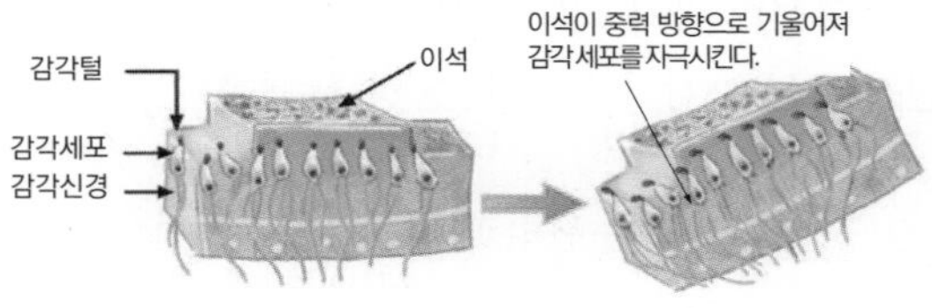 ▲ 몸이 수평일 때 ▲ 몸을 기울일 때

3. 후각기, 미각, 피부 감각기

구분	후각기	미각기	피부 감각기
구조	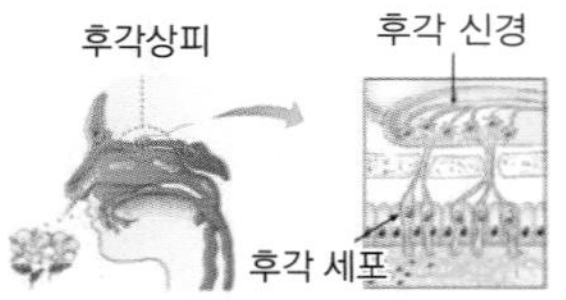 콧속 천장의 후각상피 속에 후각 세포가 분포한다.	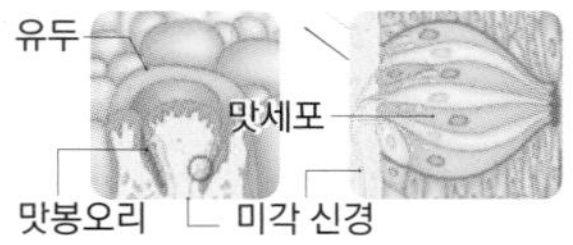 혀의 표면에 있는 작은 돌기인 유두의 양 옆 아래쪽의 맛봉오리 속에 맛세포가 있다.	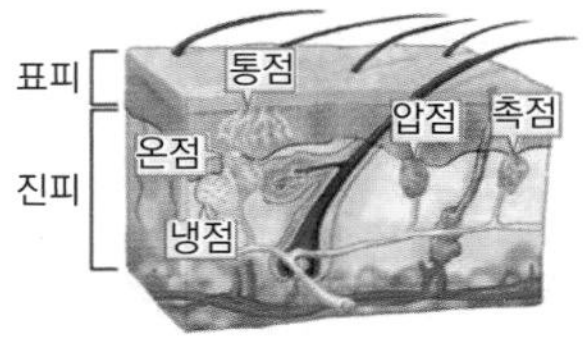 피부의 진피 속에 외부 자극을 받아들이는 감각점이 분포한다.
자극원	기체 상태의 화학 물질	액체 상태의 화학 물질	열, 화학 물질, 압력, 접촉, 온도 변화
성립 경로	기체 상태의 화학 물질 → 후각 상피의 후각 세포 → 후각 신경 흥분 → 대뇌	액체 상태의 화학 물질 → 유두의 맛세포 → 미각 신경 흥분 → 대뇌	자극 → 감각점 → 감각점에 연결된 신경 → 대뇌
특징	감각 기관 중 가장 예민하고 쉽게 피로해져 같은 냄새를 오래 맡으면 그 냄새를 느끼지 못하게 된다.	혀에서는 단맛, 신맛, 쓴맛, 짠맛, 감칠맛을 느낀다.	· 피부 감각점 : 온점, 냉점, 촉점, 압점, 통점 · 몸의 부위에 따라 분포하는 감각점의 수가 다르다.

정답 및 해설 16쪽

Q3 눈을 가리고 코를 막으면 사과와 양파의 맛을 구분하지 못한다. 이를 통해 알 수 있는 사실은 무엇인지 쓰시오.

4 신경계

1.뉴런

(1) 뉴런 : 신경계를 이루는 신경세포로서 신경계의 구조적, 기능적 단위이다.

(2) 뉴런의 구조

① **신경 세포체 :** 핵과 대부분의 세포질이 모여 있는 부분으로, 생명 활동이 일어난다.

② **가지 돌기 :** 다른 뉴런이나 기관으로부터 자극을 받아들인다.

③ **축삭 돌기 :** 가지 돌기에서 받아들인 자극을 다른 뉴런이나 기관으로 전달한다.

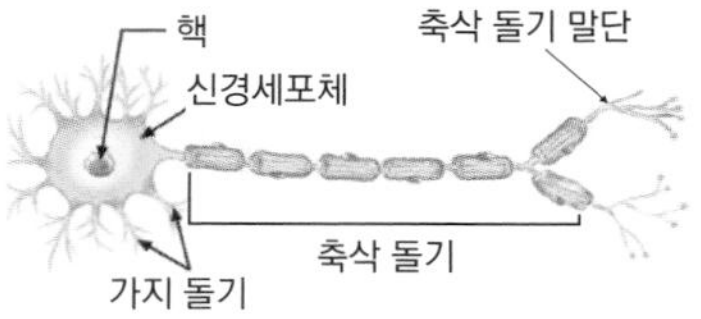

▲ 뉴런의 구조

(2) 뉴런의 종류

① **감각 뉴런(감각 신경 구성) :** 감각 기관에서 받아들인 자극을 연합 뉴런으로 전달한다.

② **연합 뉴런(중추 신경 구성) :** 감각 뉴런과 운동 뉴런을 연결하며, 자극을 종합·판단하여 운동 뉴런에 적절한 명령을 내린다.

③ **운동 뉴런(운동 신경 구성) :** 연합 뉴런의 명령을 운동 기관으로 전달한다.

(3) 자극의 전달 경로

자극 → 감각 기관 → 감각 뉴런(감각 신경) → 연합 뉴런(중추 신경) → 운동 뉴런(운동 신경) → 운동 기관 → 반응

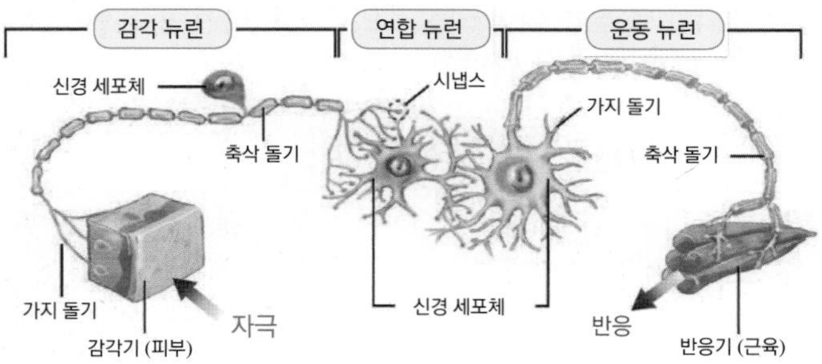

2. 중추 신경계

(1) 중추 신경계 : 자극을 판단하여 명령을 내리는 곳으로서 뇌와 척수로 구성된다.

① **뇌 :** 대뇌, 소뇌, 간뇌, 중간뇌(중뇌), 뇌교, 연수 등으로 이루어져 있다.

② **척수 :** 연수 아래쪽으로 이어진 중추 신경 다발로서 척추에 의해 보호되며, 뇌와 말초 신경의 중간 다리 역할을 한다.

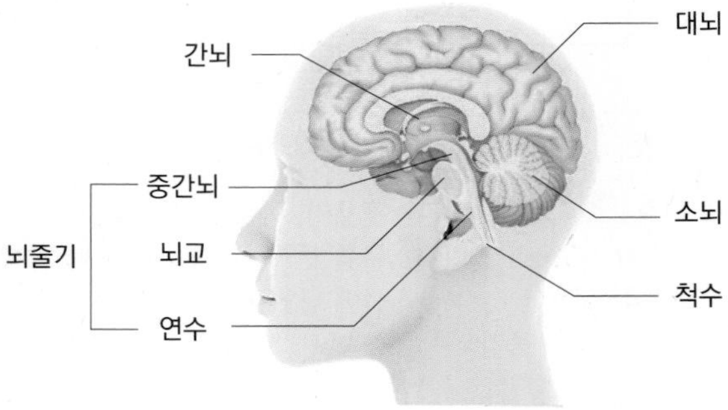

대뇌	· 전체 뇌가 차지하는 부분 중 가장 큰 부분으로 주름이 많다. · 좌우 두 개의 반구로 이루어져 있으며 서로 몸의 반대쪽을 통제한다. · 겉질은 신경 세포체가 모인 회색질이며, 속질은 신경 섬유가 모인 백색질이다. · 고등 정신 활동과 감각 및 수의 운동의 중추이다.
소뇌	· 대뇌 다음으로 큰 뇌이며, 몸의 평형을 유지하는 기관으로 대뇌와 함께 수의 운동(근육 운동)을 조절한다.
간뇌	· 대뇌와 중뇌를 연결하는 부분으로 시상과 시상 하부로 구분된다. · 자율 신경계의 중추로서 체온 조절, 삼투압 조절, 혈당량 조절 등 항상성 유지에 중요한 역할을 한다.
중간뇌(중뇌)	· 뇌줄기 중에서 가장 윗부분이며, 눈의 움직임(안구 운동)과 빛의 밝기에 따른 홍채의 작용(동공 반사)를 조절하고 소뇌와 함께 평형을 유지하는 역할을 한다.
뇌교(교뇌)	· 소뇌와 대뇌 사이에서 감각 및 운동 정보를 담당하는 곳으로, 연수와 함께 호흡 조절의 역할을 하기도 한다.
연수(숨골)	· 연수에서는 뇌와 척수를 연결하는 신경의 일부가 좌우 교차된다. · 심장, 폐, 혈관 등의 운동을 조절하며, 재채기, 하품, 침, 눈물 등의 반사 중추이다.
척수	· 감각 신경과 운동 신경이 연결되어 있어 뇌와 몸의 각 부분 사이에 정보를 전달하는 통로 역할을 한다. · 무의식적 반응의 충추이다.

(2) 흥분 전달 경로

① **조건 반사(의식적 반응) :** 대뇌가 중추가 되어 의식적으로 일어나는 반응이며, 과거의 경험이 조건이 되어 일어나는 반응이므로 과거 경험에 따라 반응이 달라진다.

자극 → 감각기 → 감각 신경 → 대뇌 → 운동 신경 → 반응기 → 반응

② **무조건 반사(무의식적 반응) :** 척수, 연수, 중뇌가 중추가 되어 대뇌를 거치지 않고 일어나는 반응으로서 대뇌까지 자극이 전달되지 않기 때문에 반응 속도가 매우 빠르다.

· 척수 반사 : 무릎 반사, 회피 반사(뜨거운 물체나 뾰족한 물체가 몸에 닿았을 때 움츠리기)

· 연수 반사 : 재채기, 침 분비, 딸꾹질, 하품, 눈물 등

· 뇌 반사 : 동공 반사

자극 → 감각기 → 감각 신경 → 척수, 연수, 중뇌 → 운동 신경 → 반응기 → 반응

	무조건 반사	조건 반사
뜻	자극에 대해 무의식적으로 빠르게 나타나는 반응	과거의 경험이 조건이 되어 나타나는 무의식적인 반응
반사 중추	· 연수 반사 : 재채기, 침분비, 딸꾹질 · 척수 반사 : 무릎 반사, 뜨거운 물체나 뾰족한 물체가 몸에 닿았을때 움츠리기 · 중간뇌 - 동공 반사 : 홍채 조절	· 대뇌 예 신 과일을 보거나 상상만 해도 입안에 침이 고인다, 파블로프의 실험
반사 경로	자극 → 감각기 → 감각 신경 → 척수, 연수, 중간뇌 → 운동 신경 → 반응기 → 반응	자극 → 감각기 → 감각 신경 → 대뇌 → 운동 신경 → 반응기 → 반응
특징	· 대뇌까지 자극이 전달되지 않기 때문에 반응 속도가 매우 빠르다 → 갑자기 닥친 위험으로부터 우리 몸을 보호할 수 있다.	· 과거의 경험이 조건이 되어 일어나는 반응이므로 과거 경험에 따라 반응이 달라질 수 있다.
반사 경로 모식도	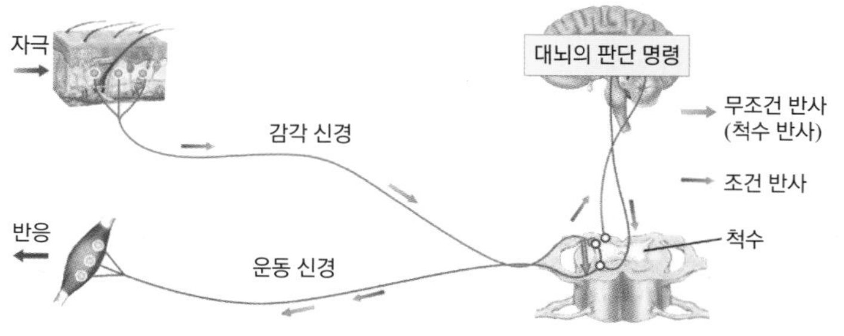	

3. 말초 신경계 : 감각, 운동을 담당하는 체성 신경계와 생리 작용을 조절하는 자율 신경계로 구성되어 있다.

(1) 체성 신경계 : 체성 신경계는 몸의 각 부분에 있는 감각 기관의 중추, 그리고 중추와 골격근 사이를 연결하는 신경이며, 운동 신경과 감각 신경으로 구분된다.

(2) 자율 신경계 : 내장 기관에 분포하며, 운동 신경으로만 구성되어 있어 대뇌의 통제를 받지 않고 간뇌, 중뇌, 연수의 통제를 받는다.

① **교감 신경**

· 척수의 가운데 부분에서 나오며, 흥분을 유발하는 반응을 담당한다.

· 신경절 이전 뉴런이 신경절 이후 뉴런보다 짧다.

· 신경절에서는 아세틸콜린, 신경 말단에서는 아드레날린이 분비된다.

② **부교감 신경**

· 중뇌, 연수, 척수의 끝부분에서 나오며, 흥분을 억제하는 반응을 담당한다.
· 신경절 이전 뉴런이 신경절 이후 뉴런보다 길다.
· 신경절과 신경 말단 모두에서 아세틸콜린이 분비된다.

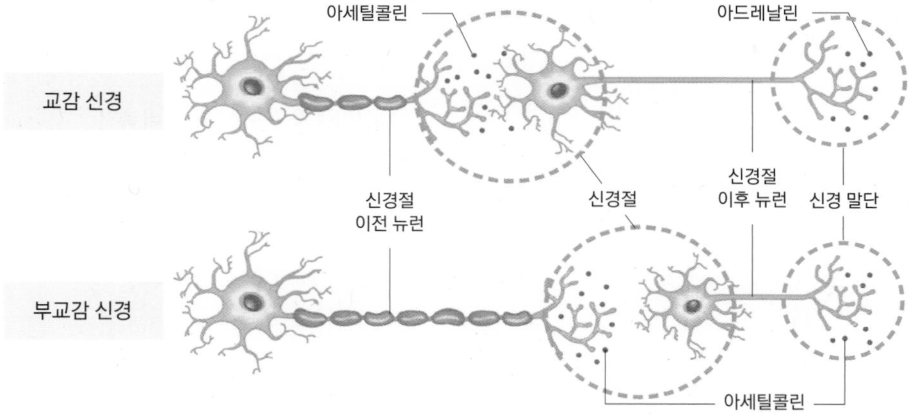

▲ 자율 신경의 작용 비교

구분	교감 신경	부교감 신경
심장 박동	촉진	억제
호흡 운동	촉진	억제
동공	확대	축소
소화액 분비	억제	촉진
침 분비	억제	촉진
혈압	상승	하강
방광	이완	수축

▲ 자율 신경의 길항 작용

정답 및 해설 16쪽

Q4 우리가 식사를 할 때 작용하는 자율 신경은 무엇인지, 이때 신체 각 기관은 어떻게 반응하는지 쓰시오.

5 호르몬

1. 호르몬과 신경

(1) 호르몬의 특성

① 내분비샘에서 생성되어 혈액이나 조직액을 통해 온몸으로 운반되며, 표적기관에만 작용하는 화학 물질이다.
② 적은 양으로 생리 작용을 조절하며 부족하면 결핍증, 많으면 과다증이 나타난다.
③ 척추동물의 경우 종 특이성이 없어서 항원으로 작용하지 않아 같은 호르몬의 경우 다른 종에서도 같은 효과를 낸다.

(2) 신경과 호르몬의 비교

구분	신경계	호르몬
자극 전달 매체	뉴런	혈액
자극 전달 속도	뉴런을 통해 이동하기 때문에 흥분 전달 속도가 매우 빠르다.	분비, 운반, 작용에 시간이 걸리기 때문에 전달 속도가 비교적 느리다.
효과의 지속성	일시적이며 지속 시간이 짧다.	비교적 오래 지속된다.
작용 범위	뉴런이 연결되는 부위에만 작용하므로 작용 범위가 좁다	멀리 있는 기관의 활동을 조절하므로 작용 범위가 넓다.
특징	일정한 방향으로만 자극이 전달된다.	표적 기관에만 작용한다.
전달 방식	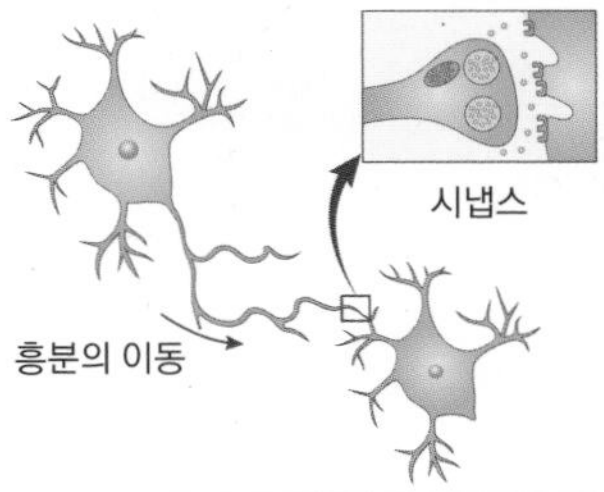	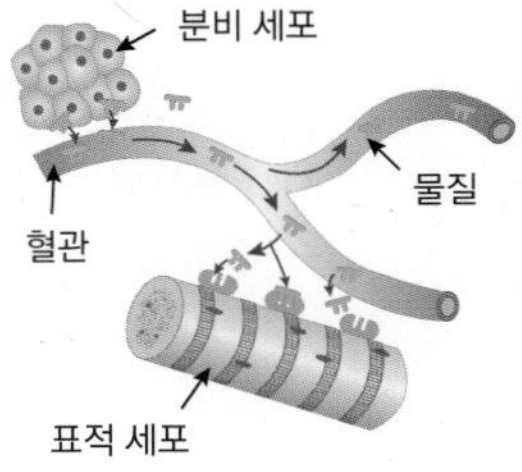

2. 사람의 내분비샘과 호르몬

내분비샘			호르몬	기능
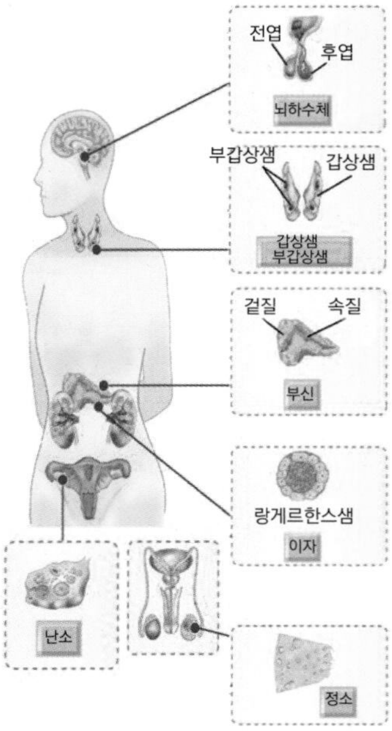	뇌하수체	전엽	생장 호르몬	생장 촉진
			내분비샘 자극 호르몬	내분비샘 자극 → 호르몬 분비 촉진
		후엽	옥시토신	분만 시 자궁 근육 수축 촉진
			항이뇨 호르몬	콩팥에서 수분 재흡수 촉진
	갑상샘		티록신	세포 호흡 및 물질 대사 촉진
	부신	겉질	무기질 코르티코이드 (알도스테론)	콩팥에서 Na^+ 흡수, K^+ 배출
			당질 코르티코이드	혈당량 증가 (지방, 단백질 → 포도당)
		속질	아드레날린 (에피네프린)	혈당량 증가, 혈압 상승, 심장 박동 촉진
	이자	α 세포	글루카곤	혈당량 증가
		β 세포	인슐린	혈당량 감소
	생식샘	정소	테스토스테론	남성의 2차 성징 발현
		난소	에스트로젠	여성의 2차 성징 발현
			프로게스테론	배란 억제, 임신 유지

3. 항상성 유지

(1) 항상성

① 외부 환경이 변하더라도 체온, 혈당량, pH, 삼투압과 같은 체내 상태를 일정한 범위 내에서 유지하려는 성질을 말한다.

② 신경과 호르몬에 의해 유지된다.

(2) 항상성 조절 원리

① 티록신 분비 조절

상황	조절 과정	모식도
티록신이 과다 분비 되었을 때	시상 하부와 뇌하수체 전엽에서 작용 억제 → 갑상샘 자극 호르몬 분비 감소 → 티록신 분비 감소	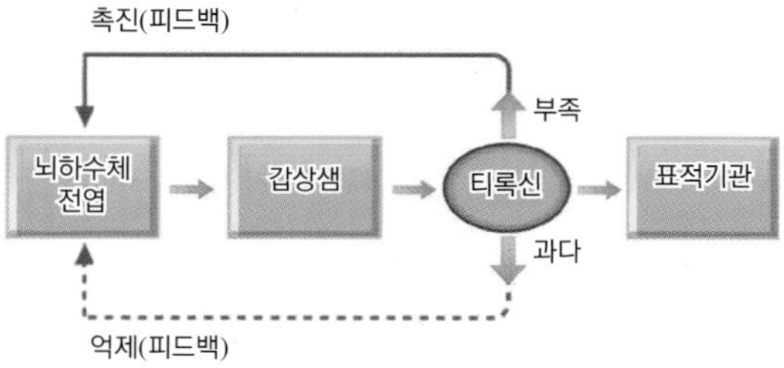
티록신이 부족할 때	시상 하부와 뇌하수체 전엽의 작용 활발 → 갑상샘 자극 호르몬 분비 증가 → 티록신 분비 증가	

② 혈당량 조절

<table>
<tr><th>상황</th><th>조절 과정</th><th>모식도</th></tr>
<tr><td>혈당량
높을 때</td><td>이자에서 인슐린 분비
→ 간에서 포도당을 글리코젠으로 전환, 세포에서의 포도당 흡수 촉진
→ 혈당량 감소</td><td rowspan="2">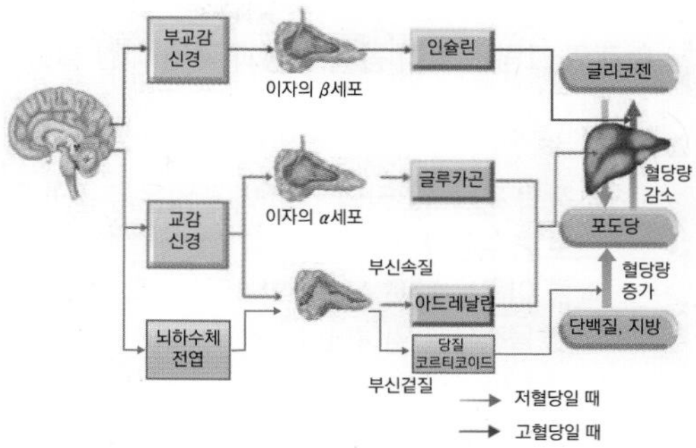
</td></tr>
<tr><td>혈당량
낮을 때</td><td>이자에서 글루카곤 분비
→ 간에서 글리코젠을 포도당으로 전환
→ 혈당량 증가</td></tr>
</table>

③ 체온 조절

<table>
<tr><th>추울 때 (체온 하강 시)</th><th>더울 때 (체온 상승 시)</th></tr>
<tr><td>· 과열 방출 억제 : 피부의 모세혈관 수축, 입모근 수축(소름이 돋는다), 땀 분비 억제
· 열 생성 촉진 : 티록신, 당질 코르티코이드, 아드레날린 분비 증가 → 간과 근육에서 세포 호흡 촉진 → 열 발생</td><td>· 열 방출 촉진 : 피부의 모세혈관 확장, 입모근 이완, 땀 분비 증가
· 열 생성 억제 : 티록신 분비 억제, 인슐린, 무기질 코르티코이드 분비 증가 → 간과 근육에서 세포 호흡 억제 → 열 발생 억제</td></tr>
<tr><td>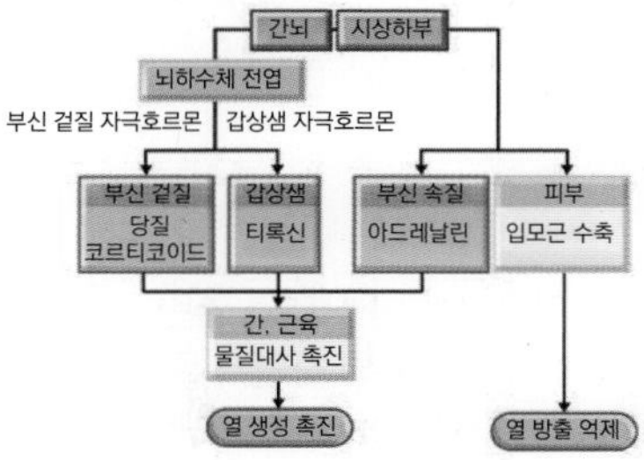
</td><td>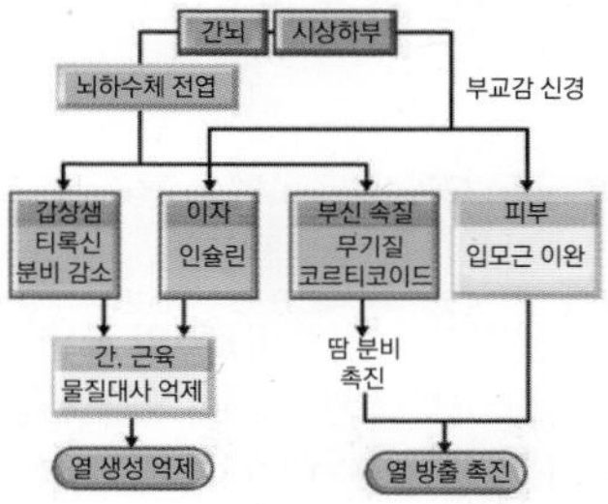
</td></tr>
</table>

④ 삼투압 조절

<table>
<tr><th>항이뇨 호르몬의 삼투압 조절</th><th>무기질 코르티코이드의 삼투압 조절</th></tr>
<tr><td>· 항이뇨 호르몬 분비 증가 → 콩팥에서 수분 재흡수 촉진 → 오줌량 감소 → 체내 수분량 증가 (삼투압 감소)
· 항이뇨 호르몬 분비 감소 → 콩팥에서 수분 재흡수 억제 → 오줌량 증가 → 체내 수분량 감소 (삼투압 증가)</td><td>· 무기질 코르티코이드 분비 증가 → 콩팥에서 Na^+ 재흡수 촉진(삼투압 증가)
· 무기질 코르티코이드 분비 감소 → 콩팥에서 Na^+ 재흡수 억제(삼투압 감소)</td></tr>
<tr><td>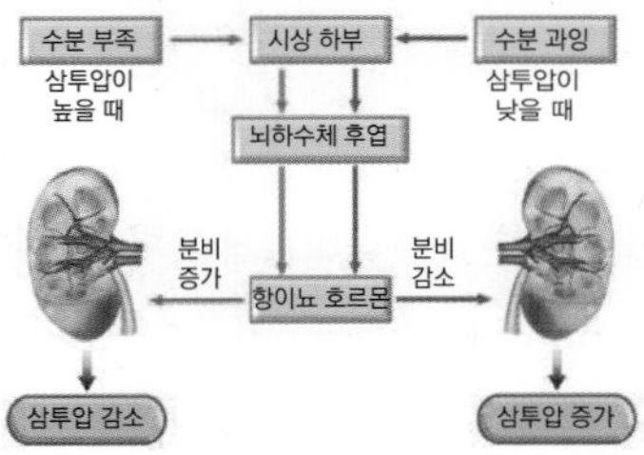
</td><td>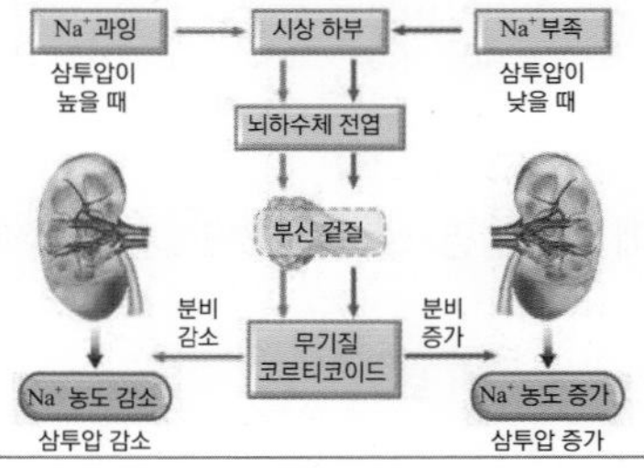
</td></tr>
</table>

정답 및 해설 16쪽

Q5 짠 음식을 먹으면 물을 마시고 싶어지며 오줌의 양이 줄어든다. 어느 기관에서 어떤 호르몬이 분비되어 작용하는지 설명하시오.

075 아래의 그림은 우리 몸의 소장과 폐에 대한 설명이다.

· 소장의 융털 : 소장의 안쪽 벽에 많은 주름과 융털이 있어 영양소와 접촉할 수 있는 표면적을 넓혀 영양소를 효과적으로 흡수한다.
· 폐를 이루는 폐포 : 폐는 약 3억 ~ 4억 개의 폐포로 구성되어 공기와 접촉할 수 있는 표면적을 넓게 하여 기체 교환이 효율적으로 일어난다.

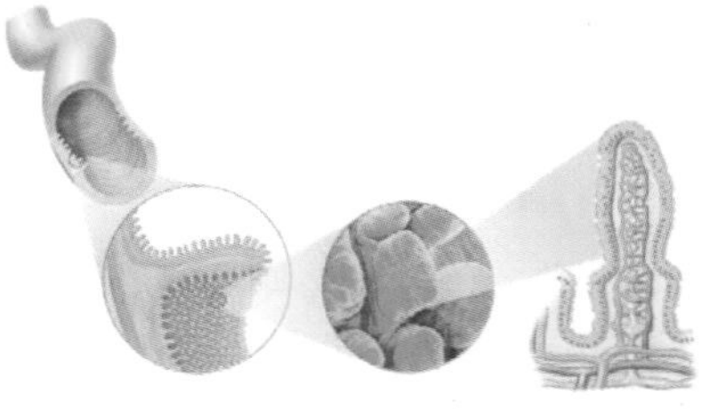
▲ 소장의 융털

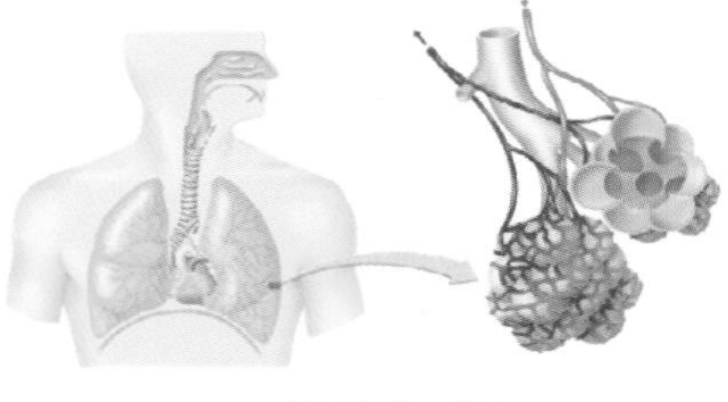
▲ 폐를 이루는 폐포

이와 가장 흡사한 원리가 이용되는 식물의 구조는 무엇인지 쓰고, 그 구조의 역할을 설명하시오.

076 (가)는 닭의장풀(달개비) 잎의 표면에 있는 공기의 이동 통로인 기공의 닫힌 상태와 열린 상태를 나타낸 것이다. (나)는 기다란 고무풍선의 한쪽에만 투명 테이프를 붙이고 붙인 쪽이 마주 보도록 하면서 두 풍선의 끝을 실로 묶고 풍선에 공기를 넣어 가운데에 공간이 생기게 한 풍선 모형으로 두 풍선은 공변세포를 나타낸 것이다.

[대회 기출 유형]

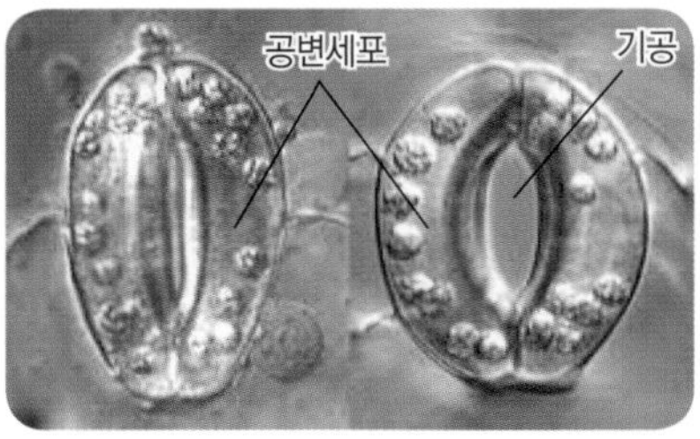

< 기공이 닫혔을 때 > < 기공이 열렸을 때 >

(가)

(나)

이에 대한 설명으로 옳은 것만을 <보기>에서 있는 대로 고르고, 옳지 않은 것은 올바르게 고쳐 쓰시오.

보 기

ㄱ. 기공은 2개의 공변세포에 의해 이루어져 있다.
ㄴ. 공변세포 내의 수분이 부족할 경우 기공이 열린다.
ㄷ. 기공을 이루는 공변세포 속 알갱이는 엽록체이다.
ㄹ. 공변세포는 기공 바깥쪽의 세포벽이 안쪽의 세포벽보다 더 잘 팽창한다.
ㅁ. 기공이 열렸을 때는 액체 상태의 물이, 닫혀 있을 때는 기체 상태의 수증기가 통과한다.

077 다음 자료는 현미경으로 여러 식물의 잎에 있는 기공을 관찰하고 얻은 결과이다. 이 자료를 보고 식물이 살아가는 환경과 기공의 분포는 어떠한 연관이 있는지 설명하시오.

식물	잎 앞면의 기공 수	잎 뒷면의 기공 수
수초	0	0
라일락	127	33000
완두	10100	21000
봉선화	10900	31500
수련	13000	58

078 다음 글을 읽고 물음에 답하시오.

길을 걷다보면 종종 아래 그림처럼 수액 주사를 맞고 있는 나무를 볼 수 있다. 수액 주사는 나무에 병이 들었을 때 놓는 경우가 많다. 나이가 너무 많아 쇠약해진 나무, 옮겨 심느라 뿌리가 잘려진 나무, 나무의 썩은 속을 파내고 외과수술을 한 나무 등 나무의 체력을 빨리 회복시켜 주고 뿌리가 잘 나올 수 있게 하기 위해 주사를 놓는 것이다.

수액 주사는 나무의 어느 부분에 놓는 것이 좋으며, 수액 주사를 놓기에 적절한 때는 언제인지 쓰시오.

유형 Problem

079 다음은 식물의 광합성 반응을 발견하는데 도움이 된 관찰과 그와 연관된 결과들이다.

> A. 화학적 분석으로 식물의 몸체는 대부분 셀룰로스(섬유소)와 같은 탄수화물로 구성되어 있다는 것이 밝혀졌다.
> B. 스위스 화학자 소쉬르는 광합성 반응으로 합성된 탄수화물과 그 부산물로 생성된 가스 X를 합친 무게가 광합성 반응에 필요한 가스 Y의 무게보다 많은 것을 밝혀 이 반응에 추가로 Z가 필요하다는 것을 증명했다.
> C. 식물의 잎에 들어 있는 녹색 색소는 엽록소로서 양지 식물과 음지 식물에서 그 함량이 다르다.
> D. 겨울철 비닐하우스 내에 온도를 높이기 위해 전기 히터를 사용한 경우와 연탄 난로를 사용한 경우를 비교하였더니 연탄 난로를 사용하였을 때 식물이 훨씬 더 잘 자랐다.
> E. 산업 혁명 이후로 급속한 화석 연료의 소모는 대기의 가스 조성 비율을 바꾸었으며, 지구 온난화를 초래했지만, 식물의 생장 속도는 눈에 띄게 빨라졌다.
> F. 동일한 식물의 경우 겨울철보다 여름철에 생장 속도가 빠르다.

(1) B의 진술에서 X, Y, Z는 각각 무엇인지 쓰시오.

(2) 위의 설명 중 식물의 광합성 속도에 영향을 미치는 요인과 관련된 진술 문장을 골라 그 이유와 함께 서술하시오.

080 다음은 색의 식별을 조절하는 원뿔 세포의 파장에 따른 흡수 스펙트럼을 나타낸 것이다.

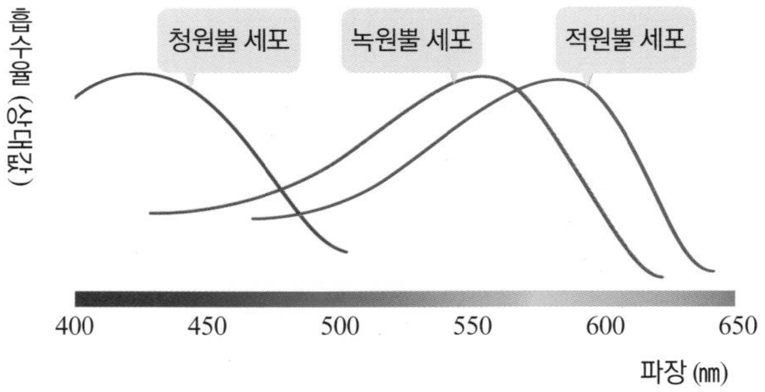

(1) 일정한 색을 인식하지 못하는 색맹은 원뿔 세포의 이상으로 인해 발생한다. 녹원뿔 세포가 이상이 생긴다면 550nm의 파장을 가진 빛은 어떤 색으로 보일지 위 자료를 바탕으로 서술하시오.

(2) 일반적으로 위급한 상황이 되면 주변이 어두워지므로 이러한 상황에서 지시 상황이 눈에 잘 띄게 하기 위해 비상등의 바탕색으로 녹색을 사용한다. 위 자료를 바탕으로 그 이유를 설명하시오. (원뿔 세포는 시각세포의 일종이다.)

081 다음은 시각과 청각에 의해 받아들인 자극이 전달되는데 걸리는 시간을 비교하기 위한 실험 과정과 각 과정을 5회 반복한 결괏값이다. 자료를 바탕으로 물음에 답하시오.

[실험 1]
두 사람이 한 조가 되어 한 사람은 자를 떨어뜨리고, 다른 한 사람은 떨어지는 자를 잡는다. 이때 자의 기준선으로부터 잡은 곳까지의 거리를 측정한다.

[실험 2]
한 사람은 안대를 하고 실험 1과 같은 실험을 한다. 이때 자를 떨어뜨리는 사람은 떨어뜨리는 동시에 소리를 내어 알려 준다.

[실험 3]
실험 1과 같은 실험을 하는데, 이때 자를 잡는 사람은 제시된 수학 문제를 머리로 계산하면서 동시에 떨어지는 자를 잡는다.

[실험 결과]

구분	1회	2회	3회	4회	5회
[실험 1] 에서 자가 떨어진 거리(cm)	18.1	17.4	14.5	15.0	16.0
[실험 2] 에서 자가 떨어진 거리(cm)	24.5	22.0	19.0	17.0	17.5
[실험 3] 에서 자가 떨어진 거리(cm)	47.5	45.6	44.5	44.9	42.5

눈과 귀로부터 받아들인 자극이 전달되어 반응으로 나타나기까지 걸린 시간을 구하고, 자극의 종류에 대한 반응의 빠르기가 다르게 나타나는 이유에 대해 서술하시오. (단, 낙하 거리 h(m) = $\frac{1}{2}gt^2$, 중력 가속도(g) = 10 m/s^2, t는 시간(초)이다.)

082 길이가 1m인 어린 나무에 뿌리로부터 높이 10cm인 지점에 칼로 표시를 해 놓고 1년이 지난 뒤에 그 위치를 확인하였다.

(1) 표시한 부분의 위치는 어떻게 변했을지 그 이유와 함께 서술하시오.

(2) 식물의 생장에 관여하는 부위는 생장점과 형성층이 있다. 생장점과 형성층을 비교 설명하시오.

083 다음 (가)는 식물인간 상태인 사람의 뇌를, (나)는 뇌사 상태인 사람의 뇌를 비교 정리한 표이다.

(가) 식물인간과 뇌사 상태의 환자 비교 (단, 어두운 부분은 뇌의 기능이 상실된 부위이다.)

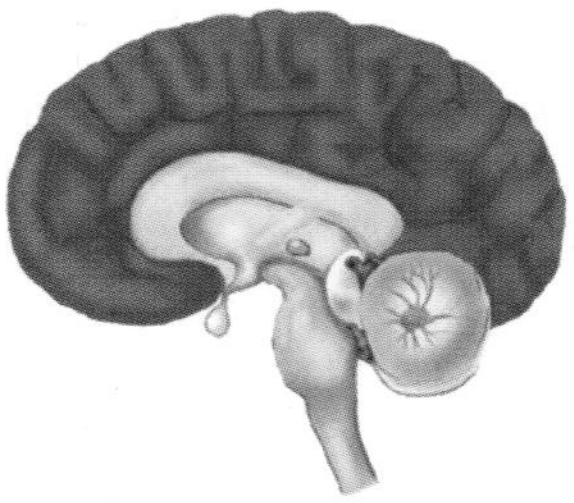
▲ 식물인간의 뇌

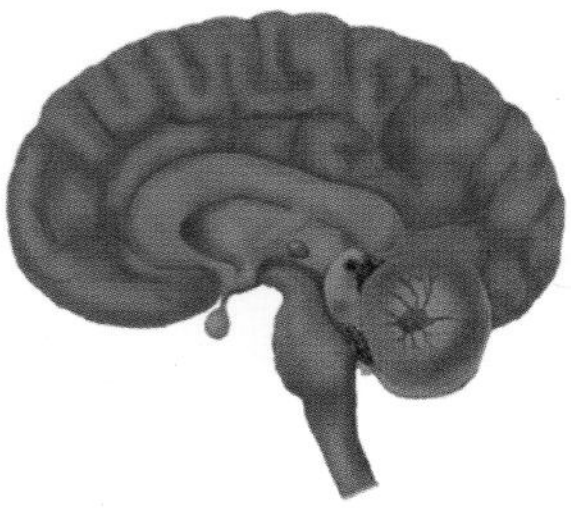
▲ 뇌사자의 뇌

(나)

비교	식물인간 상태	뇌사 상태
손상부위	대뇌의 일부	뇌줄기를 포함한 뇌 전체
기능장애	기억 / 사고 등 대뇌 장애	심장박동 외 모든 기능 정지
운동장애	목적 없는 약간의 움직임 가능	움직임 전혀 없음
호흡상태	자발적 호흡 가능	자발적 호흡 불가능
경과내용	회복 가능성 있음	필연적 호흡 중지로 인한 사망

환자의 장기기증에 있어 식물인간과 뇌사자의 자격이 서로 다르다. 식물인간은 환자의 동의 없이 장기기증의 대상이 될 수 없는 반면 뇌사자는 장기기증이 가능하다. 그 이유를 뇌의 기능과 관련지어 서술하시오.

정답 및 해설 18쪽

084 다음은 스트레스에 관여하는 호르몬에 대한 설명이다.

A. 스트레스 반응 조절 호르몬

· 부신 속질의 두 호르몬(아드레날린과 노르아드레날린)과 부신 겉질의 두 호르몬(당질 코르티코이드와 알도스테론)이 스트레스에 반응한다.
→ 아드레날린과 노르아드레날린 : 교감 신경 말단에서 분비되는 신경 전달 물질 혹은 부신 속질에서 분비되는 호르몬으로 혈당, 혈압, 호흡률, 대사율을 증가시키는 역할을 한다.
→ 부신 겉질 호르몬 : 당질 코르티코이드에 의해 혈중 포도당이 증가되고 면역계가 억제되며, 알도스테론에 의해 삼투압이 증가하며, 혈압이 상승한다.

· 부신 겉질은 장기적인 스트레스에 영향을 받으며 부신 속질은 단기적인 스트레스에 영향을 받는다.

B. 원숭이의 계급 사회

· 원숭이는 계급 사회를 이루어 생활하고 있으며, 그 중 가장 싸움을 잘하는 수컷 원숭이가 대장이 되어 집단을 지배한다. 대장 원숭이는 다른 수컷 원숭이들의 지속적인 도전으로 인해 스트레스를 받아서 호르몬들의 혈중 농도가 변하게 되고 결과적으로 다른 수컷 원숭이들에 비해 수명이 짧아진다.

(1) 위 자료를 바탕으로 오랜 시간 동안 대장이었던 수컷 원숭이의 체내 변화로 옳은 것만을 〈보기〉에서 있는 대로 고르고, 옳지 않은 것은 올바르게 고쳐 쓰시오.

보 기

ㄱ. 혈액의 양이 감소하고 혈압이 낮아진다.
ㄴ. 혈중 당질 코르티코이드의 농도가 높아진다.
ㄷ. 면역 반응에 관여하는 세포들의 기능이 억제된다.
ㄹ. 신장에서 나트륨 이온과 물의 재흡수가 줄어든다.
ㅁ. 단백질과 지방의 대사를 촉진시켜 체내 혈당량이 증가한다.

(2) 수컷 원숭이의 수명이 짧아지는 과정을 설명해 보시오.

085 헬몬트(Helmont, J. B. van ; 1577~1644)는 커다란 화분에 흙 90kg을 채운 다음 2kg짜리 어린 버드나무 가지를 심었다. 그리고 5년 동안 규칙적으로 물만 주면서 키웠다. 5년 후 무게를 재본 결과, 버드나무는 75kg이었다. 그런데 어찌된 일인지 흙의 무게는 단 57g만 줄어들었을 뿐이었다. 버드나무가 자라는 동안 흙의 무게가 거의 줄지 않았다는 것을 통해 알 수 있는 사실에 대해 서술하시오. (단, 빛과 이산화 탄소는 충분하게 공급되었다.)

086 다음의 (가) ~ (다) 식물 중 높은 삼투압에서 잘 견딜 수 있게 발달한 식물은 무엇인지 고르고, 그 이유를 쓰시오.

(가) 수련 (수생식물)

(나) 갯잔디 (염생식물)

(다) 선인장 (건생식물)

087 식물의 증산 작용은 주로 잎 뒷면에서 일어난다. 그 이유에 대해 증산 작용의 조건과 관련지어 서술하시오.

088 다음 그래프는 망막에 있는 3가지 원추 세포의 빛의 파장에 따른 빛 흡수율을 나타낸 것이다.

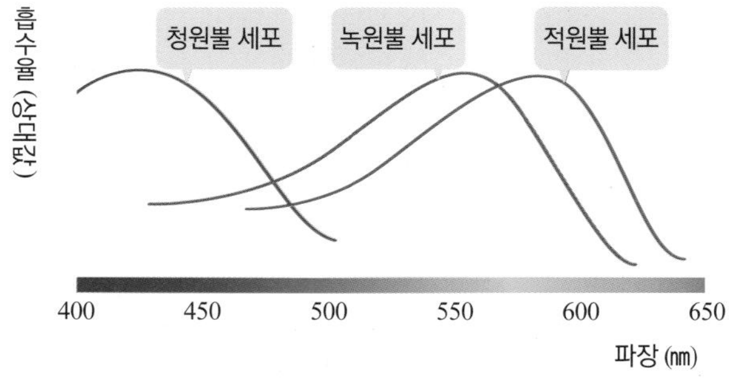

이에 대한 설명으로 옳은 것만을 <보기>에서 있는 대로 고르고, 옳지 않은 것은 올바르게 고쳐 쓰시오.

보 기

ㄱ. 원추 세포의 이상 증세로 야맹증이 나타난다.
ㄴ. 사람은 3가지 색깔인 청색, 녹색, 적색의 빛에만 반응을 보인다.
ㄷ. 빛의 파장에 따라 3종류의 원추 세포가 흡수하는 빛의 흡수율은 다르다.

정답 및 해설 18쪽

089 다음은 평지와 고랭지에서의 각각의 기온 변화를 나타낸 그래프와 온도에 따른 광합성량을 나타낸 그래프이다.

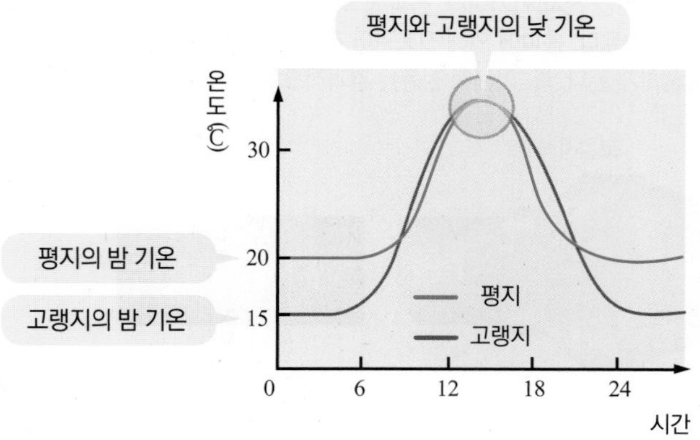

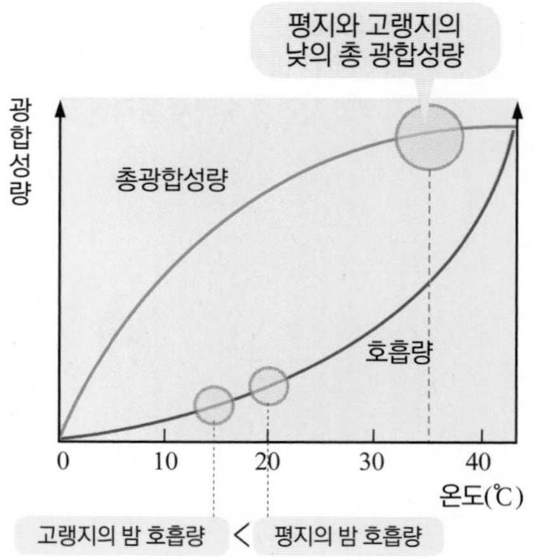

· 빛의 세기가 0일 때 이산화 탄소의 방출량을 호흡량이다.
· 보상점* 이상의 빛의 세기에서 이산화 탄소의 흡수량은 순 광합성량이다.
· 호흡량과 순 광합성량을 합한 값은 총 광합성량이다.

*보상점 : 광합성량과 호흡량이 같아 외관상으로 이산화 탄소의 출입이 없어 보일 때의 빛의 세기로 보상점보다 약한 빛의 세기가 지속되면 광합성에 의해 생산되는 유기물의 양보다 호흡에 의해 소비되는 유기물의 양이 더 많아 식물이 시들어 죽게 된다.

고랭지에서의 채소 생산성은 평지보다 높은데, 그 이유가 무엇일지 식물의 광합성과 호흡 측면을 중심으로 서술하시오.

090 우주에 나가는 우주 비행사들은 메스꺼움, 구토를 동반하여 우주 멀미라고도 불리는 우주 적응 증후군(SAS)를 겪는다고 한다. 이와 같은 현상이 왜 일어나는지에 대해 감각 기관을 들어 서술하시오.

091 다음은 마이크로폰에 대한 설명이다.

마이크로폰은 소리 에너지를 전기 에너지로 변환시키는 전자 기기이다. 음파에 의해 생긴 진동을 받는 진동판, 그것을 전기 신호로 바꾸는 변환부, 출력부의 세 부분으로 구성된다. 음파에 의해 진동판이 진동을 하면, 진동판에 붙어 있는 코일이 자석의 자기장 속에서 움직여 코일에 전류가 발생하게 된다. 즉, 기계적 진동은 결과적으로 전기적 신호로 변화하게 된다.

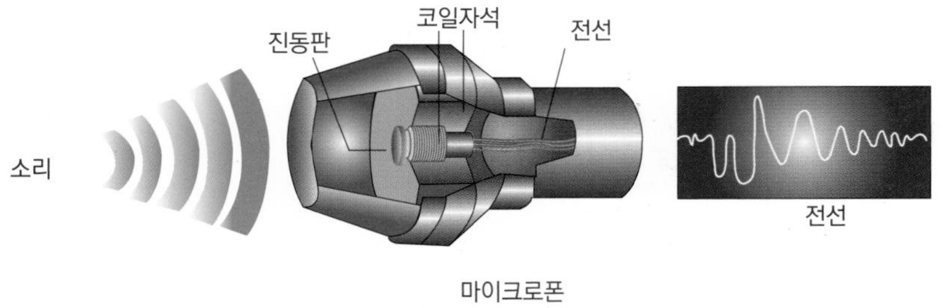

마이크로폰의 진동판, 코일 자석, 전선과 비슷한 역할을 하는 귀의 구조를 아래 그림에서 찾아 명칭과 기능을 쓰시오.

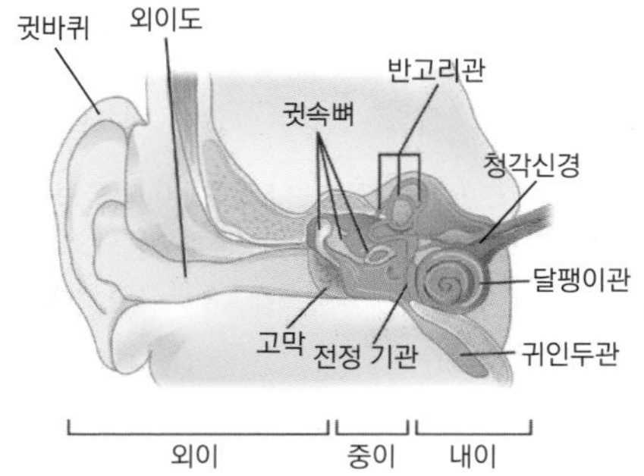

092 사람의 눈은 수정체 양끝에 있는 모양체의 근육이 자율신경에 의해 수축·이완됨으로써 다음과 같이 수정체의 두께가 변화되어 원근 조절이 이루어진다. 그러나 두족류인 오징어 무리는 수정체가 탄력이 없고 두께가 일정하게 고정되어 있다. 오징어 눈이 원근 조절에 따라 상이 잘 보이도록 하는 방법에 대한 가설을 세워보시오.

[대회 기출 유형]

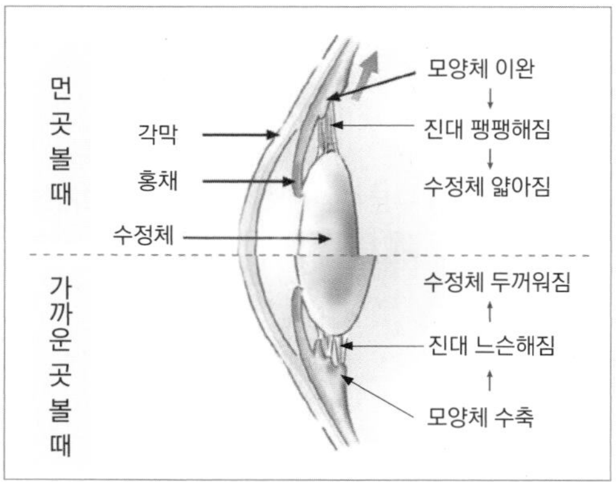

093 다음 그림은 시각 정보 회로를 포함하는 뇌단면의 모식도이다. 시각 정보는 망막의 신경 세포 → 시각 신경 → 시신경 교차 → 시각로 → 시상 → 시각 중추의 순서로 전달된다.

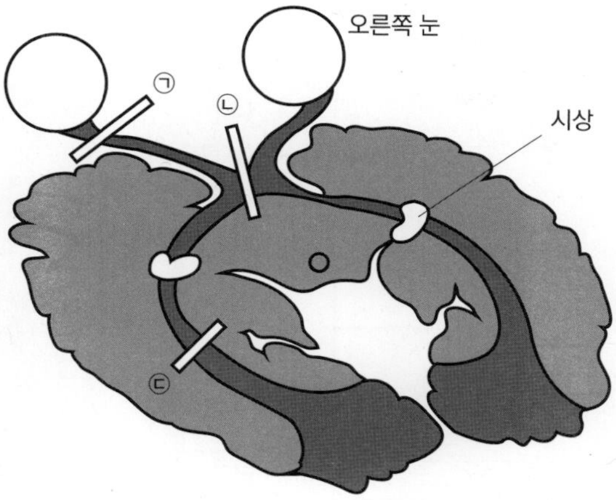

· (가)는 두 눈으로 볼 수 있는 시야를 나타낸다.
· 오른쪽 시신경이 절단되면 (나)와 같이 D 부위가 보이지 않는다.
· 왼쪽 시각로가 절단되면 (다)와 같이 C와 D가 보이지 않는다.
· 오른쪽 시각로가 절단되면 A와 B가 보이지 않는다.

●: 초점　　A, B, C : 왼쪽 눈 시야　　B, C, D : 오른쪽 눈 시야

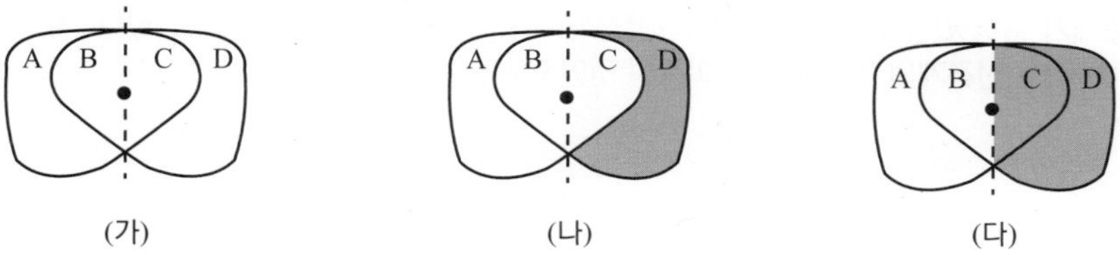

위 자료를 근거로 추론한 설명으로 옳은 것만을 <보기>에서 있는 대로 고르고, 옳지 않은 것은 그 이유를 각각 서술하시오.

보 기

ㄱ. ㉠ 부위가 절단되면 A가 보이지 않는다.
ㄴ. ㉡ 부위가 절단되면 B와 C가 보이지 않는다.
ㄷ. 왼쪽 시각로는 왼쪽 눈에서 나온 정보의 일부를 지니고 있다.
ㄹ. 오른쪽 시신경의 일부는 시신경 교차에서 왼쪽 뇌반구로 전달된다.

094 다음은 자율 신경의 작용을 나타낸 모식도이다.

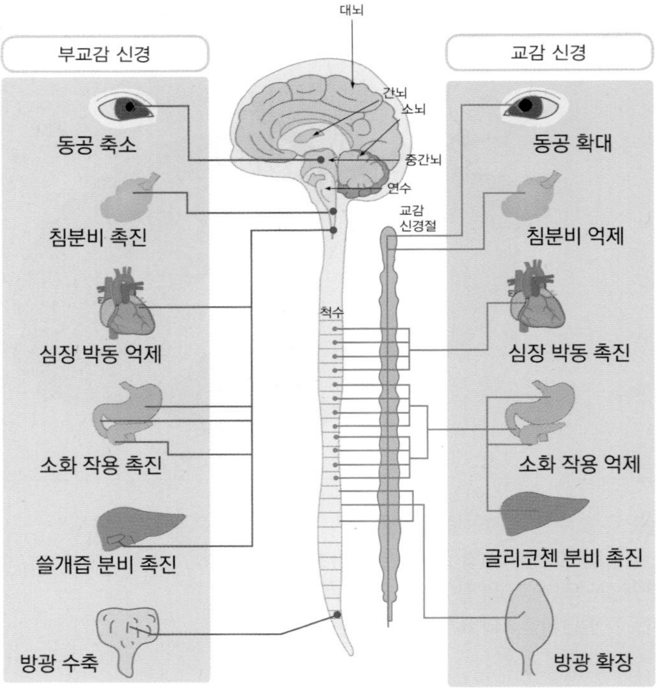

혈압이나 호흡 등 생체 반응을 이용하여 피의자 진술의 진위성을 판별하는 장치인 거짓말 탐지기가 상반된 진술과 이해 관계가 얽혀 있는 교통사고 피의자 진술의 진위성을 판별하는데 활용되고 있다. 위의 자료를 참고하여 거짓말 탐지기는 자율 신경계의 어떤 특징을 이용한 것인지 서술하시오.

095 다음은 여러 동물의 정상적인 체온 범위와 체온이 너무 높아 죽게 되는 온도인 치사 체온을 나타낸 것이다. 이 표로부터 알 수 있는 사실을 그 이유와 함께 서술하시오.

동물	정상 체온(℃)	치사 체온(℃)
바늘두더지	30 ~ 31	37
고슴도치	34 ~ 36	41
사람	37	43
뻐꾸기	40 ~ 41	47
참새	40 ~ 41	47

096 나무를 옮겨 심을 때 잎을 따거나 잔가지를 자르는 모습을 볼 수 있는데, 그 이유에 대해 서술하시오.

097 다음 자료 (가)는 역치와 실무율에 대한 설명을, (나)는 단일 근육 섬유에서의 반응과 전체 근육에서의 반응을 각각 그래프로 나타낸 것이다.

(가)

· 역치 : 감각 세포에 흥분을 일으킬 수 있는 최소의 자극의 크기를 말하며, 문턱값이라고도 한다. 역치는 세포의 종류에 따라 다르고 같은 세포일지라도 그 세포가 자극을 받는 상태에 따라서도 달라진다. 역치는 그 세포가 흥분하기 쉬운가 어려운가를 뜻하므로, 흥분성은 일반적으로 역치값의 역수로 표시한다. 즉 약한 자극에도 흥분하면 역치가 낮고, 강한 자극을 주어야만 흥분하면 역치가 높은 것이다

· 실무율 : 단일 근섬유나 신경 섬유가 역치 이하의 자극에서는 반응하지 않고 역치 이상의 자극에서 자극의 세기에 관계없이 항상 반응의 크기가 일정하게 나타나는 현상이다.

(나)

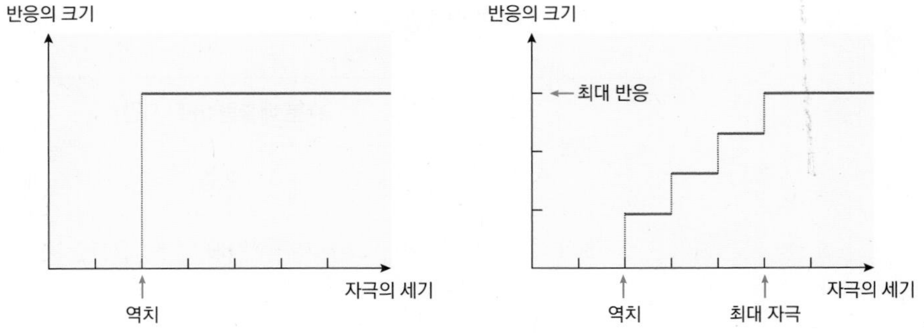

▲ 단일 세포에서의 반응　　▲ 근육에서의 반응

위와 같이 단일 근육 섬유와 전체 근육에서의 반응이 서로 다르게 나타나는 이유를 위의 자료와 연관지어 비교 서술하시오.

098 1889년 독일 의사였던 메링과 민코스키는 개의 이자를 제거하면 어떤 소화 장애가 일어나는지를 실험하는 과정에서 뜻밖의 사실을 관찰하였다. 이자를 제거(A)한 개의 오줌에는 많은 개미가 모여들었는데, 그 원인을 분석한 결과 오줌 속에 많은 양의 포도당이 들어 있음을 밝혀냈다. 또한 이들은 이자에서 십이지장으로 연결되는 관을 제거(B)하는 실험도 하였는데, 이때는 오줌 속에 포도당이 많이 들어 있지 않았다.

(1) 이자를 제거한 개의 오줌에 개미가 많이 모여든 이유를 쓰시오.

(2) B 실험의 결과를 보고 이자액 분비 세포에서 십이지장으로 분비되는 물질과 이자의 랑게르한스섬에서 분비되는 물질이 운반되는 방법을 비교하여 설명하시오.

099 다음 표는 휴식할 때와 운동할 때 수분의 배출량을 나타낸 것이다.

구분	수분 배출량 (ml / 시간)		
	땀	오줌	계
휴식	10	80	90
운동	490	10	500

이에 대한 설명으로 옳은 것만을 <보기>에서 있는 대로 고르고, 옳지 않은 것은 올바르게 고쳐 쓰시오.

보 기

ㄱ. 땀의 배출량이 많을수록 항이뇨 호르몬의 분비량은 감소한다.
ㄴ. 오줌 속 요소 농도는 휴식할 때보다 운동할 때가 더 높다.
ㄷ. 운동할 때 땀을 흘리는 가장 큰 이유는 체액의 농도를 일정하게 유지하기 위한 것이다.
ㄹ. 운동을 하면 체내 삼투압은 증가한다.

정답 및 해설 20쪽

100 다음 그림은 사람의 대뇌 양쪽에 있는 해마(hippocampus)의 위치를 나타낸 것이며, (가) ~ (라)는 해마를 모두 제거한 후에 관찰된 결과(증상)이다.

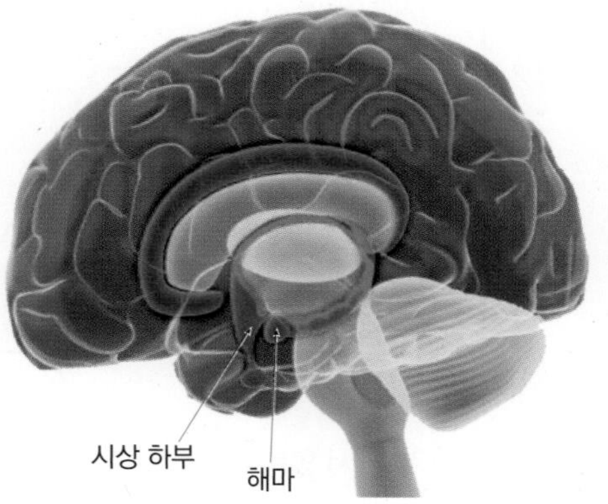

(가) 새로운 전화번호를 불러주거나 보여주면 즉시 전화를 걸 수 있다.
(나) 시간이 걸리기는 했지만 생애 처음으로 자전거 타는 법을 배워서 탈 수 있었다.
(다) 수술 이전에 알던 사람들을 모두 기억했다.
(라) 수술 이후에 새로 만난 사람들은 몇 분간 기억했으나 며칠 후 다시 만나면 전혀 기억하지 못했다.

(가) ~ (라)를 근거로 학습과 기억에 관련된 해마의 역할에 대해 서술하시오.

101 무한이는 수박을 많이 먹을 경우 오줌이 빨리 마려워지는 이유가 자신의 몸 속 수분을 오줌으로 빨리 배출하도록 작용하는 물질이 수박에도 있기 때문이라고 생각하였다. 다음은 이 사실과 관련하여 혈액의 삼투압 조절에 관여하는 호르몬에 대한 설명이다.

· ADH : 수분의 재흡수 증가
· 무기질 코르티코이드 : 세뇨관에서 Na^+와 같은 무기염류의 재흡수 및 수분의 재흡수 증가(혈액량 증가)

체내에서 일어나는 삼투압, 수분 조절과 관련된 설명으로 옳은 것만을 <보기>에서 있는 대로 고르고, 옳지 않은 것은 올바르게 고쳐 쓰시오.

보 기

ㄱ. 수박에 있는 물질은 세뇨관의 수분 재흡수를 억제한다.
ㄴ. 수박을 먹으면 ADH가 분비되는 것과 반대의 효과가 나타난다.
ㄷ. 오줌을 많이 누는 것은 삼투압을 증가시키기 위한 것이다.
ㄹ. 무기질 코르티코이드의 분비는 삼투압을 감소시킨다고 볼 수 없다.
ㅁ. 혈액 속에 수분이 과다하게 존재하면 무기질 코르티코이드의 분비가 증가한다.

102 다음 그래프는 어떤 사람의 시상 하부에 설정된 적정 체온 변화에 따른 체온 변화를 나타낸 것이다.

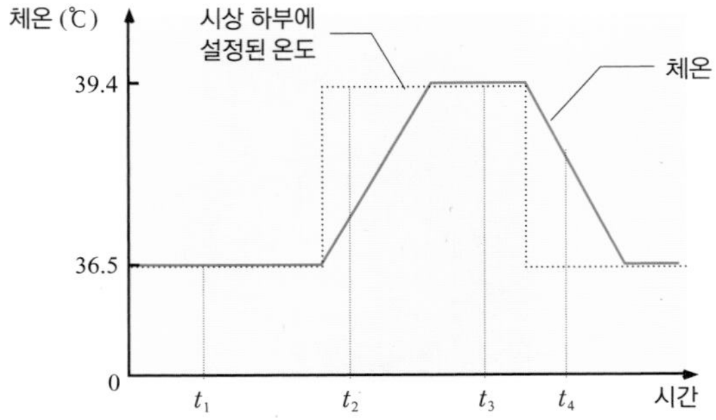

이에 대한 설명으로 옳은 것만을 <보기>에서 있는 대로 고르고, 옳지 않은 것은 올바르게 고쳐 쓰시오.

보 기

ㄱ. 단위 시간당 근육에서의 열 발생량은 t_1 일 때보다 t_2 일 때 적다.
ㄴ. 단위 시간당 피부에서의 땀 생성량은 t_3 일 때보다 t_4 일 때 많다.
ㄷ. 단위 시간당 피부 근처 혈관의 혈류량은 t_3 일 때보다 t_4 일 때 적다.

103 다음은 25℃에서 빛의 세기에 따른 어떤 식물의 광합성량을 나타낸 것이다.

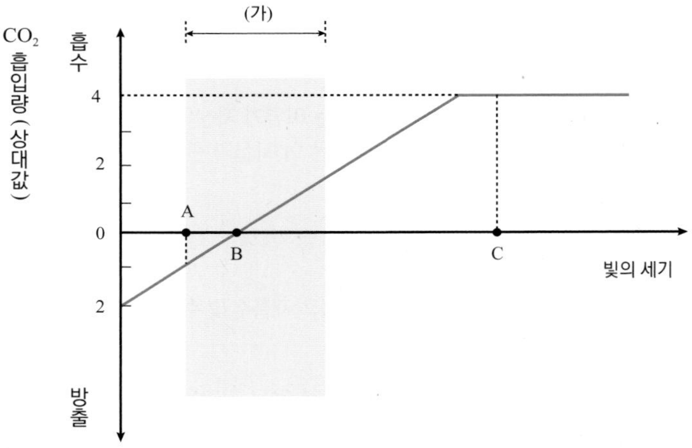

이에 대한 설명으로 옳은 것만을 <보기>에서 있는 대로 고르고, 옳지 않은 것은 올바르게 고쳐 쓰시오.

보 기

ㄱ. A와 B에는 명반응 속도는 같다.
ㄴ. C에서의 순광합성량은 A에서의 호흡량의 4배이다.
ㄷ. 구간 (가)에서 빛의 세기 증가에 따라 총광합성량은 증가한다.

*명반응: 광합성 단계 중 빛이 관여하는 화학 반응

정답 및 해설 21쪽

104 다음은 당뇨에 관한 설명이다.

당뇨병이란 혈액 속의 포도당의 농도가 정상적으로 조절되지 않아서 생기는 질병으로서 혈당량이 정상인보다 높을 때 나타낸다. 일반적으로 혈액 속에 포도당의 농도가 높으면 혈액의 점도가 높아지고 혈액의 순환이 더디어지게 되는 것으로 알려져 있다. 당뇨병은 크게 제1형 당뇨병과 제2형 당뇨병으로 분류된다. 제1형 당뇨병은 인슐린을 분비하는 이자의 β세포의 파괴에 의해 인슐린이 결핍되어 생기는 당뇨병이고, 제2형 당뇨병은 인슐린 분비 저하와 인슐린에 대하여 세포가 정상적으로 반응하지 못해서 생기는 당뇨병이다. 아래 그래프는 정상인과 이자에 이상이 발견된 당뇨 환자의 식사 후 혈당량과 혈액 내 인슐린의 농도 변화를 나타낸 것이다.

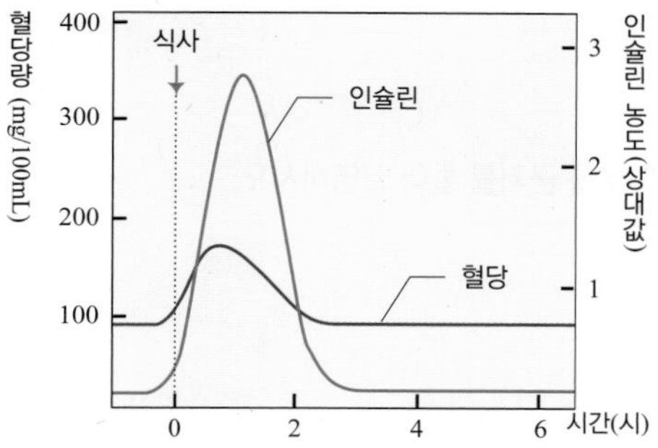

▲ 정상인

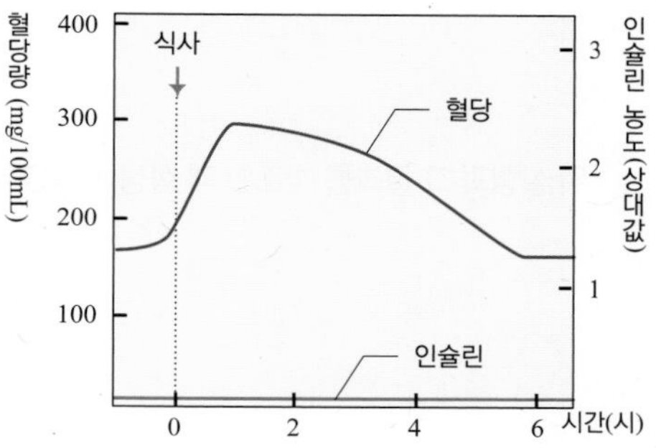

▲ 당뇨 환자

이에 대한 설명으로 옳은 것만을 <보기>에서 있는 대로 모두 고르고, 옳지 않은 것은 올바르게 고쳐 쓰시오.

보 기

ㄱ. 이 환자는 이자의 α 세포에 이상이 있다.
ㄴ. 정상인의 경우 인슐린의 분비는 옥시토신처럼 양성 피드백에 의해 조절된다.
ㄷ. 이 환자에게 인슐린을 투여하면 혈당량이 감소할 것이다.
ㄹ. 식사를 하기 전 당뇨병 환자의 혈당량은 정상인보다 낮은 수치를 보인다.
ㅁ. 정상인은 혈당량이 증가하면 인슐린의 분비량이 급격히 감소한다.

105 화성(Mars)탐사대가 화성에 가서 생명체가 존재하는지 알아보기 위해 그 곳의 흙을 가지고 다음과 같은 실험을 하였다.

[2021~23 기출 유형]

[실험 과정]
① 화성 토양(시료)을 그림의 용기에 넣는다.
② 용기에 방사성 기체인 $^{14}CO_2$를 넣고 빛을 비춘다.
③ 며칠 지난 후 용기의 방사성 기체를 제거하고 시료를 가열하여 방사성 기체 발생 여부를 확인한다.

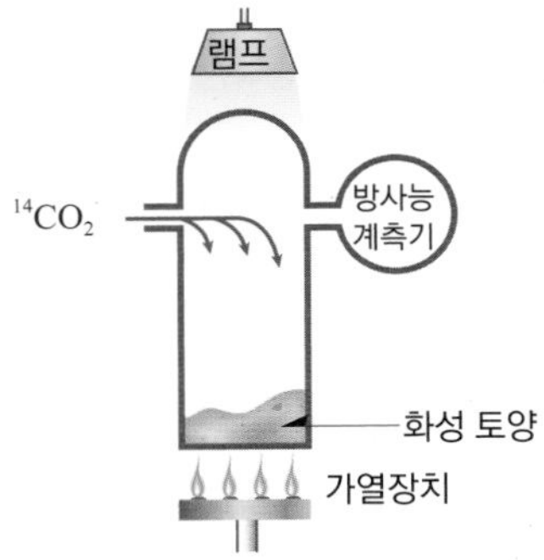

[실험 결과]
방사성 기체가 검출되지 않았다.

위 실험과 그 결과를 참조할 때 화성에 생명체의 존재 여부를 근거를 들어 설명하시오.

106 다음은 항이뇨 호르몬(ADH)의 농도와 혈압, 혈장 삼투압 사이의 관계를 표로 나타낸 것이다.

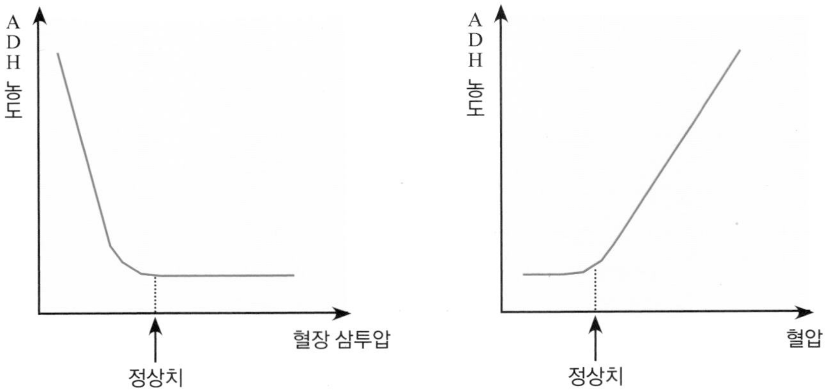

(1) (가) 물을 많이 마신 경우, (가) 생리 식염수를 마신 경우, (다) 소금물을 마신 경우 ADH 분비량, 혈압, 혈장 삼투압이 어떻게 변하는지 각각 설명하시오.

(2) 커피에 든 카페인은 이뇨 작용을 촉진시킨다. 커피를 과다하게 마셔 이뇨 작용이 활발히 일어난 후의 ADH의 분비량은 어떻게 변화할지 이유와 함께 서술하시오.

107 다음 그래프는 손바닥에 일정 무게의 추를 얹어 놓고 그 위에 다른 추를 더 얹어 무게의 변화를 감지할 수 있는 최소의 무게를 측정한 실험 결과를 나타낸 것이다.

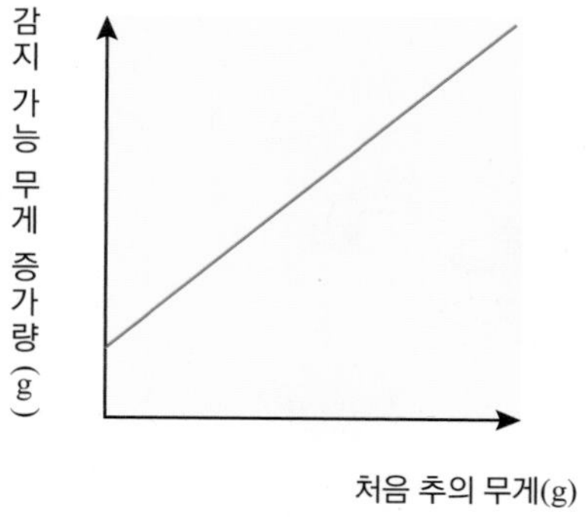

이 그래프의 기울기는 K라고 할 때, 여러 감각 기관의 K 중 가장 예민한 감각을 골라 그 이유와 함께 설명하시오.

ㄱ. 온각 $K=\frac{1}{5}$	ㄴ. 미각 $K=\frac{1}{6}$	ㄷ. 청각 $K=\frac{1}{7}$	ㄹ. 시각 $K=\frac{1}{100}$	ㅁ. 압각 $K=\frac{1}{200}$

108 다음은 감각 신경이 화살표에 해당하는 시간 이후 지속적인 자극을 받았을 경우 감각의 정도를 나타낸 것이다.

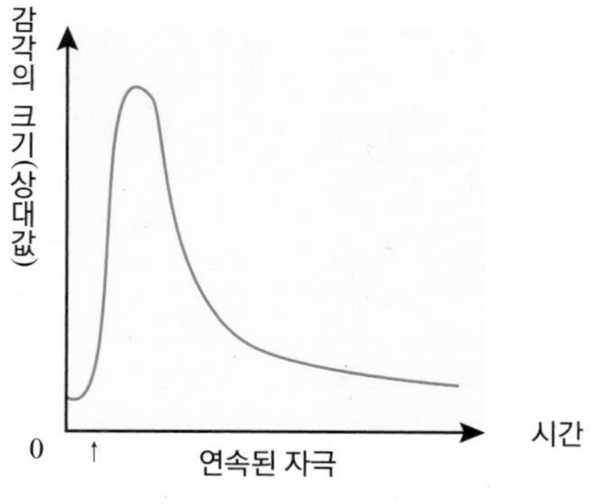

이에 대한 설명으로 옳은 것만을 <보기>에서 있는 대로 고르고, 옳지 않은 것은 그 이유를 각각 서술하시오.

보 기

ㄱ. 새벽에 밝게 보이던 불빛이 날이 밝으면 밝은 느낌을 주지 않는다.
ㄴ. 옷을 새로 입었을 때에는 착용감을 느끼지만 나중에는 착용감을 느끼지 못한다.
ㄷ. 목욕탕 물에 들어갈 때, 처음에는 뜨거움을 느끼지만 시간이 지나면 뜨거움을 느끼지 못한다.
ㄹ. 조용한 곳에서는 작은 소리도 잘 들리지만, 시끄러운 공사장에서는 큰 소리도 잘 들리지 않는다.

기출 Check

109 다음과 같이 실험하였다.

[2021~23 기출 유형]

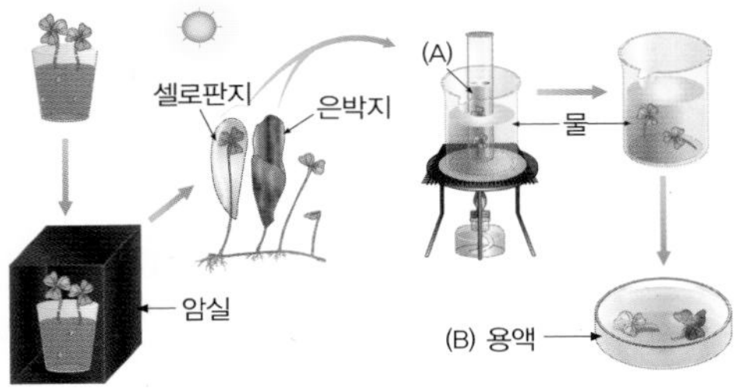

〈실험 과정〉
㉠ 토끼풀을 1시간 정도 암실에 둔다.
㉡ 암실에서 꺼내어 한 잎은 셀로판지로 씌우고, 한 잎은 은박지로 싸서 1시간 정도 햇빛을 쪼인다.
㉢ 두 잎을 (A　　　　　)에 넣어 물중탕을 한 후 물로 씻어낸다.
㉣ 두 잎에 각각 (B　　　　　) 용액을 떨어뜨린다.

(1) A, B 에 해당하는 물질은 무엇이며 어떤 역할을 하는지 설명하시오.

(2) 실험 결과에서 셀로판지로 싼 잎과 은박지로 싼 잎의 차이를 설명하시오.

110 그래프는 이산화탄소 농도와 온도에 대한 상대적 광합성량의 변화를 나타낸 것이다. [서울과학고등학교 기출 유형]

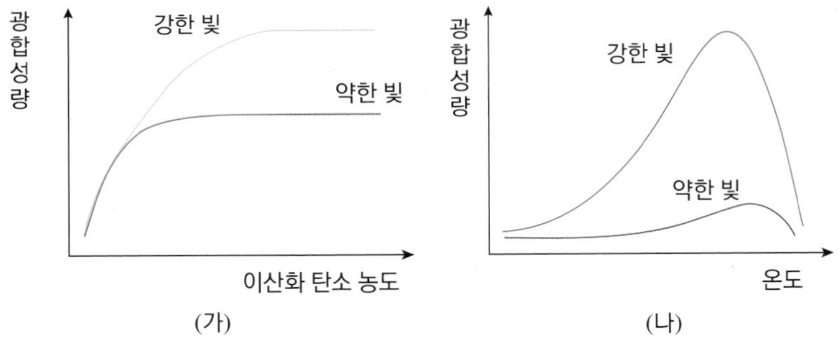

그래프를 옳게 해석한 것만을 <보기>에서 있는 대로 고르시오.

보 기

ㄱ. (가)에서 빛의 세기가 일정할 때, 이산화탄소의 농도가 일정량 이상이 되면 광합성량은 더 이상 증가하지 않는다.
ㄴ. (나)에서 강한 빛이나 약한 빛에서 광합성을 하기에 적당한 온도가 존재한다.
ㄷ. (가)에서 이산화탄소의 농도가 일정량 이상이 되면 빛의 세기는 광합성량에 영향을 미치지 않는다.
ㄹ. (나)에서 온도가 같더라도 빛의 세기에 따라 광합성량이 달라진다.

정답 및 해설 22쪽

111 광합성이 밝혀지기 전 18세기 말 영국의 프리스틀리는 햇빛이 비치는 밀폐된 유리 용기 안에 쥐를 넣어두면 얼마 후 쥐가 죽지만 식물과 함께 넣어두면 계속 생존하는 것을 관찰하였다.

[2021~23 기출 유형]

(1) 프리스틀리는 아래와 같은 방법으로 실험하였다. 각각의 실험 결과를 적고 그 이유를 쓰시오.

(가) (나) (다) (라)

〈실험 방법〉

(가) 유리 종 속에 촛불을 넣는다.

(나) 유리 종 속에 쥐를 넣는다.

(다) 유리 종 속에 식물과 촛불을 넣는다.

(라) 유리 종 속에 식물과 쥐를 함께 넣는다.

구분	결과	이유
(가)		
(나)		
(다)		
(라)		

(2) (라)의식물에 방사성 물질인 산소(^{18}O)가 포함된 물($H_2{}^{18}O$)을 공급하였다. 일정 시간이 지난 후 쥐의 다리 근육에서 방사성 물질이 검출되었다. 이때 쥐가 흡수한 방사성 물질은 무엇인가? 어떤 과정을 거쳐 쥐의 다리 근육에서 방사성 물질이 검출되는가?

112 다음은 식물의 광합성 반응 속도를 알아보기 위한 실험이다.

[2021~23 기출 유형]

[실험 과정]

(가) 2.0% 탄산 수소 나트륨($NaHCO_3$)용액을 3개의 페트리 접시에 각각 $\frac{2}{3}$ 정도 채운다.

(나) 250mL 삼각 플라스크에 100mL 의 2.0% $NaHCO_3$ 용액을 채운다.

(다) 3~4 장의 식물 잎을 포개 놓고 잎맥이 없는 부위를 선택하여 코르크 보러(코르크 뚫는 기기)로 직경 0.5 ~ 1cm 정도의 잎 조각을 만든다.

(라) 약 40 개의 잎 조각을 2.0% $NaHCO_3$ 용액이 들어 있는 삼각플라스크에 띄우고 유리관이 달린 고무 마개로 막아 공기를 빼내어 잎 조각을 가라앉게 한다.

(마) 바닥에 가라앉은 잎 조각 5개 정도를 핀셋으로 조심스럽게 2.0% $NaHCO_3$ 용액이 들어 있는 페트리 접시에 옮겨 바닥에 가라앉힌다.

(바) 빛의 세기를 달리 하며 잎 조각이 떠오르는 시간을 측정한다.

(1) 위 실험에서의 아래의 각 변인은 무엇인가?

- 조작 변인(결과에 영향을 주도록 변화시키는 요인) :
- 종속 변인(측정하고자 하는 변인) :
- 통제 변인(선택한 조작 변인 외에 조작하지 않아야 할 변인) :

(2) 잎 조각이 떠오르는 이유는 무엇인가?

(3) (라) 과정에서 삼각플라스크의 용액 위에 떠있는 잎 조각이 공기를 빼냈을 때 가라앉는 이유는 무엇인가?

(4) 이 실험에서 2.0% $NaHCO_3$ 용액을 사용하는 이유는 무엇인가?

(5) 잎 조각이 떠오르는 시간과 광합성 속도와는 어떤 상관이 있을까?

(6) 빛의 세기와 광합성 속도와의 관계를 그래프로 나타내시오.

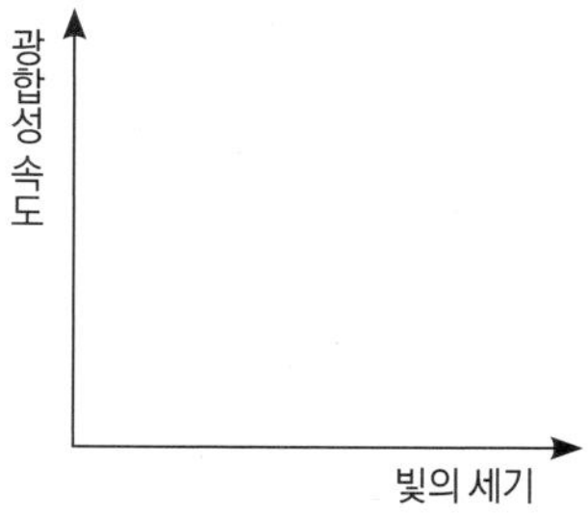

113 이른 봄에 그림과 같이 나무의 껍질을 동그랗게 도려내는 실험을 하였다. 그 결과 도려낸 위쪽 부위는 아래 그림처럼 시간이 경과하면서 부풀어 올랐다.

[서울과고 기출 유형]

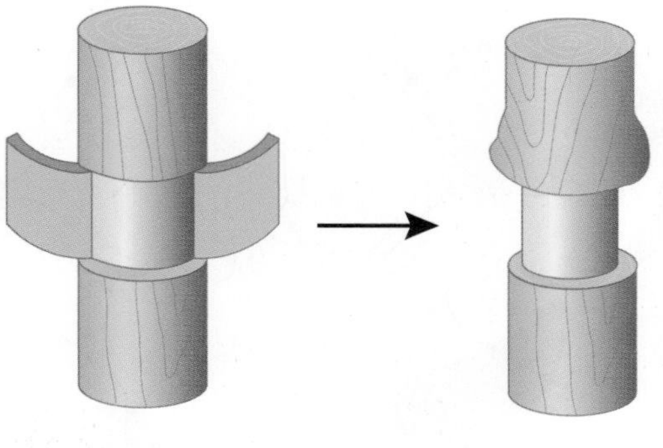

이 실험을 수행한 목적으로 가장 타당한 것은?

① 나무 껍질에 병균을 감염시키기 위하여
② 부피 생장이 일어나는 곳을 알아보기 위하여
③ 길이 생장을 담당하는 생장점의 위치를 알아보기 위하여
④ 뿌리에서 흡수한 물이 상승하는 원동력이 무엇인지 알아보기 위하여
⑤ 유기양분이 관다발 중 어느 관을 통해서 이동하는지 알아보기 위하여

114 그림은 물체의 상이 망막에 선명하게 맺히지 못하는 두 가지 눈의 이상을 나타낸 것이다.

[영재학교 기출 유형]

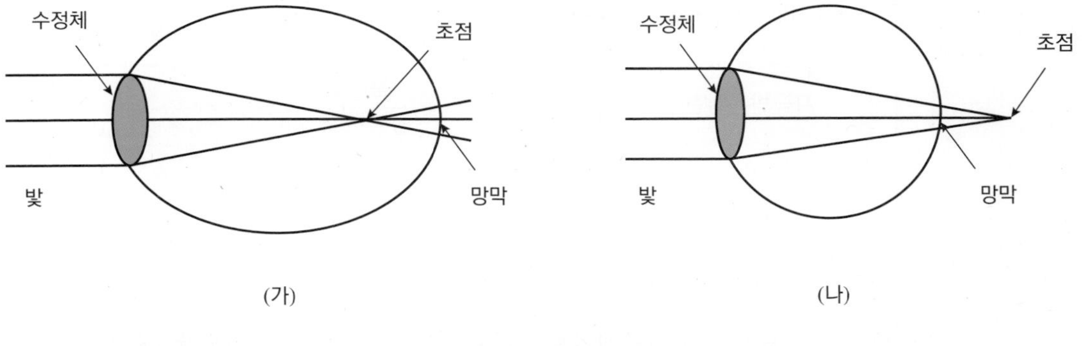

이에 대한 설명으로 옳은 것만을 <보기>에서 있는 대로 고르고, 옳지 않은 것은 올바르게 고쳐 쓰시오.

보 기

ㄱ. 수정체와 망막 사이의 거리는 (가)가 (나)보다 더 멀다.
ㄴ. (가)는 오목렌즈로, (나)는 볼록렌즈로 교정한다.
ㄷ. (가)는 가까운 곳이, (나)는 먼 곳이 잘 안 보인다.
ㄹ. 정상보다 수정체가 두꺼운 경우에도 (나)와 같은 눈의 이상을 보인다.
ㅁ. (가)와 (나) 모두 먼 곳을 볼 때는 수정체가 얇아지고, 가까운 곳을 볼 때는 두꺼워진다.

기출 Check

115 다음은 외부로부터의 자극이 뉴런에 의해 전달되는 경로를 나타낸 것이다.

[경기과고 기출 유형]

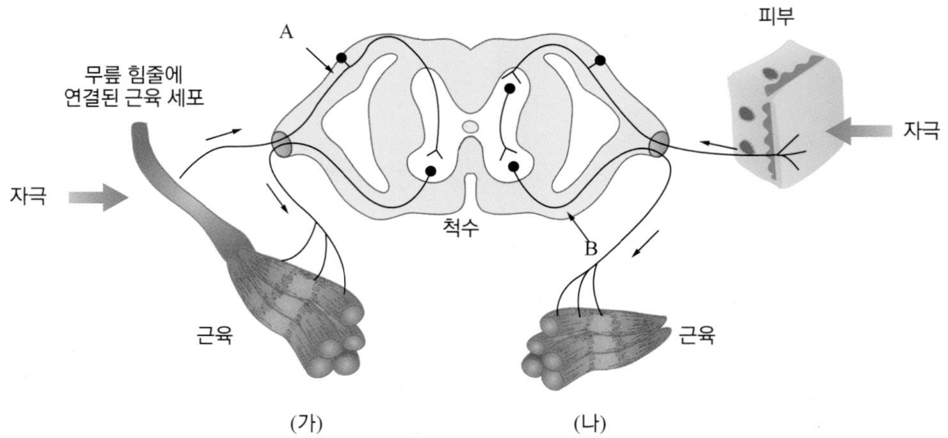

(1) 다음 그림에서 (가)는 무릎 반사가 일어나는 경로, (나)는 피부에서 자극이 가해졌을 때 척수 반사가 일어나는 경로를 나타낸 것이다. A 뉴런과 B 뉴런의 명칭은 무엇인지 답하시오.

A 뉴런 : ( ) , B 뉴런 : ( )

(2) 중추 신경계에 존재하는 4개 뉴런 a, b, c, d의 연결 순서를 밝히려는 실험을 다음과 같이 하였다. (단, 4개의 뉴런은 일렬로 연결되어 있다.)

각 뉴런에 막전위를 측정할 수 있는 미세 전극을 꽂은 후 역치 이상의 자극을 가하여 흥분이 발생된 뉴런을 조사한 결과가 다음과 같았다.

(+ : 발생함, - : 발생하지 않음)

자극 받은 뉴런	흥분 발생 여부			
	a	b	c	d
a	+	+	-	-
a, c	+	+	+	+

위 실험 결과로 볼 때, b 뉴런이 자극을 받았을 경우 흥분이 발생하는 뉴런을 있는 대로 골라 기호로 답하시오.

정답 및 해설 23쪽

116 우리 몸이 움직일 때 회전 감각을 감지하는 기관은 귀 속의 반고리관이다. 반고리관은 전정기관의 위쪽에 위치하고 있으며, 3개의 고리 모양의 관이 서로 직교하는 세 개의 면에 배열되어 있다.

[대전과고 기출 유형]

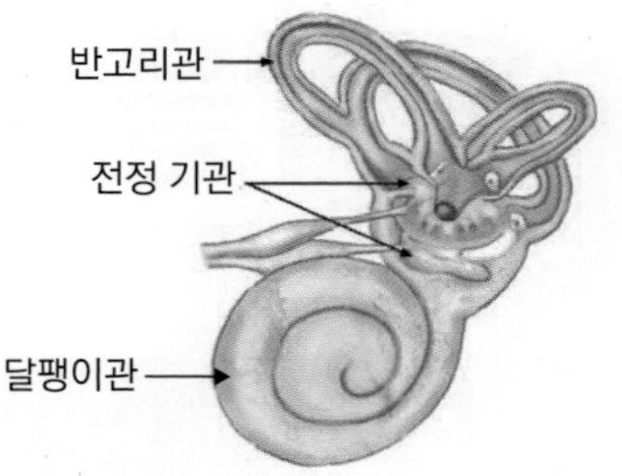

(1) 머리를 좌·우로 흔들었을 때 반고리관에서 일어나는 현상을 설명하시오.

(2) 아래 그림과 같은 행위를 하였을 때 림프와 감각모의 상태를 어떻게 변화하는지 단계별로 설명하시오.

117 다음은 추울 때 나타나는 체온 조절 과정을 모식도로 나타낸 것이다.

[2021~23 기출 유형]

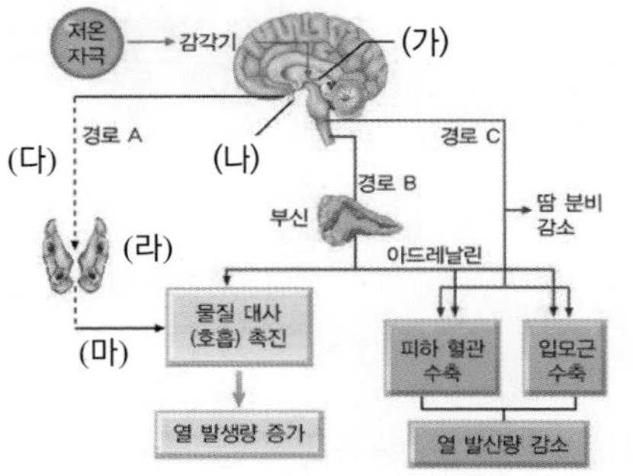

체온이 내려갔을 때, 체온을 올리기 위하여 중추신경계 부위인 (가)를 통해서 경로 A~C를 통해 상호작용하여 일어나게 되는데, 경로 A의 경우 (가)의 호르몬 분비 기관인 (나)에서 (다) 호르몬을 분비하여 기관 (라)의 (마) 호르몬 분비를 촉진하게 된다. 이후 간과 근육에서 세포 호흡이 촉진되고, 열이 생성된다.

(1) (가) ~ (마)의 알맞은 명칭을 쓰시오.

(2) 경로 A ~ C에 대한 설명으로 옳은 것만을 〈보기〉에서 있는 대로 고르시오.

보기

ㄱ. A는 부교감 신경에 의해 일어나는 조절 과정이다.
ㄴ. B와 C는 교감 신경에 의해 일어나는 조절 과정이다.
ㄷ. 체온은 신경과 호르몬의 상호작용으로 조절된다.
ㄹ. 경로 B는 대뇌의 조절을 받는다.
ㅁ. 경로 C의 결과 피부를 통해 많은 양의 열이 몸 밖으로 나간다.

주제 탐구 및 논술

음악을 즐기는 식물

주제 I

이완주 박사는 식물 생육을 촉진시키고 병해충을 억제해 주는 친환경 그린 음악 농법을 창안한 학자이다. 그는 부드럽고 잔잔한 음악을 듣고 자란 오이, 토마토 등의 열매가 그렇지 않을 때보다 월등히 많아진다는 것과 음악을 들려준 양배추가 들려주지 않은 쪽보다 병충해에 강하다는 실험 결과를 발표했다.

▲ 사물놀이를 들려 준 벼(오른쪽)가 들려 주지 않은 벼보다 더 잘 자라고, 잎도 더 푸르고 이삭도 더 빨리 많이 맺혔다. (이완주 박사의 실험 결과)

▲ 음악을 들려 주지 않은 양배추(왼쪽)는 진딧물이 그루 당 110마리였지만 음악을 들려준 양배추(오른쪽)에서는 그루 당 3마리만 발생했다. (이완주 박사의 실험 결과)

클래식이나 부드러운 음악은 식물 생장에 도움을 주지만, 록음악이나 헤비메탈과 같은 시끄러운 음악, 또는 거리의 자동차 소음 등은 식물의 생장에 해로운 것으로 나타났다. 어느 종류의 음악이 어떤 메커니즘으로 이런 결과를 가져오는지 식물에 따라 좋아하는 음악과 싫어하는 음악이 있는지는 아직 연구 중에 있다.
식물은 귀가 없는데 어떻게 소리를 듣는 걸까? 소리의 파동이 세포벽에 물리적 자극을 주면 내부의 세포벽이 떨면서 식물 자체에 흐르는 10~50mV의 전압이 변하게 된다. 이런 전기적 자극은 세포막과 세포질에 전달되어 광합성 등 기본 대사를 증진시키고, 기공을 여는 효과를 가져와 호흡과 양분 흡수를 높인다. 이와 같이 음악을 들려준 식물이 해충에 강해지거나 성장이 왕성해지는 것은 전기적 자극에 뒤따른 화학적 반응 때문인 것으로 알려져 있다.

Q1 식물이 어떠한 방법으로 음악을 즐기고 성장을 촉진 할 수 있는지 예상해 보시오.

식물의 행동

식물이 아름다운 음악을 좋아하고 소음을 스트레스로 여긴다면, 사람들이 꽃을 함부로 꺾거나, 나무를 마구 베어내는 행동들이 식물들로 하여금 공포감과 아픔을 느끼게 하는 것은 아닐까? 사실 식물에게 사람의 손길은 무척 큰 스트레스로 작용한다. 온실 속 화초는 주인의 정성어린 손길에 이른 꽃을 피우는데, 사랑에 대한 보답이 아니라 스트레스 때문에 꽃을 빨리 피워 열매를 맺은 후 시들기 위한 것이라고 한다.

날이 더워지면 인간과 같이 부채질을 하는 식물도 있다. 바람 한 점 불지 않는 뙤약볕 속의 포플러나무는 몸 안의 열을 식히기 위해 스스로 이파리를 흔든다.

생존을 위해 울음 소리를 내는 식물도 있다. 생장이 빠른 사시나무는 많은 양의 물을 뿌리에서 이파리로 빨아올리는데 토양수를 빨리 공기 중으로 방사하기 위해 이파리를 마구 떨어댄다. '사시나무 떨듯한다'는 것은 바람에 의한 게 아니라 사시나무 스스로 내는 소리인 것이다.

너도밤나무는 동물의 암컷이 새끼를 낳은 후 몸살을 앓는 것과 같이 한번 씨앗을 만들고 나면 7년 동안 몸살을 앓는다고 한다.

▲ 포플러나무

▲ 사시나무

▲ 너도밤나무

Q2 음악에 반응하는 식물이 사람의 말(좋은말, 나쁜말)에도 반응을 하는지 알고 싶다면 어떻게 실험을 꾸며야할 지 간단히 쓰시오. (좋은말 예 : 사랑해, 이쁘다 등, 나쁜말 예 : 미워, 못생겼다 등)

Q3 포플러 나무나 사시나무는 스스로 이파리를 흔든다. 그렇다면 식물의 움직임과 동물의 움직임은 어떤 차이가 있을지 자신의 생각을 쓰시오.

머리에 마음이 있다?!

주제 II

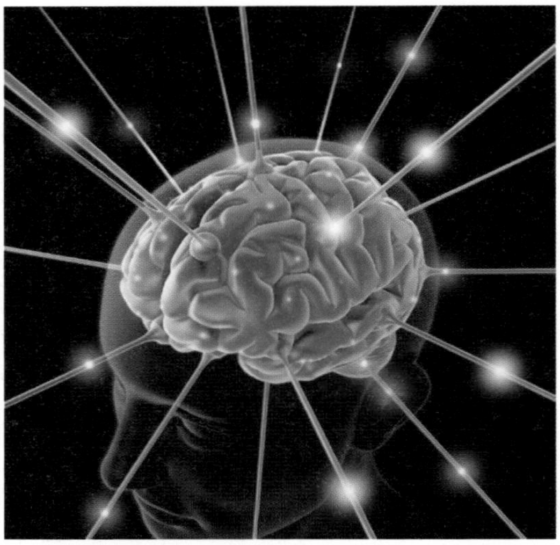

감정에 대한 연구는 객관적으로 포착하기 어렵기 때문에 이제까지는 극히 일부분에서만 이루어졌다. 그러나 최근엔 감정 변화가 뇌의 기능에 매우 큰 영향을 끼친다고 생각하여 활발하게 연구가 진행되고 있다.

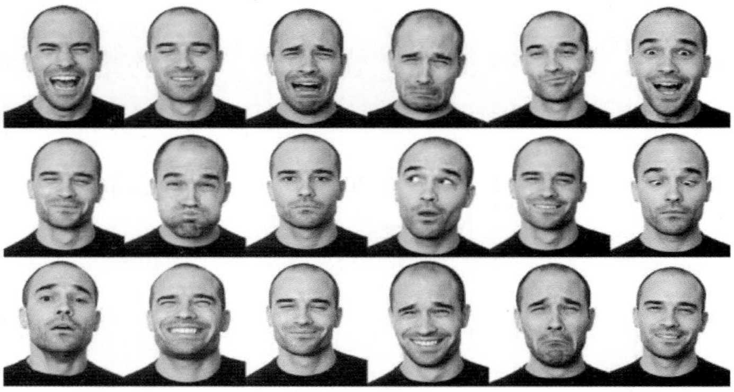

편도체

1937년 하인리히 클뤼버와 폴 부시는 원숭이의 좌우 양쪽에 있는 '편도체(amygdala)'라는 곳을 포함하는 측두엽을 파괴하면 원숭이한테서 기묘한 행동이 나타난다는 사실을 발견했다. 원숭이는 먹을 수 있는 것과 없는 것을 구별하지 못하게 되며, 이전까지 무서워했던 것을 무서워하지 않게 되었다.

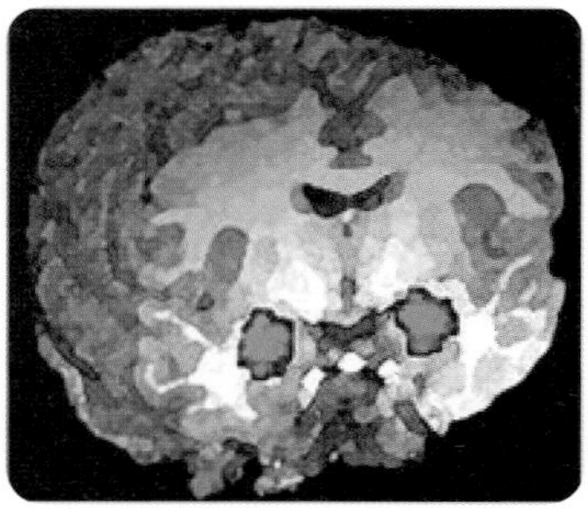
▲ 원숭이의 편도체

그리고 사람 역시 편도체가 파괴되면 원숭이와 같은 결과를 보인다는 연구가 발표되었다. 편도체는 뇌 안에 있는 대뇌변연계라는 부위의 일부이다. 이 편도체를 포함하는 대뇌변연계에서 감정이 처리되는데 인간의 경우 편도체가 파괴되면 감정에 장애가 나타난다. 편도체만 파괴되는 '우르바흐비테 증후군' 환자는 표정을 통해 상대방의 감정을 읽지 못한다. 그 결과 사회적인 관계를 형성하는데 많은 어려움이 따른다. 따라서 편도체는 감정과 감정에 관련된 판단 등을 주관한다고 여겨지고 있다.

정답 및 해설 24쪽

기억과 해마

대뇌변연계에는 '해마(hippocampus)'라는 언어적 기억, 의식적 기억, 특히 쾌감을 담당하는 소기관과 '편도체(amygdala)'라는 감정적 기억, 무의식적 기억으로 공포나 분노를 담당하는 소기관으로 분류된다. 만일 우리의 뇌에 해마가 없다면 우리는 새로 경험하거나 학습한 것을 기억할 수 없을 것이다. 해마는 가까운 과거의 기억을 유지해 줄 뿐만 아니라, 최종적으로는 기억 내용을 피질에 전달하는 기관이며, 그런 정보들은 대뇌 피질에 장기 기억으로 저장된다.

해마에 정보가 전달되는 경로는 두 가지가 있다. 하나는 감정 처리의 중추인 편도체를 거쳐서 해마로 가는 경우와 다른 하나는 피질을 거쳐서 해마로 가는 경로이다. 실제 일본의 이이지마 도시오 박사는 뇌의 각 부위별로 슬라이스 표본을 만들어 정보가 어떻게 해마로 보내지는지 조사하였다. 그 결과 피질과 편도체를 동시에 자극하면 정보가 해마로 전달된다는 사실이 밝혀졌다. 예를 들면 식사를 할 때 요리의 냄새, 색깔, 모양의 정보는 편도체를 거치면서 감정을 동반하는 정보로 만들어진 다음 해마로 정보를 보낸다. 동시에 음식물의 미각, 후각 정보는 피질을 거쳐 해마로 들어간다. 이 두 정보가 해마에 전달되어 맛있는 식사를 한 일이 기억에 오래 남게 되는 것이다.

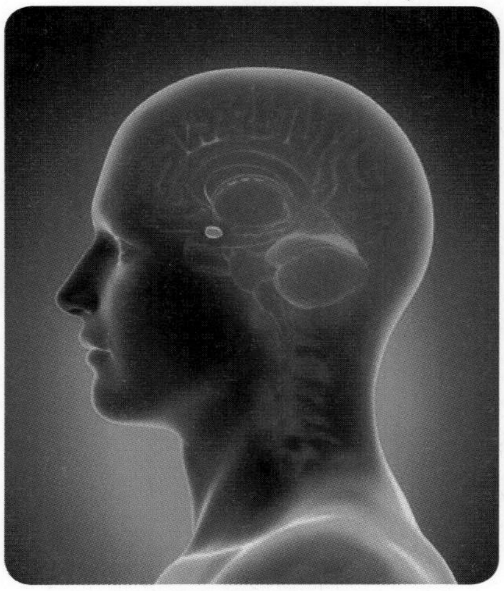

▲ 편도체(amygdala)

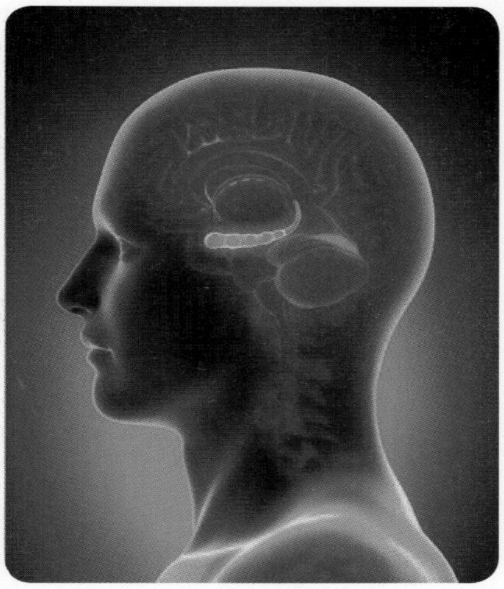

▲ 해마(hippocampus)

Q4 머리(뇌)에서 감정과 기억을 주관하는 부분은 각각 어디인가?

Q5 '외상(트라우마) 후 스트레스 장애'란 생명을 위협할 정도의 극심한 스트레스(정신적 외상)를 경험하고 나서 발생하는 심리적 반응이다. 강렬한 트라우마는 편도체를 활성화하고 해마를 얼어붙게 한다. 이를 치료할 수 있는 방법에 대해 나름대로의 방법을 생각해 보자.

Ⅳ 생식과 발생 / 유전과 진화

1 세포 분열

1. 세포 분열

(1) 세포 분열 : 하나의 세포가 두 개의 세포로 나누어지는 현상이다. → 다세포 생물은 세포 분열로 세포의 개수를 늘려 생장한다.

(2) 세포 분열의 종류

① **체세포 분열 :** 몸을 구성하는 체세포가 분열하여 동일한 유전 물질을 가진 2개의 딸세포를 형성하는 과정으로 분열기(M기)에 일어난다.

② **생식세포 분열 :** 생식기관에서 생식세포가 만들어질 때 일어나는 세포 분열이다.

(3) 세포 주기 : 분열로 생긴 딸세포가 자라서 분열을 마치기까지의 과정으로 크게 DNA의 복제, 세포의 생장이 일어나는 간기, 세포가 분열되는 분열기로 나누어진다. 간기가 세포 주기의 대부분을 차지한다.

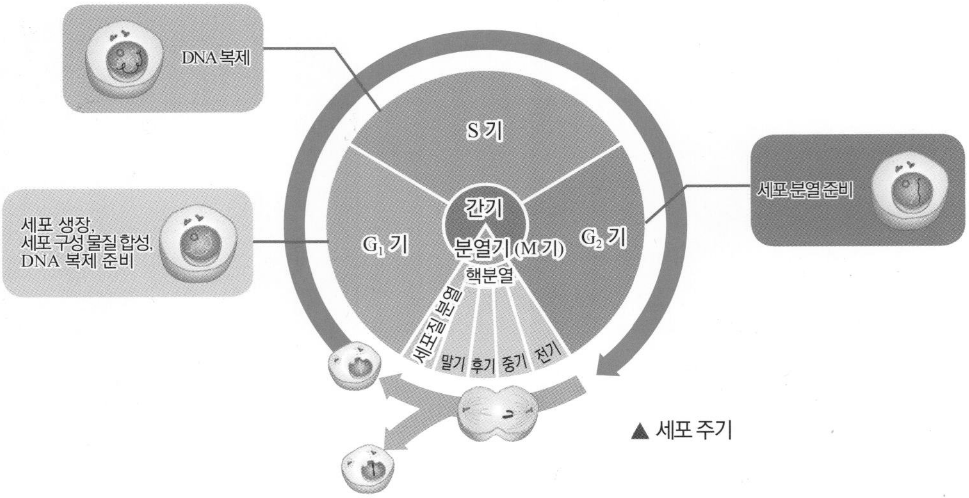

▲ 세포 주기

2. 사람의 염색체

(1) 상염색체 : 암수가 공통으로 가지고 있으며, 성 결정과 관련이 없는 염색체이다.

① 사람의 체세포에는 1번부터 22번까지 44개(22쌍)의 상염색체가 있다.

② 모양과 크기가 같은 염색체가 쌍으로 존재하며, 44개의 상염색체 중 22개는 모계로부터, 나머지 22개는 부계로부터 물려받은 것이다.

(2) 성염색체 : 성별에 따라 모양이 서로 다르고 성 결정에 관여하는 한 쌍의 염색체이다.

① 남성 (XY)은 모계로부터 X 염색체를, 부계로부터 Y 염색체를 물려받았다.

② 여성 (XX)은 모계와 부계에서 X 염색체를 하나씩 물려받았다.

(3) 상동염색체 : 체세포에 들어 있는 모양과 크기가 같은 한 쌍의 염색체이다.

① 상동 염색체는 부계와 모계로부터 하나씩 물려받은 것이다. → 염색체를 구성하는 염색 분체는 생식 세포가 형성될 때 분리되어 각각 다른 생식 세포로 들어간다.

② 사람은 46개의 염색체를 가지므로 23쌍의 상동 염색체를 갖는다. → 남성의 성염색체 1쌍(X 염색체와 Y 염색체)은 모양과 크기가 다르지만 모계와 부계로부터 각각 물려받은 것이고 염색체의 끝 부분에 서로 상동인 부분이 존재하므로 상동 염색체로 간주한다.

③ **대립 유전자 :** 상동 염색체의 같은 위치에 있으며 동일한 형질을 결정하는 유전자이다.

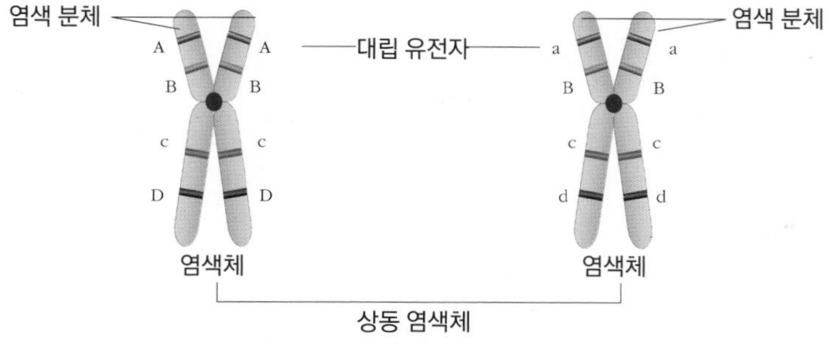

▲ 상동 염색체와 대립 유전자

· 상동 염색체의 같은 위치에는 하나의 형질을 결정하는 대립 유전자가 있다.
· 대립 유전자는 동일한 형질을 결정하지만 형질의 특성은 서로 다를 수 있다.
(예) 혀말기를 결정하는 대립 유전자 중 하나는 혀말기가 가능한 것, 다른 하나는 혀말기가 불가능한 것을 나타낸다.

3. 체세포 분열과 생식 세포 분열(감수 분열) 비교

(1) 핵분열

<table>
<tr><th>구분</th><th>체세포 분열</th><th>생식 세포 분열</th></tr>
<tr><td>분열 모습</td><td colspan="2">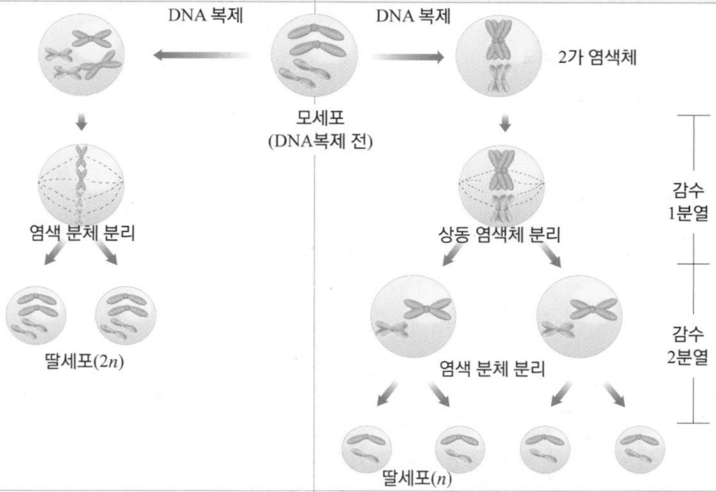
</td></tr>
<tr><td>분열 장소</td><td>· 동물 : 온몸의 체세포 · 식물 : 생장점, 형성층</td><td>· 동물 : 정소, 난소 · 식물 : 꽃밥, 밑씨</td></tr>
<tr><td>분열 횟수 / 딸세포 수</td><td>1회 / 2개</td><td>2회 / 4개</td></tr>
<tr><td>상동 염색체의 접합</td><td>없음</td><td>감수 1분열 전기에 2가 염색체 형성</td></tr>
<tr><td>염색체 수 변화</td><td>$2n \rightarrow 2n$ (변화 없음)</td><td>$2n \rightarrow n$ (반으로 감소)</td></tr>
<tr><td>DNA양 변화</td><td>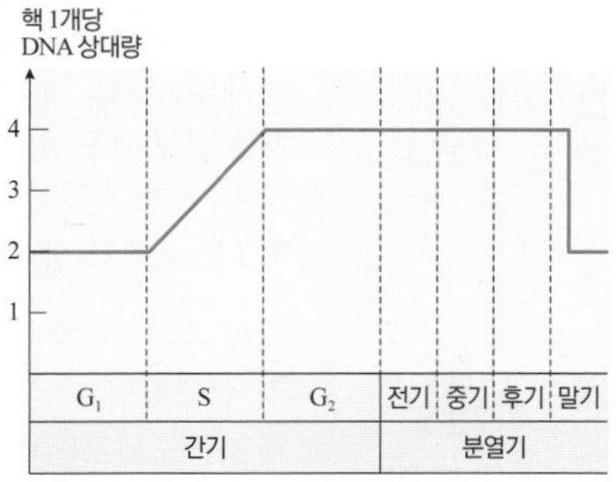
</td><td>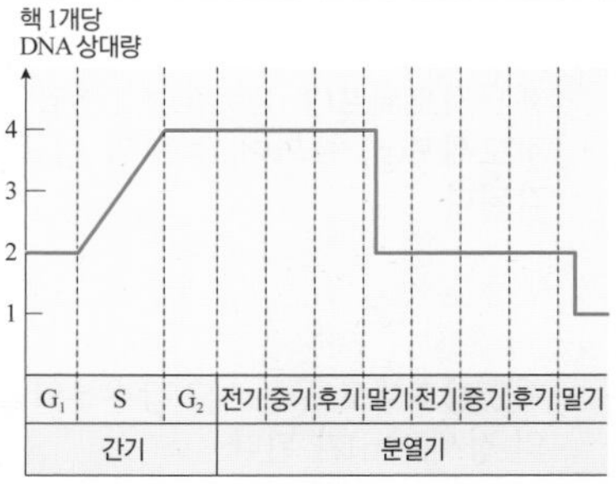
</td></tr>
<tr><td>특징</td><td>모세포와 딸세포의 핵상과 염색체 수가 같음</td><td>딸세포의 핵상은 모세포의 절반임</td></tr>
<tr><td>의의</td><td>발생, 생장, 재생, 단세포 생물의 생식</td><td>생물 종의 염색체 수를 일정하게 유지하고,
자손의 유전적 다양성 증가시킴</td></tr>
</table>

(2) 세포질 분열 : 세포질이 나누어져 2개의 딸세포가 만들어지는 과정으로 핵분열 말기가 끝날 무렵에 시작된다.

정답 및 해설 24쪽

Q1 짚신벌레 등의 단세포 생물과 달리 사람은 수정란에서 세포분열을 하여 수많은 세포로 몸을 이루고 있다. 왜 세포 분열을 해야 하는지 쓰시오.

2 생식과 발생

1. 사람의 생식과 발생

(1) 사람의 생식 세포 형성 과정

정자 형성 과정	난자 형성 과정

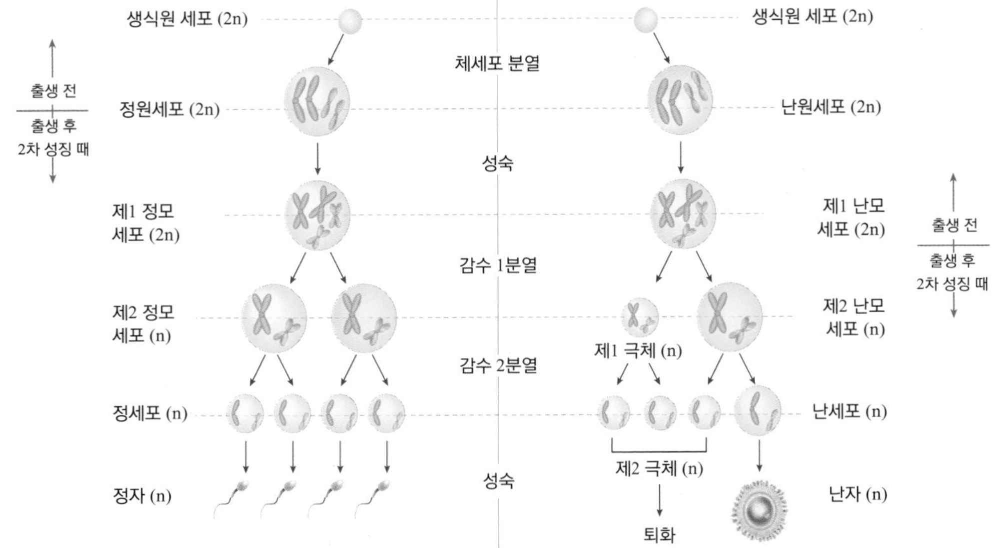

정자 형성 과정		난자 형성 과정
· 태아 시기에 세정관에서 생식원 세포(2n)가 체세포 분열을 통해 정원세포(2n)를 만든다. · 사춘기가 되면 정원세포는 체세포 분열로 수를 늘린다.	체세포 분열 (2n → 2n)	· 태아 시기 태아의 난소에서 생식원 세포(2n)가 체세포 분열을 통해 난원세포(2n)를 만든다. · 난원세포는 체세포 분열을 통해 일정한 수까지만 늘어난다.
· 사춘기 때 테스토스테론의 분비의 증가로 정원세포(2n)는 DNA를 복제하여 제1 정모세포(2n)가 된다.	성숙 (2n → 2n)	· 난원세포(2n)는 출생 전 DNA를 복제한 상태의 제1 난모세포(2n)가 되며, 제1 난모세포는 감수 1분열 전기에 분열을 멈춘 상태로 출생한다.
· 제1 정모세포(2n)는 감수 1분열을 통해 제2 정모세포(n)가 되어 DNA와 염색체 수가 반감된다.	감수 1분열 (2n → n)	· 사춘기 이후 약 28일을 주기로 1개의 제1 난모세포(2n)는 감수 1분열을 다시 진행하여 제2 난모세포(n)와 제1 극체(n)를 형성하며 DNA와 염색체 수가 반감된다. · 제2 난모세포 상태에서 배란이 일어난다.
· 제2 정모세포(n)는 제2 감수분열을 통해 4개의 정세포(n)가 된다.	감수 2분열 (n → n)	· 배란 후 난자에 정자가 침입하면 감수 2분열이 진행된다. · 제2 난모세포(n)는 1개의 난세포(n)와 1개의 극체(n)를 형성한다.
· 정세포는 세포질의 대부분이 없어지고 편모를 가진 정자(n)가 된다.	성숙 (n → n)	· 난세포(n)는 난자로 성숙하고, 제2 극체는 퇴화한다.

(2) 수정과 착상

① **수정 :** 배란된 난자가 수란관 상단부에서 정자와 만나 수정란을 형성하는 현상이다.

② **난할 :** 수정란의 초기에 일어나는 세포 분열로, 수정란은 난할을 하면서 수란관의 섬모 운동에 의해 자궁으로 이동한다.

· 체세포 분열의 일종이므로 염색체 수의 변화가 없다. (2n → 2n)
· 분열 속도가 매우 빠르고, 분열 순서와 방향이 정해져 있다.
· 난할이 거듭될수록 할구의 수는 증가하고, 세포 1개의 크기는 작아진다.

③ **착상 :** 수정 후 약 1주일이 지나서 포배 상태의 배가 자궁벽에 파묻히는 것을 착상이라 하며, 착상이 잘 된 상태를 임신이라고 한다.

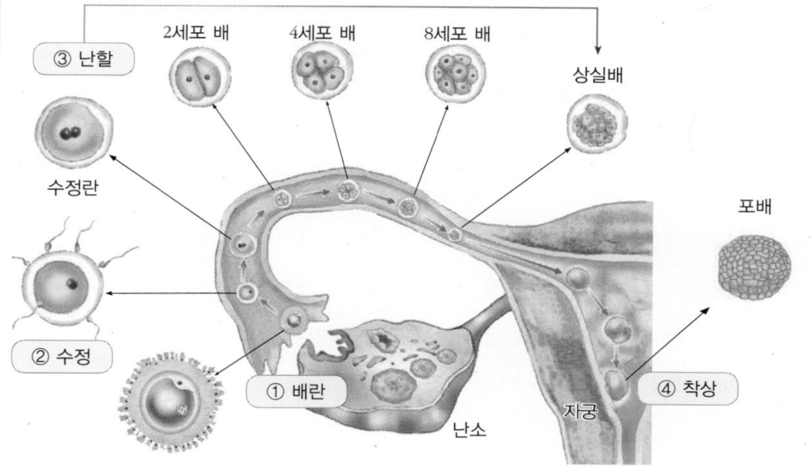

① 제2 난모세포의 상태로 배란된다. 배란은 월경 시작일로부터 약 14일째에 일어난다.
② 수란관의 상단부에서 수정이 일어난다.
③ 수정란은 난할을 하면서 수란관의 섬모 운동에 의해 자궁 쪽으로 이동한다.
④ 수정 후 약 1주일 후에 포배 상태로 자궁 내벽에 파묻혀 착상한다.

▲ 수정에서 착상까지의 과정

2. 속씨식물의 수정과 발생

(1) 식물의 생식세포 형성 과정

① 수술의 꽃밥에서 생식세포 분열에 의해 4개의 꽃가루를 만든다.
② 암술의 밑씨에서 생식세포 분열과 3회의 핵분열에 의해 1개의 난세포와 2개의 극핵을 만든다.

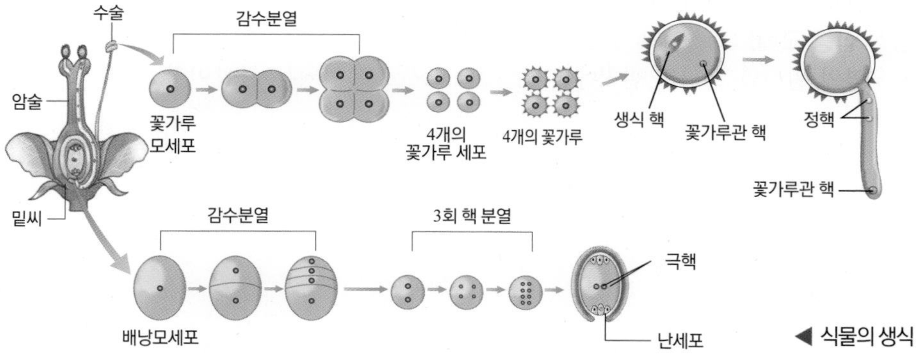

◀ 식물의 생식 세포 형성 과정

(2) 중복수정과 발생

① 중복수정 : 꽃가루 속 2개의 정핵이 각각 난세포와 극핵과 결합하여 배와 배젖을 만드는 수정이다.
② 배와 배젖이 형성되면 밑씨는 자라서 씨가 되고 씨방은 자라서 열매가 된다.

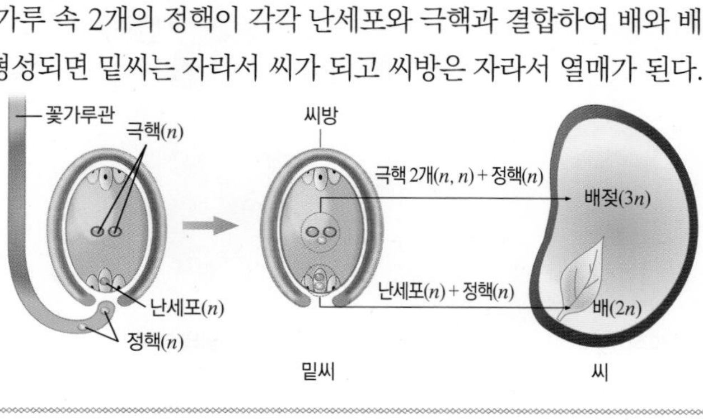

◀ 중복수정과 발생

정답 및 해설 24쪽

Q2 결합 쌍둥이는 샴쌍둥이라고도 하며, 몸의 일부가 붙은 채로 태어난 쌍둥이를 말한다. 결합 쌍둥이는 수정과 발생과정 중에서 어떤 문제로 발생했을지를 서술하시오.

3 유전의 원리

1. 유전 : 부모의 형질이 자손에게 전해지는 현상이다.

2. 유전 용어

형질	생물이 가지고 있는 모양이나 성질 예 모양이 둥글다, 색깔이 녹색이다
대립 형질	하나의 형질에서 서로 대립(비교) 관계에 있는 형질 예 녹색 완두 ↔ 황색 완두
순종 (동형 접합)	형질을 나타내는 유전자가 서로 같은 개체 예 RR, yy, RRYY
잡종 (이형 접합)	형질을 나타내는 유전자가 서로 다른 개체 예 Rr, RrYy
우성	순종의 대립 형질을 교배하였을 때, 잡종 제 1대에서 겉으로 표현되는 형질
열성	순종의 대립 형질을 교배하였을 때, 잡종 제 1대에서 겉으로 표현되지 않는 형질
표현형	겉으로 나타나는 유전 형질 예 모양이 둥글다, 색깔이 녹색이다.
유전자형	형질을 나타나게 하는 유전자를 기호로 나타낸 것 예 우성은 대문자, 열성은 소문자로 표기

2. 멘델의 유전 연구

(1) 멘델의 법칙 1(단성 잡종 교배) : 한 쌍의 대립 형질 유전이다.

① **우열의 원리 :** 순종인 한 쌍의 대립 형질을 교배 하였을 때 잡종 1대(F_1)에서는 우성의 형질만 나타난다.

② **분리의 법칙 :** 대립 유전자는 생식세포 형성시 각각 다른 생식세포로 들어가며, 잡종 1대를 자가 수분하면 잡종 2대에서는 우성 형질과 열성 형질이 일정한 비(3 : 1)로 나타난다.

(2) 멘델의 법칙 2(양성 잡종 교배) : 두 쌍의 대립 형질이 함께 유전될 때, 각각의 대립 형질은 서로 다른 형질의 영향을 받지 않고 우열의 원리와 분리의 법칙에 따라 독립적으로 유전되는 현상이다.

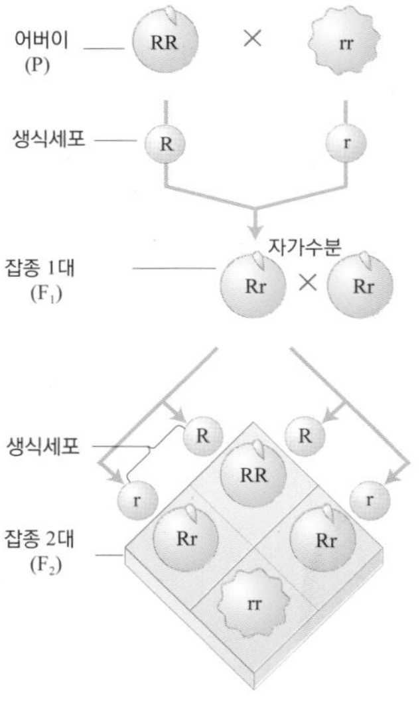

▲ 우열의 법칙과 분리의 법칙

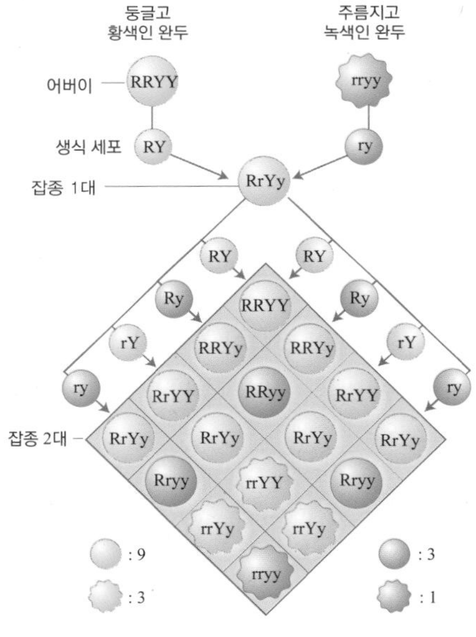

▲ 독립의 법칙

(3) 검정 교배 : 유전자형을 알 수 없는 우성인 개체를 열성 순종인 개체와 교배하여 우성 개체의 유전자형을 확인하는 방법이다.

구분	우성 개체가 순종인 경우(RR)		우성 개체가 잡종인 경우(Rr)	
P	R	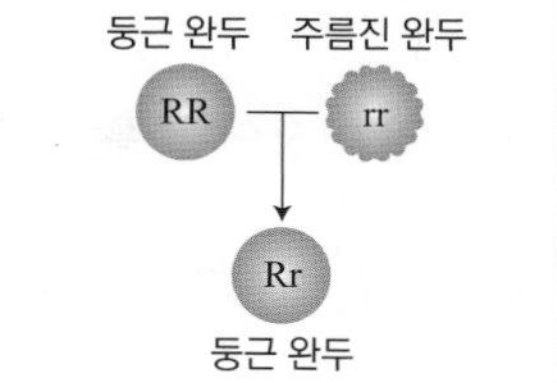	R, r	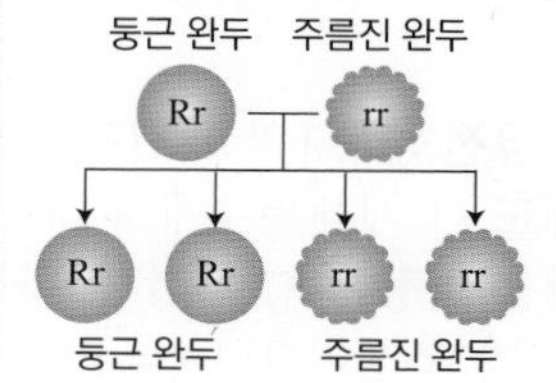
F_1	Rr		Rr, rr	
F_2 결과	표현형이 모두 우성		우성과 열성의 비율이 1 : 1	

정답 및 해설 24쪽

Q3 표현형이 우성인 한 개체가 순종인지 잡종인지 알아보려면 그 개체를 열성 형질만 가진 개체와 교배시켜 보면 된다고 한다. 이것을 검정 교배라고 하는데, 어떤 원리에 의해 일어나는지 우성 유전자 Y와 열성 유전자 y를 가지고 설명하시오.

4 사람의 유전

1. 사람의 유전 방법

① **가계도 조사 :** 특정 유전 형질이 한 가계 안에서 어떻게 나타나는지의 여부를 조사하여 그림으로 나타낸 것으로 여러 세대에 걸쳐 나타난 유전 형질의 정보를 조사하여 태어날 자손의 형질을 예측할 수 있다. ㉠예 우열의 확인, 상염색체·성염색체 유전 확인

② **쌍둥이 연구 :** 형질의 차이가 유전적 이유인지 환경에 의한 획득 형질인지를 조사하는데 중요한 연구이다.

	1 란성 쌍둥이	2 란성 쌍둥이
발생 과정	한 개의 수정란이 발생 초기에 둘로 갈라져서 각각 다른 개체로 자란 것 → 유전자의 구성이 같다.	두 개의 난자가 동시에 배출되어 각각 다른 정자와 결합하여 다른 개체로 자란 것 → 유전자의 구성이 다르다.
모식도	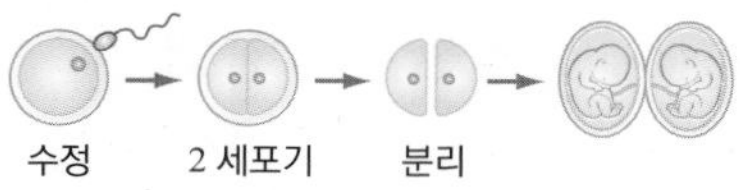	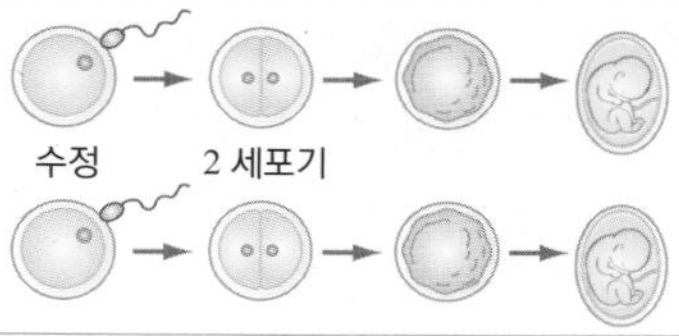

③ **집단 조사 :** 집단에서 나타나는 유전자의 빈도를 조사하여 통계 처리하여 유전자 빈도를 알아내고 조사된 데이터를 바탕으로 유전 양상을 조사한다. ㉠예 분포, 유전자 빈도

④ **염색체 및 유전자 연구**

· 핵형 분석 : 한 생물이 가지는 고유한 염색체의 수, 모양, 크기를 그 생물의 핵형이라고 하며, 이것을 분석하는 것을 핵형 분석이라 한다.

· 핵형을 분석하여 여러 가지 유전병의 원인을 밝혀낼 수 있다.

2. 단일 인자 유전

(1) 상염색체에 의한 유전 : 형질을 결정하는 유전자가 상염색체에 있는 유전으로, 남녀에 따라 형질에 나타나는 빈도의 차이가 없다.

① **단일 대립 유전 :** 유전 형질에 대한 대립 유전자가 2개인 유전 현상으로서 2가지의 표현형만 나타나며, 멘델의 법칙을 따른다. 또한 이 유전은 대립 형질이 명확하게 구분된다. ㉠예 혀말기, 이마 모양, 귓볼 모양, 코 모양, 보조개, 눈꺼풀, 미맹, 단지증 등

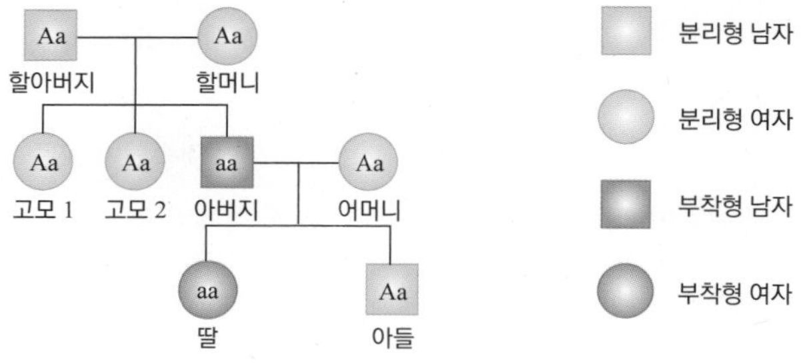

· 아버지의 표현형이 할아버지와 할머니에게서 나타나지 않는 표현형이기 때문에 부착형이 열성임을 알 수 있다.

◀ 가계도를 통한 귓볼 유전 분석

② **복대립 유전 :** 하나의 유전자 자리에 대립 유전자가 3개 이상인 것을 복대립 유전자라고 하며, 복대립 유전자의 경우에도 각 개체는 2개의 대립 유전자만을 가진다. ㉠ ABO식 혈액형 : 세 가지의 대립 유전자가 쌍을 이루어 혈액형을 결정하며, 유전자 A와 유전자 B 사이에는 우열 관계가 없고, 유전자 A와 유전자 B는 유전자 O에 대하여 각각 우성이다. (A = B > O)

구분	A	B	AB	O
표현형	A 형	B 형	AB 형	O 형
유전자형	AA 형, AO 형	BB 형, BO 형	AB 형	OO 형
상동 염색체 안에서 대립 유전자	 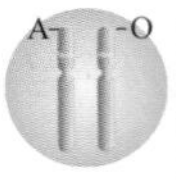	 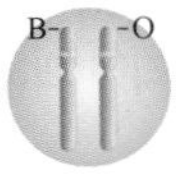	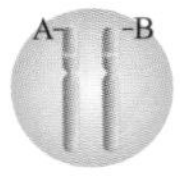	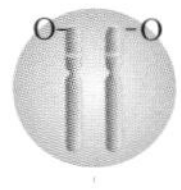

(2) 성염색체에 의한 유전 : 형질을 결정하는 유전자가 성염색체에 있는 유전으로, 남녀에 따라 형질에 나타나는 빈도의 차이가 생긴다.

① **반성 유전 :** X 염색체에 있는 유전자에 의한 유전을 반성 유전이라고 한다. X 염색체를 2개 가진 여성의 경우에는 X 염색체 위 유전자에 결함이 생기더라도(X') 나머지 한 쪽의 X 염색체에는 정상적인 유전자를 보유하고 있어 유전이 표현형으로 나타나지 않는다. 남성의 경우에는 X 염색체가 하나뿐이어서 X 염색체에 결함이 생기면 이를 보완하거나 대체할 염색체가 없기 때문에 유전이 표현형으로 나타난다. ㉠ 초파리의 눈 색깔, 색맹, 혈우병 등

구분	색맹			혈우병		
특징	망막의 시세포에 이상이 있어 색깔을 제대로 구별하지 못한다.			혈액 응고 인자가 없어서 발생하는 질환으로, 상처가 났을 때 피가 멈추는데 정상인보다 시간이 오래 걸린다.		
우열 관계	정상 유전자 (X) > 색맹 유전자 (X')			정상 유전자 (X) > 혈우병 유전자 (X')		
유전형과 표현형	성별	유전형	표현형	성별	유전형	표현형
	여성	XX	정상	여성	XX	정상
		XX'	정상 (보인자)		XX'	정상 (보인자)
		X'X'	색맹		X'X'	혈우병 (치사)
	남성	XY	정상	남성	XY	정상
		X'Y	색맹		X'Y	혈우병
	· 여성보다 남성의 색맹 비율이 더 많다. → 남성은 X' 하나만 있어도 색맹이다. → 남성은 보인자가 존재하지 않는다.			· 여성보다 남성의 혈우병 비율이 더 많다. → 남성은 X' 하나만 있어도 혈우병이다. → 남성은 혈우병 보인자가 존재하지 않는다. → 여성은 X'X'인 경우 대부분 태아 때 사망한다.		

② **한성 유전 :** 반성 유전과 상대되는 개념으로 Y염색체에 있는 유전자에 의한 유전이다. ㉠ 귓속털 과다증

	귓속털 과다증		
특징	귓속 털이 길게 자란다.		
우열 관계	우성 : 정상 유전자 (Y) > 열성 : 귓속털 과다증 유전자 (Y')		
유전형과 표현형	성별	유전형	표현형
	남성	XY	정상
		XY'	귓속털 이모증
	남성에서만 귓속털 이모증이 나타난다. → Y 염색체 상에 있는 유전자이다.		

3. 다인자 유전 : 여러 쌍의 대립 유전자와 환경적인 요소가 복합적으로 작용하여 형질이 결정되는 유전 방식을 다인자 유전이라 한다. 멘델의 법칙을 거의 따르지 않으며 표현형이 연속적인 변이의 양상을 보이게 된다. ⓔ 키, 몸무게, 피부색 등

정답 및 해설 24쪽

Q4 유전 형질 중에 귓속의 털이 길게 자라는 귓속털 과다증이라는 형질이 있는데 이 형질은 어떤 특징을 가지는 유전인지 쓰시오.

5 생물의 진화와 변이

1. 진화의 증거

(1) 화석상의 증거 : 각 지층에서 발견되는 화석을 비교하면 생물이 시간의 흐름에 따라 어떻게 변하였는지 알 수 있다.

고래의 진화 과정

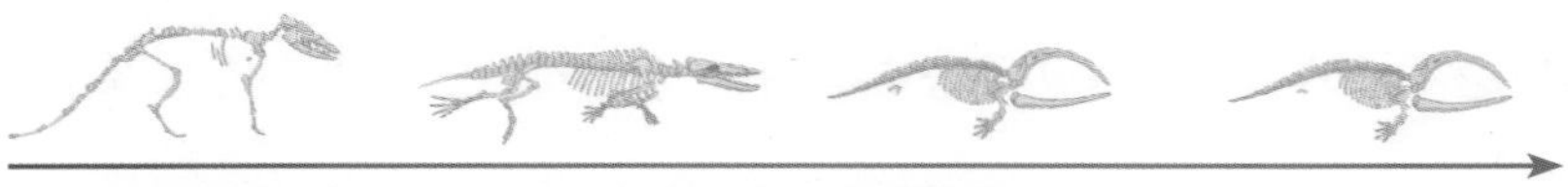

파키세투스(육상) 로도세투스(주로 수생) 빌라에나(완전 수생) 현생 고래

· 고래의 조상으로 여겨지는 화석에는 뒷다리뼈가 있다.
→ 육상 생활을 하였음을 알 수 있다.
· 오늘날의 고래는 뒷다리가 없고 몸속에 뒷다리뼈의 흔적만 남아있다.
→ 수중 생활에 적응하면서 뒷다리는 퇴화되고 앞다리는 지느러미 형태로 변하였다.
※ 수중 생활을 하는 포유류는 육상 생활을 하는 포유류에서 진화한 것임을 알 수 있다.

(2) 해부학상의 증거 : 생물의 해부학적 구조를 비교하여 생물의 기관의 진화 과정을 알 수 있다.

상동 기관	겉모양과 기능이 다르지만, 해부학적인 구조와 발생이 같은 기관 → 환경에 따라 공통 조상에서 각각 다른 모습으로 진화한다. 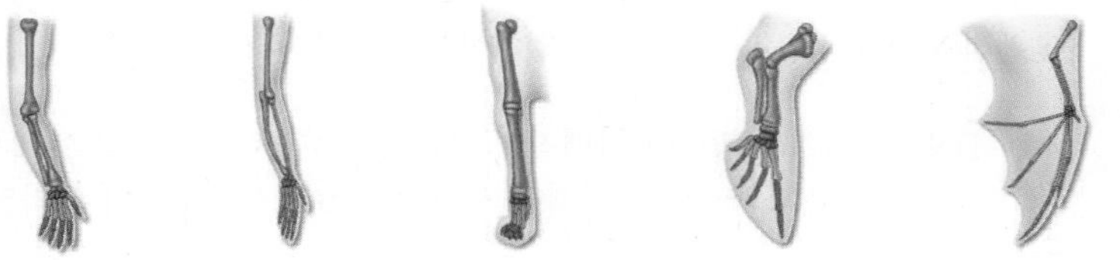 ▲ 사람의 팔 ▲ 침팬지의 팔 ▲ 고양이의 앞다리 ▲ 바다사자의 앞다리 ▲ 박쥐의 날개 ⓔ 척추 동물의 앞다리는 해부학적 구조가 같지만 기능은 다르다.
상사 기관	구조와 발생 기원은 다르지만, 형태와 기능이 같은 기관 → 같은 환경에서 생활이 비슷하면 비슷한 모습으로 진화한다. ⓔ 곤충의 날개(표피)와 새의 날개(앞다리), 장미의 가시(줄기)와 선인장의 가시(잎), 포도의 덩굴손(줄기)과 완두의 덩굴손(잎) 등
흔적 기관	환경과 생활이 달라지면서 퇴화하여 흔적만 남은 기관 → 사용하지 않는 기관은 퇴화한다. ⓔ 타조의 날개, 뱀의 뒷다리 뼈 흔적, 사람의 꼬리뼈 등

(3) 발생학상의 증거 : 척추 동물의 발생 과정을 비교해 보면 척추, 아가미 틈, 항문 뒤쪽 꼬리가 공통적으로 나타난다.

닭과 사람의 배아 비교

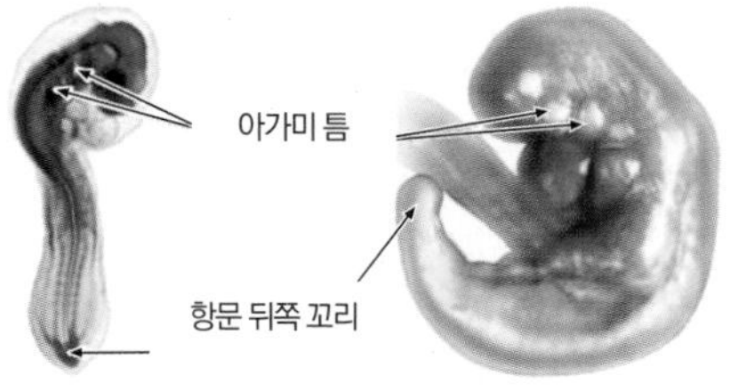

▲ 닭의 배아 ▲ 사람의 배아

· 발생 초기 단계에는 모두 아가미 틈과 꼬리가 있는 모습을 하고 있다.
→ 공통 조상이 아가미를 사용하는 동물이었다는 것을 알 수 있다.
· 발생이 진행될수록 모습이 달라져 발생이 끝나면 각각 고유의 모습을 나타낸다.
※ 척추동물은 공통 조상에서 갈라져 나왔으며 수중 동물에서 육상 동물로 진화하였음을 알 수 있다.

(4) 분자생물학상의 증거 : DNA와 단백질 등을 분석하여 생물 사이의 유연 관계를 조사하여 진화의 계통을 알 수 있다.

DNA의 분석	단백질 분석
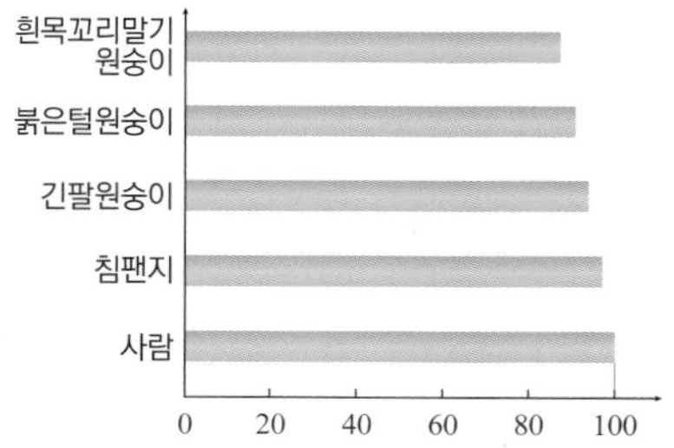 ▲ 사람과 영장류의 DNA 일치율	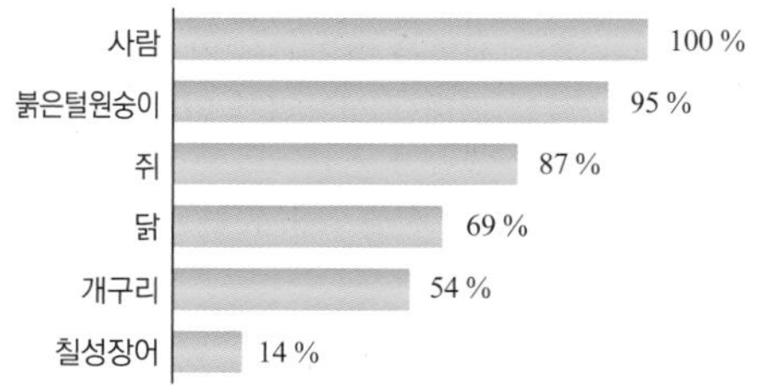 ▲ 사람의 헤모글로빈의 아미노산 서열 유사도
· 사람과 영장류의 DNA 일치율은 매우 높으며 침팬지와 사람의 염기서열은 99% 일치한다.	· 헤모글로빈을 구성하는 아미노산은 사람과 붉은털원숭이가 가장 비슷하다.

· DNA의 염기 서열이나 단백질의 아미노산 서열이 비슷할수록 유연관계가 가깝다.
→ 진화 과정에서 가까운 시기에 공통 조상으로부터 분리된 것이다.

2. 진화설 1

(1) 용불용설(라마르크) : 자주 사용하는 기관은 발달하고, 사용하지 않는 기관은 퇴화하는 과정이 반복되어 진화가 일어난다.

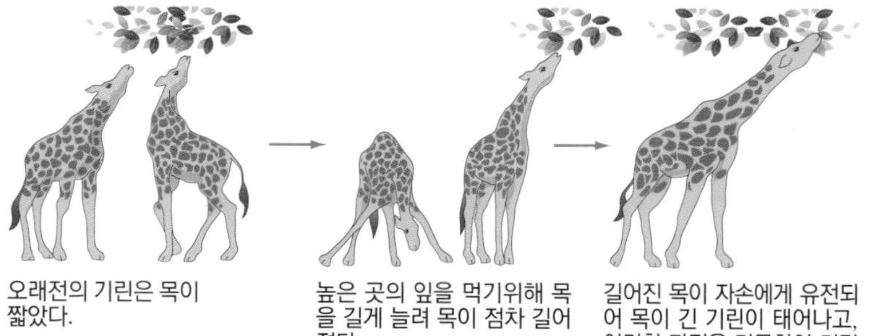

오래전의 기린은 목이 짧았다.

높은 곳의 잎을 먹기위해 목을 길게 늘려 목이 점차 길어졌다.

길어진 목이 자손에게 유전되어 목이 긴 기린이 태어나고, 이러한 과정을 거듭하여 기린의 목이 길어졌다.

※ 비판 : 획득 형질은 자손에게 유전되지 않는다.

(2) 자연선택설(다윈) : 생존 경쟁을 하여 환경에 잘 적응하는 형질을 가진 개체가 살아남아 자손을 남기는 과정이 반복되어 진화가 일어난다.

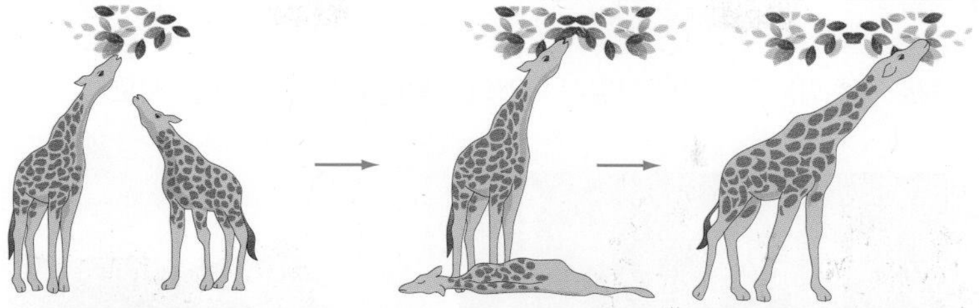

오래전의 기린 목의 길이는 다양했다.
(개체 변이)

높은 곳의 잎은 목이 긴 기린만이 먹을 수 있어 생존에 유리했다.
(생존 경쟁, 적자생존)

환경에 적응한 목이 긴 기린만 살아남아 자손을 남기고, 이러한 과정을 거듭하여 기린의 목이 길어졌다.
(자연선택)

※ 비판 : 개체 변이가 나타나는 이유를 구체적으로 설명하지 못하였다.

2. 진화설 2

(1) 다윈 이후의 진화설

① **돌연변이설(더프리스)** : 생식세포의 돌연변이에 의해 조상에 없던 새로운 형질이 출현해 진화가 일어난다. ㉠ 왕달맞이꽃은 달맞이꽃이 돌연변이에 의해 분화되었다.

② **격리설(바그너, 로마네스)** : 지리적 또는 생식적으로 격리에 의해 새로운 종의 진화가 일어난다. ㉠ 갈라파고스 군도의 핀치새, 그랜드 캐니언 협곡의 영양다람쥐(협곡에 의해 지리적으로 격리가 지속되어 서로 다른 환경에 적응하여 두 종으로 분화되었다.)

(2) 현대의 진화설

① 자연선택, 돌연변이, 격리 등의 과정을 종합하여 진화의 과정을 설명한다.

· 환경 적응에 유리한 형질을 가진 개체가 자연선택된다.
· 돌연변이에 의해 새로운 형질을 가진 유전자가 생겨난다.
· 같은 종의 생물이 다른 환경에 격리되면 교배가 일어나지 못하고, 두 집단은 각각 다른 진화 경로를 거쳐 다른 종으로 분화하게 된다.

한 종의 토끼가 살고 있다.

환경의 변화로 두 무리로 나뉘고, 각각의 무리에 돌연변이가 나타났다.

돌연변이 중 환경에 적응한 개체만이 자연 선택되었다.

두 무리가 다시 합쳐졌지만, 이미 서로 다른 종이 되었다.

② 개체 중심이 아닌 집단 전체의 유전자 변화, 유전자풀 변화에 초점을 맞춘다.

정답 및 해설 24쪽

Q5 AIDS를 일으키는 인간면역결핍 바이러스(HIV)는 완벽한 백신을 만들기 매우 어려운 바이러스이다. 왜 백신을 만들기 어려울지 서술하시오.

118 염색사가 염색체로 응축되는 이유가 무엇일지 아래의 그림에 비유하여 설명하시오.

▲ 지푸라기

▲ 볏짚

119 사람의 몸을 이루는 체세포가 분열하기 전 나타나는 X자 모양의 염색체는 각각 똑같은 유전자를 가진 막대 모양의 염색체 두 개가 붙어있는 것이라고 한다. 왜 똑같은 염색체 두 개가 존재하는지에 대해 서술하시오.

120 로즈마리는 씨앗으로부터 새로운 식물체로 자라나는 것 외에, 가지를 꺾어 물에 꽂아 두면 뿌리가 나면서 새로운 식물체로 자라나기도 한다.

(가)

▲ 씨앗으로부터 싹이 나서 자란 로즈마리

(나)

▲ 가지를 꺾어 물에 꽂아 뿌리를 내린 내린 후 흙에 심어서 자란 로즈마리

(가)의 방법으로 키워낸 로즈마리와 (나)의 방법으로 키워낸 로즈마리의 유전적 차이점은 무엇인지 설명하시오.

정답 및 해설 25쪽

121 사람의 유전에 대해 알아보기 위해 1란성 쌍둥이를 연구하기도 한다. 1란성 쌍둥이로 태어났지만 사정에 의해 서로 다른 환경에서 오랫동안 살아온 형제가 만났을 때 한 명은 당뇨병이 있었고 다른 한 명은 건강했다. 여기서 알 수 있는 사실에 대해 서술하시오.

122 완두의 모양을 결정하는 유전자 R은 둥글고, 유전자 r은 주름진 표현형을 나타낸다. (가)와 같은 염색체 조성을 갖는 개체를 자가 수분하였더니 (나)와 같이 R이 결실된 자손을 얻었다. (나)의 표현형과 유전자형은 어떻게 나타날지 그 이유와 함께 서술하시오.

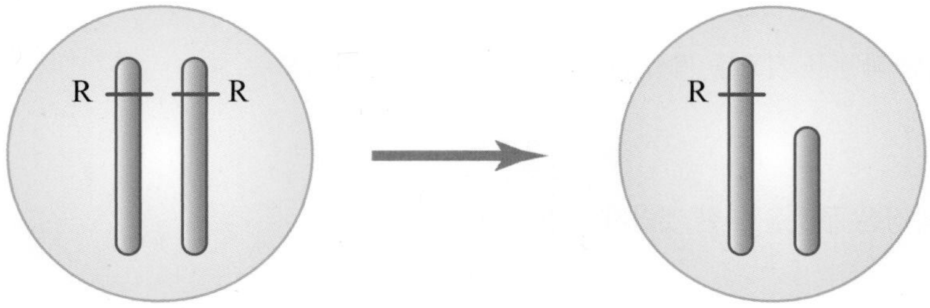

(가) (나)

123 달팽이 등껍질의 모양은 시계 방향(오), 또는 반시계 방향(왼) 의 두 가지가 있다. 이때 달팽이의 등껍질의 유전 관계는 다음과 같다. (단, 오른쪽 꼬임 E 우성, 왼쪽 꼬임 F 열성)

암컷		수컷	교배 시 나오는 자손의 유전형	표현형
EE(오)	×	FF(왼)	EF	모두 오른쪽 꼬임
FF(왼)	×	EE(오)	EF	모두 왼쪽 꼬임
EF(오)	×	EF(오)	EE, EF, FF	모두 오른쪽 꼬임

(1) 위 달팽이 등껍질을 결정하는 유전 요인은 무엇인가?

(2) EF와 FF 유전자를 가진 달팽이를 교배하였을 때 왼쪽 꼬임이 나올 확률은?

(3) 자손이 왼쪽 꼬임을 갖게 하고 싶으면 어떤 모양의 어버이를 교배시켜야 하는가?

유형 Problem

124 그림은 체세포 분열을 관찰하기 위한 실험 과정을 순서없이 나열한 것이다.

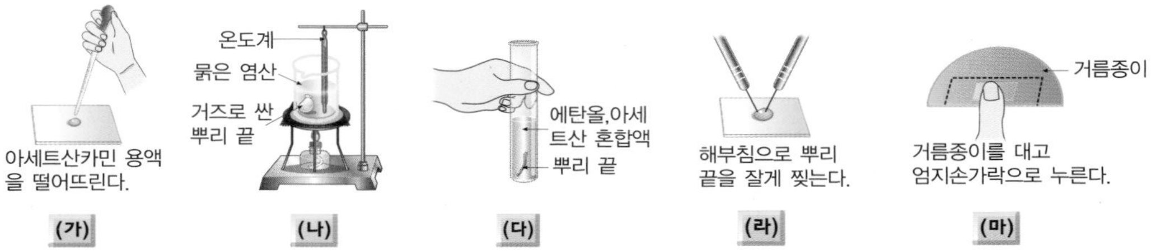

(1) 위 실험 과정을 기호를 써서 순서대로 바르게 나열하시오.

(2) (나) 과정은 무엇을 위한 것인지 설명해 보시오.

125 그림은 침팬지의 염색체 일부를 나타낸 것이다.

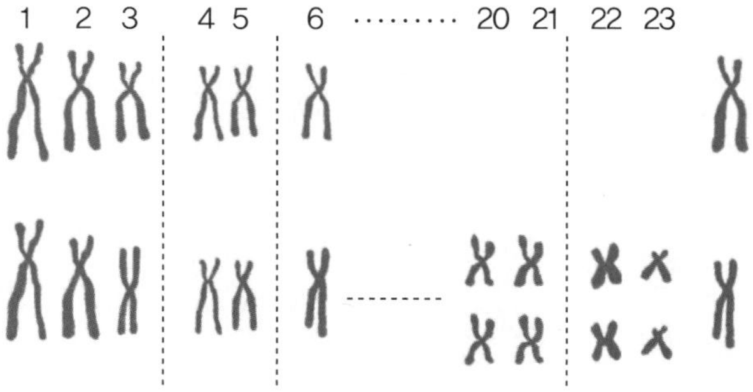

(1) 침팬지의 입안 상피 세포는 몇개인지 설명해 보시오.

(2) 정소에서 제 2 정모 세포는 몇개인지 설명해 보시오.

(3) 정소에서 정자는 몇개인지 설명해 보시오.

126 다음은 기린이 긴 목을 가지게 된 것을 설명하는 두 가지 진화설이다.

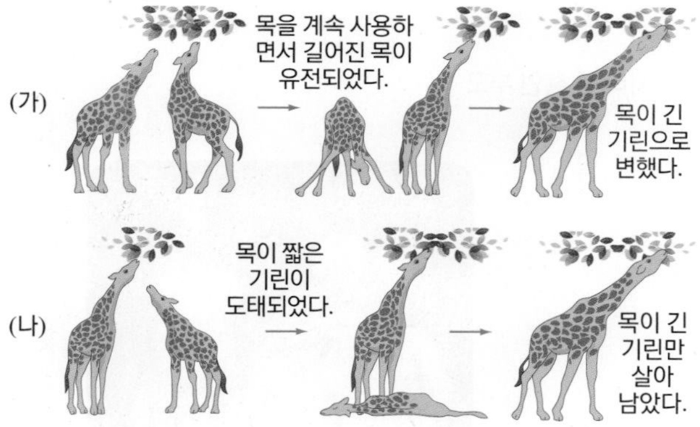

(1) 진화설 (가)를 설명해 보시오.

(2) 진화설 (나)를 설명해 보시오.

127 다음은 현대 종합설의 종 분화 과정을 그림으로 나타낸 것이다.

(가) ~ (마)의 진화 과정을 진화 용어를 사용하여 설명해 보시오.

128 다음 제시된 글을 읽고 물음에 답하시오.

자녀는 백인?"…알비노 3자녀 둔 흑인 부모

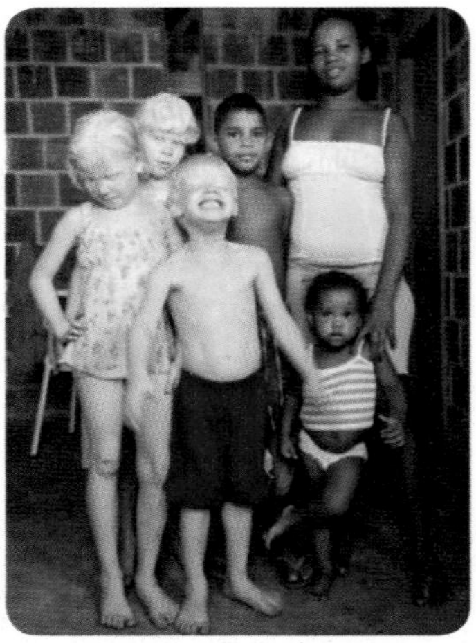

위 사진은 브라질의 흑인 부모 사이에서 태어난 5 자녀 중 3명의 자녀가 알비노(Albino, 백색증)인 사진이다. 이 부부는 5명의 자녀를 두고 있는데 그 중 10살의 캐롤린, 8살의 루쓰, 5살의 카우안이 백색증을 가지고 태어났다. 알비노(백색증)는 멜라닌 세포에서의 멜라닌 합성이 결핍되는 선천성 유전 질환으로 피부, 털, 눈에서 모두 증상이 나타나는 눈 피부 백색증과 눈에서만 증상이 나타나는 눈 백색증으로 나뉜다.

- 2009.09.03 - 데일리 뉴스

(1) 위 기사 내용의 부모와 자손의 빈도를 보아 전신 백색증 유전자는 상염색체와 성염색체 중 어디 위에 있는가?

(2) 백색증 유전자는 정상에 비해 우성인가 열성인가?

(3) 정상인 형제들 중에서 알비노 유전자를 가지고 있을 가능성은 몇 % 인가?

129 다음 표는 생물의 진화 이론의 예시로 두 가지의 경우를 소개 한 것이다.

A. 오스트레일리아의 슈거글라이더는 유대류(태아를 모체의 외부주머니에서 발생시킴)이고 북아메리카의 날다람쥐는 포유류(태아를 자궁 안에서 발생시킴)이나 두 종은 다른 조상으로부터 독립적으로 진화했으나 비슷한 모양과 공중을 활강할 수 있는 능력을 가지고 있다.

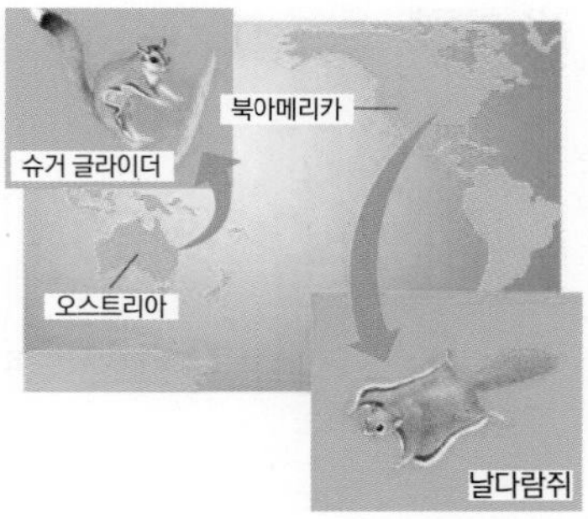

B. 남미 대륙에서 1,000km 떨어져 있으며 19개의 섬으로 구성되어 있는 화산섬 갈라파고스 군도에서 다윈은 여러 종류의 핀치새를 관찰하였다. 그런데 이들의 부리 모양이 남미 대륙에 사는 핀치새와 다른 모습을 가지고 있었다. 다윈은 갈라파고스 군도 핀치새들의 서식지 및 먹이를 조사하여 부리 모양과 환경이 어떤 관계가 있는지 설명하고자 하였다.

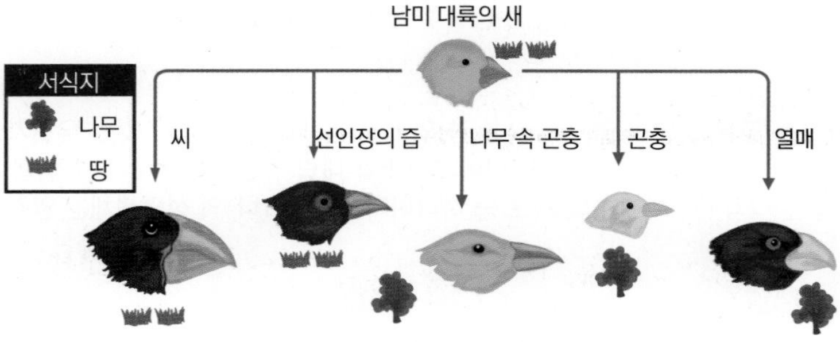

▲ 갈라파고스 군도의 새

(1) A의 슈거글라이더와 날다람쥐가 비슷한 모양으로 진화된 원인과, B의 갈라파고스 군도에 여러 종류의 핀치새가 등장한 이유는 각각 무엇인가?

(2) A와 B에 등장하는 오스트레일리아의 슈거글라이더와 갈라파고스 군도의 핀치새는 특정 지역에서만 볼 수 있는 종으로 그 원인을 진화 개념으로 설명할 수 있다. 빈칸에 알맞은 말을 '같은', '다른' 중 한 개로 채우시오.

A 내용에서 종이 ( ) 슈거글라이더와 날다람쥐는 ( )환경에 적응하면서 진화한 결과 날아다니는 능력을 공통적으로 갖고, 유사한 생김새를 갖게 되었다. 그러나 B 내용은 ( ) 종의 개체가 각자 ( )환경에 적응하여 부리 모양이 환경에 맞게 변화한 것이다.

130 다음 그림은 세포 분열의 주기를 나타낸 것이다. 세포의 주기는 크게 간기와 분열기로 나눈다. 각 시기의 상대적인 길이를 측정할 수 있는 방법을 고안해 보시오.

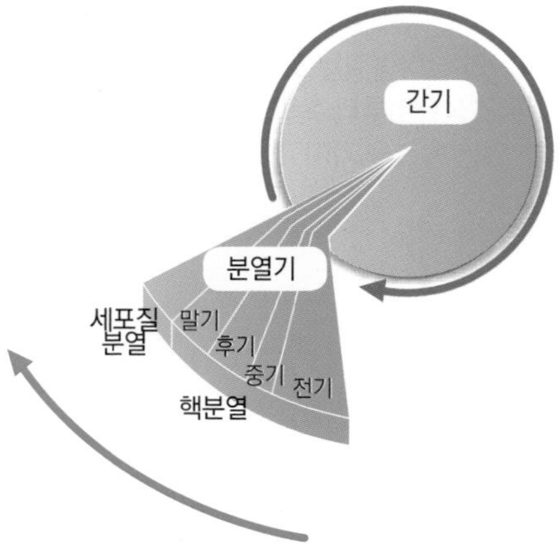

131 다음 그래프는 같은 종인 동물(2n = 6) (가)와 (나)의 세포 ㉠ ~ ㉣이 갖는 유전자 A, a, B, b의 DNA 상대량을 나타낸 것이다. A와 a는 대립 유전자이며, B는 b와 대립 유전자이다. ㉠은 (가)의 세포이고, ㉡은 (나)의 세포이다. ㉢과 ㉣은 각각 (가)와 (나)의 세포 중 하나이다. (가)와 (나)의 성염색체는 암컷이 XX, 수컷이 XY이다.

[대회 기출 유형]

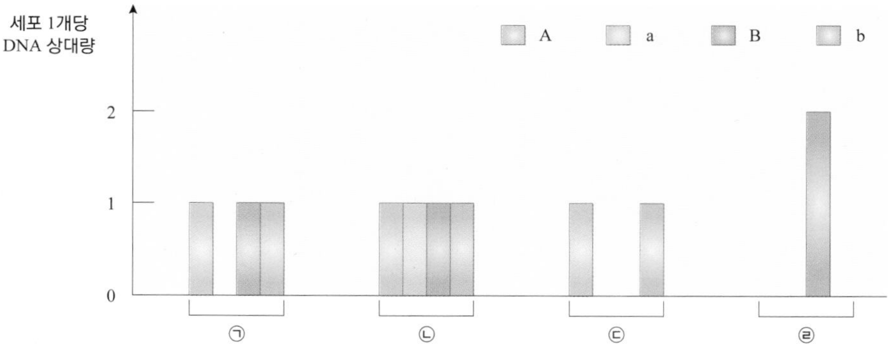

다음 중 위 자료에 대한 설명으로 옳은 것만을 <보기>에서 있는 대로 고르고, 옳지 않은 것은 올바르게 고쳐 쓰시오. (단, 돌연변이는 고려하지 않는다.)

보 기

ㄱ. ㉣은 (나)의 세포이다.
ㄴ. ㉢의 성별은 알 수 없다.
ㄷ. A와 a는 성염색체에 존재하는 유전자이다.
ㄹ. B와 b는 상염색체에 존재하는 유전자이다.
ㅁ. ㉣로부터 형성된 생식 세포가 다른 생식 세포와 수정되어 태어난 자손은 항상 수컷이다.

정답 및 해설 26쪽

132 그림은 세포 (가)~(마) 각각에 들어 있는 모든 염색체를 나타낸 것이다. [대회 기출 유형]

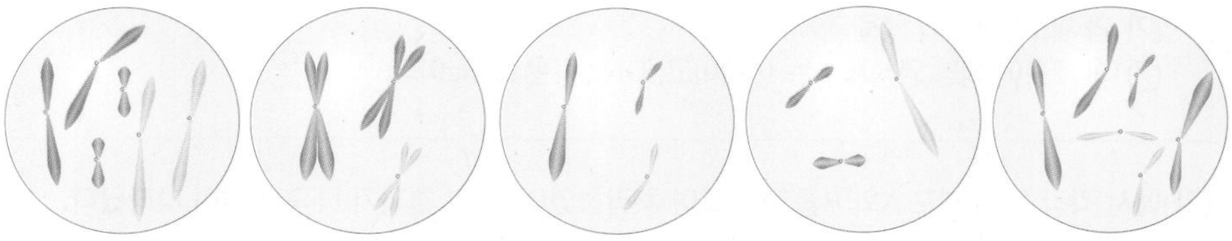

다음은 (가)~(마)에 대한 설명이다.

· 서로 다른 개체 A, B, C는 2가지 종으로 구분되며, 모두 2n = 6이다.
· (가)는 A의 세포이고 (나)는 B의 세포이며, (다), (라), (마) 각각은 B와 C의 세포 중 하나이다.
· A ~ C의 성염색체는 암컷이 XX, 수컷이 XY이다.

위 자료를 보고 아래의 물음에 답하시오. (단, 돌연변이는 고려하지 않는다.)

(1) (나) ~ (라) 중 (가)와 같은 종의 세포는 무엇인지 그 이유와 함께 쓰시오.

(2) (다), (라), (마)가 A ~ C 중 어떤 개체인지 쓰시오.

(3) (가) ~ (마)의 성별을 구분하시오.
· 암컷 :
· 수컷 :

133 다음은 어떤 생물 (가)의 세포의 특징을 나타낸 것이다.

· (가)의 핵상은 2n = 10 이다.
· (가)의 세포는 1개의 핵을 가지고 있다.
· (가)의 세포에 핵당 염색체수는 10개이고, DNA량은 0.1ng이다.
*ng(나노그램) = 10^{-9}g

(가)에서 각각 다른 세포 A와 B를 채취하여 처리하였더니, 그 결과가 다음과 같이 나타났다.

	세포 1개당 DNA량	세포 1개당 핵의 개수	핵 1개당 염색체수
정상 세포	0.1ng	1	10
A 세포	100ng	1,000	10
B 세포	100ng	1	10,000

분석 결과, 세포 A와 B는 모두 비정상적인 핵분열과 세포질 분열이 일어난 것을 알 수 있다. 이에 대한 설명으로 옳은 것만을 <보기>에서 있는 대로 고르고, 옳지 않은 것은 올바르게 고쳐 쓰시오.

보 기

ㄱ. A와 B는 세포 1개당 염색체수가 같다.
ㄴ. A에서는 염색체가 복제된 후 핵분열이 일어나지 않았다.
ㄷ. B에서는 핵분열이 일어났지만 세포질 분열은 일어나지 않았다.

134 그림 (가)는 어떤 동물의 정상적인 세포 분열 과정에서 핵 1개 당 DNA 양을, (나)는 이 세포 분열 과정의 어느 한 시기에서 관찰되는 세포를 나타낸 것이다.

[2021~23 기출 유형]

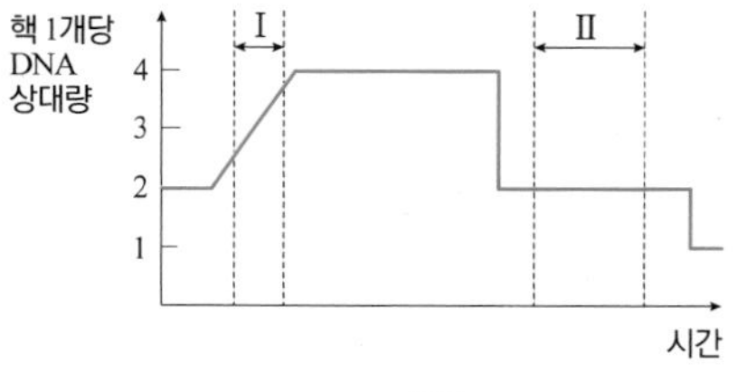

(가)

(나)

(1) (가)는 체세포 분열과 감수 분열 중 무엇을 나타내는지 설명하시오.

(2) (가)의 구간 Ⅰ, Ⅱ는 세포 분열기 중 각각 어디에 해당하는지 설명하시오.

(3) (나)의 분열 모습은 (가)의 세포 분열기 중 언제 나타나는지 설명하시오.

135 다음은 체세포 분열과 감수 분열 과정을 비교하여 나타낸 것이다. [대회 기출 유형]

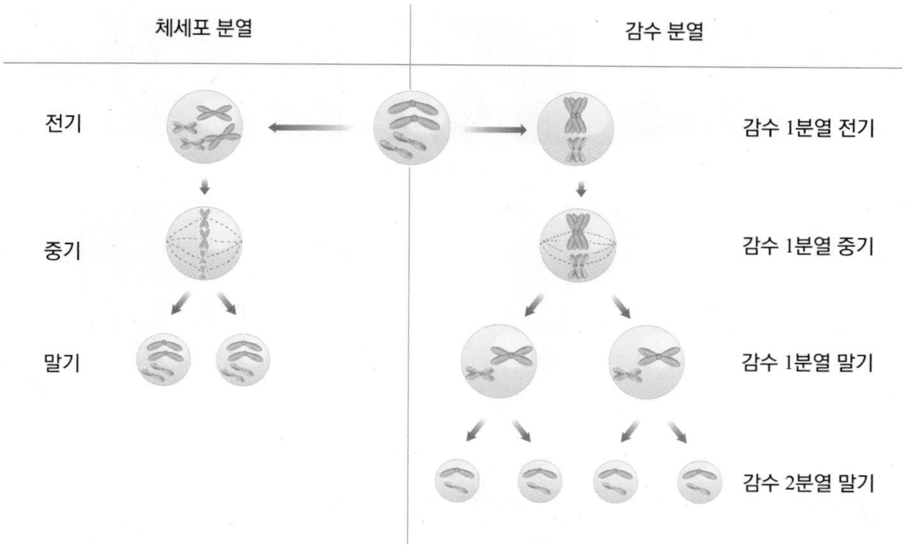

이 자료와 관련된 설명으로 옳은 것만을 <보기>에서 있는 대로 고르고, 옳지 않은 것은 올바르게 고쳐 쓰시오.

보 기

ㄱ. 태아는 체세포 분열 과정을 통해서 성장한다.
ㄴ. 정자와 난자에 들어 있는 염색체 수는 서로 같다.
ㄷ. 아기는 수정란이 체세포 분열을 거듭하면서 조직 및 기관을 형성하여 만들어진 개체이다.
ㄹ. 수정란에서는 감수 분열과 체세포 분열이 동시에 일어나며 발생 과정을 거쳐 개체가 형성된다.
ㅁ. 아버지와 어머니 사이에서 태어난 자식이 아들이라면 아버지와 염색체 구성이 동일할 것이다.

136 다음은 라이거와 타이곤에 대한 설명이다. 이 자료를 읽고 다음 물음에 답하시오.

▲ 라이거 (수컷)
▲ 타이곤

· 수컷 사자와 암컷 호랑이 사이에서 태어난 자손을 라이거라고 한다. 생김새는 사자를 많이 닮았지만 몸집은 호랑이를 닮아 사자보다 약간 크다. 몸빛깔은 사자와 비슷하나 약간 어두운 색으로 호랑이처럼 갈색 줄무늬가 있는데 순종 호랑이처럼 뚜렷하지는 않다. 수컷은 암컷보다 크고 짧은 갈기가 있는 경우도 있다.
· 수컷 호랑이와 암컷 사자 사이에서 태어난 동물을 타이곤라고 부른다. 라이거는 거대증을 보이는 반면 타이곤은 왜소증의 경향을 가져 부모보다 훨씬 작은 체구로 성장한다.

(1) 라이거, 타이곤과 같은 잡종들은 대부분 생식 능력이 없다. 생식 능력이 없는 이유는 무엇인지 서술하시오.

(2) 보통의 수박은 염색체수가 22개이며 2배체(2n)이다. 정상적인 수박에 콜히친이라는 약품을 처리하게 되면 44개의 염색체수를 가진 4배체의 수박이 만들어지고, 이 수박을 보통 수박과 교배하면 33개의 염색체를 가진 3배체 수박의 씨앗이 생긴다. 이 씨앗을 심어서 재배하면 씨가 없는 수박을 얻을 수 있다. 3배체의 수박에 씨가 없는 이유가 무엇인지 그 이유를 서술하시오.

정답 및 해설 28쪽

137 그림은 개구리의 발생과 생장 과정을 나타낸 것이다. 발생이란 수정란이 세포 분열을 통해 세포의 수가 증가하고 세포의 구조와 기능이 다양해지면서 완전한 하나의 개체가 되는 과정이다. 개구리의 수정란은 발생 과정을 거쳐 어린 개체인 올챙이가 된다.

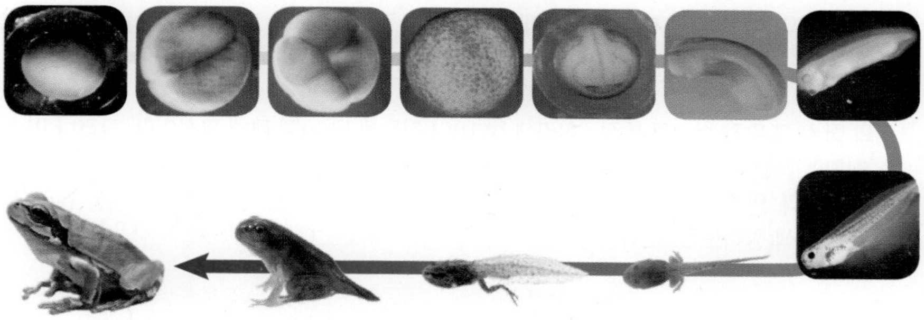

난할이 진행되는 동안 할구 당 세포질의 양, 핵 1개당 DNA양 변화, 배 전체의 크기, 할구의 수, 세포질 양에 대한 핵량의 비를 아래의 그래프에 각각 나타내시오.

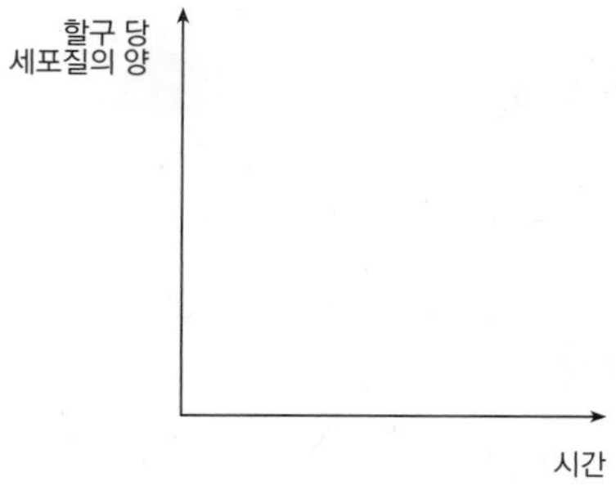

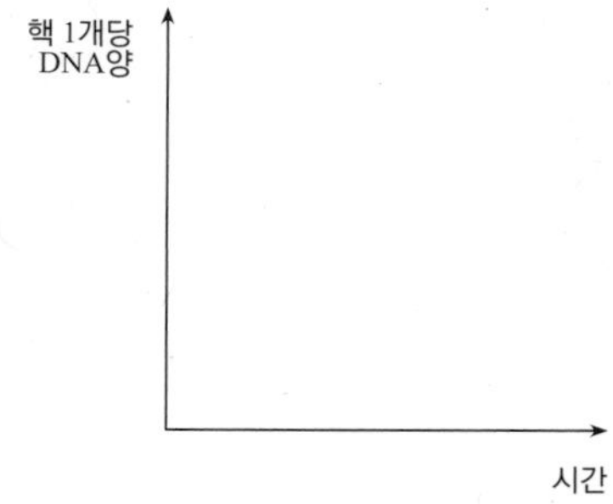

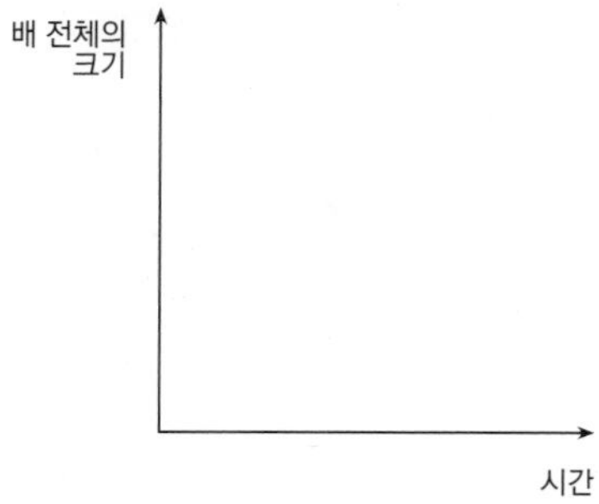

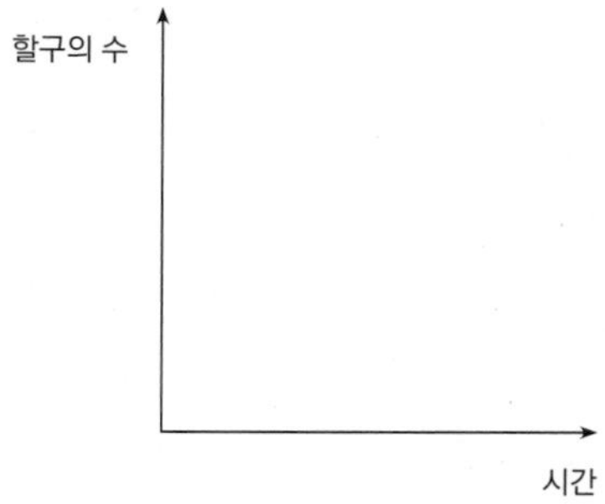

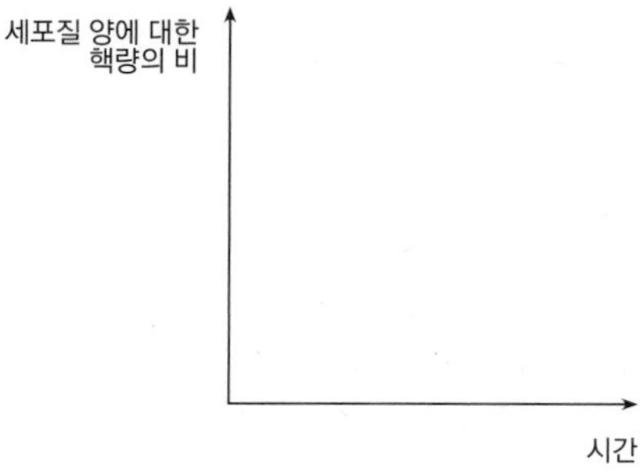

138 다음 그림은 멘델의 법칙을 따르지 않는 유전 현상 중 상위 유전자에 대한 예시를 나타낸 것이다.

[쥐의 회갈색 털과 검은색 털의 유전 현상]

· 상위 유전자 : 대립 유전자가 아닌 두개의 유전자가 같이 있을 때 표현형으로 나타나는 형질을 지배하는 유전자를 뜻한다.

· 쥐의 털 색깔 유전 현상의 특징 : 회갈색 털(B)이 검은색 털(b)에 대해 우성이다. 그러나 이 한 쌍의 대립 형질은 색소 침착에 대한 유전자의 영향을 받는다. 색소 침착 유전자(C)가 우성으로 표현될 경우에 털 색깔의 표현형이 그대로 나타난다. 만약 색소 침착 유전자가 열성 대립 형질 조합(cc)를 이룰 경우 털 색깔 유전자의 조합에 관계없이 해당 쥐는 흰색(알비노)으로 나타난다.

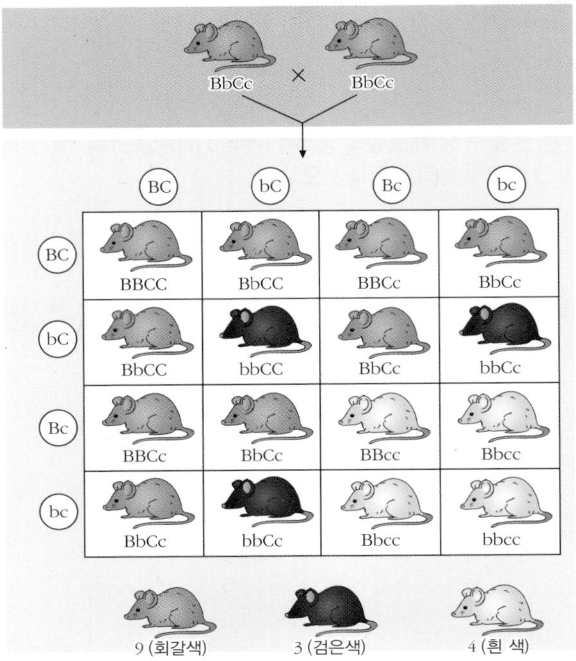

(1) 털 색깔 유전자와 색소침착 유전자의 관계는 어떤 관계인지 설명하시오.

(2) 멘델의 완두 실험 결과 잡종 제2대에서 9 : 3 : 3 : 1의 비율을 나타내었다. 그러나 위 실험의 경우 9 : 3 : 4 (= 3 + 1)로 나타난다. 그렇다면 이 실험은 멘델의 법칙 중 어떤 법칙에 맞지 않는지 설명하시오.

(3) 만약 순종의 흰색 쥐와 순종의 회갈색 쥐를 교배할 경우 자손은 어떤 색깔을 갖게 되는지 서술하시오.

(4) 만약 검은색 쥐와 순종의 흰색 쥐를 교배할 경우 가능한 자손의 유전자형을 모두 쓰시오.

정답 및 해설 28쪽

139 다음은 완두 콩깍지의 모양과 색깔 유전자에 대한 자료이다.

· 두 유전자는 서로 다른 염색체에 존재한다.

· 대립 유전자 F (부푼 형태)는 f (수축된 형태)에 대해, G (녹색)는 g (황색)에 대해 각각 완전 우성이다.

· 다음 표는 유전자형이 서로 다른 4종류의 완두 (가) ~ (라)를 각각 검정 교배하여 얻은 개체들의 표현형을 조사하여 얻은 결과이다.

	부풀고 녹색 콩깍지	부풀고 황색 콩깍지	수축하고 녹색 콩깍지	수축하고 황색 콩깍지
(가)	0	0	0	400
(나)	50	㉠ 50	50	50
(다)	200	0	200	0
(라)	200	200	0	0

(1) (가) ~ (라)가 가지는 유전자형을 각각 쓰시오.

(2) ㉠ 개체를 검정 교배하였을 때, ㉠과 동일한 표현형을 가지는 자손이 나올 확률은 얼마인가?

(3) (나)와 (라)를 교배하여 얻은 자손이 동형 접합일 확률은 얼마인가?

140 다음은 낫모양 적혈구 빈혈증과 말라리아에 관한 내용이다.

(가) 낫모양 적혈구 빈혈증

· 원인 : 적혈구의 헤모글로빈 단백질의 아미노산 서열 중 하나가 다른 아미노산으로 바뀌면 적혈구가 낫모양으로 변한다. 2개의 열성 대립 유전자가 있어야 낫모양 적혈구 빈혈증이 나타나지만 1개만 있어도 표현된다. 즉, 공동 우성에 속하기 때문에 이형 접합자인 경우에는 건강하게 지내다가 산소가 부족할 경우 증상이 나타난다.

· 증상 : 높은 곳에 있거나 육체적으로 스트레스를 받아 혈액 내 산소 분압이 낮아질 때, 적혈구의 헤모글로빈 분자가 긴 막대로 뭉쳐져 낫 모양으로 변한다. 그 결과 관절이 붓고 심각한 감염 증상이 나타날 수 있다.

· 빈도 : 이 병을 가진 사람은 자손을 낳을 수 있는 나이까지 생존하기 어렵다. 그럼에도 불구하고 아프리카에는 이 질병의 유전자를 가진 이형 접합자가 인구의 15~20%까지 된다.

(나) 말라리아

· 원인 : 말라리아 병원충이 적혈구를 파괴하여 나타나는 질병으로 아프리카에서 자주 발병한다.

· 특징 : 말라리아 병원충은 낫 모양 적혈구에는 살지 못한다. 낫 모양 적혈구 빈혈증 유전자를 가진 보인자의 적혈구에 말라리아 병원충이 감염되면 적혈구가 낫 모양으로 변하여 말라리아에 감염되지 않는다.

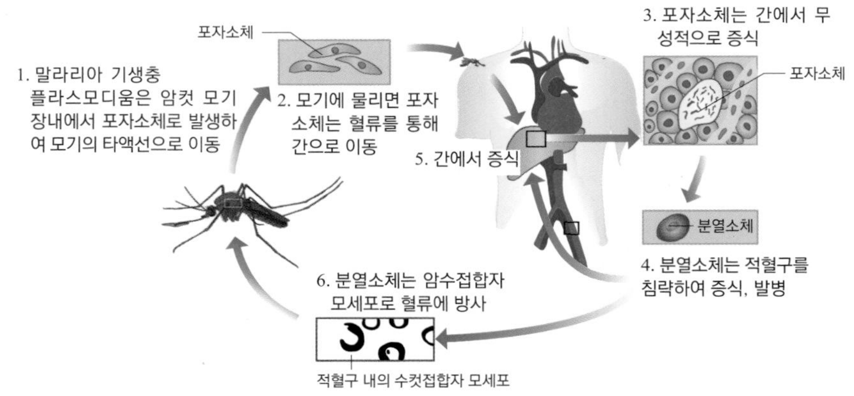

(1) 아프리카에서 낫모양 적혈구 빈혈증의 이형 접합자의 빈도가 다른 지역에 비해 높은 이유를 설명하시오.

(2) 일반적으로 유전 인자의 우성과 열성이 좋은 것과 나쁜 것이라는 인식을 가지고 있다. (1)의 답변과 사람의 상염색체 유전을 바탕으로 위 인식의 오류를 적어 보시오.

(3) 아프리카에 높은 빈도로 있는 겸형 적혈구 유전자를 다윈의 진화설로 설명하시오.

141 다음은 한성 유전에 관한 내용이다.

· Y - 연관 유전자들은 Y 염색체에 존재하며 아버지로부터 아들에게 전달된다. 비록 Y 염색체에는 유전자가 매우 적지만, 유전의 형태가 뚜렷하기 때문에 Y - 연관 유전자들의 위치를 쉽게 확인할 수 있다.
· Y 염색체에만 존재하는 것으로 알려진 유전자 중에 일부인 SRY(Sex determining Region of the Y chromosome)가 있다. 이 유전자의 발현은 정소와 남성의 성징을 나타내게 하는데 필요한 세포를 만드는 일련의 과정을 시작하게 한다. SRY 외에 Y 염색체 위에 있는 남성만이 가지는 독특한 유전자들은 고환이 만들어지지 않으면 발현되지 않는다.

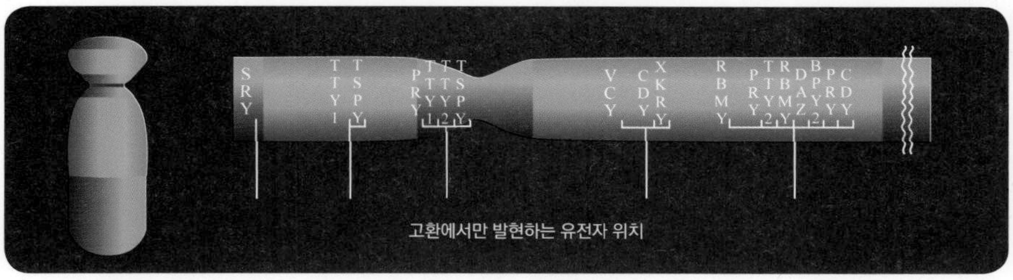

(1) 때때로 염색체의 성과 생물학적 성이 일치하지 않는 경우가 있다. 예를 들어 XX 유전자형을 가진 남성이 있다. 이런 현상이 일어난 경우 Y 염색체와 X 염색체가 어떻게 존재하는지 설명하시오.

(2) XX 염색체를 가진 남성이 태어난 경우에도 한성 유전은 일어날 수 있을까? 그렇게 생각한 이유를 쓰시오.

기출 Check

142 다음은 생식 세포 분열을 관찰하기 위한 실험을 나타낸 것이다. [2021~23 기출 유형]

[실험 과정]

① 백합의 어린 꽃봉오리 속에서 수술의 꽃밥을 따낸다.
② 따낸 꽃밥을 에탄올과 아세트산이 3:1 인 혼합액에 담가 세포 분열 각 단계에 있는 염색체를 관찰하기 위해 고정시킨다.
③ 꽃밥을 터뜨려 속에 있는 물질을 꺼낸다.
④ 꺼낸 물질에 아세트산카민 또는 아세트올세인 용액을 한 방울 떨어트려 핵을 붉게 염색한다.
⑤ 덮개 유리의 한쪽 끝을 받침 유리에 대고 비스듬하게 천천히 덮는다.
⑥ 덮개 유리 위에 거름종이를 대고 지그시 눌러 세포를 납작하고 얇게 펴 준다.
⑦ 만들어진 표본을 현미경으로 관찰한다.

[실험 결과]

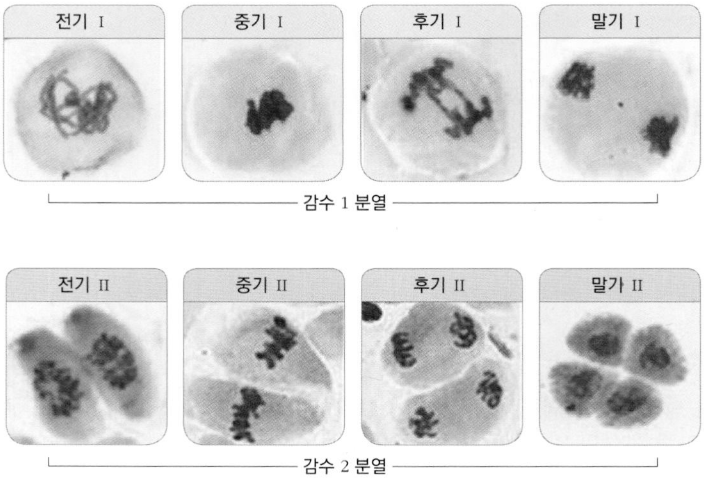

(1) 감수 분열을 관찰할 때 어린 꽃봉오리를 사용하는 이유는 무엇인가?

(2) 성숙한 꽃으로 위와 같은 실험을 진행하였을 때 어떤 다른 결과가 나타날지 서술하시오.

(3) 감수 1 분열과 감수 2 분열에 의해 염색체 수가 어떻게 달라지는지 서술하시오.

(4) 생식 세포 분열이 일어날 때 나타나는 DNA 양의 변화를 아래에 그래프로 나타내시오.

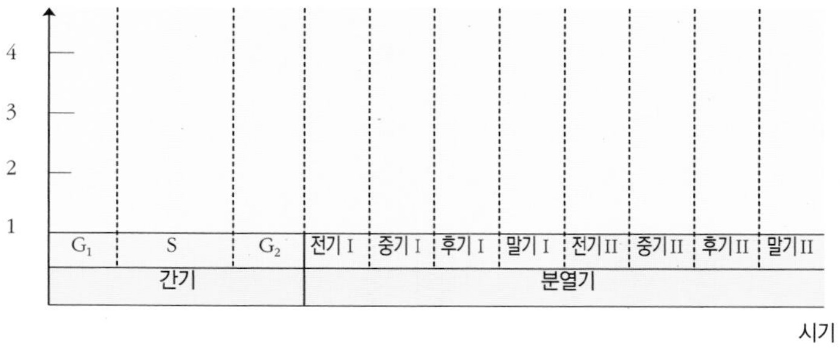

143 그림은 어느 집안의 A 유전병 유전에 대한 가계도이다.

[2021~23 기출 유형]

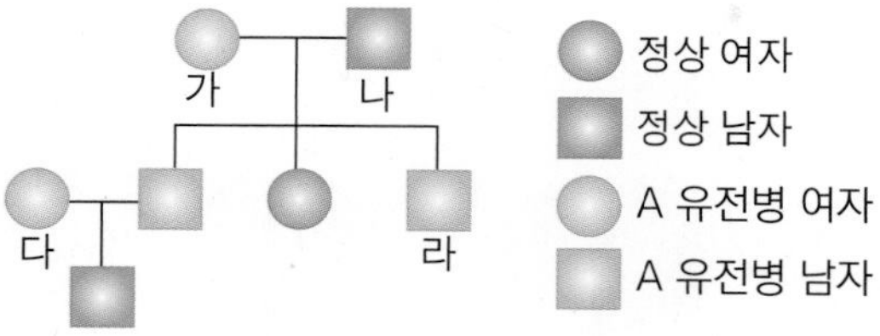

(1) A 유전병 유전자는 정상에 비해 우성인가? 열성인가?

(2) A 유전병은 성염색체 위에 존재한다. 이때 X 와 Y 중 어느 염색체 위에 존재하는가?

(3) 위 가계도에 대한 설명으로 옳은 것만을 〈보기〉에서 있는 대로 고르시오.

보기

ㄱ. (다)의 A 유전병 유전자형은 순종이다.
ㄴ. (라)의 A 유전병 유전자는 어머니로부터 전해진 것이다.
ㄷ. (가)와 (나) 사이에서 A 유전병인 자녀가 태어날 확률은 50% 이다.
ㄹ. (라)가 정상인 여자와 결혼하여 태어난 딸은 모두 A 유전병이고, 아들은 모두 정상이다.

144 그림은 유전병에 대해 5명의 학생이 나눈 대화 내용이다.

[영재학교 기출 유형]

· 학생 A : 유전병은 유전자가 동형접합자로 존재해야 발병하지.
· 학생 B: AIDS가 무서운 또 다른 이유는 유전이 된다는 거야.
· 학생 C: 어떤 유전병은 나이가 많이 들어서 발병하기도 하지.
· 학생 D : 조상에 없던 병이 나타난다면 그건 유전병이 아닌거야.
· 학생 E : 다운증후군은 양수검사로 진단할 수 있지.

옳게 말한 학생만을 모두 고르시오.

145 그림은 염색체 행동을 중심으로 세포분열 과정을 나타낸 것이다. [대전과학고등학교 기출 유형]

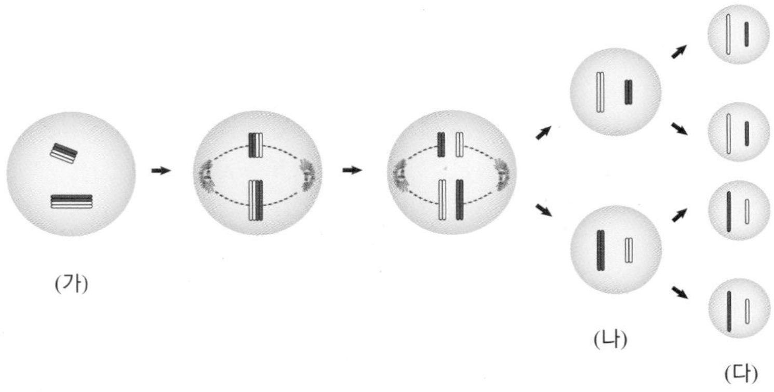

그림에 대한 해석으로 옳은 것만을 있는 대로 고르시오.

① 연속해서 2번 동형분열하여 4개의 딸세포가 형성된다.
② 위의 세포분열 결과 생물은 생장하게 된다.
③ (가) 시기에 상동염색체가 서로 결합하여 쌍을 이룬다.
④ (나)와 (다)의 시기에 있는 세포들의 염색체수는 같다.
⑤ 꽃밥, 밑씨, 형성층, 생장점 등에서 관찰할 수 있다.

146 다음과 같이 완두를 교배시켰을 때 줄기의 길이가 짧고, 씨가 녹색인 것이 생길 수 있는 경우는? (단, 줄기의 길이는 긴 것(A)이 짧은 것(a)에 대하여 우성이고, 씨는 황색인 것(B)이 녹색인 것(b)에 대하여 우성이며, 독립의 법칙을 따르고 돌연변이는 없는 것으로 한다.)

[특목고 기출 유형]

① AABB × aabb ② AAbb × aaBB ③ AaBb × AaBb
④ AaBB × Aabb ⑤ AAbb ×AABb

정답 및 해설 30쪽

147 다음은 어떤 생물의 세포 분열 모식도이다. [경기과학고등학교 기출 유형]

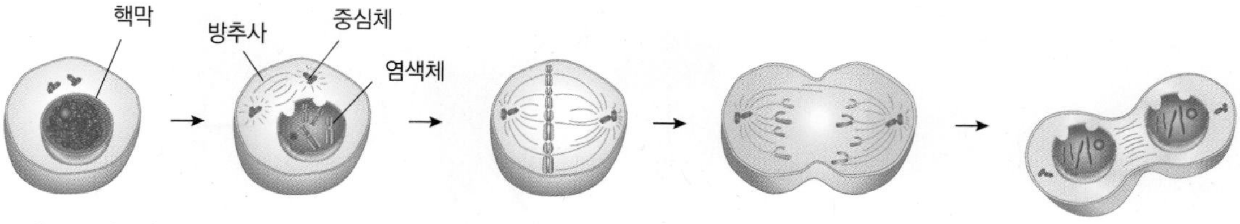

간기 전기 중기 후기 말기

생물의 핵상은 2n = 4 이다. 그 생물의 염색체는 아래 그림과 같이 생겼다.

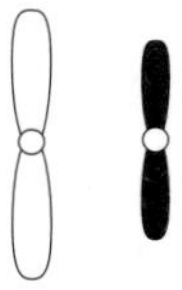

(1) 체세포 분열과 감수 분열을 할 때, 각각의 과정에서 중기의 모습을 그려라.

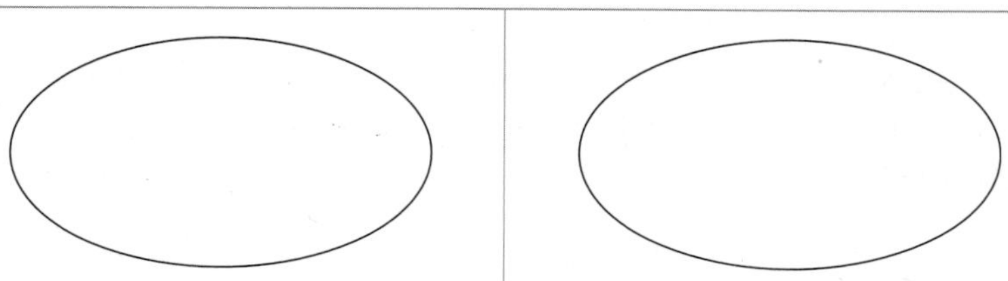

체세포 분열 중기	감수 제 1분열 중기

(2) 세포가 분열해야 하는 이유를 (반지름, $\frac{표면적}{부피}$)의 그래프로 그려 설명하시오. (반지름 = x축, $\frac{표면적}{부피}$ = y축)

148 그림은 여성의 생식기관을 나타낸 것이다. [영재학교 기출 유형]

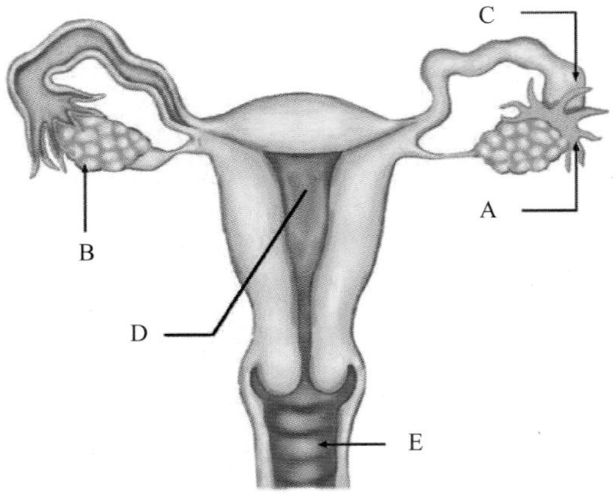

다음 중 옳은 것만을 있는 대로 고르시오.

① A는 여성호르몬이 생성되는 곳이다.
② B는 난자가 생성되는 곳이다.
③ C는 배가 착상되는 곳이다.
④ D는 수정이 일어나는 곳이다.
⑤ E는 분만할 때 태아가 외부로 나오는 통로이다.

149 키가 크고 둥글며 황색인 순종의 완두(TTRRYY)와 키가 작고 주름지며 녹색인 순종의 완두(ttrryy)를 교배시켜 F_1을 얻고, F_1을 자가 교배시켜서 F_2를 얻었다. 얻어진 F_2에서 F_1과 유전자형이 같은 개체가 나올 확률은 몇 %인가? (단, 완두는 멘델의 유전법칙을 따른다.)

[서울과학고등학교 기출 유형]

150 그림은 어느 두 집안의 혀말기와 혈액형의 가계도이다. 혀말기가 안되는 유전자는 정상에 대해 열성이며 멘델의 법칙에 따라 유전된다. 이 경우에 (가)와 (나)가 결혼하여 A형이며 혀말기가 되지 않는 딸을 낳을 수 있는 확률은? (단, 돌연 변이는 없는 것으로 한다.)

[특목고 기출 유형]

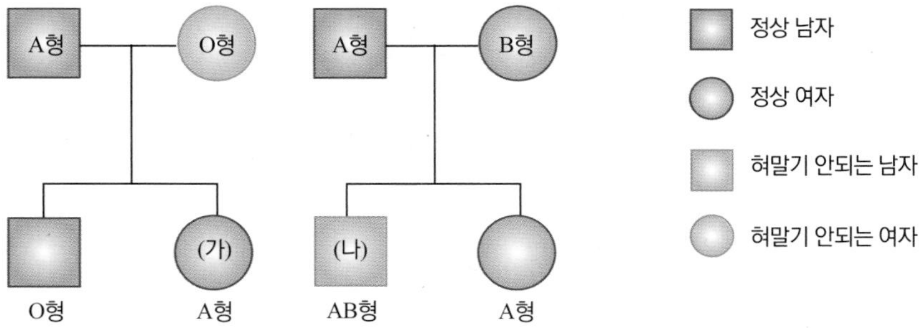

151 그림은 어떤 생물의 체세포 염색체를 모식적으로 나타낸 것이다.(단, 검은색은 부계의 염색체이고, 흰색은 모계의 염색체이다.)

[경기과학고등학교 기출 유형]

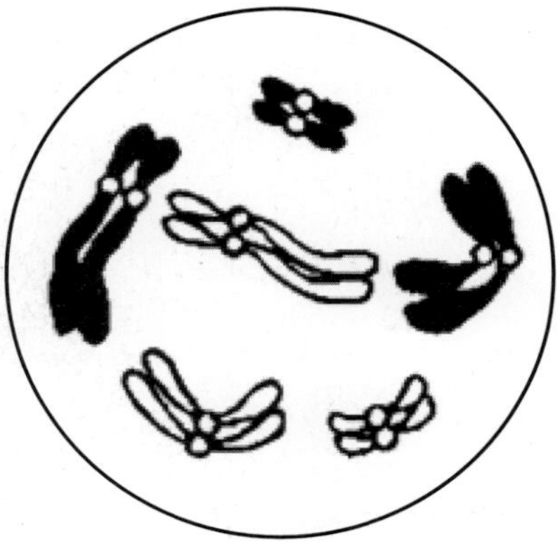

(1) 위의 생물이 감수분열을 통해 만들어 낼 수 있는 생식 세포의 이론적인 경우의 수를 모두 구하시오. (단, 염색체간의 교차는 일어나지 않는 것으로 한다.)

(2) 위의 문항 (1)과 같이 답한 이유는 감수분열의 어느 시기에 염색체가 어떻게 배열되었기 때문인지 설명하시오.

152 그림은 속씨식물의 화분관과 밑씨와 씨의 단면을 나타낸 것이다.

[대전과학고등학교 기출 유형]

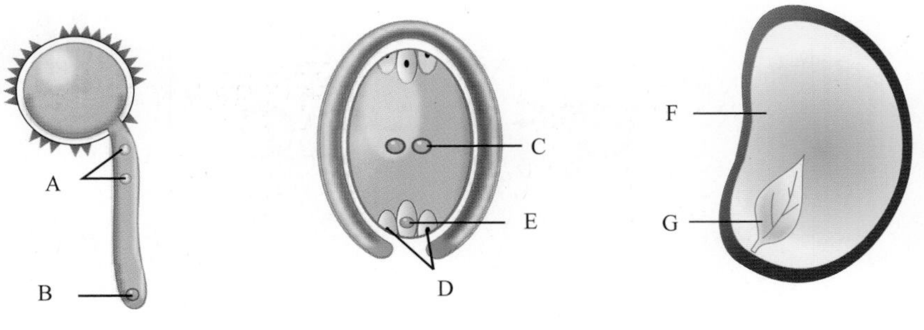

그림에 관한 설명으로 옳은 것만을 있는 대로 고르시오.

① A, B, C, D는 염색체 수가 각각 2n개씩이다.
② A 중 한 개와 E가 수정하여 G가 되며, G의 염색체 수는 2n개이다.
③ A 중 한 개와 두 개의 C가 수정하여 F가 되며, F의 염색체 수는 3n개이다.
④ B와 두 개의 C가 수정하여 F가 되며, F의 염색체 수는 3n개이다.
⑤ A와 B가 각각 수정에 참여하므로 중복수정이라고 한다.

기출 Check

153 영재와 영호, 영미는 세쌍둥이다. 남자인 영재와 영호는 일란성 쌍생아이고, 여자인 영미는 이란성 쌍생아이다. 다음 발생 과정 중 이 남매에 해당하는 경우를 고르시오. (단, 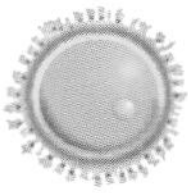 은 미수정란,  은 2세포기,  은 개체를 말하며, X정자와 Y정자는 각각 성염색체 X와 Y를 가지는 정자를 의미한다.)

[서울과학고등학교 기출 유형]

①
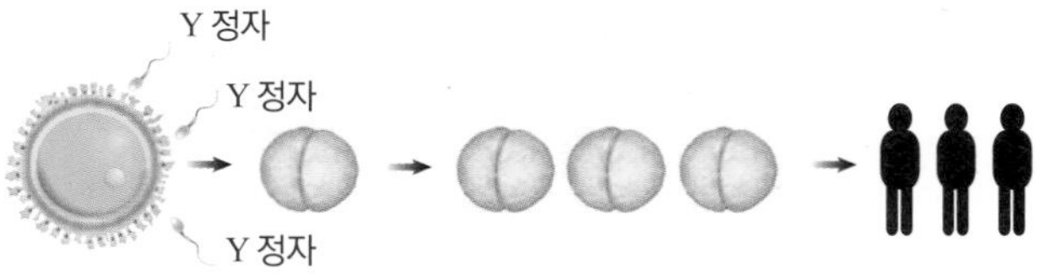

②
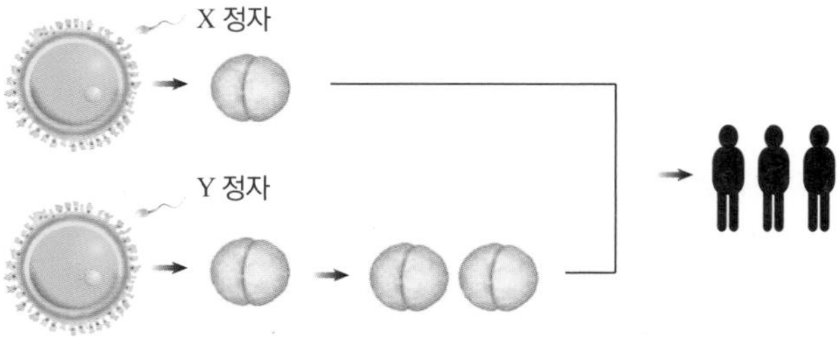

③
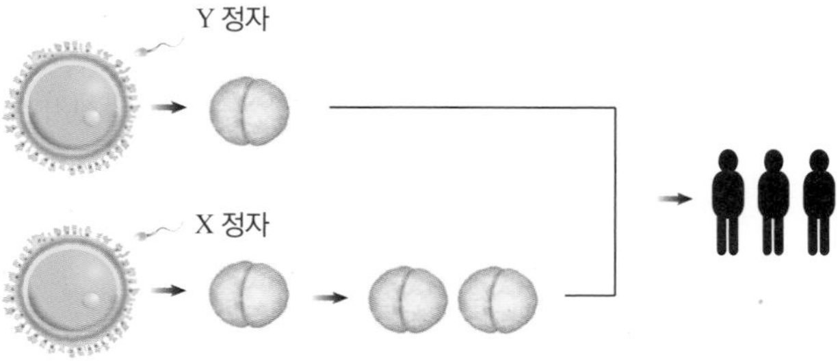

④
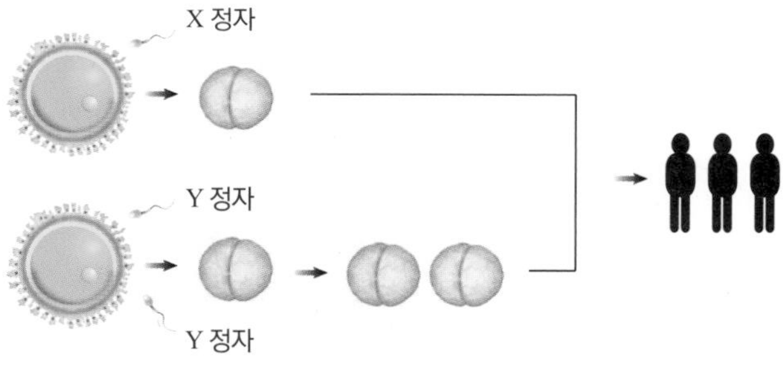

⑤
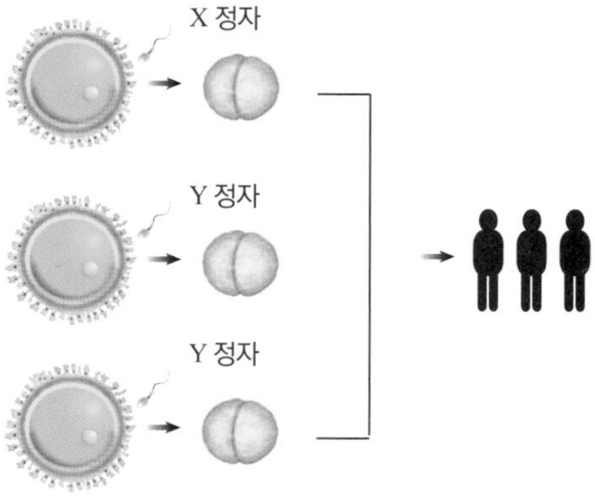

정답 및 해설 32쪽

154 그림은 사람의 남성과 여성의 염색체를 나타낸 것이다.

[특목고 기출 유형]

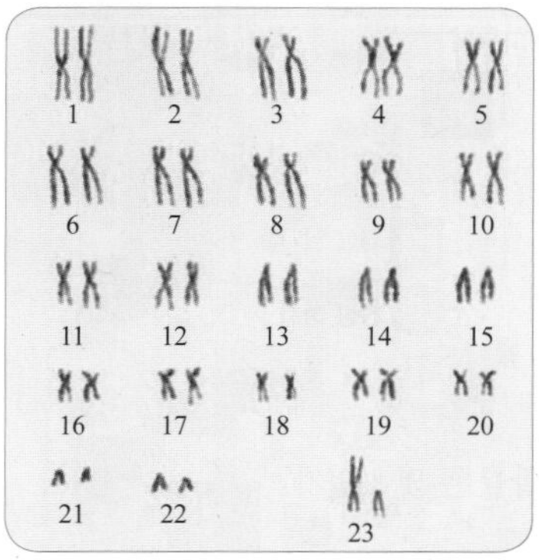

(가)

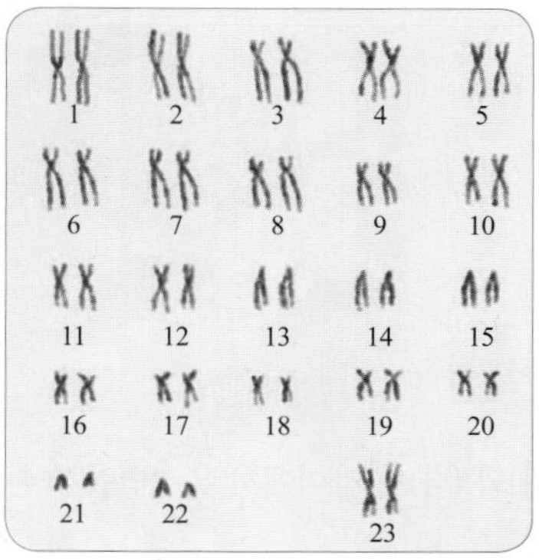

(나)

이에 대한 설명으로 옳은 것만을 <보기>에서 있는 대로 고르고, 옳지 않은 것은 그 이유를 각각 서술하시오.

보 기

ㄱ. 사람의 체세포에는 23개의 염색체가 있다.
ㄴ. (가)는 남성, (나)는 여성의 염색체를 나타낸 것이다.
ㄷ. 여자의 난소에서는 22+X의 생식 세포만 만들어진다.
ㄹ. 남자의 정소에서는 22+Y의 생식 세포만 만들어진다.

155 다음과 같은 현상이 일어나는 이유를 세포 분열과 관련지어 설명하시오.

[특목고 기출 유형]

사람의 체세포는 염색체 수가 46개이다. 이 염색체 수는 세대를 거듭하여도 변하지 않고 항상 일정하게 유지된다.

기출 Check

156 다음은 어떤 집안의 유전병 유전에 대한 가계도이다. [2021~23 기출 유형]

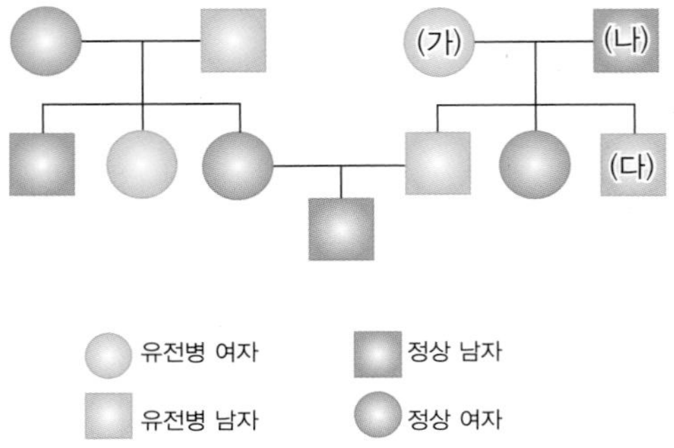

(1) (가)와 (나)의 사이에서 유전병인 자손이 태어날 확률은 몇 %인가?

(2) (다)의 유전병 유전자는 어머니와 아버지 중 누구로부터 전해진 것인가?

157 다음은 체세포 분열과 감수 분열에서 일어나는 세포 1개 당 DNA 량의 상대적 변화를 나타낸 것이다. [2021~23 기출 유형]

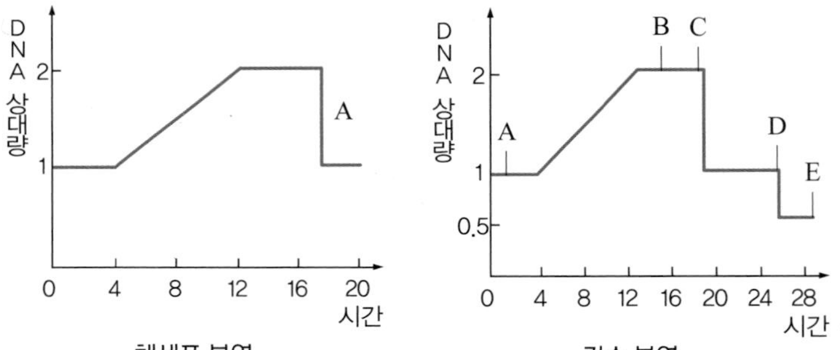

체세포 분열　　감수 분열

(1) 체세포 분열의 세포 1개 당 DNA 량 변화 그래프에서 A 와 같은 변화를 보이는 시기는 언제인가?

간기 ①→ 전기 ②→ 중기 ③→ 후기 ④→ 말기

(2) 감수 분열 과정의 세포 1개 당 DNA 량 변화 그래프에서 아래 그림과 같은 시기를 찾아 기호를 찾아 순서대로 쓰시오.

ㄱ : (　　　)　ㄴ : (　　　)　ㄷ : (　　　)

158 그림은 속씨식물 중 콩이 중복 수정되는 과정을 나타낸 것이다. [경기과학고등학교 기출 유형]

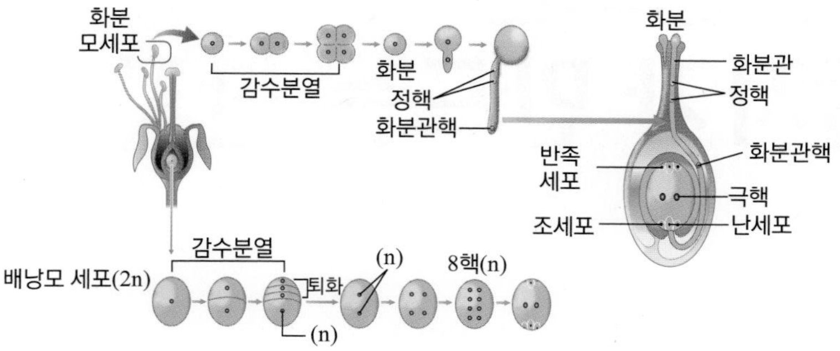

(1) 위와 같은 과정을 통해 생성된 콩의 씨는 오른쪽 그림과 같은 구조를 하고 있다. 콩의 씨(종자)에서 배젖이 관찰되지 않는 이유를 설명하시오.

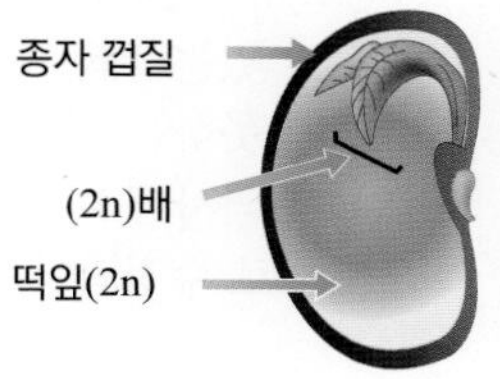

(2) 밀씨에서 생식 세포 형성 과정을 통해 배낭모 세포가 배낭을 형성할 때까지 DNA 상대적 변화량은 오른쪽 그래프와 같다.
위 그래프를 분석할 때 배낭모 세포가 배낭으로 될 때까지 DNA 복제는 총 몇 번 일어났는가?

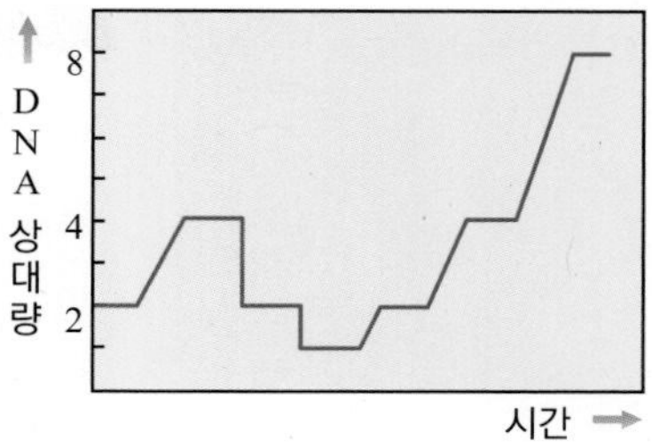

159 그림은 어떤 유전병이 있는 집안의 가계도이다. [2021~23 기출 유형]

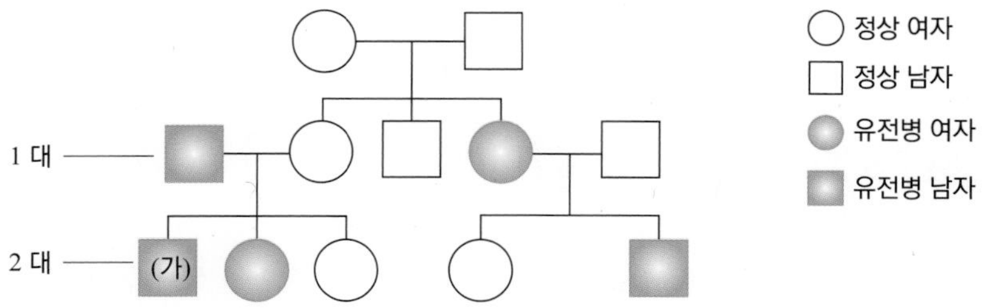

(1) 이 유전병 유전자는 정상 유전자에 대해 열성인지 우성인지 판단하고 근거를 설명하시오.

(2) 이 유전병 유전자는 상염색체에 위치하는지 성염색체에 위치하는지 판단하고 근거를 설명하시오.

(3) (가)가 자신의 어머니와 유전자형이 같은 여자와 결혼했을 때, 유전병을 가진 딸을 두 번 연속해서 낳을 확률은 얼마인가? (단, 두 딸은 쌍생아가 아니다.)

여자가 만드는 정자 남자가 만드는 난자

주제 I

생식 세포를 둘러싼 비밀이 벗겨지고 있다.

포유동물에 속하는 인간의 특성상 수정과 임신의 과정이 여성의 몸속에서만 일어난다. 뿐만 아니라, 인간에게만 있는 '배란 은폐 현상'으로 인해 여성 본인조차도 언제 배란이 일어나는지, 언제 임신을 하였는지 정확히 알지 못하는 일이 나타난다. 때문에 인간의 기원이 수정란에서 시작되었다는 사실을 알아낸 것은 인류가 번식해 온 역사에 비하면 극히 최근의 일이다. 최근 과학자들은 두 생식 세포가 어떤 특성을 가지고 있는지, 어떤 방식으로 수정되어 어떻게 착상되는지, 수정란이 어떤 과정을 통해 자라나는지와 같은 연구를 진행 중이다.

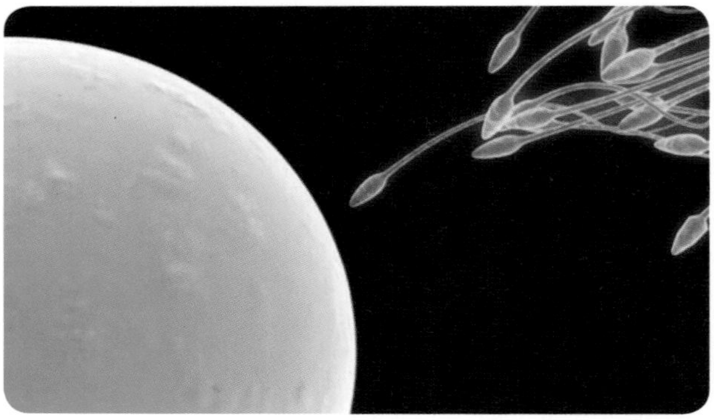

▲ 정자와 난자의 수정

인공으로 동물의 정자를 만드는데 성공

일본 요코하마 대학의 오가와 타케히코(Ogawa Takehiko) 박사가 실험용 생쥐를 이용해 수정이 가능한 성숙한 정자를 시험관에서 발생시키는데 성공했으며, 이를 이용해 새끼를 낳을 수 있음을 증명한 논문을 '네이처'지에 발표했다. 오가와 박사팀은 생쥐의 고환 조직을 추출한 뒤 이를 KSR 배양액(Knockout serem replacement, 혈청을 제외한 배양액)을 이용해 키우면, 고환 속에 존재하던 미성숙한 정자가 꼬리를 지닌 성숙한 정자로 만들어진다는 것을 밝혀냈다. 오가와 박사는 4마리의 수컷 생쥐의 고환에서 추출한 미성숙한 정자를 이 방식으로 성숙한 정자로 분화시켰으며, 이렇게 만들어진 정자는 난자를 만나 정상적인 수정란을 만들고, 이 수정란을 암컷에게 이식한 결과 12 마리의 새끼를 출산하는 데까지 성공했다. 또한 이렇게 출산한 12 마리의 새끼들은 모두 정상과 다름없이 건강하며 생식력도 갖추고 있다고 한다.

정답 및 해설 33쪽

사람의 정자와 난자를 만들 날도 얼마 남지 않아

자연 임신이 어려운 이들에게 그들의 유전자가 담긴 아이를 안겨주는 기술의 개발은 축복에 가까운 기술이다. 이 방식이 상용화된다면 불임부부뿐만 아니라 나이가 들어 더 이상 생식 세포를 만들어낼 수 없는 고령자도 임신이 가능하며, 줄기세포를 이용하게 되면 여성의 세포로부터 정자를, 남성의 세포로부터 난자를 만들어내는 것도 가능해 질 수 있다. 하지만 기존의 시험관 방식과는 달리, 원시 생식 세포 혹은 피부 세포에서 유래한 줄기세포를 이용해 정자와 난자를 분화시키는 것은 기술의 실용화 이전에 다양한 사회적 합의와 제도적 장치가 필요하다.

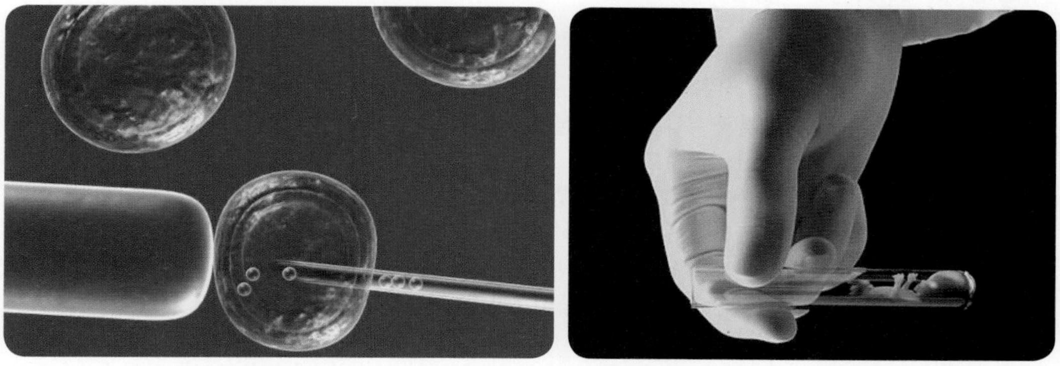

▲ 인공 수정 방법 (난자의 세포질 내로 정자를 직접 주입하여 수정시킨다.)

기술 이전에 사회적 합의가 선행해야

여성이 자신의 난자와 자신의 줄기세포로 만들어진 정자를 이용해 스스로의 몸에 이식해 처녀생식과 동시에 스스로를 복제하는 것도 가능해질 수 있다. 일부에서는 빠르면 5년 내에 수정에 사용할 수 있는 인공 정자 생산이 가능해질 것으로 보고 있다. 이제 우리가 할 일은 예측되는 미래를 제대로 받아들이기 위해 무엇을 준비해야 할지 생각하는 것이다.

Q1 남자가 혼자 아이를 낳을 수 있는 방법을 서술하시오.

Q2 정자, 난자와 같은 생식 세포도 생명이라고 할 수 있는지 없는지 그 이유와 함께 서술하시오.

한국인은 단일민족이 아니다?!

주제 II

한국인의 뿌리는 누구인가?

TV 속 사극이나 국사 책에서 자주 등장하듯이 우리나라는 중국과 일본 그리고 몽골까지 긴밀한 연계를 갖고 있다. 우리는 이웃 나라 사람들과 우리는 어떤 점이 다를까?

국립 보건 연구원의 생명의학부 조인호 박사와 생명공학 벤처 회사인 DNA링크의 이종은 박사 연구팀은 2005년 8월 한국인의 SNP를 국내 최대 규모로 분석하고 이를 외국인과 비교한 SNP* 지도를 완성했다고 발표했다. 이 결과에 따르면 한국인은 일본인과 유전적으로 가장 비슷하다고 한다. 이 결과는 한국인과 일본인의 비슷한 유전자 정보의 특정 질병에 대한 신약을 공동개발 할 가능성도 시사하고 있다.

*SNP[Single Nucleotide Polymorphism] : 단일유전자변이, 세포핵 속의 염색체가 가지고 있는 30억개의 염기 서열 중 개인 편차를 나타내는 염기 변이

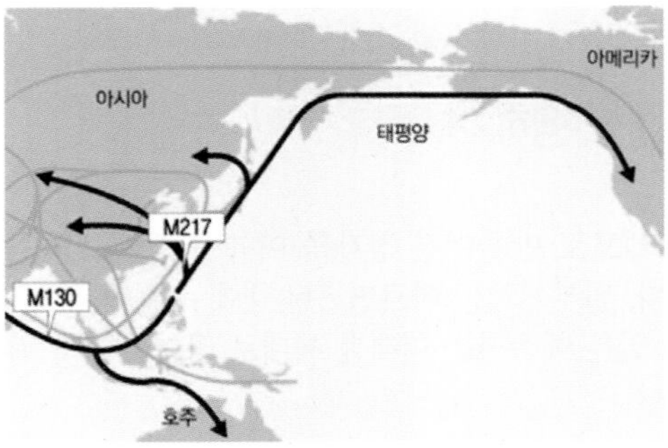

▲ DNA로 분석한 인류의 이동 경로

DNA의 특정 부위에 돌연변이를 가진 계통(M130)이 아프리카에서 동남아시아쪽으로 이동했다. 2만 년 전 이로부터 다른 부위에 돌연변이가 생긴 자손(M217)이 분화되어 시베리아나 아메리카 대륙으로 이동하였다.
(출처 : 네셔널지오그래픽)

한국인의 유전자 분석 결과 '한국인 = 남방계 + 북방계'

2003년 단국대 생물과학과 김욱 교수는 동아시아인 집단에서 추출한 염색체 표본을 대상으로 부계를 통해 유전되는 Y염색체의 유전적 변이를 분석했다.

한국인에게서는 주로 몽골과 동·남부 시베리아인에게서 흔히 볼 수 있는 유전자형, 그리고 동남아시아 및 중국 남·북부에서 흔히 볼 수 있는 유전자형이 모두 발견됐다. 이는 한민족이 크게 북방계와 남방계의 혼합 민족이라는 사실을 보여준다.

그룹 간 유전적 차이 비교

그룹	보통염색체 차이(%)	성염색체 차이(%)
한국-일본	5.86	4.74
한국-중국	8.39	7.8
중국-일본	8.61	9.65
아시아-유럽	16.09	20.53
아프리카-유럽	16.3	23.44
아프리카-아시아	18.82	26.07

미토콘드리아 DNA 분석

한국인끼리 비교한 결과, 차이를 보이는 평균 염기수가 7.3으로 나타났다. 이는 4천 쌍의 염기 서열 가운데 차이를 나타내는 염기가 7개 정도라는 의미다. DNA의 돌연변이 발생 비율은 1백만 개 가운데 하나로, 미토콘드리아 DNA의 경우 몇 백 년에 하나가 변할까 말까한 미미한 확률이다. 결국 7.3의 차이는 한민족이 한명의 조상이 아니라 이미 다양한 조합을 이룬 그룹에서 분리되어 민족으로 굳어진 것으로 볼 수 있다.
연구 결과에 따르면 한국인의 유전자는 북방계가 다소 우세하지만 남방계와 북방계의 유전자가 복합적으로 섞여 있다. 4000~5000년 동안 한반도와 만주 일대에서 동일한 언어와 문화를 발달시키고 역사적인 경험을 공유하면서 유전적으로 동질성을 가지는 한민족으로 발전했던 것으로 보인다는 것이 학자들의 의견이다. 우리는 흔히 스스로 '단일 민족'이라고 말하지만 단일 민족은 오랜 세월을 거치면서 유전적 동질성을 획득했다는 의미이지 한국인의 기원이 하나라는 의미는 아니다. 오히려 한국인은 동아시아 내에서 남방과 북방의 유전자가 복합적으로 이뤄져 형성된 다양성을 지닌 민족이라는 사실이다.

Y염색체는 아들을 통해서만 전달이 되기 때문에 염색체의 돌연변이를 조사하면 초기 이주자의 후손이 여러 대륙으로 흩어지게 된 이동 경로를 알 수 있다. 미토콘드리아 DNA는 어머니를 통해 아들과 딸 모두에게 전달된다. 또한 미토콘드리아 DNA는 돌연변이율이 낮고 교차가 일어나지 않는다는 장점이 있는 것으로 알려져 있다.

▲ Y염색체로 본 동아시아 민족집단의 유전적 유사성
거리가 가까울수록 유전적 유사성이 높다. (자료 : 김욱 단국대 교수 연구팀)

Q3 현생 인류의 조상을 알아보기 위해 Y 염색체를 역추적해 간다. 부계 유전이기 때문에 Y 염색체를 추적해 갔을 경우 어떤 오류가 발생할지 서술하시오.

Q4 난자와 정자가 수정할 때 난자의 세포질은 그대로 수정란의 세포질 성분으로 남게 된다. 이 과정에서 수정란의 핵의 DNA는 정자와 난자의 융합으로 새로운 조합에 의해 이루어지지만, 세포질은 모계 100%로 유전될 수 있다. 이 원리를 이용하여 인류의 조상을 연구할 때 조사해야 할 유전자는 무엇인가?

5F 지구과학

I 지구계와 지권의 구성

1 행성으로서의 지구

1. 지구의 물리적 특성

반지름	질량	평균 밀도	평균 표면 온도	자전 방향
약 6400km	약 6 × 10^{24}kg	약 5.5 g/cm^3	약 15℃	서 → 동

▲ 지구의 모습

2. 지구의 모양과 크기

① 지구의 모양은 적도 반지름이 극 반지름보다 약간 더 큰 구형에 가까운 타원체이다.

② 지구의 크기는 에라토스테네스의 방법과 북극성의 고도 차이를 이용한 방법으로 구할 수 있는데, 두 방법은 근본적으로 같은 방법이다.

가정	· 지구는 완전한 구형이다. · 지구로 들어오는 태양 광선은 어느 곳에서나 평행하다.(지구와 태양 사이 거리가 멀기 때문)
원리	· 부채꼴의 호의 길이는 중심각의 크기에 비례 · 평행한 두 선을 가로지르는 직선에 의해 만들어지는 엇각은 서로 같다.
측정과정	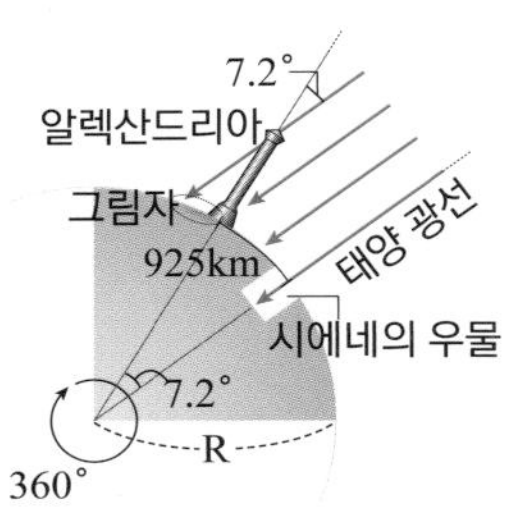 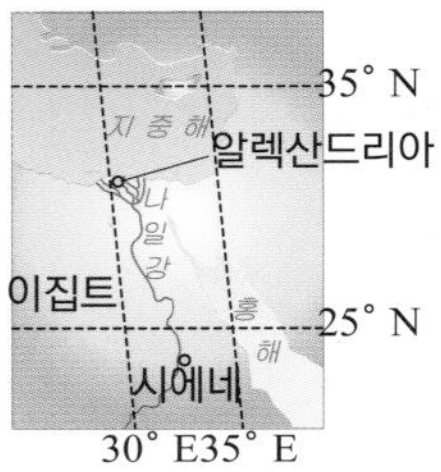 · 시에네의 우물에 수직으로 비칠 때, 알렉산드리아 탑 끝과 그림자의 끝은 7.2° 기울었다. 이때의 7.2°는 동일 경도 상에 있는 두 도시 사이의 지구 중심각과 엇각으로 크기가 같다. · 알렉산드리아와 시에네 사이의 거리 측정 : 925km · 비례식 : 7.2° : 360° = 호의 길이(925km) : 지구의 둘레($2\pi R$) $R = \frac{360°}{7.2°} \times \frac{925km}{2\pi} ≒ 7365km$
결론	에라토스테네스가 측정한 값(7365km)은 실제 반지름(6370km)보다 약 15% 크다.
오차의 원인	· 두 도시의 경도가 동일하지 않다(약 3°차). · 지구는 완전한 구형이 아닌 지구 타원체이다. · 두 도시 사이의 거리가 정확하게 측정되지 않았다.

▲ 에라토스테네스가 지구의 크기를 측정한 방법

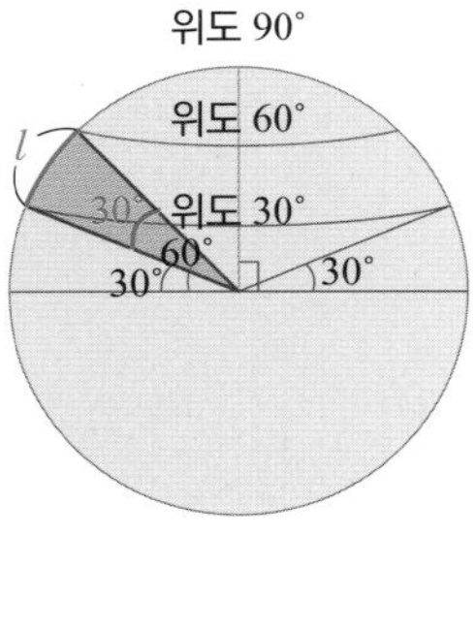

· 동일 경도 상에 있는 두 위치 사이의 거리 l을 구한다.
이때의 북극성 위도 차이는 동일 경도 상에 있는 두 위치 사이의 지구 중심각 크기와 같다.

· 비례식 : (60 - 30)° : 360° = 호의 길이(l) : 지구의 둘레($2\pi R$)

$$R = \frac{360°}{30°} \times \frac{l}{2\pi}$$

· 부채꼴의 호의 길이를 이용한 기본적인 측정 원리는 에라토스테네스의 방법과 같다.

▲ 북극성의 고도 차이를 이용하여 지구의 크기를 측정한 방법

정답 및 해설 34쪽

Q1 지구는 왜 둥근 모습인지 생성 과정을 들어 설명해 보시오.

3. 지구의 중력

① **지구의 중력** : 적도에서 극으로 갈수록 중력이 증가한다.

만유인력	질량을 가진 두 물체가 서로 잡아당기는 힘으로 지구 중심 방향으로 작용한다.
원심력	지구 자전에 의해 밖으로 벗어나려는 힘으로 지구 자전축에 직각으로 작용하며, 크기가 지구 자전축으로부터의 수직 거리에 비례한다
중력	만유인력과 원심력의 합력으로 위도에 따라 원심력의 크기가 달라지기 때문에 중력의 크기도 달라진다.

② **중력 이상** : 측정 지점의 높이나 지하 물질의 분포, 밀도 차이 등에 의해 이론적인 중력값과 실제로 측정한 중력값이 달라지므로 이를 통해 지하 물질의 밀도를 조사할 수 있다.

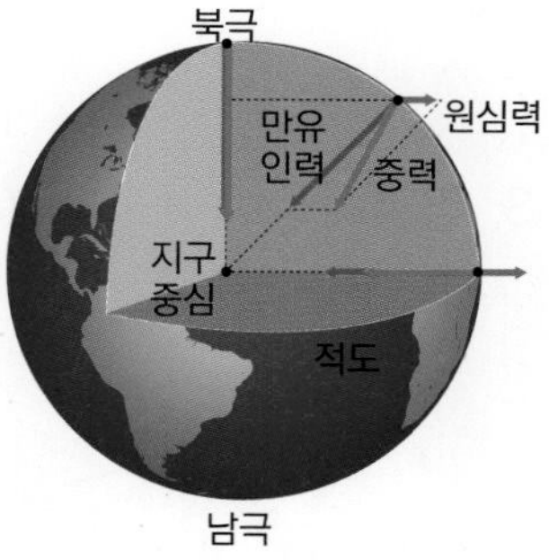

▲ 지구 중력의 크기와 방향

2 지구계

1. 지구계 : 지구는 크게 기권, 수권, 지권, 생물권으로 구성된다.

기권	지구를 감싸는 다양한 기체로 이루어진 부분이다.
수권	물이 차지하고 있는 부분으로, 해수, 빙하, 지하수, 강, 호수 등이 포함된다.
지권	지각, 맨틀, 핵으로 구분되는 부분으로 지구 무게의 대부분을 차지한다.
생물권	지구계에 살고 있는 다양한 생물들로 이루어진 부분이다.

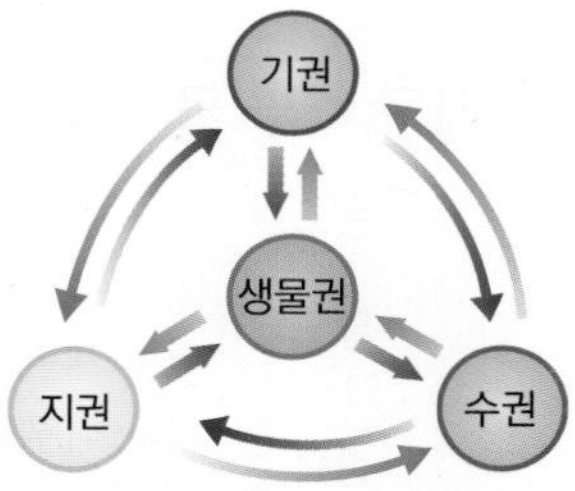

▲ 지구계의 상호 작용

2. 지구계의 상호 작용

① 지구계의 상호 작용을 통해 물, 탄소 등의 물질과 에너지가 순환한다.
② 지권, 기권, 수권, 생물권은 서로에 대하여 물질과 에너지가 모두 자유롭게 출입하는 열린계이다.
③ 지구계의 상호 작용은 같은 영역 사이에서도 일어나고, 서로 다른 영역끼리도 일어난다.

3 지권의 층상 구조

1. 지진파 : 물질의 종류, 상태에 따라 달라지는 지진파의 속도 차이로 진원까지의 거리를 구할 수 있다.

P파	속력이 빠른 종파이며, 고체·액체·기체를 모두 통과한다.
S파	속력이 느린 횡파이며, 고체만 통과한다.
PS시	P파와 S파의 도착 시각의 차이로, 진원 거리에 비례한다.

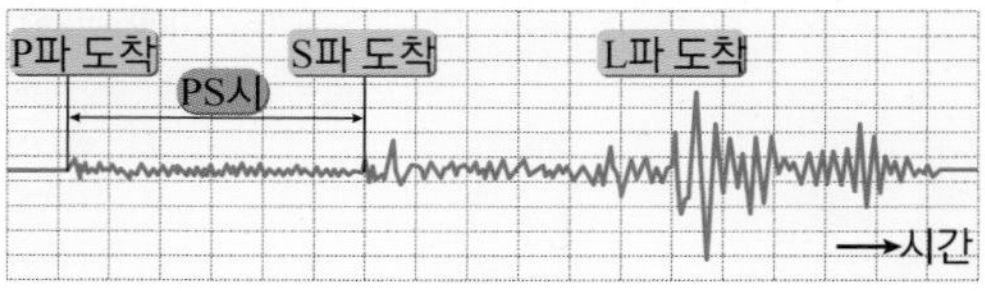

▲ 지진 기록

P파의 전파 속도 = V_P, S파의 전파 속도 = V_S,
PS시 = t, 진원까지의 거리 = d 일 때

$$t = \frac{d}{V_S} - \frac{d}{V_P} \rightarrow d = \frac{V_P \times V_S}{V_P - V_S} \times t$$

2. 지권의 층상 구조 : 지진파의 속도가 급격히 달라지는 불연속면을 경계로 층상 구조를 구분한다.

지각	암석으로 된 지구의 표면으로 두꺼운 대륙 지각과 얇은 해양 지각으로 구분된다.
맨틀	천천히 대류하는 유동성이 있는 고체 상태로, 지구 전체 부피의 80%를 차지한다.
핵	철과 니켈 성분으로 액체 상태로 대류하는 외핵과 고체 상태의 내핵으로 이루어졌다.

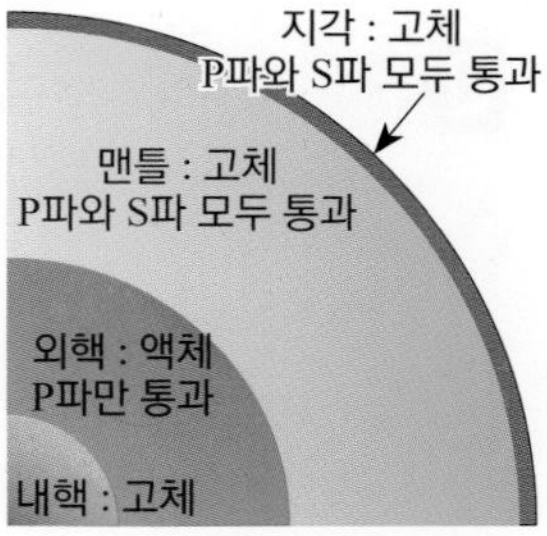

▲ 지권의 층상 구조

3. 암영대 : 지진파가 지구 내부에서 불연속면을 통과하면서 반사하거나 굴절하기 때문에 지진이 일어날 때 지진파가 관측되지 않는 지역이 생긴다.

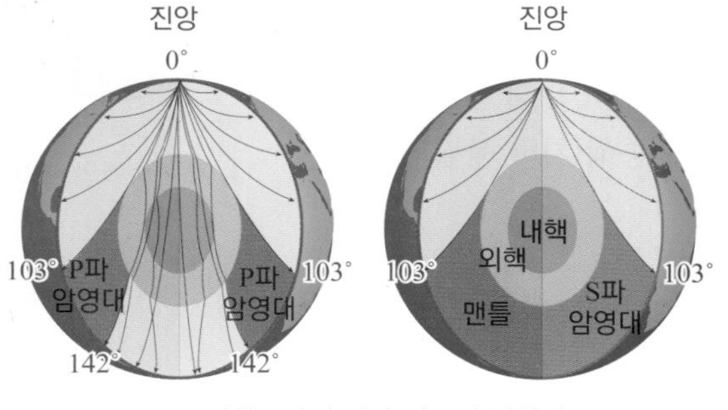

▲ P파와 S파의 전파 경로와 암영대

모호면 (모호로비치치 불연속면)	지각과 맨틀의 경계면 지진파의 속도가 빨라진다.
구텐베르크 불연속면	맨틀과 외핵의 경계면 P파의 속도는 느려지고 S파는 더 전파되지 않는다.
레만 불연속면	외핵과 내핵의 경계면 P파의 속도가 빨라진다.

4. 지구 내부 물리량

온도	지구 내부로 들어갈수록 상승한다. 깊이에 따른 온도의 증가율은 지각에서 가장 크고 내핵에서 가장 작다.
밀도	지구 내부를 전파하는 지진파는 밀도의 영향을 크게 받기 때문에 각 층의 경계면에서 불연속적으로 증가하여 계단 모양의 분포를 이룬다.
중력	지구 내부로 들어갈수록 점차 증가하여 맨틀과 외핵의 경계에서 최대였다가 다시 감소하여 지구 중심에서 0이 된다.
압력	지구 내부로 들어갈수록 증가하는데, 깊이에 따른 압력 증가율은 외핵에서 가장 크다.

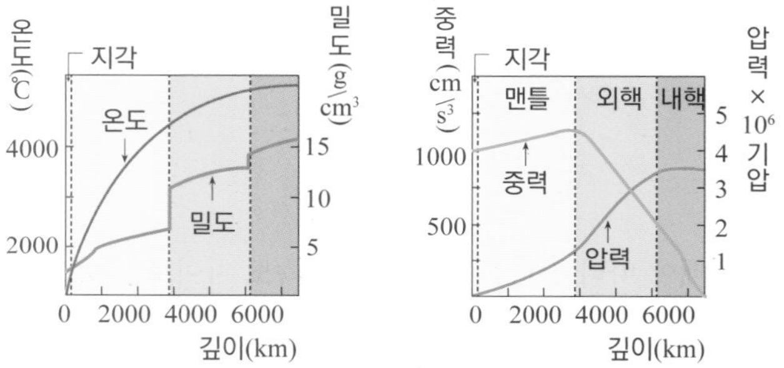

▲ 지구 내부의 깊이에 따른 물리량 변화

정답 및 해설 34쪽

Q2 적도 반지름이 극 반지름보다 커지게 된 이유를 설명해 보시오.

Q3 지구의 층상 구조에서 외핵과 내핵은 주요 구성 물질이 비슷한데 왜 내핵은 고체 상태이고 외핵은 액체 상태인가?

Q4 지구 내부의 깊이에 따른 중력의 변화를 보면 맨틀과 외핵의 경계까지는 점차 증가하다가 이후로는 다시 감소하여 지구 중심에서 0이 된다. 그 이유는 무엇인가?

4 지권의 구성

1. 광물 : 화학 성분이 일정하거나 내부 구조가 균질하여 특유의 성질을 가진 고체를 말한다.

① **광물의 성질**

겉보기	광물마다 나타나는 고유한 겉보기 색깔과 규칙적인 결정 모양이 있다.
조흔색	조흔판에 광물을 그었을 때 나타나는 가루의 색으로 표면색과 다를 수 있다.
쪼개짐	광물의 결정 구조에 방향성이 있을 때, 일정한 방향성을 가지고 쪼개진다.
깨짐	광물의 결정 구조에 방향성이 없을 때, 불규칙적으로 깨진다.
굳기	결합의 세기에 따라 광물의 단단한 정도가 달라진다.

② **조암 광물** : 암석을 이루는 대표적 광물을 말하며, 그 중 약 92%는 규산염 광물로 산소와 규소로 이루어진 SiO_4 사면체(규산염 사면체)를 기본 구조로 가진다. 규산염 광물은 결합 구조에 따라 깨짐이나 쪼개짐의 성질과 화학적 풍화에 안정 여부가 결정된다.

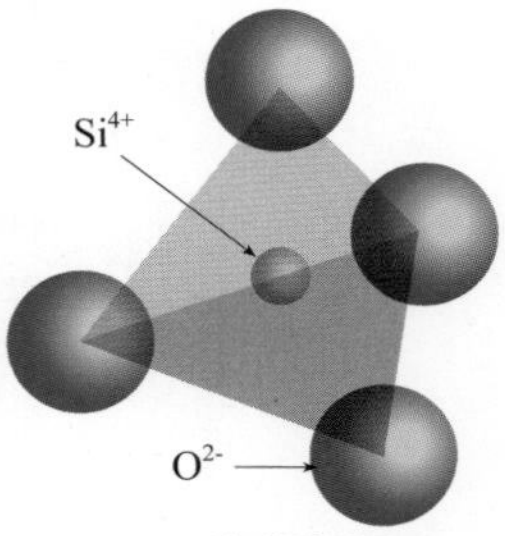

▲ SiO_4 사면체의 구조

구분	독립형 구조	단사슬 구조	복사슬 구조	판상 구조	망상 구조
광물	감람석	휘석	각섬석	흑운모	석영
성질	깨짐	쪼개짐	쪼개짐	쪼개짐	깨짐
결합 구조					

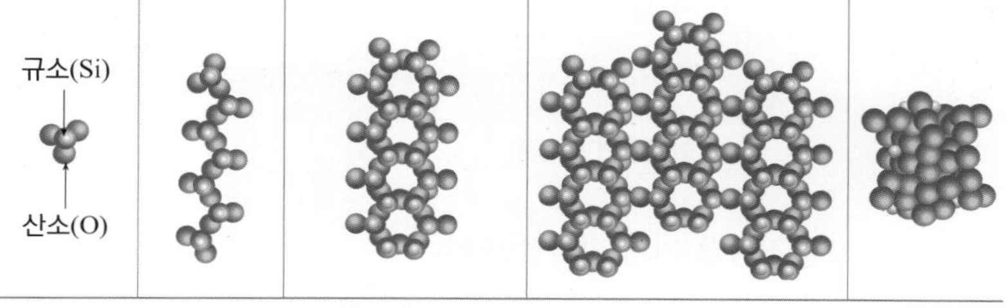

▲ 규산염 광물의 결합 구조

2. 마그마의 냉각 : 지구 내부의 높은 열과 압력 때문에 생성된 마그마가 식으며 광물이 정출된다.

① **광물의 정출 순서** : 광물마다 녹는점이 달라 정출되는 순서가 결정된다.

감람석 → 휘석 → 각섬석 → 흑운모 → 정장석 → 석영

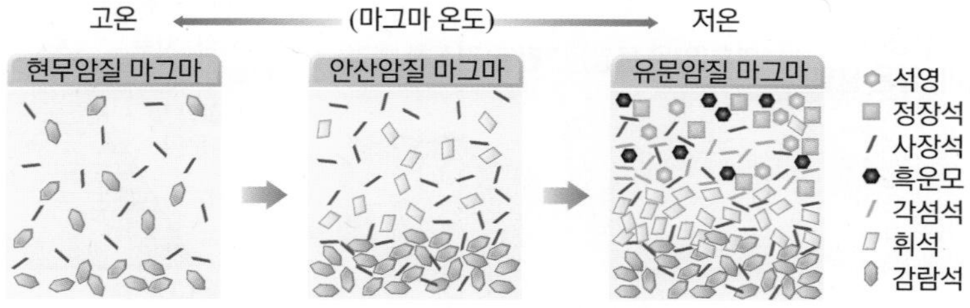

▲ 마그마의 분화 작용

② **화성암의 조직** : 마그마의 냉각 속도가 빠를수록 정출되는 광물의 입자 크기가 작아지고(세립질), 냉각 속도가 느릴수록 정출되는 광물의 입자 크기가 커진다(조립질).

정답 및 해설 34쪽

Q5 마그마가 생성되는 곳은 지구의 층상구조 중 어디일지 쓰고 그 이유를 서술하시오.

3. 암석 : 한 종류 또는 그 이상의 광물이 자연의 작용으로 집합체를 이루어 구성되며, 색깔, 무늬, 알갱이의 종류와 모양 등 여러 가지 기준으로 구분된다.

▲ 화성암

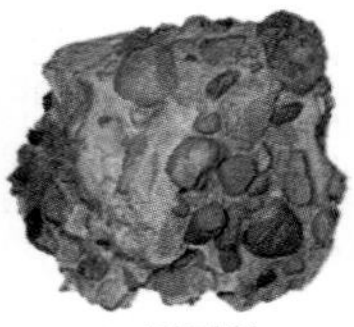
▲ 퇴적암

▲ 변성암

① **화성암** : 마그마로부터 정출된 광물이 모여 화성암이 된다.

산출 상태에 의한 분류 \ 화학 성분에 의한 분류	조직	냉각 속도	염기성암	중성암	산성암
		SiO^2 함량	적음 ← 52%	→ 66% ←	→ 많음
		색	어두운 색 ←	중간	→ 밝은 색
		많은 원소	Ca, Mg, Fe		K, Na, Si
		밀도	3.2 정도		2.7 정도
화산암	세립질	빠르다	현무암	안산암	유문암
반심성암	반상	중간	휘록암	섬록 반암	석영 반암
심성암	조립질	느리다	반려암	섬록암	화강암

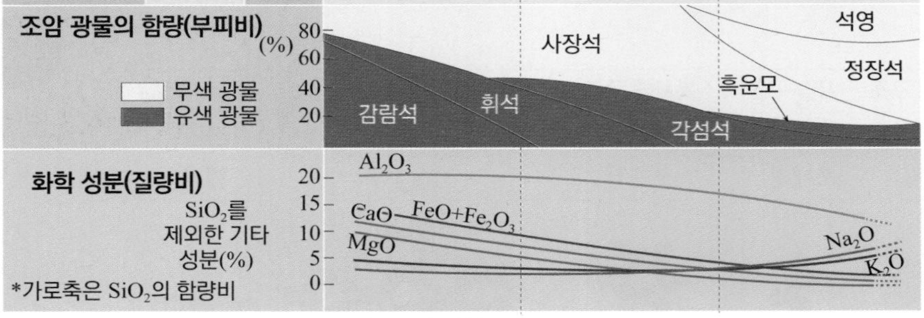

▲ 화성암의 분류표

② **퇴적암** : 암석이 풍화·침식·퇴적된 후 고결 작용을 거쳐 퇴적암이 된다.

퇴적 입자의 크기에 따른 분류	역암(자갈), 사암(모래), 셰일(점토)
퇴적 과정과 성분에 따른 분류	화학적 퇴적암(물속 성분), 유기적 퇴적암(생물 사체), 응회암(화산재)
퇴적 환경에 따른 특징	퇴적물이 쌓여 만들어진 층리 구조를 통해 퇴적 환경을 알 수 있다.

점이 층리 (깊은 바다)	사층리 (사막, 얕은 물밑)	연흔(얕은 물밑)	건열(건조한 환경)
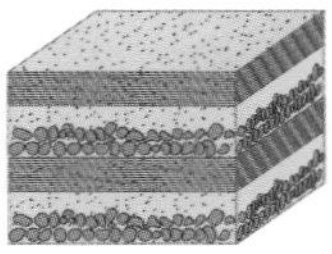	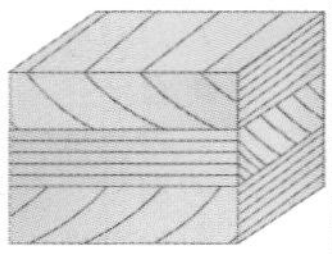	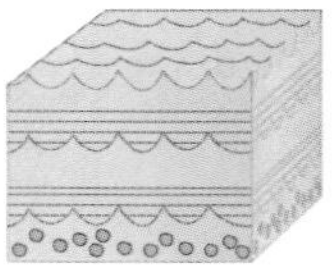	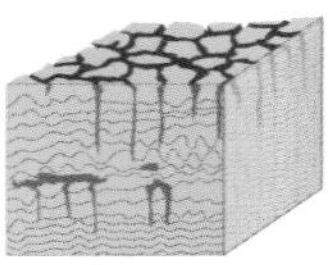

▲ 퇴적 환경에 따른 퇴적 구조

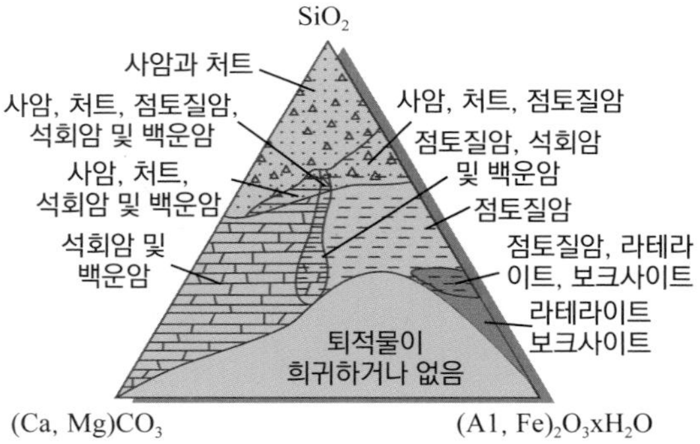

▲ 퇴적암의 구성 성분에 따른 분류

③ **변성암** : 암석이 높은 열과 압력을 받으면 조직과 성분이 달라져 변성암이 된다.

접촉 변성 작용	관입한 마그마의 열에 의한 주변 암석의 변성 작용 (혼펠스, 규암)
광역 변성 작용	넓은 범위의 열과 압력에 의한 변성 작용 (슬레이트, 천매암, 편암, 편마암) 압력에 수직한 방향으로 평행한 줄무늬 모양의 엽리가 나타난다. (편리, 편마 구조)

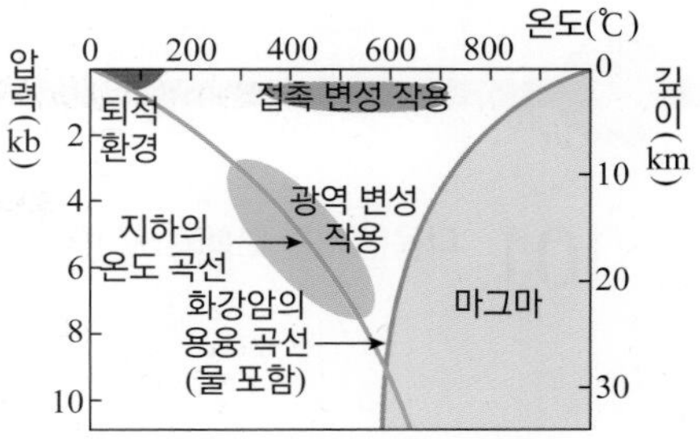

▲ 변성 작용의 범위

구분	변성 작용	저변성 ← 변성암 → 고변성
셰일	접촉 변성 작용 광역 변성 작용	혼펠스 슬레이트 → 천매암 → 편암 → 편마암 (세립) → 결정이 커짐 → (조립)
사암, 처트	접촉 변성 작용 광역 변성 작용	석영, 편암, 규암
석회암, 돌로마이트	접촉 변성 작용 광역 변성 작용	대리암
현무암	광역 변성 작용	녹색편암 → 각섬석 편암 → 편마암
유문암	광역 변성 작용	흑운모 편암 → 편마암
화강암	광역 변성 작용	화강 편마암 → 편암

▲ 기존 암석과 변성 작용 방식에 따른 변성암 분류표

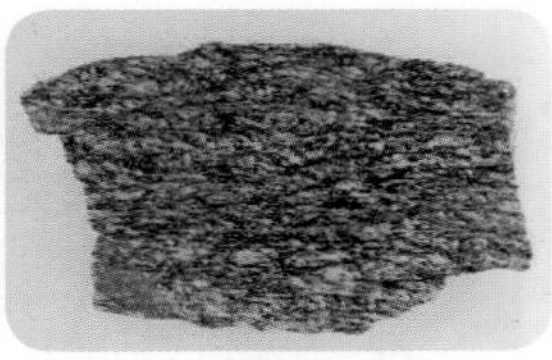
▲ 편리 구조

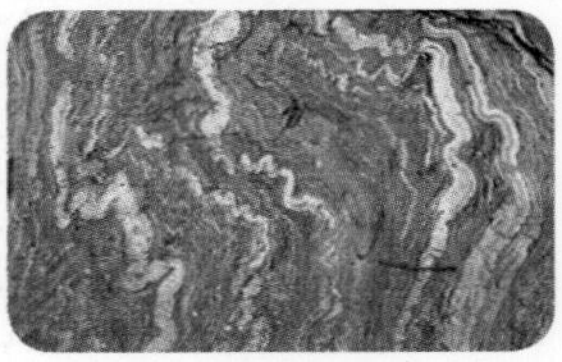
▲ 편마 구조

④ **암석의 순환** : 암석은 퇴적암, 변성암, 화성암의 과정을 되풀이하며 순환하며, 한번의 암석 순환이 일어나는 데에 수억 ~ 수십억 년의 시간이 걸린다.

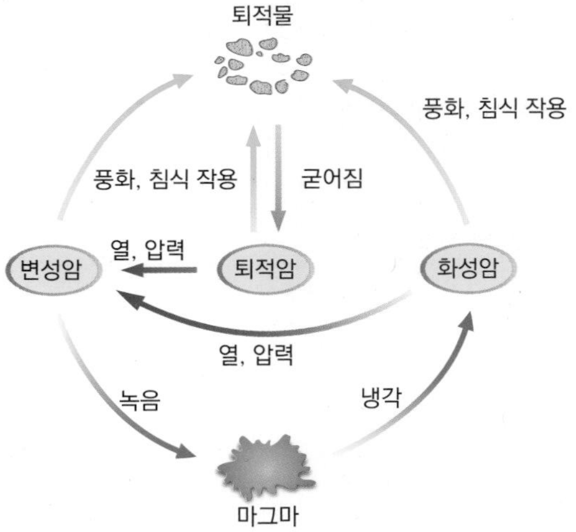

< 암석이 순환하는 예 >
- 마그마가 식는다.(냉각) → 화성암
- 암석이 풍화, 침식 작용을 받는다. → 퇴적물
- 퇴적물이 다져지고 굳어진다. → 퇴적암
- 화성암과 퇴적암이 높은 열과 압력을 받는다. → 변성암
- 암석이 지하 깊은 곳에서 열과 압력을 받아 녹는다. → 마그마

▲ 암석의 순환 모식도와 순환 예시

정답 및 해설 34쪽

Q6 오른쪽의 암석을 변성암이라고 판단할 수 있는 근거는 무엇인가?

Q7 암석에 나타나는 줄무늬인 퇴적암의 층리와 변성암의 엽리의 차이를 설명하시오.

001 다음은 지구 모형의 크기를 측정하는 실험 장치이다.

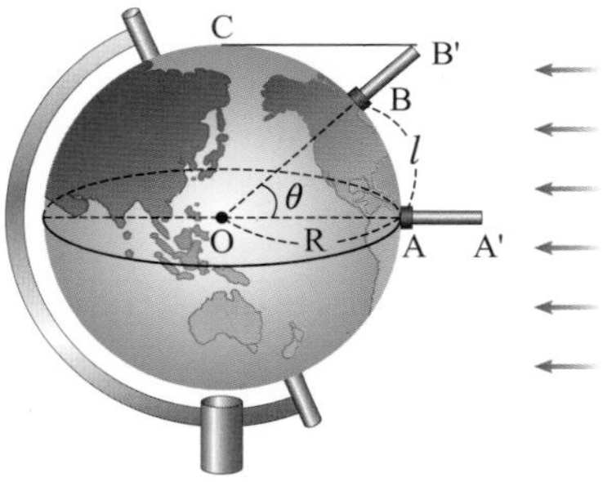

지구 모형의 반지름을 구하기 위해서 실제로 측정해야 할 값을 2개 쓰고, 이를 이용하여 지구 모형의 반지름 R의 크기를 구할 수 있는 비례식을 쓰시오.

002 다음은 지구 지표면 P 지점에 작용하는 힘 A, B, C를 나타낸 것이다. 지구의 물리량에 변화가 일어났을 때 P 지점에 작용하는 힘 A, B, C는 각각 어떻게 변화하겠는가?

(1) 지구의 자전 주기가 빨라진다.

(2) 지구 반지름이 일정하게 유지되면서 질량이 증가한다.

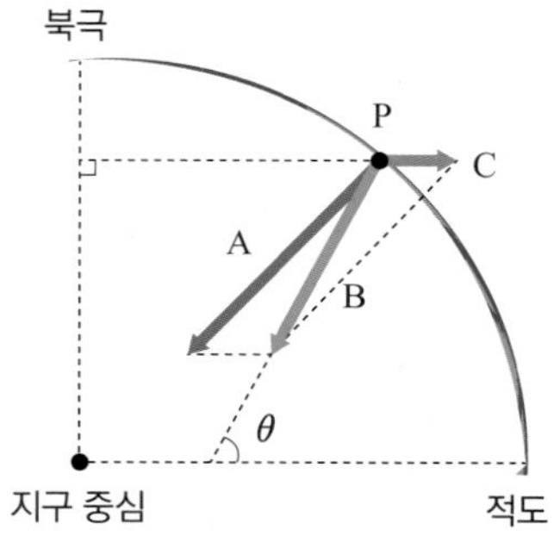

003 다음은 기상 관련 기사이다. 이 현상은 지구계의 어떤 구성 요소들 간의 상호 작용인지 쓰시오.

> 올겨울은 역대 세 번째 수준으로 강한 '엘니뇨'의 영향으로 평년보다 많은 눈이 내리고 평년보다 따뜻할 것으로 보인다. 태평양의 엘니뇨 감시구역은 최근 해수면 온도가 평년보다 3.1℃ 높은 상태로 역대 세 번째로 강한 수준이다. 기상 전문가에 의하면 "엘니뇨의 영향으로 따뜻한 남서풍이 한국으로 유입되면 기온이 올라가게 된다. 그러면서도 대륙성 고기압 때문에 갑자기 기온이 뚝 떨어지는 등 기온 변화는 심해질 것으로 보인다"고 전망했다. 엘니뇨 현상으로 날씨가 변덕이 심해지고 예상보다 많은 폭설을 비롯한 이상 기후 현상도 늘어날 수 있다는 것이다.
>
> - 2015. 11. OO 뉴스

004 다음은 진앙과 진원의 위치를 구하는 방법에 대한 자료이다. 물음에 답하시오.

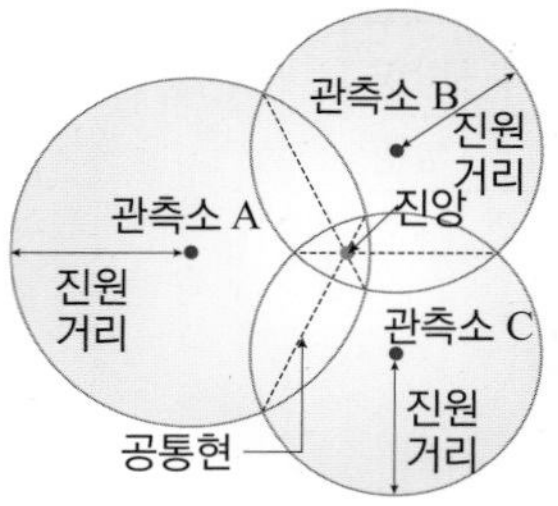

〈진앙의 위치 찾기〉
· A, B, C 세 관측소에서 측정한 진원 거리를 반지름으로 하는 원을 그리고 교점을 연결한다.
· 3개의 공통현이 만나는 하나의 점이 진앙이다.
· 진앙의 위치를 결정하기 위해서는 최소 3군데 이상의 관측소에서 진원 거리를 측정해야 한다.

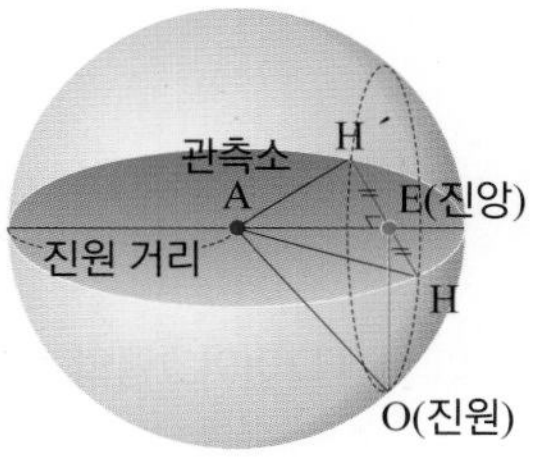

〈진원의 위치 찾기〉
· 하나의 관측소 A에서 진원 거리를 반지름으로 하는 원을 그리고 관측소 A와 진앙 E를 연결하여 직선 AE를 그린다.
· 직선 AE에 수직인 현 HH´를 그리고 이것을 지름으로 하는 원을 직선 AE에 수직으로 그린다.
· 진원의 깊이 EO는 원의 반지름에 해당하므로 EH = EH´ = EO이다.

(1) 진앙의 위치 찾기에서 최소 3군데 이상의 진원 거리가 필요한 이유를 설명하시오.

(2) 관측소 A에서 측정한 진원 거리가 13km, 진앙 거리가 12km일 때, 지표면에서 진원까지의 깊이는 얼마인가?

005 지구 내부의 외핵과 내핵 등의 구조를 탐사하는 방법으로 지진파를 사용하는 이유를 서술하시오.

006 그림은 태평양 해저와 캐나다 순상지에서 깊이에 따른 S파의 속도를 나타낸 것이다. 이를 통해 알 수 있는 태평양 해저와 캐나다 순상지의 지각의 두께 차이를 설명하시오.

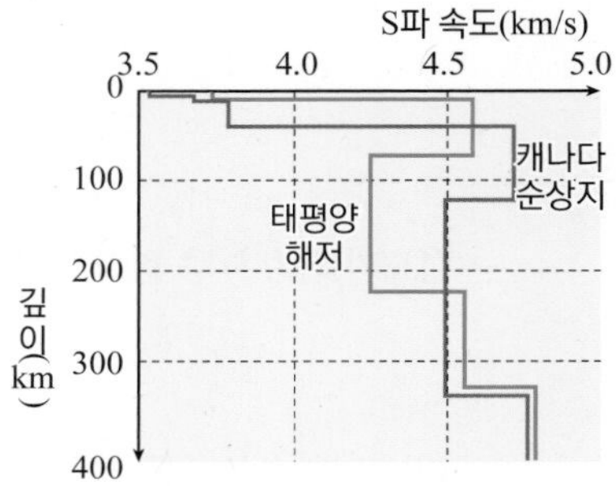

유형 Problem

007 다음은 방해석과 황옥의 성질을 표로 비교한 것이다.

광물	광물 종류	조흔색	굳기	쪼개짐
방해석	탄산염	백색	3	3방향
황옥	규산염	백색	8	1방향

위 표를 보고 두 광석을 구별할 수 있는 방법을 3가지 나열하시오.

008 광물의 특성과 광물을 분류한 표 (가)와 벤 다이어그램으로 나타낸 (나)가 있다. 벤 다이어그램의 A, B, C에 해당하는 광물을 각각 표에서 고르시오.

광물	광물 종류	굳기	쪼개짐
방해석	탄산염	3	3방향
감람석	규산염	6.5	없음
석영	규산염	7	없음
황옥	규산염	8	1방향

(가)

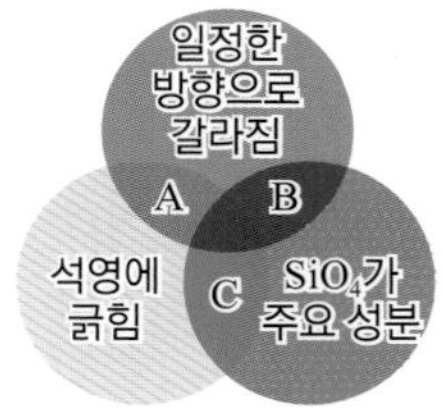

(나)

009 다음 (가)와 (나)는 Si와 O로 이루어진 두 광물의 결합 구조를 나타낸 그림이다.

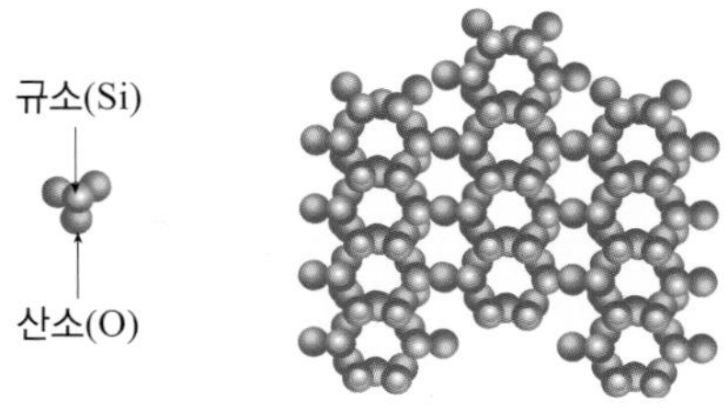

(가) (나)

(1) (가)와 (나) 중 화학적 풍화에 더 강한 것을 고르고, 그 이유를 서술하시오.

(2) (가)와 (나) 중 쪼개짐이 발달하는 광물과 깨짐이 발달하는 광물을 각각 고르고, 그 이유를 서술하시오.

010 다음은 마그마의 분화 과정을 나타낸 그림이다.

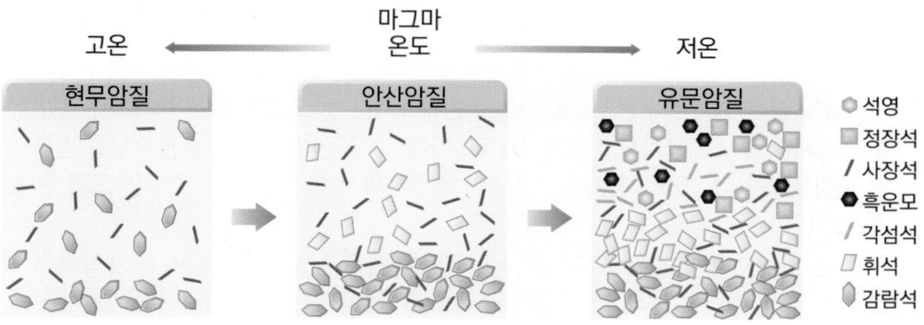

마그마에서 정출된 광물 중 용융점이 가장 높은 광물을 고르고, 이 광물이 정출될 때의 밀도와 색을 설명하시오.

011 다음은 암석 A, B, C의 특성을 정리한 것이다. 각 물음에 해당하는 암석을 찾아 기호를 쓰시오.

암석의 종류	A	B	C
생성 작용	재결정 작용	속성 작용	결정 분화 작용
광물 조직	중립질	세립질	조립질
주요 구성 광물	방해석	석영	휘석, 감람석

(1) 가장 낮은 온도에서 생성된 암석 (　　)

(2) 접촉 변성 과정을 거쳐 생성된 암석 (　　)

(3) 마그마가 느리게 식어 생성된 암석 (　　)

012 다음은 어느 지역의 지층에 대한 설명이다. 이를 이용하여 이 지층의 생성 시기와 생성 당시의 환경에 대해 서술하시오.

> A 국도의 도로변에 노출되어 있는 응회암층에서 매머드 발자국 화석이 발견되었다. 이 지층을 조사하자 연흔과 사층리 등의 퇴적 구조도 관찰되었다.

013 다음은 화성암, 퇴적암, 변성암이 태양 에너지와 지구 내부 에너지에 의해 끊임없이 순환되어 온 과정을 나타낸 도식이다. A ~ E 과정을 태양 에너지에 의한 것과 지구 내부 에너지에 의한 것으로 분류하고 이유를 서술하시오.

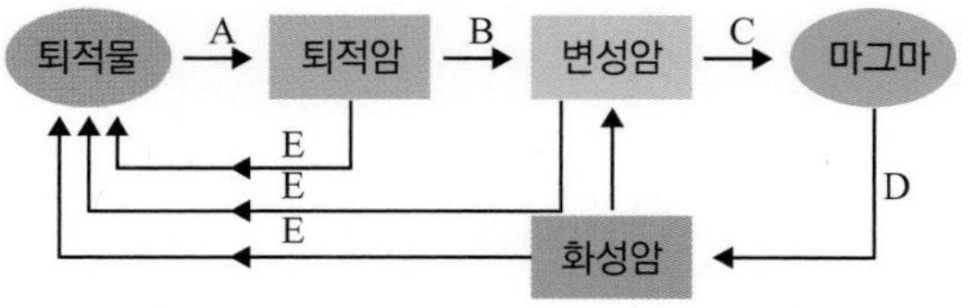

014 다음은 지진이 일어났을 때 증기 기관차를 운전하고 있던 기관사의 체험기이다.

[대회 기출 유형]

> 기관차의 조수가 기관차 연소실을 보면서 만족스러운 듯 고개를 끄덕거리고 서 있었다. 그때 서서히 그렇지만 크게 기관차체가 휘청이며 기울어졌다. 기관차가 마치 (a) 땅속으로 빨려 들어가는 듯한 느낌을 받았다. "아!" 하는 순간 기관사와 조수의 눈이 마주쳤다. 조수의 크게 뜬 눈은 불안을 호소하고 있는 것 같았다.
> 다음 순간 또 한번 휘청휘청하며 (b) 좌우로 심하게 흔들렸다. 얼떨결에 비상 브레이크를 잡아 당겼다. 탈선이다! 비상 브레이크를 잡은 후에도 흔들림이 점점 심해져서 기관차가 논으로 탈선할 것 같았다.
> 기관차는 선로가 곡선으로 이루어진 부분을 달리고 있었고, 선로를 보면서 기관사는 브레이크를 계속 걸었다. 겨우 열차는 정지하였지만 기관사는 그때서야 비로소 이것이 바로 지진이었구나!라고 생각하게 되었다. 그리고 큰 흔들림은 줄어들어서 처음과 같지는 않았지만, (c) 지속적으로 지진이 반복되었다.

(1) 아래 설명의 빈칸에 알맞은 내용을 차례대로 적으시오.

> 기관사가 처음으로 느낀 지진의 흔들림(a)은 (　　)파, 다음에 느낀 좌우 흔들림(b)은 (　　)파였다고 생각된다. 또 큰 지진 후에 계속 일어난 지진(c)은 (　　)(이)라고 생각되며 이에 대하여 처음 일어났던 큰 지진은 초기 지진이라고 한다.

(2) 밑줄친 (a)에 대하여 다른 장소에서는 위로 치솟는 것 같은 움직임을 처음 느꼈다고 한다. 장소에 따라 이와 같은 차이가 생기는 이유를 설명하시오.

015 다음 (가)는 서기 132년 중국의 장형(Zhang Heng, 張衡)에 의하여 만들어진 세계 최초의 지진 예측 기구인 '후풍지동의'와 그에 대한 설명이고, (나)는 오늘날 사용하고 있는 지진계의 모습과 작동 방법에 대한 설명이다.

(가) 이 기구는 지름이 약 2m인 청동으로 만든 용기 바깥쪽에 머리를 아래로 향한 용 8마리가 구슬을 모두 입에 물고 사면 팔방으로 부착되어 있으며 그 용 아래에 각각 8마리의 개구리가 입을 벌리고 나란하게 배열되어 있다. 지진이 발생하면 발생하는 방향 쪽 용의 입에서 구슬이 개구리의 입안으로 떨어지면서 '딸랑' 하고 지진 경보를 울리게 된다.

▲ 후풍지동의

(나) 지진계는 무거운 추가 끈이나 스프링에 달려 있다. 지진이 일어나면 지진계의 받침대는 흔들리지만 무거운 추는 원래 자리에 있으려 하기 때문에 지진계에 진동이 기록되는 것이다. 지진 관측소에서는 두 대의 수평동 지진계와 한 대의 수직동 지진계를 설치하여 지진파를 입체적으로 기록한다.

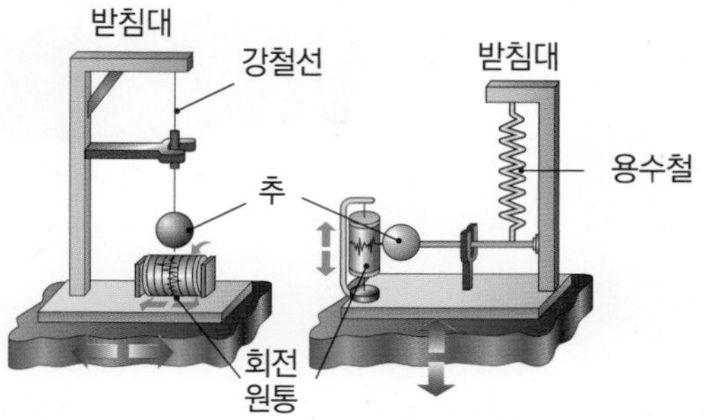

▲ 수평동 지진계 ▲ 수직동 지진계

'후풍지동의'와 오늘날 사용하고 있는 지진계를 비교하여 공통점과 차이점을 서술하시오.

창의력 Master

016 다음은 아이슬란드의 화산 폭발에 대한 설명이다. 이 현상은 어떤 지구계 구성 요소 사이의 상호 작용인지 적고, 이와 유사한 현상을 서술하시오.

> 아이슬란드 정부 관계자는 아이슬란드에서 다섯 번째로 규모가 큰 빙하인 아야피야플라유르클(Eyjafjallajokull) 지하에서 연기와 용암이 분출되기 시작했다고 밝혔다. 화산 활동으로 항공기들의 이착륙이 연기돼 아이슬란드와 유럽의 공항에 여행객 약 1,300명의 발이 한때 묶이기도 했다.
> 아이슬란드는 화산 활동이 활발한 지역에 위치하고 있어 지난 1963년 이후 화산이 21차례 폭발했으며 지난 2004년 이후는 주춤한 상태였다. 현지 지질 전문가들은 이번 폭발이 얼마나 오래갈지 예측하기 힘들다고 밝혔다.

017 다음은 2003년에 개봉한 영화 '코어'의 줄거리이다.

**〈피할 수 없다면 막아야 한다!
임무는 오직 하나, 멈춰진 지구를 움직여라!〉**

미국 정부에선 인공지진으로 적을 공격하는 비밀 병기 데스티니 (D-E-S-T-I-N-Y)를 개발한다. 그로 인해 지구 핵, 코어(CORE)의 회전이 멈추면서 자기장이 사라지고 지구엔 갖가지 기상 이변이 발생, 재난이 속출한다. NASA측은 대학에서 지구 물리학을 가르치는 조슈아 키스박사 (아론 에크하트 분)에게 현 상황에 대한 진단을 부탁하고 박사는 이런 상태라면 1년 안에 지구가 전멸할 것이라고 말한다. 인류가 살 수 있는 방법은 화성 크기의 지구 핵을 다시 회전시키는 방법밖에 없다는 결론 끝에 미 정부와 NASA측은 6명의 전문가로 구성된 팀을 만들어 이들을 지구의 코어로 내려 보내는 프로젝트를 추진한다.

※[참고] 영구 자석설 - 지구 내부 또는 맨틀이나 지각에 막대자석이나 자성 물질이 존재하기 때문이라고 주장하는 이론이다.
다이나모(발전자) 이론 - 전기 전도도가 큰 철과 니켈로 이루어진 외핵에서 열대류가 일어나 유도 전류를 발생시키고, 이 전류에 의해 지구 자기가 형성된다는 것으로 발전기를 돌릴 때 주위에 자기장이 형성되는 원리와 같아 지구 발전기설이라고도 한다.

(1) 본 영화에서 지구 자기의 원인으로 채택하고 있는 이론은 영구 자석설과 다이나모 이론 중에서 무엇인지 그 이유와 함께 설명하시오.

(2) 본 영화에서 핵의 회전이 멈춘 것이 지구에 어떤 영향을 끼치겠는지 서술해 보시오.

정답 및 해설 36쪽

018 다음은 북한산의 어느 지역을 지질 답사하고 기록한 사실이다. 기록한 사실에서 알아낼 수 있는 그 지역의 지질학적 역사를 유추해 서술하시오.

지질 단면		암석명	암석에서 관찰되는 특징
상부		역암	· 자갈(직경 3 ~ 10cm), 모래가 섞여있음 · 입자들이 서로 접착되어있음 · 상부로 갈수록 입자의 크기가 작아짐 · 뚜렷하지는 않지만 층리가 발달 · 화강암의 조각이 들어 있음
하부	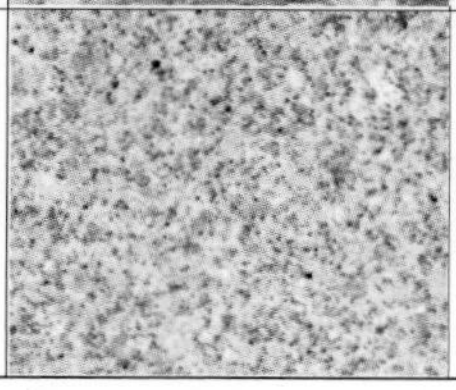	화강암	· 조립질 조직 · 방향성의 배열 없음 · 석영, 정장석, 사장석, 흑운모

019 다음 그림은 어느 지층의 단면도로 화강암과 주변 퇴적암의 경계에서는 열에 의한 변성 작용의 흔적이 나타났다. 퇴적암은 처음에 마그마와 접촉하고 있었을 것으로 추정된다. A ~ C 지점에서 발견될 수 있는 암석을 각각 쓰고, 그 특징에 대해 서술하시오.

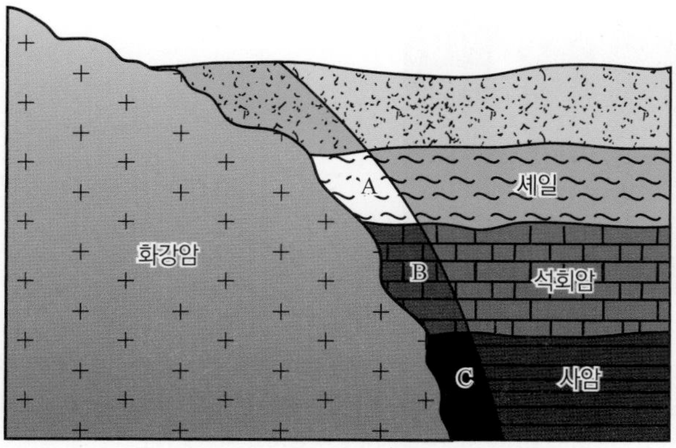

020 다음은 어느 지역의 지질 단면도를 나타낸 것이다. 이 지역에서는 퇴적암의 생성과 현무암질 마그마의 분출, 화강암질 마그마의 관입이 순서없이 일어났다.

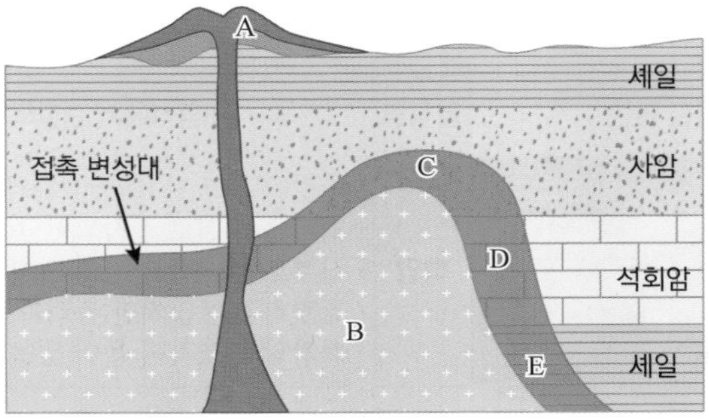

(1) A 암석과 B 암석 중 어느 것의 SiO_2 함량이 높은가?

(2) C, D, E는 각각 무슨 암석인가?

C (　　　　　) D (　　　　　) E (　　　　　)

(3) A ~ E 암석 중 가장 마지막에 생성된 암석은 무엇인가? 근거를 들어 서술하시오.

021 석회암 지대에서 석회암은 아래와 같은 화학 반응에 의하여 그림과 같이 석회암 내에 석회 동굴과 동굴 내에 다양한 형태의 동굴 퇴적물을 형성한다. 화학 반응식의 (가)와 (나)의 과정에서 생성되는 지형에는 어떤 것이 있을까?

[대회 기출 유형]

$$CaCO_3 + H_2O + CO_2 \underset{(나)}{\overset{(가)}{\rightleftarrows}} Ca(HCO_3)_2$$

※[참고] 우리나라의 석회암 분포 - 우리나라는 고생대 초에 평안 분지에서 바다에서 쌓인 해성층인 조선계 지층이 평남과 황해도에 넓게 분포하며, 남한에서는 옥천 조산대에 속한 강원도 남동부와 이에 인접한 충북과 경북의 일부 지역에 비교적 넓게 나타난다. 이러한 조선계 지층은 대부분 석회암으로 이루어져 있으며 이 석회암은 시멘트의 원료로 주로 사용된다. 강원도의 삼척, 동해, 영월, 충북의 단양 그리고 경북의 문경 지역에서 시멘트 공업이 발달하게 되었고, 석회암의 분포 지역에는 석회 동굴, 돌리네 같은 카르스트 지형이 형성되어 있다.

022 지구의 크기 및 대륙과 해양의 모습, 그리고 총 질량은 현재와 같으나, 내부의 물질이 밀도가 같은 균질한 암석으로 구성되어 있다고 가정하자. 이 가상 지구의 산악 지역에서 중력을 측정한다면, 측정점의 고도가 1m 높아질 때 중력값의 변화량은 실제 지구의 경우보다 크게 나타나겠는가? 또는 작게 나타나겠는가? 그 이유는 무엇인가?

※[참고] 고도가 높아지면 측정점이 지구 중심으로부터 멀어지므로 중력이 감소하는 효과가 나타나지만, 측정점 하부의 암석의 양이 증가하여 중력을 크게 하는 효과도 함께 나타난다. 현재 지구의 경우 전자가 후자보다 약 3배 정도 크게 나타난다.

023 다음은 광물의 물리적 성질을 정리하여 분류한 것이다.

[대회 기출 유형]

광물	색	조흔색	깨짐과 쪼개짐
A	황색	흑색	깨짐
B	황색	황색	깨짐
C	투명	흰색	깨짐
D	흑색	흰색	쪼개짐

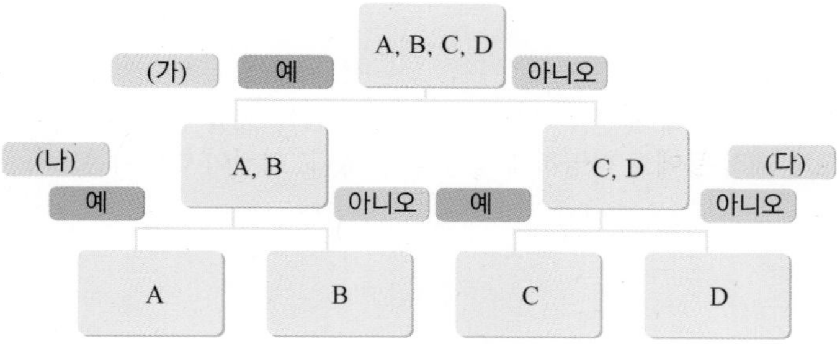

(1) 광물을 분류하는 각각의 조건 (가) ~ (다)에 해당하는 질문은 무엇인지 적으시오..

(2) 광물 A ~ D 중 석영, 흑운모, 황철석에 해당하는 것을 적고 그 이유를 설명하시오.

024 고인의 유골분으로 다이아몬드를 만들어 추억하는 새로운 장례 방식이 주목받고 있다. 자료를 읽고 물음에 답하시오.

스위스의 알고르단자 회사에서는 고인의 시신으로 다이아몬드를 만드는 "메모리얼 다이아몬드" 서비스를 새로운 장례 방법으로 제공하고 있다. 초고온의 오븐에서 시신을 화장한 후 유골의 전부나 혹은 일부분에서 흑연을 추출한다. 99% 순수한 탄소로 이루어진 유골의 흑연을 촉매제와 함께 고온 고압 장치에 넣어 인공 다이아몬드 원석을 만들어낸 후, 커팅과 연마과정을 거쳐 다이아몬드 그대로 보관함에 담아 의뢰인에게 제공하거나 목걸이, 반지 등으로 만들기도 한다.

(1) 시신을 화장한 후 추출된 흑연이 어떤 과정을 통해 다이아몬드로 만들어지는 지 서술하시오.

(2) 이와 같은 방법을 통해 흑연을 이용하여 인공 다이아몬드를 만들 수 있는데, 보석 외에 굴착, 절단용 공구의 소재, 반도체 제작 등에도 다양하게 활용될 수 있다. 이것이 다이아몬드의 어떤 구조적 특성 때문인지 서술해 보시오.

025 그림은 지구의 O 지점에서 발생한 지진파가 A와 B 지점으로 이동한 경로를 나타낸 것이다. A와 B 지점에서 관측된 사실로 옳은 것만을 있는 대로 고르시오.

[서울과학고 기출 유형]

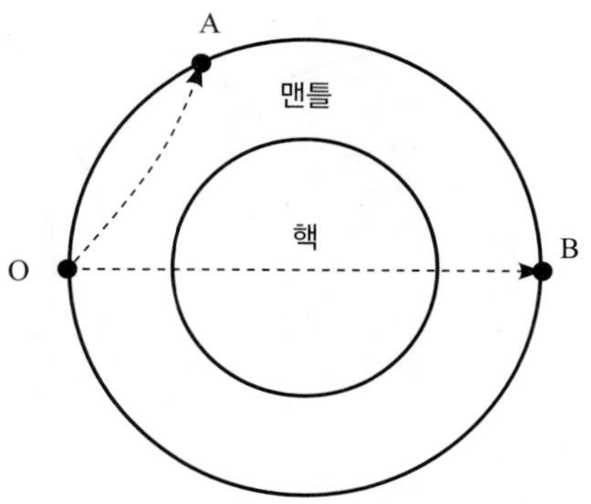

① 땅의 진동은 A 지점보다 B 지점에서 더 크다.
② A 지점에서 가장 먼저 관측된 지진파는 P파이다.
③ P파의 진폭은 A 지점보다 B 지점에서 더 크게 관측된다.
④ S파는 A 지점에서는 관측되지만 B 지점에서는 관측되지 않는다.
⑤ 지진이 발생한 사실은 A 지점보다는 B 지점에서 먼저 알 수 있다.

026 지구의 층상 구조에서 외핵과 내핵은 구성 물질은 유사하나 외핵은 액체 상태, 내핵은 고체 상태로 물질의 상태가 서로 다르다. 미래의 지구의 상태는 현재와 어떻게 다르게 변화할지 내핵과 외핵의 크기, 자전 속도를 중심으로 서술하시오.

[대회 기출 유형]

027 야외 지질 조사를 나갈 때 필요한 물품 중에는 묽은 염산이 포함된다. 다음 물음에 답하시오.

[영재학교 기출 유형]

(1) 묽은 염산은 주로 어떤 광물을 구별하는 데 필요한가? 묽은 염산을 이용하면 어떻게 이 광물을 구별할 수 있는가?
(2) 이 광물은 화성암, 변성암, 퇴적암 중 어느 암석에서 가장 많이 산출되며, 그 이유는 무엇이라고 생각하는가?

기출 Check

028 그림 (가)는 현재의 지구 내부 구조를 나타낸 것이다. 그림 (나)와 같이 지구의 외핵과 맨틀의 두께가 현재의 지구와 다르다고 가정할 때, 다음 지구과학적 물리량은 어떻게 될지 예상하여 쓰고, 그 이유를 설명하시오. (단, 지구의 반지름과 지구 내부 각 층의 평균 밀도는 현재와 같다.)

[특목고 기출 유형]

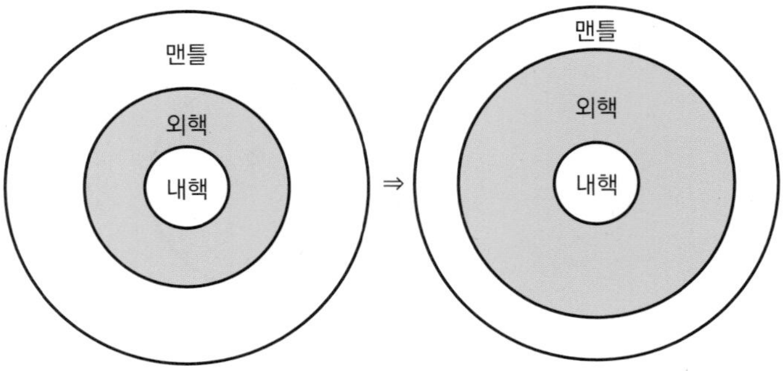

(가) (나)

(1) 대류권계면의 높이
(2) 조석을 일으키는 힘의 크기
(3) 해수면의 기압
(4) 지구의 공전 속도

029 다음은 어느 지역의 현무암층에 대한 설명이다. 이를 이용하여 이 현무암층의 지질학적 역사를 유추해 서술하시오.

[영재학교 기출 유형]

> 두 퇴적암 지층 사이에 현무암층이 끼어 있는데, 이 현무암층의 윗부분에는 기공이 많이 발달해 있다. 현무암층 바로 아래의 퇴적암은 약간 변성을 받은 것으로 나타나나, 상부의 퇴적암에는 변성을 받은 흔적은 보이지 않는다.

030 지진파는 매질의 조건에 따라 진폭이 변한다. 이와 관련하여 물음에 답하시오.

[서울과학고 기출 유형]

(1) 단단한 화강암으로 이루어진 지역과 덜 굳은 퇴적물로 이루어진 지역이 있을 때, 두 지역에서 나타나는 지진파의 진폭은 서로 다르다. 진폭이 더 큰 지역은 어디인지 쓰고, 두 지역에서 진폭이 다른 이유를 설명하시오.

(2) 지진파의 진폭은 지구 내부에서 전파할 때 보다 지표면에 도달해서 전파할 때 더 크다. 그 이유를 설명하시오.

031 주요 화성암인 유문암, 현무암, 화강암, 반려암의 결정 크기와 색깔을 알아보기 위해 아래와 같은 실험과 관찰을 실시하였다.

[특목고 기출 유형]

<실험>
황가루를 시험관에 넣고 알코올 램프로 가열하여 황이 완전히 액체가 되도록 한다. 액체가 된 황을 스티로폼 조각에 파 놓은 구멍과 찬물이 든 비커에 각각 붓고 완전히 굳은 후에 돋보기로 결정을 관찰하였다.

<관찰>
돋보기로 네 가지 화성암의 색깔을 관찰한 결과, 어두운 색 광물과 밝은 색 광물이 섞여 있었다.

<실험>에서 찬물에 든 비커에 부은 경우와 같이 결정이 작게 관찰되었고, <관찰>에서는 어두운 색 광물이 암석의 40% 이상을 차지하였다면 이 암석의 이름은 무엇인지 그 이유와 함께 설명하시오.

032 다음 특성에 따라 암석을 분류하여 빈칸에 알맞은 암석의 이름을 쓰시오

[2021~23 기출유형]

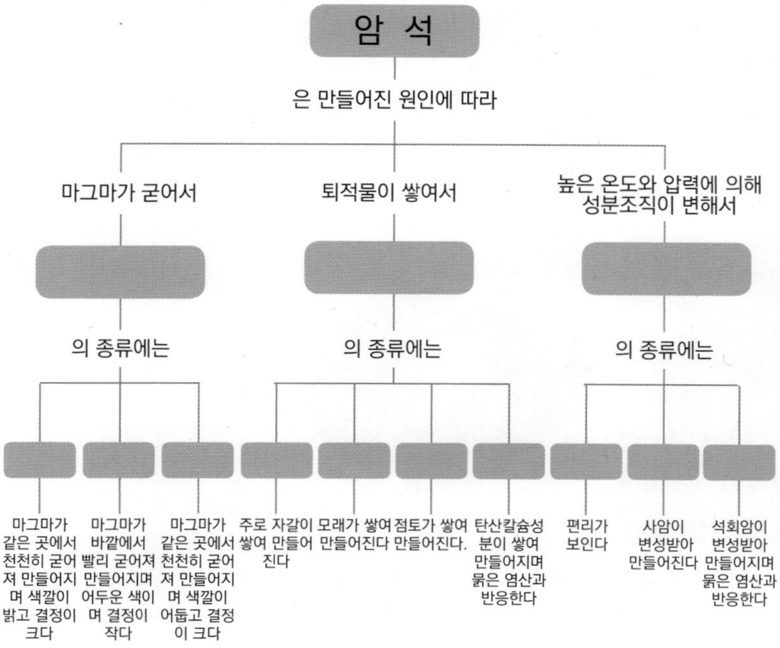

광물이 보석이라고?? 주제 I

광물의 생성과 보석

광물은 본래 뜨거운 마그마가 식어서 굳어진 것이거나 또는 지각의 균열로 인해 마그마가 지상으로 솟아올라 복잡한 분화 과정을 거쳐 형성된다. 특별한 성분이 농축되고, 수분이 많아진 고온, 고압의 열수액이라는 일종의 수용액 속에서 특이한 광물이 만들어진다. 광물의 광상이 생겨나는 동안에 한쪽에서는 자연 환경의 미묘한 차이로 인해 아름다운 보석으로 탄생할 결정이 생겨나는 것이라 추측되고 있다.

다이아몬드

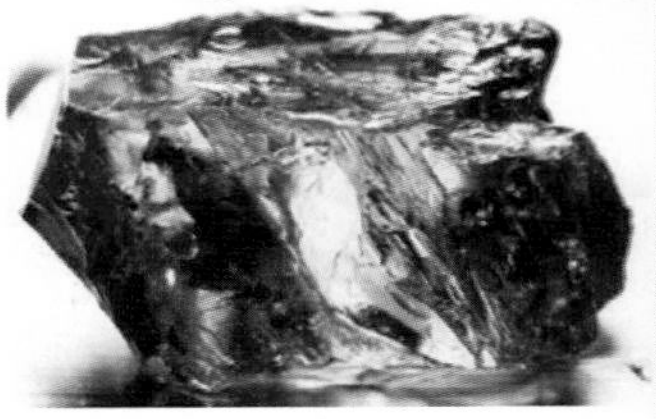

대표적인 보석인 다이아몬드는 지하의 깊은 곳 (지표면으로부터 120~200km 깊이)에서 만들어진다. 지하 깊은 곳의 탄소(C)가 수만 기압에서 3000℃가 넘는 열을 받아 결정을 이루면서 생겨난다. 다이아몬드는 매우 강해서 다른 광물로는 긁히지도 않았기 때문에 광물을 자르는 것이 매우 어려웠다. 때문에 고대에는 힘의 상징으로 여겨져 왕과 귀족들은 평민들이 다이아몬드를 소유하는 것조차 금지하였다고 한다.

검은색 유리-흑요석

지하에 있던 고온의 마그마가 화산 활동으로 지표 가까이 솟아오르면 온도가 급격히 내려가면서 결정의 크기가 매우 작은 암석이 생성되는데, 이때 생긴 암석은 규칙적인 결정 구조를 이루지 못한다. 이 암석 중 대표적인 광물이 흑요석인데, 흑요석은 엄밀히 말하면 광물이 아니라 두 가지의 광물이 결정을 이루지 못하고 서로 섞여 있는 상태라 볼 수 있어, 준광물로 취급하기도 한다. 현대에는 심장 수술용 메스에 사용되고 있다.

에메랄드

지하 깊은 곳에 있던 높은 온도의 각종 광물 성분이 상승해서 틈이 큰 암석 사이에서 결정체를 만드는 경우가 있는데 그 모태가 되는 암석이 결정 편암류와 퇴적암 등이다. 그 암석에 포함된 에메랄드는 운모 편암, 점판암, 석회암 등에서 발견되고 있다. 보석으로의 가치가 매우 높아 인공적으로 만드는 연구를 하였는데, 2차 세계대전 직전에 성공하여 현재는 미국 등지에서 고온 고압의 수용액에서 결정을 키워서 합성 에메랄드를 만들고 있다.

자수정 등

마그마 속의 무거운 광물이 먼저 분리되고 나면 마그마 속의 수분이 늘어나면서 유동성도 좋아지고 압력도 높아지면서 여러 물질이 녹아내린다. 이 상태로 바위의 균열 틈 속으로 들어가면 온도가 점점 내려가면서 여러 가지 결정이 만들어지는 과정에서 다양한 보석이 채집되는데 자수정, 토르말린, 가네트, 아쿠아마린, 토파즈 등이다.

루비

마그마가 퇴적암과 접촉하는 과정에서 온도가 높아지면서 새로운 광물이 만들어진다. 루비는 석회암과 화강암의 접촉으로 생겨난 광물이 침식작용을 받고 강바닥에 퇴적되면서 생겨난 것으로 보고 있다.

Q1 흑요석은 석기 시대부터 여러 가지 도구들을 만드는데 사용되었다. 흑요석의 어떤 성질 때문일지 추리해 보시오.

Q2 다이아몬드, 흑요석, 에메랄드가 생성된 깊이를 서로 비교하여 부등호로 나타내고, 그렇게 생각한 근거를 제시하시오.

지구 온난화의 주범, 탄소 발자국

주제 Ⅱ

우리나라도 지구 온난화에 안심할 수는 없다?!

과학 전문지 『네이처』에 지구 온난화를 내버려두면 해수면이 상승하여 2,100년 경 부산 해운대 마린시티와 센텀시티 낮은 층이 바닷물에 잠길 것이라는 분석이 실린 연구 결과가 게재되었다.
해당 논문에서는 전 세계적으로 지구 온난화의 주범인 탄소의 배출에 대한 규제가 실패할 경우 2,100년 경 해수면이 1.8m 높아질 것으로 예측하였다. 이는 지구 온난화에 의해 북극 빙하가 녹는 것뿐만 아니라 남극 대륙의 빙하도 녹아서 해수면이 상승하는 것으로 보고 있다. 이렇게 되면 미국 뉴욕과 마이애미, 중국 상하이와 광저우, 홍콩, 인도 뭄바이, 호주 시드니 등 세계 주요 해안 도시들이 잠기게 된다고 한다.
이를 우리나라에 적용할 경우 부산 지역도 위험을 벗어날 수 없다.

생명 현상을 유지하기 위해 꼭 필요한 탄소

모든 생물체의 몸은 탄소를 기본으로 구성되어 있다. 또한, 생물의 에너지 저장과 이동도 모두 탄소를 통해 이뤄지며, 온실 효과를 일으켜 지구에 생물체가 살기 적절한 온도를 유지하는 등 지구의 생명 현상을 유지하는 데 꼭 필요한 기본 원소이다. 지구계에서 이산화 탄소는 지구 역사의 초기부터 흡수와 방출이 조절되어 균형을 이루어왔다. 하지만 산업 혁명 이후 인간의 활동으로 과잉 공급된 이산화 탄소로 인하여 이 균형이 무너지고 있는 것이다.

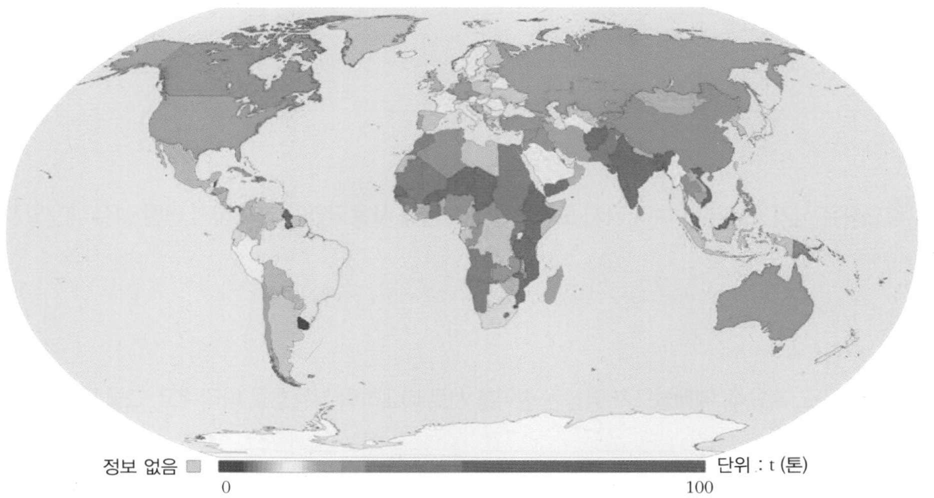

▲ 1인당 년간 이산화탄소 배출량

인간이 남기는 또 하나의 발자국, 탄소 발자국(carbon footprint)!

'탄소 발자국(carbon footprint)'이란, 2006년 영국 의회 과학기술처(POST)에서 처음 사용한 단어로 사람의 활동이나 소비 과정에서 직·간접적으로 사용된 이산화 탄소의 총량을 나타내는 것이다. 표시 단위는 무게 단위인 kg 이나 우리가 심어야 하는 나무 수로 나타낸다.

예를 들어, 무게가 5g에 불과한 종이컵의 탄소 발자국은 11g이다. 우리 국민이 1년 동안 사용하는 종이컵이 약 120억 개에 달한다고 하는데, 이를 탄소 발자국으로 환산하면 13만 2,000톤으로 이를 모두 흡수하기 위해서는 4,725만 그루의 나무를 심어야 한다.

탄소 발자국을 줄이기 위한 각국의 노력

2020년 글로벌 신(新) 기후체제 출범을 앞두고 이산화 탄소 배출량을 줄이기 위한 각국의 노력이 본격화되고 있다. 영국의 최대 유통업체인 테스코는 자사에서 판매하는 제품에 탄소 발자국을 표시하고 있으며, 세계에서 온실 가스 배출량이 가장 높은 중국은 2030년 무렵부터 탄소 배출량을 동결한다는 목표치를 제시하였다.

우리나라 또한 2015년 6월 온실가스 감축을 위한 기여 방안(Intended Nationally Determined Contribution, INDC)을 UN에 제출하며 2030년 온실가스 전망치 대비 37% 감축 목표치를 제시하였다. 하지만 국가적인 차원에서 줄이기 위한 노력 이전에 개개인이 먼저 탄소 발자국을 줄이기 위해 노력해야 할 것이다.

▲ 지구 온난화로 인해 빙하가 녹아 북극곰의 서식지가 줄어들고 있다.

Q3 탄소 발자국을 줄일 수 있는 사소한 생활 습관에는 무엇이 있을까? 이를 토대로 탄소 발자국을 줄일 수 있는 방법에 대하여 자신의 생각을 서술하시오.

Ⅱ 판 구조론과 지각 변동

1 지각의 운동

1. 지구 내부 에너지 : 판의 운동, 화산 활동과 지진 등을 일으키는 근원 에너지로, 가장 중요한 열원은 방사성 원소의 붕괴열이다.

① **방사성 원소의 붕괴열** : 방사성 원소는 규산염 마그마에 농집되는 성질이 있어 대부분 지각과 맨틀에 존재하며, 화강암에 가장 많이 포함되어있으므로 대륙 지각에서 방사성 원소의 붕괴열이 가장 높다.

② **지각 열류량** : 지구 내부에서 지표면으로 단위 면적당 단위 시간에 방출되는 열량이다. 평균 지각 열류량은 약 1.5HFU로서 지구 전체 표면적에서 초당 약 3.0×10^{13}W의 열에너지가 방출된다.

대륙 지역	최근에 화산 활동이나 조산 운동이 활발한 지역은 지각 열류량이 높게 나타나며, 지질 시대가 오래되고 안정된 순상지에서는 지각 열류량이 낮게 나타난다.
해양 지역	맨틀 대류가 상승하는 해령에서는 지각 열류량이 가장 높고, 해령에서 멀어짐에 따라 점차 감소하여 해구에서는 지각 열류량이 가장 낮다.
우리나라 부근	맨틀 대류의 상승이 일어나는 동해 지역에서는 지각 열류량이 높게 나타나며, 해양판이 대륙판 아래로 섭입하는 일본 해구 부근에서는 지각 열류량이 낮게 나타난다.
호상 열도 부근	상승하는 마그마의 영향으로 지각 열류량이 높게 나타난다.

2. 지각 평형설 : 밀도가 작은 지각이 밀도가 큰 맨틀 위에 떠서 평형을 이루기 때문에 지각의 한 부분이 가벼워지거나 무거워지면 다시 평형을 유지하기 위해 융기 또는 침강이 일어난다는 학설이다.

프레트설	대륙 지각과 해양 지각의 구성 암석이 다르다. (모호면의 깊이는 같다)
에어리설	대륙 지각의 모호면의 깊이가 더 깊다. (해양 지각과 대륙 지각의 밀도는 일정하다)

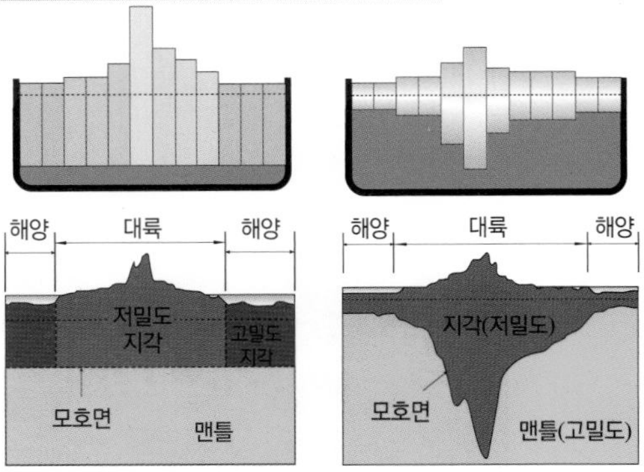

프래트의 지각 평형설 에어리의 지각 평형설

▲ 프래트설과 에어리설 비교

3. 조륙 운동과 조산 운동 : 넓은 지역에 걸쳐 지각이 서서히 융기하거나 침강하는 대규모 수직 운동이다.

조륙 운동		조산 운동
지각의 무게가 변했을 때 넓은 범위에서 융기하거나 침강하는 지각 변동이다.	**정의**	지층들이 횡압력을 받아 대규모의 산맥을 만드는 지각 변동을 말한다.
지각의 무게 변화	**원인**	맨틀의 대류에 의한 판의 충돌
지각의 두께가 두꺼워지면 침강 지각이 가벼워지면 융기	**특징**	습곡 산맥, 두꺼운 퇴적 지층과 층리, 단층

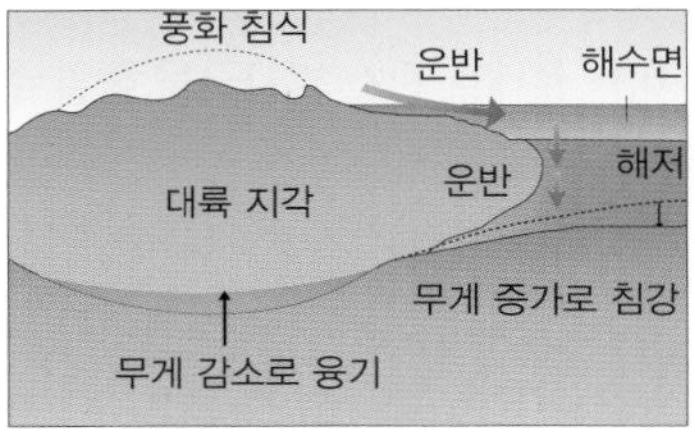

▲ 조륙 운동(융기)

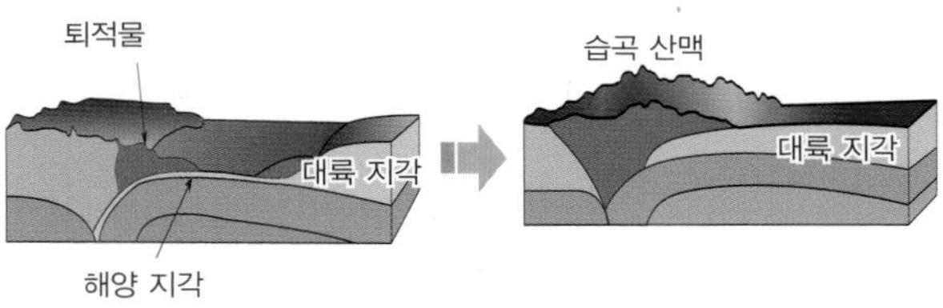

▲ 조산 운동(습곡 산맥)

정답 및 해설 39쪽

Q1 지각 평형설을 설명하는 가설로는 프레트설과 에어리설이 있다. 어느 쪽이 실제 지각을 더 잘 설명하고 있는가?

Q2 높은 산에서 해양 생물의 화석이 발견되었다고 할 때, 이것을 조륙 운동과 조산 운동 중 어느 쪽에 해당하는지 이유와 함께 쓰고, 그를 이용하여 생성 과정을 설명하시오.

2 판 구조론

1. 판 구조론의 발달 과정

대륙 이동설	고생대 말기에 초대륙(판게아)이 서서히 분리하면서 이동하여 현재와 같은 대륙 분포를 이루었다.
맨틀 대류설	맨틀 상부와 하부의 온도차에 의해 맨틀 내부에 열대류가 일어나며 맨틀 위의 대륙이 이동한다.
해저 확장설	해령 아래에서 뜨거운 맨틀 물질이 상승하여 새로운 해양 지각이 생성되는데, 해령을 경계로 서로 반대 방향으로 지각이 생성되어 멀어지면서 해저가 확장된다.
판 구조론	지구의 표층부에 존재하는 지각은 6개의 큰 판과 10개의 작은 판들로 구분되며, 판들의 상호 운동에 의해 판의 경계에서 지각 변동이 활발하게 일어난다.

▲ 판의 분포와 경계

→ 지질 시대의 암석에 남아 있는 잔류 자기(고지자기)를 분석하여 암석 생성 당시의 지자기 북극의 이동 경로를 알아내 대륙이 이동하였음이 밝혀졌다.

2. 판의 경계

① **판** : 지각과 상부 맨틀을 포함한 두께 약 100km의 크고 작은 암석판으로, 판과 판의 경계에서는 지각 변동이 활발하게 일어난다.(암석권)

연약권	상부 맨틀이 부분적으로 녹아 대류가 일어나는 부분이다.
판의 종류	해양판(얇고 무거움), 대륙판(두껍고 가벼움)
판 이동의 원동력	맨틀의 대류

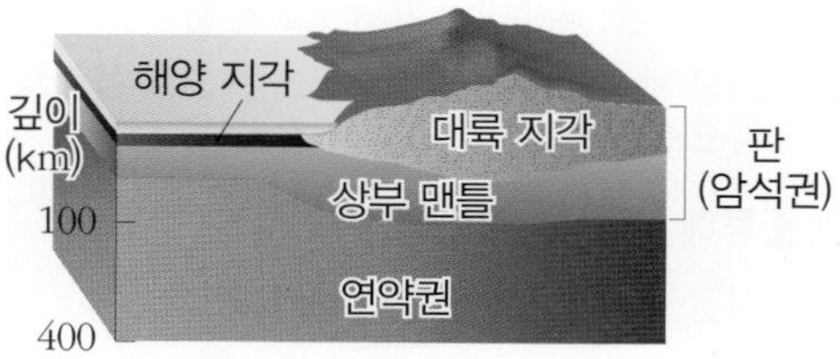

▲ 판의 구조

② **수렴형 경계** : 판과 판이 서로 가까워지면서 부딪치는 경계를 말한다.

섭입형 경계	상대적으로 밀도가 큰 해양판이 대륙판 밑으로 비스듬히 들어가 화산 활동과 지진을 일으킨다.(해구, 호상 열도, 습곡 산맥)
충돌형 경계	대륙판과 대륙판이 충돌하여 지진을 일으킨다.(습곡 산맥)

③ **발산형 경계** : 판과 판이 서로 반대 방향으로 멀어지는 경계를 말한다.

해양판의 발산	바다 속의 해령에서 새로운 해양 지각이 생성되며 해령을 중심으로 양쪽 지각판이 멀어진다.
대륙판의 발산	대륙이 갈라지면서 열곡대가 형성된다.

④ **보존형 경계** : 판과 판이 서로 어긋나면서 반대 방향으로 이동하는 경계를 말한다. 판의 경계를 따라 두 판이 서로 다른 방향으로 이동하므로 새로운 지각이 만들어지거나 없어지지 않는다.(변환 단층)

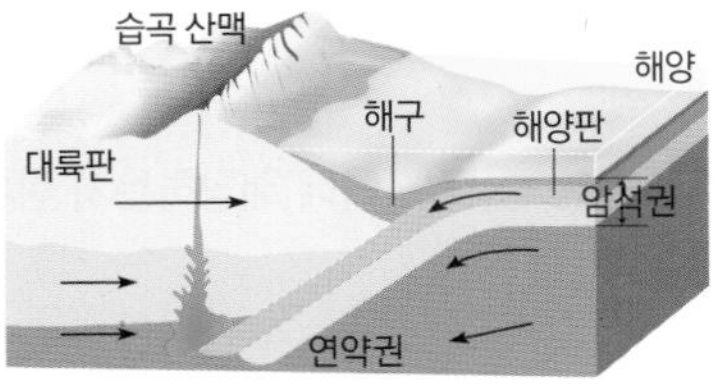

▲ 수렴형 경계(섭입형)

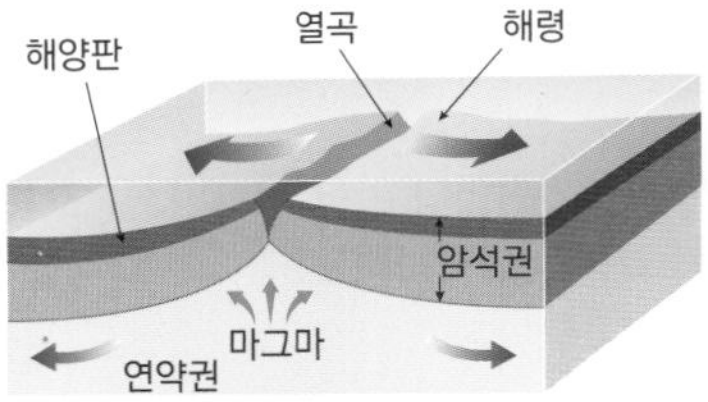

▲ 발산형 경계(해양판)

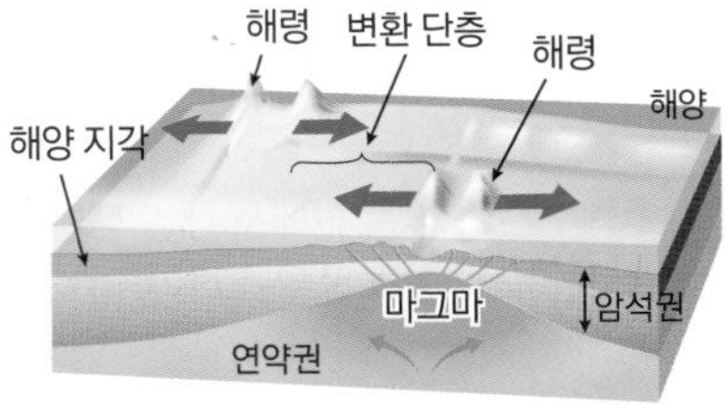

▲ 보존형 경계(해양판과 해양판)

정답 및 해설 39쪽

Q3 다음 그림은 GPS 위성을 통해 관측한 해저의 확장 모습이다. 해저가 확장하는 판의 경계 A가 무엇인지 쓰고, 해저의 확장이 일어나지 않았던 최초의 모습은 어땠을지 서술해 보시오.

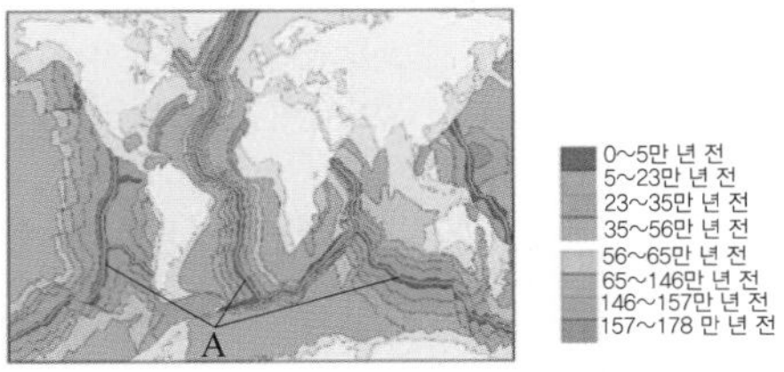

3 화산 활동과 지진

1. 화산 : 지구 내부에서 만들어진 마그마가 지각의 약한 틈을 뚫고 지표로 나오면서 용암, 화산 가스, 화산재 등을 분출하는 현상이다.

① 화산 분출물

화산 가스	화산 가스는 대부분이 수증기이고, 이산화 탄소, 이산화 황, 황화 수소, 염소, 수소, 질소 등이 포함되어 있다. 화산 가스가 많을수록 폭발적인 분출을 한다.
용암	마그마에서 화산 가스가 빠져나가고 남은 액체 상태의 물질을 말한다. 화학 조성(SiO_2 함량)에 따라 현무암질, 유문암질 용암으로 구분한다.
화산 쇄설물	화산 활동에 수반하여 분출되는 고체 물질로 입자의 크기에 따라 화산진, 화산재, 화산력, 화산 암괴 등으로 구분한다.

② 용암의 종류에 따른 화산의 형태

	순상 화산, 용암 대지	성층 화산	종상 화산
용암의 종류	현무암질	안산암질	유문암질
경사	완만	-	급함
온도	높다	-	낮다
점성	작다	-	크다
유동성	크다	-	작다
화산 가스의 양	적다	-	많다
분출 형태	조용한 분출	-	격렬한 분출
예	 한라산, 개마고원	 후지산	 산방산, 백록담

2. 지진 : 지구 내부의 지각 변동에 의해 발생한 에너지가 지표로 나와 땅이 흔들리는 현상이다.

① 지진의 깊이에 따른 분류

종류	천발 지진	중발 지진	심발 지진
진원의 깊이	70km 이하	70 ~ 300km	300km 이상

② 지진의 세기

규모	지진이 발생할 때 실제 에너지를 나타낸 것으로, 아라비아 숫자로 표기한다. 진원과 상관없이 일정하다.
진도	지진이 발생할 때 사람의 느낌이나 주변 물체의 흔들림 정도를 나타낸 것으로, 로마자로 표기한다. 진원으로부터 멀수록 작아진다.

▲ 전 세계 지진대와 화산대의 분포. 화산대와 지진대는 거의 일치한다.

4 지질 구조

1. 습곡 : 지층이 오랫동안 수평 방향으로 미는 횡압력을 받아 휘어진 것이다.

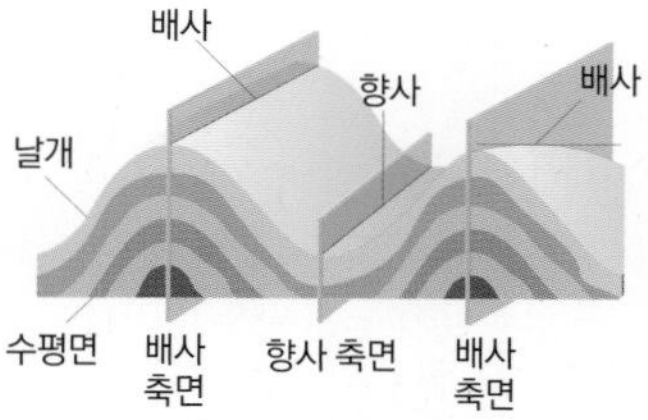

▲ 습곡의 구조

2. 단층 : 지층이 수평 방향의 힘을 받아 약한 틈을 경계로 끊어져 어긋난 것이다.

정단층	지층이 수평 방향으로 당기는 힘을 받아 상반이 내려간 단층
역단층	지층이 수평 방향으로 미는 힘을 받아 상반이 밀려 올라간 단층
오버스러스트	심한 횡압력을 받아 생성된 단층면의 경사가 45° 이하인 대규모 역단층
주향 이동 단층	단층면을 따라 상반과 하반이 수평 이동한 단층

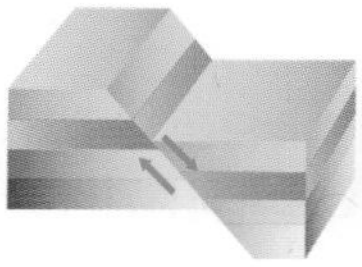
▲ 정단층

▲ 역단층

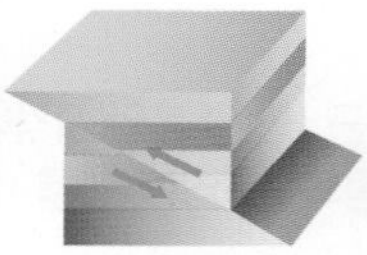
▲ 오버스러스트

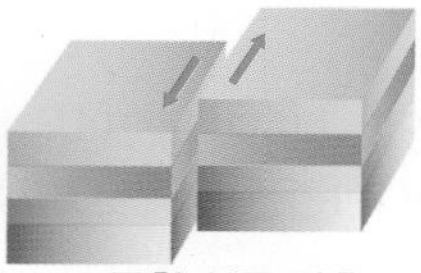
▲ 주향 이동 단층

3. 부정합 : 지층이 지각 변동을 받아 계속 쌓이지 못하고 침식에 의해 퇴적이 중단되어 시간적인 불연속이 있는 상하 두 지층을 부정합 관계라 하며 그 경계면을 부정합면이라 한다.

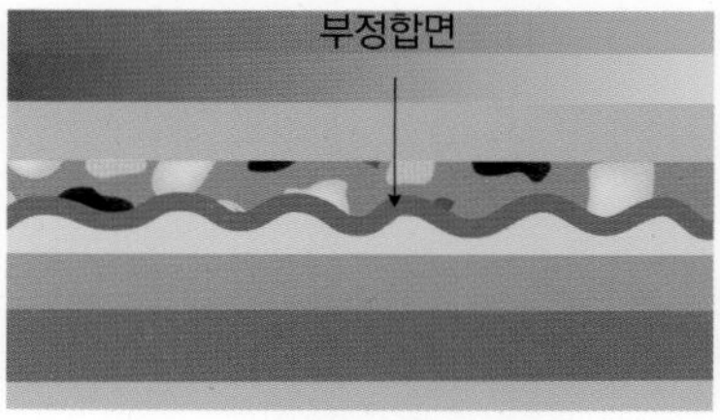

▲ 부정합

정답 및 해설 39쪽

Q4 전 세계 지진대와 화산대의 분포를 살펴보면 화산대와 지진대는 거의 일치한다. 지진대가 아님에도 화산이 존재하는 경우는 어떤 경우가 있는지 서술하시오.

Q5 지층을 조사하여 과거의 환경을 연구할 때, 더 아래쪽에 위치한 지층이 윗 지층보다 만들어진 연대가 더 빠르기도 하다. 이런 경우는 어떤 경우에 발생하는지 지질 구조의 생성 과정을 들어 설명하시오.

033 다음은 어느 해령에서 호상 열도까지 거리에 따른 지각 열류량의 분포를 나타낸 것이다.

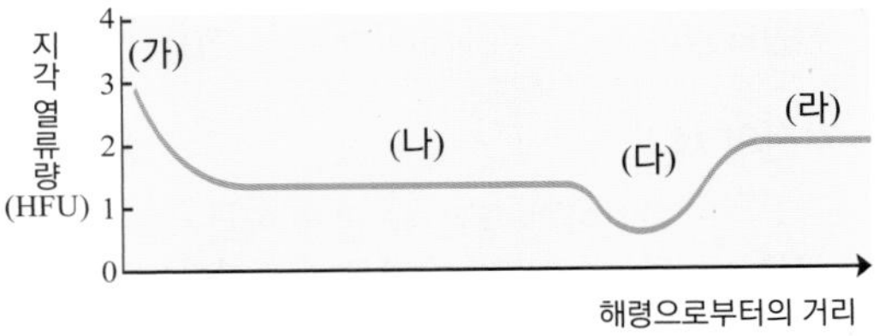

(1) (가) ~ (라) 중 가장 연령이 높은 해양 지각을 고르고, 그 이유를 설명하시오.

(2) 지각 열류량 변화를 근거로 (다)와 (라)의 지형을 짐작하여 서술하시오.

034 다음은 ㉠, ㉡ 두 지역의 깊이에 따른 지온 분포를 나타낸 것이다. 두 지역 중 하나는 해령, 하나는 해구라고 할 때, 각각 무엇인지 쓰고 이유를 설명하시오.

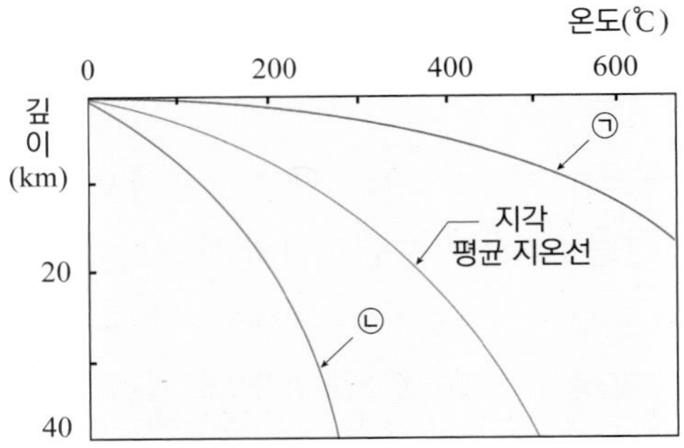

035 다음은 스칸디나비아 반도를 덮고 있는 빙하가 녹으면서 최근 1만 년 동안 지각이 융기한 높이를 나타낸 것으로, 현재 두 지점 A와 B가 동일 고도에 위치해 있다. 1만년 전의 A, B 지점의 빙하의 두께를 비교하고, 1만년 전과 현재의 모호면의 깊이 변화를 서술하시오.

[대회 기출 유형]

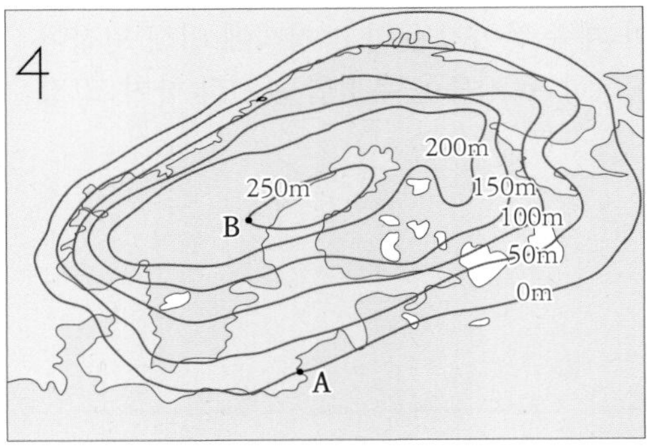

036 다음은 아프리카 부근에 있는 판의 상대적인 이동 방향을 나타낸 것이다. 물음에 답하시오.

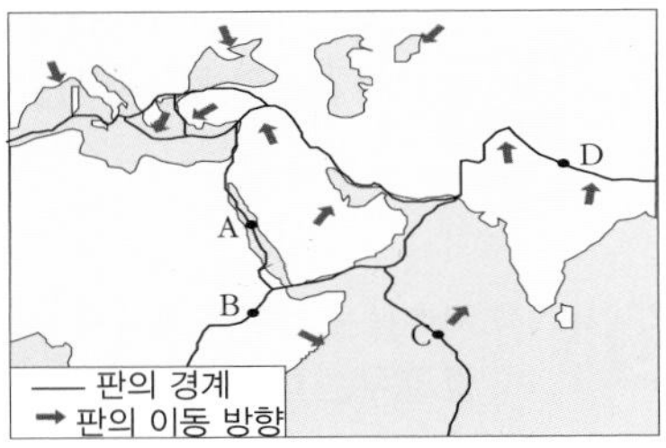

(1) 시간이 지나면 A의 바다 넓이가 어떻게 변화하겠는가?

(2) B ~ D 중 가장 높은 지형이 형성될 곳을 고르고, 그 이유를 설명하시오.

정답 및 해설 39쪽

037 그림 (가) ~ (다)는 북아메리카 서해안에 위치한 산안드레아스 단층의 형성 과정을 순서대로 나타낸 것이다.

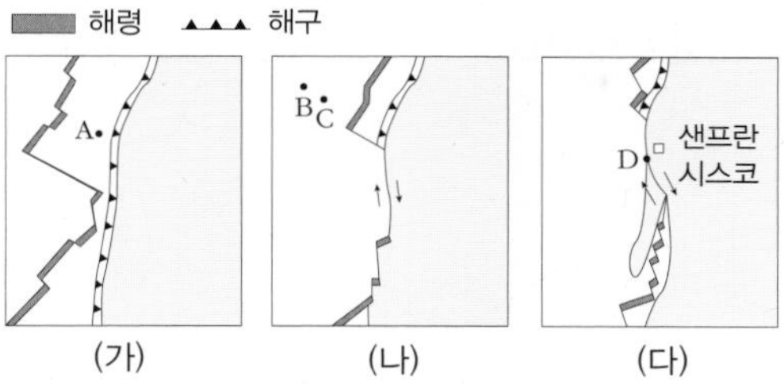

(1) A 지점 근처의 해령과 해구 사이의 거리는 시간에 따라 어떻게 변화하겠는가?

(2) B와 C 중 퇴적물의 두께가 더 두꺼운 곳은 어디인가?

(3) D에서 주로 일어나는 지각 활동을 쓰고, 그 이유를 설명하시오.

038 다음은 해령에서의 맨틀 상승에 의한 해양 지각의 생성 과정에서 현재 해양 지각에 기록된 고지자기의 분포가 형성되는 과정을 나타낸 것이다. 이를 이용해 ㉠ 지점의 해양 지각 생성 시기를 유추하시오. (점선은 생성 시기가 같은 지점을 연결한 것이다.)

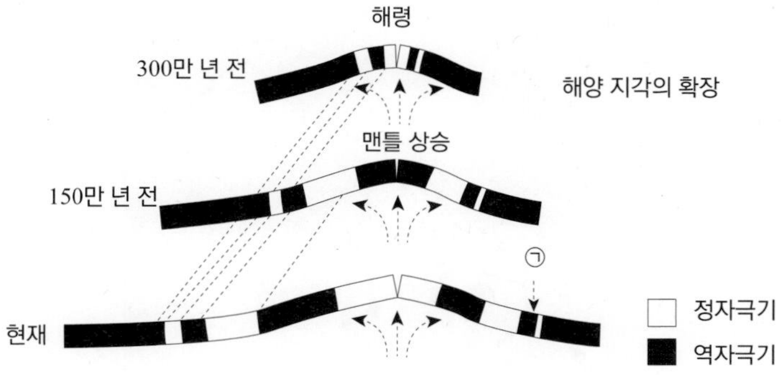

039 다음은 유럽과 북아메리카 대륙에서 측정한 고지자기 북극의 이동 경로를 나타낸 모식도이다. 이를 이용하여 북아메리카 대륙과 유라시아 대륙이 과거에 어떤 모습을 하고 있었는지 근거를 들어 설명하시오.

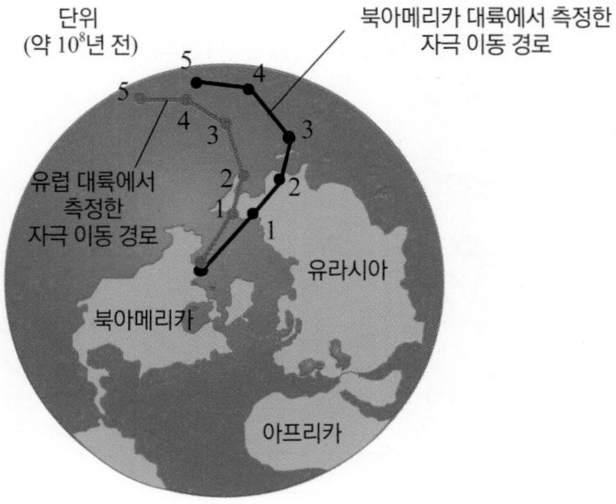

040 다음 (가), (나)는 서로 다른 두 지역에서 판의 이동 속도를 각각 나타낸 모식도이다. 둘 중 지진이 발생했을 때 진원의 평균 깊이가 더 깊은 곳을 고르고, 그 이유를 설명하시오.

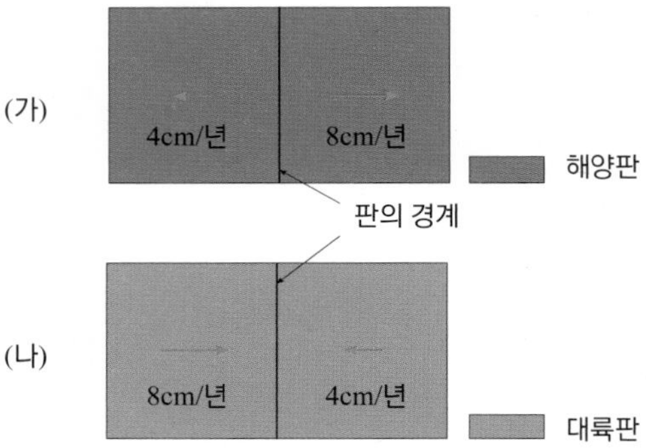

041 다음은 우리나라와 일본 부근의 판의 경계와 화산 분포를 나타낸 모식도이다. ㉠ ~ ㉢에서 각각 어떤 판이 섭입하는지 서술하고, 가장 무거운 판이 무엇인지 쓰시오.

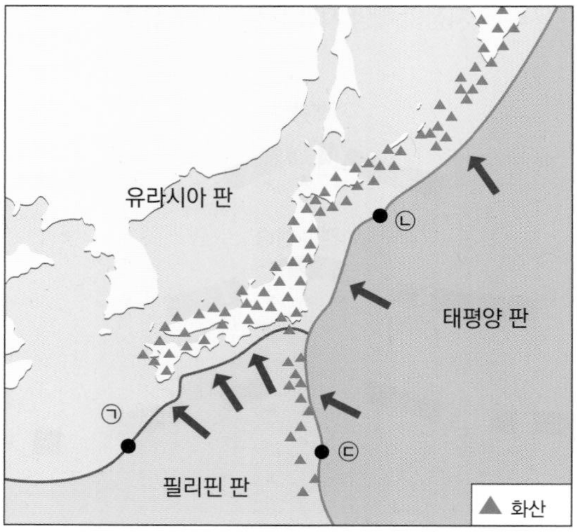

042 다음은 최근 3년 동안 발생한 지진 중에서 규모가 7.0 이상인 지진의 진앙 분포와 진원의 깊이를 나타낸 것이다. 이 중 심발 지진은 어떤 곳에서 주로 생기는지 설명하시오.

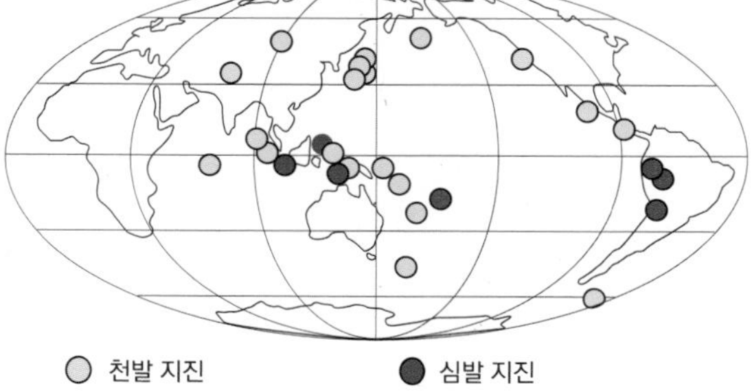

043 다음 자료는 지각 평형설을 뒷받침해 주는 두 모형을 나타낸 것이다. 이 자료를 근거로 하여 다음 빈칸에 알맞은 말과 설명을 채워 글을 완성하시오.

(가) 19세기 중엽 영국은 인도의 지도를 만들기 위해 삼각 측량을 실시하였다. 그 과정에서 평야 지역에서는 추의 연직선이 지구 중심을 향하지만, 산맥 부근에서는 산맥의 질량 때문에 추의 연직선이 산맥 쪽으로 기울어져 나타난다는 것을 알게 되었다. 하지만 히말라야 산맥 부근에서 측정한 추의 연직 편차가 산맥의 질량을 고려하여 계산한 값보다 작게 나타난다는 것을 발견하였다. 이와 같은 현상을 설명하기 위해 프래트와 에어리는 지구 내부에 밀도가 큰 유동성 물질인 맨틀이 있고, 그 위에 밀도가 작은 지각이 아르키메데스 원리에 의해서 떠 있다고 생각함으로써 추의 연직 편차를 설명하기 위해 다음과 같이 서로 다른 지각 모형을 제시하였다.

(나) 프래트의 모형 : 지각은 서로 다른 밀도의 지각 기둥으로 구성되어 있으며, 높은 기둥은 낮은 기둥보다 밀도가 작다. 지각의 뿌리는 편평하여 지각과 맨틀 사이의 경계면에서 지각에 의한 압력은 어디에서나 같다고 설명하였다. 따라서, 밀도가 작은 지각 기둥이 지표 위로 더 높이 솟아올라야 하므로 산맥을 이루는 암석은 지각의 다른 지역에 비해 밀도가 작아 높게 떠오르는 것이라고 생각하였다. 즉, 산맥을 이루는 물질은 다른 지역의 지각 물질보다 밀도가 작아서 추의 연직 편차가 작게 나타나는 것이라 하였다.

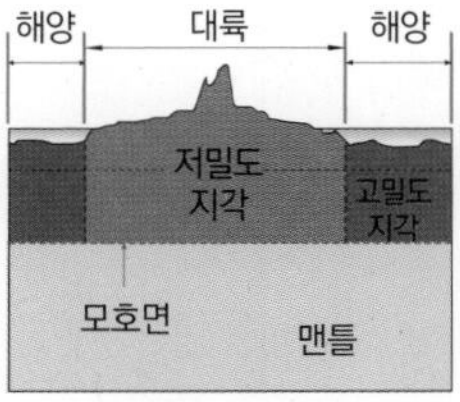

▲프래트의 모형

(다) 에어리의 모형 : 지각은 동일한 밀도의 지각 기둥으로 구성되어 있으며, 맨틀 위에 떠 있으면서 균형을 이루기 위해 지표 위로 높이 솟은 부분은 낮게 솟은 부분보다 맨틀 속으로 깊게 들어가 있다고 설명하였다. 따라서, 고도가 높은 산맥의 하부에는 맨틀보다 밀도가 작은 지각이 깊숙하게 들어가 있어 산맥 부근에서 측정한 추의 연직 편차가 작게 나타난 것이라 하였다.

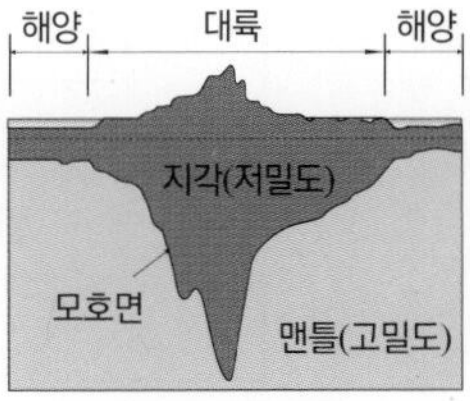

▲ 에어리의 모형

(라) 탄성파 탐사 결과 지각의 구성 물질이 해양과 대륙에서 다르며, 지각의 모양은 대륙과 해양에서 다르다고 밝혀짐으로써 오늘날의 지각 평형설에 따른 지각의 운동을 설명할 수 있게 되었다.

대륙 지각과 해양 지각을 구성하는 암석이 서로 다르다는 것은 (A)이/가 더 타당하며, 지각과 대륙 지각의 뿌리 깊이가 다르다는 것은 (B)이/가 더 타당하므로 지각은 밀도가 큰 맨틀 위에 떠서 지각의 (C)을/를 유지하기 위해 (D)을/를 한다고 할 수 있다.

044 다음은 나무 토막을 사용하여 지각 평형의 원리를 설명하기 위한 실험을 나타낸 것이다.

(가) 실험 과정

(A) 두께가 서로 다른 나무토막(같은 재질)을 물 위에 띄운 후 물 위로 드러난 나무토막의 높이를 각각 측정한다.

(B) 나무토막 위에 같은 크기의 얼음 조각을 올려 놓고 물 위로 드러난 나무토막의 높이와 깊이를 측정한다.

(C) 얼음이 녹으면서 나무토막의 높이와 깊이가 어떻게 변하는지 관찰하여 기록한다.

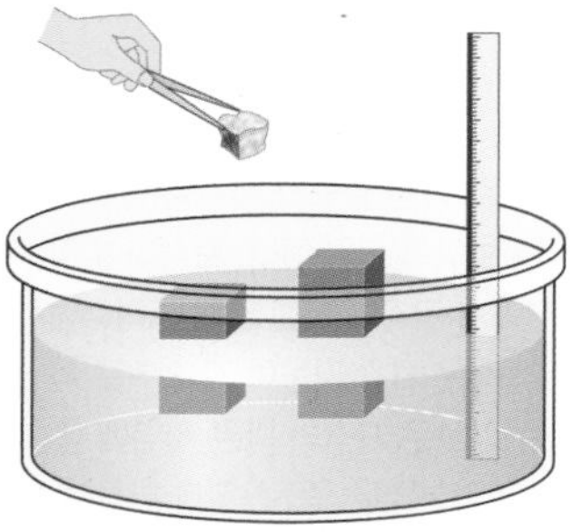

(나) 아르키메데스의 부력의 원리에 의하면, 물체가 밀어낸 유체의 무게 만큼 부력을 받는다. 이때 부력이 물체의 무게와 같아지면 물체는 물에 뜬다.

종류	물	박달나무	참나무	소나무
밀도(g/cm^3)	1	0.88	0.75	0.4

(1) 나무토막 위에 얼음 조각을 올려 놓으면 나무토막의 높이와 깊이의 변화는 어떻게 변하는지 지각에서 실제로 일어나는 작용과 연관지어 서술하시오.

(2) 나무토막 위에 올려놓은 얼음조각이 녹으면 나무토막의 높이와 깊이의 변화는 어떻게 변하는지 지각에서 실제로 일어나는 작용과 연관지어 서술하시오.

(3) 물에 띄운 $100cm^3$ 크기의 박달나무를 물에 잠그기 위해 얼음을 올려놓으려 한다. 얼음의 질량은 최소 몇 g 이어야 하는가?

정답 및 해설 40쪽

045 다음은 태평양에서의 판구조의 단면과 운동 방향을 나타낸 것이다. (단, 해양판 A와 B의 이동 속도는 같다.)

[대회 기출 유형]

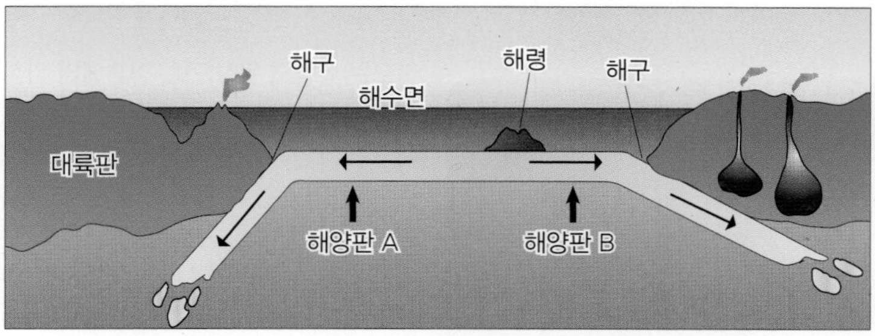

(1) 해구로 섭입하는 해양판 A와 B의 연령이 다르게 나타났다면, 그 이유를 퇴적물의 두께와 퇴적물의 연령의 차이점과 관련시켜 서술하시오.

(2) 해구로 섭입하는 해양판의 기울기가 그림에서처럼 다르게 나타났다면, 온도, 밀도와 관련하여 해양판의 연령의 차이점에 대하여 설명하시오.

(3) 위와 같이 대륙판과 해양판의 경계에서 만들어진 지형의 예만을 있는 대로 고르시오.

ㄱ. 대서양 중앙 해령	ㄴ. 안데스 산맥
ㄷ. 히말라야 산맥	ㄹ. 동아프리카 열곡대
ㅁ. 산안드레아스 단층	ㅂ. 마리아나 해구

046 그림은 지구 내부의 지하 온도 분포와 화강암, 현무암의 용융 곡선을 나타낸 것이다. 같은 장소에서 다음과 같이 (가)에서 (나)로 변화하였다고 할 때, 물음에 답하시오.

[대회 기출 유형]

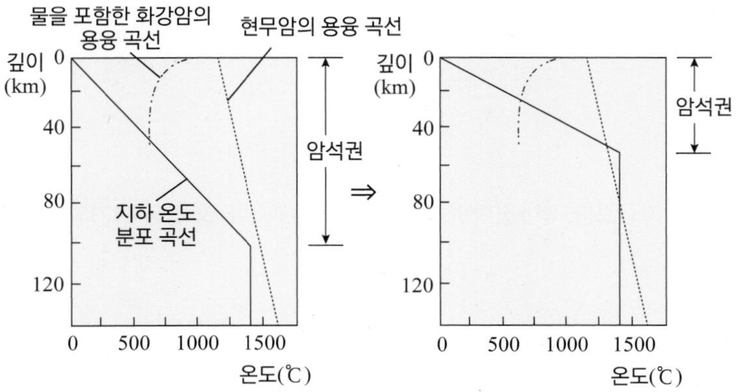

(가) (나)

(1) 위와 같은 변화가 나타나는 판의 경계는 무엇인가?

(2) (가)와 (나) 중 암석권에서의 깊이에 따른 지온 증가율이 높은 경우를 고르고 그 이유를 설명하시오.

(3) (가)와 (나) 중 새로운 해양 지각이 형성될 수 있는 경우를 고르고, 그 이유를 설명하시오.

047 다음은 목성의 위성인 이오의 화산 폭발에 대한 설명이다.

이오는 목성의 위성으로, 갈릴레이 위성 중 가장 안쪽을 공전한다.
이오는 태양계에서 가장 화산 활동이 활발한 천체로, 화산이 분출할 때의 온도는 427℃까지 올라가며, 태양계의 가장 큰 화산인 올림포스몬스는 높이가 약 27km, 지름이 540km나 되는 매우 커다란 화산으로, 지구에서 가장 높은 에베레스트보다 세 배나 더 높다.
달의 기조력에 의하여 지구의 해수면이 변하듯, 이오의 화산 활동은 목성과 에우로파, 가니메데 간의 기조력 때문으로 파악된다. 이오의 질량은 목성의 1/1000도 안되기 때문에 (달은 지구의 1/8) 목성의 중력에 의해 이오는 팽창과 축소를 반복하게 된다. 이렇게 부풀었다 줄었다를 반복하면서 내부 마찰로 인해 열이 발생하여 화산 폭발이 일어나게 되는 것이다.

(1) 지구의 화산 폭발과 이오의 화산 폭발에는 어떤 차이가 있는지 비교하여 서술하시오.

(2) 만약 지구의 크기가 지금보다 작아진다면, (가) 판의 운동과 (나) 화산의 크기와 분포는 어떻게 될지 예측하여 서술하시오.

(가) 판의 운동 :

(나) 화산의 크기와 분포 :

048 2015년 4월 25일 네팔 카트만두에서 규모 7.8의 지진이 발생하였다. 이번 지진으로 인한 사망자만 2,500여명이 넘었고, 문화유적을 포함한 수많은 건물이 무너지고 도로가 두 동강 나는 등의 피해도 발생했다. 이번에 발생한 지진의 규모(7.8)는 1934년 카트만두 동부를 강타한 강진(규모 8.0 이상) 이후 81년 만에 최대였다. AP통신은 네팔 대지진이 2010년 1월 아이티에서 발생한 강진(규모 7.0)보다 16배 정도 강력하다고 보도했다. 이번 지진은 네팔 역사상 1934년 대지진 이후 최악의 참사로 기록됐다. 지진 전문가들은 그동안 수차례 네팔 지진의 가능성을 경고했었다. 2010년 아이티에서 대지진 참사가 일어나자 전문가들 사이에서는 네팔이 다음 희생자가 될 것이라는 전망이 퍼지기도 하였다.

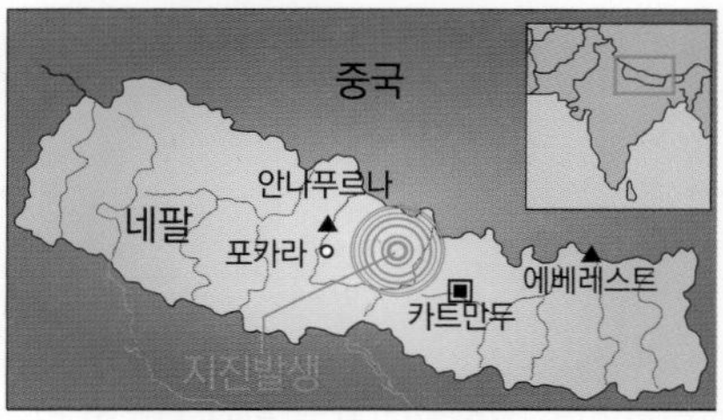

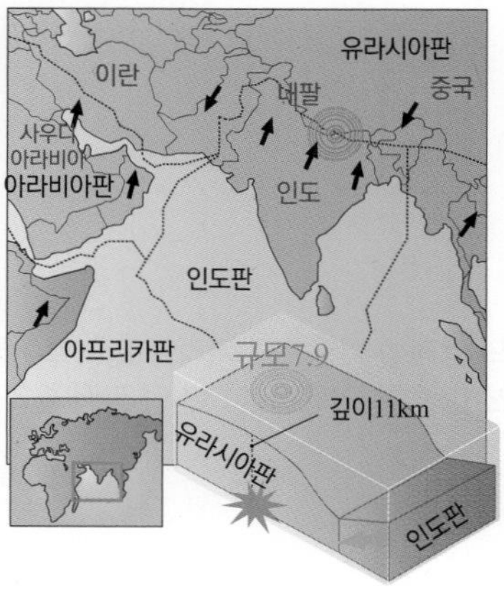

(1) 위의 그림은 지진이 일어난 네팔 지도이다. 그림을 참고로 하여 네팔에서 지진이 발생한 원인을 판의 경계를 이용하여 설명해 보시오.

(2) 네팔에서 발생한 지진으로 인한 피해 규모가 컸던 이유에 대하여 네팔의 생활 모습과 발생한 지진의 특징을 이용하여 설명해 보시오.

049 다음은 필리핀 판과 태평양 판의 경계 지역에서 1990년 이후 발생한 지진의 진앙 분포를 나타낸 것이다.

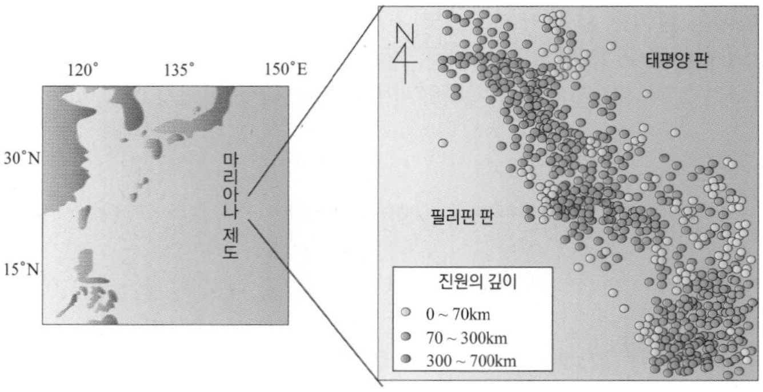

두 판의 경계를 기준으로 거리가 멀어질수록 진원의 깊이가 깊어지는 쪽과 화산 활동이 더 활발히 일어나는 쪽은 어디인지 쓰고, 이를 이용하여 태평양 판과 필리핀 판 사이의 관계를 설명하시오.

050 다음은 강원도 어느 지역에서 발생한 지진의 진앙과 진앙 거리를 나타낸 그림 (가)와 세 관측소에서 측정한 지진 기록 (나)이다. 물음에 답하시오.

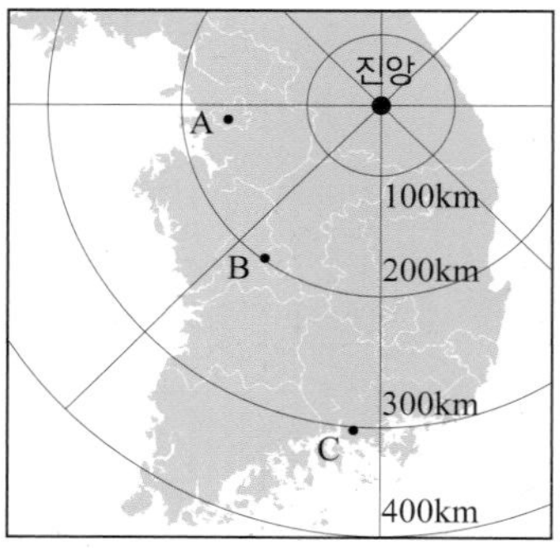

(가)

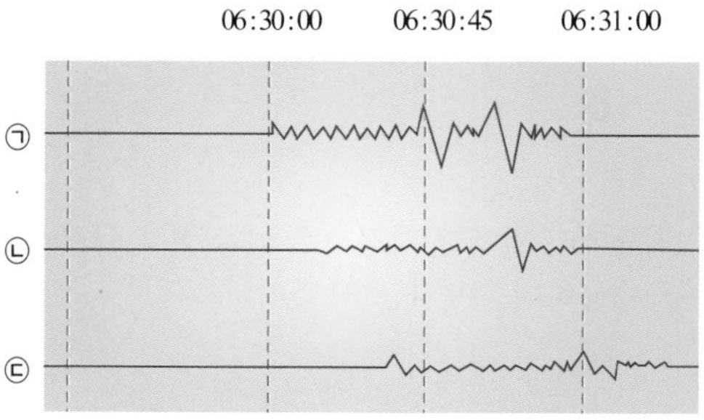

(나)

(1) A ~ C의 지진 기록에 해당하는 것을 ㉠ ~ ㉢와 연결하시오.

(2) 지진의 피해를 줄이기 위해 국가와 관측소가 어떻게 연계할 수 있는지 서술하시오.

정답 및 해설 41쪽

051 지진파 토모그래피란 지진파의 P파와 S파가 관측소에 도달하는 시간을 분석하여 지진파가 통과한 지층이나 지각 구조, 활성 단층을 찾을 수 있는 기술을 말한다. 맨틀의 온도가 높아 부분적으로 녹아서 액체가 된 곳에서는 지진파의 속도가 느려지는 점을 이용하여 맨틀 내부의 상태를 파악하는데 이용하고 있다. 다음 그림은 판의 분포 (가)와 백두산 지하 맨틀의 상태를 연구하는데 쓰이는 지진파 토모그래피 사진(나)이다. 오른쪽의 차가운 판(파란색 부분 ㉠)이 왼쪽 판(빨간색 부분 ㉡) 아래로 비스듬히 섭입하는 것을 확인할 수 있다. 이를 이용하여 백두산이 생성된 원인을 판과 판의 경계를 이용하여 설명해 보시오.

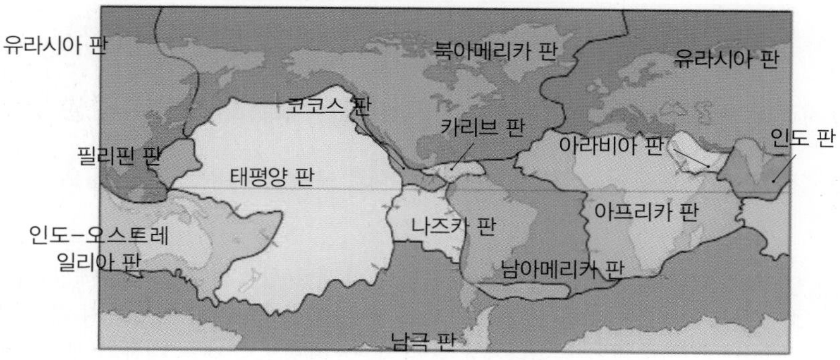

(가) 판의 분포와 경계

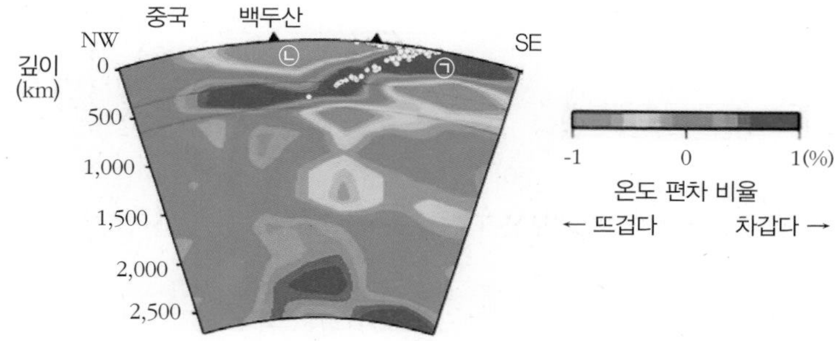

(나) 백두산 지진파 토모그래피

052 그림은 판 사이의 이동을 나타낸다. 판은 화살표 방향으로 1년에 2mm 씩 이동한다.

[2021~23 기출유형]

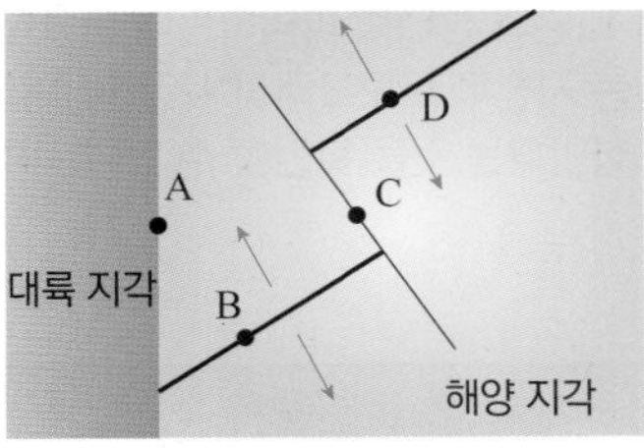

(1) A ~ D 지점 중 새로운 해양 지각이 생성되는 곳만을 있는 대로 고르고 이유를 설명하시오.

(2) A ~ D 지점 중 화산 활동이 활발한 곳만을 있는 대로 고르고 이유를 설명하시오.

ㄱ. A는 수렴형 경계로 해양판이 대륙판 아래로 섭입하며 오래된 해양 지각이 소멸된다. ㄴ. C는 변환 단층으로 맨틀 대류가 상승하거나 하강하지 않기 때문에 화산 활동이 거의 일어나지 않는다. D는 해령으로 맨틀 대류가 상승하므로 화산 활동이 활발하게 일어난다.

053 다음은 판의 운동을 모식적으로 나타낸 것이다.

[대회 기출 유형]

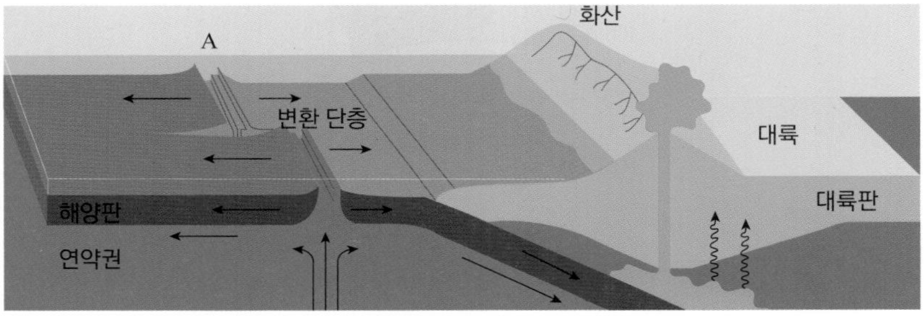

(1) 판의 경계에는 발산 경계, 수렴 경계, 보존 경계가 있으며 발산 경계의 지형으로는 해령이 있고, 수렴 경계의 지형으로는 해구가 있다. 이와 같은 지형 중에서 새로운 지각이 형성되는 곳은 어디인가?

(2) A 지역에서 발생하는 마그마의 종류와 발생 원인을 설명하시오.

(3) 우리나라보다 일본은 지진과 화산 활동이 더 빈번하게 발생한다. 오른쪽의 자료는 일본 열도 부근의 지진 및 화산 분포와 진원의 깊이를 나타낸 것이다. 이 자료를 통해 알 수 있는 현상을 판 구조론적 입장에서 설명하시오.

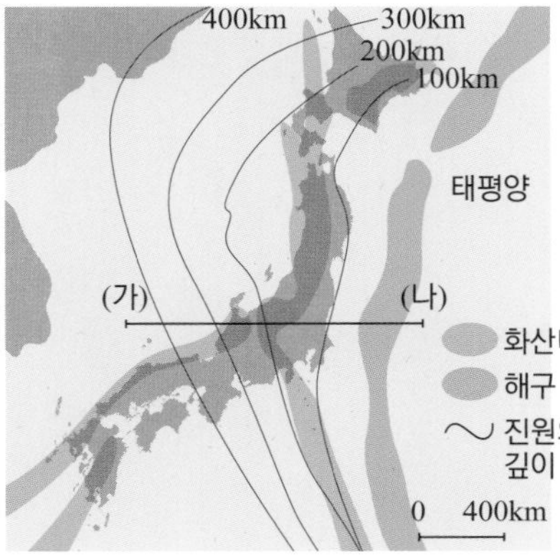

정답 및 해설 41쪽

054 그림은 판의 이동과 화산 활동을 모식적으로 나타낸 것이다.

[대회 기출 유형]

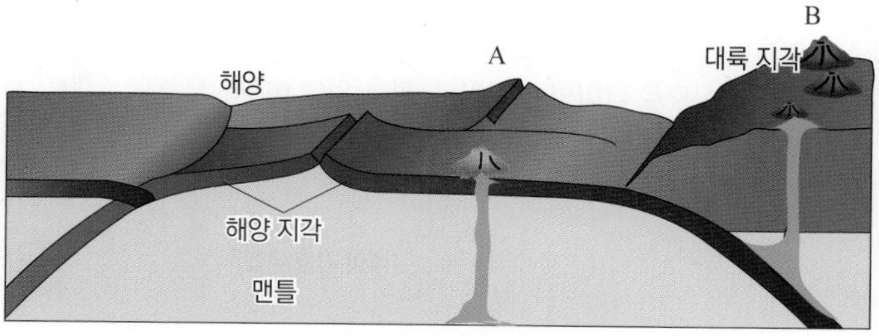

A 지역과 B 지역에서 생성되는 마그마의 종류와 그로 인해 우세하게 생성되는 지형을 쓰시오.

055 다음 지구의 맨틀의 대류에 대한 글을 읽고, 지구에서 맨틀의 대류와 판의 이동이 없었을 때 현재의 지구와 어떻게 달라질지 서술하시오.

[대회 기출 유형]

지구는 태양계에서 맨틀의 대류에 의해 판의 수평적인 이동이 일어나고 있는 유일한 행성이다. 태양계 다른 행성의 예처럼 판의 운동이 없는 경우에도 화성 활동, 화산 활동 등의 지질 활동은 일어날 수 있다. 만약, 지구에서 맨틀의 대류와 그에 따른 판의 이동이 없었다면, 지구는 지금과 많이 달라졌을 것이다.

(1) 대륙 지각과 해양 지각의 분포

(2) 히말라야 산맥과 같은 대규모 습곡 산맥의 분포

(3) 하와이 화산섬들과 같이 열점에 의해 생성된 화산의 분포와 규모

056 태평양 해양저에서는 오른쪽 그림과 같이 화산섬과 그로부터 직선상으로 놓여 있는 해산들이 보인다. 이것은 맨틀 중에 거의 고정되어있는 마그마의 공급원인 열점이 해양판 A 위에 화산을 만들며 판 A가 마그마의 공급원 위를 움직이기 때문에 그 흔적들이 점점이 놓여진 해산으로 남아있는 것이다. 판 A 위에 화산섬 a, b, c가 만들어진 연대와 a - b, b - c 사이의 거리는 그림에 나타내었다.

[대회 기출 유형]

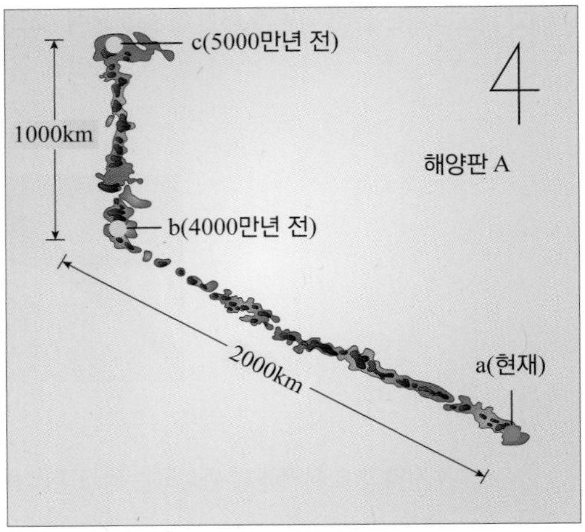

(1) 열점에 대하여 판 A의 운동이 4000만년 전을 경계로 어떻게 변화하였는지 그림의 화산 배열을 근거로 하여 구하시오.

(2) 해산은 열점으로부터 멀어질수록 침강한다. 해산이 침강하는 주요 원인은 무엇인지 서술하시오.

057 대륙 지각과 상부 맨틀의 밀도가 2.8g/cm^{3}과 3.3g/cm^{3}이고, 아래의 그림과 같이 지각 평형을 이루고 있다. 이때 통상적인 지각(표면의 해발 고도가 0)의 두께는 35km이라 할 때, 물음에 답하시오.

[대회 기출 유형]

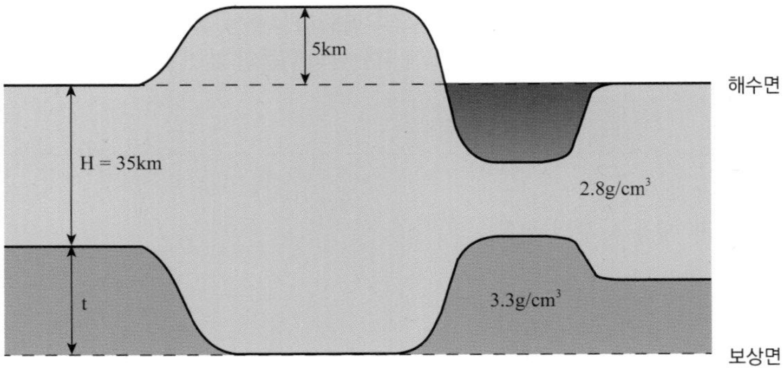

(1) 해발 고도가 5km인 산맥 하부의 모호면의 깊이는 얼마인가?

(2) 이 산맥의 상부 2km가 침식에 의해 깎여 나간 후, 다시 지각 평형을 이룬다면 산맥의 높이(해발 고도)는 얼마나 되겠는가?

정답 및 해설 42쪽

058 다음은 변환 단층과 주향 이동 단층에 대한 설명이다.

[대회 기출 유형]

(가) 변환 단층 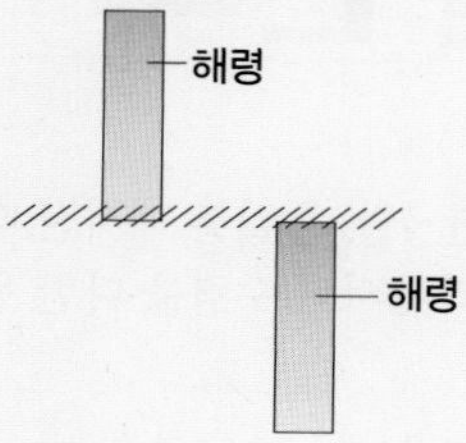	판이 새로 생기거나 없어지지 않고, 서로 다른 판이 반대방향으로 스쳐지나가는 곳.
(나) 주향 이동 단층 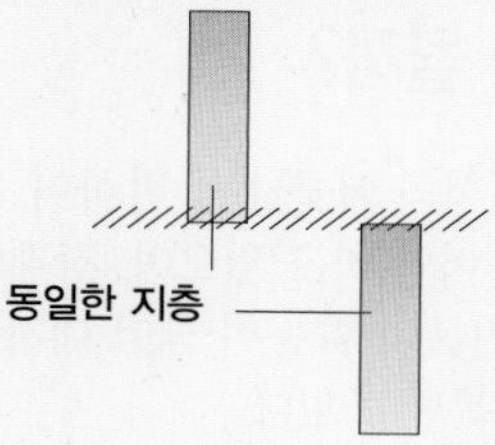	단층면을 따라 상반과 하반이 수평 이동한 단층

(1) 변환 단층과 주향 이동 단층의 상대적인 이동 방향을 다음 그림에 화살표로 표시하고, 지진 발생 지역에 색을 표시하여 나타내시오.

(가) 변환 단층

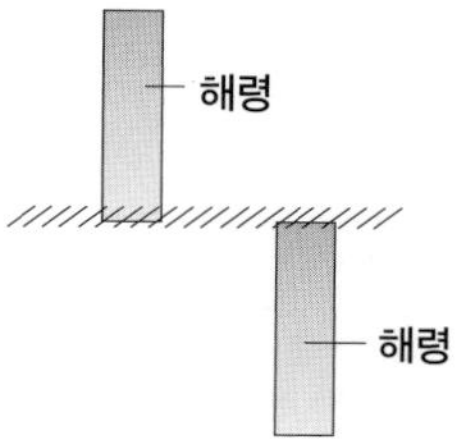

(나) 주향 이동 단층

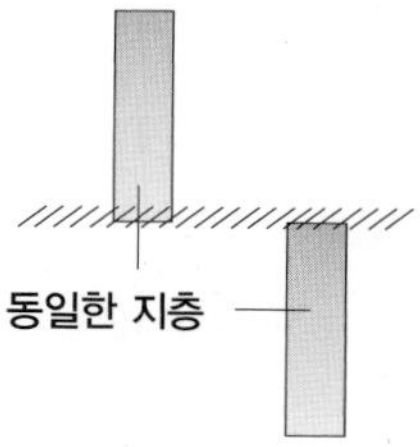

(2) 변환 단층과 주향 이동 단층의 공통점과 차이점을 서술하시오.

주제 탐구 및 논술

활성 단층과 지진 그리고 원자력 발전소

주제 I

원자력 발전소는 어느 나라에서나 주요 관심사이며, 2011년 3월, 동일본 대지진 때 원자력 발전소에서 방사성 물질이 유출된 이후 그러한 경향은 더욱 높아졌다. 우리나라에서도 수명을 다한 원자로나 새로운 원자력 발전소 건설 문제에 대해 다양한 논의가 이루어지고 있다.

원자력 발전소의 활성 단층은 어떤 문제가 될까?

단층이란 '대지 속에 있는 단층면을 경계로 한 지층이나 지형의 어긋남'을 말하며, 활성 단층이란 '최근 시기까지 계속해서 활동(반복해서 지층이나 지형의 어긋남이 일어남)하고 있으며, 장래에도 활동할 우려가 충분히 있는 단층'을 말한다. 지층이나 지형이 어긋나 움직일 때 진동이 파동이 되어 대지에 전해지는데, 이와같은 현상이 지진이고, 최근에는 활성 단층이 일으키는 지진이 주목받고 있다.

활성 단층이 일으키는 지진의 절대적인 규모는 단층면의 어느 정도 범위가 어느 정도의 길이로 어긋나 움직이는지에 달려 있다. 관측 지점의 진도는 지진의 규모와 활성 단층에서 관측 지점까지의 거리, 관측 지점 지층의 성질 등에 따라 결정된다. 그러므로 지진의 절대적인 규모가 같아도 일반적으로 활성 단층에 가까울수록 진도는 커지며, 격렬한 요동이 예고 없이 단시간에 발생한다. 따라서 핵분열에 의해 열에너지로부터 전기를 생산하는 원자력 발전소 자리에 활성 단층이 있다는 사실은 대단히 위협적이라 할 수 있다. 나아가 원자력 발전소에 활성 단층이 문제가 되는 또 다른 이유로는, 예를 들어 진도가 작아도 지층과 지형이 어긋나면서 원자력 발전소의 주요 시설이 파괴될 우려가 있기 때문이다. 즉, 원자로 건물이 기초부터 무너지거나 원자로를 냉각할 물을 순환시키는 관이나 장치에 전기를 공급할 전선이 끊어지거나 할 경우 대형 사고로 이어질 위험성이 매우 높다.

활성 단층은 반복해서 부서진다.

단층이 계속해서 어긋나 움직인다는 것은 무엇을 의미하는가?
예를들어 매일 사용하는 가방에서 가장 먼저 부서지는 부분은 여러 번 수리를 하면서 오랫동안 사용했을 경우에, 새로운 부분이 부서지는 경우보다는 과거에 수리한 것 가운데 가장 부서지기 쉬운 부분이 반복해서 부서질 경우가 더 많다. 일본에서 활성 단층이 만들어지는 과정을 보면, 가방이 부서지는 현상과 매우 흡사하다. '가방'이 일본 열도이며 '부서진 부분'이 단층에 해당하고, '반복해서 잘 부서지는 부분'은 바로 활성 단층이다. 하지만, 활성 단층을 발견하기란 쉽지 않다. 단층과 활성 단층을 구별하기 이전에 단층의 존재를 발견하는 일 자체가 어렵기 때문이다.

발견되지 않은 활성 단층이 숨어 있을 가능성이 있다.

주요 활성 단층대에는 해저의 활성 단층이 거의 포함되어 있지 않은데, 이는 해저에 똑같은 활성 단층이 실제로 적은 것이 아니라 확인되지 않았기 때문이다. 해저의 단층 조사는 선박에서 실시해야 하므로 육지의 단층 조사보다 어렵고 원자로는 냉각시 물을 필요로 하기 때문에 해안을 따라 건설된 원자력 발전소에는 해저 단층의 존재를 무시할 수 없다. 육상에서도 발견되지 않은 활성 단층이 숨어 있을 가능성이 있다. 지표면에 변화를 나타내지 않은 단층도 물리 탐사로 찾을 수는 있지만 모든 장소에서 물리 탐사가 이루어지는 것은 아니고 이루어졌다 하더라도 간과하는 경우가 많다. 또한, 그다지 길지 않다고 생각되는 활성 단층이 실제로는 매우 긴 경우도 있다.

액상화 현상이란?

액상화 현상이란 지진의 큰 요동에 의해 지반이 진흙투성이가 되어 액체처럼 되는 현상이다. 액상화 현상이 발생하면, 무거운 건물이 주저앉거나 가벼운 배관이 솟아오르게 된다.

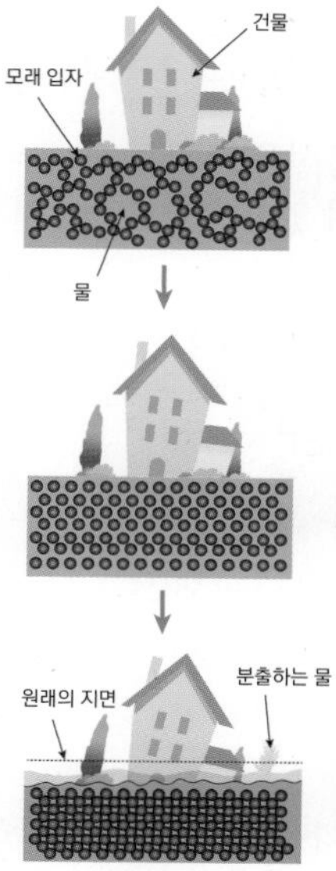

▲ 액상화 현상

지면 아래의 지반은 가는 모래 입자의 형태이다. 특히 비교적 새로 매립한 지반에서는 약하게 결합된 입자와 입자 사이에 많은 틈새가 존재한다. 일정 깊이 아래의 지반에는 그 틈새가 물 즉, 지하수로 차 있다. 지진과 같은 큰 운동이 일어나면 모래 입자의 결합이 끊어져 순간적으로 물 속에 입자가 뜬 상태가 되는데, 이것이 액상화된 상태이다. 지반이 마치 액체처럼 되므로 지반 위에 존재하던 무거운 건물 등이 가라앉게 된다. 그 이후 운동이 진정되면 아래쪽 입자부터 차례로 쌓이게 된다. 그때 모래 입자가 빈틈없이 '채워진' 상태로 퇴적되므로 원래의 틈새에 있던 물이 지표로 분출하는 것이다. 요동이 한창 일어날 때가 아니라 요동이 끝나고 나서 지표에 물이 분출하는 이유는 이 때문이다. 또한 모래가 치밀하게 뭉쳐 부피가 작아지게 되므로 지면이 가라앉는다.

우리나라의 활성단층과 원자력 발전소

최근 온 국민을 공포로 몰아넣은 지진은 2016년 9월 12일에 발생한 규모 5.8의 경주지역 지진이다. 최초 발생 이후에는 여진이 400회 이상 발생하였고, 2017년 4월 기준 경주 지진의 여진은 무려 611회에 달하며, 계속 여진이 이어졌다. 여기에서 충격적인 사실은 경주 지역에서 발생한 지진의 진앙에 해당하는 양산 단층이 활성단층이라는 사실이다. 양산 단층은 경북 영덕 지역부터 양산을 걸쳐 부산 낙동강 하구까지 도달하는 170Km 정도의 단층대이다. 이 단층은 원전 단지의 위치와 근접해 있다. 즉, 고리 및 월성 지역의 원전과 매우 근접해 있다. 여기서 더 큰 문제는 양산 단층을 따라 여진이 지속적으로 남하하였다는 것이다.

현재 OECD 국가 중 활성단층 지도가 없는 국가는 우리나라가 유일하다고 한다. 경주 지진 진앙의 50km 내외에 국내 원전 규모의 50%에 달하는 원전 12기가 전부 위치하고 있다는 사실과 지속적인 여진 발생으로 월성과 고리 원전도 절대 지진의 안전지대가 아니다.

▲ 경주 인근 주요 단층

Q1 경주 인근 주요 단층대를 참고하여 우리나라 원자력 발전소의 위험성에 대해서 서술하시오.

다시 모든 대륙이 모인다! - 판게아 울티마

주제 Ⅱ

2억 5,000만 년 전 초대륙 판게아!

대륙 이동설을 주장한 베게너에 의하면 약 2억 5,000만 년 전에는 판게아라는 초대륙으로 모든 대륙들이 하나로 모여 있다가 약 2억년 전부터 분리되면서 이동하여 현재와 같은 대륙 분포를 이루었다고 한다.

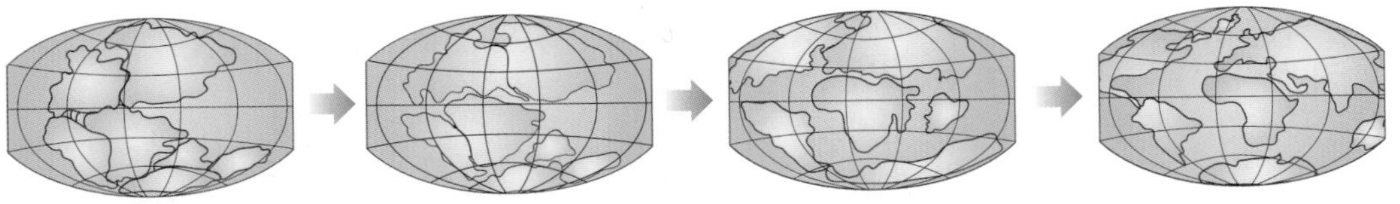

▲ 베게너의『대륙 이동설』모형. 베게너는 현재와 같은 대륙의 분포는 하나로 되어 있던 판이 분리되면서 형성된 것이라고 주장하였다.

대륙 사이에 있던 판이 침강하고, 대륙이 충돌하면서 초대륙 판게아가 형성되었고, 형성된 초대륙이 모포와 같이 열을 내보내지 않는 역할을 하는 '모포 효과'를 일으키게 된다. 이러한 모포 효과에 의해 대륙 밑에 있는 맨틀이 뜨거워지기 시작하면서 맨틀이 상승하여 판게아가 분열하기 시작한 것으로 추측하고 있다. 이와 같이 초대륙이 형성되고 분열하는 과정을 '윌슨 사이클(Wilson Cycle)'이라고 한다.

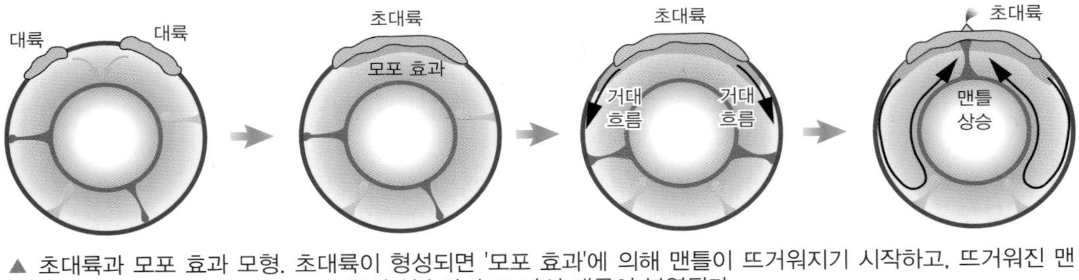

▲ 초대륙과 모포 효과 모형. 초대륙이 형성되면 '모포 효과'에 의해 맨틀이 뜨거워지기 시작하고, 뜨거워진 맨틀이 상승하여 또 다시 대륙이 분열된다.

4 ~ 5억 년을 주기로 초대륙이 형성

윌슨 사이클에 의하면 46억 년이라는 지구의 역사 동안 4~5억 년을 주기로 초대륙이 형성되고 분열되어왔다. 최초의 초대륙 발바라(Vaalbara)에서부터 초대륙 우르(Ur), 초대륙 케놀랜드(Kenorland), 초대륙 콜롬비아(Columbia), 초대륙 로디니아(Rodinia), 초대륙 파노티아(Pannotia), 초대륙 판게아(Pangaea) 순으로 형성되어온 것이다.

윌슨 사이클에 의하면 지금으로부터 약 2억 5,000만 년 후에는 다시 모든 대륙이 모여 초대륙『울티마(Pangaea Ultima)』가 형성될 것으로 추정하고 있다.

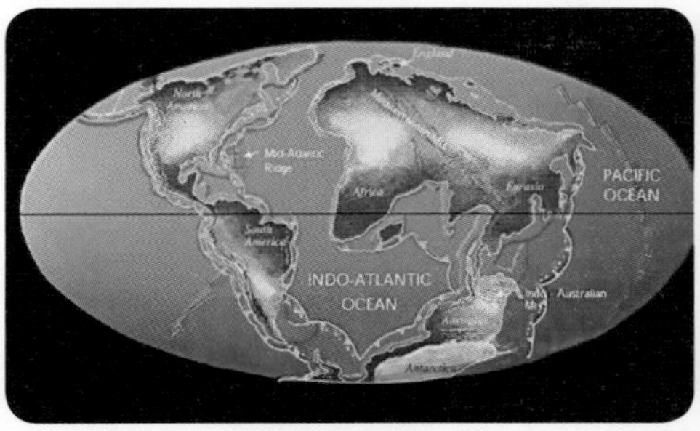

▲ 약 1억 5,000만 년 후 일본과 한반도는 합쳐지고, 아프리카 대륙과 아메리카 대륙이 접근하기 시작한다.

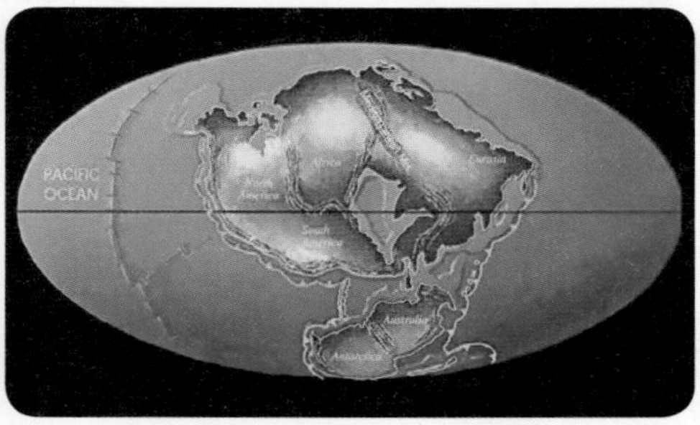

▲ 약 2억 5,000만 년 후 유라시아 대륙을 향해 모든 대륙이 움직인다.

최후의 초대륙이라는 의미의 판게아 울티마

판게아 울티마는 인도양을 중심으로 생성된다고 한다. 대륙들이 전반적으로 남쪽으로 이동하면서 유라시아와 북미 대륙 대부분은 저위도 지방으로 남하하고, 남극 대륙은 북상하여 극권에서 완전히 벗어나며 우리나라는 적도권에 위치하게 된다고 한다. 또한, 북미 대륙은 더욱 남하하여 아프리카와 충돌하고 남미 대륙은 아프리카의 남쪽 끝을 둘러싸게 되어 남미 대륙과 동남아시아가 만나게 된다고 한다. 이때 대서양은 완전히 사라지고, 태평양은 유일한 초대양인 초태평양으로 확장된다고 한다.

하지만 이렇게 만들어진 초대륙도 모포 효과에 의해 5,000만 년 이내에 다시 분열하게 될 것이다. 지구 내부의 열기가 식어 지각 변동이 중단되거나, 점점 증가하는 태양의 열기로 인하여 바다가 소멸할 때까지 7억 5천만 년 후 ~ 12억 년 후 대륙은 계속 분열과 통합을 거듭하며 진정한 '최후의 초대륙'으로 나아갈 것이다.

Q2 판이 소멸하고, 생성되는 곳에 발달하는 지형은 무엇일지 각각 쓰고, 그 단어를 이용하여 초대륙이 형성되고 분열하는 과정에 대하여 서술하시오.

Q3 미래에 생기는 초대륙이 합쳐지는 과정에 대하여 100% 완벽하게 예측하기는 어렵다. 그 이유에 대하여 자신의 생각을 서술하시오.

III 수권과 기권

1 수권

1. 수권 : 기권의 수증기를 제외한 지구 상의 모든 물을 말한다.

① 구성 성분에 따라 해수(97.2%)와 육수(2.8%)로 구분한다.

② 순환하면서 태양 에너지를 운반하여 지구의 에너지 평형을 할 수 있게 한다.

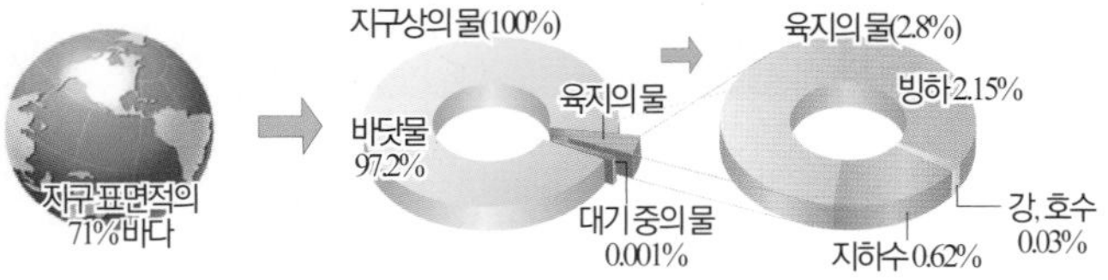

▲ 수권의 구성

2. 빙하 : 육수의 대부분을 차지하며 눈이 녹지 않는 지역에서 누르는 압력에 의해 눈이 단단하게 굳어 형성된다.

산악 빙하	높이 솟은 산악 지대나 저위도에 소규모로 산 모양 분포 예 히말라야, 킬리만자로 빙하
대륙 빙하	대륙 규모로 고위도 지방에 평평하게 분포 예 남극 대륙, 그린란드 빙하

① **빙하의 흐름** : 누르는 무게에 의해 젤리처럼 모양이 변하면서(가소성) 흐르거나 얼음과 땅의 경계에서 미끄러지며 매우 느리게 이동한다.

② 빙하의 나이테와 빙하 속의 공기 방울, 꽃가루, 화산재 등을 통해 빙하가 생성될 당시의 지구 환경을 이해할 수 있다.

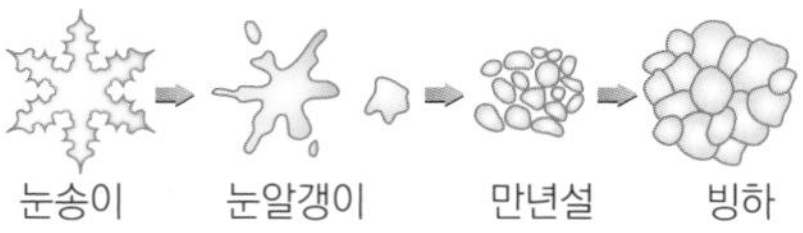

▲ 빙하의 형성 과정

3. 해수의 성질

(1) 해수의 성분

염류	바닷물 속에 녹아 있는 여러 가지 물질(소금, 화산 기체 분출물 등)
염분	해수 1kg 속에 녹아 있는 전체 염류의 양. 지역, 계절에 따라 다르다. 염분(‰) = $\frac{\text{염류의 총 질량(g)}}{\text{해수의 총 질량(g)}} \times 1000$

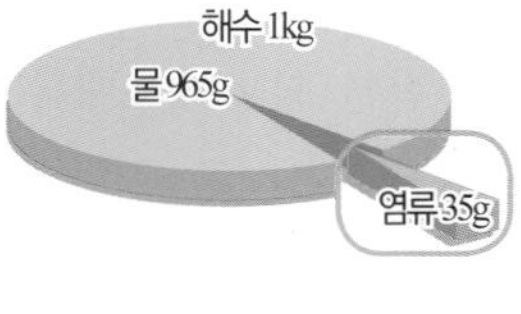

▲ 해수의 구성 성분

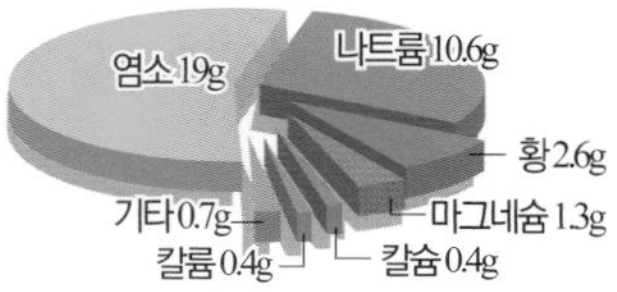

▲ 염류의 구성

① **염분비 일정의 법칙** : 지역이나 계절에 따라 해수 속 염분은 다르지만 해수는 이동하면서 서로 섞이기 때문에 각 염류 사이의 성분비는 일정하게 유지된다.

② 전 세계 해수의 평균 염분은 35‰으로 (증발량 - 강수량) 값에 비례하고, 저위도와 중위도의 등염분선은 위도와 나란한 경향을 보인다.

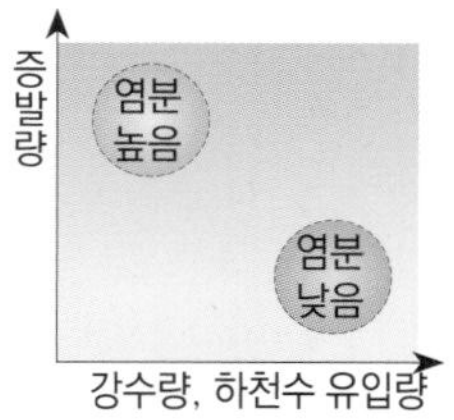

▲ 염분의 변화 요인

(2) 해수의 온도

① **표층 수온** : 해수면에 입사하는 태양 복사 에너지량의 영향을 가장 크게 받아 고위도로 갈수록 수온이 더 낮다.

② **연직 수온** : 위도와 계절에 따라 연직 수온 분포가 달라진다.

혼합층	햇빛에 의한 가열과 바람에 의한 혼합 작용으로 수온이 일정한 층
수온 약층	깊이에 따라 수온이 급격하게 낮아지며, 대류가 일어나지 않는 층
심해층	햇빛이 거의 도달하지 않아 수온이 낮고 수온 변화가 거의 없는 층

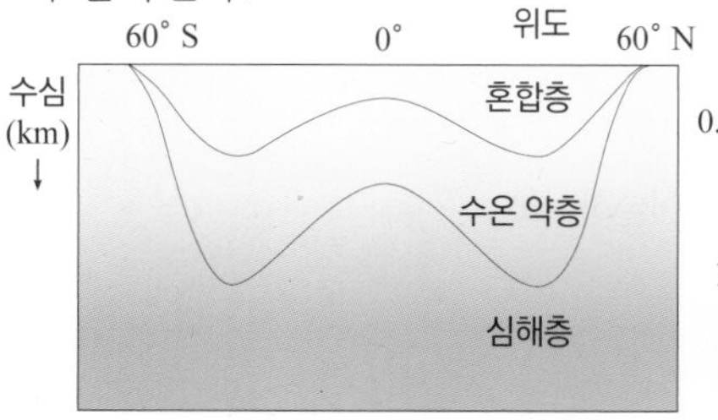

▲ 위도별 해수의 층상 구조

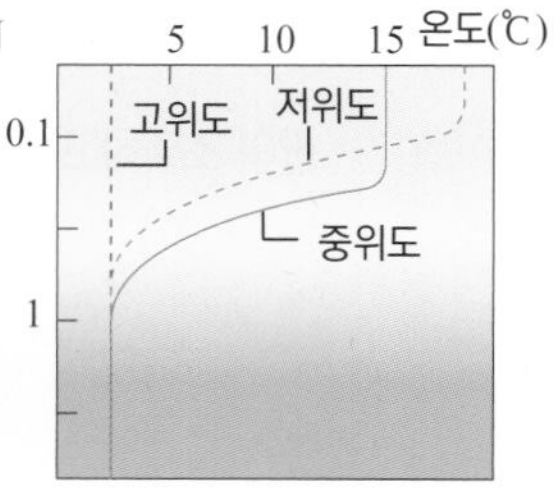

▲ 위도별 해수의 온도 분포

(3) 해수의 밀도 : 평균 1.025 ~ 1.028g/cm³로 순수한 물보다 조금 크며, 염분이 높을수록, 수온이 낮을수록, 수압이 클수록 증가한다. 수온이 높은 적도 해역에서 가장 작고, 수온이 낮은 극지방의 해역에서 가장 크다.

(4) 용존 기체량 : 해수 중에 녹아 있는 기체의 양으로 수온과 염분이 낮고 수압이 높을수록 증가한다.

정답 및 해설 43쪽

Q1 판매하는 생수 중에는 해양 심층에서 취수한 '심층수' 생수가 많다. 심층수가 생수로 이용되는 이유는 무엇인가?

Q2 해수는 '염분'이 포함되어 있으므로 잘 얼지 않지만, 해수가 어는 지역에서는 해수의 결빙과 해빙에 따라 염분에 차이가 생긴다. 그 이유는 무엇인가?

2 기권

1. 기권 : 지구를 둘러싸고 있는 기체가 분포하는 영역을 말한다.

① 기권의 층상 구조

열권 (80km ~)	높이 올라갈수록 온도가 상승하며 오로라가 발생한다.
중간권 (50 ~ 80km)	높이 올라갈수록 온도가 하강하여 대류가 일어난다.
성층권 (15 ~ 50km)	오존층이 존재하여 높이 올라갈수록 온도가 상승한다.
대류권 (지표 ~ 15km)	높이 올라갈수록 온도가 하강하여 대류가 일어나고 기상 현상이 나타난다.

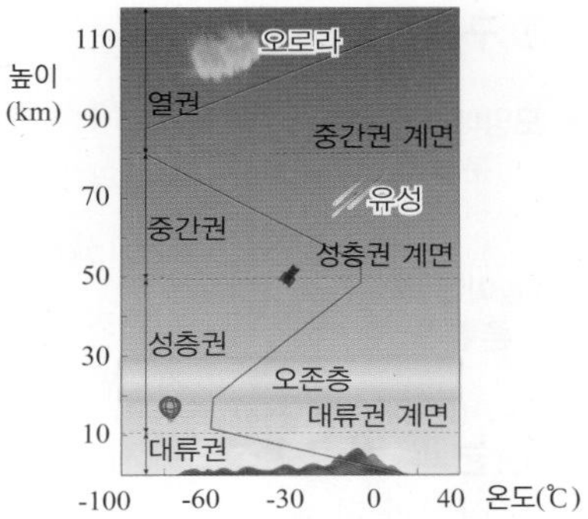

▲ 기권의 층상 구조

2. 대기 중의 물

① **포화 수증기량** : 공기가 최대한의 수증기를 포함한 포화 상태에서의 수증기의 양이다.(g/m³)

② **이슬점** : 공기 중의 수증기가 포화 상태가 되어 응결하기 시작하는 온도이다.(상대 습도 100%)

③ **습도** : 공기의 습하고 건조한 정도를 말한다.

절대 습도	기온에 상관없이 공기 $1m^3$ 속에 포함된 수증기의 양
상대 습도	현재 기온에서의 포화 수증기량과 실제 수증기량의 비율 상대 습도(%) = $\frac{\text{현재 공기에 포함된 수증기량}(g/m^3)}{\text{현재 기온에서의 포화 수증기량}(g/m^3)} \times 100$

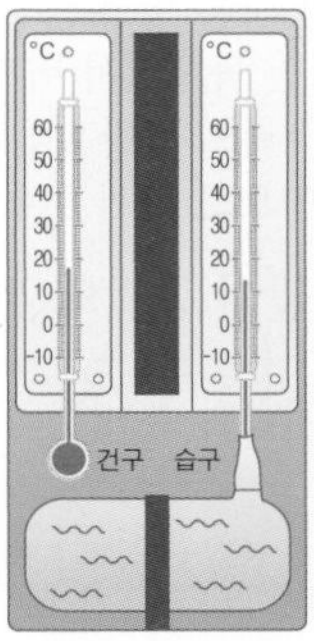

· 건구 온도 : 현재 온도
· 습구 온도 : 물이 증발하며 열을 흡수한 후의 온도
→ 건구와 습구의 온도 차가 클수록 상대 습도가 높다.
→ 건구 = 습구이면 상대 습도가 100%

▲ 건습구 온도계의 이용 방법

3. 단열 변화

(1) 단열 변화 : 상승 또는 하강하는 공기 덩어리가 외부와의 열 교환 없이 부피 변화에 의해 온도가 높아지거나 낮아지는 현상이다.

단열 팽창	공기 덩어리가 상승할 때 주변 기압이 낮아지므로 부피가 팽창하며 온도가 낮아진다.
단열 압축	공기 덩어리가 하강할 때, 주변 기압이 높아지므로 부피가 압축되며 온도가 높아진다.

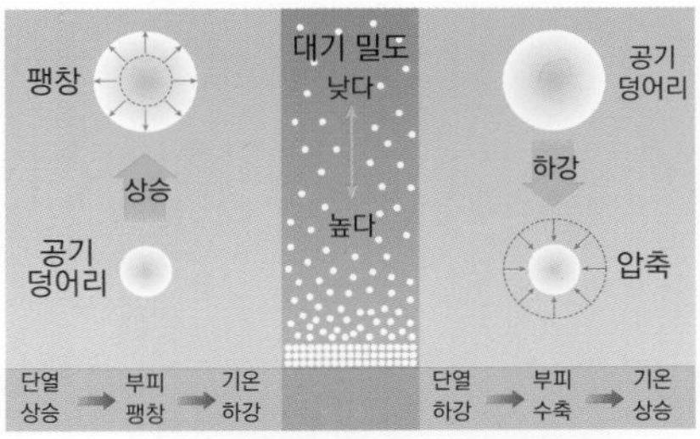

▲ 단열 팽창과 단열 압축 과정

(2) 단열 감률 : 단열 변화에 의해 높이에 따라 온도가 변하는 비율이다.

건조 단열 감률	불포화 상태의 공기는 높이 100m 상승할 때마다 약 1℃씩 온도가 낮아진다.
습윤 단열 감률	포화 상태의 공기는 높이 100m 상승할 때마다 약 0.5℃씩 온도가 낮아진다.
이슬점 감률	높아지면서 단열 팽창하면 수증기압이 낮아지므로 이슬점도 낮아진다. (불포화 상태의 경우 0.2℃/100m, 포화 상태의 경우 0.5℃/100m)

4. 구름의 생성

① **상승 응결 고도(H)** : 구름이 생성되기 시작하는 높이로 공기 덩어리의 온도와 이슬점이 같아져 응결이 시작된다.

$$T - \left(\frac{1℃}{100m} \times H\right) = T_d - \left(\frac{0.2℃}{100m} \times H\right) \Rightarrow H(m) = 125(T - T_d)$$

(T : 상승하기 시작하는 공기의 온도(℃), T_d : 이슬점 온도(℃), H : 상승 응결 고도(m))

② **푄 현상** : 높은 산을 넘어 온 공기가 산을 넘기 전에 비하여 고온 건조해지는 현상이다. 이와 같은 과정으로 생성되는 따뜻한 바람을 높새바람이라고 한다.

A → B	기온은 건조 단열 감률에 따라 감소, 이슬점은 이슬점 감률에 따라 감소
B	기온과 이슬점이 같아져(상대 습도 100%) 구름이 생성된다.
B → C	구름이 계속 생성되어 기온과 이슬점 모두 습윤 단열 감율에 따라 감소
C → D	건조 단열 감율에 따라 압축되어 A에서보다 고온 건조해진다.

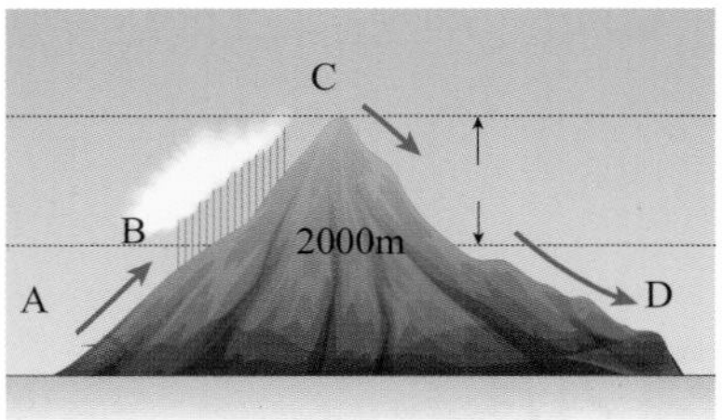

▲ 푄 현상의 원리

③ **구름의 종류**

모양에 따른 분류	적운형	공기의 상승 운동이 강할 때 생성되어 두껍게 발달
	층운형	공기의 상승 운동이 약할 때 생성되어 수평으로 얇게 발달
높이에 따른 분류	상층운	6 ~ 13km에 위치 예 권운, 권적운, 권층운
	중층운	2 ~ 6km에 위치 예 고적운, 고층운
	하층운	지표면 ~ 2km에 위치 예 층적운, 층운, 난층운

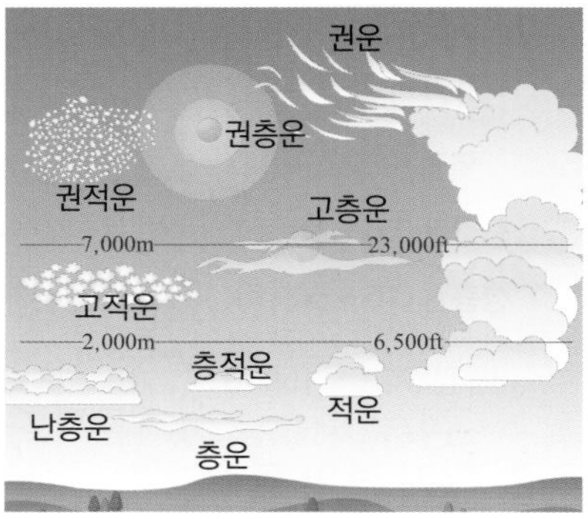

▲ 높이에 따른 구름의 분포

5. 눈과 비

: 구름 속에서 눈이나 비가 지표면으로 떨어지는 현상을 강수 현상이라 한다.

빙정설	찬 비. 수증기가 작은 빙정에 달라붙어 커지다가 눈이 되어 떨어지고 지상의 기온이 높으면 녹으면서 비가 된다.
병합설	따뜻한 비. 구름 속의 물방울이 충돌하여 합쳐지면서 무거운 빗방울이 만들어지면 지표면으로 떨어진다.

6. 기압

: 지표면 위에 쌓인 공기의 무게에 의해 생기는 대기의 압력으로 모든 방향에서 같은 크기로 작용한다.

기압의 측정(토리첼리의 실험)	기압의 변화
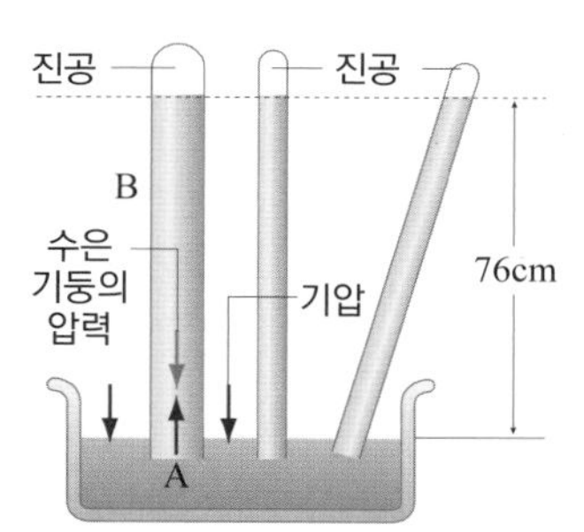	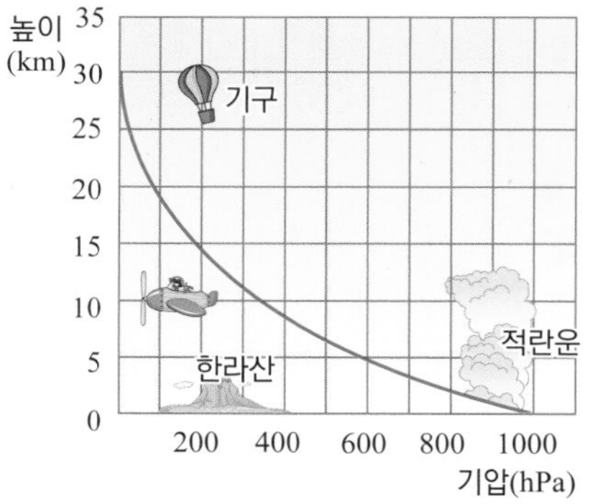
· 수은면 A에 작용하는 기압 = 수은 기둥 B가 누르는 압력 · 유리관의 굵기나 기울어진 정도를 다르게 해도 수은 기둥의 높이는 언제나 일정 ▶ 1기압 = 높이 76cm의 수은 기둥 밑면에 작용하는 대기의 압력(76cmHg) = 물기둥 약 10.3m 압력 = 1013 hPa	· 높이 상승 ⇒ 공기 양 감소 ⇒ 기압 감소 · 지표면의 공기는 계속 움직임 (기압은 측정 장소와 시간에 따라 변함)

고기압	주위보다 기압이 높고 바람이 시계 방향으로 돌며 불어 나간다. 하강 기류 → 기온 상승 →구름 소멸
저기압	주위보다 기압이 낮고 바람이 반시계 방향으로 돌며 불어 들어온다. 상승 기류 → 기온 하강 → 구름 생성

(북반구 기준)

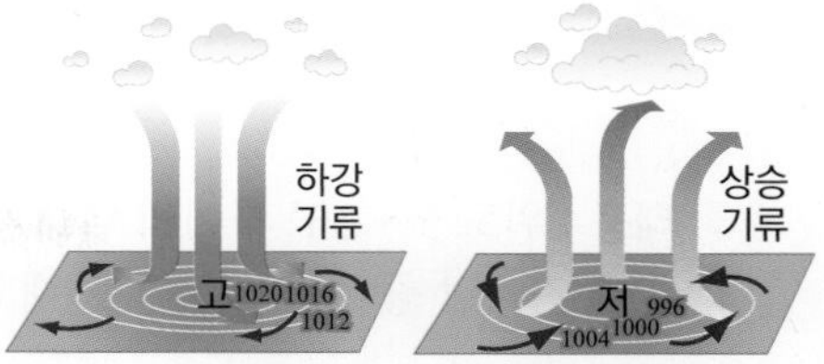

▲ 고기압의 하강 기류 ▲ 저기압의 상승 기류

정답 및 해설 43쪽

Q3 기온 분포에 따라 구분한 기권의 층상 구조 중에서 비행기의 항로로 이용되는 층을 쓰고, 그 이유를 쓰시오.

Q4 건습구 온도계에서 건구 온도가 습구 온도보다 더 높은 이유는 무엇 때문인지 쓰고, 두 온도를 한꺼번에 구했을 때 어떤 이득이 있는지 설명하시오.

Q5 그림은 태백 산맥을 동해에서 불어온 북동풍이 넘어가는 모습을 나타낸 것이다. 바람이 넘어갈 때 태백 산맥의 동쪽과 서쪽 중 어느 곳에서 눈이 많이 내리는지를 적고, 그 이유를 설명하시오.

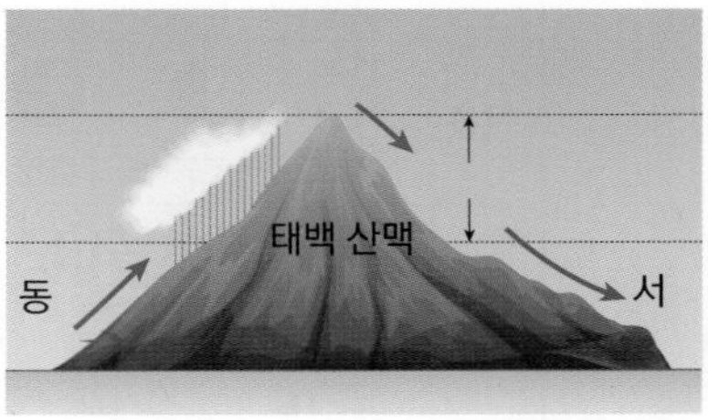

3 날씨와 기후

1. 기단 : 기온이나 습도 등의 대기 상태가 비슷한 거대한 공기 덩어리이다.

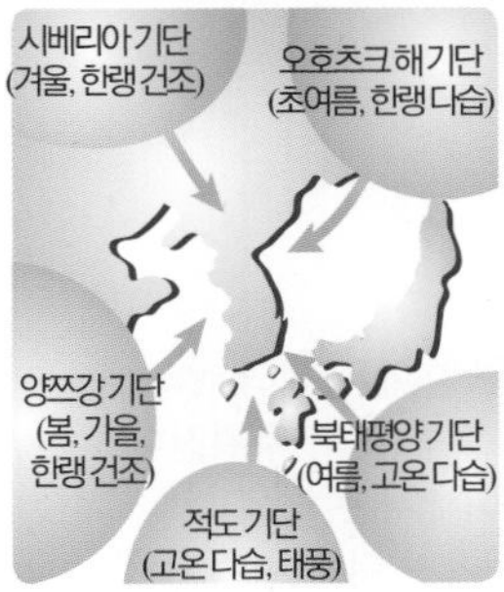

기단	성질	영향을 주는 계절	날씨
시베리아	한랭 건조	겨울	한파, 폭설
오호츠크해	한랭 다습	초여름	장마 전선형성
양쯔강	온난 건조	봄·가을	심한 일기 변화
북태평양	고온 다습	여름	무더위
적도	고온 다습	여름~초가을	태풍과 함께 북상

▲ 우리나라 주변의 주요 기단

① **전선** : 전선면이 지표면과 만나서 이루는 선으로, 전선면은 성질이 다른 두 기단이 만나서 생기는 경계면이다.

한랭 전선	무거운 찬 공기가 따뜻한 공기 아래로 파고들어 형성된다.
온난 전선	가벼운 따뜻한 공기가 찬 공기 위로 타고 올라 형성된다.
폐색 전선	온대 저기압에서 이동 속도가 상대적으로 빠른 한랭 전선이 온난 전선을 따라가 겹쳐지면서 형성된다.

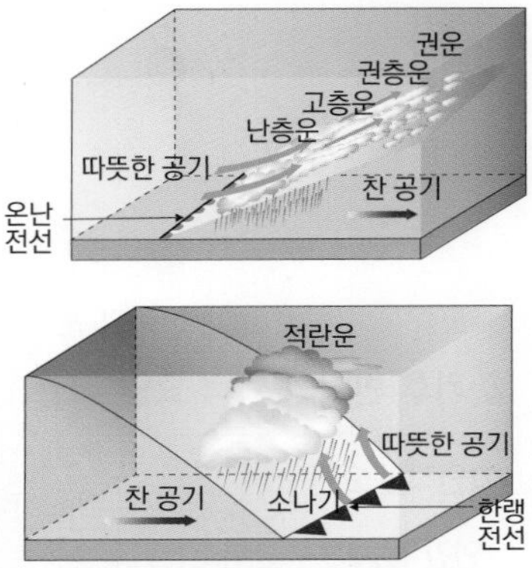

▲ 한랭 전선과 온난 전선

② **온대 저기압** : 한대 전선대에서 찬 공기와 더운 공기가 만나 파동이 생길 때 형성된다.

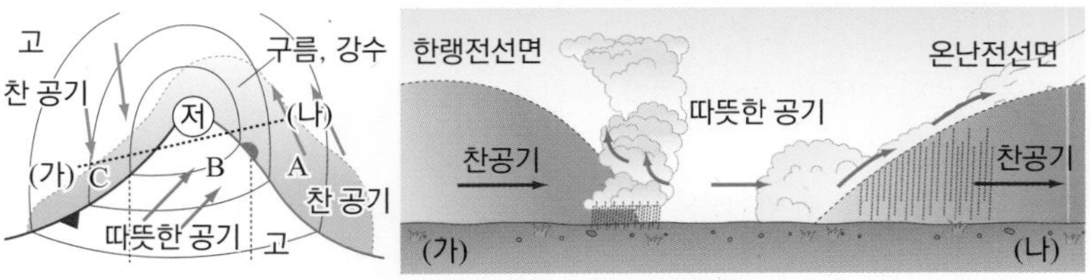

▲ 온대 저기압의 윗모습과 단면 모습

③ **태풍** : 위도 5 ~ 25° 사이의 열대 해상(수온 27℃ 이상) 지역을 중심으로 형성되는 열대 저기압 중 중심 부근의 최대 풍속이 17m/s 이상인 것을 말한다.

북반구	안전 반원	태풍 진행 방향의 왼쪽(태풍의 진행 방향과 풍향이 반대)
	위험 반원	태풍 진행 방향의 왼쪽(태풍의 진행 방향과 풍향이 일치)

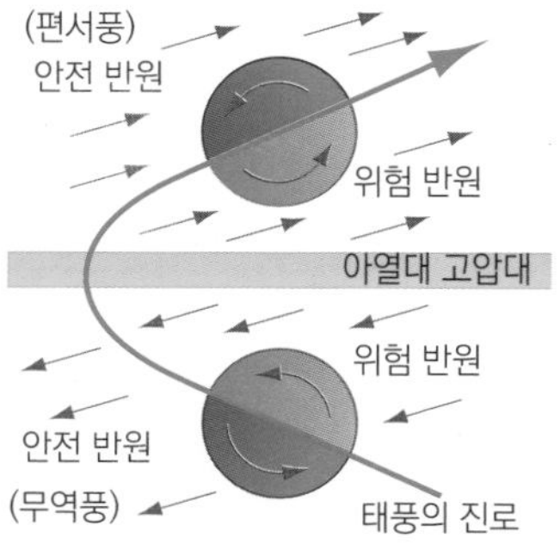

▲ 태풍의 이동 경로와 피해

2. 일기 예보 : 일정한 시각에 기상 관측 기구를 통하여 관측한 여러 가지 요소들을 등압선, 고.저기압, 전선 등과 함께 지도에 나타낸 일기도를 이용하여 현재의 일기 상태를 파악하고 앞으로 다가올 날씨를 예측한다.

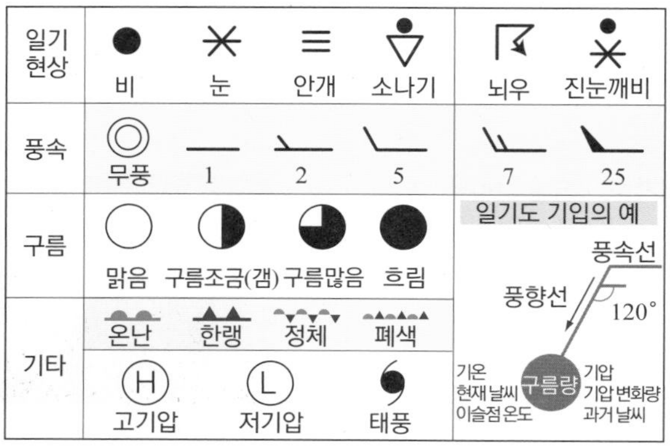

▲ 일기도에 사용하는 기호

(나)

봄·가을	여름	겨울
· 양쯔강 기단 영향 · 온난 건조한 날씨 · 이동성 고·저기압 교대로 통과 · 일기 변화 심함	· (초여름)오호츠크해 + 북태평양 기단 영향, 장마 전선 형성 · 북태평양 기단 영향 · 고온 다습, 남동 계절풍 · 남고북저형 기압 배치	· 시베리아 고기압 영향 · 한랭 건조한 날씨 · 서고동저형 기압 배치 · 북서계절풍

▲ 우리나라 일기의 계절별 특성

3. 기후 : 지속적이고 평균적인 기상 현상을 말하며, 일반적으로 30년 간의 평균을 이용한다. 늘 똑같은 것은 아니고 시간이 흐르면서 변하기도 한다.

기후 요소	기후를 구성하는 여러 요소 기온, 강수량, 풍향, 풍속, 습도, 구름량, 증발량, 일사량, 일조 시간 등
기후 인자	기후 요소의 분포에 영향을 미치는 요인 대기 대순환, 위도, 표고, 해륙 분포, 해류, 지형 등

① 기후 변화의 외적 요인

세차 운동	지구 자전축이 약 26,000년을 주기로 회전하는 운동으로, 13,000년 후에는 지금보다 여름에 더 많은 에너지를 받아 더 더워지고, 겨울에는 더 적은 에너지를 받아 더 추워진다.
자전축 경사 변화	지구 자전축의 경사는 약 41,000년을 주기로 약 21.5° ~ 24.5° 사이에서 변한다. 북반구 기준으로 자전축의 경사가 커질 때 여름은 태양의 고도가 높아져 더 더워지고 겨울은 태양의 고도가 낮아져 더 추워진다.
공전 궤도 이심률의 변화	지구 공전 궤도는 약 10만 년을 주기로 거의 원 모양에서 타원 모양으로 변한다. 이심률이 작아질 때 여름은 태양에 가까워져 더 더워지고, 겨울은 더 멀어져 추워진다.

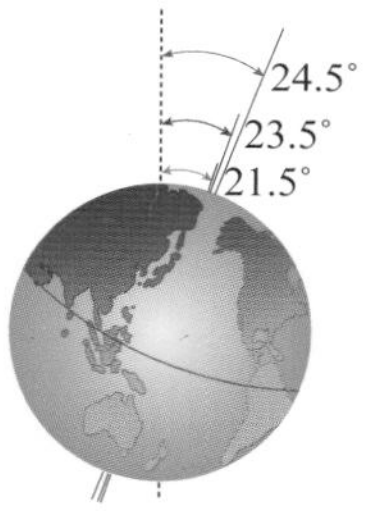

▲ 자전축의 경사 변화

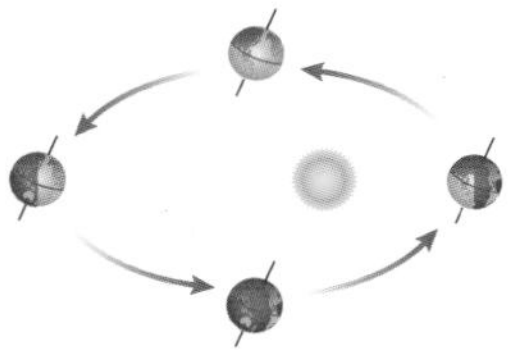
▲ 현재의 공전 궤도

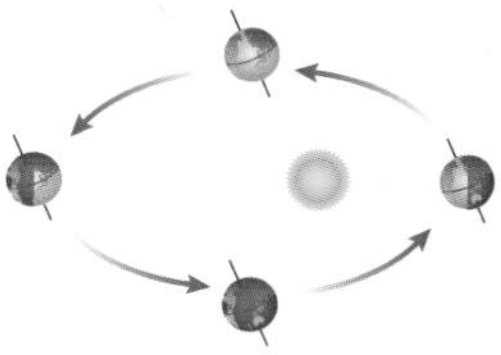
▲ 13,000 년 후

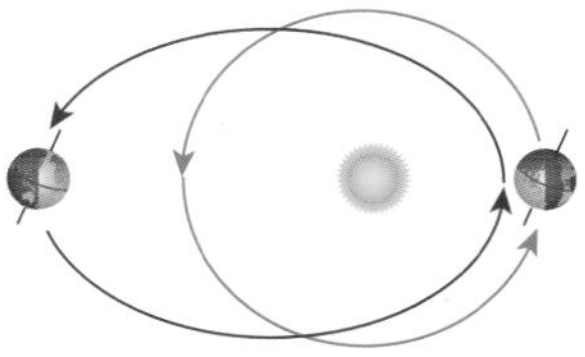
▲ 공전 궤도 이심률의 변화

② 기후 변화의 외적 요인

자연적인 요인	수륙 분포의 변화, 대기 투과율의 변화, 지표면 상태의 변화, 수권과 기권의 상호 작용(엘리뇨, 라니냐) 등
인간 활동에 의한 요인	화석 연료의 사용, 과도한 경작, 녹지 개간, 댐 건설 등

4 순환

1. 대기 순환

① 공간 규모(수평 규모)와 시간 규모에 따라 분류하며, 공간 규모가 클수록 시간 규모도 크다.

② 미규모와 중간 규모에 전향력은 무시할 수 있을 정도로 작지만 종관 규모와 지구 규모의 순환은 전향력을 무시할 수 없다.

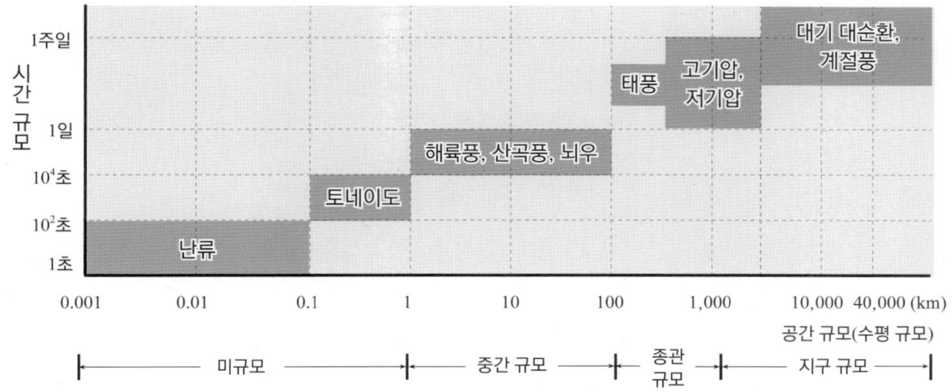

▲ 대기 순환의 규모 도식

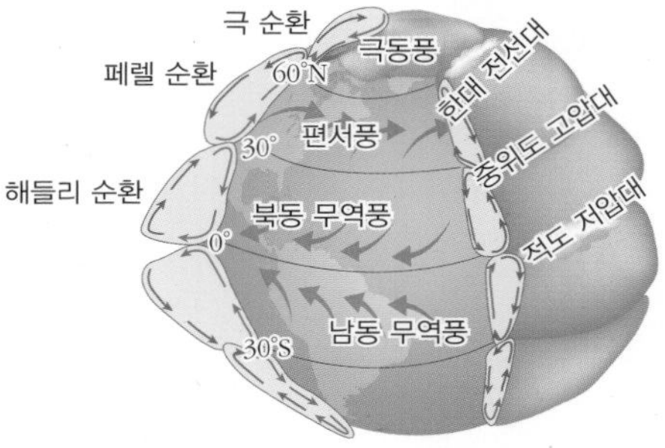

▲ 페렐의 대기 대순환 모형

극순환	극 ~ 위도 60° 극동풍이 불며 극 부근에서 극 고압대 형성
페렐 순환	30° ~ 60° 편서풍이 불며 위도 30°에서는 고압대, 60°에서는 한대 전선대(고위도 저압대) 형성
해들리 순환	적도 ~ 30° 무역풍이 불며 적도 부근에 적도 저압대 형성

2. 해류 : 일정한 방향과 속력으로 흐르는 해수의 흐름으로, 해류가 연결되어 하나의 순환을 이룬다.

표층 순환	지속적인 바람에 의한 표층 해류가 바람의 방향과 같은 방향으로 이동하다가 각 대양에서 연결되어 순환한다.
심층 순환	해수의 온도와 염분 차이로 인해 깊은 바닷속에서 순환이 일어나 표층 순환과 컨베이어 벨트처럼 연결된다.

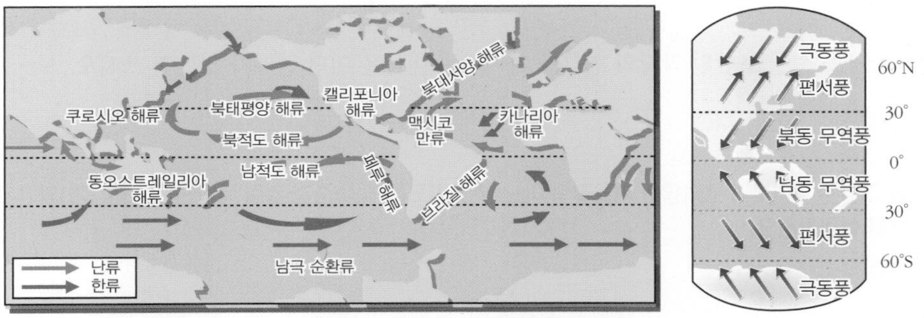

▲ 대기 대순환과 해수의 표층 순환

정답 및 해설 43쪽

Q6 기권의 대기 대순환과 해수의 심층 순환이 일어나는 근본적인 이유는 무엇인가?

059 다음 그래프는 높이에 따른 기온과 기압 분포를 나타낸 것이다. 대기의 층상 구조를 나누는 기준은 무엇인지 서술하시오.

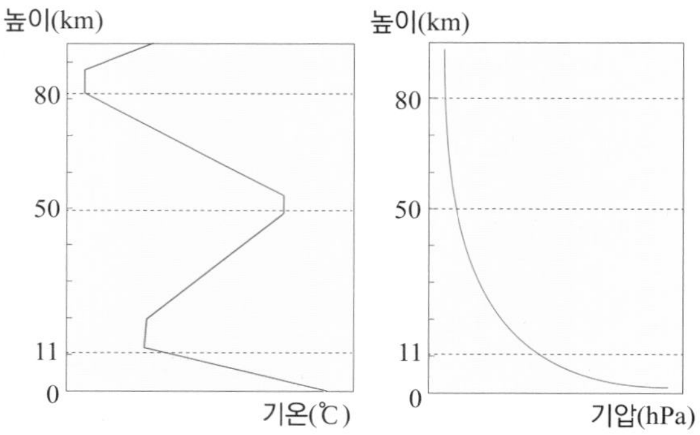

060 다음 표를 보고 물음에 답하시오.

염류	동해		황해	
	질량(g)	구성비(%)	질량(g)	구성비(%)
염화나트륨	25.64	(　)	24.10	77.7
염화마그네슘	3.60	10.9	3.38	(　)
황산마그네슘	1.55	(　)	1.46	4.7
황산칼슘	1.19	3.6	1.11	(　)
황산칼륨	0.83	(　)	0.77	2.5
기타	0.19	0.6	0.18	(　)
합계	33g	100.0	31g	100.0

(1) (　)안을 계산하여 표를 완성하시오.

(2) 동해, 황해의 염분값은 각각 얼마인가?

(3) 각 바다에 녹아 있는 염류 중에서 염화나트륨과 염화마그네슘의 양을 서로 비교해 보시오.

(4) 바닷물 속에 포함된 각각의 염류가 차지하는 비율은 어떤 관계가 있는지 쓰시오.

061 다음 그림은 우리나라 초여름과 겨울철의 어느 날 일기도를 각각 순서 없이 나타낸 것이다. (가)와 (나)의 계절을 적고, 그 이유를 설명하시오.

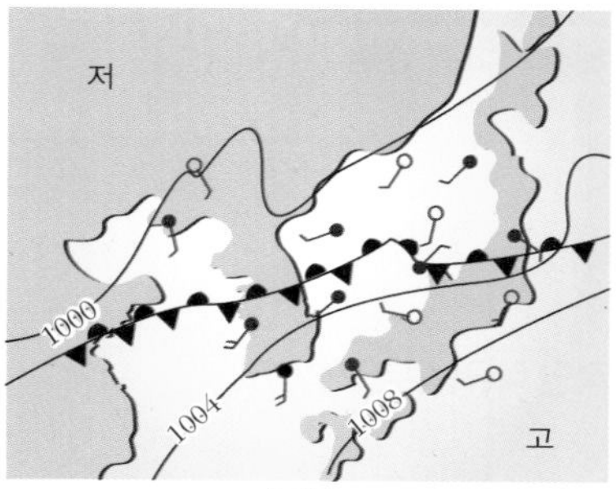

(가)

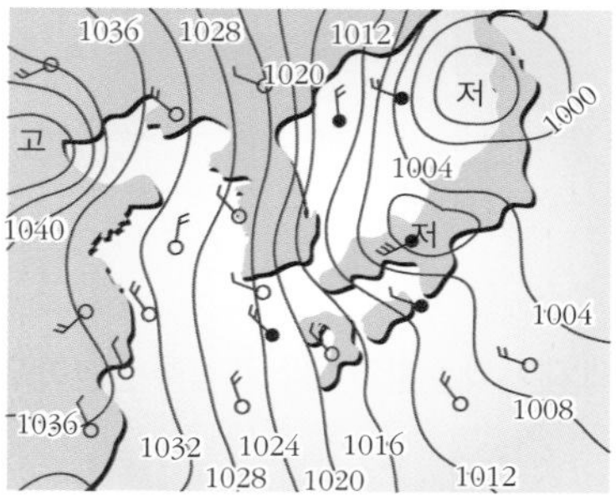

(나)

062 동훈이가 다음 그림과 같은 장치를 이용하여 구름을 만들어 보았다. 공기 펌프를 이용하여 플라스크 안의 공기를 압축했다가 공기 펌프를 열었더니 약간 흐려지기는 했지만 변화가 크지 않았다. 플라스크 안의 공기를 더 뿌옇게 만들 수 있는 방법을 2가지 이상 제시하시오.

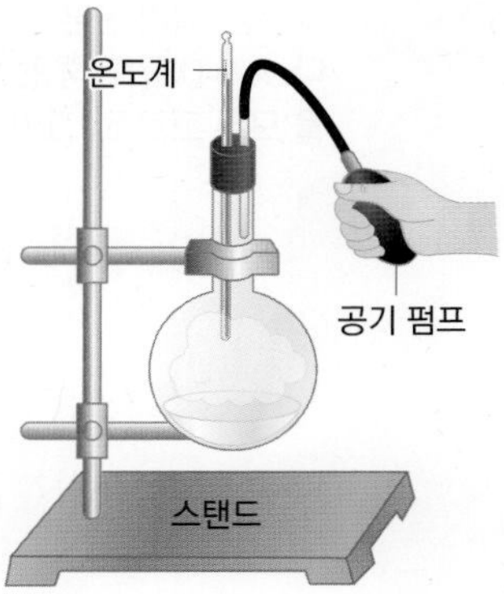

063 다음 그래프는 위도가 다른 세 해역에서 깊이에 따른 수온의 변화를 나타낸 것이다. A ~ C 해역을 고위도, 중위도, 저위도로 나누고, 그 이유를 서술하시오.

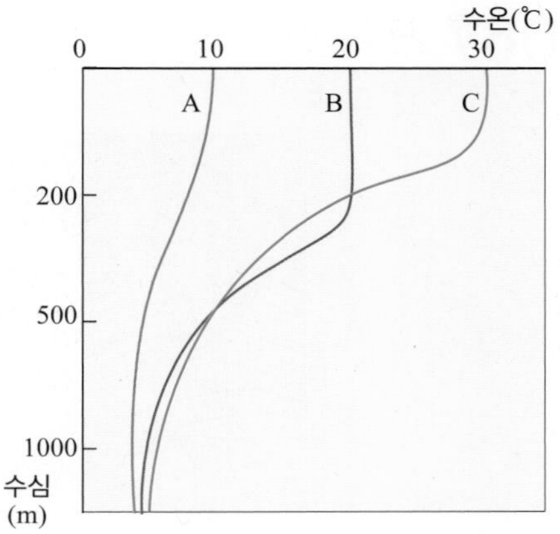

064 그림 (가)와 (나)는 현재와 13,000년 후의 지구 자전축의 경사 방향 변화를 나타낸 것이다. 13,000년 후 서울에서 현재와 달라지는 것에는 어떤 것이 있겠는가?

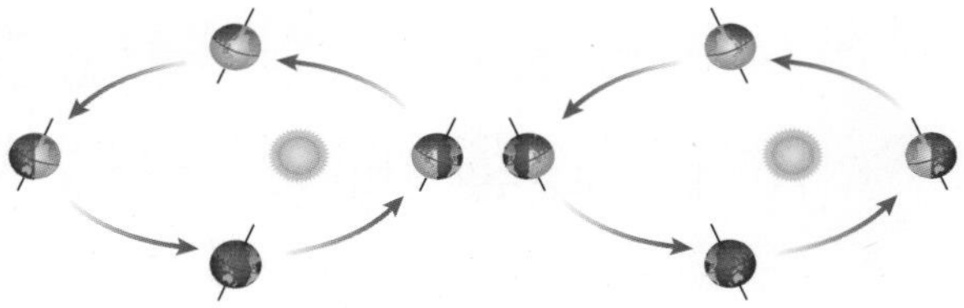

065 다음 (가)는 공기 덩어리가 산을 넘는 모습을, (나)는 A 지점에서 출발하는 세 공기 덩어리(P, Q, R)의 온도와 이슬점을 나타낸 것이다. P, Q, R 공기 덩어리가 각각 A → B → C 지점을 통과할 때, C 지점에서 기온이 가장 높은 공기 덩어리는 무엇인가? (단, 건조 단열 감률은 1℃/100m, 습윤 단열 감률은 0.5℃/100m, 이슬점 감률은 0.2℃/100m이다.)

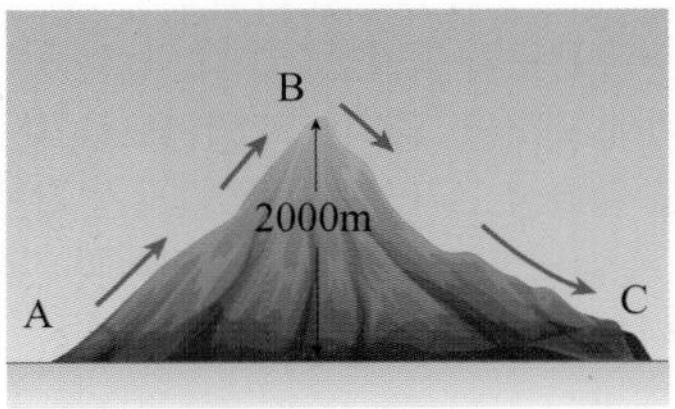

(가)

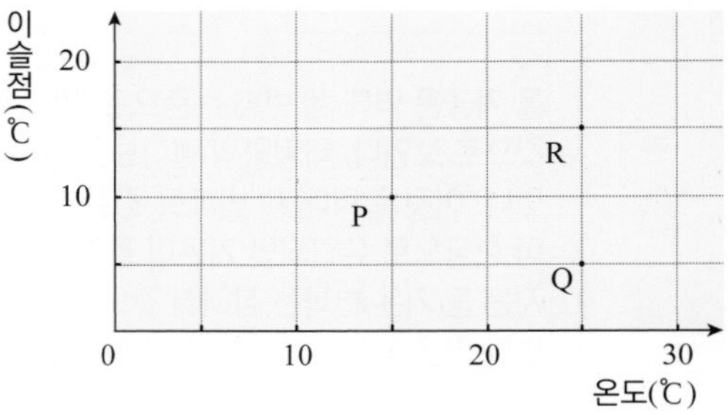

(나)

유형 Problem

066 그림은 대기 순환의 수평 규모와 시간 규모를 나타낸 것이다. A ~ D 규모 중 전향력의 영향을 고려하지 않아도 되는 것을 모두 고르고, 그 이유를 서술하시오.

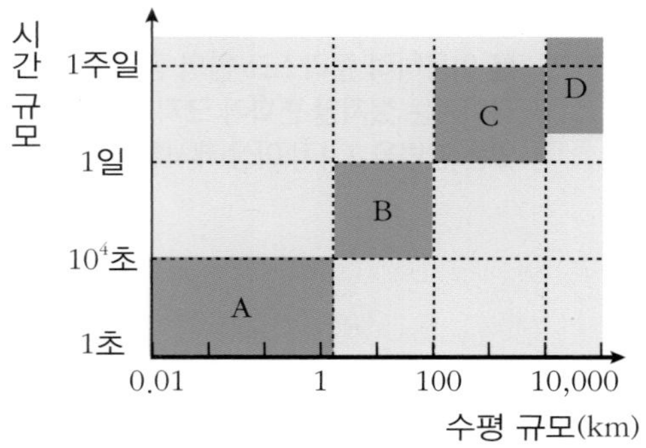

067 다음 그림은 전 세계 바다의 표층 수온 분포를 나타낸 것이다.

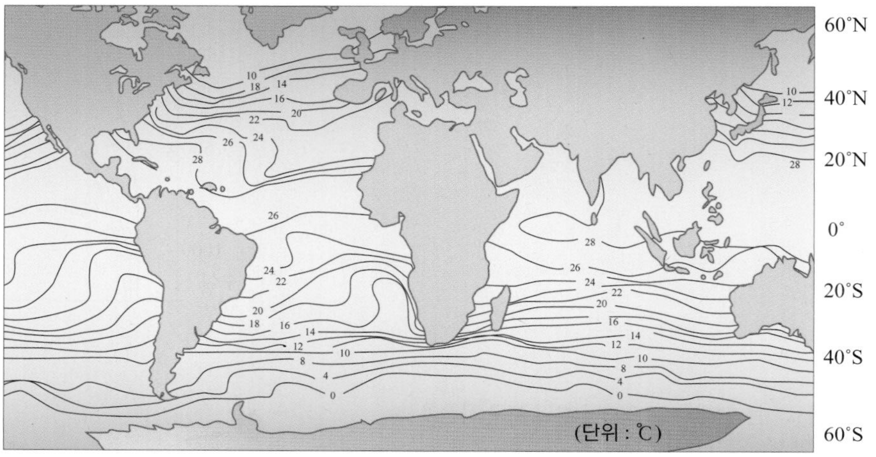

(1) 해수의 표층 수온 분포는 위도별로 차이를 보인다. 그 원인을 서술해 보시오.

(2) 해수의 표층 수온 분포는 북반구와 남반구에 따라 차이를 보인다. 그 원인을 서술해 보시오.

068 다음은 기상 관련 기사이다. 이 현상은 지구계의 어떤 구성 요소들 간의 상호 작용인지 쓰시오.

> 올 겨울은 역대 세 번째 수준으로 강한 '엘니뇨'의 영향으로 평년보다 많은 눈이 내리고 평년보다 따뜻할 것으로 보인다. 태평양의 엘니뇨 감시 구역에서 최근 해수면 온도가 평년보다 3.1℃ 높은 상태로 측정되었다. 이것은 역대 세 번째로 강한 수준이다. 기상 전문가에 의하면 "엘니뇨의 영향으로 따뜻한 남서풍이 한국으로 유입되면 기온이 올라가게 된다. 그러면서도 대륙성 고기압 때문에 갑자기 기온이 뚝 떨어지는 등 기온 변화는 심해질 것으로 보인다"고 전망했다. 엘니뇨 현상으로 날씨가 변덕이 심해지고 예상보다 많은 폭설을 비롯한 이상 기후 현상도 늘어날 수 있다는 것이다.
>
> \- 20XX. 11. OO 뉴스

069 다음은 수심에 따른 수온의 분포를 알아보기 위하여 그림 (가)와 같이 실험을 설계하고 그 결과를 (나)와 같이 나타낸 것이다. (단, 그래프 A, B, C는 실험 과정에서 측정한 결과를 나타낸 것이다.)

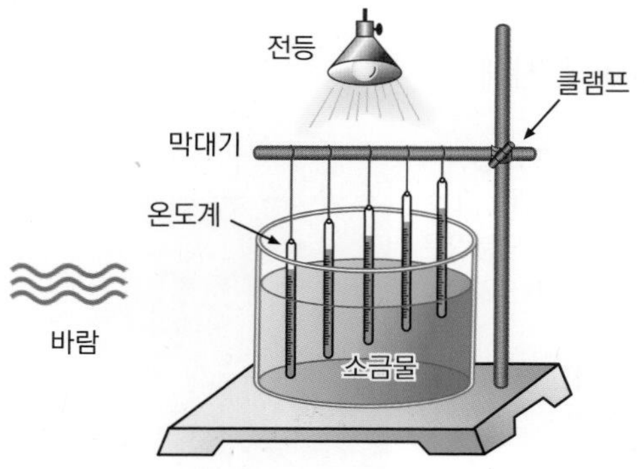

(가)

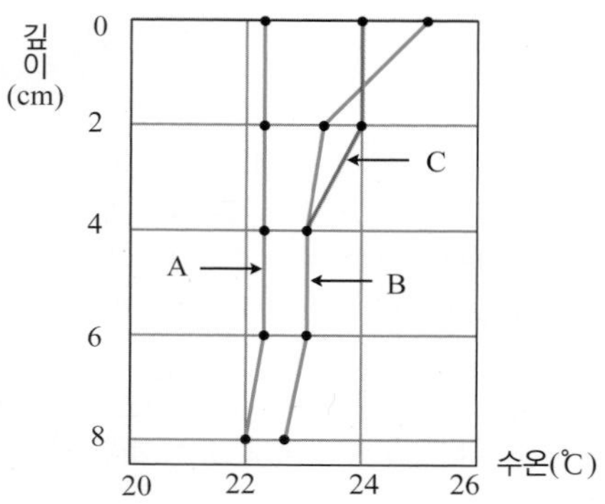

(나)

(1) 각각의 실험 과정 A, B, C 과정에 맞는 실험 방법을 각각 적으시오.

(2) 만약 부채질을 지금보다 더 오래 해준다면 그래프의 모양이 어떻게 달라질지 변화할 그래프의 기호를 쓰고 설명하시오.

(3) 이 실험 결과를 바탕으로 실제 바다에서 태양 복사 에너지의 양이 지금보다 커졌을 때, 또는 바람이 더 강해졌을 때 어떤 변화가 생길지 실험 결과 그래프와 연관하여 설명하시오.

070 그림은 위도에 따른 표층 해수의 온도(A), 염분(B), 밀도(C)의 분포를 나타낸 것이다.

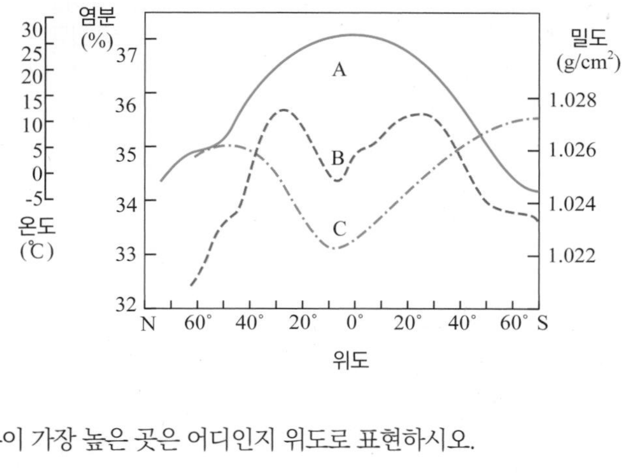

(1) 해수의 수온이 가장 높은 곳은 어디인지 위도로 표현하시오.

(2) 염분이 가장 높은 곳은 어디인지 위도로 표현 하시오.

(3) 그래프를 보고 판단할 때 고기압이 주로 형성되어 있을 위도대는 저위도, 중위도, 고위도 중 어느 곳이라 생각하는가? 또, 그렇게 생각하는 이유는 무엇인지 위 곡선과 연관지어 설명하시오.

071 다음의 읽을 거리를 읽고 물음에 답하시오.

죽음의 바다 "사해"

▲ 사해에 떠있는 관광객

사해(死海)는 이스라엘과 요르단의 국경에 있는 함수호로 면적이 1020km^2, 길이 77km, 폭 16km, 표면적 950km^{2}인 사해는 그 수면이 평균 해수면보다 약 400m 가량 낮다. 바다의 평균 염분량은 35‰(1/1000 단위) 정도인데 반해 사해의 염분량은 280 ~ 330‰ 정도가 된다.

이러한 특징으로 인해 성경에서는 염해(Salt Sea)라고 불리며, 동쪽의 바다라 하여 '동해', 또는 '아라비아해'로도 불렸다. 생물이 전혀 살 수 없는 환경으로 인해 '사해(Dead Sea)'라고 불린다.

요르단 강을 비롯한 여러 강에서 강물이 유입되지만 호수에서 물이 빠져 나갈 수 있는 유출구는 없다. 건조 기후이기 때문에 유입 수량과 거의 같은 양의 수분이 증발한다. 이로 인해 염분의 함유율이 높아지게 되었다. 높은 염분 농도로 인해 바닷물에 몸을 담그면 인체가 전혀 가라앉지 않는 것으로 유명하다. 또, 여름철에는 염분이 거의 포화 상태가 되어 바다 위에 결정으로 떠 있는 많은 소금 덩어리들을 볼 수 있다.

별 쓸모가 없는 곳으로 생각되었던 사해에는 무궁무진한 광물 자원이 있다는 사실이 밝혀졌다. 그 예로 중요한 공업 원료인 브로민(Br)은 전 세계 소비량의 26%가 사해에서 산출되고 있으며 전 세계가 앞으로 1천년을 사용하고도 남을 양이 함유되어 있다고 한다. 또한 포타슘(K)의 매장량은 100년 간 전 세계 소비량을 충족할 수 있을 정도라고 한다. 포타슘은 비누, 비료 등을 만드는데 사용되고 있다.

사해의 물은 피부병에 특효약일 뿐만 아니라 관절염 등 여러 가지 통증 완화에도 특효가 있는 것으로 밝혀져 많은 이들이 치료를 위해 이곳을 찾고 있다. 더구나 사해 지역의 공기 중에는 산소가 10% 가량 더 포함되어 있어서 사해 수면에서 증발하는 수증기와 함께 심신을 건강하게 해 주는 효과가 있다고 한다. 게다가 사해의 진흙은 미용제로 각광받고 있다. 일찍이 이집트 여왕인 클레오파트라는 사해 진흙을 미용에 이용하였다고 한다. 오늘날 사해 근처의 공장에서는 사해 진흙으로 각종 화장품을 만들어 내고 있다.

사해에도 예전에는 물이 있었음이 확인된다. 아주 오래 전에는 적어도 사해 물이 225m가량 채워져 있었으며 19세기 영국인들이 탐험했을 때도 현재의 수위보다 12m나 높았다고 한다. 오늘날에는 갈릴리 호수로부터 흘러 내려오는 강물을 차단하여 조정하고 있기 때문에 수면이 자꾸 낮아지고 있는 실정이다. 또한 여름철의 수분 증발량도 수면이 낮아지는 중요한 이유 가운데 하나이다.

(1) 사해의 염분이 높은 까닭은 무엇인가?

(2) 사해에서 사람이 물에 뜨는 이유는 무엇인지 쓰시오.

(3) 사해의 광물 자원에는 무엇이 있는가?

(4) 사해의 수면이 낮아지는 이유는 무엇 때문인가?

정답 및 해설 44쪽

072 동훈이는 구름이 생성되는 원리인 단열 변화를 알아보기 위하여 다음 그림과 같이 장치한 후, 플라스크 내부의 변화를 관찰하는 실험을 실시하였다.

[과정]
① 플라스크에 온도계를 끼우고 고무마개로 막은 후 공기 펌프를 연결한다.
② 공기 펌프를 압축시켰다가 공기 펌프의 마개를 열면서 플라스크 속의 변화를 관찰한다.

[결과]
플라스크 안이 약간 흐려진다.

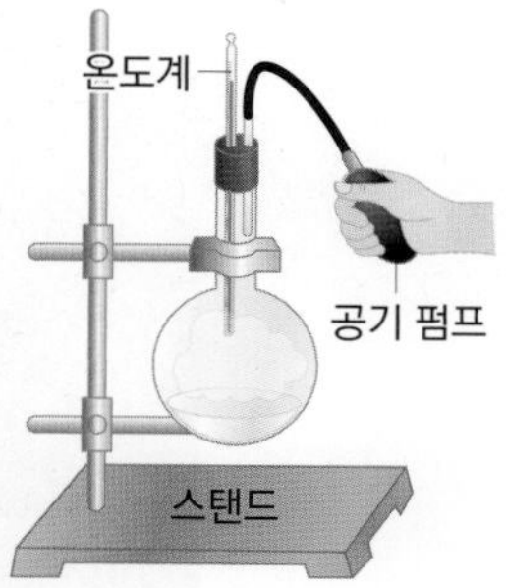

(1) 동훈이가 위의 실험에서 플라스크 내부의 변화를 더 잘 관찰할 수 있는 방법을 제시해 보시오.

(2) 위의 실험 결과를 참고하여 구름이 생성되는 과정을 다음 중에서 골라 순서대로 나열해 보시오.

ㄱ. 공기 상승	ㄴ. 구름 생성	ㄷ. 수증기 응결
ㄹ. 공기의 부피 팽창	ㅁ. 공기의 온도 하강	ㅂ. 기압 하강

(3) 아래 표는 우리 일상생활 속에서 볼 수 있는 단열 변화 현상들을 나타낸 것이다.

A	B	C	D
스프레이를 사용한 후 통을 만져 보면 매우 차다.	타이어에 공기를 주입하면 펌프의 고무관이 따뜻해진다.	입을 오므려 '호~'하고 불면 뜨거운 음식을 식힐 수 있다.	공기가 들어간 풍선에서 바람을 빼면 차가운 바람이 나온다.

단열 상태에서 기체의 부피가 변할 때 온도가 변하는 현상으로 단열 팽창과 압축이 있다. 위의 현상들을 일어나는 원리에 따라 분류해 보시오.

073 영재는 작은 비닐하우스 화원을 운영하고 있었다. 어느 날 실수로 출입문을 닫지 않고 저녁을 먹다 깜짝 놀라 비닐하우스로 달려가 온도계를 확인해 보니 10℃이였다. 황급히 영재는 비닐하우스 출입문을 닫고 보일러를 가동시키면서 온도와 습도 조절 장치의 온도를 18℃, 습도를 80%로 설정하였다.

설정한 온도와 상대 습도에 도달하기 위해 비닐 하우스에 추가로 필요한 수증기량은 몇 g인지 다음의 기온과 포화 수증기량과의 관계를 나타낸 표를 참고하여 구하시오. (단, 비닐 하우스의 부피는 50m³이다.)

[기온에 따른 포화 수증기량]

기온(℃)	0	2	4	6	8	10	12	14	16
포화수증기량 (g/㎥)	4.8	5.6	6.4	7.3	8.3	9.4	10.7	12.1	13.6
기온(℃)	18	20	22	24	26	28	30	32	34
포화수증기량 (g/㎥)	15.4	17.3	19.4	21.8	24.4	27.3	30.4	33.8	37.6

정답 및 해설 45쪽

074 다음은 습도에 영향을 미치는 요인을 알아보기 위해 아래와 같이 온도계를 설치하고 실험을 하였다.

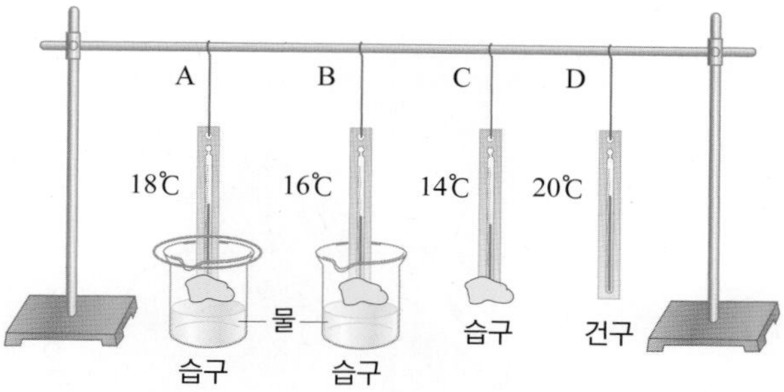

A	상온의 물을 담고 덮개를 씌운 비커 속에 젖은 헝겊을 씌운 온도계를 설치하였다. 현재 온도계의 눈금은 18℃를 가리키고 있다.
B	비커에 덮개를 씌우지 않고 나머지 조건은 그림 A와 같다. 현재 온도계의 눈금은 16℃를 가리키고 있다.
C	온도계의 구부를 젖은 헝겊으로 싸기만 하였다. 현재 온도계의 눈금은 14℃를 가리키고 있다.
D	아무 장치도 하지 않은 온도계이며 현재 온도계의 눈금은 20℃를 가리키고 있다.

(1) 상대 습도가 가장 높을 것으로 생각되는 경우는 A ~ C 중 어느 것이며 그 이유는 무엇인지 서술하시오.

(2) A의 경우가 C의 경우일 때 보다 온도가 더 높게 나타났다. 그 이유는 무엇인지 설명해 보시오.

(3) 다음은 우리 주변에서 일어날 수 있는 상황을 나타낸 것이다. C와 가장 비슷한 상황은 무엇인지 고르시오.

ㄱ. 장마철에는 시원하다.
ㄴ. 마당에 물을 뿌리면 시원하다.
ㄷ. 바닷가는 시원하다.
ㄹ. 나무 그늘에서는 시원하다.

075 그림은 A 지점에서 기온이 20℃, 현재 포함되어 있는 수증기의 양이 부피 1m³에 약 10.7g인 공기 덩어리가 높이 2000m인 산을 넘어 D 지점에 도달하는 과정을 나타낸 것이다. 표는 기온과 포화 수증기량과의 관계를 나타내었다.

[2021~23 기출 유형]

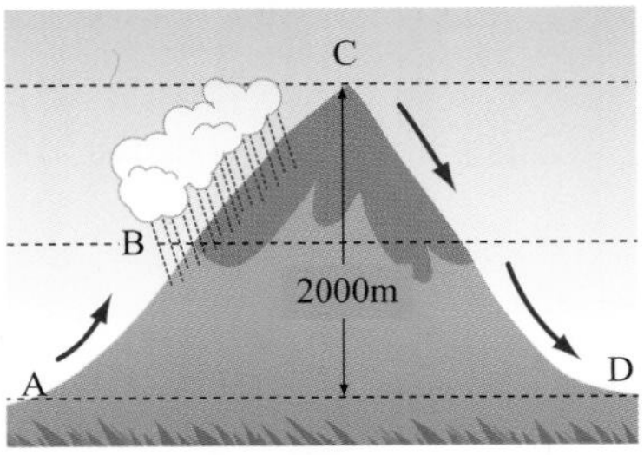

기온(℃)	0	2	4	6	8	9	10	12
포화 수증기량(g/㎥)	4.8	5.6	6.4	7.3	8.3	8.8	9.4	10.7
기온(℃)	14	16	18	20	22	24	25	30
포화 수증기량(g/㎥)	12.1	13.6	15.4	17.3	19.4	21.8	23.1	30.4

(1) 이 공기 덩어리가 상승하여 구름이 만들어지는 높이는 몇 km인가? (단, 1km 상승 시마다 건조한 공기(수증기 불포화 공기)는 10℃, 습윤한 공기(수증기 포화 공기)는 5℃, 이슬점은 2℃씩 온도가 내려간다.)

(2) A ~ D에서의 기온과 이슬점을 구하시오.

	A	B	C	D
기온				
이슬점				

(3) A와 D 지점에서 공기 덩어리의 상대 습도를 비교해 보고 차이가 나는 이유를 설명해 보시오.

정답 및 해설 45쪽

076 다음 자료는 지구 평균 표면 기온 변화와 2007년 표면 기온 이상을 나타낸 것이다.(단, 회색은 데이터 없는 지역)

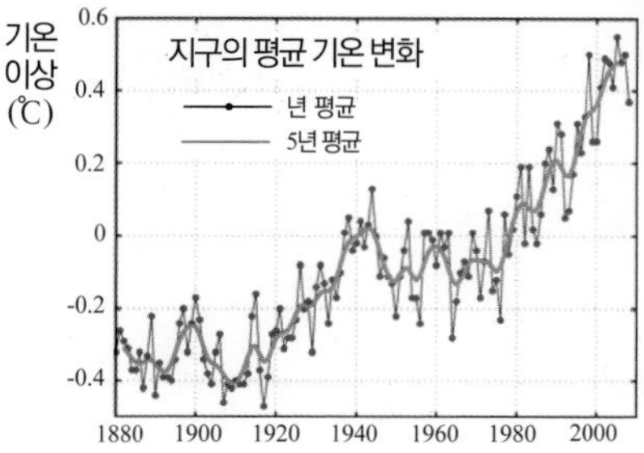

(가)

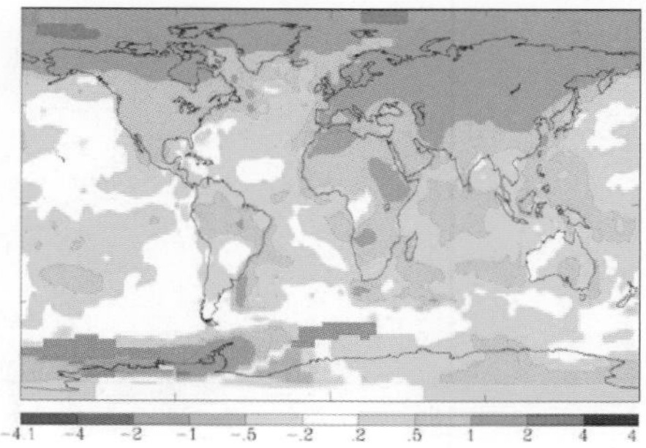

(나) 표면 기온 이상

(1) 그래프 (가)에서 1880년 이래로 지구의 표면 기온은 평균점(0)을 기준으로 할 때 어떻게 변화하고 있는가?

(2) 그림 (나)에서 2007년도에 표면 기온 변화가 가장 크게 나타난 지역은 어느 곳인지 해당되는 곳에 O 표시하시오.

북반구, 남반구	대륙, 해양

(3) 위에 제시된 자료처럼 지구의 온도 상승이 우리 생활에 미치는 영향을 3가지 이상 쓰시오.

(4) 아래는 지구의 온실 효과를 일으키는 온실 기체들을 나타낸 것이다. 이 표를 참고할 때 지구 전체 온실 효과에 미치는 영향이 가장 큰 기체는 무엇이며 이러한 온실 기체를 줄일 수 있는 방법을 3가지 이상 쓰시오.

온실 기체	이산화탄소 (CO_2)	메테인(CH_4)	일산화이질소 (N_2O)	프레온 가스 (CFC_S)
배출원	에너지 사용/ 산업 공정	폐기물/농업/축산	산업 공정/ 비료 사용	냉매/세척용
대기 중의 농도(ppm)	350	1.71	0.31	0.00225
지구 온난화 지수(CO_2=1)	1	21	310	1,300~23,900
온난화기여도(%)	55	15	6	24

077 그림은 바람이 없는 맑은 날 어느 지역의 기온과 이슬점 온도를 나타낸 것이다. 이 지역에서는 야간에 안개가 발생하기 시작하였다. 다음 물음에 답하시오.

[대회 기출 유형]

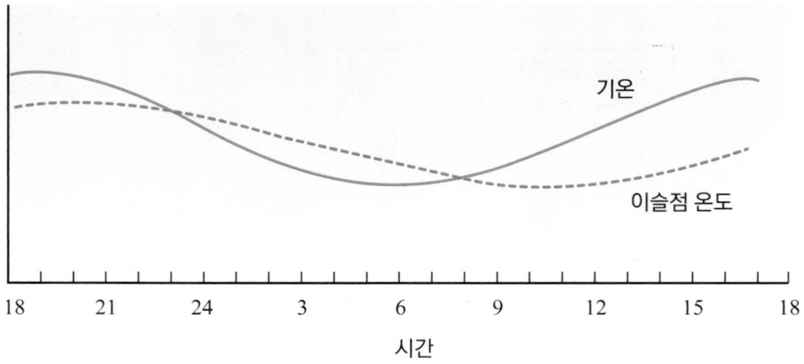

(1) 안개가 발생할 수 있는 시간은 몇 시부터 몇 시까지인가? 그 근거를 설명하시오.

(2) 해가 뜨는 시간은 몇 시와 몇 시 사이라고 할 수 있는가? 그 근거는?

정답 및 해설 45쪽

078 다음 그림은 북반구 어느 지역의 등압선도를 나타낸 것이다. 다음 물음에 답하시오.

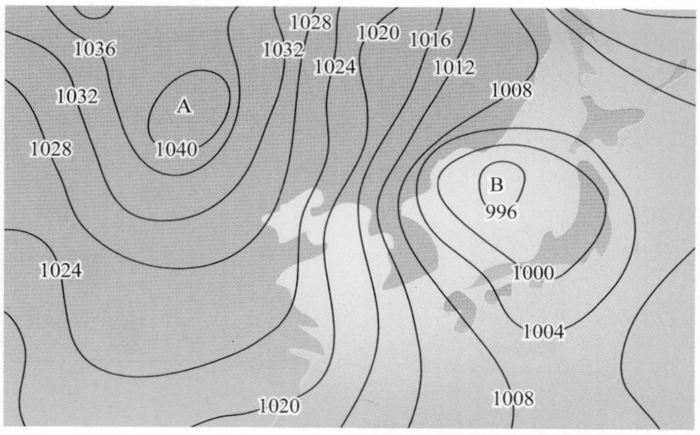

(1) A와 B 지역에서 지표면에서의 바람의 방향과 공기의 연직 운동을 아래 등압선 그림에 표현해 보시오.

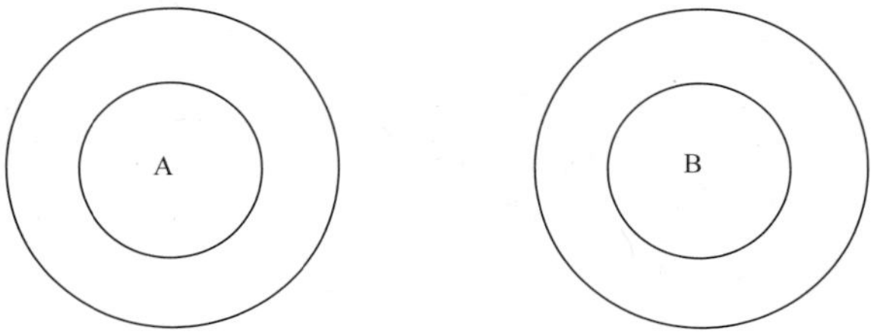

(2) 고기압과 저기압에서 바람은 등압선에 수직으로 불지 않고 휘어져 분다. 이와 같은 현상이 일어나는 가장 중요한 원인은 무엇인지 쓰시오.

(3) 고기압에서 날씨가 맑아지는 이유와 저기압에서 날씨가 흐리고 비가 오는 이유를 공기의 상승, 하강과 관련하여 서술하시오.

079 다음과 같이 실험하여 아래의 그래프를 얻었다.

[2021~23 기출 유형]

① (가)처럼 표면을 검게 칠한 알루미늄 컵 3개에 스티로폼 뚜껑을 씌운다.

② (나)와 같이 스티로폼 뚜껑 가운데에 구멍을 뚫어 온도계를 꽂고 전등(광원)의 중심으로부터 각각 10cm, 20cm, 30cm, 떨어진 거리에 놓는다.

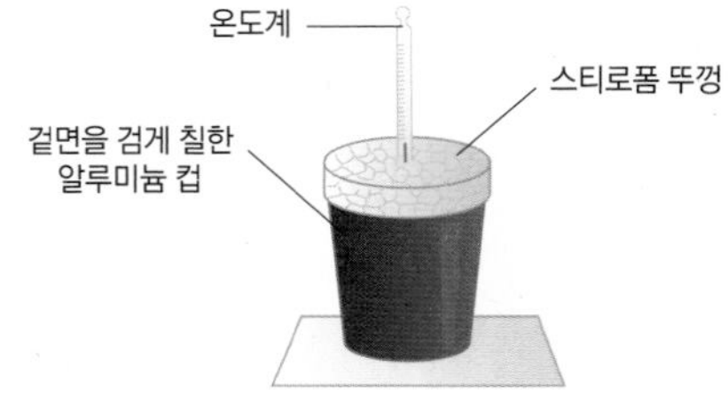

(가)

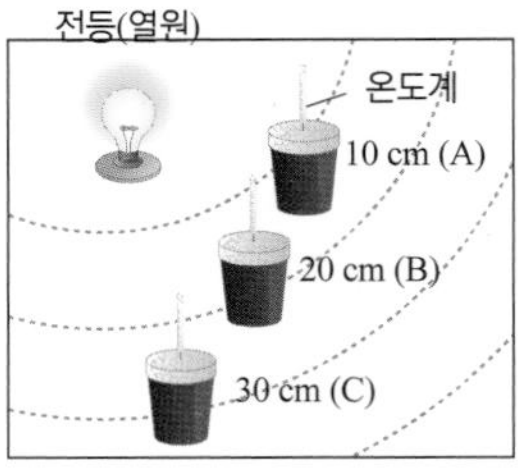

(나)

③ 전등에 불을 켜기 전에 컵 속의 온도를 측정한다.

④ 전등을 켜고 2분마다 컵 속 공기의 온도를 측정한다. 시간이 지나도 더 이상 올라가지 않을 때까지 온도를 측정하여 기록한다.

⑤ [실험 결과] 시간에 따른 온도 변화 그래프

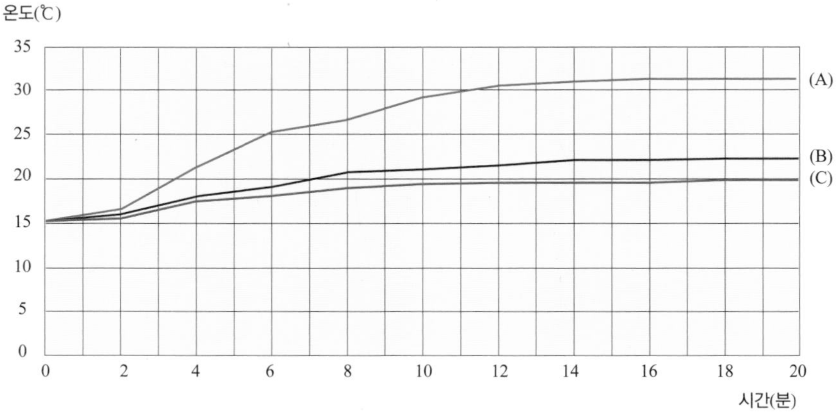

(1) 알루미늄 컵 속의 공기 온도가 전등을 켠 직후에는 상승하다가 나중에 일정하게 되는 이유는 무엇인지 쓰시오.

(2) 전등과 알루미늄 컵 사이의 거리가 멀어짐에 따라 복사 평형 온도는 어떻게 변하며 그 이유는 무엇인지 쓰시오.

(3) 알루미늄 컵을 지구, 전등을 태양이라 가정하고 지구에서의 복사에너지의 출입을 설명해 보시오.

(4) 지구가 흡수하는 태양 복사 에너지의 양이 지구 복사 에너지의 양보다 더 많다면 지구의 연평균 기온은 어떻게 될 것인지 쓰시오.

(5) 〈보기〉는 위의 실험 결과에 대한 설명이다. 옳게 설명한 것만을 있는 대로 고르시오.

보기

ㄱ. 전등과 알루미늄 컵 사이의 거리가 멀어지면 복사 평형 온도는 낮아진다.
ㄴ. 알루미늄 컵의 온도가 상승하는 속도는 전등과 컵 사이의 거리와 상관없이 일정하다.
ㄷ. 전등을 켠 후 복사 평형에 도달할 때까지 알루미늄 컵에서 방출되는 복사 에너지의 양은 점점 증가한다.
ㄹ. 온도가 계속 증가하지 않는 까닭은 알루미늄 컵이 방출하는 복사 에너지의 양이 흡수하는 양보다 크기 때문이다.

정답 및 해설 46쪽

080 다음은 석빙고에 대한 설명이다.

[서울과고 기출 유형]

얼음을 저장하는 장소를 빙고(氷庫)라 한다. 초기에는 빙고의 축조에 목재를 사용하였으나 이후에는 주로 돌을 이용하여 축조하였으므로 석빙고(石氷庫)라 부른다. 국내에 남아 있는 석빙고들의 구조는 대개 그림과 같다.

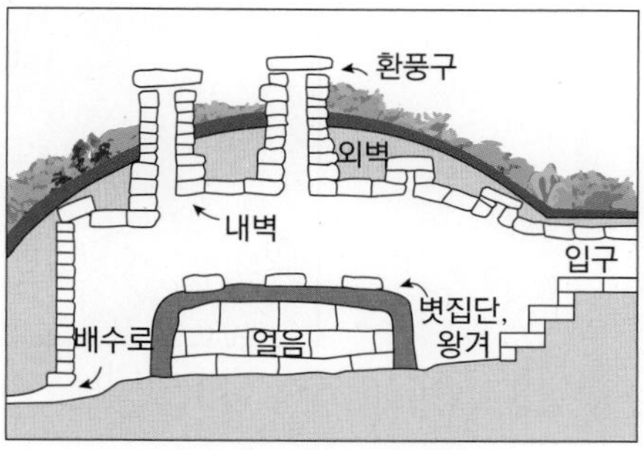

▲ 석빙고의 내부구조 단면도

석빙고는 이중벽 구조를 보이는데, 내벽은 화강암으로 외벽은 석회와 진흙을 섞어 덮었으며 외벽 위에는 토양을 덮고 잔디를 심었다. 천장은 화강암을 아치형으로 둘렀으며 지붕에는 직사 광선과 물이 들어올 수 없게 설계된 환풍구가 있다. 입구는 대개 남향이고 열어 두었으며, 바닥에는 내부의 물이 잘 빠져나가도록 배수로를 만들었다.

(1) 온도가 30℃, 상대 습도가 90%인 공기가 석빙고의 입구를 통해 내부로 들어왔다. 이 공기의 온도와 상대 습도가 각각 5℃, 80%로 변한다면 응결되는 수증기량은 $1m^3$당 몇 g인지 다음 표를 참조하여 구하시오.

기온(℃)	5	30
포화 수증기량(g/m^3)	6.8	30.4

(2) 석빙고의 입구는 남쪽을 향해 있고, 지붕에는 환풍구, 바닥에는 배수로가 마련되어 있다. 이러한 장치들이 석빙고 내부의 기온 또는 상대 습도를 일정하게 유지하는 데 어떤 역할을 하는지 각각 설명하시오.

081 그림 (가)와 (나)는 약 6개월간의 간격을 두고 측정한 우리나라 부근 해수의 염분을 나타낸 염분 분포도(단위 ‰)이다.

[경기과고 기출 유형]

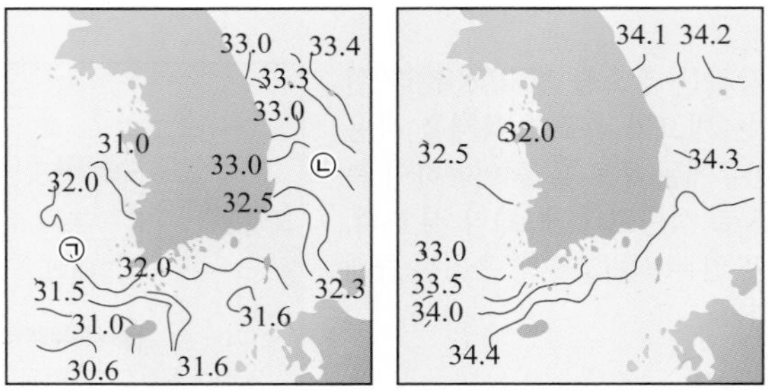

(가)　　　　(나)

(1) 그림 (가)에서 ㉠과 ㉡의 해수를 각각 1kg씩 채취하여 섞었다고 하자. 그 안에 들어있는 총 염화 나트륨의 양은 몇 g인지 소수 둘째 자리에서 반올림하여 말하시오. (단, 염분이 35.0‰인 그린란드 근해의 해수 1kg에 27.1g의 염화 나트륨이 들어있다.)

(2) 해수의 염분이 지역에 따라 차이가 나는 이유를 두 가지 이상 말하시오.

(3) 아래 그림과 같은 일기도를 보이는 계절에 전형적으로 나타날 수 있는 염분의 분포는 그림 (가)와 (나)중 어느 것인지 고르고, 그렇게 택한 이유를 말하시오.

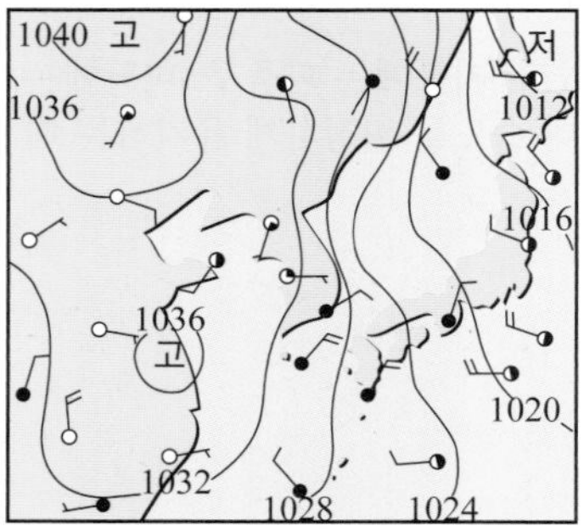

정답 및 해설 46쪽

082 겨울에 자동차를 타면 유리창 안쪽에 김이 서리는 현상을 볼 수 있다.

[서울과고 기출 유형]

(1) 자동차를 타기 직전 자동차 안의 공기 상태가 그림의 P점과 같았다. 유리창에 김이 서리기 시작할 때, 김이 서리는 유리창 주변의 공기 상태를 A, 자동차 실내 중앙 부분의 공기 상태를 B라 하자. A와 B에 해당하는 점을 그림에 표시하고, A와 B가 다른 이유를 설명하시오.

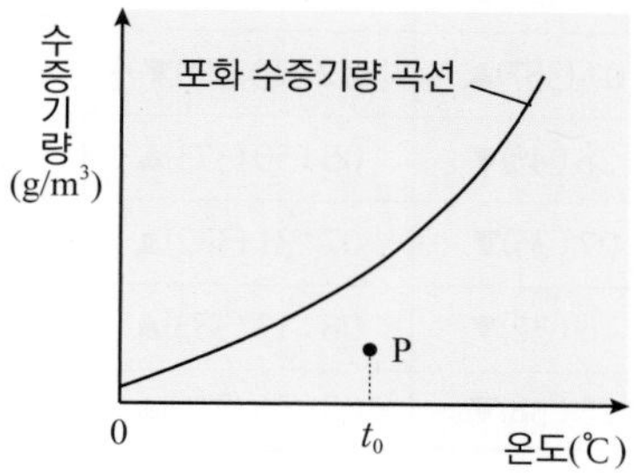

(2) 자동차의 에어컨이나 히터를 가동하면 유리창에 서린 김을 제거할 수 있다. 각각의 경우 김이 제거되는 원리를 설명하시오.

- 에어컨을 가동하는 경우 :

- 히터를 가동하는 경우 :

기출 Check

083 다음 <표>는 2004년 5월 1일부터 8일까지 측정한 백령도 지역의 조석 자료이다. (단, ▲는 만조(밀물 때 가장 높은 해수면 높이), ▼는 간조(썰물 때 가장 낮은 해수면 높이)를 타나내고, 만/간조의 단위는 cm이며, 기준면은 평균 해수면 아래 210cm 지점이다.)

[2021~23 기출 유형]

날짜(양력)	시 : 분(만/간조)	시 : 분(만/간조)	시 : 분(만/간조)	시 : 분(만/간조)
5월 1일	03 : 35 (279)▲	09 : 40 (119)▼	16 : 05 (306)▲	22 : 24 (112)▼
2일	04 : 35 (307)▲	10 : 38 (95)▼	16 : 57 (325)▲	23 : 08 (85)▼
3일	05 : 23 (334)▲	11 : 27 (75)▼	17 : 41 (339)▲	23 : 48 (62)▼
4일	06 : 07 (357)▲	12 : 13 (61)▼	18 : 34 (348)▲	
5일	00 : 28 (45)▼	06 : 50 (373)▲	12 : 56 (55)▼	19 : 03 (349)▲
6일	01 : 07 (35)▼	07 : 31 (382)▲	13 : 39 (56)▼	19 : 44 (345)▲
7일	01 : 46 (32)▼	08 : 13 (383)▲	14 : 21 (65)▼	20 : 25 (335)▲
8일	02 : 25 (38)▼	08 : 56 (376)▲	15 : 05 (81)▼	21 : 07 (321)▲

(1) 위 표에서 사리에 해당하는 날짜(양력)을 쓰시오.

(2) 5월 4일에는 다른 날과 다르게 간조가 1회밖에 없다. 그 이유를 설명하시오.

(3) 양력 5월 9일 ~ 15일 의 예상되는 만조와 간조 수위를 아래 표에 대략적으로 그려 보시오.

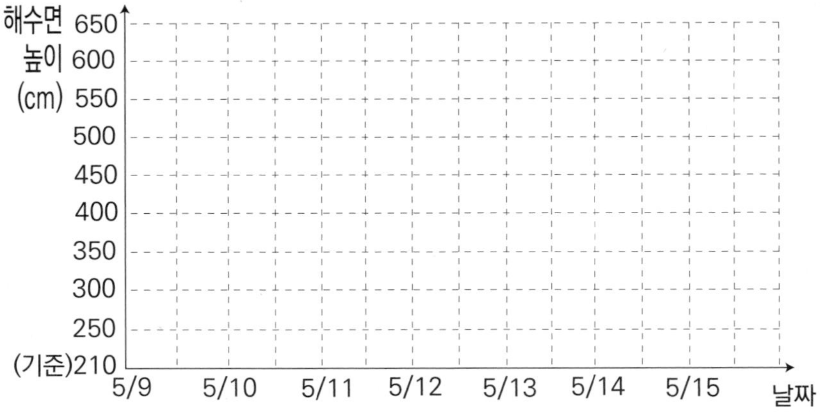

정답 및 해설 47쪽

084 영희는 친구들과 함께 지구과학 여행으로 한라산을 다녀왔다. 한라산을 등산하는 과정에서 기온, 기압, 바람의 변화를 조사하기 위해서 온도계, 바람을 넣은 풍선, 깃발, 바람개비, 그리고 여벌의 옷을 준비하였다. 여행을 마친 후 서로의 느낀 점을 다음과 같이 이야기하였다. 다음 물음에 답하시오.

[대회 기출 유형]

> 영희 : 얇은 옷을 입고 갔었는데 추워서 고생했어!
> 철수 : 산에 올라가면서 귀가 멍멍해지는 것을 느꼈어!
> 영수 : 낮에 올라갈 때와 저녁에 내려올 때 바람의 방향이 바뀌었어!

(1) 영희가 고생한 것은 어떤 사실을 잘못 예상하였기 때문인가? (단, 기온 변화를 중심으로 설명하시오.)

(2) 철수가 그렇게 느낀 이유는 무엇 때문인가? 또 풍선의 모양을 중심으로 설명하라.

(3) 영수가 관찰한 바람의 방향이 바뀌게 된 가능한 이유를 쓰시오.

085 다음 표는 온대 저기압과 열대 저기압을 비교한 것이고, 그림은 온대 저기압이 만들어지는 과정을 나타낸 것이다.

[대회 기출 유형]

구분	발생지	전선	등압선	풍속
온대 저기압	중위도 지방	있음	타원형	비교적 약함
열대 저기압	열대 해상	없음	원형	강함

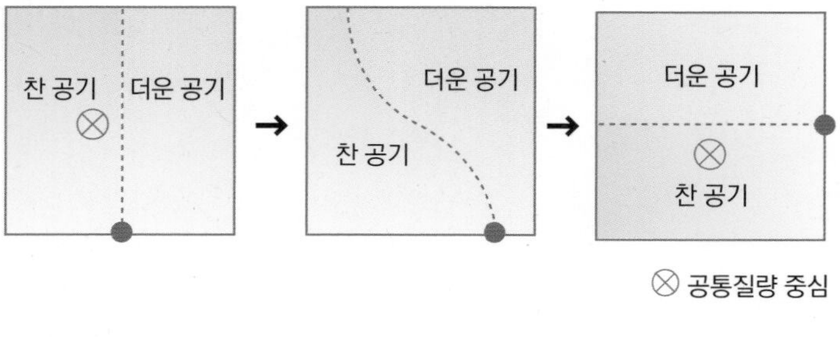

주어진 자료를 이용하여 온대 저기압과 열대 저기압의 에너지원을 비교하여 설명하시오.

기출 Check

086 다음은 지구에 입사되는 평균 태양 복사 에너지량을 100 %로 보았을 때 태양 복사 에너지와 지구 복사 에너지의 수지를 나타낸 것이다.

[2021~23 기출 유형]

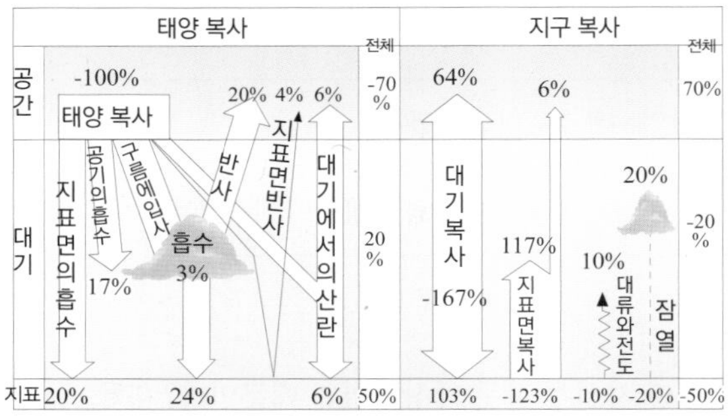

(1) 지구의 반사율은 몇 %인가?

(2) 지구 대기권이 흡수하는 총에너지는 몇 %인가?

(3) 위 그림과 수치를 근거로 지표면, 대기, 지구 외부 공간으로 나눠서 복사 평형을 설명해 보시오.

087 실험실에서 건구와 습구의 온도를 측정했더니 각각 20℃와 16℃이었다. 아래 포화 수증기량 곡선과 습도표를 이용하여 물음에 답하시오.

[대회 기출 유형]

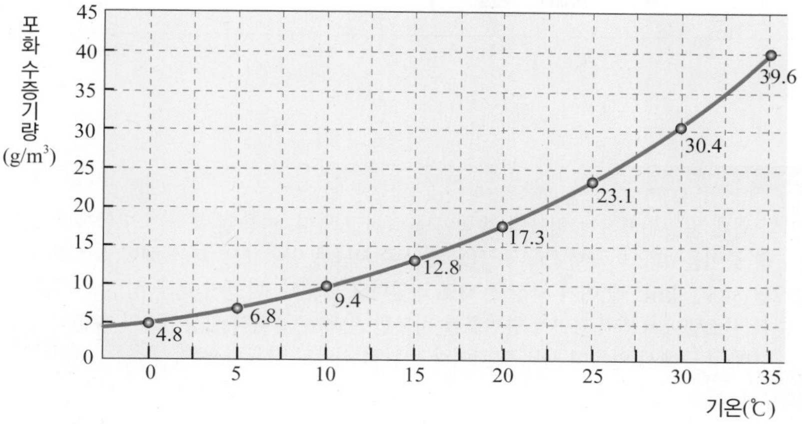

습구온도 (℃)	건구와 습구의 온도차(℃)					
	0	1	2	3	4	5
16	100	90	82	74	66	60
17	100	91	83	74	67	61
18	100	91	83	75	68	62
19	100	91	83	76	69	62
20	100	91	83	76	69	63

(1) 실험실 공기의 습도를 구하시오.

(2) 실험실 공기 $1m^3$에 포함된 수증기량을 구하시오.

(3) 실험실 공기가 10℃까지 냉각됐을 때 응결된 물방울의 질량을 구하시오.(단, 실험실 공기의 부피는 100㎥이다.)

지구의 심장, 북극해

주제 I

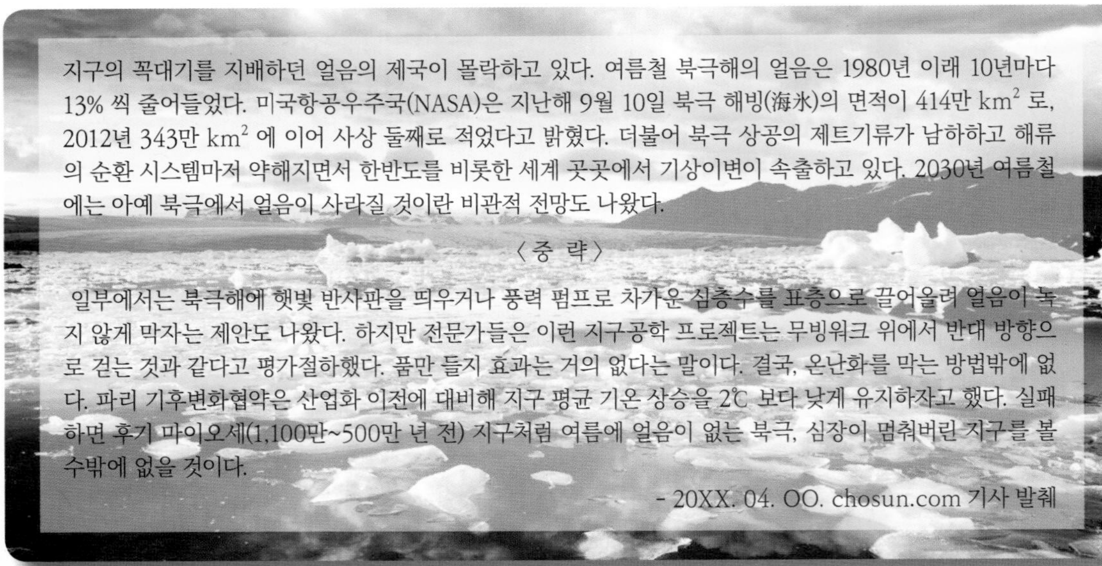

지구의 꼭대기를 지배하던 얼음의 제국이 몰락하고 있다. 여름철 북극해의 얼음은 1980년 이래 10년마다 13% 씩 줄어들었다. 미국항공우주국(NASA)은 지난해 9월 10일 북극 해빙(海氷)의 면적이 414만 km^2 로, 2012년 343만 km^2 에 이어 사상 둘째로 적었다고 밝혔다. 더불어 북극 상공의 제트기류가 남하하고 해류의 순환 시스템마저 약해지면서 한반도를 비롯한 세계 곳곳에서 기상이변이 속출하고 있다. 2030년 여름철에는 아예 북극에서 얼음이 사라질 것이란 비관적 전망도 나왔다.

〈중 략〉

일부에서는 북극해에 햇빛 반사판을 띄우거나 풍력 펌프로 차가운 심층수를 표층으로 끌어올려 얼음이 녹지 않게 막자는 제안도 나왔다. 하지만 전문가들은 이런 지구공학 프로젝트는 무빙워크 위에서 반대 방향으로 걷는 것과 같다고 평가절하했다. 품만 들지 효과는 거의 없다는 말이다. 결국, 온난화를 막는 방법밖에 없다. 파리 기후변화협약은 산업화 이전에 대비해 지구 평균 기온 상승을 2℃ 보다 낮게 유지하자고 했다. 실패하면 후기 마이오세(1,100만~500만 년 전) 지구처럼 여름에 얼음이 없는 북극, 심장이 멈춰버린 지구를 볼 수밖에 없을 것이다.

- 20XX. 04. OO. chosun.com 기사 발췌

지구의 기후 조절자

북반구의 가장 북쪽에 위치한 북극해는 약 1,400만 km^2 의 넓이로 5대양 중 가장 작으며, 전 세계 바다 면적의 2.6 %에 불과하다. 또한 북극해에 담긴 바닷물의 양은 지구 전체 해수의 1% 에 그친다. 평균 수심도 1,320m 로 다른 대양에 비해 낮다. 하지만 작은 크기임에도 인간의 생명을 책임지고 있는 심장과 같이 전 지구의 기후 변화를 조절하는 중요한 역할을 하는 바다가 바로 북극해이다.

북극해의 해수 순환

북극은 대륙인 남극과는 달리 북미와 유라시아 대륙으로 둘러싸인 바다이다. 북태평양과는 서쪽의 베링 해협과 경계를 이루고 북대서양과는 동쪽의 프람 해협과 바렌츠 해 및 그린란드에서 스발바르 제도 · 베어섬, 노르웨이의 노르카프를 잇는 선으로 나누어지고 있다. 수심이 낮고 수로가 좁은 베링 해협은 북태평양과 북극해 사이에서 표층수를 교환시켜 북극해 전체의 해양 순환 시스템에 영향을 준다.

그린란드와 스발다르 군도 사이에 위치한 프람 해협은 수심이 깊고, 북극해의 심층수를 북대서양과 유일하게 연결시키는 곳이다. 이때 북대서양 해류인 노르웨이 해

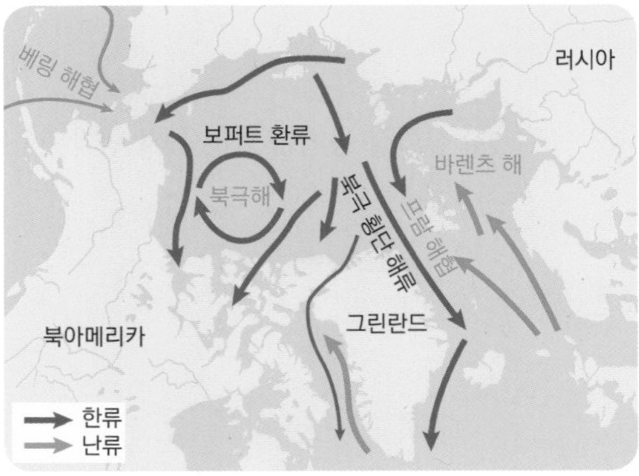

▲ 북극해의 표층 순환

류도 프람 해협과 바렌츠 해를 통해 북극해로 유입되며, 이 해류는 따뜻하고 염분 농도가 비교적 높은 표층수로 이루어져 북극 고위도에 열과 에너지를 전달한다.

북극해의 얼음

1년 내내 북극해의 대부분을 덮고 있는 얼음은 알베도가 0.5 ~ 0.7로 높기 때문에(일반적인 바다의 알베도는 0.1) 입사된 태양열을 대부분 반사시켜 표층 수온이 낮게 유지될 수 있도록 한다.
북극해의 평균 얼음 두께는 약 2.6 ~ 3m 이며, 가장자리로 가면서 얇아지는 렌즈 모양을 하고 있다. 얼음의 분포 면적은 계절에 따라 다르다. 7 ~ 9월에는 얼음이 녹기 때문에 9월 중순에는 얼음 면적이 최소 크기로 줄어들고, 10월 초부터는 염분이 낮은 바닷가에서부터 얼기 시작하여 3월 중순까지는 북극해 중앙 해역과 북태평양에 인접한 베링해, 오호츠크해까지 얼음이 확대된다.
북시베리아 북안 앞바다에서는 너비 800km에 이르는 광대한 대륙붕을 볼 수 있다. 전체 면적의 70%를 차지하는 대륙붕에는 광물자원이 풍부하고 주변 해역에는 전 세계의 주요 수산어장이 있다. 북극해에서 얼음은 대륙붕의 퇴적물을 깊은 바다로 운반하는 중요한 역할을 한다.

▲ 북극해의 얼음
흰색 : 3월 중순 경 가장 넓은 면적
파란색 : 9월 중순 경 가장 적은 면적

예민한 북극해

북극은 지구상 다른 어떤 지역보다도 작은 환경 변화에 쉽게 영향을 받는다. 지난 100년 동안 지구의 평균 기온은 섭씨 0.7℃ 상승했으나 북극은 두 배 이상 속도로 빠르게 증가하였다. 실제로 북극해에서 가장 급격하게 얼음이 녹고 있는 서북극해의 표층 수온이 3 ~ 4℃ 올랐다. 또한, 북극해를 단단하게 지켜주던 다년빙도 빠르게 줄어들고 있다. 1985년 북극해의 얼음 중 다년빙이 45% 였지만 2016년에는 22%로 줄었다.
얼음의 두께도 얇아지고 있다. 미국 하버드대 연구진이 '사이언스 어드밴스'에 발표한 논문에 따르면 20년 전에는 식물성 플랑크톤이 살 만큼 햇빛이 잘 들어오는 얇은 얼음은 전체의 3~4%에 불과했지만, 이제는 30%로 급증했다.
이처럼 자연 현상의 작은 변화에도 민감하게 반응하는 북극은 지구 온난화로 다른 지역보다 상대적으로 심한 기후 변화를 겪고 있다.

Q1 북극해로 유입된 북대서양 표층수의 흐름은 앞으로 어떻게 될지 서술하시오.

Q2 북극해 표층수의 염분 농도는 다른 대양의 평균값에 비해 낮은 편이다. 북극해의 지리적 요건을 참고하여 그 이유에 대하여 서술하시오.

Q3 얇은 얼음이 증가할 경우 식물성 플랑크톤이 증가하게 된다. 이러한 식물성 플랑크톤의 증가가 얼음이 녹는 속도를 빠르게 하는 원인이 된다고 한다. 그 이유는 무엇일까?

점점 뜨거워지는 지구! 열돔(Heat Dome) 현상

주제 Ⅱ

『 지구촌 '폭염과의 전쟁'…열돔 현상 · 사망자 속출 』

우리나라 뿐만 아니라 전세계가 '폭염과의 전쟁'을 치르고 있다. 중동은 50℃를 넘나드는 살인적인 더위가 이어지고 있고, 바그다드도 51℃ 까지 올라가면서 임시 공휴일까지 선포되었다.

미국도 마찬가지이다. 캘리포니아 주 데스밸리 지역의 최고 기온은 49.4℃. 동부 해안에서 중서부, 북서부를 아우르는 지역에 40℃가 넘는 찜통더위가 맹위를 떨치고 있다. 이는 뜨거운 열기가 둥근 지붕 속에 갇혀있는 이른바 '열돔 현상' 때문이다.

중국도 상하이 등 동남부 지역을 중심으로 낮 최고 기온이 38℃에서 40℃를 오르내리는 폭염이 기승을 부리고 있다.

- 20XX. 07.OO △△뉴스

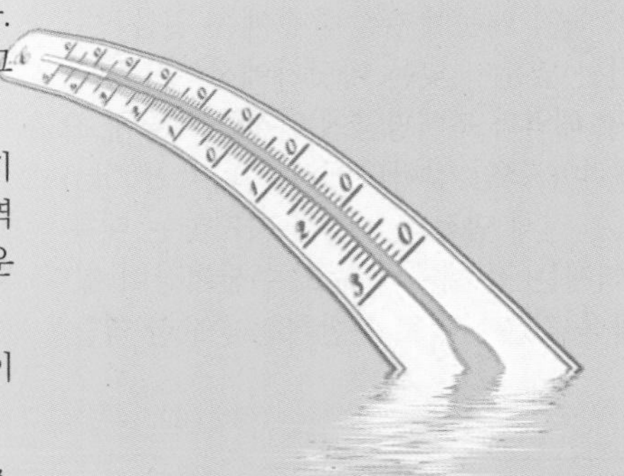

더위 속에 갇힌 지구!

세계기상기구(WMO)는 발표 자료를 통해 "2016년 6월까지 14개월 동안 연속으로 전 세계 월평균 기온과 해양 온도가 매달 최고 기록을 경신했다"며 "올해가 기상 관측 사상 가장 더운 해가 될 것"이라고 밝혔다. 2016년 5월의 세계 평균 기온은 16.4℃로 '20세기 평균 6월 기온(15.5℃)'보다 0.9℃ 높았으며, 관측을 시작한 1880년 이래 가장 더운 것으로 나타났다. 전문가들은 이 같은 무더위를 지구온난화 현상이 심화되고 있는 증거로 보고 있다.

열돔 현상(heat dome)

미국의 이상 고온 현상의 주된 원인으로 '열돔(Heat Dome) 현상'을 꼽고 있다. '열돔 현상'이란 열기가 막 안에

▲ 미국을 덮친 '열돔 현상' 지상 5~7km 높이에 발달한 고기압이 뚜껑 역할을 하여 뜨거운 공기가 빠져나가지 못하고 상층부에서 누르는 압력 때문에 가라앉게 된다. 이로 인하여 지표면에 뜨거운 공기가 계속 쌓여서 불볕더위가 발생하는 것이다.

간혀 있는 블로킹 현상을 최근 '열돔 현상'이라는 미국산 신조어로 부르게 된 것으로 열이 쌓이고 쌓여 마치 돔에 간힌 모양 같아 열돔이라고 부르게 되었다.

▲ 한국판 '열돔 현상' 남동쪽에서 북태평양 고기압이 확장하며 공기의 흐름을 막아, 뜨거워진 공기가 빠져나가지 못하고 계속 축적되어 더위가 더욱 심해졌다.

이처럼 미국에 살인적인 더위를 몰고 왔던 열돔 현상이 우리나라에서도 일어났다. 2016년 7월 평균 기온은 25.4℃로 평년보다 무려 0.9℃가 높고 1973년 이래 11번째로 높은 기록이었다. 또한, 하루 최고 기온이 33℃ 이상인 폭염 일수는 '5.5일'로 최근 30년 평균인 3.9일보다 많았고, 심지어 8월 평균인 5.3일보다도 많았다. 우리나라가 예년보다 여름 기온이 높았던 이유에는 열돔 현상 뿐만 아니라 동아시아의 대기 순환과도 관련이 높다고 한다.
동중국해의 저기압성 순환은 한반도 주변에 하강 운동을 일으켜 여름철 북태평양 고기압을 한반도 서쪽까지 확장하게 한다. 이때 고기압은 대기가 안정돼 구름이 없고 맑은 날씨가 이어지며 강수량이 감소하기 때문에 많은 태양 복사 에너지를 받게 되어 지표는 점점 뜨거워진다고 한다. 또한, 2015년 전 세계를 강타했던 슈퍼 엘니뇨가 소멸하는 과정에서 바다에 축적된 열기가 해류를 타고 분산되는 전 지구적 영향까지 받으면서 더위가 가중되었다고 한다.

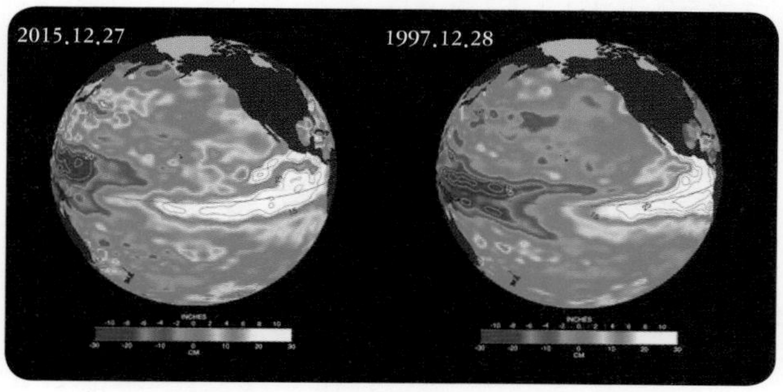

▲ 슈퍼 엘니뇨 역사상 최악의 엘니뇨로 2만 3천여명의 희생자를 낸 1997년 엘니뇨보다 남아메리카 해안 지역의 수온이 2.6℃나 더 높은 2015년 엘니뇨이다.

이와 같이 전 세계적으로 지독한 폭염이 지속되는 근본적인 이유는 지구 온난화로 인한 지구 기온 상승 때문이라고 기상학자들은 입을 모으고 있다.

한 전문가는 "지금 태평양 등의 고기압 정체 현상은 일시적인 현상, 즉 '날씨'이지만 지구 온난화가 계속되면 이러한 현상이 일상화되고, '기후'로 자리 잡을 수도 있다"며 "이 같은 기후변화에 적응하기 위한 노력이 필요하다"고 지적했다.

Q4 고기압에 대하여 설명하고, 고기압의 성질을 이용하여 열돔 현상을 설명하시오.

Q5 우리나라에 열돔 현상을 일으킨 북태평양 고기압에 대하여 설명하시오.

IV 태양계와 우주

1 지구와 달

1. 지구의 자전

① **천구** : 지구를 중심으로 한 반지름이 무한대인 가상의 큰 구를 말한다.

지평선	관측자의 지평면을 무한히 연장하여 천구와 만나는 대원
천정	관측자의 머리 위를 연장하여 천구와 만나는 점
천저	관측자의 발 아래를 연장하여 천구와 만나는 점
수직권	천정과 천저를 지나는 대원으로 지평면에 수직이며, 무수히 많다.
천구의 적도	지구의 적도면을 연장하여 천구와 만나는 대원
천구의 북극	지구의 북극을 연장하여 천구와 만나는 점
천구의 남극	지구의 남극을 연장하여 천구와 만나는 점
시간권	천구의 북극과 천구의 남극을 지나는 대원. 천구의 적도에 수직이며 무수히 많다.
자오선	수직권 중에서 천구의 북극과 천구의 남극을 지나는 대원으로, 자오선은 수직권이면서 동시에 시간권이다.
북점, 남점, 동점, 서점	자오선과 지평선이 만나는 두 점 중에서 천구의 북극에 가까운 점을 북점으로 동서남북을 나눈 것

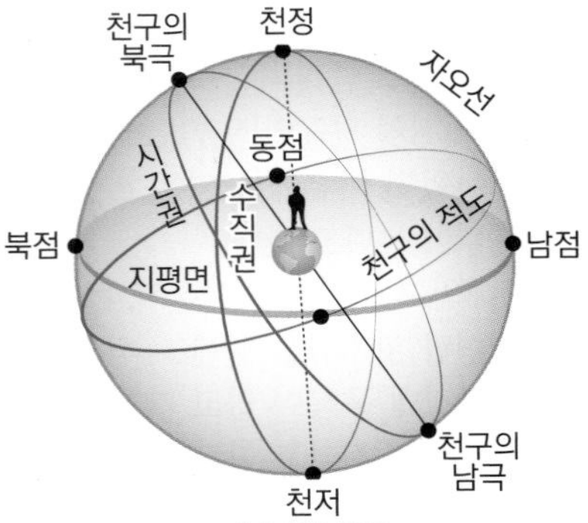

▲ 천구의 구조

② **지구의 자전** : 지구가 자전축을 중심으로 1일에 1바퀴씩 스스로 도는 운동을 말한다.

자전 방향	서 → 동	자전 속도	15°/시
지구 자전에 의한 현상	별, 태양, 달의 일주 운동 : 동쪽에서 떠서 서쪽으로 1일에 1바퀴씩 회전 → 낮과 밤, 밀물과 썰물이 반복된다.		
자전의 증거	· 인공위성 궤도의 서편 현상 · 푸코 진자의 주기 · 전향력		

▲ 지구의 자전

③ **별의 일주 운동** : 지구의 자전에 의해 별들이 북극성을 중심으로 1일에 1바퀴씩 천구를 회전한다.

구분	적도 지방	중위도 지방(북반구 위도 φ°)	북극 지방
그림	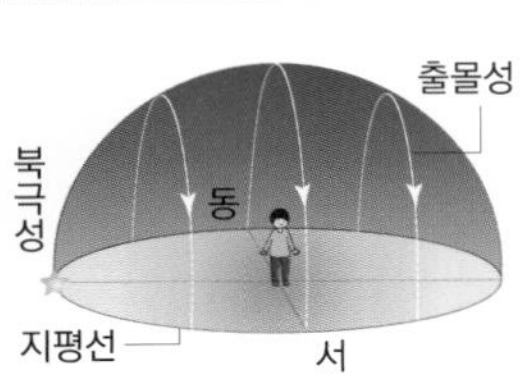	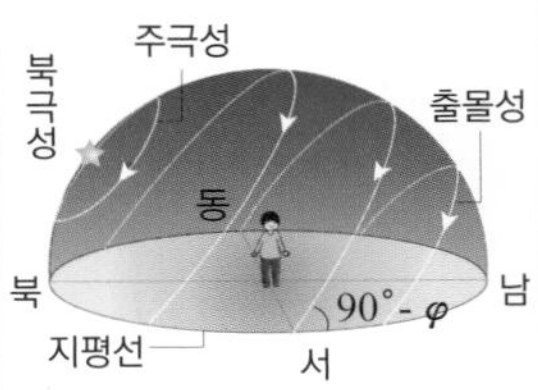	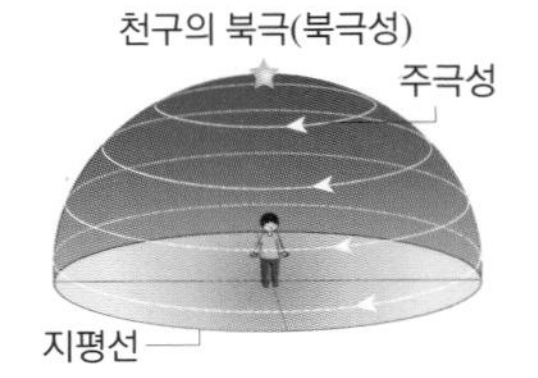
일주권	지평선과 이루는 각 : 90°	지평선과 이루는 각 : 90°− φ	지평선과 이루는 각 : 0°
별의 종류	출몰성	주극성, 출몰성, 전몰성	주극성, 전몰성

정답 및 해설 48쪽

Q1 1851년 프랑스 푸코는 파리의 판테온 사원의 천장에 진자를 매달아 진동시켜 지구의 자전을 증명하였다. 이때 어떻게 증명되었는지 설명하시오.

2. 지구의 공전

① **지구의 공전** : 지구가 태양의 둘레를 1년에 1바퀴씩 도는 운동을 말한다.

공전 방향	서 → 동	**공전 속도**	360°/365일 ≒ 약 1°/일
지구 공전에 의한 현상	태양의 연주 운동 → 계절의 변화, 낮과 밤의 길이 변화 별의 연주 운동 → 계절에 따른 별자리의 변화		
공전의 증거	· 별의 시차 : 지구의 공전에 따라 A에 있을 때와 B에 있을 때 별 S가 P_A에서 P_B로 보이는 방향이 달라지는 것처럼 보인다. · 광행차 · 별빛 스펙트럼의 변화		

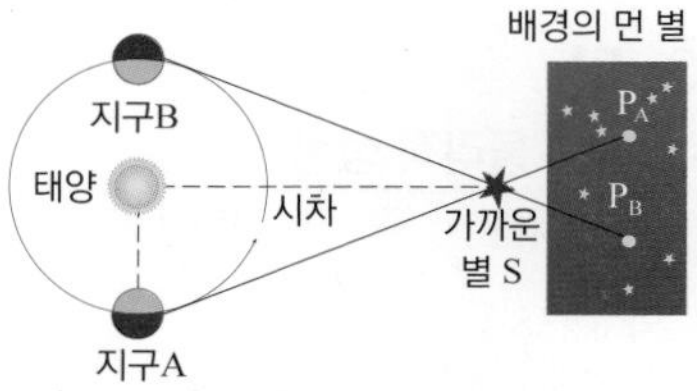

▲ 공전에 의한 별의 시차

② **태양의 연주 운동** : 지구의 공전에 의해 태양이 별자리 사이를 1년에 1바퀴씩 회전한다.

황도	천구 상에서 태양이 지나는 길로, 천구의 적도에 대하여 23.5° 기울어져 있으며 지구의 공전 궤도면과 일치한다.
황도 12궁	황도 주변의 12개의 별자리로 태양과 반대 방향의 별자리가 밤에 관찰된다.

▲ 태양과 별의 연주 운동

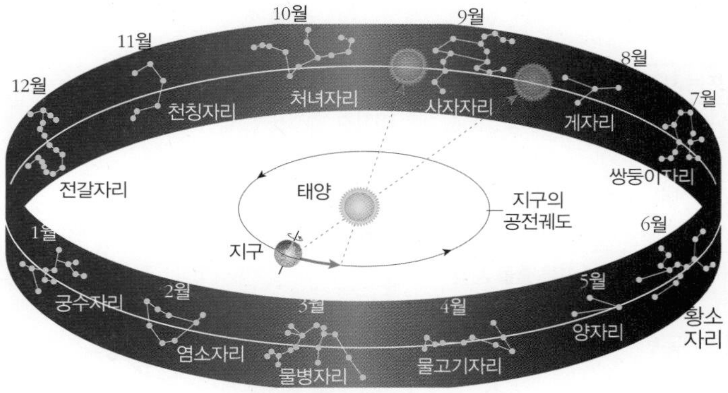

▲ 태양의 연주 운동과 황도 12궁

③ **계절의 변화** : 자전축이 공전 궤도면과 약 66.5° 기울어진 채 공전하기 때문에 일어난다.

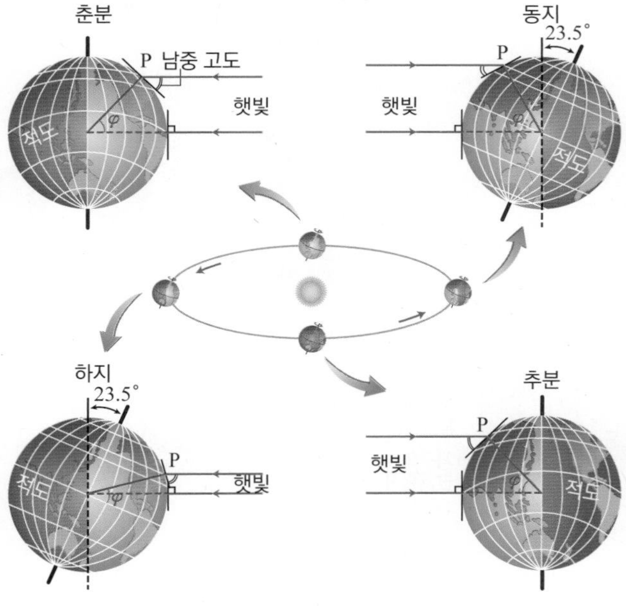

▲ 계절에 따른 태양의 남중 고도 변화 (북반구 위도 φ 지역)

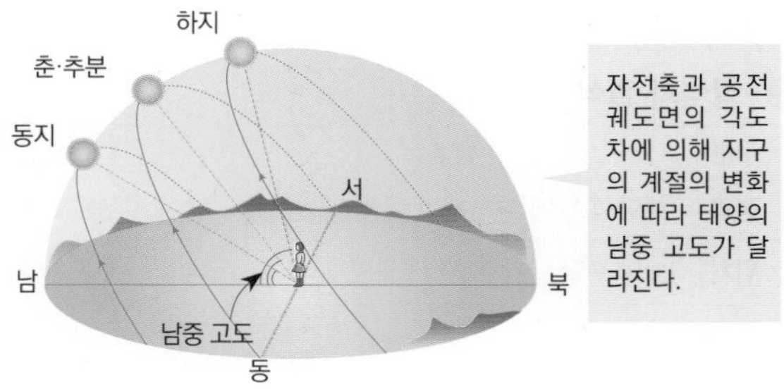

▲ 계절에 따른 태양의 남중 고도 변화 (북반구)

절기	태양의 남중 고도 (h)
춘분	90°-그 지방의 위도(φ)
하지	90°-그 지방의 위도(φ)+23.5°
추분	90-그 지방의 위도(φ)
동지	90°-그 지방의 위도(φ)-23.5°

정답 및 해설 48쪽

Q2 지구의 공전으로 인해 나타나는 태양의 연주 운동과 별의 연주 운동의 차이는 무엇인지 서술하시오.

3. 달

① 달의 물리적 성질

반지름	질량	표면 중력	평균 밀도	표면 온도	자전 방향
약 1738 km (지구의 1/4배)	약 7.35× 10^{22}Kg (지구의 1/80배)	지구의 1/6배 (무게가 1/6로 줄어듦)	약 3.3 g/㎤	낮 120℃ ~ 밤 -170℃ (대기가 없기 때문)	서 → 동 (북반구에서)

▲ 달의 모습

② 달의 공전 : 달이 지구를 중심으로 백도를 따라 1달에 1바퀴씩 회전한다.

공전 방향	서 → 동 (북반구 기준 반시계 방향)	공전 속도	360°/27.3일 ≒ 13°/일
달이 뜨는 시각	지구가 1바퀴 자전하는 동안 달이 하루에 약 13°씩 지구를 공전하므로 지구도 13°를 더 자전해야 한다. → 매일 약 50분씩 늦춰진다.		

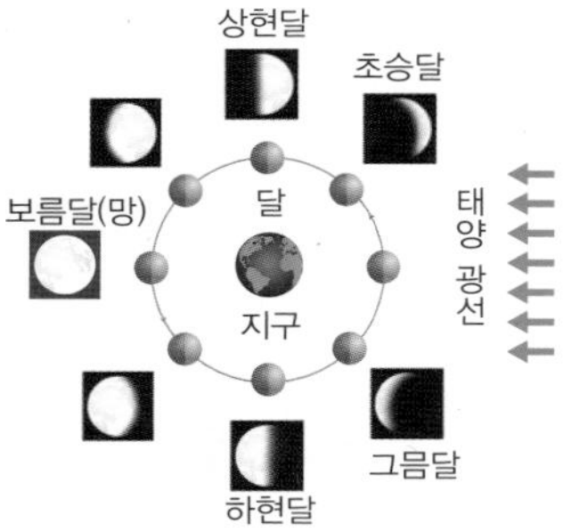

달의 모양	뜨는 시각	남중 시각	지는 시각
삭	6시경	정오	18시경
상현달	정오	18시경	자정
보름달	18시경	자정	6시경
하현달	자정	6시경	정오

▲ 달의 모양에 따른 출몰 시각

③ 달의 공전 주기 : 달이 지구 주위를 공전하는 동안 지구도 태양 주위를 공전하기 때문에 항성월과 삭망월에 차이가 난다.

항성월 (A → B)	항성을 기준으로 한 실제 공전 주기로 약 27.3일이다.
삭망월 (A → C)	달의 모양 변화를 기준으로 한 공전 주기로 약 29.5일이다.

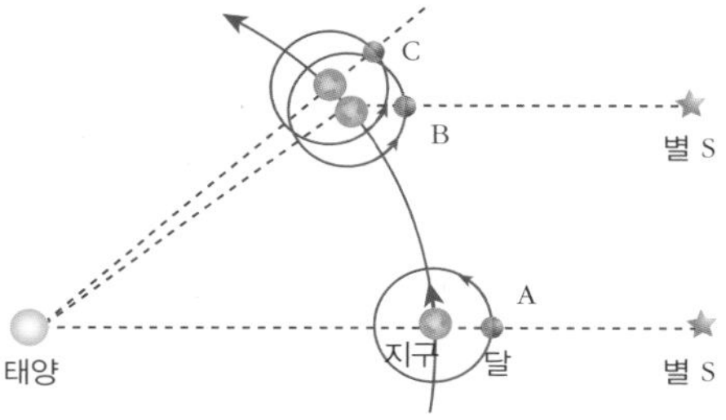

▲ 달의 공전 주기

④ 일식과 월식

구분	일식	월식
정의	태양이 달에 가려져 보이지 않는 현상	달이 지구의 그림자 속으로 들어가 보이지 않는 현상
위치	태양 - 달 - 지구 (달의 모양 : 삭)	태양 - 지구 - 달 (망)
그림	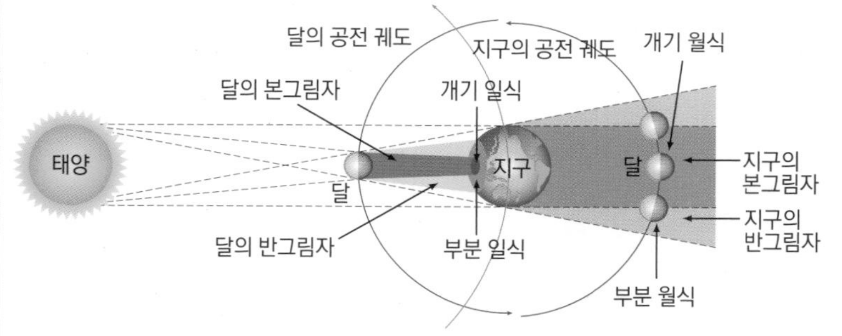	

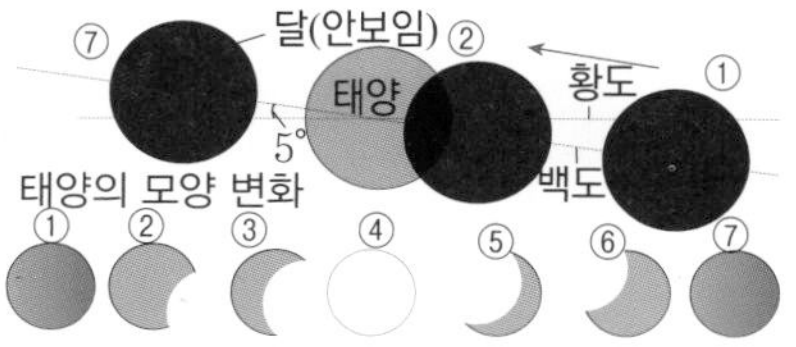

▲ 일식의 진행 과정

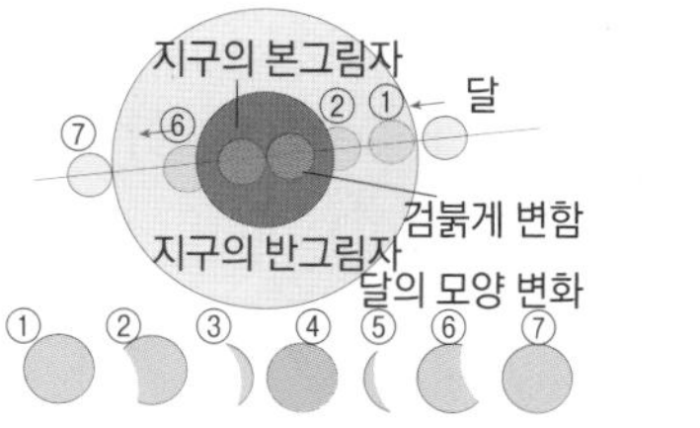

▲ 월식의 진행 과정

정답 및 해설 48쪽

Q3 일식보다 월식이 일어나는 빈도가 높다. 그 이유는 무엇인가?

Q4 달은 자전 주기와 공전 주기가 같아 지구에서 달을 관측할 때는 달의 한쪽 면만을 볼 수 있다. 달에서 지구를 관측할 때에도 같은 현상이 일어나는가? 그렇지 않다면 그 이유는 무엇인가?

2 태양계

1. 태양

① 태양의 물리적 성질

반지름	질량	표면 온도	평균 밀도	구성 물질	자전 방향
약 70만km (지구의 109배)	약 2×10^{30}Kg (지구의 33만 배)	약 6000℃ (중심부 1500만)	약1.4g/cm^3 (물보다 약간 큼)	수소, 헬륨	서 → 동 (북반구에서)

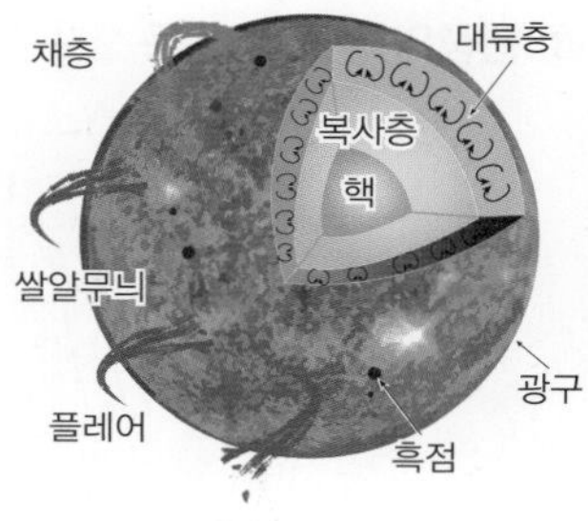

▲ 태양의 구조

② 태양의 구조

태양 표면 (광구)	흑점	주위보다 온도가 낮아 검게 보이는 부분. 11년 주기로 증감하며 흑점 수가 많을 때 플레어 현상이 활발히 일어난다.
	쌀알무늬	대류로 인해 광구 표면에 생기는 무늬
태양 대기		개기 일식 때 볼 수 있다. 채층, 홍염, 코로나

2. 태양계

① 태양계 행성의 구분

구분		크기	질량	밀도	위성수	고리	자전 주기	구성 성분
지구형	수성, 금성, 지구, 화성	작다	작다	크다	적다	없다	길다	암석 (무거운 물질)
목성형	목성, 토성, 천왕성, 해왕성	크다	크다	작다	많다	있다	짧다	기체 (가벼운 물질)

② 행성의 운동 : 지구를 기준으로 안쪽에 위치하는 내행성과 바깥쪽에 위치하는 외행성의 운동이 다르다.

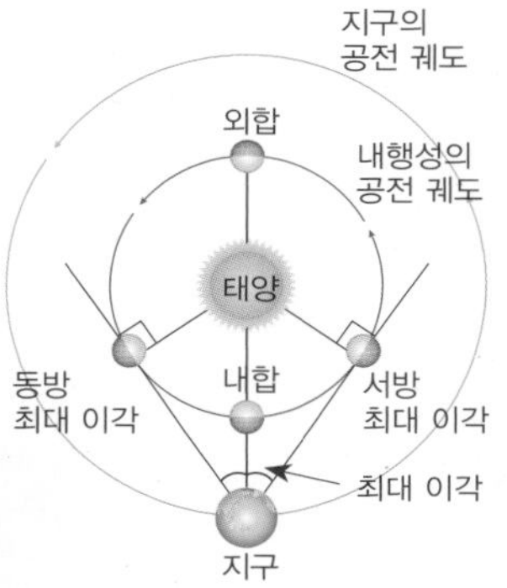

외합	내행성 - 태양 - 지구의 순으로 일직선에 놓일 때, 지구에서 거리가 가장 멀다.
내합	태양 - 내행성 - 지구 순으로 일직선에 놓일 때, 지구에서 거리가 가장 가깝다.
최대 이각 (북반구 기준)	내행성이 태양에서 가장 큰 각도로 떨어져 있을 때, 동방 최대 이각 : 태양보다 동쪽에 있는 최대 이각 서방 최대 이각 : 태양보다 서쪽에 있는 최대 이각

▲ 내행성과 지구의 위치 관계

합	외행성 - 태양 - 지구 순으로 일직선에 놓일 때, 지구에서 거리가 가장 멀다.
충	태양 - 지구 - 외행성 순으로 일직선에 놓일 때, 지구에서 거리가 가장 가깝다.
구 (북반구 기준)	외행선이 지구를 중심으로 태양과 직각으로 놓일 때 동구 : 태양보다 동쪽으로 90° 떨어져 있을 때 서구 : 태양보다 서쪽으로 90° 떨어져 있을 때

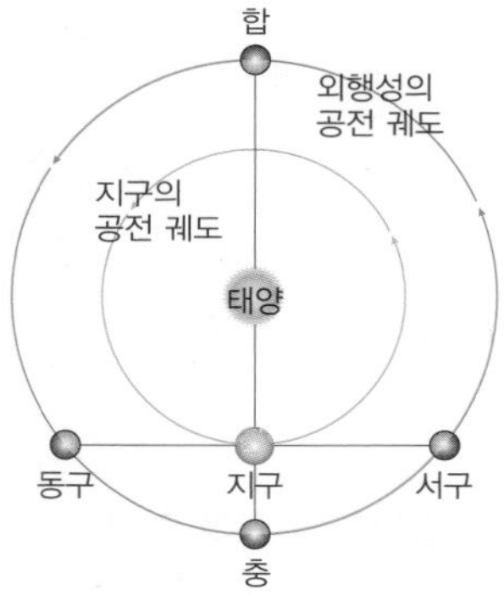

▲ 외행성과 지구의 위치 관계

정답 및 해설 49쪽

Q5 태양 대기는 평소에는 육안으로 관측할 수 없고, 일식 등의 특수한 상황에서만 관측이 가능하다. 그 이유는 무엇이며 특수한 상황이 아닌 경우에는 어떻게 태양 대기의 존재를 알 수 있는지 설명하시오.

③ **행성의 겉보기 운동** : 지구와 각 행성의 공전 속도의 차이로 인해 겉보기 운동이 다르게 나타난다.

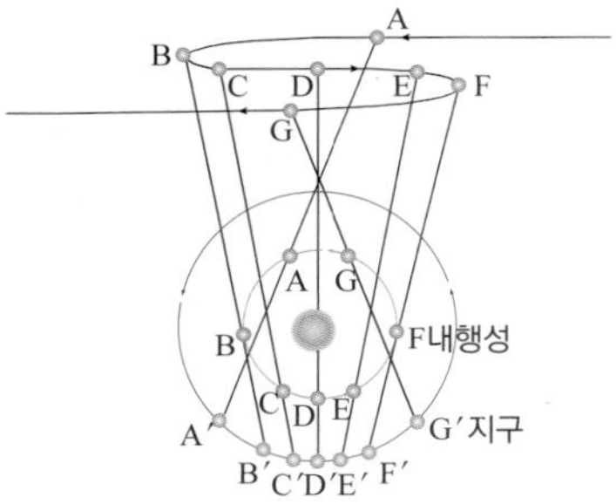

A ~ B F ~ G	천구 상에서 서쪽에서 동쪽으로 이동 (순행)
B ~ F	천구 상에서 동쪽에서 서쪽으로 이동(역행)
B, F	잠시 머무름 (유)

▲ 내행성의 겉보기 운동

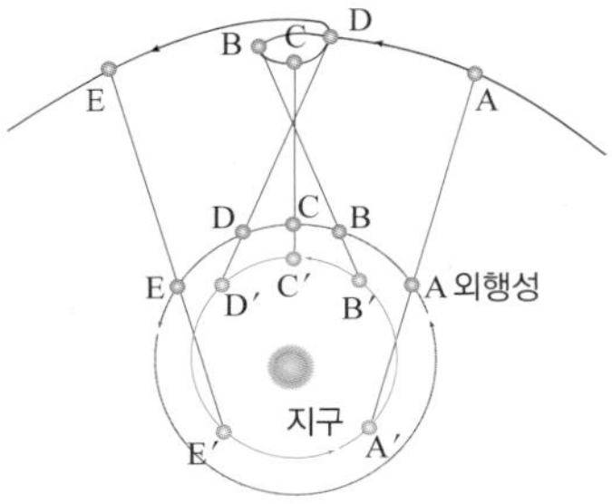

A ~ B D ~ E	천구 상에서 서쪽에서 동쪽으로 이동 (순행)
B ~ D	천구 상에서 동쪽에서 서쪽으로 이동(역행)
B, D	잠시 머무름 (유)

▲ 외행성의 겉보기 운동

3 별

1. 별까지의 거리 구하기

① 연주 시차를 이용한 별까지의 거리 측정

연주 시차	지구 공전 궤도의 양 끝과 별이 이루는 각도(시차)의 1/2를 연주 시차(p)로 정의한다. 지구 공전 궤도 상에서 6개월 간격으로 거리가 가까운 별을 관측하면 배경이 되는 거리가 먼 별에 대하여 위치가 변한다. 약 100pc 이내의 비교적 가까운 거리에서만 이용 가능한 방법
별까지의 거리 구하기	$2\pi r : 1\text{AU} = 360° \times 60' \times 60'' : p''$ $\Rightarrow r(\text{AU}) = \dfrac{206265}{p''}$ 연주 시차가 1″인 별까지의 거리 $\fallingdotseq 206265\text{AU} \fallingdotseq 3.26\text{ LY} \fallingdotseq 3.086 \times 10^{13}\text{km} = 1\text{pc}$ $\therefore r(\text{pc}) = \dfrac{1}{p''}$

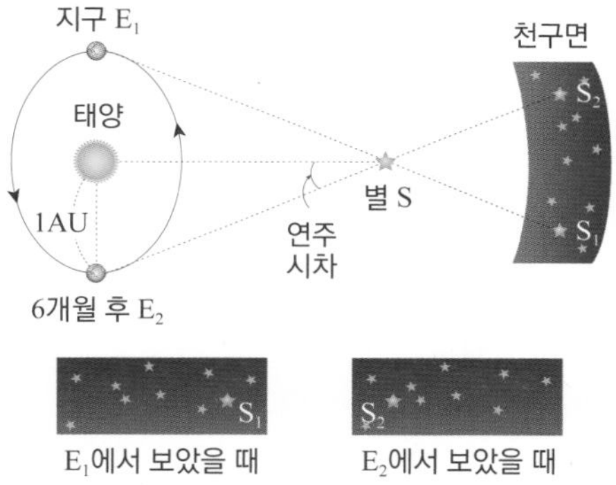

② 거리 지수를 이용한 별까지의 거리 측정

별의 밝기와 거리 사이 관계	별의 밝기(l)와 거리(r) 사이의 관계식 $L \propto \dfrac{1}{r^2}$
겉보기 등급과 별의 밝기	1등급의 별은 6등급 별보다 약 100배 밝다. ➡ 1등급 간의 밝기 비는 $100^{\frac{1}{5}} \fallingdotseq 2.512$배
별의 밝기와 등급의 관계 (포그슨 방정식)	겉보기 등급이 각각 m_1, m_2인 두 별의 겉보기 밝기를 각각 l_1, l_2라고 할 때, 두 별의 등급 차와 밝기 비례식 $\dfrac{l_1}{l_2} = 100^{\frac{1}{5}(m_2 - m_1)} = 10^{\frac{2}{5}(m_2 - m_1)} \Rightarrow m_2 - m_1 = 2.5\log\dfrac{l_1}{l_2}$

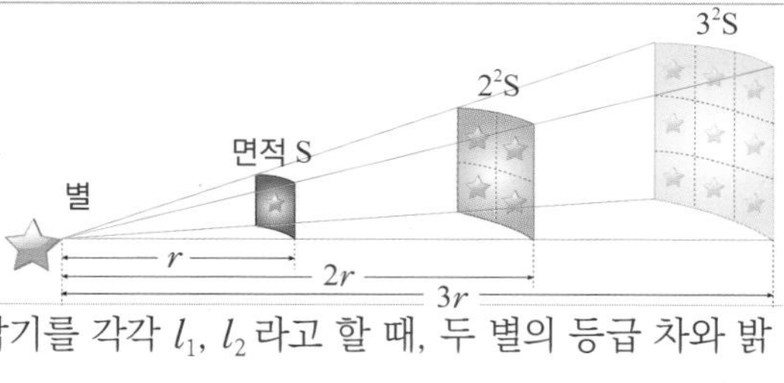

③ 그 외의 우주에서 거리를 구하는 방법

레이더의 반사	대상 천체를 향해 레이더를 발사한 후 반사되어 되돌아온 시간을 측정하여 해당 천체까지의 거리를 구한다. 행성이나 소행성의 정확한 거리를 측정할 때 이용된다.
변광성, 신성의 밝기 변화를 이용	변광성의 밝기 주기를 알면 거리 지수를 이용하여 거리를 구할 수 있으며, 신성이나 초신성이 폭발할 때 광도를 측정하여 거리를 구할 수 있다.
허블 법칙을 이용	멀리 떨어진 은하일수록 빠른 속도로 멀어진다는 허블 법칙을 이용하여 관측자로부터 멀어지는 후퇴 속도를 측정하면 은하까지의 거리를 알수 있다.

2. 별의 등급과 밝기

① 별의 등급

겉보기 등급	별까지의 거리를 고려하지 않고 우리 눈에 보이는 그대로의 밝기를 등급으로 정의한 것
절대 등급	별이 10pc(=32.6 LY)의 거리에 있다고 가정하여 밝기로 나타낸 등급 별의 실제 밝기
겉보기 등급과 절대 등급을 통한 별의 거리 파악	겉보기 등급 = 절대 등급 ➡ 거리가 10pc에 위치하는 별 겉보기 등급 〉 절대 등급 ➡ 거리가 10pc보다 가까이 있는 별 겉보기 등급 〈 절대 등급 ➡ 거리가 10pc보다 멀리 떨어진 별

② 별의 색깔과 표면 온도 : 별의 색깔이 청색일수록 표면 온도가 높고 적색일수록 낮다.

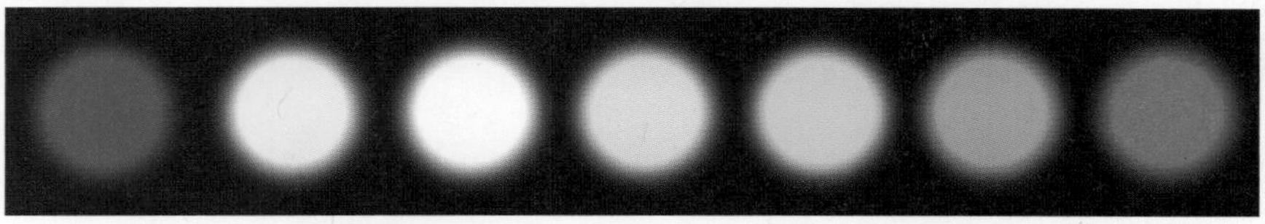

높다 ⟵⟶ 낮다

표면 온도

표면 온도 (℃)	60,000 ~ 100,000	17,500 ~ 50,000	13,000 ~ 17,500	10,500 ~ 13,000	8,500 ~ 10,500	6,000 ~ 8,500	3,000 ~ 6,000
분광형	O	B	A	F	G	K	M
색깔	청색	청백색	백색	황백색	황색	주황색	적색

▲ 별의 색깔과 표면 온도에 따른 분광형 분류

3. 별의 진화

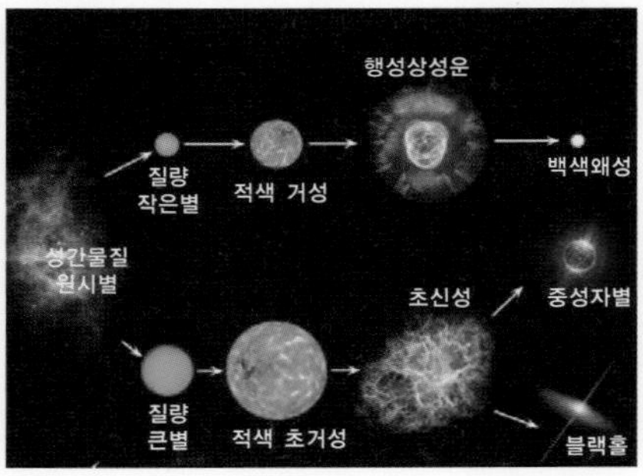

별의 탄생 (원시별)	우주 공간에서 가스와 티끌이 밀집된 성운에서 탄생한다. 성운이 수축하면 내부 온도와 상승하여 원시별이 생성된다.
주계열성	원시별이 수축하여 중심부의 온도가 1000만K 이상 도달하면 수소 핵융합 반응이 일어나 주계열성이 된다. 별의 일생 중 가장 긴 시간을 보내며, 별들의 질량에 따라 별의 내부 구조와 일어나는 핵융합 반응이 달라진다.
거성, 초거성	수소가 모두 소모된 후 별이 수축하면서 내부 온도가 상승하고 별이 팽창하는 단계이다.
별의 소멸	별의 질량에 따라 도달할 수 있는 중심부의 온도가 다르다. 질량이 작은 별은 백색 왜성으로, 질량이 큰 별은 거성, 초거성 단계를 거쳐 백색왜성, 중성자별, 블랙홀로 진화한다.

정답 및 해설 49쪽

Q6 A 별은 겉보기 등급이 1등급, 절대 등급이 -1등급이다. B 별은 겉보기 등급이 -1등급, 절대 등급이 1등급이다. 우리로부터 더 가까이에 있는 별은?

Q7 표면 온도가 높은 별일수록 파란색을 띠고, 표면 온도가 낮은 별일수록 붉은색을 띤다. 그 이유는 무엇인가?

4 은하와 우주

1. 우리은하

① 우리 은하의 구조

모양	2개의 주요 나선팔을 가진 막대 나선 은하로, 위에서 보면 막대 모양의 중심 구조와 나선팔이 보이고 옆에서 보면 중심부가 볼록하다.
크기	지름은 약 10만 광년이고, 태양과 같은 별이 약 1,000억 개 이상 모여 있다. 태양계는 은하의 중심으로부터 약 3만 광년 떨어진 오리온자리 나선팔에 위치해 있다.
구조	은하핵, 은하 원반, 헤일로(halo)

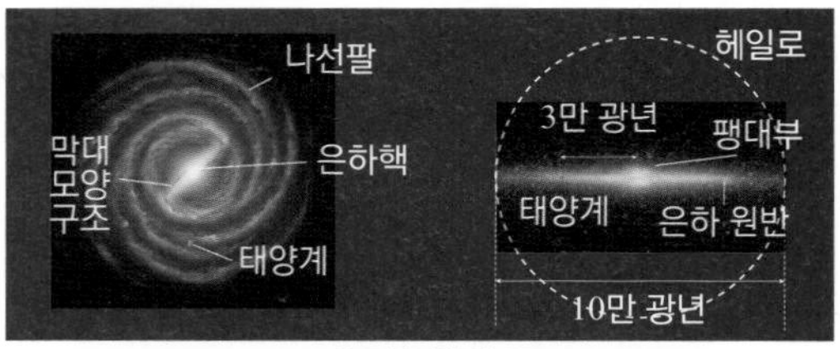

▲ 우리은하의 구조

② 우리 은하의 회전

회전 주기	약 2억 2,500만 년
은하 중심부 ~ 1kpc	강체 회전 : 회전 중심으로부터의 거리에 상관 없이 모든 지점에서 회전 주기가 동일하다.
1 ~ 3kpc	케플러 회전 : 케플러 제 3법칙에 따라 회전 중심으로부터 멀어질수록 회전 속도가 감소한다.

➡ 우리 은하의 질량 분포는 중심부에 집중되어 있지 않다는 것을 알 수 있다.

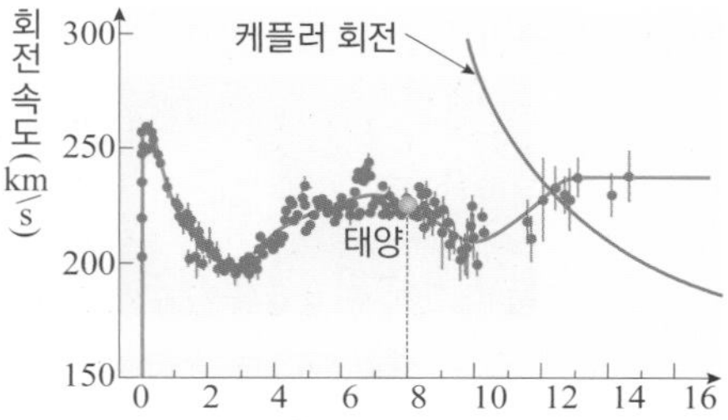

▲ 우리은하의 회전 속도 곡선

③ **우리 은하의 질량** : 태양이 은하 중심을 원운동할 때 태양과 은하 사이의 만유인력이 구심력의 역할을 하므로 은하의 질량을 구할 수 있다.

$$G\frac{M_{은하}M_{\odot}}{r^2} = \frac{M_{\odot}v^2}{r} \Rightarrow M_{은하} = \frac{rv^2}{G}$$

(G : 만유인력 상수, $M_{은하}$: 태양 궤도 안쪽의 총 질량, $M_{\odot}$: 태양 질량, r : 은하 중심 ~ 태양 거리, v : 태양의 공전 속도)

우리 은하의 총 질량은 약 $3 \times 10^{12} M_{\odot}$(태양 질량의 3조 배)로 예상된다.

➡ 질량은 존재하지만 어떠한 전자기파의 영향도 받지 않아 관측되지 않는 **암흑 물질**이 우리은하 질량의 90%를 차지한다.

2. 허블 법칙과 우주 팽창

허블 법칙	은하의 후퇴 속도 v는 그 은하까지의 거리 r에 비례한다. $v = H \cdot r$ (H : 허블 상수)
허블 상수 (H)	외부 은하의 후퇴 속도와 거리 사이의 관계를 나타내는 비례 상수. 71±4km/s/Mpc
우주의 팽창	허블 법칙에 의해 우주 공간이 모든 방향에 대하여 균질하게 팽창하고 있음을 알 수 있다.

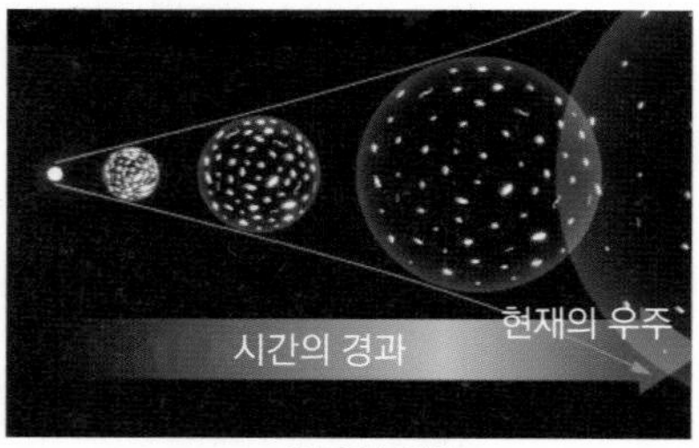

▲ 우주의 팽창

3. 대폭발 우주론과 우주의 미래

대폭발 우주론 (빅뱅 우주론)	아주 작은 초고밀도의 원시 입자가 폭발하면서부터 팽창하는 우주가 만들어졌다는 이론으로, 시작과 끝이 있는 진화론적 우주론이다.
미래 모형	· 열린 우주 : 우주의 밀도 < 임계 밀도 ➡ 영원히 팽창한다. · 평탄한 우주 : 우주의 밀도 = 임계 밀도 ➡ 팽창 속도가 점점 줄어든다. · 닫힌 우주 : 우주의 밀도 > 임계 밀도 ➡ 다시 수축한다.
실제의 우주	우주는 평탄하지만 팽창 속도가 점점 빨라지는 가속 팽창을 한다.

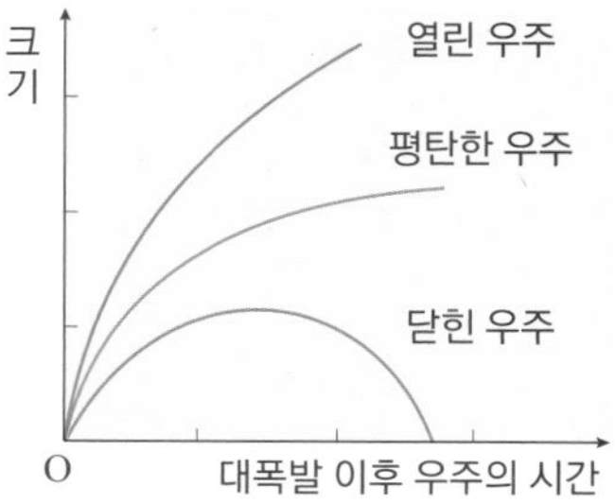

▲ 세 가지 우주의 미래

088 다음은 지평 좌표계와 적도 좌표계에 대한 설명과 그림이다. 둘 중 천체의 위치 표시에 더 많이 이용되는 것을 고르고, 그 이유를 서술하시오.

> · 지평 좌표계 : 관측자의 지평선을 기준으로 천체의 위치를 나타내는 좌표계로, 방위각(A)과 고도(h)로 나타낸다.
> · 적도 좌표계 : 천구의 적도와 춘분점을 기준으로 천체의 위치를 나타내는 좌표계로, 적경(α)과 적위(δ)로 나타낸다.

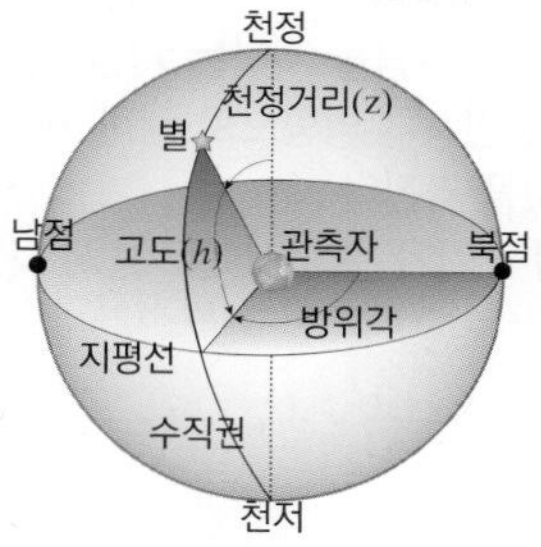

▲ 지평 좌표계

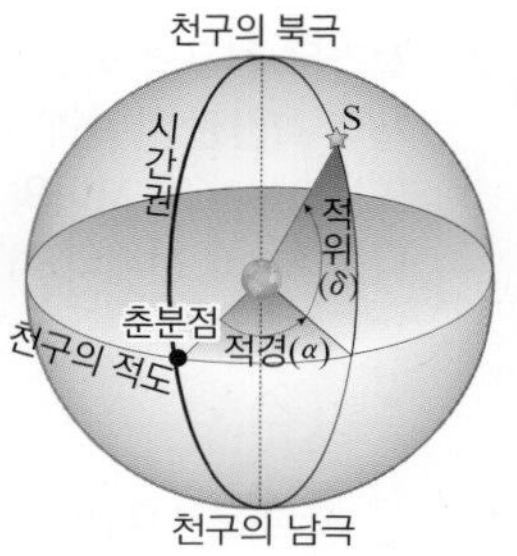

▲ 적도 좌표계

089 그림은 극궤도 위성의 궤도를 나타낸 것이다. 이 위성은 3월 20일 정오에 한반도 상공을 지나면서 우리나라 주변을 관측하였다. 이 인공위성이 다시 한반도 상공을 지나는 때는 대략 언제이겠는가? 단, 이 인공위성의 공전 주기는 90분이다.

[대회 기출 유형]

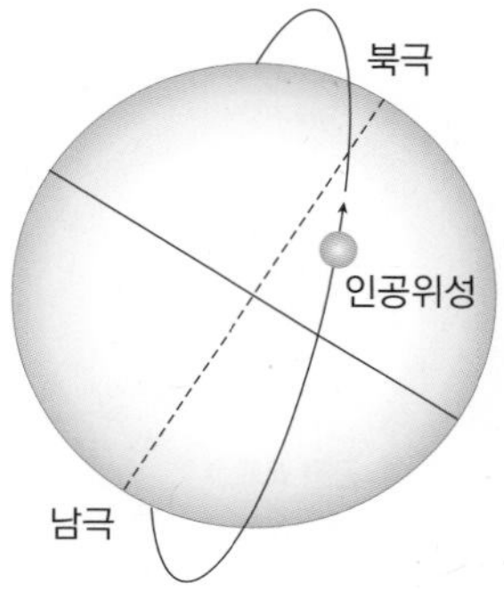

090 그림 (가)는 일식이 일어나는 동안 태양의 모습을, (나)는 월식이 일어나는 동안 달의 모습을 일정한 시간 간격으로 찍은 것이다. 일식과 월식이 일어나는 방향을 A ~ D에서 찾아서 쓰시오.

[대회 기출 유형]

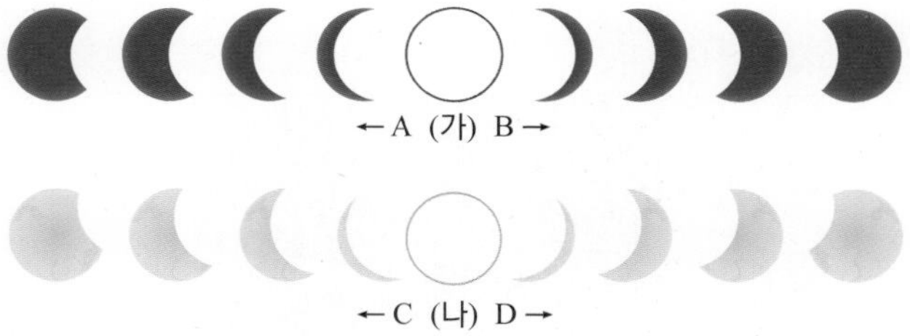

유형 Problem

091 적경은 천구의 적도에서 춘분점을 지나는 시간권을 기준으로 천체의 시간권 사이의 각을 반시계 방향으로 재며, 0^h(시) ~ 24^h(시), 또는 0°~360° 사이의 값을 가진다.
다음 A ~ C 천체의 적경 크기가 큰 순서대로 옳게 나열하시오.

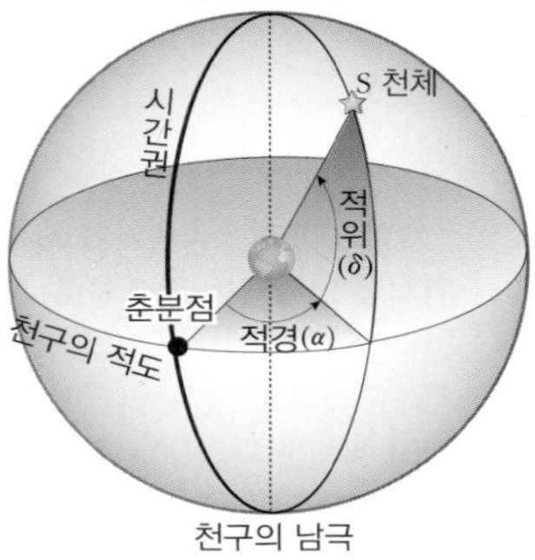

▲ 적도 좌표계

> A : 추분날 태양의 적경
> B : 하짓날 자정에 남중한 별의 적경
> C : 춘분날 해가 지고 3시간 후에 지는 적위 0°인 별의 적경

092 다음은 달이 29.5일 동안 지구 주위를 공전할 때 태양과 지구에 대한 상대적인 위치 변화를 나타낸 것이다. 이에 대한 설명으로 옳은 것만을 <보기>에서 있는 대로 고르시오.

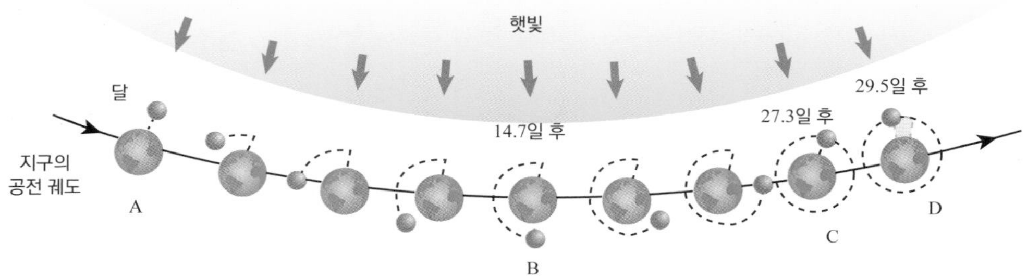

보 기

ㄱ. A에서 달의 위상은 망이고 B에서는 삭이다.
ㄴ. A에서 C까지의 기간은 달의 위상이 반복되는 주기이다.
ㄷ. 달이 지구 주위를 360° 공전하는 데 걸리는 시간은 27.3일이다.

093 그림은 달의 위상을 표시한 천문 달력의 일부이다. 이 기간 중 달에서 태양까지의 거리가 가장 가까운 날을 고르고, 그 이유를 서술하시오.

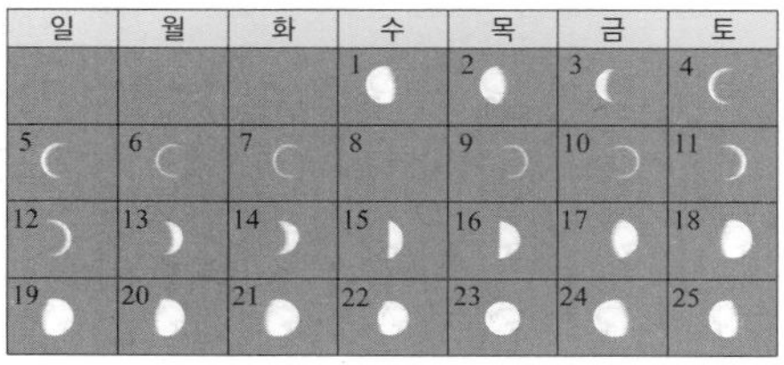

정답 및 해설 49쪽

094 표는 어느 해 수성과 금성의 천문 현상을 나타낸 것이고, 그림은 이 기간 중 어느 날 우리나라에서 수성과 금성을 촬영한 사진이다. 그림처럼 수성과 금성을 동시에 촬영한 날이 될 수 없을 때는 언제인가?

날짜	행성	천문 현상
3월 05일	수성	외합
4월 04일	수성	동방 최대 이각
4월 20일	수성	내합
5월 11일	금성	외합
5월 15일	수성	서방 최대 이각
6월 20일	수성	외합
7월 19일	수성	동방 최대 이각

095 밝기가 주기적으로 변하는 세페이드 변광성은 변광 주기와 광도의 관계가 정확해 별이나 성단, 은하까지의 거리를 측정하는 표준 광원으로 쓰인다. 이는 세페이드 변광성이 거리를 구하는 데 있어 중요한 정보인 천체의 실제 밝기를 알려주기 때문이다. 이와 같은 세페이드 변광성의 천문학적 의의와 거리를 측정하는 방법에 대하여 서술하시오.

▲ 세페이드 변광성 V838 Mon.

096 저온 고밀도의 성운에서 별이 탄생하기 쉬운 이유를 서술하시오.

097 다음은 주계열성에 속하는 별들의 분광형별 특징을 나타낸 것이다. 물음에 답하시오.

분광형	O	B	A	F	G	K	M
질량	크다			↔			작다
지름	크다			↔			작다
표면 온도	높다			↔			낮다
광도(밝기)	밝다			↔			어둡다

(1) O형과 M형 중 별의 수명이 더 긴 쪽을 고르고 그 이유를 설명하시오.

(2) 상대적으로 행성에 생명체가 존재할 가능성이 가장 작은 별을 고르고, 그 이유를 설명하시오.

098 다음 (가)는 우리은하를 위에서 본 모습에서 태양의 위치를 나타낸 것이고, (나)는 은하 중심에서 3×10^{17}km 떨어진 곳의 나선팔에 위치한 태양이 300 km/s의 속력으로 은하 중심을 공전하고 있는 것을 나타낸 것이다. 과거 A 위치에서 반대편인 현재의 위치까지 공전하는 데 걸린 시간은 몇 년인지 구하시오. (단, 태양의 공전 궤도는 원이고 태양의 공전 속력은 일정하며, 1년은 3×10^7초, $\pi = 3$으로 한다.)

(가)

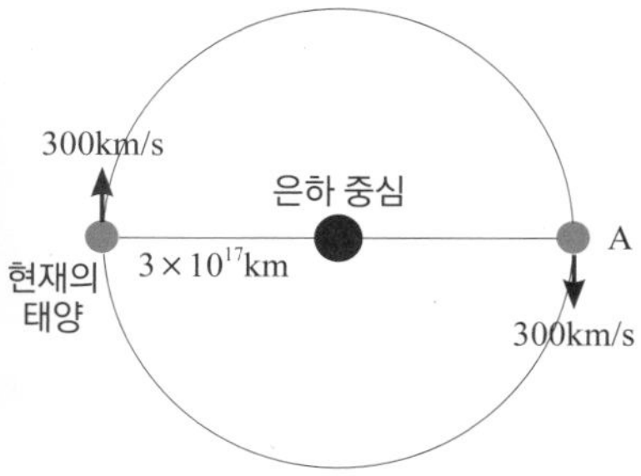

(나)

099 다음은 북반구의 어느 지역에서 관측되는 별의 시간에 따른 고도를 나타낸 것이다. 물음에 답하시오.

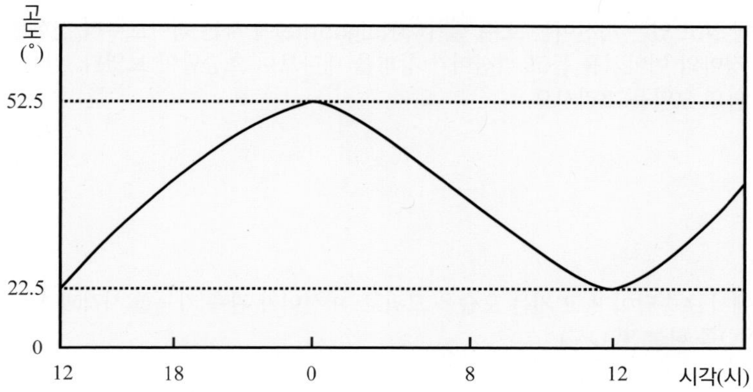

(1) 그래프에 나타난 별을 볼 수 있는 하늘의 방향은 어느 방위인가?

(2) 그래프를 참고로 하여 이 지방의 북극성의 고도를 구하시오.

100 북반구에 위치한 서울에서 달을 보았을 때와 남반구에 위치한 호주에서 달을 보았을 때를 생각해 보자.

(1) 서울에 살고 있는 미선이는 호주 캘거리(Kalgoorlie)에 사는 정아로부터 전화를 받았다. 하늘에 예쁜 달이 떴다는 정아의 이야기를 듣고 미선이가 창밖을 내다보니 초승달이 보였다. 같은 시간에 호주에서 정아가 보고 있는 달의 모양을 그리시오.

(2) 서울에서 초승달이 뜨고 지는 모습을 그리고, 미선이가 관측 가능한 시각과 방향을 쓰시오.
(〈예〉 O쪽 하늘 몇 O시)

(3) 미선이가 서울에서 관측한 달의 위상 변화는 아래와 같다. 만일 호주 캘거리에서 정아가 달을 관측하면 달의 위상 변화는 어떻게 나타날지 그리시오.

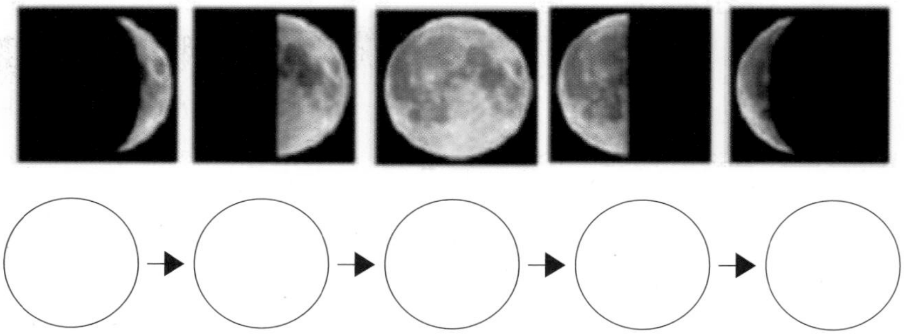

(4) 우리나라와 호주에서 각각 보름달의 모습이 어떤지 설명하시오.

101 그림은 우리나라에서 어느 한 해 동안 태양, 수성, 금성, 화성이 지는 시간을 순서 없이 나타낸 것이다.

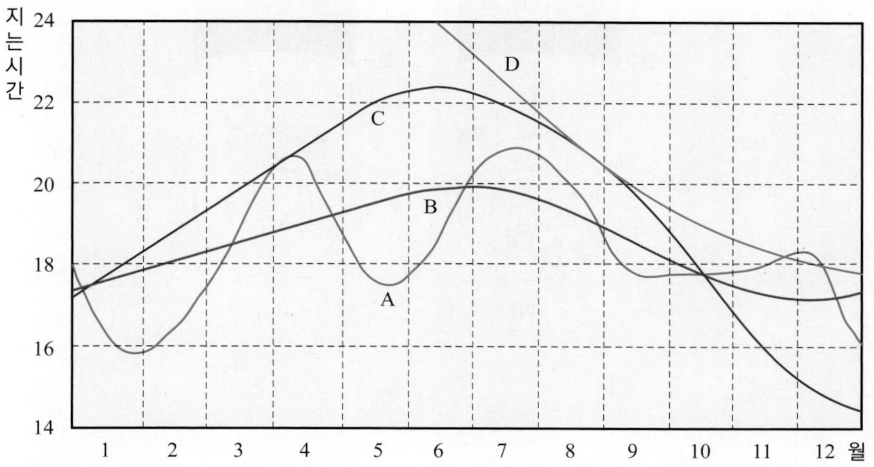

(1) 화성은 A ~ D 중 어느 것에 해당되는지 고르고, 6월 중순에 화성이 초저녁, 새벽 중 언제 남중하는지 쓰시오.

(2) 6월 중순에서 7월로 갈수록 화성의 시직경이 어떻게 변할지 쓰고, 그 이유를 쓰시오.

(3) 금성은 A ~ D 중 어느 것에 해당되는지 고르고, 9월 달 금성의 위상을 쓰시오.

(4) 수성은 A ~ D 중 어느 것에 해당되는지 고르고, 10월 중순에 수성의 상대적인 위치를 쓰시오.

102 그림 (가)와 (나)는 천동설과 지동설에서 화성의 운동과 겉보기 운동을 순서 없이 나타낸 것이다. 어느쪽이 천동설이고 지동설인지 나열하고, 각각의 우주관에서 화성의 역행이 일어나는 이유를 설명하시오.

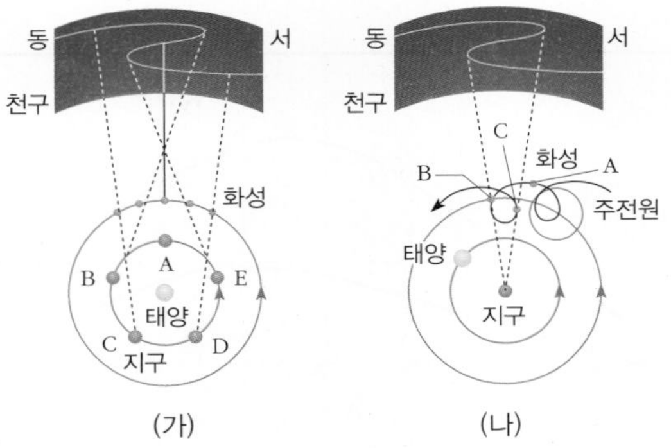

103 코페르니쿠스가 태양이 아닌 지구가 돈다는 지동설을 주장한 것보다 약 100여년 전인 1400년 대에 조선의 과학자 이순지는 이미 지동설을 주장하였다. 이순지는 지구가 둥글며, 해와 달은 물론 행성의 위치를 정확하게 계산하고 일식과 월식이 언제 일어나는지 예측할 수 있는 칠정산 내외편(七政算 內外編)을 발간하였다.

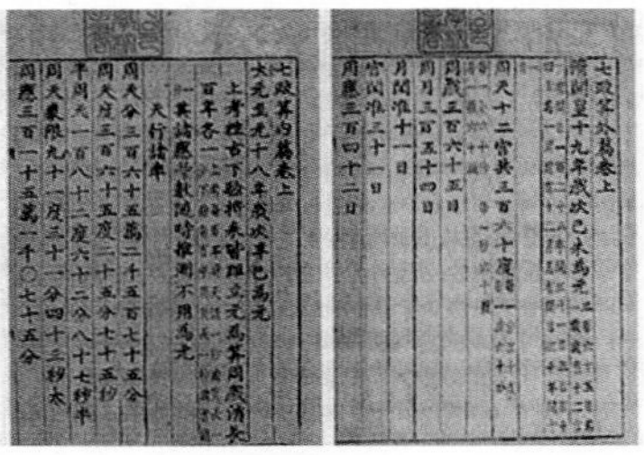

▲ 칠정산 내편과 외편

칠정산(七政算)이란 7개의 움직이는 별을 계산한다는 뜻으로 해와 달, 5행성(수성, 금성, 화성, 목성, 토성)의 위치를 계산하여 미리 예보하였다.

'칠정산외편'에는 지구가 태양을 도는 데 걸리는 시간은 365일 5시간 48분 45초라고 계산한 사실도 기록되어 있다. 오늘날 물리학적인 계산은 365일 5시간 48분 46초로 1초 차이가 나게 1400년대에 계산해냈다. 이는 세종 시절의 과학기술 수준이 세계 최정상급이었다는 것을 보여준다.

이순지는 월식 현상을 근거로 하여 지구는 둥글고, 태양의 주위를 돈다고 주장하였다. 이와 같이 월식 현상이 지동설의 근거가 될 수 있는 이유에 대하여 서술하시오.

정답 및 해설 51쪽

104 실제 존재하지 않는 행성 A와 B는 지구와 비교하여 다음과 같은 특성을 가지고 있다. (단, A, B 행성의 공전 궤도와 주기, 자전 속도는 지구와 비슷하다고 가정한다.) A, B와 지구를 비교하여 다음 물음에 답하시오.

행성	특성
A	· 크기와 총질량은 지구와 동일하다. · 내부 구성 물질은 균질하다. · 바다는 없지만, 지표에 약간의 물은 존재한다. · 대기의 밀도는 지구의 70배이다.
B	· 총질량은 지구와 같으나, 반지름이 지구의 4배이다. · 내부 구성 물질은 균질하다. · 물이 존재하지 않는다. · 대기는 없다.

(1) 행성 A, B와 지구에서 5km 깊이의 시추공을 뚫어 암석을 채취하였을 때, 암석 시료의 밀도가 가장 큰 행성부터 차례로 쓰고 이유를 설명하시오.

(2) 지표면에 운석이 충돌하여 생긴 구덩이가 가장 오랫동안 보존될 가능성이 큰 행성부터 차례로 쓰고 이유를 설명하시오.

(3) 지구, A, B 세 행성의 표면에서 야구공을 던졌을 때 멀리 날라가는 행성의 순서대로 쓰고 이유를 설명하시오.

105 천왕성의 공전 주기는 84년, 자전주기는 16시간이다. (가)는 천왕성의 자전축이 공전궤도면과 일치하면서 공전하는 모습이고, (나)는 천왕성의 극과 적도에서 볼 수 있는 태양 빛의 양을 84년의 공전 주기에 걸쳐 표현한 그림이라고 할 때, 다음 물음에 답하시오.

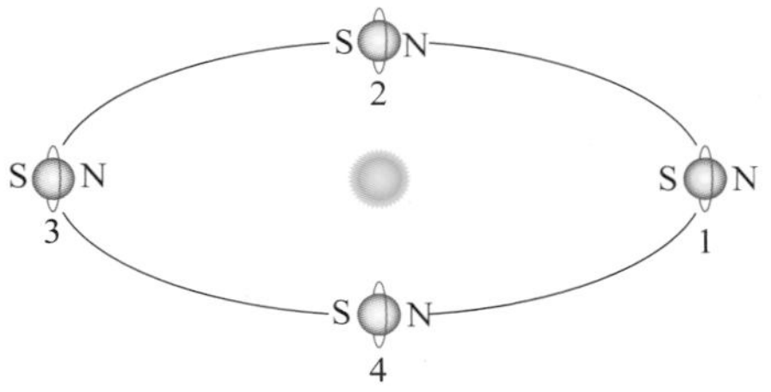

(가)

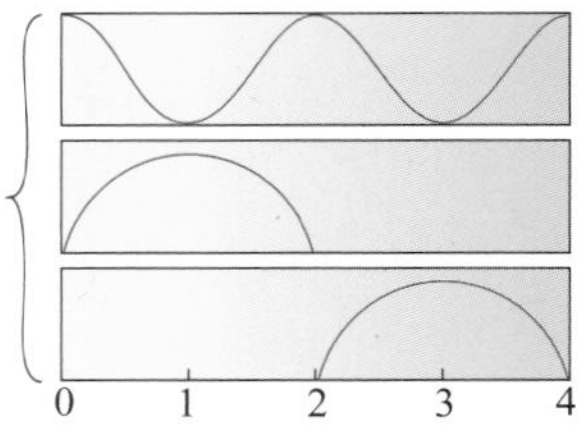

(나)

(1) 천왕성의 위치 1 → 2로 갈 때까지 기간은 얼마인가?

(2) 하루는 보통 태양이 뜨고 지는 것을 기준으로 정한다. 우주 비행사가 천왕성의 남극에 도착했을 때, 1년은 총 며칠로 이루어져 있는가?

(3) 만약 이 우주 비행사가 천왕성 남극에 기지를 세우면, 낮과 밤의 지속 기간은 얼마인가 ?

106 어떤 항성 S 를 중심으로 공전하는 세 개의 행성 A, B, C가 있다. 행성 B에 살고 있는 관측자는 행성 A와 C를 다음과 같이 관측했다고 한다. (단, 항성 S에 대하여 행성 B는 1AU 거리에서 360일의 주기로 공전하고 있으며, 행성 B의 시간은 1일 24시간, 방위는 동서남북으로 지구와 같다. 또한 모든 행성의 공전과 자전의 방향은 반시계 방향이며, 원 궤도를 따라 움직인다.)

> ㉠ 어느날 18시에 행성 A는 동방 최대 이각에서 관측되었으며, 항성 S와 45° 떨어져서 관측되었고, C는 동쪽 지평선 위에 관측되었다.
> ㉡ ㉠으로부터 600일이 지난 날 18시에 행성 A는 ㉠과 같은 위치에서 관측되었다.
> ㉢ 항성 S와 행성 A 사이의 거리와 항성 S와 행성 C 사이의 거리 비는 1 : 2 로 밝혀졌다.
> ㉣ 행성의 공전 주기(T)와 공전 반지름(a)의 관계는 다음과 같다.(케플러 3법칙) $\frac{a_1^3}{T_1^2} = \frac{a_2^3}{T_2^2}$ = 일정
> ㉤ 외행성의 회합 주기(S_1)는 합(충)에서 다음 합(충)에 이르는 시간이며, 행성 B의 공전 주기를 P_B, 행성 B에 대해 외행성 C의 공전 주기를 P_C라고 할 때, $\frac{1}{S_1} = \frac{1}{P_B} - \frac{1}{P_C}$ 관계에 있다.
> ㉥ 내행성의 회합 주기(S_2)는 합에서 다음 합에 이르는 시간이며, 행성 B의 공전 주기를 P_B, 행성 B에 대해 내행성 A의 공전 주기를 P_A라고 할 때, $\frac{1}{S_2} = \frac{1}{P_A} - \frac{1}{P_B}$ 관계에 있다.

행성 B에 사는 사람이 행성 C를 다시 같은 시간, 같은 위치에서 관측하기 위해서는 ㉠을 관측한 날로부터 며칠 후가 될까? (단, $\sqrt{2}$ 는 1.4로 계산한다.)

107 그림 (가)는 별자리 사이에 있는 화성의 위치를 나타낸 것이고, (나)는 지구에 대한 화성의 여러 위치를 나타낸 것이다.

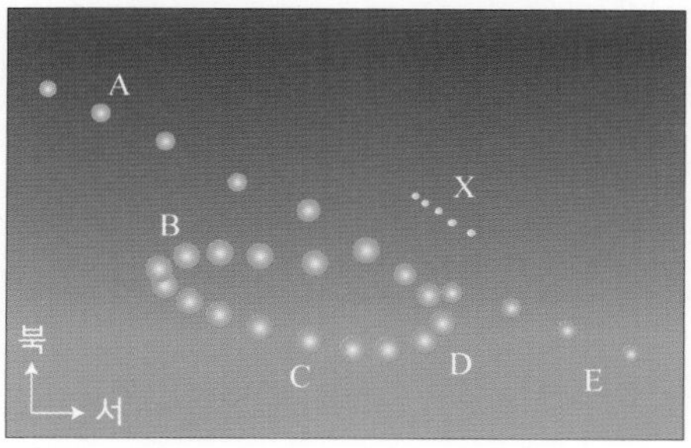

(가)

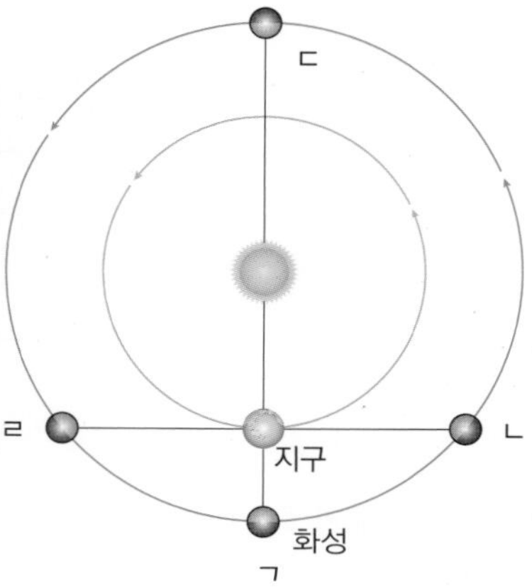

(나)

(1) 그림 (가)에서 화성의 역행 구간을 쓰시오.

(2) 화성이 그림 (가)의 C 위치에 있을 때 그림 (나)에서는 어느 위치에 해당하며, 이때 하루 중 어느 시간에 남중하는가?

(3) 그림 (가)와 같이 화성이 별자리 사이를 시운동하는 까닭을 쓰시오.

108 그림 (가)와 (나)는 지구상의 A, B 두 지점에서 관찰한 달의 상대적 위치를 나타낸 것이다. 별 ⓐ와 별 ⓑ는 멀리 떨어져 고정된 별이라고 할 때, 다음에 제시된 자료를 이용하여 달까지의 거리를 구하시오.

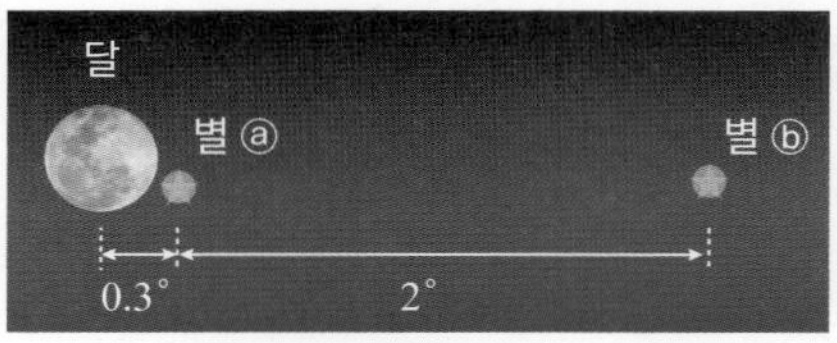

(가) A지점에서 관찰한 달의 상대적 위치

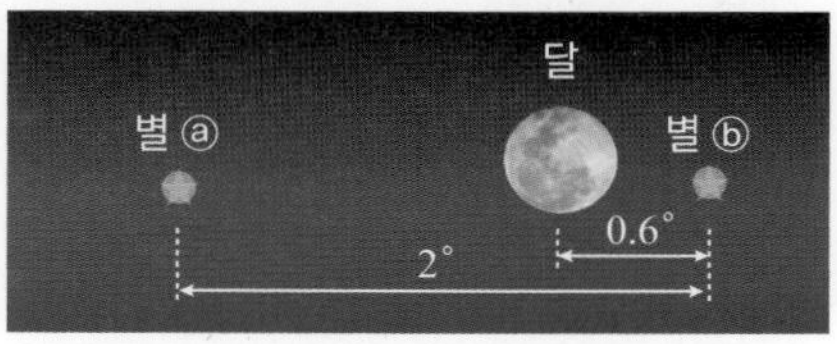

(나) B지점에서 관찰한 달의 상대적 위치

① A, B 지점은 지구에서 직선 거리(두 지점을 지구 내부로 뚫고 연결한 거리)로 12,000km 떨어져 있다. ② 원의 반지름과 원호의 길이가 같은 각도는 57°이다.

기출 Check

109 영희는 우리나라에서 1월 24일 초저녁 서쪽 하늘에 떠 있는 초승달을 보았다. 표는 그 날 이후 약 한 달 동안 영희가 달을 관측하고 쓴 관측 일지의 내용이다.

[2021~23 기출 유형]

관측 날짜	관측 시간	관측 방향	달의 모양
1월 29일	18 : 00	남쪽 하늘	
2월 6일	18 : 00	동쪽 하늘	
2월 13일	06 : 00	남쪽 하늘	
2월 17일	05 : 00	서쪽 하늘	

(1) 관측 일지에 기록된 내용이 잘못된 날을 쓰고, 그 이유를 간단히 쓰시오.

(2) 2월 23일에 19시에 서쪽 하늘에서 그림 (가)와 같이 금성과 달이 나타나는 것을 관측하였다. 이 날 금성와 달의 위치를 그림 (나)에서 각각 고르시오.

(가)

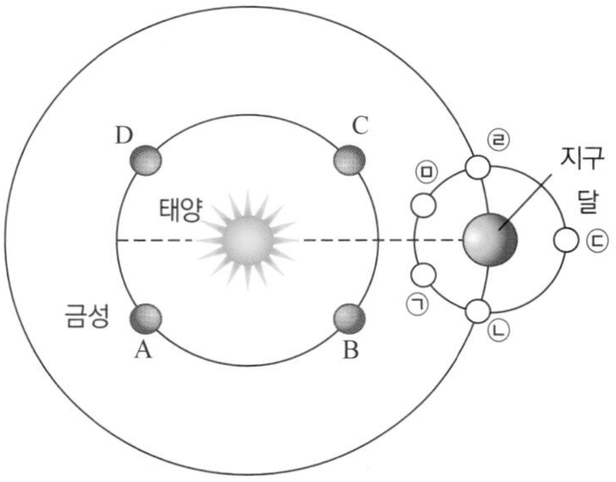

(나)

정답 및 해설 53쪽

110 그림은 빛의 경로와 지구와 달의 공전 궤도를 각각 나타낸 것이다. 우리나라에서 어느 날 일식과 월식을 (가) 또는 (나) 지역에서 관측하였다.

[2021~23 기출 유형]

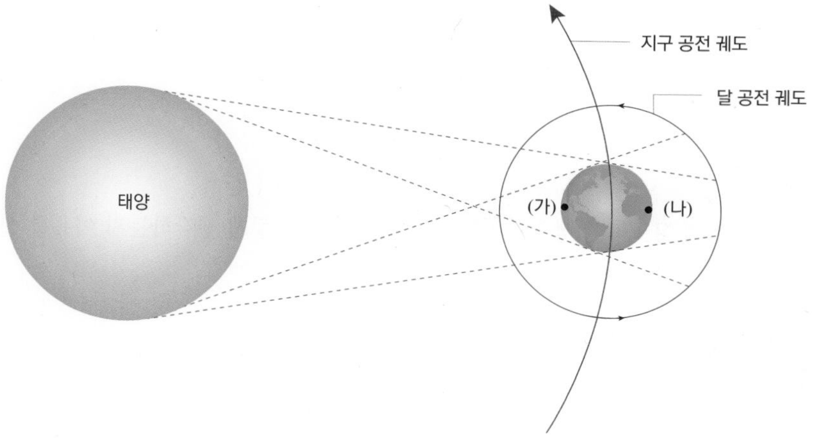

(1) (가) 지역에서 관찰한 일식의 모습을 다음 그림에서 시간 경과 순서대로 나열하시오.

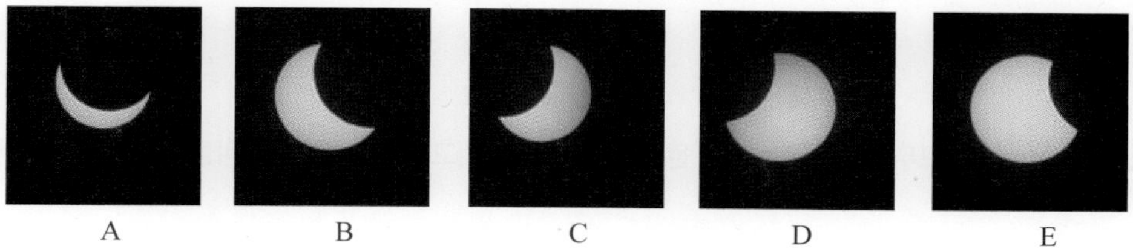

(2) (나) 지역에서 관찰한 월식 현상을 다음 그림에서 시간 경과 순서대로 나열하시오.

(3) 일식, 월식 과정 중 '붉은 달'을 볼 수 있을 때가 언제인지 쓰고 붉은 달로 보이는 이유를 설명해 보시오.

111 아래 표에 우리나라의 세 지역 A, B, C의 경도와 위도를 적어 놓았다.

[대회 기출 유형]

지역	경도[도]	위도[도]
A	동경 129	북위 30
B	동경 128	북위 35
C	동경 127	북위 40

(1) 하지 날 태양의 고도가 가장 높은 곳은 어디인가? 왜 그렇게 생각하는지 이유를 설명하시오.

(2) 여름철 낮의 길이가 제일 긴 곳은 어느 지역인가? 그 이유를 설명하시오.

(3) 해가 가장 먼저 뜨는 곳은 어느 지역인가? 그곳이라고 생각하는 이유를 설명하시오.

112 태양계의 행성들은 모두 태양을 중심으로 원운동, 즉 공전을 하고 있다. 다음 표는 이들의 특성을 비교한 것이다.

[대회 기출 유형]

행성	태양까지 거리(지구=1)	반지름(지구=1)	질량(지구=1)	밀도(g/cm3)	자전주기(일)	공전주기(년)
수성	0.39	0.38	0.06	5.43	58.6	0.24
금성	0.72	0.95	0.82	5.24	243	0.62
지구	1	1.00	1.0	5.52	1.0	1.0
화성	1.52	0.53	0.11	3.94	1.03	1.88
목성	5.19	11.19	317.8	1.33	0.41	11.86
토성	9.53	9.41	95.1	0.70	0.44	29.46
천왕성	19.2	4.01	14.6	1.30	0.45	84.01
해왕성	30.0	3.89	17.2	1.76	0.67	164.79

(1) 위의 표에서 행성의 공전 주기와 상관 관계가 가장 밀접한 특성을 말하시오.

(2) 만약 행성들이 공전을 멈춘다고 하면 행성들은 어떻게 되겠는가? 그리고 왜 그렇게 생각하는지를 쓰시오.

113 지구는 태양과의 만유인력을 구심력으로 하여 공전하고, 지구의 공전궤도는 타원궤도이다. 그림은 경기도의 일정한 장소에서 일정한 시각에 1년 동안 관측한 태양의 위치를 점으로 표시한 것이다.

[서울과학고 기출 유형]

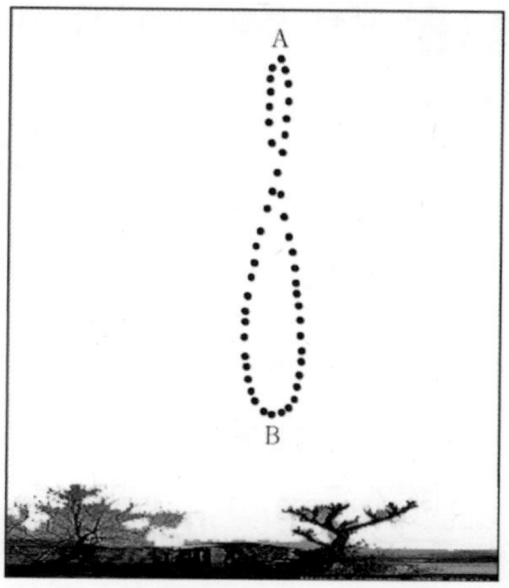

(1) A와 B의 고도 차이는 몇 도(°)인지 쓰시오.

(2) 그림과 같이 관측된 태양의 위치는 일정하지 않다. 그 원인은 첫째, 지구의 공전궤도가 타원궤도이기 때문이고 둘째, 지구의 자전축이 공전궤도면에 대해 기울어져 있기 때문이다. 이 두 가지 원인이 태양의 위치를 왜 달라지게 하는지 설명하시오.

114 국립천문대 자료에 의하면 2003년 8월 27일에 그림과 같이 화성이 지구에 가장 가까이 접근했었다. 이날 밤 9시에 화성이 관측되는 위치는?

[대회 기출 유형]

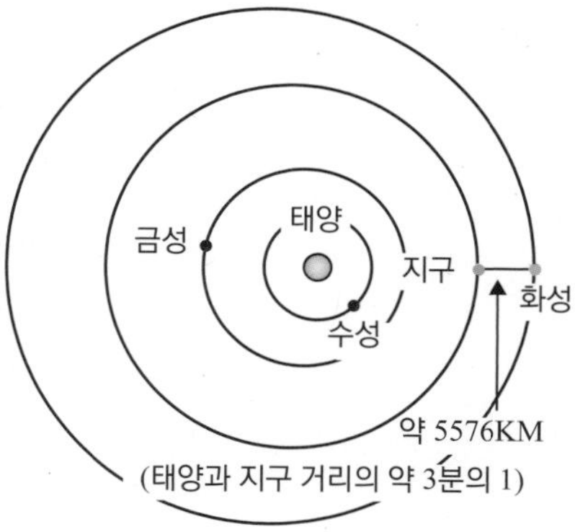

115 다음은 두 별 A, B의 실제 밝기를 구하는 과정이다. 별 A, B의 겉보기 등급과 연주 시차는 다음 표와 같다.

[2021~23 기출 유형]

구분	겉보기 등급	연주 시차
별 A	1	0.1″
별 B	5	0.01″

다음 질문에 답해 보시오.

(1) 지구에서 별 A까지의 거리를 pc(파섹) 단위로 계산하고 절대 등급을 쓰시오.

(2) 지구에서 별 B까지의 거리를 pc(파섹) 단위로 계산하시오.

(3) 별 B를 10pc의 위치로 가져가면 밝기는 어떻게 되는지 수치로 답하시오.

(4) 별 B의 절대 등급은 얼마가 되는지 설명하시오.

정답 및 해설 54쪽

116 지구의 자전축은 지구 공전 궤도면(태양 광선 방향)에 대해 수직을 이루지 않고 66.5°를 유지한다. 다음은 2023년 6월 21일 하짓날 북위 37°인 우리나라 지역(P지점)에서 태양이 남중해 있을 때 태양의 고도 h를 나타낸 것이다.

[2021~23 기출 유형]

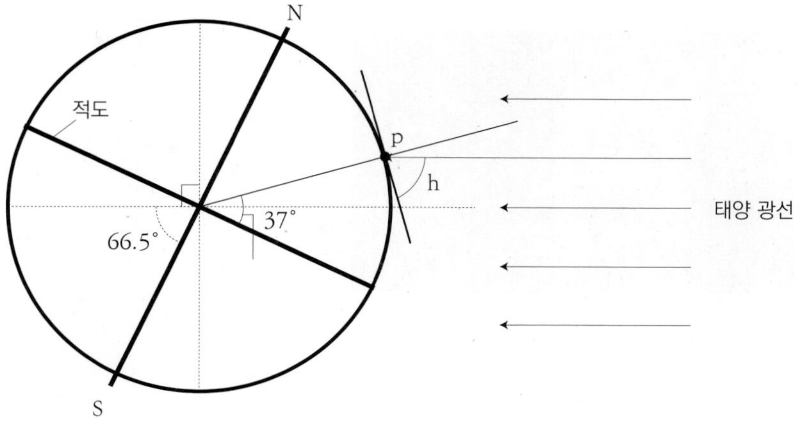

(1) 이날 태양의 남중 고도는 얼마인지 설명해 보시오.

(2) 이날 태양 고도의 변화를 설명해 보시오. 최고 고도와 태양이 정동쪽에 있을 때의 고도를 명시하시오.

117 그림 (가)는 어느 날 밤 10시 경에 천체 망원경을 이용하여 천정 부근의 밤하늘을 찍은 사진이며, 그림 (나)는 사진의 영역을 포함하고 있는 별 지도이다. (단, 별 지도의 시야는 사진 영역보다 약 2배 크다.)

[경기과고 기출 유형]

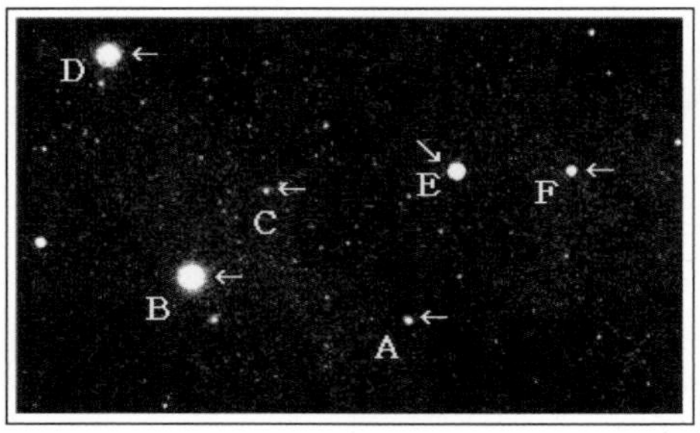

(가)

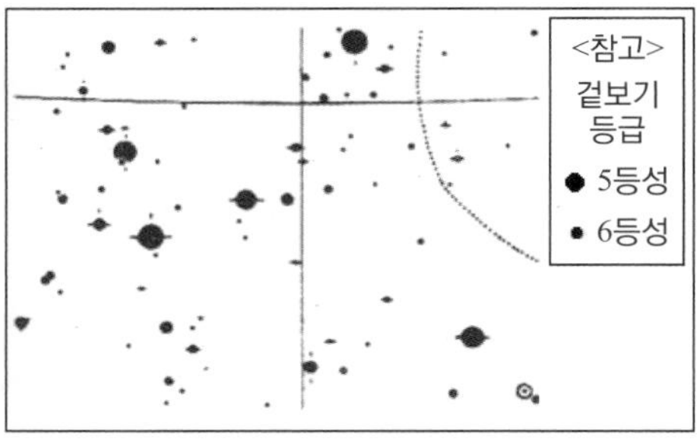

(나)

(1) 별 A는 태양계 내에 있는 행성들 중 하나이다. 관측 시간과 관측된 하늘의 영역을 고려할 때 (   ) 일 **가능성은 없다**. (   ) 안에 들어갈 수 있는 행성의 이름을 모두 말하시오.

(2) 그림 (가)의 사진 필름을 정밀하게 측정한 결과 필름 상에서 별 A의 반지름은 0.4mm이었고, 별 F의 반지름은 1mm이었다. 별 A의 대략적인 겉보기 등급을 추정하여 정수로 말하시오.(단, 별의 겉보기 밝기는 사진 필름에서 나타난 별의 면적에 비례한다.)

(3) 약 6개월 후에 위의 영역에 대해 다시 사진을 찍었을 때 모든 별들이 어떤 같은 방향으로 이동해 있을 것이라고 추측할 수 있다. 아래 표를 참고하여 별 B ~ 별 E 중에서 그런 위치 변화가 가장 큰 별을 찾고, 그렇게 판단한 이유를 말하시오.

별	절대등급	겉보기 등급
B	-1.0	4.9
C	3.6	8.5
D	-0.8	5.2
E	0.3	5.3

118 그림은 지구 공전에 의해 가까이 있는 별 A의 위치가 밤하늘의 같은 방향에서 볼 때 멀리 있는 배경별에 대해 원모양으로 달라지는 것을 나타낸 것이다.

[2021~23 기출 유형]

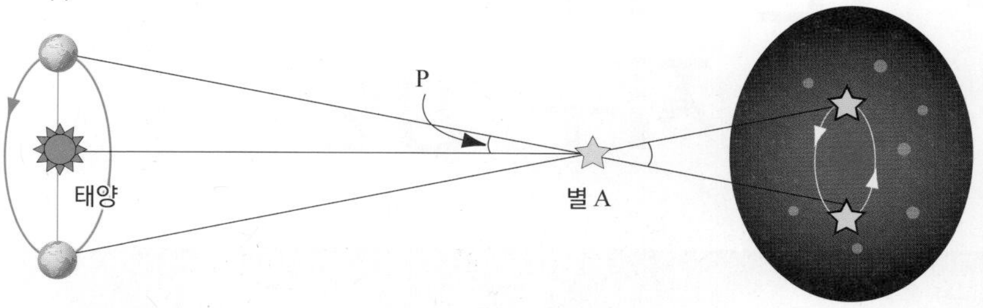

(1) 별 A 는 실제로 움직인 것이 아니라 먼 별에 대하여 움직인 것처럼 보인다. 만약 별 A 보다 더 가까이 있는 별이 있다면 배경별에 대하여 그려지는 원의 크기는 현재와 비교하여 어떻게 될 것인지 쓰시오.

(2) 만약 별 A 의 위치보다 윗(또는 아랫) 방향으로 충분히 멀리 떨어진 별이 있다면 그 별이 그리는 궤적의 모양은 어떻게 될지 간단히 설명하시오.

(3) 별 A 의 겉보기 등급과 절대 등급이 같다면 연주 시차는 얼마인가?

119 우주는 팽창하며, 은하 사이의 거리의 비는 일정하게 유지된다. 허블 법칙에 의하면 은하의 후퇴 속도는 관측자에서 은하까지의 거리에 비례한다. 그림은 우리은하 O에서 다른 은하 A, B, C, D, E를 관측했을 때의 후퇴 속도를 나타낸 것이다.

[2021~23 기출 유형]

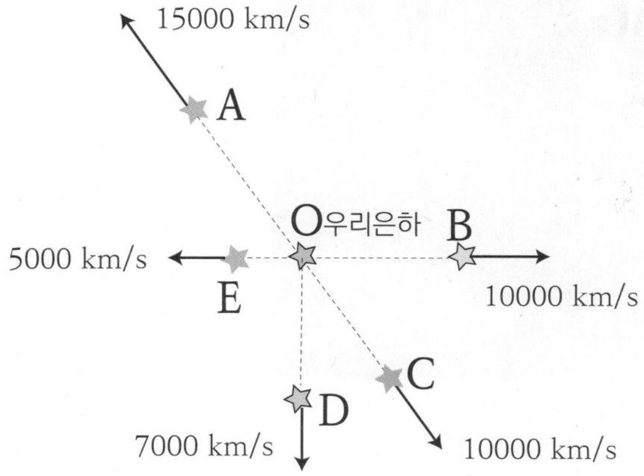

(1) 은하 E와 우리은하와 사이의 거리를 a라고 한다면, 은하 E와 은하 B 사이의 거리는 얼마인가? 3a

(2) 우리은하에서 은하 A 방향으로 우주탐사선이 발사되었다. 발사 후 우주탐사선을 은하 A에서 관측하였더니 탐사선은 5000km/s의 속력으로 멀어지고 있었다. 이 우주탐사선을 은하 C에서 관측하였을 때 탐사선의 속력은 얼마인가?

또 다른 지구?!
- 외계 지구 행성

주제 I

인간이 사는 데 적합한 환경을 지녔을 개연성이 있는 '또 다른 지구'가 태양계 밖에서 최초로 발견되었다.

미국 항공우주국(NASA)은 백조자리에서 지구로부터 약 1천400 광년(1경(京)3천254조(兆) km) 떨어진 행성 '케플러-452b'를 발견했다고 23일 밝혔다. 지금까지 발견된 외계 행성들 중 크기와 궤도 등 특성이 지구와 가장 비슷해 '지구 2.0'의 유력한 후보로 꼽힌다.

케플러-452b는 지름이 지구의 1.6배로 지금까지 발견된 '골디락스 지대' 행성들 중 가장 크기가 작다. 공전 주기는 385일로 지구보다 약 5% 길고, 이 행성과 그 모항성 케플러-452의 거리는 지구-태양 간의 거리보다 5% 멀다.

- 2015. 07.OO △△일보

제2의 지구(Earth 2.0) 찾기!

과학자들은 오랫동안 인간이 살 수 있는 '제2의 지구(Earth 2.0)'의 조건을 제시해 왔다. 일단 목성처럼 가스가 아니어야 하며, 지구처럼 암석으로 이루어져 있어야 한다. 또한, 지구처럼 태양에서 너무 멀지도 가깝지도 않아 물이 액체 상태로 존재할 수 있어야 한다. 행성의 크기와 대기, 중력 등도 생명체가 살 수 있을 만큼 적절해야 한다.

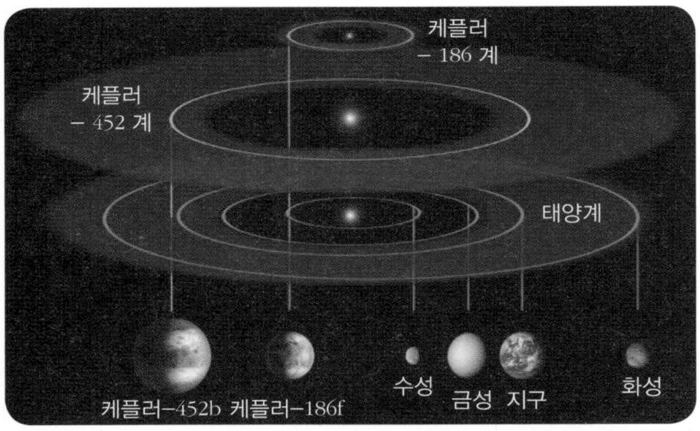

▲ 케플러 - 452 계와 태양계의 비교
케플러 - 452b는 현재까지 발견된 외계 행성 중 특성이 지구와 가장 비슷하다.

미국항공우주국 (NASA)은 인간이 살 수 있는 '제2의 지구(Earth 2.0)' 후보들을 탐색하기 위해 2009년 케플러 우주 망원경을 탑재한 우주선을 발사했다. 달과 지구 사이 평균 거리의 312배인 1억2000만㎞ 떨어진 궤도를 돌며 태양계 바깥의 항성(별)을 관측하고 있는 케플러 우주 망원경은 15만여 개의 별을 대상으로 그 앞을 지나가는 행성 때문에 생기는 밝기 차이를 관찰하여 행성의 크기와 질량 등을 추적해 왔다. 이 중 제2의 지구의 후보로 행성 1,030개를 분류하였고, 이들 중 태양과 같은 역할을 하는 항성이 존재하여, '골디락스 지대'가 존재하고, 그 영역에서 발견된 행성은 12개였다.

지구와 닮은 행성의 강력한 후보 '케플러-452b'

케플러-452b는 태양보다 15억 년 더 오래된, 태양과 비슷한 온도를 가진 G2형 항성인 케플러-452 주변에서 발견되었다. 케플러-452b 천체 시스템이 태양계 시스템과 가장 유사하였으며, 행성의 지름은 지구의 1.6배, 공전 주기는 385일로 유사하고, 공전 궤도가 '골디락스 지대' 내에 있어 생명체 존재 가능성이 매우 크므로 강력한 '제2의 지구' 후보가 될 수 있었다.

NASA 측은 "케플러-452b는 지구보다 나이가 많고 몸집이 큰 사촌이라고 생각할 수 있다"면서 "이 행성이 지구의 진화하는 환경을 이해하고 성찰하는 기회를 제공할 것"이라고 밝혔다.

과학자들은 케플러 우주 망원경 외에도 지상에 설치한 거대 망원경을 이용하여 태양계 바깥 외계 행성의 존재를 찾고 있다. 최근에는 먼 우주에서 오는 별빛이 항성이나 행성 같은 무거운 질량을 가진 천체를 지날 때 휘면서 더 밝게 나타나는 현상인 중력 렌즈 원리를 활용하여 행성을 찾는 연구가 활발하다.

한국도 보현산천문대와 소백산천문대 등의 광학망원경을 활용해 지금까지 20개가 넘는 외계 행성을 발견하였으며, 칠레와 남아프리카공화국, 호주 등 남반구 국가에서 '외계행성탐사시스템(KMTNet)' 건설을 끝내고 가동을 준비하고 있다.

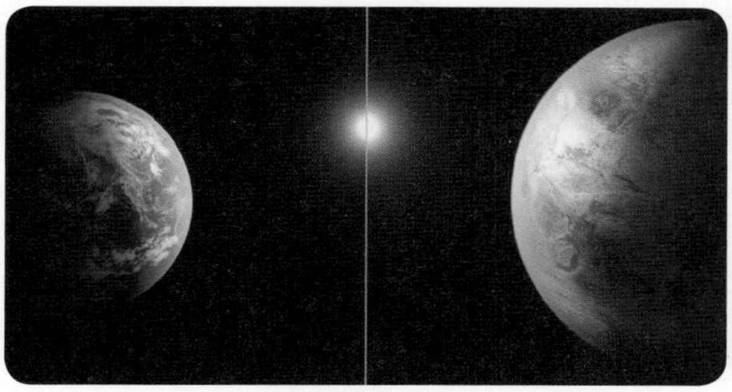

▲ (좌) 지구와 태양 (우) 케플러 - 452 와 케플러 - 452b
지구 - 태양과 상대적인 크기 비교

▲ 케플러 우주 망원경 이미지
'행성 사냥꾼'이라 불리는 케플러 우주 망원경

Q1 인류가 생명체가 존재할 가능성 있는 외계 행성들을 찾는 이유는 무엇일까? 자신의 생각을 서술하시오.

Q2 생명체가 살아갈 수 있는 환경을 갖춘 '제2의 지구'는 계속 발견되고 있다. 하지만 '제2의 지구' 후보지 중 가장 현실적인 대안으로 '화성'을 꼽고 있다. 케플러-452b의 특성과 비교하여 화성이 가장 현실적인 대안이 된 이유에 대하여 자신의 생각을 서술하시오.

별과 지구와의 거리 측정법 - 우주 거리 사다리

주제 II

우주의 끝까지 가려면 빛의 속도로 460억년 동안 가야한다?!

우주는 과연 얼마나 넓을까?

관측이 가능한 우주의 끝은 460억 광년(4,400 × 1020km)이라고 한다. 460억 광년이라는 것은 빛의 속도로 460억 년 동안 우주선을 타고 가야 겨우 우주의 끝에 도달할 수 있다는 것이다. 그런데 우주는 매우 빠른 속도로 팽창하고 있기 때문에 더 긴 시간이 필요할 것이다.

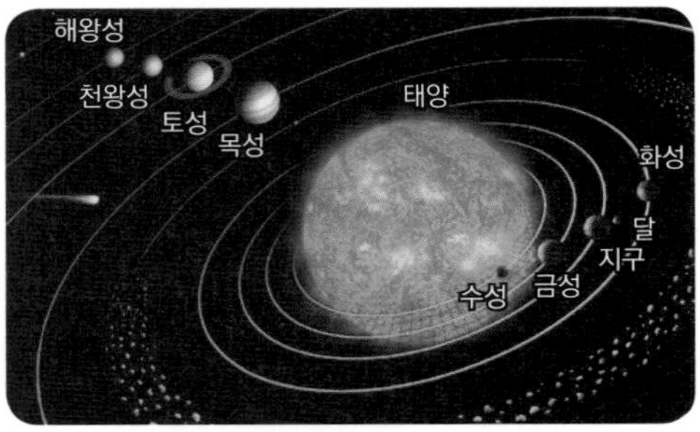

▲ 지구가 속해 있는 태양계
태양에서 가장 먼 행성인 해왕성까지의 거리는 약 45억 5천만km이다.

태양계와 가장 가까운 항성이라고 하는 '플록시마 센타우리'에 가기 위해서도 빛의 속도로 4.24년 동안 이동해야 도착할 수 있다.

이처럼 우주에 있는 별들, 행성들 사이의 거리는 지구에서 측정하는 단위로 측정하기에는 매우 크다.

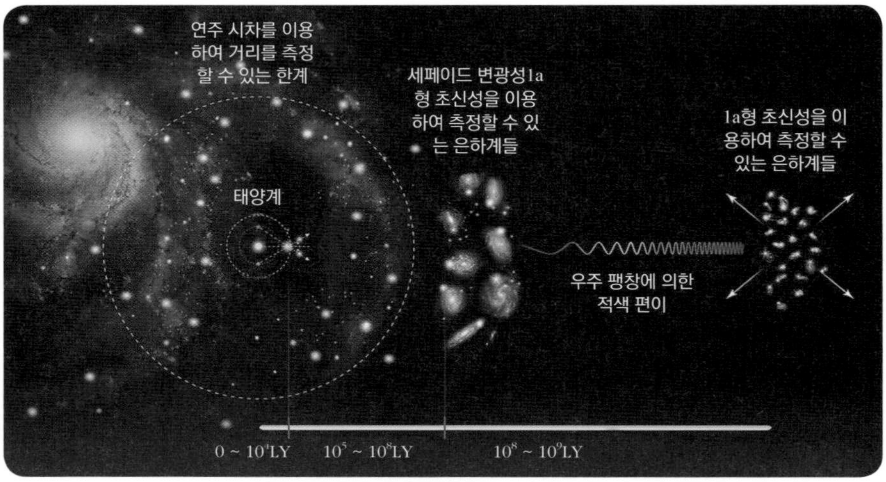

▲ 우주 거리 사다리로 측정할 수 있는 천체들
출처: NASA, ESA, A. Feild (STScI), and A. Riess (STScI/JHU)

정답 및 해설 55쪽

우주의 거리를 측정하는 단계적 방법

태양이나 달까지의 거리를 측정하기 위한 노력은 고대 그리스 시대부터 행해져 왔다. 역사상 최초로 우주 거리를 측정한 방법은 삼각형을 이용한 방법이었다. 고대 그리스 천문학자 아리스타르코스는 달이 정확하게 반달이 될 때 태양과 달, 지구는 직각 삼각형의 세 꼭짓점을 이룬다는 사실을 추론하여, 태양과 달과의 거리와 세 천체의 상대적 크기를 구했던 것이다.

현대의 천문학자들은 가까운 거리와 먼 거리를 측정할 때, 그때마다 서로 다른 측정법을 사용한다. 즉, 단계적으로 가까운 것의 거리를 측정하고, 차츰 각 단계에 걸쳐 새로운 측정법을 사용하여 측정 범위를 넓혀가며 우주의 거리를 측정하는 것을 가리켜 『우주 거리 사다리(Cosmic Distance Ladder)』라고 한다.

우주 거리 사다리

1단 : 태양계 내에 있는 별들과의 거리는 삼각비를 이용하거나 천체에 반사되어 돌아오는 레이더 신호의 시간을 측정하여 계산한다.

2단 : 태양계보다 멀리 있는 별과의 거리는 지구 공전의 증거가 되는 연주 시차를 이용하여 측정한다.

3단 : 30만 광년까지의 거리는 H-R도(별들을 분광형과 광도에 따라 분류한 도표)를 이용하여 측정한다.

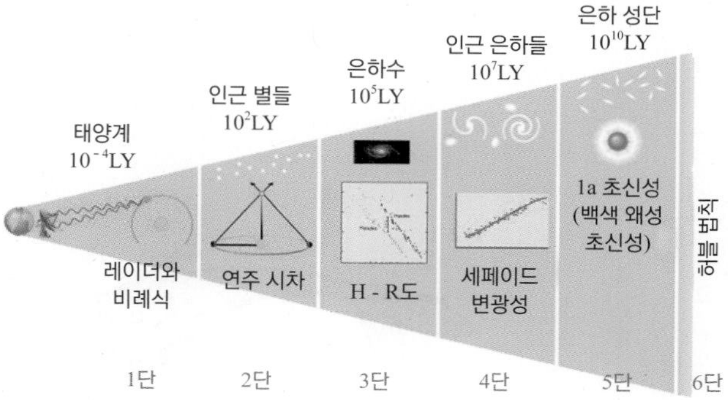

▲ 우주 거리 사다리

4단 : 보통 1억 광년까지의 거리는 세페이드 변광성의 주기를 측정하여 그 별까지의 거리를 측정하는 방법을 이용하여 측정한다.

5단 : 1억 광년이 넘는 별들 중 세페이드 변광성과 같이 절대 밝기를 알 수 있는 천체가 바로 1a형 초신성이다. 이를 이용하여 100억 광년이 떨어져 있는 별들까지의 거리를 측정할 수 있다.

6단 : 우주 끝까지 천체가 보이기만 하면 적용할 수 있는 방법이 허블의 법칙에 의한 방법이다. 이는 천체에서 오는 빛의 도플러 효과를 이용한 방법이다.

이와 같은 우주 사다리의 각 단은 서로 중복되어 있기도 하며, 서로를 연결하여 함께 사용할 수도 있다.

Q3 우주 거리 사다리의 2단에 해당하는 연주 시차를 이용한 거리 측정의 한계에 대하여 서술하시오.

http://cafe.naver.com/creativeini

CREEID

세페이드

5F-B
(생명, 지구과학)

개정2판

영재학교 과학고

창의 기출 150제

정답 및 해설

무한상상

창의력과학
세페이드

5F. 창의기출 150제
생명, 지구과학
개정2판
정답 및 해설

생명과학

Ⅰ. 생물의 구성와 다양성

Question

12 ~ 15 쪽

Q1. 답 상의 크기는 커지고, 시야의 밝기는 어두워진다.

해설 현미경을 저배율에서 고배율로 바꾸면 대물렌즈의 길이가 길어지므로 작동 거리는 짧아지며, 시야의 넓이가 커져 상을 크게 볼 수 있고, 좁은 면적을 보므로 시야의 밝기는 어두워진다.

Q2. 답 세포벽

해설 세포벽은 셀룰로스로 이루어져 있으며, 세포막 바깥을 둘러 싸고 있는 두껍고 단단한 막으로서 식물 세포에만 존재한다.

Q3. 답 조직

해설 식물체에서 물은 물관을 통해 이동한다. 세포들의 모여 물관, 체관과 같은 조직을 만들고 물관, 체관, 형성층이 모여 관다발이라는 조직계를 만든다. 관다발은 줄기라는 기관을 이루며, 잎, 줄기, 뿌리 같은 기관이 모여 개체를 이룬다.

Q4. 답 조류

해설 물속에서 광합성을 하는 식물인 조류는 몸 전체로 물과 무기 양분을 흡수하는 엽상체로 이루어져 있다.(조류는 뿌리, 줄기, 잎의 구별이 명확하지 않은 엽상 식물이다.) 다시마는 조류 중 갈조류에 속한다.

유형 Problem

16 ~ 19 쪽

001 담배모자이크바이러스의 존재를 알아보기 위한 실험이고, 바이러스는 세균 여과기를 통과하여 건강한 담뱃잎을 감염시켰으므로 세균보다 크기가 작다.

002 조직계. 식물의 조직계는 표피 조직계, 관다발 조직계, 기본 조직계로 구분한다. 표피 조직계는 표피 조직으로 구성되어 식물체 내부를 보호하는 역할을 한다. 관다발 조직계는 물관부와 체관부로 구성되며 그 사이 형성층이 있는 경우도 있으며 물과 양분이 이동하는 통로가 된다. 기본 조직계는 표피 조직계와 관다발 조직계를 제외한 식물체의 대부분을 차지하는 조직계로 대부분의 유조직과 일부 기계 조직으로 구성되며, 양분의 합성과 저장 등의 기능을 한다.

해설 조직계는 식물에만 있는 구성 단계로서 여러 조직들이 모여 통합적으로 기능을 수행하는 단계이다.

003 ㄱ, ㄷ, ㄹ

해설 ㄱ. 배율이 증가하면 상을 크게 볼 수 있지만, 시야 범위는 좁아져 어두워진다. 반대로 배율이 감소하면 시야 범위가 넓어져 많은 수의 세포를 볼 수 있으며, 밝게 보인다.

ㄴ, ㄷ. 배율이 커지거나 작아지더라도 측정한 세포의 크기는 동일하다. 400배일 때 접안 마이크로미터 1눈금의 길이는 (가)를 통해 구할 수 있다. 대물 마이크로미터 2눈금과 접안 마이크로미터 4눈금이 일치하고, 대물 마이크로미터 1눈금의 길이는 10㎛이므로 접안 마이크로미터 1눈금의 길이는 5㎛이다. (접안 마이크로미터 1눈금의 길이 = $\frac{\text{대물 마이크로미터 눈금 수}}{\text{접안 마이크로미터 눈금 수}} \times 10$ ㎛)

하지만 배율이 100배로 즉 4배 감소한 경우, 세포의 길이는 변하지 않으나 4배 작게 보이므로, 고정된 접안 마이크로미터 1눈금의 길이는 4배 증가하여 100배에서 접안 마이크로미터 1눈금의 길이는 20㎛(ㄴ)이다. 400배에서 세포의 길이는 (나)를 통해 구할 수 있다. 접안 마이크로미터 1눈금의 길이가 5㎛이고, 세포는 접안 마이크로미터 12눈금을 차지하므로 세포의 길이는 60㎛이다. 100배에서는 접안 마이크로미터 1눈금의 길이가 20㎛이고, 세포는 접안 마이크로미터 3눈금을 차지하게 되므로 세포의 길이 역시 60㎛이다.

ㄹ. 배율이 감소하면 접안 마이크로미터 1눈금의 길이가 감소하긴 하지만, 현미경 시야에서 보이는 접안 마이크로미터의 눈금 수는 고정되어 변하지 않는다.

004 성숙한 식물 세포의 소기관 중 액포의 절대적 부피가 가장 크게 변한다. 어린 세포에 있는 액포의 절대적 부피는 30㎛^{3}이었는데, 성숙한 세포에 있는 액포의 절대적 부피는 132,000㎛^{3}로 4400배 증가하였다. 이것을 통해 세포 내 에너지 대사가 일어나면 분비물, 노폐물 등이 액포로 이동하여 저장되므로 성숙한 식물 세포는 어린 식물 세포보다 에너지 대사가 활발하다는 것을 알 수 있다.

해설

세포 소기관	부피
핵	1,000㎛^{3} × 0.3 = 300㎛^{3}
엽록체	1,000㎛^{3} × 0.07 = 70㎛^{3}
미토콘드리아	1,000㎛^{3} × 0.05 = 50㎛^{3}
액포	1,000㎛^{3} ×0.03 = 30㎛^{3}
소포체	1,000㎛^{3} × 0.008 = 8㎛^{3}
골지체	1,000㎛^{3} × 0.005 = 5㎛^{3}

세포 소기관	부피
핵	$150,000\mu m^3 \times 0.003 = 450\mu m^3$
엽록체	$150,000\mu m^3 \times 0.02 = 3000\mu m^3$
미토콘드리아	$150,000\mu m^3 \times 0.04 = 6000\mu m^3$
액포	$150,000\mu m^3 \times 0.88 = 132,000\mu m^3$
소포체	$150,000\mu m^3 \times 0.0009 = 135\mu m^3$
골지체	$150,000\mu m^3 \times 0.0006 = 90\mu m^3$

005 운동을 하면 근육 운동에 필요한 에너지를 공급하기 위하여 미토콘드리아의 작용이 활발히 일어난다. 미토콘드리아는 자신의 DNA를 가지고 있어 스스로 증식이 가능하기 때문에 근육 운동 시 필요한 미토콘드리아가 많이 생성된다. 제시된 그림에서 DNA와 결합하는 형광 물질을 처리한 후 현미경으로 관찰하면 운동을 안 시킨 쥐에 비해 운동을 시킨 쥐는 세포질에서 형광을 띠는 부분이 많이 관찰된다. 이것은 DNA를 가지고 있는 미토콘드리아를 의미한다. 동물 세포의 세포질에서 DNA를 가지고 있는 세포 소기관은 미토콘드리아이므로 운동을 시키면 에너지 생성을 위해 미토콘드리아의 수가 증가한다고 할 수 있다.

006 (1)

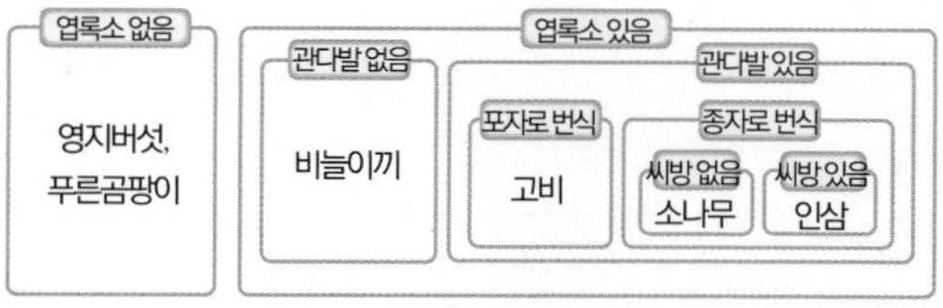

(2)

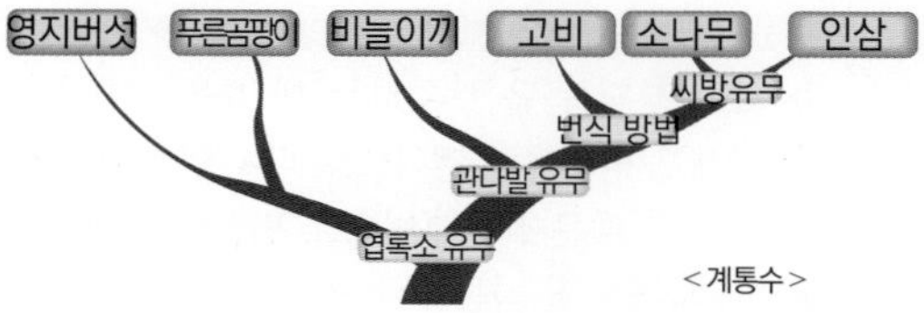

해설 맨 먼저 엽록소의 유무를 통해 영지버섯과 푸른곰팡이를 다른 생물과 분리해낼 수 있다. 광합성을 통해 에너지를 얻을 수 없는 이들은 균계로 분류될 수 있고, 나머지는 식물계로 분류된다. 이후 유일하게 관다발이 없는 비늘이끼를 따로 분리해 낼 수 있는데, 이것은 선태식물의 특징이다. 관다발이 있는 식물들 중 포자로 번식하는 고비를 분리해낼 수 있다. 포자로 번식하는 고비는 양치식물이다. 마지막으로 남은 소나무와 인삼은 씨방의 유무로 구분된다. 씨방이 없는 소나무는 겉씨식물, 씨방이 있는 인삼은 속씨식물에 속한다.

007 핵은 2중막이며, 유전 물질인 DNA가 존재하지만 단백질 합성은 일어나지 않으므로 (다)이다. 리보솜은 막이 없는 세포 소기관이며, 단백질과 rRNA로 구성되어 있고 단백질을 합성하므로 (나)이다. 엽록체는 2중막이며, 독자적으로 DNA와 리보솜을 갖고 있어 독립적으로 복제, 증식, 단백질 합성이 가능하므로 (가)는 엽록체이다.

008 (1) 동물 세포 : (나), (라) 식물 세포 : (가), (다)
(2) 1. 식물 세포에 녹색을 띠는 엽록체가 있다.
2. (가)와 (다)는 세포들이 규칙적으로 배열되어 있는 것을 통해 세포벽이 있다는 것을 알 수 있다.

해설 그림 (가)와 (다)는 식물의 세포이고 (나)는 사람의 정자, (라)는 입안 상피 세포이다. (가)와 (다)에는 염색을 하지 않아도 녹색을 띠는 엽록체가 있는 것을 볼 수 있다. 엽록체 안에 녹색을 띠고 있는 엽록소라는 색소가 많이 있기 때문에 잎은 녹색을 띤다. 또한 (가)와 (다)는 세포들이 다각형 모양으로 규칙적으로 배열된 것을 볼 수 있다. 이는 세포벽이 세포의 모양을 유지하고 있기 때문이다. 세포벽은 세포막 바깥쪽을 둘러싸고 있는 두껍고 단단한 벽으로 주 성분은 셀룰로스(섬유소)이다.

창의력 Master 20 ~ 29 쪽

009 세포는 기능적, 구조적 기본 단위이며, 모든 새로운 세포는 자연히 생기는 것이 아니라 기존의 세포로부터 생성된다. 슐라이덴과 슈반은 연구 결과를 통해 모든 생물은 세포로 구성되어 있으므로 세포는 생물을 구성하는 구조적 단위일 뿐만 아니라, 생명 활동이 일어나는 기능적 단위라는 세포설을 내놓았으며, 그 이후 피르호는 세포는 분열 과정에 의해 새로운 세포가 만들어진다는 것을 발견함으로써 모든 세포는 이미 존재하고 있는 살아있는 세포로부터 생성된다는 이론을 추가하였다. 이에 따라 세포설이 완성되고 일반화되었다.

해설 세포설은 다음과 같다.
1. 모든 생물은 세포로 구성되어 있다. → 구조적 단위
2. 세포는 생명 현상의 기본 단위이다. → 기능적 단위
3. 모든 세포는 이미 존재하고 있는 살아있는 세포로부터 나온다. → 세포 분열

010 **정답 :** ㄴ, ㄷ, ㄹ.

이유 : ㄴ. 표피 조직과 혈액은 구성 세포가 다르다. 표피 조직은 표피 세포와 공변세포 등으로 이루어져 있으며 혈액은 적혈구, 혈소판, 백혈구 등의 세포로 구성된다.

ㄷ. 표피 조직을 이루는 세포들의 크기는 비슷하며, 혈액을 구성하는 세포들도 다른 조직에 비하면 상대적으로 크기가 비슷한 편이다.

ㄹ. 표피 조직은 표피 조직계를 구성하고, 표피 조직계는 영양 기관(뿌리, 줄기, 잎 등)에서 관찰된다. 혈액은 순환 기관을 구성하고 순환 기관은 순환계를 구성한다.

해설 ㄱ. 표피 조직은 식물체의 표면을 덮는 조직으로 식물체를 보호하는 역할을 한다. 혈액의 적혈구는 산소를 운반하고, 혈소판은 혈액의 응고 작용을 돕는다. 백혈구는 세포 내 소화 작용과 항체 생성에 관여한다.

011 **정답 :** (가) 공변 세포, (나) 대장균, (다) 간 세포, (라) 유글레나 A 리보솜, B 세포벽, C 엽록체

이유 : 진핵 세포(동식물 세포)와 원핵 세포, 원생생물 모두에 존재하는 것은 리보솜이므로 A는 리보솜이다.

식물 세포에는 엽록체, 세포벽, 리보솜, 미토콘드리아가 모두 존재하므로 (가)는 공변 세포이다.

대장균에는 막성 소기관이 존재하지 않으므로 미토콘드리아가 없는 (나)가 대장균이고, C는 막성 소기관 중 하나인 엽록체이다.

엽록체는 식물 세포에만 존재하지만 동물과 식물의 공통된 영역에 해당하는 유글레나도 엽록체를 가지므로 (라)는 유글레나이다.

식물 세포인 공변 세포와 원핵 세포인 대장균에는 세포벽이 존재하지만 동물 세포인 간 세포와 유글레나에는 세포벽이 없으므로 (다)는 간 세포, B는 세포벽이다.

해설 간 세포는 동물 세포, 공변 세포는 식물 세포이며, 대장균은 원핵 세포, 유글레나는 원생생물이다.

유글레나는 몸 안에 엽록체를 가지고 있어 광합성을 하는 점에서는 식물이라고 할 수 있으나, 몸을 싸는 세포벽이 없고 편모로 유영하며, 또 안점(眼點)으로 빛을 감각하는 점에서는 동물이라 할 수 있다. (유글레나는 엽록체를 가지고 있어 식물의 특성을 가지지만, 세포벽이 없고 편모로 유영하므로 동물의 특성도 갖는다.
→ 유글레나는 식물과 동물의 공통된 영역에 해당한다.)

대장균의 세포벽은 펩티도글리칸으로 구성되어 있다.

012 (가)는 줄기 끝의 형성층, (나)는 줄기의 생장점을 나타낸 것이다. (가) 형성층은 쌍떡잎식물과 겉씨식물의 줄기와 뿌리에 있는 조직으로 물관부와 체관부 사이에 있으며 부피 생장이 일어나며, (나) 생장점은 식물의 뿌리와 줄기 끝에 있는 조직으로 길이 생장이 일어나는 부분이다. (가)와 (나)는 모두 줄기에 있는 부분이며, 모두 세포 분열이 왕성하게 일어나는 분열 조직에 해당된다.

013 (1) 1단계 : 대물 마이크로미터 2눈금과 접안 마이크로미터 4눈금이 겹치므로 접안 마이크로미터 1눈금의 길이는 $\frac{2}{4} \times 10 = 5$㎛ 이다.

2단계 : 양파 표피 세포 1개의 크기는 접안 마이크로미터 25눈금에 해당하므로 양파 표피 세포 1개의 크기 = 5㎛ × 25 = 125㎛이다.

(2) (가) 과정에서 20배의 대물렌즈와 15배의 접안렌즈를 맞추었으므로 현미경 관찰 배율은 300배이다. (라) 과정에서 60배의 대물렌즈로 교체하였으므로 현미경 관찰 배율은 900배(15배의 접안 렌즈와 60배의 대물렌즈)이다. 그러므로 배율은 300배에서 900배로 3배 증가하였다. 현미경 관찰 시 배율에 따른 시야의 범위는 배율 증가비의 제곱에 반비례하므로 시야의 넓이는 $\frac{1}{9}$배로 줄어든다.

따라서 관찰되는 양파 표피 세포의 수는 이론상 270개의 $\frac{1}{9}$인 30개가 된다.

014 **정답 :** 다세포 생물이 더 유리할 것이다.

이유 : 다세포 생물은 몸이 여러 개의 세포로 이루어져 있고, 세포의 기능이 여러 가지로 나누어져 있기 때문에 단세포 생물보다 환경에 적응하기 유리(외부 충격으로부터 몸을 보호하는 데 효율적임)하다. 또한, 다세포 생물은 유전적으로 더 다양한 자손을 남길 수 있기 때문에 이분법으로 번식하는 단세포 생물보다 환경에 잘 적응할 수 있다.

해설 단세포 생물은 세포 하나하나에서 모든 생명 활동(소화, 호흡, 배설, 생식 작용 등)이 모두 일어나야 한다. 이에 비해 다세포 생물은 수많은 세포가 기능에 맞게 서로 일을 나누어 하고 있으므로 환경에 유리한 생물은 다세포라고 할 수 있다.

015 **정답 :** 곤충을 잡아먹는 파리지옥은 광합성(주된 영양 공급 방법)을 하여 스스로 영양소를 합성할 수 있으므로 식물로 분류한다.

파리지옥이 곤충을 잡아먹는 이유 : 주로 습지대 같은 생존 조건이 가혹한 지역에 서식하는 식물의

포획 활동은 습지 토양에는 없거나 부족한 질소, 인, 칼륨 같은 원소를 동물로부터 얻음으로써 척박한 환경에서 생장, 번식을 가능하게 해준다. 늪이나 습지의 토양은 일반 토양에 비해 산소가 부족하고 공기의 유통이 잘 되지 않는다. 유입되는 유기물의 양은 많지만 유기물을 분해시키는 호기성 미생물의 활동은 저조하여 유기물질들이 잘 썩지 않는다. 유기물의 분해는 식물의 필수 영양물질인 질소의 공급원이라는 점에서 볼 때, 늪지의 토양은 식물이 이용할 수 있는 질소가 절대적으로 부족한 곳이기 때문에 파리지옥은 부족한 질소를 얻기 위해서 곤충을 잡아먹는다. (파리지옥을 식충식물이라고 한다.)

016 (1) 5종 (2) ㄴ, ㄷ. **옳지 않은 것 : ㄱ**
이유 : (가) 시기에서는 종의 분화가 3회 일어났고, (나)와 (다) 시기에서는 종의 분화가 2회 일어났다. 따라서 (가), (나), (다) 시기 모두에서 새로운 종이 출현하였다.

해설 (1) 계통수는 공통 조상 P에서 (가), (나), (다) 시기를 거치며 위로 올라갈수록 최근에 분화된 것이다. 종 ㉠, ㉡은 (나) 시기에서 가지가 끝이 나타나므로 이 시기에 멸종하였고, 종 ㉢은 (다) 시기에 멸종하였다. 따라서 현재까지 가지가 이어져 있는 ㉣ ~ ㉧ 5종만이 현존하고 있다.
(2) ㄴ. (가) 시기에서는 종의 분화가 3회 일어났고, (나)와 (다) 시기에서는 종의 분화가 2회 일어났다. 따라서 종의 분화가 가장 많이 일어난 시기는 (가) 시기이다.
ㄷ. 현존하는 종들은 먼저 조상형인 P에서 왼쪽으로 분화된 가지 쪽에 속하는 ㉣, ㉤을 한 무리로, 오른쪽으로 분화된 가진 쪽에 속하는 ㉥, ㉦, ㉧을 한 무리로 분류할 수 있다.

017

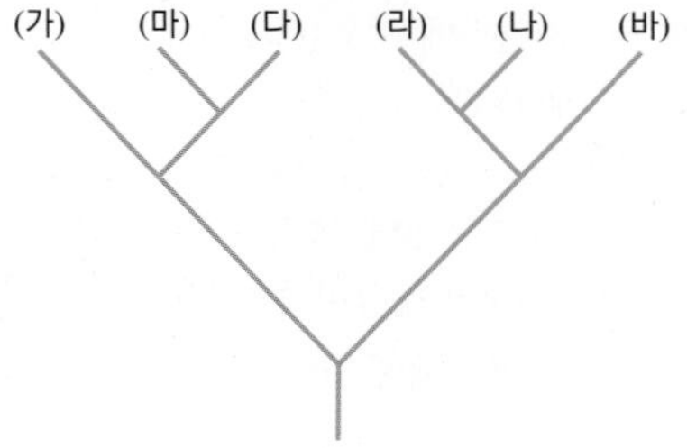

해설 생물체의 분류 단계는 종 < 속 < 과 < 목 < 강 < 문 < 계이다. 따라서, 주어진 가장 상위 계급인 목이 A - (가), (마), (다)와 B - (라), (나), (바)로 나뉘고, 이후 a - (가)와 b - (마), (다), 그리고 c - (라), (나)와 d - (바)로 나뉜다.

018 (1) 비둘기, 침팬치
(2) 이 표의 동물들은 모두 척추동물을 나타내고 있으며 모두 척수를 가지고 있지만 칠성장어와 잉어는에는 허파가 나타나지 않는다. 따라서 척수가 허파보다 먼저 출현하였다.
(3) 유연관계가 가깝다는 것은 같은 형질이 많음을 의미한다. 모래주머니의 유무를 통해 도마뱀이 비둘기, 악어보다 먼저 분리되었다는 것을 알 수 있으며, 깃털의 유무를 통해 악어가 비둘기보다 먼저 분리되었다는 것을 알 수 있으므로 비둘기와 도마뱀의 유연관계는 비둘기와 악어의 유연관계보다 멀다.

해설 (1) 고유파생형질(autapomorphy)은 파생된 형질이지만 다른 계통과 공유하지 않고 단독으로만 가지고 있는 형질이므로 비둘기만 갖는 깃털, 침팬지만 갖는 유선이 여기에 속한다.

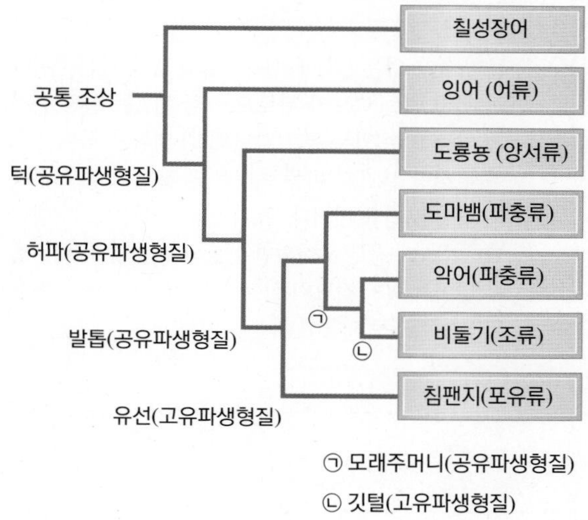

019 A : 씨방의 유무 or 물관의 모양 B : 잎맥의 모양
㉠ : 잣나무 ㉡ : 콩과 참나무 ㉢ : 벼와 대나무

해설 분류 기준 A를 씨방의 유무 또는 물관의 모양으로 하면 잣나무와 (콩, 벼, 대나무, 참나무)로 분류되며, 분류 기준 B는 잎맥의 모양에 따라 분류되므로 ㉠은 잣나무, ㉡은 벼와 대나무(또는 콩과 참나무), ㉢은 콩과 참나무(또는 벼와 대나무)이다.
분류 기준 A를 나이테의 유무로 하면 (잣나무, 참나무)와 (콩, 벼, 대나무)로 분류되며, 분류 기준 B는 잎맥의 모양에 따라 분류되므로 ㉠은 잣나무와 참나무, ㉡은 콩(또는 벼와 대나무), ㉢은 벼, 대나무(또는 콩)이다.
하지만, 참나무는 ㉡, 벼는 ㉢에 포함된다 하였으므로, A는 씨방의 유무 또는 물관의 모양, B는 잎맥의 모양, ㉠은 잣나무, ㉡은 콩과 참나무, ㉢은 벼와 대나무이다.

020 17

해설 〈 척추동물 〉
· 포유류 : 사람, 박쥐, 고래
· 조류 : 타조, 청둥오리
· 파충류 : 악어, 도마뱀
· 양서류 : 맹꽁이, 두꺼비
· 어류 : 상어
〈 절지동물 〉
· 곤충 : 메뚜기 · 갑각류 : 게
ㄱ. 정온동물은 조류, 포유류이다. → 정온동물의 수 : 5
ㄴ. 척추동물은 어류, 양서류, 파충류, 조류, 포유류이다. → 척추동물의 수 : 10
ㄷ. 어린 시절에는 아가미로 호흡하고, 성체가 되면 피부와 폐로 호흡하는 동물은 양서류이다. → 2

021 물질 A가 없는 (가)에서보다 물질 A가 있는 (나)에서 설탕 이동 속도가 빠르므로 물질 A는 설탕 분자가 이동할 수 있는 통로(막단백질) 역할을 하며, (나)에서 설탕 분자의 이동 속도는 물질 A의 농도에 의해 영향을 받을 것이다. 즉, 설탕의 이동 속도가 빨라지다가 A가 전부 포화되면 설탕의 이동이 더 빨라질 수 없어서 어느 정도의 설탕 농도 이상부터는 설탕은 일정한 속도로 이동한다.

022 A, B, C

해설 (가)는 주위의 온도가 올라갈수록 체온이 점차 올라가므로 변온 동물의 체온 변화를 나타낸 것이다. 어류, 양서류, 파충류는 변온 동물이며, 포유류와 조류는 정온 동물이다. (나) 척추 동물의 계통수에서 2심방 불완전 2심실의 심장 구조를 갖는 C는 파충류이므로 파충류보다 나중에 분화한 생물은 조류, 조류보다 나중에 분화한 생물은 포유류이다. 파충류보다 먼저 분화한 생물는 양서류, 양서류보다 먼저 분화한 생물은 어류이다. 그러므로 A는 어류, B는 양서류, D는 조류, E는 포유류이며, (가)와 관련된 동물은 A, B, C이다.

023 생물들의 유연관계는 분류상으로, 혹은 발생 계통상으로 어느 정도 가까운가를 나타내기 때문에 공통된 특징을 많이 가지고 있을수록 가까운 유연 관계를 나타내며, 공통된 특징이 적을수록 먼 유연 관계를 나타낸다. S5와 공통점이 4개(C, D, E, F)로 가장 많은 것은 S2이므로 S5과 S2는 유연 관계가 가장 가까우며, 반대로 S5과 공통점이 1개(C)밖에 없으므로 S3와 S5는 유연관계가 가장 멀다.

024 (1) (가) : ㄱ (나) : ㄴ (다) : ㄷ (라) : ㅁ
(2) a, c, e

해설 (1) (가)는 변온 동물이며, 아가미로 호흡하는 난생 생물이므로 어류인 붕어(ㄱ)이다. (나)는 변온 동물이며, 폐로 호흡하는 난생 생물이므로 파충류인 뱀(ㄴ)이다. (다)는 변온 동물이며, 어릴 때에는 아가미로 호흡하고 성체가 되면 폐로 호흡하는 난생 생물이므로 양서류인 도롱뇽(ㄷ)이다. (라)는 정온 동물이며, 폐로 호흡하는 난생 생물이므로 포유류인 고래(ㅁ)이다.
(2) 닭은 조류이다. 조류는 정온(a) 동물이며, 폐(e)로 호흡하는 난생(c) 생물이다.

025 **정답 :** ㄷ, ㅁ
옳지 않은 항목의 이유 : ㄱ. 접안 마이크로미터는 접안 렌즈 안에 넣어 사용한다.
ㄴ. 접안 마이크로미터와 대물 마이크로미터를 사용하여 세포의 크기를 측정할 때에는 먼저 접안 렌즈에 접안 마이크로미터를 넣고, 재물대에는 1눈금의 크기를 알고 있는(1눈금 = 10 ㎛) 대물 마이크로미터를 올려놓아 접안 마이크로미터와 대물 마이크로미터가 겹치는 눈금을 통해 접안 마이크로미터 1눈금의 크기를 구한다. 그 다음 재물대에서 대물 마이크로미터를 제거하고 그 자리에 프레파라트를 올려놓아 배율, 초점을 맞춘 후, 크기를 측정하고자 하는 세포에 보이는 접안 마이크로미터의 눈금 개수를 통해 세포의 실제 크기를 측정하는 것이므로 세포를 실제로 관찰할 때에는 접안 마이크로미터로 재는 것이다.
ㄹ. 200배로 관찰하던 것은 400배로 높이면, 한 변당 2배로 확대되므로 면적은 4배로 확대되고, 시야는 $\frac{1}{4}$로 줄어든다. 따라서, 100개의 $\frac{1}{4}$에 해당하는 25개의 세포가 관찰된다.

해설 ㄷ. 현미경의 경통에 끼우는 접안 렌즈는 고배율일수록 길이가 짧아지며, 회전판에 끼우는 대물 렌즈는 고배율일수록 길이가 길어져 프레파라트에 가까워진다.
ㅁ. 현미경의 배율은 길이 확애의 수치이므로 현미경의 배율은 100배에서 200배로 높이면, 면적은 4배로 확대된다. 따라서 100배일 때 시야에 16개의 눈금이 들어왔다면 면적을 4배로 확대할 경우 시야는 $\frac{1}{4}$로 좁아지게 되어 4개의 눈금만 보이게 된다.(a)

〈 배율에 따른 시야의 범위 〉
현미경 시야의 반경(r)는 배율 증가비(n)에 반비례하며, 현미경 시야의 넓이(πr^2)는 배율 증가비(n)의 제곱에 반비례한다. 따라서 배율이 n배가 되면 현미경 시야의 반경은 $\frac{r}{n}$, 현미경 시야의 넓이는 $\frac{1}{n^2} r^2 \pi$ 이 된다.

〈현미경 시야 변화〉

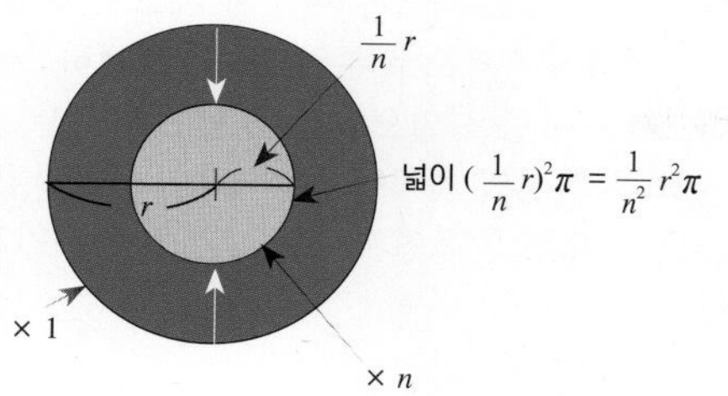

기출 Check 30 ~ 33 쪽

026 ④

해설 ㄹ. 조동나사로 프레파라트를 대물렌즈에 접근시킬 때에는 현미경을 옆에서 보면서 접근시켜야 한다.

027 **정답 :** ㄱ.

옳지 않은 항목 바르게 고치기 : ㄴ. (나) 세포벽은 식물 세포에만 존재하며, 식물 세포의 가장 바깥쪽을 두껍고 단단하게 둘러싸여 세포의 모양을 단단하게 유지하는 역할을 한다. (세포벽은 전투과성이므로 물질 출입을 조절하지 않는다.)

ㄷ. (다) 세포막은 세포를 둘러싸는 얇은 막으로서 동물 세포와 식물 세포 모두에서 관찰되고 세포 안팎으로의 물질 출입을 조절한다. (세포막은 세포의 형태는 유지시키지만 세포의 모양을 유지시켜주지는 않는다.)

ㄹ. (라) 엽록체는 식물 세포에만 관찰되며, 빛에너지를 이용하여 포도당을 만드는(합성하는) 공장 역할을 한다.

ㅁ. (마) 미토콘드리아는 동물 세포와 식물 세포 모두에서 관찰되며, 유기물을 분해하여 에너지를 얻는 세포 호흡이 일어나는 장소이다.

해설 (가)는 핵, (나)는 세포벽, (다)는 세포막, (라)는 엽록체, (마)는 미토콘드리아이다. 식물 세포는 동물 세포와 달리 단단하고 두꺼운 세포벽으로 둘러싸여 있다. 핵은 유전 정보를 가지고 있고, 세포벽과 엽록체는 식물 세포에만 존재하며, 핵, 세포막, 미토콘드리아는 식물 세포와 동물 세포 모두에 존재한다.

028 (1) A : B = 1 : 2

(2) B 세포는 A 세포보다 표면적이 부피에 비해 상대적으로 작으므로 A 세포보다 물질 교환의 효과가 떨어진다. (세포는 끊임없는 물질 대사를 통해 생성되는 노폐물이 제대로 배출되지 못하면 기능이 저하된다.)

(3) **[예시답안]**

· 세포를 일정 크기 이상으로 커지지 않게 세포 분열을 통해 세포의 수를 늘려 물질 교환이 잘 일어나도록 한다.

· 세포를 구형이 아니라 길쭉하게 만들어 표면적의 비율을 높인다.

해설 (1) 세포에 들어있는 물질은 세포막을 통해 세포 밖으로 빠져나간다. A 세포의 겉넓이($4\pi r^2$)는 400π, B 세포의 겉넓이는 1600π이므로 B 세포의 세포막 면적은 A 세포의 세포막 면적의 4배이다. 물질 P가 들어있는 B 세포의 부피($V = \frac{4}{3}\pi r^3$)는 A 세포의 부피의 8배이다. 따라서 세포에 들어있는 물질 P가 세포 밖으로 모두 빠져 나가려면, 세포막의 단위면적 당 투과해야 하는 물질 P의 양은 B 세포가 A 세포의 2배이다.

(2) 세포가 일정 크기 이상 커지면 표면적의 증가율이 부피의 증가율보다 작으므로 물질 교환의 효율이 떨어져 생명 활동을 유지하는 데 불리하다.

029 민들레, 국화, 해바라기, 백합, 나팔꽃

해설 분류상 통꽃과 갈래꽃을 구분하는 문제이다.
통꽃은 꽃잎이 서로 붙어서 한 개의 꽃잎을 이루는 꽃으로서 진달래, 도라지꽃 등이 이에 해당한다.
갈래꽃은 꽃잎이 낱낱이 서로 갈라져 있는 꽃으로서 매화, 벚꽃, 복숭아꽃 등이 이에 해당한다.

030 · 유글레나가 갖는 식물의 특성 : 몸 안에 엽록체를 가지고 있어 광합성을 한다.

· 유글레나가 갖는 동물의 특성 : 세포벽이 없다, 편모를 이용하여 헤엄친다, 안점(眼點)으로 빛을 감각한다.

따라서 연두벌레라고도 불리는 유글레나는 식물과 동물의 공통된 영역에 해당하는 원생생물로 분류한다.

031 ②

해설 가설을 증명하기 위해서는 대조 실험을 해야 실험의 타당성을 높일 수 있다. 실험에서 변인은 수컷 꼬리의 길이이다. 꼬리를 짧게 한 B군과 꼬리를 접착제로 길게 한 D군을 비교 실험군으로 선정하고, 접착제로 붙인 것에 대한 오류 기능성에 대해 자연 상태의 A군과 꼬리를 잘랐다가 접착제로 붙인 C군을 대조 실험하는 것이다. 자연 상태의 A군과 접착제로 다시 붙인 C군 사이의 차이가 없다면 이 실험은 타당하겠으나, 차이가 난다면 접착제로 붙인 과정때문에 B와 D의 비교 실험이 타당성을 잃게 된다.

032 (1) 아메바, 대장균
(2) 지렁이, 플라나리라, 해캄, 불가사리
(3) 해캄, 지렁이, 달팽이, 은행나무
(4) 사과나무, 벼

033 감자의 표면적이 넓으면 감자의 익는 속도가 빨라지므로 감자를 얇고 길게 잘라 감자의 표면적을 넓혀서 튀김 요리를 한다. 이와 같은 원리는 세포가 세포 안팎으로 물질 교환을 효율적으로 하는 것과 관련이 있다. 부피에 대한 표면적의 비는 세포의 크기가 작을수록 크기 때문에 세포는 생존을 위한 물질 교환을 효율적으로 하기 위해 생장하여 일정 크기에 도달하면 세포 분열을 통해 다시 크기를 작게 한다.

주제 탐구 및 논술 34 ~ 37 쪽

Q1 **[예시 답안]** 양서류, 조류, 포유류의 진화에서 찾을 수 있다. 이들이 진화 중에 분기(진화에 있어서 계통이 나뉘어 지고 형질의 차이가 커지는 현상)를 할 때 척추체형의 발생 계획은 이미 자리를 잡고 있었다. 현재의 체형의 차이는 이러한 공통된 발생 프로그램의 변형을 통해 일어난 것이다. 이것이 모든 척추동물의 초기배가 다 비슷해 보이는 이유이다. 따라서 이들 동물군이 진화를 하는 과정에서 더 이상 이익을 줄 수 없는 오래된 프로그램에 의해 만들어지는 세포들은 아폽토시스로 제거되는 것이다.

해설 예를 들어 공통적인 발생 프로그램은 배의 발가락 사이에 물갈퀴를 다 만들지만 많은 조류와 포유류에서는 이들이 아폽토시스에 의해 제거된다.

Q2 **[예시 답안]** 발생 과정에서 세포의 분열과 소멸이 적절하게 일어나지 않으면 기형이 발생한다. 또한, 각종 질병이 유발될 수 있으며 세포는 정상적인 상태를 벗어나 암으로 발전할 가능성이 있다.

해설 초기 태아의 손가락과 발가락은 막으로 연결되어 있으므로 뭉툭하게 돌출된 인형 손 모양을 하고 있다. 후기 발생 과정에서 뭉툭한 손 모양 사이의 막을 이루는 세포에 '계획된 세포죽음'(아폽토시스)이 일어나지 않으면 태어난 아기는 손가락과 발가락을 자유자재로 벌리고 움직일 수 없게 된다. 즉, 기형아가 된다. 또한, 아폽토시스는 유전자에 변형이 일어나는 등 세포가 암세포가 될 가능성이 있을 때, 세포를 사멸시키는 작용을 하므로 아폽토시스가 적절하게 일어나지 않으면 암이 된다.

Q3 **[예시 답안]** 세포 사멸은 예정된 세포의 죽음이므로 즉, DNA가 규칙적으로 분절되면서 천천히 스스로 자살하므로 후유증을 일으키지 않는다. 하지만, 세포 괴사는 외부 환경의 자극에 의해 DNA가 무작위적으로 파손되는 세포의 돌연사이므로 후유증이 발생할 수 있다.

Ⅱ. 소화, 순환, 호흡, 배설

Question 38 ~ 45 쪽

Q1. 답 (1) ㄹ, ㅂ, ㅅ, ㅇ (2) ㅁ (3) ㄱ, ㄴ, ㄷ

해설 탄수화물은 아밀레이스(녹말을 엿당으로 분해), 말테이스(엿당을 포도당으로 분해), 락테이스(젖당을 갈락토스와 포도당으로 분해), 수크레이스(설탕을 과당과 포도당으로 분해) 등의 소화효소에 의해 포도당으로 분해된다. 지방은 라이페이스에 의해 지방산과 글리세롤로 분해된다. 단백질은 펩신(단백질을 폴리펩타이드로 분해), 트립신(폴리펩타이드를 다이, 트리펩타이드로 분해), 펩티데이스(다이, 트리펩타이드를 아미노산으로 분해)에 의해 아미노산으로 분해된다.

Q2. 답 심방이 이완을 하게 되면 혈액이 심방으로 들어오게 된다. → 심방이 수축하게 되면 심방에 있던 혈액이 심실로 이동하게 되면서 심실은 확장하게 된다. → 심실 수축으로 인해 심실에 있는 혈액이 방출된다.

해설 심장은 수축과 이완 작용(박동)을 통해 혈액을 순환시킨다.

Q3. 답 사고로 호흡을 멈춘 사람은 스스로 늑간근과 횡격막의 수축, 이완 작용이 일어나지 않기 때문에 대기압과의 압력 차이를 만들 수 없다. 따라서 인공 호흡을 통해서 인위적으로 대기압과의 압력 차이를 만들어 줌으로써 조직 세포로 산소를 공급하고, 호흡 운동을 부활시키기 위해서이다.

Q4. 답 염분이 없는 달걀만 먹게 되면 체내 삼투압이 낮아져 세뇨관에서 모세혈관으로 재흡수되는 수분의 양이 감소하게 된다. 따라서 체내 수분량이 줄어들면서 체중 감소효과를 가져온다. 하지만 일반식을 통해 체내에 염분과 탄수화물의 양이 늘어나게 되면 체내 삼투압이 증가하기 때문에 체중이 증가하게 된다.

유형 Problem 46 ~ 49 쪽

034 600g

해설 하루에 필요한 열량이 3000kcal 이므로 9a + 4b + 4c = 3000 으로 나타낼 수 있다. (a : 섭취한 지방의 양, b : 섭취한 단

백질의 양, c : 섭취한 탄수화물의 양)
이 사람이 식사를 통해 섭취하는 3대 영양소의 비율이 지방 : 단백질 : 탄수화물 = a : b : c = 20 : 20 : 60 = 1 : 1 : 3이다. b와 c를 a로 치환하면, a = b, c = 3a가 되므로 9a + 4a+ 12a = 25a = 3000, a = 120이다. 따라서 이 사람이 섭취해야 하는 3대 영양소의 양은 지방(a) 120g, 단백질(b) 120g, 탄수화물(c) 360g으로 총 600g이다.

035 405kcal

해설 탄수화물은 1g당 4kcal, 지방은 1g당 9kcal, 단백질은 1g당 4kcal의 열량을 내므로 이 식품을 섭취했을 때 얻을 수 있는 총 열량은 (10g×4kcal) + (5g×9kcal) + (80g×4kcal) = 405kcal

036

	분류 기준	에너지원으로 사용되는지 여부
무한	A의 특징	에너지원으로 사용되지 않는 부영양소이다.
	B의 특징	에너지원으로 사용되는 주영양소이다.
	분류 기준	몸의 생리 기능을 조절하는지 여부
상상	C의 특징	몸의 생리 기능을 조절한다.
	D의 특징	몸의 생리 기능을 조절하지 않는다.
	분류 기준	몸을 구성하는지 여부
알탐	E의 특징	몸을 구성하는 영양소이다.
	F의 특징	몸을 구성하는 영양소가 아니다.

037 소화제에는 주요 3대 영양소인 탄수화물(다당류), 지방, 단백질을 소화하는데 필요한 소화 효소들이 들어있어야 한다. 소화 효소는 영양소들을 잘게 부수어 흡수가 빨리 일어날 수 있게 도와주므로 위에서 분비되는 소화 효소인 펩신과 소장에서 분비되는 트립신, 아밀레이스, 라이페이스 등의 역할을 대신할 수 있는 기능을 가진 성분이 들어있어야 한다. 또한, 지방의 소화를 돕는 쓸개즙 성분도 들어 있어야 한다.

038 근육은 수축과 이완을 통해 정맥의 혈액을 심장 쪽으로 잘 이동시켜 줌므로서 모세 혈관의 혈장이 조직 세포 사이로 빠져 나가 세포와 세포 사이가 늘어나 붓는 것을 방지해 준다.

해설 혈압은 혈장이 모세 혈관에서 조직으로 빠져 나오게 하는 압력이고, 혈장 삼투압은 조직액이 모세 혈관 속으로 들어가게 하는 압력이다. 혈압이 혈장 삼투압보다 높은 동맥쪽 모세혈관에서는 혈장이 모세혈관에서 조직 세포 쪽으로 빠져나온다. 반면 혈압이 혈장 삼투압보다 낮은 정맥쪽 모세혈관에서는 조직액이 모세혈관 속으로 들어간다.

039 (1) 코와 입은 연결되어 있으므로 입을 통하여 공급된 공기가 코를 통하여 빠져나가지 않도록 하기 위해 코를 막는다.
(2) 날숨에는 산소가 이산화 탄소에 비하여 4배 이상 더 들어있으므로 날숨을 환자에게 공급해서 인공 호흡 실시가 가능하다.

해설 이산화 탄소는 들숨보다 날숨에 120배 정도 많이 들어있지만, 산소는 이산화 탄소의 양보다 훨씬 더 많이 들어 있다.

040 (1) **혈관 A** : 심장으로 들어오는 혈액이 흐르는 혈관으로 심방과 연결된 대정맥이다.
특징 : 혈압이 낮아 혈관벽이 동맥보다 얇고 탄력도 약하다. 혈압이 낮아 혈액의 역류를 방지하기 위해 판막이 존재한다. 몸의 표면에 분포한다.
(2) 채혈된 혈액을 보관할 때 응고되는 것을 방지하기 위한 항응고제이다.

041 붕어의 서식 환경은 물이 많은 담수이므로 노폐물 1g 배설시 필요한 수분량을 감당할 수 있어서 암모니아의 독성이 중화될 수 있기 때문이다.

해설 동물들은 자신의 서식 환경에 맞게 질소 노폐물을 배설한다. 암모니아로 배설하는 동물은 주변에 물이 많은 환경에 살며, 요산으로 배설하는 동물은 주변에 물이 거의 없다. 요소와 요산은 합성 시 에너지가 필요하다.

창의력 Master 50 ~ 63 쪽

042 (1) B 시험관, 초식동물(토끼)은 셀룰로스를 분해하는 소화 효소인 셀룰레이스를 가지고 있는 것이 아니라 위 속에 공생하는 세균이 셀룰레이스를 형성한다. 그 결과, 초식 동물이 셀룰로스를 포도당으로 분해할 수 있는 것이다.
(2) **[예시 답안]** 곡물 알갱이를 원료로 쓰지 않고 풀, 나뭇가지, 건초 등을 사용하여 알코올을 생성하는 방법이 있다. 이 물질(풀, 나뭇가지, 건초 등)을 분해하기 위해서는 다음과 같은 일이 선행되어야 한다.
· 셀룰레이스를 체내에 가지고 있는 달팽이를 대량으로 사육하여 달팽이가 먹이로 사용하는 식물에서 에탄올을 추출할 수 있도록 한다.

· 토끼같은 초식 동물 몸속에 있는 미생물을 대량으로 배양한다. 이 미생물은 셀룰로스를 직접 분해할 수 있기 때문에 식물에서 에탄올을 추출하는 것이 가능해진다.
· 흰개미의 몸속에 있는 미생물을 대량으로 배양하거나, 미생물의 유전자를 파악하여 인위적인 생산을 하여 식물에 적용시킴으로써 에탄올을 얻을 수 있다. 흰개미는 딱딱한 나무를 주식으로 하기 때문에 식량으로 이용되는 옥수수나 곡식류 등을 이용할 필요가 없어 식량난도 줄일 수 있다.

해설 초식 동물인 토끼는 스스로 셀룰로스를 분해하는 소화 효소를 가지고 있는 것이 아니라 위에 들어 있는 미생물이 셀룰로스를 분해하여 그 분해 산물을 흡수하는 것이다. 따라서 A 시험관에서는 셀룰로스 분해가 일어나지 않아 포도당이 형성되지 않으므로 베네딕트 반응을 보이지 않는다.
사람은 셀룰로스 분해 효소를 가지고 있지 않으며, 섭취하는 셀룰로스 일부는 대장에서 서식하는 대장균에 의해 분해되기도 한다. 따라서 사람의 위 분비액이나 위에서 분리한 미생물에 의해 셀룰로스가 분해되기 어려우므로 베네딕트 반응은 일어나지 않는다.

043 **정답** : A - (다), B - (나), C - (가)
이유 : 쓸개즙은 간에서 생성되어 쓸개에 저장되었다가 십이지장으로 분비되며, 큰 지방 덩어리를 작은 지방 덩어리로 쪼개어 지방의 소화 효소인 라이페이스와 접촉하는 지방의 표면적을 넓혀주므로 지방인 식용유가 효과적으로 소화되기 위해서는 소화 효소인 이자액과 쓸개즙이 모두 필요하다. 따라서 (다) 시험관에서의 소화 정도가 가장 크고, 소화 효소인 이자액만 들어 있는 (나) 시험관에서는 지방의 유화가 일어나지 않으므로 쓸개즙이 있을 때보다 소화 정도가 작으며, 쓸개즙만 들어 있는 (가) 시험관에서는 아무리 시간이 지나도 식용유의 소화는 일어나지 않는다.

044 A(단백질) : 소장에서 분비되는 장액 속의 펩티데이스에 의해 최종 분해되어 아미노산이 된다. 아미노산은 수용성 영양소이기 때문에 소장에서 모세혈관으로 흡수되어 (가) 간문맥 통해 간을 거쳐 심장으로 전달된다.
B(지방) : 이자액에 들어 있는 라이페이스에 의해 최종 분해되어 지방산과 글리세롤로 나누어진다. 지방은 지용성 영양소이기 때문에 소장에서 암죽관으로 흡수되고 림프관과 (나) 가슴 림프관을 거쳐 심장으로 전달된다.

해설 A(단백질)은 수용성 영양소이고, B(지방)은 지용성 영양소이다.

045 (1) **잘못된 부분** : 동맥과 정맥의 단위 시간당 이동한 거리가 같게 표시되어 있다.
이유 : 동맥에서는 심장 박동으로 혈액이 밀려나오기 때문에 혈류 속도가 가장 빠르며, 정맥은 심장으로 들어가는 혈액이 흐르는 혈관으로 동맥보다 혈관 벽이 얇고, 혈압도 낮으며 혈류 속도도 느리다.
(2) 동맥은 혈압이 높고, 혈관벽이 두꺼우며, 몸 깊숙한 곳에 있다. 모세혈관은 혈류 속도가 느리고, 단면적이 넓으며, 한겹의 세포층으로 되어있다. 정맥은 피부 근처에 위치하고 있으며, 혈관벽이 얇고 판막이 있다.

046 어류는 혈액이 전체를 순환하는 동안 단 한번 심장을 지나가는 단일 순환 구조를 가지고, 포유류는 폐순환과 온몸 순환으로 분리된 순환 고리를 가지고 심장을 2번 지나가는 이중 순환 구조를 가진다.

047

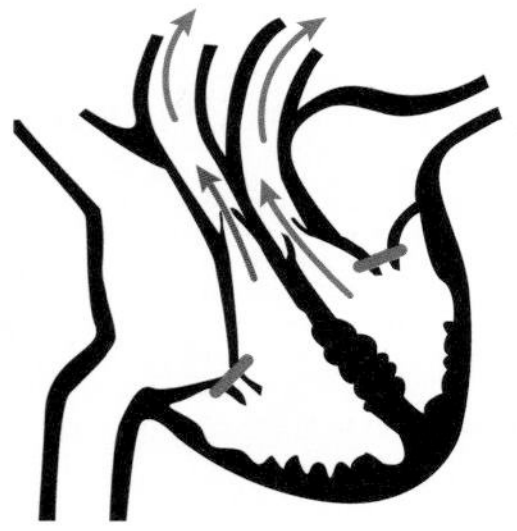

해설 혈액의 흐름은 압력의 차이에 의해 일어나게 된다. 즉 심방이나 심실의 수축으로 압력이 커지면 심방에서 심실로 심실에서 동맥으로의 혈류가 생기게 된다. 또한, 좌심방과 좌심실 사이에는 이첨판, 우심방과 우심실 사이에는 삼첨판, 심실과 동맥 사이에는 반월판이 있어 혈액의 역류를 막게 된다.
t 지점은 심실이 수축한 후, 심실이 이완되기 전이다. 심실이 수축했으므로 좌심실과 우심실의 혈액이 각각 대동맥과 폐동맥으로 빠져나가는 시기이며, 이첨판과 삼첨판은 닫히고, 반월판은 열린다.

048 1. 심장은 1분당 80회 뛰고, 한번 에 90mL의 피를 내보내므로 1분에 7.2L의 혈액을 온몸으로 보낸다.
2. 7.2L의 혈액 중 20%만이 콩팥으로 가므로, 1분 동안 1.44L의 혈액이 콩팥으로 간다.
3. 1.44L의 혈액 중 65%만이 혈장이므로 혈액 1.44L 중 65%인 936mL(0.936L)만이 여과가 가능하다.
4. 936mL 중 25%만 여과되므로 234mL이 1분당 사구체 여과율에 해당한다.

해설 사구체 여과율은 1분 동안 양쪽 콩팥에 의해 생성되는 여과액의 용량을 뜻한다.

049 (1) (가) : D, (나) : A, (다) : B, (라) : C
(2) **정답 :** ㄱ, ㄴ, ㄷ.
옳지 않은 항목 바르게 고치기 : ㄹ. 제 2심음이 발생한 이후 혈액은 심방에서 심실로 흐른다.

해설 (1) A시기에는 좌심실의 부피가 증가하므로 좌심방의 수축에 의해 혈액이 좌심방에서 좌심실로 이동하는 (나) 상태이다. B시기에는 좌심실의 부피가 최대이므로 압력도 최대 상태이다. 따라서 좌심실이 수축을 시작하는 상태인 (다)이다. C시기에는 좌심실의 부피가 감소하므로 좌심실의 수축에 의해 좌심실의 혈액이 대동맥으로 빠져나가는 (라) 상태이다. D시기에는 좌심실의 부피가 최소로 줄어들게 되므로 좌심실의 압력이 가장 낮은 상태가 될 것이며, 이때 심장은 혈액이 온몸을 돌고 심방으로 들어가게 되는 (가)상태이다.
(2) ㄱ. A시기는 심실이 이완된 상태이다. 심실이 이완될 때는 이첨판과 삼첨판이 열리면서 심방으로부터 심실로 혈액이 들어온다.
ㄴ. C 시기는 제 1심음 직후부터 제 2심음 직전까지의 시기로 심실 수축기에 해당하기 때문에 심실과 연결된 대동맥 사이의 반월판이 열려 혈액이 대동맥으로 흐른다.
ㄷ. 제 1심음은 심실 수축기에 발생한다. 심실이 수축할 때는 심방으로의 혈액의 역류를 막기 위해 이첨판과 삼첨판이 닫히는데 이때 제 1심음이 발생한다.
ㄹ. 제 2심음은 심실에서 혈액이 나갈 때 열린 반월판이 닫히면서 나는 소리이므로 제 2심음이 발생하고 난 후 혈액은 심방에서 심실로 이동하게 된다.

050 **정답 :** ㄴ, ㄷ
옳지 않은 항목 바르게 고치기 : ㄱ. 동맥에서의 최저 혈압은 심실이 이완될 때 나타난다.
ㄹ. 심실의 수축기와 이완기의 혈압 차이는 좌심실에 가까운 동맥일수록 더 크다.
ㅁ. 모세혈관은 벽의 두께가 매우 얇아서 크기가 큰 적혈구와 혈소판은 모세혈관벽을 빠져나가지 못하고, 크기가 작은 영양소의 일부와 아메바 운동을 하는 백혈구만 모세혈관벽을 통과한다.

해설 ㄱ. 좌심실이 수축할 때 동맥은 최고 혈압이 나타나고 좌심실이 이완될 때 동맥에는 최저 혈압이 나타난다.
ㄴ. 모세혈관은 한 겹의 얇은 세포층으로 되어 있고 혈류 속도가 느리기 때문에 조직 세포와 물질 교환이 효과적으로 일어난다.
ㄷ. 동맥은 심장에서 나가는 혈액이 흐르는 혈관으로 높은 혈압을 견디기 위해 혈관벽이 두껍고 탄력이 강하다.
ㄹ. 좌심실에서 가장 가까운 동맥은 대동맥이다.
ㅁ. 모세혈관은 동맥과 정맥을 이어 주는 혈관으로 한 겹의 얇은 세포층으로 되어있고, 혈류 속도가 가장 느린 혈관이다. 모세혈관의 혈관벽은 벽의 두께가 매우 얇기 때문에 혈액과 조직액 사이에 물질 교환이 효과적으로 일어난다. 이때, 크기가 큰 적혈구와 혈소판은 모세혈관벽을 빠져나가지 못하고, 크기가 작은 영양소의 일부와 아메바 운동을 하는 백혈구만 모세혈관벽을 통과한다. 따라서 조직액의 단백질 함량은 혈장보다 적다.

051 **정답 :** ㄱ
옳지 않은 항목 바르게 고치기 : ㄴ. 건조한 환경에서는 아가미의 호흡 표면으로 공기가 잘 녹아들지 못하여 호흡을 하지 못한다.
ㄷ. 아가미에서 물이 흐르는 방향과 모세혈관의 혈액이 흐르는 방향이 반대이면 모세혈관으로의 산소 이동량은 증가한다.

해설 물속에 사는 어류는 아가미로 호흡하는데 이는 산소를 포함한 물이 아가미를 거치면서 아가미 주변의 모세혈관으로 산소가 전달되어 이동하는 과정에 의해 일어난다.
ㄱ. 제시된 그림에서 아가미 쪽으로 들어오는 혈액은 온몸을 돌고 들어오는 혈액이기 때문에 이산화 탄소의 분압은 높고, 산소의 분압은 낮다. 따라서 D에서 C로 혈액이 이동할 때 물에 녹아 있던 산소가 혈관으로 이동하여 점차 산소의 분압이 높아지게 되고 결국 아가미를 거쳐 나가는 혈액은 산소의 분압이 매우 높다.
ㄴ. 건조한 환경에서는 아가미 표면의 수분이 모두 증발하게 된다. 따라서 물속에 녹아 있는 산소를 더 이상 받아들일 수 없어 호흡을 하지 못하게 된다.
ㄷ. 모세혈관 내의 혈액이 흐르는 방향과 아가미 내에서 물이 흐르는 방향이 같으면 물에 녹아 있는 산소의 농도와 모세혈관 내 산소의 농도가 같아질 때 산소는 더 이상 이동하지 않게 된다. 따라서 최대 50% 까지의 산소 농도 밖에 이동하지 못한다. 하지만 혈액의 방향과 물의 방향이 반대이기 때문에 모세혈관으로 이동해 가는 산소의 양을 50% 이상으로 늘릴 수 있다.

052 새는 기낭이 존재하므로 산소를 보관할 수 있기 때문에 효율적으로 호흡할 수 있고, 들어가는 공기와 나오는 공기가 모두 한 방향으로만 흐르기 때문에 효율적으로 산소를 얻을 수 있다. (폐의 효율성이 높다.) 또한 헤모글로빈의 산소 친화력이 사람보다 높으며, 날개 근육에 모세혈관이 많이 분포해 산소 공급이 원활하고, 날개 근육에는 미오글로빈이 많이 존재한다. 이런 생리적 특성들 때문에 인도 기러기는 히말라야 산맥을 날아 넘을 수 있다.

해설 미오글로빈은 근세포 속에 있는 헤모글로빈과 비슷한 헴(heme)단백질로 적색 색소를 함유하고 있어 조류나 포유류의 근육을 붉게 염색하는 물질이다.

053 **정답 :** ㄴ, ㄷ, ㄹ **옳지 않은 것 :** ㄱ, ㅁ

이유 : ㄱ. 들숨이 일어날 때 $P_{폐포}$가 -4 mmHg에서 점점 상승하여 0 mmHg가 되면 외부 대기압과 같아지면서 공기의 이동이 멈추어 들숨이 끝나게 된다. 따라서 들숨이 끝날 때 $P_{폐포}$는 압력이 증가한 상태가 된다.

ㅁ. 숨을 내쉴 때는 외늑간근이 이완하고 내늑간근이 수축하며 가로막이 이완을 해서 흉강의 부피가 감소하고 $P_{폐포}$는 양의 값으로 증가하게 된다.

해설 들숨이 일어날 때 압력을 비교하면 $P_{폐포}$는 0 mmHg상태에서 음의 값인 -4 mmHg까지 낮아진다. 그러면 대기압에 비해 폐포 내 압력이 낮으므로 외부의 공기가 폐 안으로 이동하게 된다. 반대로 날숨이 일어날 때 $P_{폐포}$의 압력은 음의값 -4에서 다시 0으로 상승하게 된다. 그리고 $P_{폐포}$가 0이 되면 외부 대기압과 압력 차이가 나지 않으므로 더 이상의 공기의 이동이 일어나지 않는다.

ㄴ. 폐포 안의 공기 압력은 들숨이 진행되는 동안 음의 값(-4 mmHg)에서 증가하여 0 mmHg에서 마치게 된다.

ㄷ. 숨을 들이쉴 때 가로막이 내려가고 갈비뼈가 올라가므로 흉강의 부피는 증가하고 그 결과 $P_{공간}$과 $P_{폐포}$는 더욱 낮아진다.

ㄹ. 들숨과 날숨에서 공기의 이동은 $P_{폐포}$와 $P_{대기}$ 사이의 차이에 의해 결정된다.

054 **정답 :** ㉡

이유 : 온도가 높아질수록 물에 녹아 있는 산소의 양이 줄어든다. 따라서 물속의 동물들이 아가미로 호흡을 하기 위한 산소의 양이 부족해짐에 따라 산소를 운반할 수 있는 헤모글로빈의 양을 증가시킴으로써 보다 많은 산소를 조직 세포로 운반해야 한다. 따라서 온도에 따른 헤모글로빈의 양은 점차 증가해야 한다.

055 (1) 빨라진다, 산소(O_2), 이산화 탄소(CO_2)

(2) 이산화 탄소의 농도가 증가하면 호흡 속도가 증가하게 되고 결국 폐활량도 증가하게 되므로 혈액 내 CO_2의 농도가 높아지면 1회 호흡 시 드나드는 공기의 양이 증가한다.

해설 (가), (나) 그래프에서 호흡 속도가 빨라지면 폐활량이 증가하므로 호흡 속도가 빨라지면 숨을 깊이 쉰다고 할 수 있다. 폐활량(호흡 속도)이 증가하는 순서에 따라 산소의 농도를 나열시키면 100% → 21% → 92%이며, 폐활량(호흡 속도)이 증가하는 순서에 따라 이산화 탄소의 농도를 나열하면 0% → 0.03% → 8% 이다. 따라서 이산화 탄소가 증가함에 따라 폐활량(호흡 속도)가 증가한다고 볼 수 있다. 또한, 호흡 속도는 산소의 농도에 비례하는 것이 아니라, 이산화 탄소 농도에 비례하므로 호흡 속도 또는 폐활량 증가는 산소보다 이산화 탄소의 영향을 많이 받는다고 할 수 있다.

056 (1) 추운날에 땀을 많이 나게 되면 기화열로 인하여 열을 빼앗기므로 더 추워지게 된다. 따라서 땀을 최소화하고 오줌으로 물을 내보낸다.

(2) 사람은 기온의 변화에 따라 체액의 양과 체온을 항상 일정하게 유지하는 항상성을 가지는 정온 동물이기 때문이다.

해설 사람은 정온 동물이므로 기온 변화에 상관없이 일정한 체액을 유지해야 한다.(항상성)

057 20%

해설 1분간 사구체에서 여과되는 요소의 양은 100mL/분 × 0.25mg/mL = 25mg/분이고, 1분간 오줌으로 배출된 요소의 양은 20mg/mL × 1mL/분 = 20mg/분이다. 신장에 들어온 요소 25mg 중 20mg은 오줌으로 빠져나가고 남은 5mg은 재흡수된다. 따라서 재흡수율 = (25 - 20) ÷ 25 × 100 = 20%이다.

058 (1) 혈액 속 노폐물은 신선한 투석액과 농도 차를 이용하여 투석액 쪽으로 확산시켜야 하므로(노폐물 농도가 높은 혈액에서 노폐물 농도가 낮은 투석액 쪽으로 노폐물이 확산) 신선한 투석액에는 요소가 없어야 하며, 혈액 속에서 배출되면 안 되는 포도당은 혈액의 농도를 같게해야 한다.

(2) 투석막을 사이에 두고 농도 차이에 의한 확산이 일어나야 하므로 혈액과 투석액의 흐르는 방향을 반대로 하면 같은 방향일 때보다 농도 차이가 생기는 구간이 길어져서 노폐물이 혈액에서 투석액 쪽으로 계속해서 확산되어 나가는데 효과적이기 때문이다.

해설 혈액 투석은 반투과성 막의 여과 장치(인공 신장기)를 이용하여 몸 안의 혈액을 체외로 끌어낸 후 반투과성 막으로 이루어진 관에는 혈액을, 바깥쪽에는 투석액을 통과시켜 혈액과 투석액 간의 농도 차를 이용하여 혈액 내의 노폐물과 과다한 수분을 제거 시킨 후 깨끗해진 혈액을 다시 넣어주는 과정이다.

059 **정답 :** ㄴ, ㄷ **옳지 않은 것 :** ㄱ

이유 : 사구체에서 여과되는 물질들은 혈장 내 농도에 비례하여 여과되지만, 분자량이 큰 단백질들은 농도와 상관없이 투과되지 않는다.

해설 ㄴ. 락토글로빈의 분자 반경은 2.16nm이다. 그래프에서 용질의 분자 반경이 약 3nm 이하의 물질은 전하에 관계없이 투과될 수 있다.

ㄷ. 알부민의 분자 반경은 3.55nm이다. 그래프에서 3.55nm의 분자 반경의 음전하를 띤 물질은 투과액에서 용질 농도가 0에 가까우므로 거의 투과되지 못한다.

060 **정답 :** ㄴ
옳지 않은 항목 올바르게 고치기 : ㄱ. B는 A보다 배설이 더 잘 일어난다.
ㄷ. A의 최대 재흡수량은 350mg/분, B의 최저 분비량은 40mg/분이다.

해설 ㄱ. A는 여과량보다 배설량이 적은 것으로 재흡수가 능동적으로 일어나는 물질이고, B는 여과량보다 배설량이 큰 것을 보아 분비가 일어나는 물질이다. 따라서 B가 A보다 배설이 더 잘 일어난다.
ㄴ. 사구체 여과율은 분당 여과량을 혈장 농도로 나눈 값에 해당한다. A와 B의 사구체 여과율은 모두 125mL/분으로 같다.
ㄷ. A는 분당 여과량이 적을 때에는 모두 재흡수되어 분당 배설량이 0이지만, 여과량이 커지면 최대 재흡수량인 350mg/분을 뺀 만큼 배설되므로 A의 최대 재흡수량은 350mg/분이다. B는 분당 여과량이 적을 때에는 50mg/분이 분비되고, 여과량이 커지면 80mg/분이 분비되어 배설되므로, B의 최저 분비량은 50mg/분이다.

061 (1) B, D (2) A

해설 혈액 속에 있던 C는 분자의 크기가 매우 크기 때문에 사구체에서 보먼주머니로 여과되지 않는다. 따라서 오줌에는 C(단백질 등)가 포함되어 있지 않다. 사구체에서 여과되어 세뇨관의 원뇨에 포함된 물질 중 B와 D는 100% 모세혈관으로 재흡수되어 오줌에는 포함되어 있지 않다. A(요소) 또한 일부분이 재흡수된다. 그 이유는 원뇨의 A가 집합관 쪽으로 확산되기 위해 낮은 농도를 유지해야 하기 때문이다. 하지만 원뇨에서 오줌으로 갈수록 A(요소)의 농도가 높아지는 것은 모세혈관에서 A를 분비하기도 하고, 세뇨관을 이동하면서 물이 모세혈관으로 재흡수되기 때문이다.

062 ②

해설 ① X의 여과율 그래프가 일정한 기울기로 증가하므로 혈중 X 농도에 비례한다는 사실을 알 수 있다.
② X 물질의 여과율 그래프를 보면 일정한 기울기를 보이고 있기 때문에 여과율은 혈중 X의 농도에 비례하여 증가한다.
③ X 물질의 재흡수율은 증가하다가 어느 수준에서 일정해지지만, 배설율은 급격히 증가하므로 처음의 X의 농도보다 오줌 속의 X 농도가 더 높을 것이라고 추리할 수 있다.
④ 배설율은 혈액 속의 X의 농도가 증가함에 따라 서서히 증가하다가 일정 수준이 되면 기울기가 급해지며 급격히 증가한다.
⑤ X의 재흡수율 그래프를 보면 혈중 농도가 증가함에 따라 다소 증가하다가 어느 수준이 되면 증가하지 않게 된다. 따라서 X의 재흡수는 어느 일정 수준까지는 혈중 X의 농도에 영향을 받는다고 할 수 있다.

063 178 L

해설 하루 여과량은 125mL × 60분 × 24시간 = 180 L 이고, 이것이 재흡수되고 분비되어 오줌이 된다. 따라서 분비되는 물질의 양을 무시할 때 하루 동안의 재흡수량은 180 - 2 = 178 L이다.

기출 Check

64 ~ 69 쪽

064 (1) 상상이: 여과는 정상적으로 이루어졌으나 (라) 집합관에 재흡수되지 않는 포도당이 존재하여 오줌에 포함될 것이므로 당뇨병을 앓고 있다.
알알이 : 사구체에서 보먼주머니로의 여과가 정상적이지 않아 단백질이 원뇨에 포함되었고, 집합관에 존재하여 오줌에 단백질이 포함될 것이므로 요단백 현상이 나타나고, 신장 질환을 앓고 있다.
(2) (가) 사구체, (나) 보먼주머니, (다) 세뇨관, (라) 집합관
요소의 이동 : 요소는 인체 내에서 혈장에 용해되어 이동하며, 대부분 콩팥 네프론의 사구체에서 여과되어 보먼주머니에서 세뇨관으로 이동하는데, 모세혈관에서 세뇨관으로 분비된 요소와 합쳐져 농도가 증가하여 집합관으로 이동한 후 오줌 성분이 된다. 세뇨관에서 일부가 재흡수되기도 하는데, 이는 집합관으로 확산되어 이동하기 위해 저농도 상태를 유지할 필요가 있기 때문이다.

065 **정답 :** (가) < (나) < (다)
이유 : (가)에 넣은 적혈구는 적혈구 밖으로 나가는 물보다 적혈구 내로 들어오는 물이 더 많아 팽윤 상태가 되다가 터지는 용혈 현상이 일어났으므로 (가) 용액은 적혈구 내부의 농도보다 낮은 저장액이다.
(나)에 넣은 적혈구는 적혈구 안팎으로 이동하는 물의 양이 같아(물의 이동이 균형을 이루고 있어) 적혈구 부피의 변화가 없는 것처럼 보이므로 (나) 용액은 적혈구 내부의 농도와 거의 비슷한 등장액이다.
(다)에 넣은 적혈구는 적혈구 안으로 들어오는 물보다 적혈구 밖으로 나가는 물이 많아 적혈구는 쭈그러들었으므로 (다)에는 적혈구 내부의 농도보다 높은 고장액이다.

해설 A는 적혈구, B는 백혈구, C는 혈소판, D는 혈장이다.

066 정상인의 경우 흉강은 폐와 연결되지 않은 막힌 구조이기 때문에 호흡 시 흉강의 압력은 폐의 압력보다 낮게 유지되어야 하지만, 폐와 흉강 압력이 같으므로 무한이는 폐 한쪽에 구멍이 나 있는 상태이다. 이를 기흉이라하며, 기흉은 숨을 쉬려고 해도 폐에 공기가 들어가는 것이 아니라 흉강에 공기가 들어차므로 호흡이 어렵다.

해설 〈정상인의 호흡 시 대기압, 폐, 흉강의 압력〉

	들숨 시(mmHg)	날숨 시(mmHg)
대기압	760	760
폐의 압력	759	761
흉강의 압력	754	756

무한이는 폐의 압력과 흉강의 압력이 같다. 이것은 흉강이 폐와 연결되어 공기가 빠져나가 압력 차이가 생기지 않았다는 것을 의미한다. 따라서 무한이의 한쪽 폐에 구멍이 생겼다는 것을 추리할 수 있다.

067 (1) 심방에서 심실로 혈액이 이동
(2) 80회 (3) 1분

해설 (1) P파가 발생한 시기에는 심방의 수축이 일어나고 있으므로 이로 인해 심방의 혈액이 심실로 이동하게 된다.
(2) (가)에서 심장이 1회 박동하는 데 걸리는 시간은 0.75초이므로 1분(60초) 동안 심장 박동수는 80회이다.
(3) 1회 심장이 박동할 때 심박 출량이 70mL이므로 체내에 있는 혈액의 총량인 5.6L인 혈액이 모두 체내를 돌려면 심장은 80회 박동해야 한다. 심장이 80회 박동하는 데 걸리는 시간은 1분이므로 체내 모든 혈액이 심장을 1번씩 통과하는 데 걸리는 시간 또한 1분이다.

068 중력이 작용하는 환경의 지구에서는 머리에서 발끝까지 혈압(다리 > 심장 > 머리)이 다르지만, 우주에서는 중력이 작용하지 않기 때문에 몸 안의 혈액이 균등하게 분포(심장의 혈압과 동일)하게 되어 유지된다. 따라서 머리의 혈압이 높아져 얼굴은 부풀어 오르며, 허리의 혈액이 가슴으로 이동함에 따라 허리둘레는 줄어들고, 양쪽 다리의 혈액도 줄어든다. 이처럼 혈액이 상체로 몰리게 되면 심장은 과다한 혈액 속 수분을 오줌으로 배출하려는 시도를 하지만 콩팥의 혈액이 이동할 수 있도록 하는 혈압이 줄어 이동하는 혈액이 감소하므로 실제 오줌량은 줄어들게 된다.

해설 중력이 작용하는 환경의 지구에서는 머리에서 발끝까지 혈압이 다르다. 보통 머리는 70mmHg, 심장은 약 100mmHg, 다리는 심장의 두 배인 약 200mmHg이다. 그러나 우주에서는 아래로 당기는 중력이 없기 때문에 몸 안의 혈액이 균등하게 분포하게 되어 혈압이 모두 약 100mmHg로 유지된다. 그래서 머리의 혈압이 높아져 얼굴은 부풀어 오르며, 허리의 혈액이 가슴으로 이동함에 따라 허리둘레는 약 6 ~ 10cm 줄어들게 된다. 또한 양쪽 다리의 혈액도 각각 $\frac{1}{10}$ 정도인 1L가 줄어든다. 이렇게 혈액이 상체로 몰리게 되면 심장은 과다한 혈액 속 수분(물)을 오줌으로 배출하려는 시도를 하지만 콩팥의 혈액이 이동할 수 있도록 도와주는 압력이 줄기 때문에 실제 오줌양은 오히려 20 ~ 70%로 줄어들게 된다.

069 ②, ⑤

해설 ①, ② 식사 후 30분에 최고에 이르는 것은 혈당량이며, 혈당량이 증가하면 이후 인슐린량도 최고에 이른다.
③ 운동하는 동안 인슐린량은 오히려 줄어들었다.
④ 인슐린은 혈당량을 감소시키며, 글루카곤은 이자의 알파 세포에서 생산되는 펩타이드 호르몬으로서. 체내의 혈당의 양이 기준치 이하로 내려갈 경우 이자에서 분비하여 간에서 글리코젠을 포도당으로 분해해 혈당량을 증가시키는 작용을 한다. 즉, 글루카곤은 인슐린과는 반대 작용을 한다. (글루카곤과 인슐린은 피드백 관계에 있다.)
⑤ 단식을 하면 혈당량이 증가하지 않으므로 인슐린의 농도는 낮은 상태로 유지될 것이다.

070 (1) A : 탄수화물, B : 단백질, C : 지방
(2) B(단백질) 검출 방법은 뷰렛 반응을 이용하는 것인데, 5% 수산화 나트륨 수용액과 1% 황산 구리 수용액의 혼합 용액에 넣었을 때 보라색이 나타난다.
단백질의 최종 분해 산물은 아미노산인데, 아미노산은 수용성 물질로 융털의 모세혈관에서 흡수되어 혈관을 통하여 간으로 이동하고, 다시 심장으로 이동하게 된다.
(3) 수단 Ⅲ 용액을 넣으면 선홍색을 나타낸다.

071 **정답 :** B
이유 : 선홍색인 동맥혈은 산소가 많이 포함되어 붉은색 빛에 대한 흡수도가 높다. 붉은색 빛의 파장은 620 ~ 780nm이므로 약 700nm 파장의 빛(붉은색 빛)에 대한 흡수도가 높은 B가 동맥혈이다.

072 (1) 평상시 호흡과 얕게 숨을 쉰 경우 한번 호흡 시 호흡양은 각각 500mL, 200mL이고, 1분당 호흡 횟수 12회, 30회 총 호흡량은 6000mL이다. 하지만 한번 호흡 시 항상 사강에는 150mL의 공기가

남아 있으므로 500mL를 호흡하는 경우는 폐로 가는 공기의 양은 350mL이고, 200mL를 호흡하는 경우에는 50mL가 폐로 이동하므로 1분간 폐에 공급된 공기의 양은 각각 4200mL와 1500mL이다. 기체의 교환의 원리는 분압차에 의한 확산 현상이므로 더 많은 공기가 폐에 들어가는 것이 더 효율적이다. 따라서 평상시 호흡이 더 효율적이다.

(2) A : 폐포를 발달시켰다. → 성인의 폐는 약 3억 개의 폐포로 구성되었으며, 총 표면적은 약 100㎡ 정도이다.

B : 폐는 두꺼운 근육층으로 구성되어 있지 않다. 폐포와 모세혈관은 단층편평상피로 구성되어 있어 얇다. 공기와 혈액 사이의 기체교환은 혈액-공기관문을 통해 이루어지는데, 이는 기체의 확산 거리를 짧게 하여 가스교환이 쉽게 이루어지게 한다.

C : 폐는 숨을 들이마시면 부풀어 올라 면적이 2배 정도 더 넓어진다. → 들숨 시 들어오는 공기의 양이 증가하여 기체 분압을 높여준다. 즉, 얕고 빠르게 숨을 쉬는 것보다 분압차가 큰 평상시 호흡을 하도록 진화하였다.

(3) 제주도 해녀들은 자맥질 이후 수면에 올라 빠르게 숨을 내뱉는데, 이때 숨비소리가 나게 된다. 이때 깊은 숨을 쉬지 않고 짧게 숨을 쉬는 데 평상시 호흡에서 30% 정도만 호흡량을 늘릴 뿐 제주도 해녀들을 과호흡을 하지 않는다. 과호흡을 하지 않으므로 체내에 일정량의 이산화 탄소를 유지하게 되고, 뇌에서 빠른 호흡을 유도해 긴 시간 잠수를 할 수 있도록 해준다. 제주해녀의 자맥질 시간은 1분정도이다. 그러므로 제주도 해녀들은 과호흡에 의한 저산소증을 미연에 방지할 수 있는 것이다.

해설 (3) 과호흡을 하는 경우 몸 안의 산소의 양과 분압은 증가하지만 상대적으로 이산화 탄소의 양은 많이 감소한다. 사람의 호흡은 체내 산소의 양이 아닌 이산화 탄소의 양에 의해 결정이 되는데 과호흡을 하고 바다로 들어 갈 경우 체내 산소분압이 높고 이산화 탄소 분압이 작기 때문에 오래 바다 속에 머무를 수 있게 된다. 하지만 뇌에서는 숨을 쉬라고 명령을 내릴 만큼의 이산화 탄소 분압이 오르지 않는 상태에서 수중에 머무르는 동안 산소분압은 꾸준히 감소하게 된다. 이로 인해 인체 내부에는 저산소증이 나타나게 되는데, 저산소증에 의해 뇌기능이 상실되고 이로 인해 인사로 이르게 된다.

073 **정답 :** ㄱ, ㅁ

옳지 않은 항목 올바르게 고치기 : ㄴ. 단백질은 혈액 (A)에서 투석액으로 배출되지 못한다.

ㄷ. 포도당 농도는 혈액 (A)와 투석액 (가)에서 같다.

ㄹ. 혈액 (A)는 혈액 (B)보다 요소 농도가 높다.

해설 투석액 (가)는 신선한 투석액이며, 투석액 (나)는 교환된 투석액이다. 신선한 투석액에는 노폐물이 들어 있지 않아 노폐물 농도가 높은 혈액에서 노폐물 농도가 낮은 투석액 쪽으로 노폐물이 확산된다.

ㄱ, ㄹ. 요소 농도는 혈액 (A)가 혈액 (B)보다 높고, 투석액 (가)보다 투석액 (나)에서 높다.

ㄴ. 분자량이 큰 단백질은 미세한 막을 통과하지 못한다.

ㄷ. 포도당은 콩팥에서 100% 흡수된다. 따라서 인공 투석시 포도당의 농도는 혈액 (A)와 (B)에서 같아야 하므로 A와 투석액 (가)의 포도당 농도는 같아야 한다.

ㅁ. 네프론은 콩팥의 구조와 기능의 기본 단위로서, 사구체 + 보먼주머니 + 세뇨관으로 구성되며, 인공 신장(콩팥)인 투석기는 신장의 네프론 역할을 한다.

074 ①, ④, ⑤

해설 ① 판막은 혈액의 역류를 방지하는 역할을 한다.

② 그림은 판막의 개폐에 의한 혈액의 이동을 나타낸 것이다. 혈압은 혈액이 혈관에 미치는 압력이다. 좁은 혈관 안을 혈액이 흐르면 높은 혈압이 나타난다.

③ 척수에 의해 자동적으로 조절되는 반응은 무릎 반사, 회피 반사이다.(무조건 반사) 근육 운동 조절은 대뇌와 함께 소뇌에서 관여한다.

주제 탐구 및 논술 70 ~ 73 쪽

Q1 신장은 우리 몸에 두 개가 있기 때문 다른 장기에 비해 제공자를 얻기 쉽다. 또한, 내장 뒤에 위치해 있기 때문에 비교적 쉽게 떼어낼 수 있다. 그리고 상대적으로 긴 동맥과 정맥, 요로(오줌을 몸 밖으로 배출하기 위한 길. 콩팥, 요관, 방광, 요도 따위로 이루어져 있다.)를 이어주면 되기 때문에 다른 장기에 비해 수술이 쉽다. 이러한 이유로 신장 이식 기술이 먼저 발달하게 되었다.

Q2 **[예시 답안]** 〈바이오 프린팅〉 3D 프린트 기술이 요즘 각광받고 있다. 이 기술은 주로 현재는 플라스틱이나 금속 같은 단단한 소재를 대상으로 하고 있다. 하지만 점차 다양한 소재를 대상으로 하는 기술로 발전 중에

있다. 그 대상으로 살아 있는 세포가 될 수 있다.

현실적으로 세포 하나하나를 벽돌처럼 쌓는 일은 어렵기 때문에 대안으로 제시되는 방법은 세포를 포함한 젤리 같은 성분을 적층 방식으로 쌓는 것이다. 그렇게 해서 일단 원하는 모양을 만든 다음 세포를 증식, 분화시켜 3차원적인 조직을 만드는 것이다.

카네기 멜론 대학의 아담 파인버그 교수연구팀은 3D 프린터에 적합한 젤리 형태의 소재를 개발했다. 이들이 개발한 FRESH (Freeform Reversible Embedding of Suspended Hydrogels)은 세포를 지지할 수 있는 일종의 젤리 같은 하이드로젤을 출력하는 것으로 인체의 온도에서 녹는 젤리를 사용해서 높은 온도에서 세포가 죽는 일을 방지한다.

이 바이오 3D 프린터는 동시에 높은 해상도로 혈관 같이 원하는 물체를 출력할 수 있다고 한다. 현재는 심장 세포를 포함하지 않았지만, 앞으로 연구는 살아있는 심장 세포를 배양해서 수축하는 근육을 만드는 연구를 진행할 예정이라고 한다.

〈이종 장기〉 다른 동물의 장기를 사람에게 이식하는 이종 장기(바이오 인공장기)로 가장 적합할 것으로 알려진 돼지는 장기의 크기가 사람과 비슷하고, 상대적으로 저렴할 뿐만 아니라 대량생산이 가능하기 때문에, 그리고 영장류에 비해 바이러스 질환과 결핵 등의 전염병의 위험이 낮다고 알려졌다.

〈줄기세포 장기〉 개인의 유전자를 추출하여 장기를 줄기세포 기술로 만들 수 있다면, 3D 프린트 기술과 접목시킴으로써 환자의 장기를 똑같이 프린팅할 수 있다면 금상첨화가 될 것이다.

Q3

· 큰 에너지를 필요로 하기 때문에 배터리의 규모가 커지게 되고, 결국 전체적인 장치의 크기가 커지게 된다는 문제점이 있다.

· 인공심장 박동기를 달았다는 것 자체가 강제로 심장을 뛰게 하는 것이므로 심장에 과부하가 걸릴 수 있다. 심장이 쉬는 틈틈히 심장과 혈관에 쌓인 노폐물을 배출해야 하는데 과부하는 이런 노폐물을 더 쌓이게 만들 것이다. 왜냐하면 심장이 쉬고 싶을 때 전기충격으로 강제로 움직이게 하면 그것은 심장의 잠재에너지를 폭발시키기 때문이다. 그만큼 인공심장의 수명이 단축될 수 있어 인공심장의 교체 기간이 짧아진다. 또한, 인공심장을 교차하는 일은 단순히 배터리를 교체하는 것 처럼 쉬운 일이 아니기 때문에 위험하다.

해설 인공 심장 장치의 크기를 작게하기 위해선 고성능 배터리를 개발해야 한다. 기계 장치 안에서 혈액의 응고가 되지 않도록 하는 기술이 필요하다.

Ⅲ. 식물과 에너지/자극과 반응

Question 74 ~ 85 쪽

Q1. **답** 나무를 옮겨 심으면 뿌리가 나무를 지탱하는 힘이 부족하여 기울어지거나 쓰러질 수 있기 때문에 지지대를 설치한다. 지지대가 나무의 뿌리 역할 중 지지 작용을 한다.

해설 나무를 옮겨 심을 때에는 지지대를 먼저 설치해야 한다. 물을 먼저 주게 되면 나무가 넘어질 수 있다. 뿌리가 아직 활착(옮겨 심거나 접목한 식물이 서로 붙거나 뿌리를 내려서 사는 것)되지 않은 상태에서 물을 주면 뿌리가 물을 흡수하는 과정에서 나무의 무게를 지탱하지 못하기 때문이다.

Q2. **답** 벼가 익을 때는 광합성에 의한 녹말 생성이 필요하다. 벼의 경우에는 일조량(일정한 물체의 표면이나 지표면에 비치는 햇볕의 양)과 이산화 탄소가 많으면 온도의 상승과 함께 광합성량이 증가한다. 그러나 흐리거나 비가 오는 날이 계속되면 햇빛이 부족하여 벼의 저장 녹말이 감소하게 되고 수확량이 떨어지게 된다.

해설 논벼는 식물체 일부가 물속에 잠겨서 자라므로 어릴 때는 수온의 영향을 많이 받지만, 수확할 때쯤에는 기온의 영향을 더 많이 받는다. 특히 일조량과 일조 시간이 벼의 광합성 작용에 미치는 영향은 매우 크다. 벼의 잎 면적이 클수록, 일조량에 강한 것이 생육에 유리하므로, 물이 부족하지 않은 한 일사량이 강하고 일조 시간이 길수록 쌀 생산량은 높아진다.

Q3. **답** 혀는 인간이 맛을 느끼는 감각기관이지만, 맛을 느끼는 데 코도 큰 영향을 미친다. 음식의 냄새 입자가 코를 자극시켜 더 섬세한 맛과 향을 느끼게 해주는데, 코를 막고 음식을 먹으면 냄새 입자를 인식하지 못한다. 따라서 양파의 알싸한 향을 느끼지 못해 사과와 양파를 구분하기 힘들게 되는 것이다.

Q4. **답** 식사를 할 때는 위장에 들어간 음식물을 소화해야 한다. 따라서 에너지를 생산하고 축적하는데 중점을 두는 부교감 신경이 작용하여 침 분비가 촉진되고 심장 박동이 억제되며 소화 작용과 쓸개즙 분비가 촉진되며 방광 수축이 일어난다.

Q5. **답** 짠 음식을 많이 먹으면 체액의 농도가 높아진다. 따라서 인체는 체액의 일정한 농도를 유지하려는 항상성에 의해 물을 필요로 하여 수분의 섭취를 원하게 되고 뇌하수체 후엽에서 항이뇨 호르몬을 분비하여 콩팥에서 수분의 재흡수를 촉진하므로 몸 밖으로 내보내는 오줌의 양이 줄어든다.

유형 Problem 86 ~ 91 쪽

075 **정답 :** 뿌리털
장점 : 한 개의 표피 세포가 변형되어 표면적을 넓히는 구조로서 흙과의 접촉면이 넓어져 삼투압에 의한 물의 이동이 더 효율적으로 이루어진다.

해설 소장의 융털과 폐의 폐포는 모두 표면적을 넓혀 기능을 더 효과적으로 이용하는 예이다. 식물의 뿌리털은 뿌리의 표피세포가 변형되어 바깥쪽으로 자라나온 것이다. 뿌리의 중요한 기능 중 하나가 물과 무기염류를 식물체에 공급해 주는 일인데, 이를 효율적으로 흡수하고 물과 무기염류와 접촉하는 면적을 넓히기 위해 뿌리털은 얇고 길게 변형된 것이다. 부피가 5리터 정도 되는 호밀 뿌리에 달린 뿌리털의 표면적은 테니스 코트 2개에 해당하는 면적이다.

076 **정답 :** ㄱ, ㄷ, ㄹ
옳지 않은 항목 올바르게 고치기 : ㄴ. 공변세포 내의 수분이 부족할 경우 기공이 닫힌다.
ㅁ. 기공을 통해서 기체 상태의 수증기(물), 산소, 이산화 탄소 등이 출입한다.

해설 ㄱ. 기공은 표피 세포의 일종인 공변세포 2개가 맞닿아서 기공을 이루고 있다.
ㄷ. 기공을 이루는 공변세포는 표피 세포의 일종으로 다른 표피 세포와는 달리 엽록체를 가지고 있다.
ㄹ. 공변세포는 기공 바깥쪽의 세포벽이 안쪽의 세포벽보다 두께가 얇아 더 잘 팽창하므로 안쪽으로 구부러진다.

077 보통 식물의 기공은 잎에 많이 존재한다. 특히 육상 식물은 외부 환경에 노출이 덜 되는 잎의 뒷면에 기공이 많이 있다. 그러나 물 위에 뜬 잎에서는 기공이 앞면에 많이 존재하며, 잎이 물속에 들어가 있는 식물의 경우에는 기공이 존재하지 않는다.

해설 수생 식물의 가장 큰 특징은 육상 식물과는 다르게 표피층이 매우 얇고, 기공이 발달해 있지 않다. 육상 식물은 기공이 잎의 뒷면에 있는 반면, 물 위에 떠서 생활하는 식물들은 기공이 잎의 앞면에 있다. 수생 식물은 물속에서 자라기 때문에 강렬한 햇빛을 피할 수 있고 물 밖의 물리적인 환경(바람 등)에 큰 영향을 받지 않기 때문에 잎 표피의 큐티클 층이 없기도 하고 표피 조직이 단층으로 이루어져 있다. 따라서 다른 육상 식물들보다 부드러운 몸을 가질 수 있다.

078 **수액 주사를 놓는 부분 :** 물관
수액 주사를 놓기에 적절한 때 : 증산 작용이 왕성할 때 (바람이 강하고, 온도가 높을 때, 습도가 낮을 때, 빛의 세기가 강할 때 등)이다.

해설 병균에 오염되거나 양분이 부족하고 노쇠한 나무는 수액주사를 놓는데, 수액 주사는 식물의 물관부를 통해 공급해 주며 중심 쪽의 물관부보다는 바깥쪽의 물관부가 약물의 이동통로가 된다. 물관을 통하여 주입된 수액은 가지와 잎으로 퍼져나가게 된다. 증산 작용이 활발하게 일어날 때 물의 상승도 활발히 일어나기 때문에 맑게 개인 날이나 또는 건조한 시기의 이른 아침에 수액주사를 놓는 것이 가장 적당하다.

079 (1) X : 산소, Y : 이산화 탄소, Z : 물
(2) **정답 :** D, E, F
이유 : D : 연탄 연소로 인해 이산화 탄소의 농도가 증가하여 광합성 속도에 영향을 주게 된다.
E : 화석 연료 역시 연소 결과 이산화 탄소의 농도를 증가시켜 광합성 속도에 영향을 주어 식물의 생장을 빠르게 한다.
F : 겨울보다 여름에 식물의 생장 속도가 빠른 이유는 온도가 높기 때문이다.

해설 (1) 광합성은 물과 이산화 탄소를 이용하여 산소와 포도당을 생성하는 반응이다. 따라서 생성된 기체 X는 산소이며, 광합성 반응에 필요한 기체 Y는 이산화 탄소이다. 그리고 이 반응에 추가적으로 필요한 물질 Z는 물이다.
(2) 광합성의 요인은 이산화 탄소의 농도, 빛의 세기, 온도이다.

080 (1) 원뿔 세포가 모두 정상일 경우에는 550nm의 파장의 빛은 녹원뿔 세포와 적원뿔 세포가 함께 빛을 흡수해서 종합하여 노란색으로 인식한다. 그러나 녹원뿔 세포가 이상이 생기면 550nm의 파장을 흡수하는 것은 적원뿔 세포뿐이므로 붉은색으로 인식한다.
(2) 원뿔 세포의 파장에 따른 흡수 스펙트럼에서 3가지의 원뿔 세포 중 식별하는 파장의 범위가 가장 넓은 것은 녹원뿔 세포이다. 따라서 녹원뿔 세포가 가장 넓은 범위에서 감지할 수 있는 색인 녹색을 안전에 관련된 메시지에 사용하는 것이다.

해설 (2) 시각세포 중 하나인 원뿔세포는 색을 식별하는 역할을 한다. 그리고 그 중 가장 넓은 범위의 파장을 식별하는 것은 자료에 제시된 스펙트럼처럼 녹원뿔 세포이다. 따라서 녹색을 응급 상황에서 메시지 전달에 사용한다.

081 **시각에 의한 반응** : 0.18초
청각에 의한 반응 : 0.2초
이유 : 청각을 통한 자극과 반응이 시각을 통한 자극과 반응보다 더 걸린다. 여러 개의 뉴런이 참여하는 자극 반응은 더 느리다.

해설 5회 평균 낙하 거리가 실험 1에서는 0.162 m, 실험 2에서는 0.2 m. 실험 3에서는 0.45m이므로 각각 공식에 대입하여 낙하 시간 t를 구하면 각각이 반응 시간이 된다. 실험 1에서는 0.18초, 실험 2에서는 0.2초, 실험 3에서는 0.3초가 된다.

082 (1) 정답 : 그대로이다.
이유 : 식물의 생장 부위는 생장점으로 뿌리 끝과 식물의 줄기 끝 부분에만 있기 때문에 나무의 10cm 부근에 표시된 지점은 이미 생장이 멈춘 부분이다. 따라서 그 위치는 변하지 않고 그대로 있다.
(2) 식물의 생장점은 보통 식물의 줄기 끝, 잎 턱, 그리고 뿌리 끝 세 곳에 있다. 생장점은 식물의 새로운 줄기와 잎을 만드는 부분이다. 생장점이 있는 부분을 잘라내면 그 부분에서는 성장이 멈추고 그 밑에서 새로운 줄기와 잎을 만들어낸다.
식물의 형성층은 물관부와 체관부의 경계에 위치하며, 물관부와 체관부의 2차 조직을 형성하기 때문에 관다발형성층이라고도 한다. 수목의 줄기나 뿌리는 형성층의 활동으로 해마다 비대생장한다.

해설

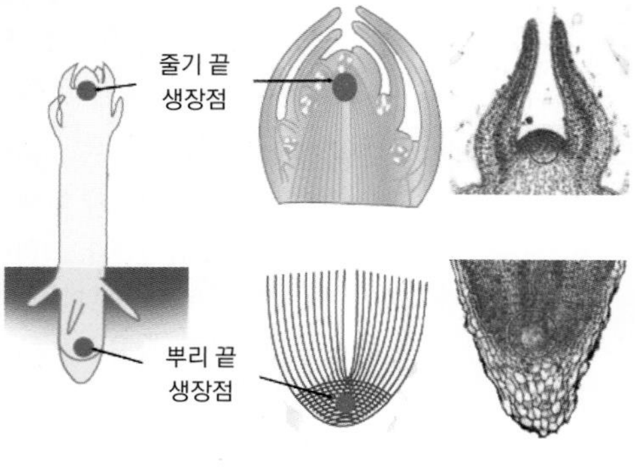

083 식물인간의 경우 손상된 부분이 대뇌의 일부이기 때문에 스스로 호흡하는 것 이외에도 움직임이 가능하고, 희박하지만 회복될 가능성이 있다. 그러나 뇌사자의 경우에는 뇌줄기를 포함한 뇌 전체가 손상되어 스스로 호흡할 수 없다. 즉 회복될 가능성이 없다. 따라서 식물인간의 경우 환자의 동의 없이는 장기기증이 불가능하나 뇌사자의 경우에는 장기기증이 가능하다.

084 (1) 정답 : ㄴ, ㄷ, ㅁ
옳지 않은 항목 올바르게 고치기 : ㄱ. 혈액의 양이 증가하고 혈압이 상승한다.
ㄹ. 부신 겉질의 알도스테론의 증가로 인해 신장에서 나트륨 이온과 물의 재흡수가 증가한다.
(2) 수컷 원숭이가 스트레스를 받으면 아드레날린이나, 당질 코르티코이드 등의 호르몬이 방출되어 혈당이 증가하고, 면역계가 억제되어 혈압이 상승한다. 아드레날린이나 당질 코르티코이드가 과도하게 장기간 방출되면 체중 증가, 고혈압 및 피로감, 수면 장애, 우울증, 불안 장애 등이 발생하여 면역계가 정상적으로 작동하지 않아 고혈압 및 당뇨병, 뇌 손상과 같은 신체에 부정적인 영향을 일으켜 수컷 원숭이의 수명이 짧아지게 한다.

창의력 Master 92 ~ 103 쪽

085 흙의 양 변화는 거의 그대로인 것으로 보아 나무의 생장은 5년 동안 규칙적으로 주었던 물의 영향을 받은 것이라 할 수 있다. 즉, 버드나무가 뿌리를 통해 물을 흡수하고, 물관을 통해 나무의 상층부까지 수분을 공급함으로써 충분한 빛과 대기 중 이산화 탄소를 통해 광합성(유기물 합성)이 활발하게 일어나게 되어 나무의 무게가 증가하였다.

086 **정답** : (나)
이유 : 일반적인 식물의 경우 높은 염분에 의해 삼투압이 높아지면 세포 내의 수분이 빠져나와 물질대사가 제대로 이루어지지 못한다. 염생식물은 흡수된 염분을 배출하는 한편, 세포에 많은 물을 저장하는 저수조직의 수분으로 세포의 높은 염분 농도를 낮추어 삼투압을 조절할 수 있다.

해설 삼투 현상은 반투막을 경계로 용액의 농도가 낮은 쪽에서 높은 쪽으로 물이 이동하는 현상이다. 삼투압은 삼투 현상에 의해 나타나는 압력을 뜻한다. 보통 높은 삼투압에서는 세포 내 수분이 빠져나가므로 물질대사가 제대로 일어날 수 없다.
소금기가 많은 땅에서 자라는 염색식물은 소금기가 많은 바닷가와 내륙에서는 염분이 있는 호숫가와 암염(岩鹽)이 있는 지대에서 자란다.

087 증산 작용이 활발하게 일어나는 조건으로는 햇빛이 강할 때, 온도가 높은 때, 바람이 많이 불 때, 습도가 낮을 때, 체내 수분량이 많을 때이다. 증산 작용이 일어나는 기공과 공변세포가 잎의 앞면에 있으면 뜨거운 자외선 즉, 강한 햇빛과 높은 온도에 영향을 받아 파괴되기 쉽기 때문에 뒷면에 많이 분포한다.

088 **정답 :** ㄷ

옳지 않은 항목 올바르게 고치기 : ㄱ. 원추 세포의 이상 증세로 색맹이 나타난다.

ㄴ. 사람은 다양한 여러 빛을 받아들이고 구별할 수 있다.

해설 ㄱ. 원추 세포는 색깔을 구별할 수 있는 세포로 이상 증세는 색맹으로 나타난다. 야맹증은 간상 세포의 이상 증세이다.

ㄴ. 100 ~ 700nm 빛의 파장에서는 3종류의 원추 세포가 하나 또는 세 개까지 동시에 빛을 받아들이기도 한다. 특히 녹색 빛의 파장에서는 3가지 원추 세포가 모두 빛을 흡수하고 있다. 그러므로 사람은 다양한 여러 빛을 받아들이고 구별할 수 있다.

ㄷ. 빛의 파장에 따라 3가지 원추 세포가 빛을 흡수하는 정도가 달라 다양한 색을 구별할 수 있다.

089 고도가 높은 고랭지의 경우 하루 동안의 일교차가 크다. 낮에는 평지와의 기온 차이가 거의 없으나, 밤에는 평지에 비해 기온이 낮으므로 호흡량이 상대적으로 적다. 작물의 생산량은 식물의 순 광합성량에 비례하고, 순광합성량은 총광합성량에서 호흡량을 제외한 값이므로 호흡량이 적은 고랭지의 수확량이 더 많다.

해설 고랭지의 겨울은 온도가 낮고 눈이 쌓여 있는 기간이 길다. 여름철에는 평균 기온이 20℃ 내외로 비교적 선선하고 강우량도 많으며 일조시간이 길다. 그리고 기온이 낮고 수분 증발량이 적어 강수량이 적은 봄철에도 오랜 기간 토양의 수분이 마르지 않는다. 또한 여름철에는 낮의 기온은 평지와 비슷하지만 밤의 기온이 낮아 밤과 낮의 기온 차가 평지에 비하여 비교적 크다. 이러한 기후 관계로 병충해도 적다.

090 인간은 우주로 가는 동안 중력의 변화를 겪게 되어 전정기관에서 발생시키는 평형감각 신호에 변화가 일어난다. 우주에서는지구에서와 다르게 위아래 등의 방향이 정해지지 않고, 우주인은 지구에서와 다른 방향이 없는 공간에서 발생한 양쪽 눈의 시각신호를 뇌에 전달하게 된다. 이때 우주인의 뇌에서 만난 이 두 신호는 지구에서와 서로 다른 방향성을 나타낼 수 있으며, 이로 인해 혼란을 느낀 뇌는 어지럼증, 구토와 같은 멀미 증상을 보이게 되는 것이다.

해설 지구에서도 우주 적응 증후군(SAS)과 유사한 효과를 경험할 수 있다. 공원이나 과학관에서 체험할 수 있는 '기울어진 방'이 하나의 예이다. 이 경우 중력에 의한 전정기관의 평형 신호는 정상인데 반하여 기울어진 형태의 방의 모습은 비정상적인 시각적 신호를 뇌에 전달하므로 체험자가 방에 들어서는 순간 '우주 멀미'와 유사한 어지럼증을 유발하게 된다.

091 마이크로폰의 진동판은 소리의 진동을 귓속뼈로 전달하는 고막과 비슷한 역할을 한다.

마이크로폰의 코일자석은 청각세포가 분포하여 소리를 받아들여 청각신경으로 전달하는 달팽이관과 비슷한 역할을 한다.

마이크로폰의 전선은 청각신호를 대뇌로 전달하는 청각신경과 비슷한 역할을 한다.

092 오징어의 눈은 수정체가 앞뒤로 이동하는 대신 망막의 위치를 이동시켜 초점을 맞춘다.

해설 카메라에서는 물체의 원근에 따라 렌즈가 앞뒤로 움직여 필름에 정확한 초점이 맺히도록 조절한다. 즉, 물체가 가까이 있을수록 렌즈와 필름 사이를 멀게 하여 초점을 맞춘다. 오징어의 눈은 카메라와 같이 수정체(렌즈)의 두께가 일정하게 고정되어 있으므로 카메라의 렌즈처럼 수정체가 앞뒤로 이동하는 대신 망막의 위치를 이동시켜 초점을 맞출 것이다.

093 **정답 :** ㄱ, ㄷ, ㄹ **옳지 않은 것 :** ㄴ

이유 : 오른쪽 시야로 볼 수 있는 C와 왼쪽 시야로 볼 수 있는 B는 ㉡에서 교차되지만, 오른쪽 시야로 볼 수 있는 B와 왼쪽 시야로 볼 수 있는 C는 ㉡에서 교차하지 않기 때문에 ㉡을 절단하여도 B와 C는 보인다.

해설

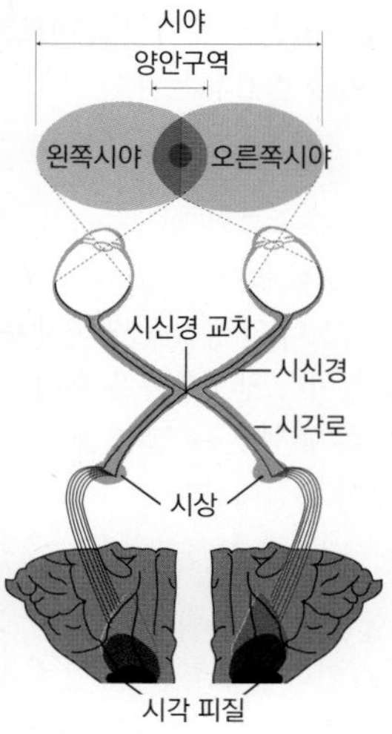

오른쪽 시각로를 절단했을 때, A와 B가 보이지 않는다고 했으므로 왼쪽 눈에서 오는 시각 정보 A가 교차하고 있음을 추론할 수

있다. 시각 신경으로 들어온 시각 정보의 일부는 같은 쪽의 대뇌로 전달되지만, 시각 정보의 다른 일부는 시각 신경을 교차해서 반대쪽 대뇌 시각 피질로 전달된다.
양안 구역은 오른쪽과 왼쪽 시야가 겹치는 시야의 중앙부로 물체가 3차원적으로 인식되는 곳이다. 한눈의 시야에만 보이는 영역을 단안 구역이라고 하며 물체는 2차원적으로 지각된다.
ㄱ. 문제의 (나)처럼 오른쪽 시신경이 절단되면 D가 보이지 않는다고 했으므로, 왼쪽 신경인 ㉠ 부위가 절단 되면 A가 보이지 않을 것이다.
ㄴ. ㉡을 절단할 경우, ㉡에서 교차하는 A와 D의 정보는 대뇌 피질로 전달되지 않으므로 보이지 않는다.
ㄷ. 위 그림을 참고하면 왼쪽 시각로는 C, D의 정보를 담고 있다. 그 중 C의 실선은 왼쪽 눈에서 나온 정보(A, B, C)의 일부이다.
ㄹ. 그림에서 볼 수 있듯이 오른쪽 시신경의 정보 B, C, D 중 C, D는 왼쪽 뇌반구로 교차 전달된다.

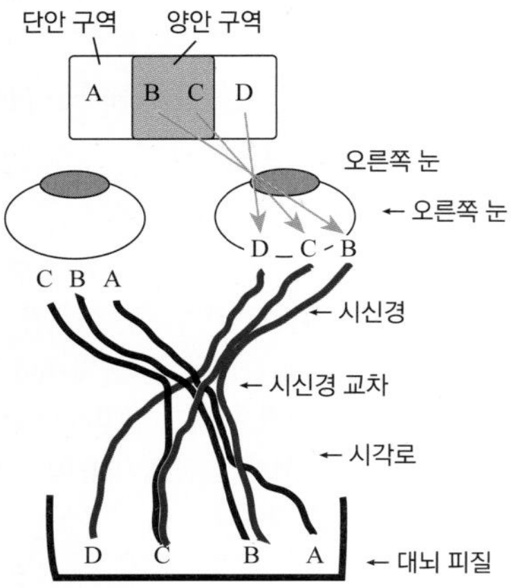

094 자율 신경계는 의식적인 사고에 관여하는 대뇌의 지배를 받지 않으므로 의식적으로 거짓말을 하려 해도 자율 신경계의 작용은 어느 정도 표현된다.

해설 말초 신경계는 체성 신경계와 자율 신경계로 나누어진다. 그중에서 자율 신경계는 간뇌가 조절 중추이며, 교감 신경계와 부교감 신경계로 나누어져 있다. 이들은 중추가 간뇌이므로 의식적인 사고에 관여하는 대뇌의 지배를 받지 않는다.

095 [예시답안 1] 조류는 포유류와 비교하였을 때 정상 체온과 치사 체온이 모두 높다. → 조류는 털로 뒤덮혀 있기 때문에 포유류보다 열 방출을 잘 하지 못한다.
[예시답안 2] 각 동물마다 생명활동을 위한 적정 체온(항상성 유지)이 존재한다. → 정상 체온보다 6℃ 정도 높아지면 생명이 위험해진다.

해설 조류는 포유류와는 달리 깃털로 뒤덮힌 몸을 갖고 있다. 포유류와 비교 했을 때 깃털로 인하여 조류는 열 방출을 잘 하지 못하게 된다. 정상체온보다 체온이 높아지면 몸을 구성하고 있는 단백질의 변성이 일어나게 되어 생명이 위험해진다.

096 뿌리가 활착(옮겨 심거나 접목한 식물이 서로 붙거나 뿌리를 내려서 사는 것)되기 전에는 원활한 수분 공급이 어렵기 때문에 활발한 증산 작용을 방지하기 위해서이다.

097 단일 근육 섬유는 실무율이 적용되어 역치 이상의 자극에서 반응의 크기가 일정하게 나타나고, 근육은 근육 섬유로 이루어진 조직이므로 근육 섬유마다 역치값이 각각 다르기 때문에 자극의 세기가 커지면 반응하는 세포의 수가 많아져 반응의 크기도 커지기 때문에 실무율이 적응되지 않는다.

해설 여러 개의 세포가 모인 근육조직이나 신경다발에서는 자극의 세기 변화를 식별할 수 있으므로 실무율을 따르지 않는다. 이는 근육이나 신경다발을 이루는 각각의 세포들은 반응하는 역치가 각각 다르고, 자극의 세기가 증가할수록 반응하는 세포 수도 증가하므로 반응의 크기도 이에 따라 증가하기 때문이다.

098 (1) 혈당량을 낮추는 역할을 하는 인슐린이 분비되는 이자를 제거했기 때문에 혈액 속 포도당이 많아져 일부 포도당은 오줌으로 배출된다.
(2) 이자액(소화액)은 외분비샘에서 분비되므로 특정한 관을 통하여 십이지장으로 분비되지만 호르몬(인슐린)은 내분비샘(랑게르한스샘)에서 분비되므로 바로 혈액으로 분비되어 혈당량이 증가하지 않는다.

해설 이자는 내분비샘과 외분비샘을 모두 가지는 특이한 조직이다. 내분비샘에서는 인슐린과 글루카곤을 만들어서 분비하고, 외분비샘에서는 소화액을 만들어 십이지장으로 분비한다.

099 **정답 :** ㄴ, ㄹ
옳지 않은 항목 올바르게 고치기 : ㄱ. 땀의 배출량이 많을수록 항이뇨 호르몬의 분비량은 증가한다.
ㄷ. 운동할 때 땀을 흘리는 가장 큰 이유는 체온을 유지하기 위한 것이다.

해설 ㄱ. 운동을 하면 땀으로 배출되는 양이 10에서 490 (mL/시간)으로 늘어난다. 따라서 체내의 다량의 수분이 땀을 통해 배출되므로 항이뇨호르몬의 분비량이 증가하여 체내로 수분이 재흡수되는 양을 증가시킨다.
ㄴ. 운동을 하면 다량의 수분이 땀을 통해 배출되므로 오줌을 통한 수분 배출량이 줄어든다. 따라서 오줌 속의 요소의 농도는 휴식할 때보다 운동할 때가 더 높다.
ㄷ. 운동할 때 땀을 많이 흘리는 가장 큰 이유는 열을 발산시키기 위한 것으로서 주로 체온을 유지하는 역할을 한다.
ㄹ. 운동을 하면 땀을 통해 체내 수분이 외부로 빠져나가므로 체내 삼투압이 증가하게 된다.

100 (가) 단기 기억은 정상이다. (나) 오랜 기간의 숙련을 통해 형성된 기억(절차 기억)을 형성할 수 있다. (다) 장기 기억은 정상이다. (라) 단기 기억을 장기 기억으로 전환시키지 못한다. 4가지 사실을 바탕으로 했을 때, 해마는 단기 기억을 장기 기억으로 전환시키는 역할을 한다.

해설 장기 기억이 저장되는 장소는 해마가 아닌 대뇌 피질이다.

101 **정답 :** ㄱ, ㄴ, ㄷ, ㄹ
옳지 않은 항목 올바르게 고치기 : ㅁ. 혈액 속에 수분이 과다하게 존재하면 무기질 코르티코이드의 분비가 감소한다.

해설 ㄱ, ㄴ, ㄷ. 수박을 먹으면 오줌이 많아지는 것은 신장의 세뇨관에서 수분의 재흡수량이 감소하기 때문이다. 이것은 항이뇨 호르몬인 ADH의 분비가 감소되는 것과 같은 효과로서 혈액 속 수분이 감소하므로 삼투압은 증가한다.
ㄹ. 무기질 코르티코이드는 물과 무기염류를 동시에 흡수하도록 작용하므로 삼투압 조절의 효과는 별로 없다고 할 수 있다.
ㅁ. 혈액 속에 수분이 과다하게 존재하면 혈압이 높아지므로 ADH이 적게 분비되고, 무기질 코르티코이드 또한 적게 분비된다.

102 **정답 :** ㄴ
옳지 않은 항목 올바르게 고치기 : ㄱ. 단위 시간당 근육에서의 열 발생량은 t_1 일 때보다 t_2 일 때 많다.
ㄷ. 단위 시간당 피부 근처 혈관의 혈류량은 t_3 일 때보다 t_4 일 때 많다.

해설 시상 하부에 설정된 적정 체온이 현 체온보다 높을 경우 열 발산을 억제한다. t_1, t_3의 경우 설정 온도와 체온이 비슷하여 체내 변화가 크지 않으며, t_2는 설정 온도가 더 높아 추울 때이고 t_4는 설정 온도가 더 낮아 더울 때이다.
ㄱ. 열 발생량은 체온보다 설정 온도가 높을 때 증가하므로 t_1 보다 t_2 에서 많다.
ㄴ. 피부에서의 땀 생성량은 t_3 에서는 체온과 비슷하여 땀 생성량이 비슷하지만, t_4 는 더울 때의 신체 변화이기 때문에 땀 생성이 촉진된다. 따라서 땀 생성량은 t_4 가 t_3 보다 많다.
ㄷ. 피부 근처 혈관의 혈류량은 더울 때 혈관이 확장되어 증가된다. 따라서 t_4 일 때가 t_3 일 때보다 혈류량이 많다.

103 **정답 :** ㄷ
옳지 않은 항목 올바르게 고치기 : ㄱ. 명반응 속도는 A보다 B에서 빠르다.
ㄴ. C에서의 순광합성량은 A에서의 호흡량의 2배이다.

해설 순광합량 = 총광합성량 - 호흡량이며, 호흡량은 온도에는 영향을 받지만 빛의 세기에는 영향을 받지 않는다.
호흡량은 빛이 없을 때 식물이 방출하는 CO_2의 양이므로 이 식물의 경우 2가 된다. B는 식물의 호흡량과 총광합성량이 같아 외관상 CO_2의 출입이 없는 것처럼 보이는 보상점이고, C에서는 이미 흡수량이 더 이상 증가하지 않으므로 C는 총광합성량이 최대인 광포화점보다 강한 빛의 세기이다.
ㄱ. 이 식물은 빛의 세기에 상관없이 항상 호흡을 통해 2만큼의를 방출한다. A에서 방출량이 1이므로 2 - 1 = 1만큼의 CO_2가 B에서는 2 - 0 = 2만큼의 CO_2가 광합성을 통해 흡수되고 있다. 즉, A보다 B에서 빛의 세기가 더 강해 광합성이 더 많이 일어나고 있으므로 명반응 속도 역시 A보다 B에서 빠르다.
ㄴ. C에서의 순광합성량은 외관상 관찰되는 CO_2의 흡수량인 4만큼에 해당한다. 그런데 이 식물의 호흡량은 2만큼의 방출량이므로 C에서의 순광합성량은 A에서의 호흡량의 2배이다.
ㄷ. 구간 (가)에서는 빛의 세기가 증가함에 따라 실제 식물이 흡수하는 CO_2의 양이 점점 증가하므로 총광합성량은 증가한다. 또한 호흡량에 해당하는 2(방출)에서부터 y축의 간격(흡수량)이 총광합성량이 되는데, 이 또한 구간 (가)에서는 빛의 세기가 증가함에 따라 증가한다.

104 **정답 :** ㄷ
옳지 않은 항목 올바르게 고치기 : ㄱ. 이 환자는 이자의 β 세포에 이상이 있다.
ㄴ. 정상인의 경우 인슐린의 분비는 길항 작용에 의해 조절된다.
ㄹ. 식사를 하기 전 당뇨병 환자의 혈당량은 정상인보다 높은 수치를 보인다.
ㅁ. 정상인은 혈당량이 증가하면 인슐린의 분비량은 급격하게 증가한다.

해설 ㄱ. 정상인은 혈당량이 높아지면 인슐린이 분비되어 혈당량을 낮추어준다. 환자의 경우 식사 후에도 인슐린이 분비되지 않는 것을 볼 수 있으며, 체내에서 인슐린이 분비되는 곳은 α 세포가 아닌 이자의 β세포이다.
ㄴ. 정상인의 경우 인슐린의 분비량이 증가하여 혈당량이 낮아지면 인슐린의 분비량이 다시 낮아지는데, 이것은 혈당량이 정상 수준으로 낮아짐에 따라 길항 작용에 의해 조절되는 것이지 계속적으로 호르몬의 양이 증가하는 양성 피드백의 조절은 아니다.
ㄷ. 환자는 혈당량이 높은 상태를 유지하고 있으므로 포도당을 글리코겐으로 전환시켜주는 호르몬인 인슐린을 투여하면 혈당량이 감소할 것이다.
ㄹ. 당뇨병 환자의 경우 식사 전에도 정상인에 비해 인슐린의 분비량이 낮으므로 식사를 하기 전에도 당뇨병 환자는 정상인에 비해 높은 혈당량 수치를 보인다.
ㅁ. 식사 후 약 30분이 지나면 탄수화물이 소화 효소에 의해 포도당으로 분해되어 혈액 속으로 흡수되어 혈당량이 증가하게 된다. 이때 정상인의 경우 즉각적으로 이자에서 인슐린의 분비량이 증가되어 여분의 포도당을 글리코젠의 형태로 저장한다.

105 화성에는 광합성을 하는 생명체가 존재하지 않는다. 그 이유는 만약 토양 속에 광합성을 하는 생명체가 있다면 ^{14}C를 포함하는 유기물이 합성되었을 것이고, 가열 과정에서 ^{14}C를 포함하는 기체가 발생할 것인데, 방사성 기체가 검출되지 않았기 때문이다.

106 (1) (가) 물을 많이 마신 경우 혈장 내 수분이 증가하므로 ADH의 분비가 감소하게 혈압이 하강하고, 혈장 삼투압이 증가한다.
(나) 생리 식염수는 체액과 같은 농도이므로 ADH, 혈압, 혈장 삼투압 모두 변화가 없다.
(다) 소금물을 마신 경우 혈장 내 나트륨 이온이 증가하므로 ADH의 분비가 증가하게 되면서 혈압이 증가하고, 혈장 삼투압은 감소한다.
(2) 커피를 많이 마시게 되면 이뇨 작용에 의해 수분이 평상시보다 많이 빠져나가게 되고 혈장 삼투압이 높아지게 된다. 혈장 삼투압이 높아지면 ADH의 분비가 증가되고 콩팥에서 수분 재흡수를 촉진시켜 체내 부족한 수분을 보충한다.

107 **정답 :** ㅁ
이유 : 그래프에서 무게의 증가량이 크다는 것은 무게의 변화를 감지할 수 있는 최소 자극이 그만큼 크다는 것을 의미하므로 기울기가 클수록 감각이 둔하고 작을수록 민감하다는 것이다.

해설 기울기 K는 베버상수라 하며, 다음과 같이 구한다.

$$K = \frac{\text{나중 자극의 세기 - 처음 자극의 세기}}{\text{처음 자극의 세기}}$$

108 **정답 :** ㄴ, ㄷ **옳지 않은 것 :** ㄱ, ㄹ
이유 : ㄱ, ㄹ. 자극이 커지면 변화를 감지할 수 있는 최소 자극이 그만큼 크다는 것을 의미하는 베버의 법칙이다.

해설 그래프는 감각 신경이 화살표에 해당하는 시간 이후 계속적으로 자극을 받았을 때 감각의 크기가 점점 줄어드는 것을 나탠다. 이는 지속적인 자극에 대해서는 시간이 지남에 따라 일반적으로 감각의 정도가 줄어드는 순응이 일어난다는 것을 보여준다.
ㄴ, ㄷ. 시간이 지남에 따라 감각이 피로해지는 현상으로서 적응에 해당한다.

기출 Check 104 ~109 쪽

109 (1) A : 에탄올, B : 아이오딘-아이오딘화 칼륨 용액
- 에탄올에 잎을 넣어 중탕하면 푸른색 엽록소가 용해되어 제거된다.
- 녹말은 아이오딘-아이오딘화 칼륨 용액 반응하면 청남색을 띤다.

(2) 셀로판지로 싼 잎은 햇빛을 받아 광합성을 하여 녹말이 생성되고, 아이오딘 반응 결과 청남색이 나타난다.
은박지로 싼 잎은 햇빛을 받지 못해 광합성이 일어나지 않아 아이오딘 반응에서 색 변화를 관찰할 수 없다.

해설 이 실험은 광합성 결과 녹말이 생성되었는지를 알아보는 실험이다. 식물의 잎에서 광합성이 일어날 때 생성된 포도당은 녹말의 형태로 잎에 저장한다.

110 ㄱ, ㄴ, ㄹ

해설 ㄱ, ㄷ. (가) 이산화 탄소의 농도에 따른 광합성량은 빛의 세기의 영향을 받으며, 빛의 세기가 일정할 때 이산화 탄소의 농도가 일정량 이상이 되면 광합성량은 일정해진다.
ㄴ, ㄹ. 온도에 따른 광합성량은 빛의 세기의 영향을 받으며, 광합성량에 가장 최적화된 온도가 존재한다.

111

(1)

구분	결과	이유
(가)	촛불이 꺼진다	양초의 연소 결과 산소가 고갈되고 이산화 탄소가 증가하기 때문에
(나)	생쥐가 죽는다	생쥐의 호흡 결과 이산화 탄소가 증가하고 산소가 부족해져 생쥐가 더 이상 호흡할 수 없기 때문에
(다)	양초가 계속 탄다	식물의 광합성 작용에 의해 생성된 산소가 양초의 연소를 도와주기 때문에
(라)	생쥐가 계속 산다	식물의 광합성 작용에 의해 생성된 산소로 생쥐가 계속 호흡할 수 있기 때문에

(2) 식물은 광합성을 통해 산소(O_2)를 배출하는데, 이때 식물이 공급받은 방사성 물질인 산소(^{18}O)를 포함한 물로부터 방사성 물질 산소($^{18}O_2$)를 배출하고, 이는 쥐의 폐로 흡수되어 혈액 속 적혈구의 헤모글로빈과 결합하여 다리 근육으로 이동한다. 다리 근육 세포에서 헤모글로빈과 산소가 분리되면서 산소를 공급받은 다리 근육세포에서 호흡이 일어나 이화작용이 일어나므로 호흡과정에서 쥐의 다리 근육에서 방사성 물질 ^{18}O이 검출된다.

112 (1) • 조작변인 : 빛의 세기
• 종속변인 : 잎 조각이 떠오르는 시간(광합성 속도)
• 통제변인 : 온도, 이산화 탄소의 농도

(2) 광합성 결과 발생한 산소 기포가 잎에 붙어 잎 조각이 떠오르게 하는 부력을 발생시킨다.

(3) 실험 전 잎에서 산소가 발생해 붙어있어 용액 위에 떠서 가라앉지 않으므로 공기를 빼내어 잎의 산소를 제거하여 가라앉게 할 수 있다.

(4) 광합성 과정에 필요한 이산화 탄소를 충분히 공급하기 위해

(5) 반비례

(6)

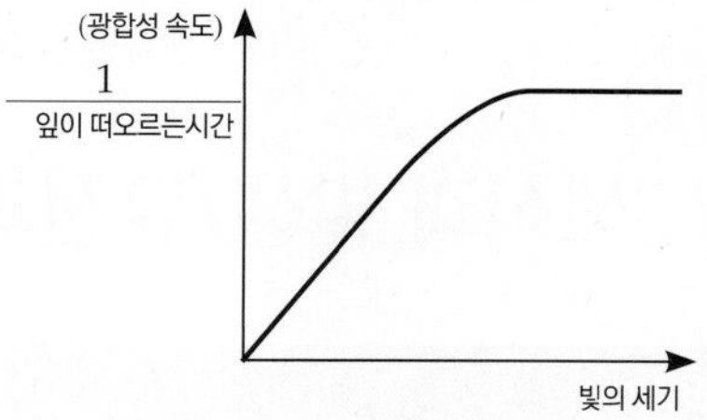

해설 이 실험은 잎 디스크를 만들어 용기 속의 공기를 빼내 잎에 붙어 있는 산소를 없앤 후, 이 잎 디스크를 물에 담가 가라앉게 한 후 빛의 세기를 달리하며 잎이 떠오르는 시간(광합성 속도)를 측정해 보는 실험이다. 광합성 작용이 활발할수록 잎에서 산소가 많이 발생해 잎 디스크에 붙으므로 잎 디스크가 빨리 떠오르게 된다. 따라서 잎 디스크가 떠오르는 시간의 역수 값이 광합성 속도가 된다.

이때, $NaHCO_3$는 물에 녹으며 이산화 탄소를 발생시키기 때문에 이산화 탄소를 충분히 공급하여 이산화 탄소 농도가 광합성 속도에 영향을 미치지 못하도록 한다.

113 ⑤

해설 나무의 껍질을 둥글게 도려냈을 때(환상 박피) 표피 가까이 있는 식물의 체관부가 잘려져 나가 광합성 결과 생성된 양분이 밑으로 이동하지 못하고 박피된 윗 부분에 축척되기 때문에 나타나는 현상이다. 따라서 이 실험은 잎에서 일어나는 광합성에 의해 생성된 유기양분이 줄기의 체관을 타고 나무의 아래로 이동된다는 것을 입증한다.

114 **정답** : ㄱ, ㄴ, ㅁ

옳지 않은 항목 올바르게 고치기 : ㄷ. (가)는 먼 곳이, (나)는 가까운 곳이 잘 안 보인다.

ㄹ. 정상보다 수정체가 두꺼운 경우 (가)와 같은 눈의 이상을 보인다.

해설 (가)는 수정체에서 망막까지의 거리(안구의 길이)가 정상인보다 멀거나, 수정체의 두께가 정상인보다 두꺼워서 상이 망막 앞에 맺혀 먼 곳이 잘 보이지 않는 근시이다. → 오목렌즈로 시력을 교정한다.

(나)는 수정체에서 망막까지의 거리(안구의 거리)가 정상인보다 짧거나, 수정체의 두께가 정상인보다 얇아서 상이 망막 뒤에 맺혀 가까운 곳이 잘 보이지 않는 원시이다. → 볼록렌즈로 시력을 교정한다.

ㅁ. 먼 곳을 볼 때 : 모양체가 이완하여 수정체로부터 먼 쪽으로 이동하고 이때 진대가 당겨져 팽팽해짐으로써 수정체가 바깥으로 당겨져서 얇아진다. 즉, 수정체가 얇아짐으로써 초점 거리가 길어져 먼 곳을 볼 수 있다.

가까운 곳을 볼 때 : 모양체가 수축하여 수정체 쪽으로 이동하고, 이때 진대가 느슨해짐으로써 탄력성이 있는 수정체는 부풀어 올라 두꺼워진다. 즉, 수정체가 두꺼워짐으로써 초점 거리가 짧아져 가까운 곳을 볼 수 있다.

115 (1) A 뉴런 : 감각 뉴런 B 뉴런 : 운동 뉴런

(2) b

해설 (1) A 뉴런의 경우 근육 세포에서 받아들인 자극이 척수로 전달될 수 있도록 자극을 전달하는 뉴런이므로 감각 뉴런이다. B 뉴런은 척수에서 내린 자극이 근육 운동이 일어날 수 있도록 전달하는 운동 뉴런이다.

(2) 뉴런이 연결되어 있을 때, 자극은 한 뉴런의 축색돌기 말단에서 다른 뉴런의 수상돌기 쪽으로만 전달된다. 따라서 자극 받은 뉴런이 a일 때, 자극이 전달되어 흥분된 뉴런은 a와 b이므로 a뉴런의 축색돌기 끝에 b의 수상돌기가 연결되어 있으며, c와 d뉴런은 순서는 알 수 없지만 a뉴런의 앞쪽에 연결되어 있음을 알 수 있다. a와 c를 동시에 자극했을 때는 a, b, c, d가 동시에 흥분되므로 c의 축색돌기 말단에 d의 수상돌기가 연결되어 있음을 추리할 수 있다. 따라서 c - d - a - b의 순서로 뉴런은 연결되어 있다. 이렇게 연결되어 있는 b뉴런에 자극을 주게 되면 b의 축색돌기 말단과 연결된 뉴런은 없기 때문에 오로지 b뉴런만 흥분하게 된다.

116 (1) 세 개의 반고리관에는 림프가 들어 있고, 아래쪽 부위에는 감각모와 여기에 연결된 감각 신경이 있다. 머리를 흔들 때 반고리관 속에 들어 있는 림프가 움직이게 되며, 그에 따라 감각모가 휘어지면 감각세포가 흥분하여 몸의흔들림을 느끼게 된다.

(2) 1. 몸이 왼쪽으로 회전을 시작할 때 반고리관의 림프는 관성에 의해 머물러 있으려 하기 때문에 림프가 몸의 회전 방향과 반대인 오른쪽으로 움직이게 되며, 감각모는 림프의 흐름에 따라 오른쪽으로 휘어진다.

2. 왼쪽으로 계속 회전하면 림프가 몸과 같은 방향인 왼쪽으로 회전하게 되며, 회전 속도가 일정하면 회전 감각은 약해지게 된다.

3. 회전을 멈추게 되면 림프는 관성에 의해 계속 왼쪽으로 회전하기 때문에 일정 시간 동안은 계속 왼쪽으로 회전한다고 느끼게 되며, 감각모는 림프의 흐름에 따라 왼쪽으로 휘어지게 된다.

해설 (1) 머리를 좌우로 흔들었을 경우 반고리관에서 고리 모양관 내부의 액체는 정지해 있지만 반고리관 자체는 움직이게 된다. 감각세포가 이 상대적인 움직임을 관측해서 머리가 움직이고 있다고 느끼게 된다.

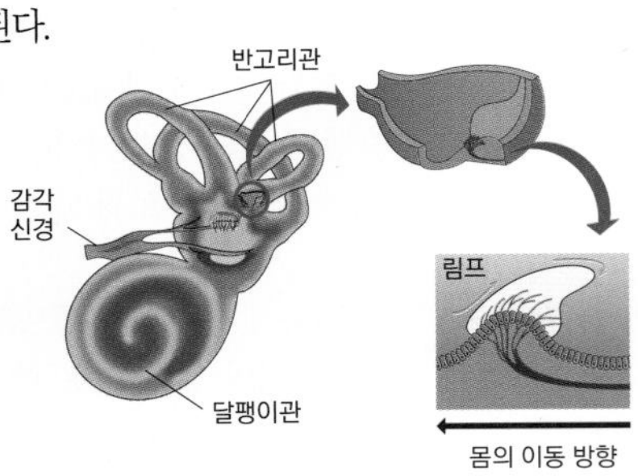

(2) 문제에서는 몸의 왼쪽으로 회전 운동한 후 착지한 상태이다.

117 (1) (가): 간뇌, (나): 뇌하수체, (다): 갑상샘자극 호르몬, (라): 갑상샘, (마): 티록신
(2) ㄴ, ㄷ

해설 ㄱ. A는 뇌하수체 전엽 호르몬에 의해 내분비샘이 조절되는 과정이다.
ㄴ. B와 C는 자율 신경인 교감 신경에 의해 일어난다.
ㄷ. 체온은 뇌하수체 전엽, 갑상샘 등의 내분비샘에서 분비되는 호르몬과 자율 신경의 상호 작용에 의해 조절된다.
ㄹ. 경로 B는 간뇌의 시상 하부에 의해 교감 신경이 흥분하여 이루어진다. 대뇌의 조절을 받지 않는다.
ㅁ. 경로 C를 통해 피부 모세혈관과 입모근이 수축하여 피부를 통해 방출되는 열의 양이 감소한다.

주제 탐구 및 논술 110 ~ 113 쪽

Q1 식물은 세포벽으로 전달되어 오는 음파의 진동을 감지하고, 이 물리적 자극이 세포막에 전달되어 전압의 변화를 일으킨다. 이 전기적 자극이 화학적 반응을 일으켜 식물 성장을 돕는 물질을 생산한다고 예상할 수 있다.

Q2 크기가 같고 잎의 수가 같은 식물 2그루를 같은 모양, 같은 크기의 화분에 같은 양분의 흙을 넣고 심는다. 그 후 한쪽 식물에는 사랑한다, 예쁘다 등의 좋은 말만 계속 들려주고, 다른 한쪽 식물에는 미워한다, 못생겼다 등의 나쁜 말만 계속 들려준 후 두 식물의 생장 상태를 비교한다.

Q3 **[예시 답안]** 동물의 움직임은 먹이를 찾으러 움직이거나, 다른 동물(천적)을 피해서 자리를 이동하면서 움직인다. 반면 식물은 제자리에 뿌리를 내리고 잎이나 잔가지등 몸의 일부분만 움직인다.

Q4 대뇌변연계의 해마와 편도체

Q5 **[예시 답안]** 기억이 저장된 해마와 감정을 담당하는 편도체 사이의 연결을 바꾸면 기억에 대한 감정 전환이 가능하다. 같은 상황에서도 안전하다는 것을 해마가 기억하도록 반복 학습한다.

해설 트라우마와 관련된 기억은 편도체와 관련되어 트라우마를 건드릴 때는 편도체만 작동되고 해마는 얼어 붙는다. 따라서 같은 상황에서도 안전하다는 것을 학습하는 등의 방법으로 치료할 수 있다.

Ⅳ. 생식과 발생/유전과 진화

Question 114 ~123 쪽

Q1. 답 세포는 세포 외부를 흐르는 모세혈관이나 조직액에서 세포막을 통해 영양분과 산소를 공급받고 노폐물과 이산화탄소를 내보내는 물질 교환을 한다. 하지만 세포가 커질수록 표면적이 증가하는 비율보다 부피가 증가하는 비율이 커져 세포막을 통한 물질 교환이 내부까지 원활하게 이루어지지 못하게 된다. 따라서 세포의 크기를 작게하여 몸집이 커지더라도 물질교환을 원활하게 하면서 몸집을 키우기 위해 세포 분열을 한다.

Q2. 답 쌍둥이는 1란성 쌍둥이와 2란성 쌍둥이가 있는데 1란성 쌍둥이는 하나의 수정란이 난할에 의해 2개로 나눠지는 과정에서(2세포가 될 때) 문제가 발생하여 완전히 분리되지 않은 상태가 될 때 붙은 채로 발생하여 샴쌍둥이가 될 가능성이 높다. 2란성 쌍둥이는 난자와 정자 모두 2개씩 따로 수정되므로 결합 쌍둥이가 될 확률이 드물다.

Q3. 답 표현형이 우성인 개체는 유전자형에 Y가 반드시 하나 이상 포함된 경우이다. 따라서 있을 수 있는 경우는 YY와 Yy인데, 이를 열성 형질만 가진 개체 yy와 교배시키면 YY는 자손이 Yy의 유전자형만을 가지므로 우성 형질만 표현형으로 드러난 자손들이 나타날 것이지만 Yy의 경우에는 yy와 교배했을 때 yy 유전자형을 가진 열성 형질의 자손이 나타날 수 있다. 따라서 교배하여 열성 형질을 표현형으로 가진 자손이 있는지를 확인하여 기존 개체가 순종인지 잡종인지 알 수 있다.

Q4. 답 귓속털 과다증을 유발하는 유전자는 Y 염색체 위에 있어 남자에게만 유전되는 한성 유전이다.

Q5. 답 돌연변이는 바이러스의 형질을 변화시키는 역할을 한다. HIV 바이러스는 돌연변이가 매우 쉽게 일어나므로 새로운 형질을 가진 바이러스 종류가 많이 생겨나고, 이것은 기존의 바이러스 형질에 맞추어 만든 백신에서 살아남을 확률을 높여준다. 따라서 백신을 만들어도 통하지 않는 변이가 자주 발생하여 완벽히 치료할 수 있는 백신을 만들기가 어렵다.

유형 Problem 124~129 쪽

118 **[예시 답안]** 지푸라기를 옮길 때 볏짚으로 묶어 잘 정돈된 상태로 옮기는 것처럼, 유전 물질이 복제되고 분열될 때 염색체 상태로 응축되면 이동 시 유전 물질의 손상 가능성이 줄어들기 때문이다.

119 체세포는 분열하기 전 가지고 있는 유전자를 복제하여 2개로 만든다. 그리고 이를 두 개의 염색체 막대로 만들고 세포 분열을 할 때 두 개의 딸세포로 각각 하나씩 분리시킨다. 이는 분열되기 전의 모세포와 분열 후 만들어진 두 개의 딸세포가 동일한 개수와 양의 유전자를 유지하게 해야 유전자 손실 없이 자손에게 염색체가 전달될 수 있기 때문이다.

120 씨앗은 유성생식의 결과로 형성된 것이다. 수술의 꽃밥과 암술의 밑씨에서 각각의 생식 세포를 만들어 결합한 후, 암술의 밑씨에서 중복 수정이 일어나 씨가 형성된다. 따라서 정핵에 들어있는 유전 정보와 난세포에 있는 유전 정보가 더해져 씨가 만들어졌기 때문에 어버이의 형질을 반반씩 물려 받은 것이다. 반면, (나)와 같은 경우는 가지를 꺾어 영양 생식을 한 것으로 어버이의 형질이 그대로 전달된다.

121 1란성 쌍둥이는 유전 정보를 담고 있는 DNA가 완전히 같다. 이는 둘 사이의 유전적인 요인은 완전히 동일하다는 것을 뜻한다. 따라서 한 명이 당뇨병을 가지고 있고 다른 한 명이 건강했다면 이 쌍둥이의 당뇨병 발현 원인은 유전적 특성이 아니라 후천적 성장 환경의 차이에 의한 것이라는 것을 알 수 있다.

해설 일반적으로 당뇨병은 유전 질환으로 분류되어 있지만, 연구에 따르면 두 명이 자라나는 환경의 차이에 따라 유전자가 단백질을 만들어내는 기능이 달라지는 게 한가지 원인이라는 사실이 밝혀졌다. 동일한 유전자를 가졌다 해도 유전자에 메틸기(CH_3-)가 붙는 '메틸화' 양상이 크게 달랐다. 유전자 메틸화란 DNA의 변이로써 염기서열의 변화없이 화학적인 변화에 의해 유전자 발현에 영향을 미치는 것이다. 일반적으로 메틸기가 달라붙는 유전자는 단백질을 만들어내지 못한다고 알려졌다. 만일 인슐린을 분비하는 유전자의 기능이 태어날 때 정상이라고 해도 이후 메틸화가 진행되면 당뇨병을 유발할 수 있다는 것이다. 일란성 쌍둥이라도 자라는 환경의 차이에 따라 유전자가 단백질을 만들어내는 기능이 달라진다. 프라가 박사는 "일란성 쌍둥이의 건강 상태가 다른 것은 자랄 때의 환경 차이로 메틸화 양상이 달라지기 때문이라는 가설이 있다"며 "이 연구는 이 가설을 과학적으로 처음 입증한 것"이라고 밝혔다.

122 (나)의 염색체에 R이 존재하므로 둥근 유전자가 겉으로 표현된다. 유전자형 RR 중 하나의 R에 결실된 부분이 존재하므로 유전자형은 R로 나타난다.

해설 완두는 광합성으로 포도당 등의 당을 합성하여 녹말로 전환하여 저장한다. 이 과정에서 유전자 rr인 완두는 당을 녹말로 전환하는 효소를 합성하지 못하기 때문에 당을 많이 가지게 되어 삼투압이 높아져 많은 양의 수분을 흡수하게 된다. 많은 수분을 가진 이 완두를 건조하면 수분을 잃게 되어 주름진 모양으로 나타나게 된다. 따라서 (나)의 염색체에 R이 존재하므로 정상 둥근 유전자만큼은 아니지만 적은 양의 효소는 합성이 가능하므로 둥근 유전자가 겉으로 표현된다.

123 (1) 모계의 표현형 (2) $\frac{1}{2}$
(3) 부계 유전자형에 관계없이 자손은 모계가 FF(왼쪽 꼬임) 유전자형일 때 모두 왼쪽 꼬임을 가지게 된다.

해설 (1) 달팽이 등껍질과 같이 모계의 표현형에 각인을 받아 유전형에 상관없이 모계 표현형으로만 자손이 모두 나오는 것을 유전자 각인이라고 한다.
(2) EF(오 - 수컷) × FF(왼 - 암컷)인 경우 자손은 모두 왼쪽 꼬임으로 나타날 것이고, EF(오 - 암컷) × FF(왼 - 수컷)인 경우 자손은 모두 오른쪽 꼬임으로 나타나므로 $\frac{1}{2}$ 의 확률이다.

124 (1) (다)-(나)-(가)-(라)-(마)
(2) 해리 단계로 세포 사이의 물질의 녹여 조직을 연하게 하는 과정이다.

해설 (1) 체세포 분열의 각 시기를 관찰하기 위한 실험 과정은 (다)고정 → (나)해리 → (가)염색 → (라)분리 →(마)압착 → 현미경 관찰 순이다.
(2) 체세포 분열이 천천히 일어나게 고정한 후 묽은 염산에 넣어 천천히 가열하며 세포 사이의 물질(세포벽 등)을 녹여 30초~1분 간 조직을 해리시킨다. 해리가 잘 된 근단의 경우, 분열조직은 불투명한 상태이나, 나머지 조직 부위는 맑아지고, 분리가 잘되어 한 겹으로 펴서 관찰하기가 쉬워진다.

125 (1) 침팬지의 염색체 수는 2n = 48 이다. 침팬지의 입안 상피 세포는 체세포이므로 체세포 분열 결과 모세포와 딸세포의 염색체 수는 변하지 않기 때문에 48 개이다.
(2) 정소에서 제 1 정모 세포가 감수 제 1 분열을 마치면 제 2 정모 세포가 되는데 이때 염색체 수가 반감하므로 24 개가 된다.
(3) 제 2 정모 세포가 감수 제 2 분열을 마치게 되면 비로소 변태 과정을 거쳐 정자가 된다. 이 과정에서는 염색체 수가 변하지 않으므로 제 2 정모 세포와 같은 염색체 수인 24 개를 가진다.

126 (1) (가)는 라마르크의 용불용설로 어떤 환경에서 계속 사용하여 얻게된 형질이 유전된다는 것이다. 그러나 개체가 후천적으로 얻은 형질(획득 형질)은 유전되지 않는다는 이유로 현대에는 인정되지 않는다.
(2) (나)는 다윈의 자연선택설로 다양한 변이가 나타난 기린군에서 환경에 유리하게 적응된 개체가 생존 경쟁에서 도태되지 않고 살아남으므로 현재의 기린의 목이 길어졌다는 것이다. 목이 긴 기린이 높은 곳의 나뭇잎을 따먹을 수 있으므로 생존 경쟁에서 유리하다.

127 (1) (가)→(나) 한 종의 토끼가 강에 의해 격리되었지만 모두 같은 종이며 따라서 교배를 통해 생식 가능한 자손을 낳을 수 있다.
(나)→(다) 강으로 나눠진 한쪽 무리에서 돌연변이 또는 유성 생식의 변이에 의해 새로운 형질의 토끼가 나타났다.
(다)→(라) 새로운 형질의 토끼는 기존의 토끼보다 환경에 적응하기가 더 유리하였으므로 자연선택되어 점차 개체 수를 늘렸으나 기존의 토끼는 도태되었다.
(라)→(마) 강이 사라져 두 무리는 합쳐졌지만 새로운 형질의 토끼는 다른 종으로 분화된 상태이므로 기존의 토끼와 교배를 통해 생식 가능한 자손을 낳을 수 없다.

128 (1) 상염색체 (2) 열성 (3) 약 67%

해설 (1) 자녀의 남자 아이와 여자 아이 모두에게 나타나는 것으로 보아 상염색체 위에 있다. 전신 백색증 유전자가 Y염색체에 있다면, 아버지가 전신 백색증이어야 하지만 아버지는 정상이므로 전신 백색증 유전자는 Y염색체 위에 있지 않다. 전신 백색증 유전자가 X염색체에 있다면, 정상인 어머니는 보인자(XX')일 것이고 자녀 중 여자 아이 모두 보인자(XX')가 되므로 전신 백색증을 갖는 자녀는 없어야 한다. 따라서 전신 백색증 유전자는 성염색체 위에 있다.
(2) 부모에게 없는 형질이 나타났기 때문에 열성이다.
(3) 백색증 유전자가 열성이고, 자녀에게 나타났으며, 정상의 부모이므로, 두 부모 모두 백색증 보인자이다. 두 부모로부터 태어난 자녀는 정상 : 보인자 : 백색증 = 1 : 2 : 1로 정상 표현형인 형제들(정상1+보인자2) 중에서 알비노 유전자를 가지고 있는 경우(보인자2)는 $\frac{2}{3}$ 이다.

129 (1) A의 슈거글라이더와 날다람쥐는 비슷한 환경에서 생활이 비슷해지면서 비슷한 모습으로 진화하였다. B의 핀치새는 각기 다른 먹이와 서식지에 적응하며 자연선택되어 종이 분화된 것이다.
(2) 다른, 같은, 같은, 다른

창의력 Master 130 ~ 139 쪽

130 **[예시 답안 1]** 세포를 직접 배양하면서 현미경으로 관찰을 하며 세포의 수가 2배가 되는 시간을 측정한다.
[예시 답안 2] DNA에 형광 물질로 표지하고 주기적으로 형광물질의 양을 측정하여 DNA량을 측정한다.

해설 1. 세포를 배양 접시에서 배양을 시작하면서, 일정 시간 간격으로 그 세포 수를 측정한다. 배양을 시작하여 세포의 수가 2배로 증가될 때까지 걸리는 시간을 세포 주기의 길이로 볼 수 있다. 현미경으로 배양 중 한 시점에서 세포들의 염색체 모양을 관찰하고, 관찰된 세포들 가운데 체세포 분열 과정에 있는 세포의 수를 측정한다. 관찰된 총 세포 수 가운데 분열 중인 세포의 비율을 계산하여 세포 주기의 총 길이와 곱하면 체세포 분열의 각 시기의 기간을 계산할 수 있다.
2. 세포 내 DNA를 형광성 색소(프로피디움 아이오딘화물 등)로 염색하고 세포를 분석하게 되면 세포 주기를 분석할 수 있다. 세포를 염색한 후 배양 중인 세포로부터 주기적으로 형광의 양을 측정하여 DNA가 2배로 늘어나는 데 걸리는 시간을 측정한다.

131 **정답 :** ㄷ, ㄹ, ㅁ
옳지 않은 항목 올바르게 고치기 : ㄱ. ㉣은 (가)의 세포이다.
ㄴ. ㉢의 성별은 암컷이다.

해설 2n = 6 이므로 체세포에서는 상동 염색체가 존재하며 염색체의 갯수는 6개이고, 생식 세포에서는 3개의 염색체를 가진다. A, a, B, b는 유전자를 나타낸 것으로 그래프는 염색체에 존재하는 유전자의 유무와 DNA의 상대량을 나타낸 것이다. 그래프에 나타난 정보로 알 수 있는 유전자의 위치는 다음과 같다.

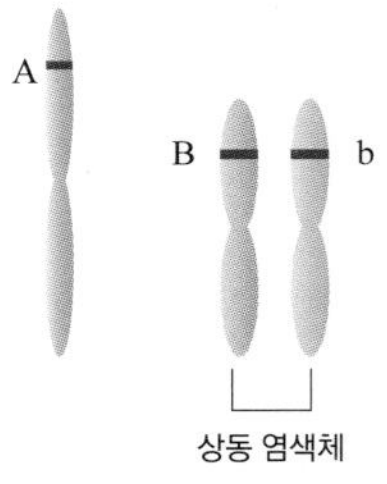

㉠

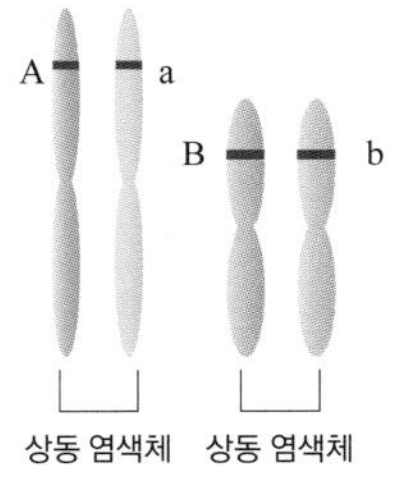

㉡

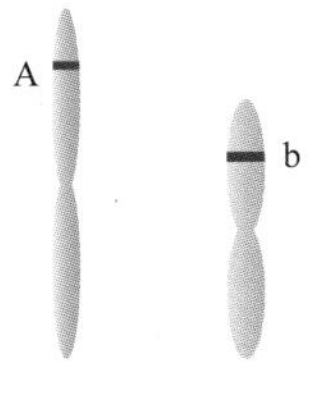

㉢

㉣

㉠은 A, B, b 유전자를 가지고 있으며 대립 유전자(B와 b)를 가지고 있으므로 2n이다. 핵상이 2n이지만 A의 대립 유전자인 a는 없는데 문제에서 돌연변이는 고려하지 않는다고 하였으므로, A유전

자가 위치한 염색체의 상동 염색체는 모양과 크기가 다르다는 것을 알 수 있다. 따라서 A와 a는 성염색체에 위치한 유전자이다. 하지만 ㉠만을 보고 A와 a가 X 염색체에 있는지, Y 염색체에 있는지는 알 수 없다.
㉡은 A, a, B, b를 모두 가지고 있으므로 핵상은 2n이다. ㉡은 A와 a 유전자가 모두 존재하므로 같은 종류의 성염색체를 가지고 있다는 것을 알 수 있다. 따라서 ㉡에서 A와 a는 X 염색체에 존재하며 ㉡은 암컷, ㉠은 X 염색체가 하나 뿐인 수컷인 것을 알 수 있다. 또한 성별이 다른 ㉠과 ㉡에 유전자 B와 b가 모두 나타났으므로 B와 b는 상염색체에 존재하는 유전자임을 알 수 있다.
㉢은 A와 b로 대립 유전자가 없으므로 핵상은 n이다.
㉣은 유전자 B의 DNA량이 2배이므로 DNA가 복제되어 염색 분체가 2개인 염색체를 의미하며 대립 유전자 b가 없으므로 핵상은 n이다. 또한 A나 a가 없으므로 X 염색체가 없다는 것을 알 수 있다. 따라서 ㉣은 Y 염색체를 가지고 있는 수컷임을 알 수 있다.
㉢과 ㉣은 각각 (가)와 (나)의 세포 중 하나이므로 ㉣은 수컷인 ㉠과 같은 (가)의 세포, ㉢은 (나)의 세포라는 것을 알 수 있다. 위의 자료를 바탕으로 정리를 하면 다음과 같다.

	㉠	㉡	㉢	㉣
핵상	2n	2n	n	n
성별	수컷	암컷	암컷	수컷
개체	(가)	(나)	(나)	(가)

132 (1) (라)는 (가)와 염색체의 핵형이 같기 때문에 같은 종의 세포이다.
(2) (다) : B (라) : C (마) : B
(3) 암컷 : (가), (나) 수컷 : (다), (라), (마)

해설

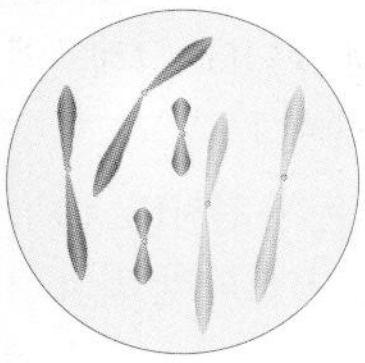
(가)

(가)는 제시된바 A의 세포이며, 상동 염색체가 존재하므로 2n으로 표시된다. 또한 모든 상동 염색체가 모양과 크기가 같은 염색체이므로 XX 염색체를 가지고 있는 암컷이라는 것을 알 수 있다.

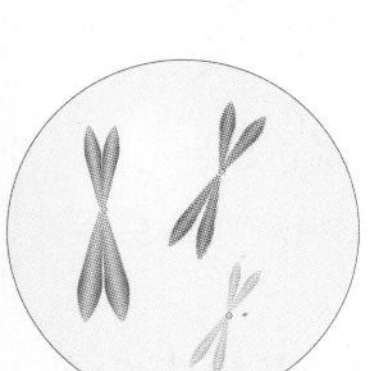
(나)

(나)는 제시된 바 B의 세포이며, 상동 염색체가 없으므로 생식 세포(감수 2분열 전)를 나타낸 것이며 핵상은 n으로 표시된다. (가)와 염색체의 모양과 크기, 색상 등이 다르므로 A와 B는 다른 종인 것을 알 수 있다. 또한 같은 종인 (다), (마)와 비교했을 때 (나)의 모든 염색체는 모양과 크기가 같은 염색체이므로 XX 염색체를 가지고 있는 암컷이라는 것을 알 수 있다.

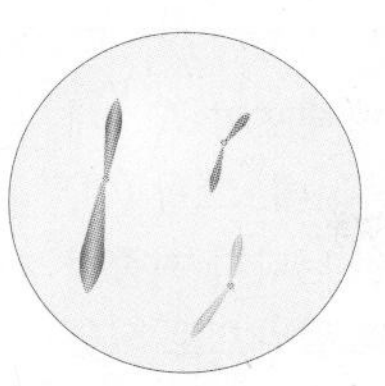
(다)

(다)는 상동 염색체가 없으므로 핵상은 n인 감수 2분열 후의 생식 세포이다. (마)의 상동 염색체가 분리된 모습이다. 보라색 염색체의 크기가 다르므로 보라색 염색체가 성염색체이며, (다)의 보라색 성염색체 크기가 더 작으므로 Y 염색체인 것을 알 수 있다. 따라서 (다)는 B이며 수컷이다.

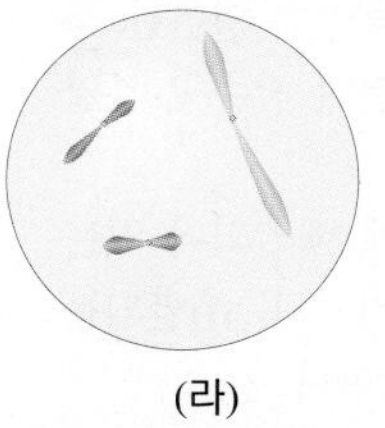
(라)

(라)는 상동 염색체가 없는 생식 세포로 n으로 표시된다. (나)와는 염색체의 모양과 크기가 다 다르고, (가)와 노란색, 빨간색 염색체의 모양과 크기가 같지만 보라색 염색체의 크기가 다르므로 (가)와 같은 종이며 보라색이 성염색체인것을 알 수 있다. 따라서 (라)는 (가)와 같은 종이지만 성별이 다른 개체 C이며 수컷이다.

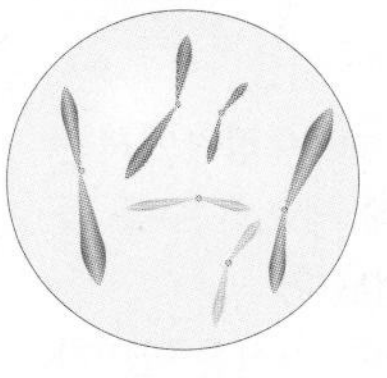
(마)

(마)는 상동 염색체가 존재하므로 2n으로 표시되며 (나)와 (다)의 염색체와 모양과 크기가 같으며, XY 염색체(보라색 염색체)를 가지고 있는 개체 B, 수컷인 것을 알 수 있다.

위의 자료를 바탕으로 정리를 하면 다음과 같다.

	(가)	(나)	(다)	(라)	(마)
핵상	2n	n	n	n	2n
개체	A	B	B	C	B
성별	암컷	암컷	수컷	수컷	수컷
종	A와 C는 같은 종이며, B는 다른 종이다.				

133 **정답 : ㄱ**
옳지 않은 항목 올바르게 고치기 : ㄴ. A에서는 핵분열이 일어났지만 세포질 분열은 일어나지 않았다.
ㄷ. B에서는 염색체가 복제된 후 핵분열이 일어나지 않았다.

해설 정상 세포, A 세포, B 세포를 각각 모식도로 나타내면 다음과 같다.

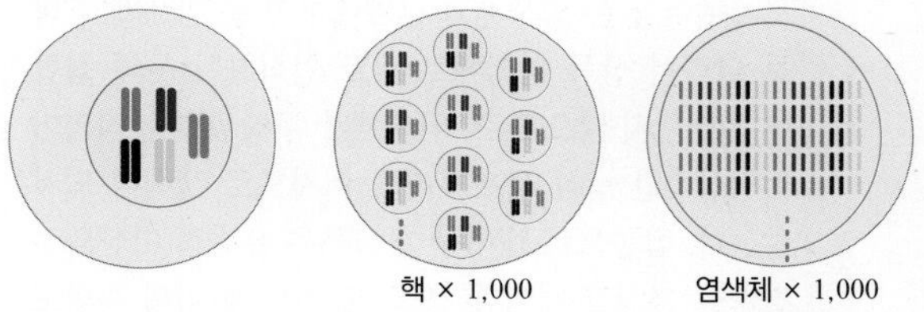

정상 세포 A 세포 B 세포

세포 A와 B는 모두 정상 DNA량의 1,000배인 100ng으로 모두 세포 주기에 이상이 있다는 것을 알 수 있다.
ㄱ. A와 B는 모두 세포 1개당 염색체 수는 10,000개로 같다.
ㄴ. A 세포는 다핵세포로 핵의 개수가 1,000개로 핵분열은 정상적으로 일어났지만 세포질 분열이 일어나지 않은 것이다.
ㄷ. B에서는 핵은 1개이고 염색체수가 10,000개 이므로 염색체가 복제된 후 핵분열이 일어나지 않은 것이다.

134 (1) 체세포 분열이라면 최종적인 딸세포의 핵 1개당 DNA 양이 모세포와 같아야 하는데, 그림 (가)는 DNA 양이 반감되는 횟수가 2번 나타나 최종적으로 딸세포의 DNA양이 모세포의 절반으로 되었으므로 (가)는 감수 분열이다.
(2) (가)의 구간 Ⅰ은 DNA가 복제되고 있으므로 간기의 초기, 구간 Ⅱ는 감수 1 분열이 일어난 후 다시 DNA 양이 절반으로 되기 전인 감수 2 분열 중기에서 후기이다.
(3) (나)는 2가 염색체가 적도면에 배열되어 있는 시기이므로 간기에 복제된 DNA가 처음 분열되는 과정인 감수 1분열의 중기에 해당한다.

135 **정답 :** ㄱ, ㄴ, ㄷ
옳지 않은 항목 올바르게 고치기 : ㄹ. 수정란에서는 체세포 분열의 일종인 난할을 통해 세포의 수를 늘리며 발생 과정을 거쳐 개체가 형성된다.
ㅁ. 아버지와 어머니 사이에서 태어난 자식은 아버지의 염색체 구성 절반과 어머니의 염색체 구성 절반을 물려받았다.

해설 ㄱ, ㄴ, ㄷ. 정자와 난자에 들어있는 염색체의 수는 각각 n이다. 정자와 난자가 수정하면 2n이 되며, 수정란은 체세포 분열 과정을 거쳐 세포 수를 늘리고 조직과 기관을 형성하면서 하나의 완전한 개체가 된다. 이렇게 태어난 아기는 체세포 분열 과정을 통해 세포 수를 늘리며 몸집을 크게 하여 성장하게 된다.
ㄹ. 수정란의 초기 분열을 난할이라고 한다. 난할은 체세포 분열 과정으로, 염색체 수의 변화 없이 세포의 수를 늘린다.
ㅁ. 아버지의 염색체 수 절반과 어머니의 염색체 수 절반을 물려받았기 때문에 아버지와 염색체 구성이 동일하지 않다.

136 (2) 일반적으로 서로 다른 종끼리 교배하면 생식능력이 없다. 감수분열 전기에 상동 염색체는 각각 접합하여 2가 염색체를 형성한다. 잡종 동물들의 경우 모계에서 받은 염색체와 부계에서 받은 염색체가 너무 달라서 상동 염색체로 서로 인식하지 못해 접합이 일어나지 않으므로, 염색체가 무작위로 분리되어 비정상적인 생식 세포가 만들어지므로 생식이 되지 않는다. 잡종으로 태어난 개체들은 유전적 이상으로 결함을 가지고 태어나기도하고, 부모에 비해 수명도 짧은 편이다. 하지만 드물게 번식을 하는 개체도 있다.
(3) 수박은 씨앗이 생기지 않아도 과실은 발육할 수 있는 성질이 있어 씨 없는 열매가 크게 자랄 수 있다. 하지만 3배체의 수박은 상동 염색체가 3개이기 때문에 상동 염색체의 접합이 없는 체세포 분열은 정상적으로 일어나지만 생식 세포 분열 중 2가 염색체를 형성하는 감수 1분열이 정상적으로 일어나지 않는다.

137
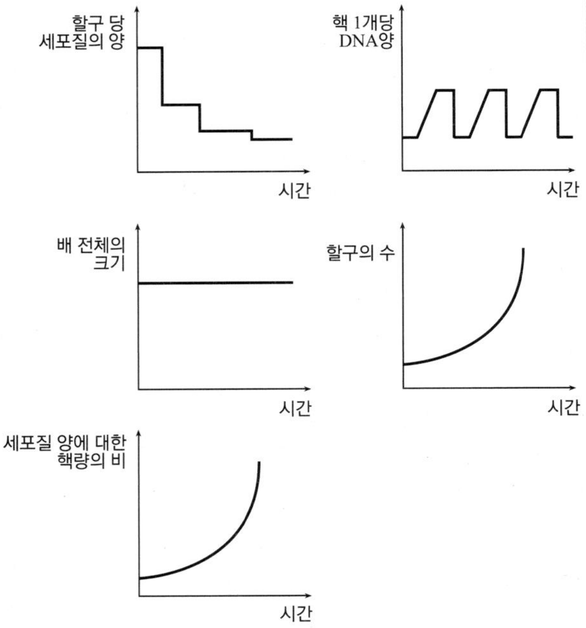

해설 · 난할은 체세포 분열이지만, 세포가 분열한 후 분리되지 않고 세포의 성장기가 없기 때문에 난할이 진행될수록 세포의 수는 증가하지만 할구의 크기는 점점 작아진다.
· 배 전체의 크기는 수정란의 크기와 같다.
· 할구의 수 그래프를 그릴 때, 1개의 수정란이 난할을 1번 하면 2개, 2번 하면 4개, 3번 하면 8개로 2^n개의 세포가 생기므로 곡선 형태로 증가하게 그려야한다.
·세포질의 양은 $\frac{1}{2}$, $\frac{1}{4}$, $\frac{1}{8}$ … $\frac{1}{2n}$ 배로 줄어들지만 핵의 양은 일정하므로 세포질 양에 대한 핵량의 비는 2, 4, 8 … 2^n배로 증가하는 그래프로 그려야 한다.

138 (1) 색소 침착 유전자가 색을 나타내는 유전자(B, b)보다 상위에 있어서 색소 침착 유전자에 따라 털의 색깔이 결정된다.
(2) 두 쌍의 대립 형질이 함께 유전될 때, 각각의 대립 형질이 서로 영향을 받지않고 각각 우열의 원리와 분리의 법칙에 의해 독립적으로 유전된다는 독립의 법칙에 맞지 않는다.
(3) 순종의 흰색 쥐의 유전자형은 BBcc 또는 bbcc이고, 순종의 회갈색 쥐는 BBCC로 나타내므로 두 쥐를 교배한 결과는 다음과 같다.
BBcc (또는 bbcc) × BBCC → BbCc (또는 BBCc)
따라서, 색소 침착 유전자가 cc로 나타나지 않으므로 알비노인 흰색 쥐는 나타나지 않고, 열성 형질인 bb가 나타나지 않아 모두 회갈색을 가지게 된다.
(4) BbCc, Bbcc, bbCc, bbcc

해설 (1) 상위는 비대립 유전자 사이에 나타나는 유전자의 상호 작용으로, 하나의 유전자가 다른 유전자의 활동을 억제하는 것이다. 쥐의 털 색깔 유전에서 cc를 포함하면 어떠한 유전자형이라도 흰색이 나타나며 B유전자의 작용을 막아버린다. 하지만 CC나 Cc로 나타나는 경우에는 흰색의 표현형이 나타나지 않는다. 즉, 색소 침착 유전자의 발현 여부에 따라 털의 색깔이 결정되므로 상위 유전자라고 할 수 있다. (상위 유전은 비대립 유전자 사이에 나타나는 유전자의 상호작용으로 하나의 유전자가 다른 유전자의 활동을 억제하는 것이다.)
(4) 순종의 흰색 쥐 유전자형은 BBcc, Bbcc, bbcc 세 가지이다. 이를 검은색 쥐 bbCC 또는 bbCc와 교배하면 4가지 유전자형이 생긴다.

1. bbCC × BBcc → BbCc

	Bc
bC	BbCc

2. bbCC × Bbcc → BbCc, bbCc

	Bc	bc
bC	BbCc	bbCc

3. bbCC × bbcc → bbCc

	bc
bC	bbCc

4. bbCc × BBcc → BbCc, Bbcc

	Bc
bC	BbCc
bc	Bbcc

5. bbCc × Bbcc → BbCc, Bbcc, bbCc, bbcc

	Bc	bc
bC	BbCc	bbCc
bc	Bbcc	bbcc

6. bbCc × bbcc → bbCc, bbcc

	bc
bC	bbCc
bc	bbcc

139 (1) (가) : ffgg (나) : FfGg (다) : FfGG (라) : FFGg (2) 50% (3) 25%

해설 (1) 검정 교배하였기 때문에 퍼넷 사각형과 생식 세포 fg를 이용하여 쉽게 F_1의 유전자형을 찾을 수 있다. A ~ D를 각각 검정 교배하였으므로, 개체들은 열성 인자를 하나씩 가지고 있음을 알 수 있다.
(2) ㉠의 유전자형은 Ffgg이다. 이를 검정 교배할 경우 나오는 F_2의 유전자형은 다음 표와 같다.

	Fg	fg
fg	Ffgg	ffgg

따라서 ㉠과 동일한 유전자형을 가지는 자손은 50%이다.
(3) FfGg의 유전자형인 (나)와 FFGg인 유전자형 (라)를 교배하여 나타나는 자손형의 비는 아래 표와 같다.

	FG	Fg	fG	fg
FG	(FFGG)	FFGg	FfGG	FfGg
Fg	FFGg	(FFgg)	FfGg	Ffgg

따라서 태어난 자손 중 동형 접합일 확률은 25%가 된다.

140 (1) 열성 동형 접합인 경우엔 고지대에서 생존이 어렵지만, 보인자로 유전 형질만 가지고 있는 우성 동형 접합의 경우에는 말라리아가 자주 발생하는 아프리카에서 생존에 유리하여 도태되지 않기 때문이다.
(2) 열성 형질에 의해 낫모양 적혈구 빈혈증이 나타나지만 자연 상태에서 도태되지 않는 이유는 말라리아와 같은 일부 질환이 낫모양 적혈구 빈혈증으로 인해 감염되지 않아 생존률이 올라가기 때문이다. 상염색체도 마찬가지로 부모에게서 나오지 않은 형질이 자손에게서 나타났을 때 열성이라고 표현할 뿐이다. 예를 들어 다지증이나 갈라진 턱의 경우 우성 형질을 띠고 있다.
(3) 개체변이(겸형적혈구) 등장 → 말라리아 병원충에 대한 생존 경쟁에서 적자 생존 → 겸형적혈구 유전자가 계속해서 자손으로 전달 → 개체수가 많아짐

해설 (1) 아프리카에서 자주 발생하는 말라리아를 일으키는 말라리아 병원충은 겸형적혈구에서는 살지 못하기 때문에 치사율이 높은 말라리아보다 겸형적혈구 빈혈증의 보인자가 생존하는데 더 유리하다.

141 (1) XX 염색체를 가진 남성의 경우 Y 염색체의 일부가 X 염색체 위에 존재할 때 XX 염색체를 가진 남성이 나타난다.
(2) **[예시 답안 1]** XX 염색체를 가진 남성의 경우에는 SRY 염색체를 가지고 있기 때문에 무정자증의 남성으로 발현된다. 따라서 정자의 생성만 되지 않을 뿐 남성 호르몬의 발현 여부를 결정하는 고환이 발달하기 때문에 SRY 염색체 상에 유전병 결정 인자가 있는 경우 한성 유전이 일어날 수 있다.
[예시 답안 2] XX 염색체를 가진 남성의 경우에는 SRY 염색체를 가지고 있기 때문에 남성으로 표현되기는 하지만 Y 염색체 유전병 연관 유전자들이 SRY 염색체 위에 존재하지 않는 경우엔 발현되지 않는다.

기출 Check 140 ~ 149 쪽

142 (1) 완전히 핀 꽃은 생식 세포 분열이 이미 완료된 상태이기 때문이다.
(2) 성숙한 꽃의 세포는 세포 분열이 일어나는 것을 관찰할 수 없으며, 간기(G_0 기)에 머물러 있다.
(3) 감수 1 분열에서는 상동 염색체가 분리되어 염색체 수가 반감된다. 감수 2 분열에서는 염색 분체가 분리되므로 염색체 수에 변화가 없다.
(4)

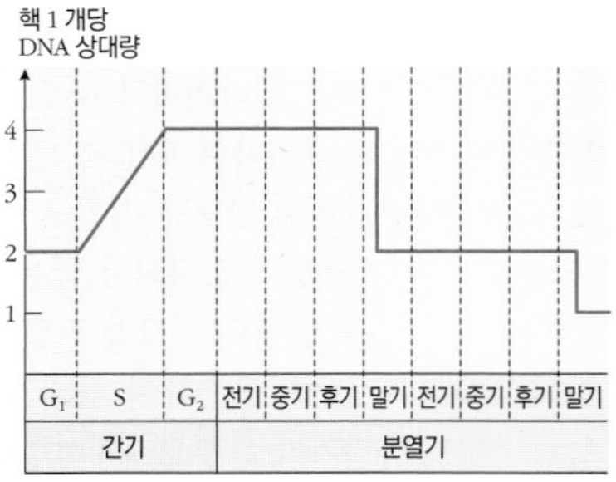

해설 (1) 꽃이 핀 경우에는 생식 세포 분열이 끝나 꽃가루가 이미 형성된 상태이므로 생식 세포 분열 과정을 관찰하기 위해서는 어린 꽃봉오리 속의 꽃밥을 사용해야 한다.
(2) 손톱으로 어린 꽃봉오리를 눌러 노란 물이 나오면 감수 분열이 끝난 것으로 더 어린 꽃봉오리를 채취하여 실험해야 한다.
(3) 감수 1 분열은 상동 염색체끼리 접합하여 2가 염색체를 형성했다가 분리되므로 염색체 수는 2n → n 으로 반감된다. 감수 2 분열은 염색 분체의 분리로 염색체 수는 n → n 으로 변화가 없다.

143 (1) 우성 (2) X 염색체 (3) ㄴ, ㄷ, ㄹ

해설

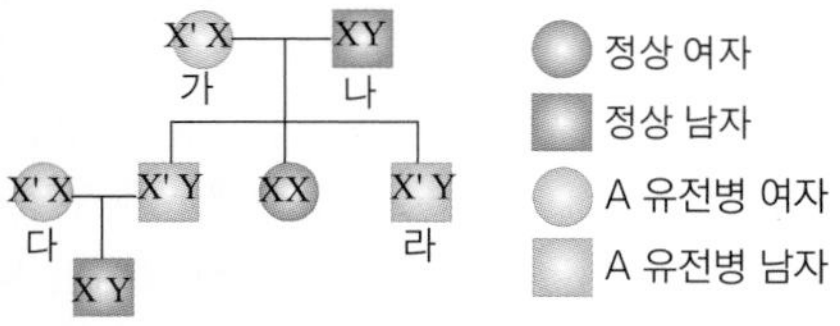

(1) (다)의 남편과 자손의 표현형을 보고 A 유전병 유전자가 우성 유전임을 알 수 있다.
(2) A 유전병은 성염색체에 존재하는데 남성, 여성 모두 나타나므로 X 염색체 위에 있다. 따라서 A 유전병은 우성 반성 유전을 한다.
(3) ㄱ. (다)의 유전자형은 이형 접합이므로 잡종이다.
ㄴ. 어머니의 우성 A 유전병 유전자 X'가 (라)로 전해져 X'Y의 A 유전병 남자가 된 것이다.
ㄷ. (가)는 XX' (자녀 중에 정상 여자(XX)가 있다.), (나)는 XY이므로 자녀의 유전형에 X'(우성 A 유전병 유전자)가 들어갈 확률은 50%이다.
ㄹ. (라)가 정상인과 결혼하면 (라)(X'Y) × 정상인(XX) → 딸은 100% A 유전병, 아들은 모두 정상이다.

144 학생 C, 학생 E

해설 **〈학생 A〉** : 동형접합은 같은 유전자형으로 RR, rr, YY, yy 등이며, 이형접합은 서로 다른 유전자형으로 Rr, Yy 등이다.
· 체세포 염색체에 유전 인자가 존재하는 유전병일 때 : 열성 유전병인 경우에는 유전병을 일으키는 유전 인자가 rr, yy 등 동형접합일 때 유전병이 발병하지만, 우성 유전병인 경우에는 하나의 유전자(R 또는 Y 등)만 있어도 유전병이 발병한다.
· 생식세포 염색체에 유전 인자가 존재하는 유전병일 때(X = 정상 유전자, X' = 유전병 유전자) : X 염색체에 유전 인자가 있는 경우에는 여자의 경우는 X'X'일 때 유전병이 발병하지만, XX'(또는 X'X)일 때에는 보인자(유전 형질을 가지고 있지만 표현형으로 발현되지 않는 경우)이므로 유전 인자는 가지고 있으나 발병하지는 않는다. Y 염색체에 유전 인자가 있는 경우에는 남자한테만 유전병이 발생하며, 발생 확률은 100%이다.
〈학생 B〉 : AIDS(에이즈)는 HIV라는 바이러스에 의한 질환으로서 전염은 되지만 유전되는 유전질환은 아니다.
〈학생 C〉 : 헌팅턴병은 늦은 나이에 발병하는 유전병이다. 헌팅턴병은 무도증, 정신증산 및 치매가 주요 3개 증상이며, 주로 30 ~ 40대에 발병하고 모계 유전인 경우 좀 더 늦게 발병하는 경향이 있다. 의도하지 않은 근육의 움직임 때문에 무도병이라는 별명을 가지고 있다. 이 유전병은 4번 염색체에 위치한 헌팅턴 유전자의 CAG 반복 서열의 증가에 의한다고 알려져 있다.
〈학생 D〉 : 유전병은 유전자 이상으로 나타나는 현상이며, 유전병을 일으키는 유전 형질은 숨어 있다가 발현되기도 하므로 (보인자) 조상에 없던 병이라도 자손에서 나타날 수 있다.
〈학생 E〉 : 다운증후군은 21번 염색체가 정상적인 2개가 아니라 3개 존재하여 정신 지체, 신체 기형, 전신 기능 이상, 성장 장애 등을 일으키는 유전 질환이다. 따라서 염색체의 수와 모양을 나타내는 핵형 검사를 통해 알 수 있다. 염색체의 수, 모양, 크기 등을 핵형이라고 하며, 핵형 분석을 통해 염색체의 구조, 수 이상에 의해 일어나는 돌연변이를 판단할 수 있다. 핵형 검사는 양수 검사를 통해 알 수 있다. (양수 검사는 긴 주사 바늘로 자궁 내에서 양수를 채취하여 검사하는 방법으로서 핵형 분석을 통해 태아의 염색체를 검사하여 성별이나 염색체 돌연변이를 알 수 있다.)

145 ③, ④

해설 ① 생식세포 분열에서 제1분열 시에는 이형분열이 일어나며, 제2분열 시에는 동형분열(염색분체의 분리)이 일어나 4개의 딸세포가 형성된다.
② 위의 세포분열 결과 생식세포가 만들어져 생물은 생식하게 된다.
③ (가) 시기에 상동염색체가 서로 결합하여 쌍을 이루어 2가 염색체가 된다.
④ (나), (다) 모두 염색체수 n = 4이다.
⑤ 식물의 생식 기관인 꽃밥, 밑씨에서는 생식 세포 분열이, 식물의 체세포인 형성층, 생장점에서는 체세포 분열이 일어난다.

146 ③

해설 키 유전에서는 열성형질이 표현형이 나타나야 한다. 이 경우 부모에게서 각각 a 생식세포가 형성되어야 한다. 그러므로 부모는 각각 a 유전자를 가지고 있어야 한다. 또한, 씨 색깔 유전에서도 마찬가지로 열성형질이 표현형이 되므로 이 경우 부모가 각각 b 유전자를 가지고 있어야 한다. 따라서 가능한 것은 ③ AaBb × AaBb 이다.

147 (1)

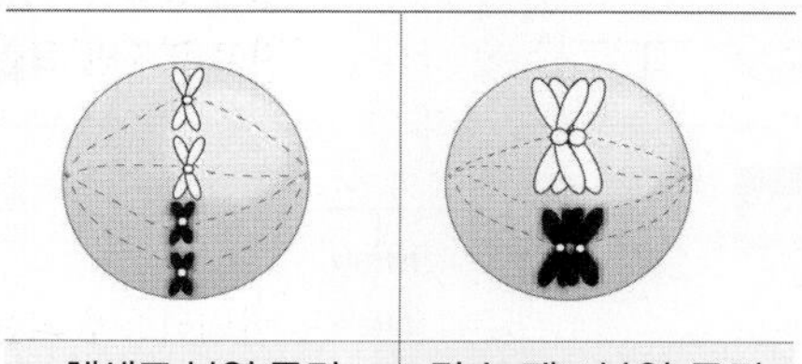

체세포 분열 중기	감수 제 1분열 중기

(2)

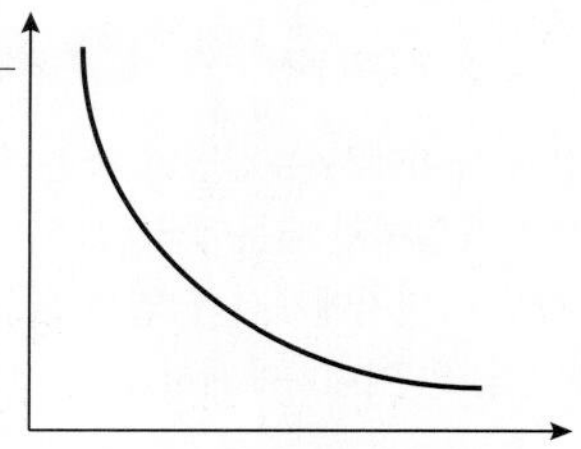

세포를 원으로 가정했을 때, 세포의 반지름이 2배 증가하면 표면적은 4배, 부피는 8배 증가한다. 반지름이 3배 증가하면 표면적은 9배, 부피는 27배 증가하므로 세포의 반지름이 커질수록 $\frac{표면적}{부피}$ 는 작아진다. 즉, 세포가 일정 크기 이상 커지면 표면적의 증가율이 부피의 증가율보다 작으므로 물질 교환의 효율이 떨어져 생명 활동을 유지하는 데 불리하기 때문에 세포는 일정 크기 이상 커지지 않고 분열을 함으로써 생명 활동을 유지한다.

해설 (1) DNA 복제 후 체세포 분열 중기에는 염색 분체의 분리가 일어나기 위해 각 상동 염색체가 세포의 중앙에 배열된다. DNA 복제 후 생식 세포 분열의 감수 제 1분열 중기에는 상동 염색체 분리가 일어나기 위해 세포의 중앙에 부계, 모계로부터 받은 상동 염색체가 2가 염색체를 이루어 배열된다.

148 ②, ⑤

해설 A는 나팔관, B는 난자를 만들고 여성 호르몬을 생성, 분비하는 난소, C는 수정이 일어나는 수란관, D는 배가 착상되는 자궁, E는 질(분만시 태아가 외부로 나오는 통로)이다.

149 12.5%

해설 키가 크고 둥글며 황색인 순종의 완두(TTRRYY)와 키가 작고 주름지며 녹색인 순종의 완두(ttrryy)를 교배시켜 얻은 F_1은 TtRrYy이며, F_1을 자가 교배(TtRrYy × TtRrYy)시켜서 F_2를 얻을 때 나타나는 생식세포의 종류에는 TRY, TRy, TrY, Try, tRY, tRy, trY, try(총 8개)가 있으며, 퍼넷 사각형(8 × 8)을 통해 확인한 결과 F_1과 유전자형이 같은 TtRrYy 개체가 나올 확률 = $\frac{8}{64}$ = 12.5%이다. (완두는 멘델의 유전법칙을 따르며, 멘델의 유전법칙에는 우열의 법칙, 분리의 법칙, 독립의 법칙이 있다.)

150 $\frac{1}{8}$

해설 혀말기가 안되는 유전자가 열성이므로, 혀말기가 안되는 (가) 어머니의 혀말기 유전형을 rr이라 할 때, (가) 아버지의 혀말기 유전형은 RR 또는 Rr 이므로, (가)의 혀말기 유전형은 Rr, 혈액형 유전형은 AO 이다. (나)의 혀말기 유전형은 rr, 혈액형 유전형은 AB이다. 멘델의 독립의 법칙에 따라 각각 특성에 따라 퍼넷 사각형을 그려보면 다음과 같다.

(가) 혀말기 / (나)	R	r
r	Rr	rr
r	Rr	rr

(가) / (나) 혀말기	A	O
A	AA	AO
B	AB	BO

혀말기 되지 않을 확률 $\frac{1}{2}$, 혈액형 A 형일 확률 $\frac{1}{2}$, 아들과 딸 중 딸일 확률 $\frac{1}{2}$ 이다. 세가지를 동시에 만족할 확률은

$\frac{1}{2} \times \frac{1}{2} \times \frac{1}{2} = \frac{1}{8}$ 이다.

151 (1) 8개
(2) 제 1감수분열 중기에 2가 염색체가 형성되어 양극으로 분리되었기 때문이다.

해설 (1) 상동염색체가 6개인 (2n = 6) 이 생물(생식세포 분열 전 복제가 일어나 2n = 12)은 크기, 모양이 같은 모계로부터 받은 흰색 염색체와 부계로부터 받은 검은색 염색체가 2가 염색체를 이루어 제 1 감수분열 중기에 양극으로 분리됨으로써 2개의 세포가 된다.(n = 6) 각 세포는 제 2 감수분열에 상동염색체가 중기에 양극으로 분리되어 각각 2개의 세포가 되어(n = 3) 총 4개의 딸세포가 만들어진다. 이때 만들어지는 딸세포의 종류(경우의 수)는 제 1 감수분열 중기에 세포의 중앙에 배열되어 양극으로 분리된는 2가 염색체의 경우에 따라 생식 세포의 경우의 수가 달라진다. 즉, 그림에서 세포의 중앙에 배열되었던 염색체가 양극 중 한쪽으로 분리되는 경우를 구하면, 크기가 큰 염색체부터 차례대로 검검검, 검흰검, 흰검검, 검검흰, 검흰흰, 흰검흰, 흰흰검, 흰흰흰으로 분리되는 경우가 가능하므로 총 8 종류의 생식 세포가 만들어 질

수 있다.
(2) 제 1 감수분열 때 부계의 상동염색체와 모계의 상동염색체가 쌍을 이루어 2가 염색체를 형성하며, 이는 중기에 양극으로 분리되어 2개의 세포가 된다. 이때 염색체수는 2n에서 n으로 감소하게되고, 제 1 감수분열 결과 형성된 2개의 세포 속 각 상동염색체들은 제 2 감수분열 중기에 양극으로 분리되어 또 다시 2개의 세포가 만들어지므로 체세포 분열 결과 2개의 딸세포가 만들어지는 것과 다르게 총 4개의 딸세포가 만들어진다.

152 ②, ③

해설 A는 정핵(각각 n), B는 꽃가루관 핵, C는 극핵(n), D는 조세포, E는 난세포(n), F는 배젖(3n), G는 배(2n)이다.
① A(정핵), B(꽃가루관 핵), C(극핵), D(조세포)는 염색체 수가 각각 n개씩이며, B(꽃가루관 핵)은 꽃가루관을 자라게 하는 핵으로 밑씨에 도달하면 없어진다.
② 정핵 한 개(n)와 난세포(n)가 수정하여 배(2n)가 된다.
③ 정핵 한 개(n)와 두 개의 극핵이 수정하여 배젖(3n)이 된다.
④ B(꽃가루관 핵)은 꽃가루관을 자라게 하는 핵으로 밑씨에 도달하면 없어진다.
⑤ 꽃가루 속 2개의 정핵(각각 n)은 각각 난세포(n)와 극핵(n) 2개와 결합하여 배(2n)와 배젖(3n)을 만드는 수정을 중복수정이라고 한다.

153 ②

해설 남자인 영재와 영호는 일란성 쌍둥이이므로 1개의 난자에 Y정자가 들어간 후 2세포기에서 분리되어 발생한 것이며, 여자인 영미는 1개의 난자에 X정자가 들어가 발생한 것이다.

154 **정답 :** ㄴ, ㄷ **옳지 않은 것 :** ㄱ, ㄹ
이유 : ㄱ. 사람은 체세포는 22쌍의 상염색체와 1쌍의 성염색체를 가진다. 따라서 사람의 체세포에는 23쌍의 상동 염색체(46개의 염색체)가 있다.
ㄹ. 남자의 성염색체는 XY이므로 22 + X와 22 + Y 두 종류의 생식 세포가 만들어진다.

해설 ㄴ. (가)의 23번째 상동염색체는 XY를, (나)의 23번째 상동염색체는 XX를 나타내므로 (가)는 남성, (나)는 여성의 염색체이다.
ㄹ. 남성이 22 + Y의 생식 세포만 만들어 낸다면, 자손은 모두 44 + XY의 형태로만 나타날 것이다. 남성은 성염색체인 X 염색체와 Y 염색체를 모두 가지고 있다. 상동 염색체인 X 염색체와 Y 염색체는 생식 세포가 형성될 때 분리되어 각각 다른 생식 세포로 들어가서 22 + X와 22 + Y 두 종류의 생식 세포가 만들어진다.

155 생식 세포인 정자와 난자가 만들어질 때 감수 분열이 일어나서 염색체 수가 46개의 반인 23개로 줄어든다. 이 정자와 난자가 결합하면 다시 46개의 염색체를 가진 수정란이 되므로 사람의 염색체 수는 대를 거듭해도 변함없이 일정하게 유지된다.

156 (1) 50% (2) 어머니

해설

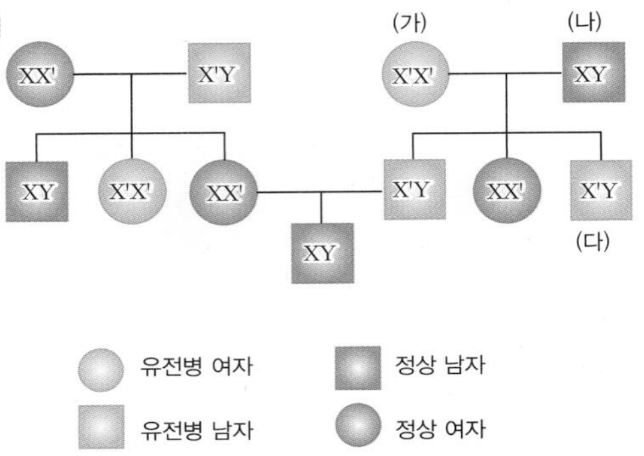

(1) (가)와 (나) 사이에서 유전병의 자손이 태어날 확률은 아들이 태어날 확률과 동일하기 때문에 50 % 이다.
(2) (다)의 경우 아버지에게서 Y 염색체를 받기 때문에 유전병 염색체인 X'은 (가) 의 어머니에게서 받은 것이다.

157 (1) ④ (2) ㄱ : E ㄴ : B ㄷ : D

(1) 체세포 분열의 A 구간에서는 DNA 량이 반감되고 있다. 따라서 이때는 염색체가 염색분체로 나누어져 복제되었던 DNA 량이 다시 원래의 상태로 되는 단계로 후기에서 말기로 가는 시기이다.
(2) ㄱ. 감수 분열이 끝난 딸세포의 염색체 모습이다.(E)
ㄴ. 상동 염색체가 접합한 2 가 염색체로 감수 제 1 분열 전기에서 나타난다.(B)
ㄷ. 염색 분체가 분리되고 있는 감수 제 2 분열 후기 단계이므로, 이를 그래프에서 찾으면 D 단계에 해당된다.

158 (1) 배젖은 퇴화되고 떡잎에 영양분이 저장되기 때문이다. (2) 4회

해설 (1) 씨 속에 배젖이 없어 떡잎에 양분을 저장하는 식물에는 완두콩, 땅콩 등 대부분의 콩과식물이 해당된다.
(2) DNA 복제란 염색체를 구성하는 DNA 물질이 2배로 증가하는 것을 의미한다. 따라서 제시된 그래프에서 DNA양이 2배로 증가하는 구간을 찾으면 총 4군데이다. 따라서 4회의 DNA 복제가 일어났음을 알 수 있다.

159 (1) (가)의 외할머니 외할아버지에서 없던 형질이 이모에게 나타났으므로 이 유전병 유전자는 정상 유전자에 대해 열성이다.

(2) 이 유전병 유전자는 상염색체에 위치한다. 성염색체에 위치하는 것은 반성유전 또는 한성유전인데, 반성유전은 유전자가 X 염색체 상에 있어서 X 염색체에 따라 형질이 발현되는 유전이며, 반성유전이기 위해서는 (가)의 외할아버지가 유전병이어야 한다. 한성유전은 유전자가 Y 염색체에 따라 형질이 발현되는 유전이므로 남성에게만 유전병이 나타나야 한다.

(3) $\frac{1}{16}$

해설 (3) 이 유전자를 A로 표기할 경우 (가)의 어머니는 이형접합자(Aa)이고, 아버지는 동형접합자(aa)이다.

(가)는 aa이며, (가)가 Aa(어머니와 유전자형이 같은 여자)와 결혼했을 때, 자식의 유전자형은 Aa 또는 aa 이며, 유전병을 가지는 딸(aa)을 두 번 연속 낳을 확률은 다음과 같다.

첫 번째 태어나는 아이가 딸일 확률 × 첫째 딸이 유전병일 확률 × 두 번째 태어나는 아이가 딸일 확률 × 둘째 딸이 유전병일 확률

$= \frac{1}{2} \times \frac{1}{2} \times \frac{1}{2} \times \frac{1}{2} = \frac{1}{16}$ 이다.

주제 탐구 및 논술 150 ~ 153 쪽

Q1 남자는 자궁이 없어서 스스로 아이를 낳을 수는 없기 때문에 여자와 같은 방식으로 체세포를 이용해 인공 난자를 만들어 체외 수정란을 만들고, 대리모 여성에게 착상시키면 자신과 동일한 유전적 정보를 가진 아이를 만들어낼 수 있다.

Q2 수정란은 정자와 난자의 유전정보가 합쳐짐에 따라 하나의 사람으로 성장해가기에 충분한 유전적 정보를 포함하고 있으며, 유전정보가 완벽하게 갖춰진 수정란은 시간이 지나감에 따라 계속적인 세포분열을 통해 점차적으로 독립적인 생명체로 자라므로 생명체로 볼 수 있으나 정자와 난자는 수정하지 않고 독립적으로는 새로운 생명체를 탄생시킬 수 없기 때문에 하나의 생명체로 볼 수 없다.

Q3 여성에게는 Y 염색체가 없기 때문에(Y 염색체는 아들을 통해서만 전달) Y 염색체는 대립 유전자로서의 역할을 하지 못하므로 인류의 조상 추적 과정에서 여성(XX)은 제외 대상이 된다.

Q4 미토콘드리아의 DNA

해설 난자의 세포질에는 미토콘드리아가 존재하며, 정자의 미토콘드리아는 수정이 될 때 난자에 들어가지 않는다. 따라서 미토콘드리아 DNA은 어머니를 통해 아들과 딸 모두에게 전달된다. 또한 DNA의 돌연변이 발생 비율은 매우 작은 확률이며 교차가 일어나지 않는다.

지구과학

Ⅰ. 지구계와 지권의 변화

Question 156 ~ 161 쪽

Q1. 답 지구가 둥근 모습을 가지는 것은 물체 사이에 서로 잡아당기는 힘인 만유인력 때문이다. 지구 탄생 과정에서 성간 물질이 서로 잡아당길 때 사방에서 같은 크기의 힘을 받아 뭉쳤으므로 둥근 모습을 띠게 되었다.

Q2. 답 지구가 자전을 하면 중심에서 멀어지려는 힘인 원심력이 작용하게 되는데, 이 원심력은 적도에서 가장 크므로 적도 반지름이 극반지름보다 커진다.

Q3. 답 내핵과 외핵은 모두 철과 같은 무게가 무거운 금속을 많이 포함하고 있는데, 철의 용융점은 압력에 의해 달라지게 된다. 외핵에서는 증가한 압력에서의 철의 용융점보다 온도가 더 높아 철이 액체 상태로 존재하고, 내핵에서는 증가한 압력에서의 철의 용융점보다 온도가 더 높지 못해 철이 고체 상태로 존재한다.

Q4. 답 지구의 중력값은 $g = G\frac{m}{r^2}$ 로, 지구 내부로 들어갈수록 질량 m은 줄어들고(중력값이 작아진다) 거리의 값 r은 작아지게(중력값이 커진다) 된다. 맨틀 구간까지는 거리의 값에 의한 효과가 조금 더 우세하여 중력값이 커지지만, 밀도가 매우 큰 물질로 이루어진 핵에서는 질량 감소에 따른 중력값의 감소가 더 크게 나타나 중력의 크기가 작아진다.

Q5. 답 마그마는 지각의 하부나 맨틀의 상부에서 생성된다. 맨틀은 대부분 고체이지만 높은 온도와 압력하에서 유동성을 가지고 대류가 일어나는데, 고온의 맨틀 물질이 상승하면 압력은 하강하지만 그에 비해 온도는 서서히 내려가기 때문에 암석의 용융 곡선과 만나 마그마가 만들어진다.

Q6. 답 밝고 어두운 색의 광물이 교대로 띠를 이루며 휘어진 구조를 가지고 있는데, 이것은 암석이 높은 압력의 영향으로 변성되었을 때 나타나는 엽리이다.

Q7. 답 퇴적암에서 생기는 층리는 색이나 크기가 다른 퇴적물들이 차례로 쌓여 나타나는 줄무늬이고 변성암에서 생기는 엽리는 압력을 받아 광물들이 눌려 변성되면서 생기는 흰색과 검은색의 줄무늬라는 차이가 있다.

유형 Problem 162 ~ 165 쪽

001 A와 B 지점 사이의 거리 l, ∠CB'B의 각도
$2\pi R : l = 360° : \theta$ 또는 $2\pi R : 360° = l : \theta$

해설 중심각의 크기와 호의 길이는 비례한다는 원리를 이용하여 지구 둘레를 구하는 비례식을 세울 수 있다. 중심각 θ의 크기는 엇각의 원리에 의해 ∠CB'B와 같다.

002 (1) 지구의 자전 주기가 빨라지면 힘 C(원심력)가 커지므로 P지점에서 힘 B(중력)의 크기가 감소한다. 지구의 질량은 변하지 않았으므로 힘 A(만유인력)는 변하지 않는다.
(2) 지구의 반지름은 일정하게 유지하면서 질량이 증가하면 지구의 밀도가 커지므로 힘 A(만유인력)이 커지고, 힘 C(원심력)는 변하지 않으므로($F = mr\omega^2$이므로) 힘 B(중력)의 크기가 증가한다.

해설

만유인력 관계식 : $F_{만유} = G\frac{Mm}{r^2}$(질량에 비례, 거리의 제곱에 반비례)
원심력 관계식 : $F_{원} = mr\omega^2$(질량, 반지름, 각속도의 제곱에 비례)

003 기권과 수권의 상호 작용에 의한 현상이다.

해설 엘니뇨나 라니냐 현상은 기권에 의한 수권의 변화이다. 엘니뇨는 동태평양에서의 수온이 높아진 결과 적도 무역풍이 약해져서 발생하는 현상으로 적도 해수의 수온이 높아져 일정한 기간 동안 지속되는 현상을 말한다. 엘니뇨는 동태평양 홍수나 서태평양 가뭄을 야기한다. 비가 많이 오는 지역은 비가 적은 지역으로 비가 적은 지역은 비가 많이 내리는 지역으로 바뀌거나, 태풍의 발생 지역이 적도 중앙으로 옮겨 가고 발생 빈도나 태풍의 위력이 더 강해지는 현상도 일어난다.

004 (1) 진앙 거리는 관측소에서 측정한 진원 거리를 이용하여 구하는데, 셋 이상의 진원 거리를 원으로 그리고 공통현의 교점을 찾아야 특정한 위치 한 곳을 찾아낼 수 있다. 두 개의 진원 거리만으로는 두 원의 공통현 상에 진앙이 있을 것이라고만 알 수 있다.
(2) 5km

해설 (2) 진원 거리와 진앙 거리, 진원의 깊이는 수직으로 보았을 때 직각 삼각형 모양이기 때문에, 피타고라스 정리를 이용하여 진원의 위치를 구할 수 있다. 직각 삼각형의 빗변이 진원 거리

인 13km, 밑변인 진앙 거리가 12km이므로, 피타고라스의 정리에 따라 $13^2 - 12^2 = 5^2$이다. 따라서 진원의 깊이는 5km임을 알 수 있다.

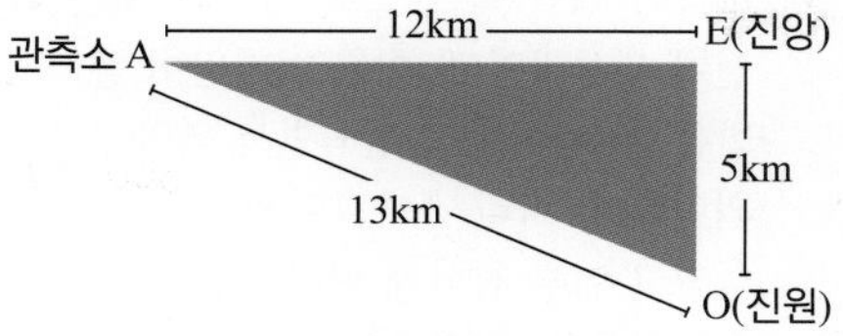

005 시추나 화산 분출물 조사와 같이 직접적인 방법으로 지구 내부를 조사하는 데에는 깊은 곳의 지구 내부는 알 수 없다는 한계가 있다. 그러므로 지구 내부를 조사하려면 간접적인 방법을 이용해야 하는데, 지진이 발생할 때 지구 내부를 통과하는 지진파 중 P파와 S파는 물질의 특성에 따라 전파 속도가 변하거나 전파가 차단되며, 서로 다른 물질의 경계에서는 경로가 꺾이거나 반사된다. 따라서 그 특성을 이용하여 지구 내부를 조사할 수 있다.

006 캐나다 순상지는 대륙 지각, 태평양 해저는 해양 지각이다. 캐나다 순상지보다 태평양 해저에서 먼저 S파의 속도가 빨라지므로 태평양 해저의 지각이 캐나다 순상지보다 얇음을 알 수 있다.

007 · 굳기가 3과 8로 다르므로 비교가 가능하다.
· 망치로 물리적인 힘을 가할 때 방해석은 3방향, 황옥은 1방향으로 쪼개지므로 구별할 수 있다.
· 탄산염 광물에 묽은 염산을 떨어뜨리면 CO_2를 발생시키므로 방해석을 구별해낼 수 있다. 등

해설 방해석과 황옥은 조흔색은 같지만 광물 종류, 굳기, 쪼개짐이 다르므로 이것을 이용하여 구별할 수 있다. 조흔색이 백색으로 같기 때문에 조흔판에 긁어서는 구분할 수 없다.

008 일정한 방향으로 갈라진다는 것은 쪼개짐을 말하고, 굳기가 7인 석영에 긁힌다는 것은 굳기가 7 미만이라는 것을 말한다. 또한 SiO_4가 주요 성분인 것은 규산염 광물이므로 A는 방해석, B는 황옥, C는 감람석인 것을 알 수 있다.

009 (1) (나) 판상 구조는 (가)보다 공유 결합된 산소가 더 많으므로 화학적 풍화에 더 강하다.
(2) (가) 독립형 구조는 모든 방향으로의 결합력이 일정하여 깨짐이 일어나지만 (나) 판상 구조는 산소의 공유 결합력이 다른 금속 양이온과의 결합력보다 크므로 약한 방향으로 쪼개짐이 일어난다.

해설 Si 1개에 O 4개로 이루어진 가 SiO_4 사면체가 결합한 광물은 규산염 광물로, (가)는 독립형 구조, (나)는 판상 구조이다.

010 감람석은 고온인 현무암질 마그마에서부터 정출되기 시작하였으므로 이후 마그마가 식으면서 안산암질 마그마에서 정출되는 휘석이나 저온인 유문암질 마그마에서부터 정출되는 석영 등에 비해 용융점이 가장 높다. 감람석이 정출될 때의 현무암질 마그마가 냉각되면 SiO_2 함량이 적고 Mg, Fe, Ca 함량이 많은 광물이 정출되므로 광물의 밀도가 크고 색이 어둡다.

011 (1) 세 암석 중 가장 낮은 온도에서 생성된 것은 변성 과정이 일어나지 않은 B 암석이다.
(2) A 암석의 주요 구성 광물인 방해석은 석회암이 접촉 변성 과정을 거쳐 재결정 작용을 받아 생성된 것이다.
(3) C 암석의 주요 구성 광물인 휘석과 감람석은 SiO_2 함량이 적고 Mg, Fe, Ca 함량이 많은 현무암질 마그마가 식으면서 정출되는 광물로, 광물 조직이 조립질이므로 마그마가 느리게 식어 형성된 것을 알 수 있다.

해설 A는 재결정 작용이 일어났으므로 변성암, B는 속성 작용(퇴적물이 침척하여 고화된 후 암석이 되는 과정)이 일어났으므로 퇴적암, C는 결정 분화 작용이 나타났으므로 화성암이다.

012 A 국도의 도로변에 노출된 응회암층은 화산재가 퇴적되어 만들어지는 것이므로 지층이 퇴적될 때 주변에 화산 활동이 있었다. 또한 매머드는 신생대에 나타난 생물이므로 신생대에 퇴적된 지층이며, 연흔과 사층리 등의 얕은 물밑에서 생기는 퇴적 구조가 나타났으므로 얕은 물밑에서 퇴적되어 생성된 지층이라는 것을 알 수 있다.

013 태양 에너지에 의한 과정은 A, E이고 지구 내부 에너지에 의한 과정은 B, C, D이다. A는 퇴적물이 태양 에너지에 의해 부는 바람과 순환하는 물을 따라 이동하여 쌓여 퇴적암이 되는 과정이다. B는 퇴적암이 지구 내부 에너지에 의해 접촉 변성 작용이나 광역 변성 작용이 일어나 변성암이 되는 과정이고, C, D는 지구 내부 에너지에 의해 용융점에 도달하여 마그마로 녹았다가 식어 화성암이 되는 과정이다. 그리고 E 과정에서 퇴적암, 변성암, 화성암 모두 부는 바람과 순환하는 물 등의 태양 에너지에 의해 풍화되어 퇴적물이 된다.

창의력 Master 166 ~ 172 쪽

014 (1) P, S, 여진

(2) P파가 흔들리는 방향은 파의 진행 방향에 대해서 평행하며 밀고 당기는 동작의 연속이라고 생각할 수 있다. 따라서 땅속에서 전달해 오는 P파가 지표면에 도달할 때 미는 동작을 하는 파가 지표에 도달하면 지면은 솟아오르게 되고, 당기는 동작을 하는 파가 도달하면 지표가 아래로 내려가게 되는 것이다. 밀고 당겨지는 분포는 단층이 미끄러져 내려가는 방향에 따라서 다르다. 따라서 지진의 관측 지점의 위치에 따라서 초동의 밀고 당기는 효과는 다르게 나타날 수 있다.

해설 P파는 종파이며 진행 방향과 평행한 진동을 수반하고, S파는 횡파이므로 진향 방향에 수직인 좌우 잔동을 수반한다. P파가 빠르므로 먼저 도달한다.

015 공통점 : 두 지진계 모두 구슬과 추의 관성에 의해 지진의 발생 여부를 알 수 있게 해준다.

차이점 : 후풍지동의는 지진의 발생 여부, 처음 지진의 방향만을 알 수 있을 뿐, 지진의 규모나 시간에 따른 지진의 변화, 지진이 처음 일어난 위치 등은 알기 어렵다.

016 지권의 화산 활동으로 인해 화산재와 연기가 발생하여 항공기들의 이착륙이 연기될 정도로 기권의 공기에 영향을 미쳤으므로 지권과 기권 사이의 상호 작용이다. 이와 유사한 현상으로는 화석 연료를 연소시켰을 때 이산화 탄소가 생성되는 것 등이 있다.

017 (1) 다이나모 이론이다. 영화에서 핵의 회전이 멈추자 자기장이 사라졌다는 것은 지구 내부의 자성 물질의 회전이 자기장을 형성하고 있었다는 것을 의미하기 때문이다.

(2) 예시 답안 1 : 지구의 자기장이 자기권과 밴앨런대를 형성하여 우주에서 날아오는 태양풍 등의 고에너지 입자를 흡수해 지구의 생명체를 보호해 주는데, 자기장이 사라졌으므로 태양풍 등이 그대로 대기권으로 돌입하여 생명체가 멸종될 것이다.

예시 답안 2 : 철새들은 지구 자기장을 이용하여 북쪽을 찾고 비행 경로를 정한다. 만약 자기장이 없어지면 이런 철새들이 날아갈 방향을 잃게 될 것이다.

018 현재 하부는 화강암이고 상부는 역암이나 화강암 조각이 역암 속에 들어 있다는 것은 화강암이 이전에 생성되었고, 이후 화강암이 풍화침식 작용을 받은 후 퇴적이 진행되면서 역암이 생성되었음을 의미한다. 따라서 마그마의 관입으로 화강암이 생성되고 이후 침식과 퇴적으로 상부에 역암층이 형성되었음을 알 수 있다.

019 A : 혼펠스

셰일이 압력의 영향을 거의 받지 않고 높은 열을 받아 만들어진 암석이다. 조직이 매우 치밀하고 단단하며 엽리가 나타나지 않는다.

B : 대리암

석회암이 열과 압력을 받아 대리암이 되며, 색과 무늬가 아름다워서 장식재로 많이 사용된다.

C : 규암

사암이 열과 압력을 받아 변성 작용을 거치면 규암이 된다. 모래로 이루어진 사암의 표면은 거칠지만, 변성 작용으로 성질이 변하여 규암의 표면은 매끈하며 유리, 철 제련의 재료로 쓰인다.

020 (1) A 암석은 현무암질 마그마로부터 생성된 것으로 SiO_2 함량이 낮고 B 암석은 화강암질 마그마로부터 생성된 것으로 SiO_2 함량이 높다. 따라서 B 암석의 SiO_2 함량이 더 높다.

(2) C 규암, D 대리암, E 혼펠스

(3) A 암석. 퇴적암이 먼저 생성되고 다음으로 화강암질 마그마의 관입이 일어났으며, 마지막으로 현무암질 마그마가 분출되었으므로 현무암질 마그마가 분출되어 생성된 A 암석이 가장 마지막에 생성되었다.

021 석회암과 물, 이산화 탄소가 반응하여 석회암이 탄산수소칼슘 이온으로 녹는 (가) 과정에서는 석회암에 구멍이 뚫리는 석회암 동굴이 생성되고, 탄산수소칼슘 이온이 침전하여 석회암과 물, 이산화 탄소로 분리되는 (나) 과정에서는 종유석, 석순, 석주 등이 생성된다.

022 현재의 지구는 지각의 밀도가 작고 지구 중심부로 갈수록 밀도가 높아지므로 지각의 암석의 밀도가 작아 지각이 두꺼워질 때 중력을 크게 하는 효과가 크지 않다. 하지만 내부의 물질이 밀도가 균일한 암석으로 구성되어 있는 가상의 지구에서는 측정점 아래의 암석의 양이 증가함에 따라 중력이 커지는 비율이 더욱 크게 나타난다. 따라서 고도가 1m 증가하는 경우 가상 지구상에서의 변화량이 실제 지구의 경우보다 작게 나타난다.

023 (1) 처음 A, B, C, D를 A, B와 C, D의 두 종류로 분류하는 조건 (가)는 '예'로 분류된 A와 B의 광물색이 같은 황색이므로 '광물색이 황색인가?'로 분류한 것이다. 또한 '예'로 분류된 A의 조흔색이 흑색으로 광물색과 다르고, '아니오'로 분류된 B의 조흔색이 황색으로 광물색과 같으므로 조건 (나)는 '조흔색이 색과 다른가?"이다. 다음으로 '예'로 분류된 C는 깨지고 '아니오'로 분류된 D는 쪼개지므로 C와 D를 분류하는 조건 (다)는 '깨짐이 나타나는가?'이다.

(2) 석영은 투명한 색을 가졌고 조흔색이 흰색이며 깨짐이 나타난다. 따라서 광물 C이다. 흑운모는 흑색에 조흔색이 흰색이며 1방향의 쪼개짐이 나타난다. 따라서 광물 D이다. 황철석은 황색에 조흔색이 흑색이며 깨짐이 나타난다. 따라서 광물 A이다.

024 (1) 흑연과 다이아몬드(금강석)은 둘 다 화학 조성이 탄소로 같지만 생성될 때의 온도나 압력 조건에 따라 다른 결정 형태를 가짐으로써 물리적 성질이 다른 광물이 된다. 고온 저압 환경에서 안정되어 육각형의 평면적인 결정형을 가졌던 흑연을 고온 고압의 환경에서 강하게 압축시켜 팔면체의 높은 밀도를 가지는 입체적 결정형을 만드는 것이 대표적인 인공 다이아몬드 제작 기법이다.

(2) 흑연은 육각형의 평면적 결정형을 가지고 있어 층간 결합의 강도가 약한 것과 달리 다이아몬드는 팔면체의 입체적이고 높은 밀도를 가진 원소 배열을 가져 모든 방향으로 결합이 강력하다. 이를 이용해 절단용 공구의 날에 쓰이기도 하고, 가장 높은 열전도성을 지니면서도 전혀 배열이 망가지지 않기 때문에 성능과 온도가 비례하는 반도체의 소자로서도 사용될 수 있다.

기출 Check

173 ~ 175 쪽

025 ②, ④

해설 ① 땅의 진동은 진원에 더 가까운 A 지점에서 더 크다.
② P파가 S파보다 빠르므로 A 지점에서 가장 먼저 관측된 지진파는 P파이다.
③ 진폭은 진원과 가까운 곳에서 보다 더 크게 관측되므로 B 지점보다 A 지점에서 더 크게 관측된다.
④ S파는 고체 상태의 물질만 통과하므로 액체 상태인 내핵을 통과하지 못해 S파가 도달하지 않는 암영대가 생긴다. 따라서 B 지점에서는 관측되지 않는다.
⑤ 지진파는 진원에 더 가까운 A 지점에 먼저 도달하므로 지진이 발생한 사실은 A 지점에서 먼저 알 수 있다.

026 〈예시 답안〉 모든 행성들은 엔트로피가 증가함으로 조금씩 식어가고 있다. 지구 역시 시간이 지나면 액체 상태의 물질이 식어 고체로 굳으므로 외핵의 크기는 점점 작아지고 내핵의 크기는 점점 커진다. 또한, 달과 태양의 기조력이 바닷물과의 마찰을 유발시켜 자전 속도는 점점 느려지게 될 것이다.

027 (1) 방해석, 방해석은 염산과 반응하여 이산화 탄소의 기포가 발생하는 것을 관찰할 수 있다.

(2) 퇴적암, 방해석은 주로 조개 껍질 같은 생명체의 일부나 화학적 침전물이 퇴적하여 만들어지는 퇴적 광물이므로 퇴적암인 석회암에서 많이 산출된다.

028 (1) 대류권계면은 지구 대기권에서 대류권과 성층권의 경계 영역을 나타낸다. 외핵의 두께가 늘어나 지구의 질량이 늘어나면 그에 따른 중력의 크기도 커지므로, 대류권에 머무르는 공기가 압축되어 대류권 계면이 (가)보다 낮아질 것이다.

(2) 조석을 일으키는 주요 에너지원은 지구와 달의 만유인력에 의한 조력 에너지이다. 지구의 질량이 증가해도 전체 에너지는 일정하므로($-\frac{GMm}{2r}$) 지구와 달 사이의 거리는 멀어지고, 만유인력($\frac{GMm}{r^2}$)의 크기가 줄어든다. 따라서 조석을 일으키는 힘인 기조력($\frac{m}{r^3}$)은 크기가 일정하게 줄어들 것이다.

(3) 지구의 중력이 늘어나 중력 가속도가 커지면 기권에 머무르는 공기의 무게도 증가하므로 해수면의 기압이 커진다.

(4) 지구의 공전 속도는 공전의 중심이 되는 태양의 질량과, 태양에서 지구까지의 거리에 영향을 받고 지

구의 질량 변화에는 영향을 받지 않는다. 따라서 지구의 공전 속도는 변하지 않는다.

해설 맨틀은 규산염 광물이 다량 포함된 유동성이 있는 고체이고, 외핵은 철과 니켈이 주성분으로 이루어진 액체이다. 따라서 맨틀의 두께가 줄어들고 외핵의 두께가 늘어나면 지구 전체의 질량과 밀도가 늘어나게 될 것이다.

공전 속도 관계식 $v^2 = \frac{GM}{r}$(M : 태양의 질량, r : 태양과 지구 사이의 거리)

029 퇴적암 위에 용암이 분출해서 아래에 변성 작용을 일으키고 대기 중에서 식어 기공이 발달하며 현무암이 되었다. 이후 많은 시간이 흐르며 다시 퇴적물이 쌓여 퇴적암층이 형성되었다.

030 (1) 덜 굳은 퇴적물의 진폭이 더 크게 발생할 것이다. 단단한 화강암은 재료가 전단력을 받을 때 이에 저항하여 생기는 응력인 전단 응력이 크기 때문에 진원에서 발생한 진폭 이상으로 증가하지 않지만, 덜 굳은 퇴적물은 전단 응력이 약하기 때문에 진원에서 발생한 진폭 이상으로 진동하게 된다.

(2) 지표면에서 전달되는 지진파는 평면파이기 때문에 진폭의 감소가 거리에 비례하지만 지구 내부를 통과하여 전달되는 지진파는 구면파에 해당하기 때문에 진폭의 감소가 거리 제곱에 비례하게 된다. 따라서 똑같은 진폭으로 출발한다면 지구 내부를 통과하는 구면파의 진폭이 더 크게 감소하므로 표면파의 진폭이 상대적으로 크게 된다.

031 · 결정이 작은 세립질 조직을 가졌다.
· SiO_2 함량이 적다.
· 어두운 색을 띠는 광물이 40% 이상으로 많다.
→ 이와 같은 특징을 가진 암석은 현무암이다.

해설 광물의 특성

	유문암	현무암	화강암	반려암
결정 크기	작다 (세립질)	작다 (세립질)	크다 (조립질)	크다 (조립질)
색깔	밝다 (SiO_2↑)	어둡다 (SiO_2↓)	밝다 (SiO_2↑)	어둡다 (SiO_2↓)

032

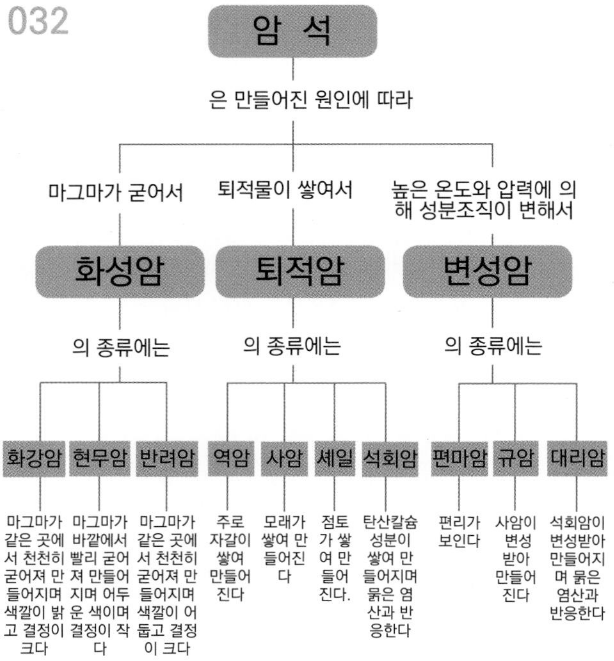

해설 반려암은 Fe, Mg 원소를 많이 포함한 광물로 아루어진 암석으로 심성암에 속하므로 결정의 크기가 크고 색이 어둡다.

주제 탐구 및 논술

176 ~ 179 쪽

Q1 흑요석은 예리하고 날카롭기 때문에, 그 자체로 도구로 사용되거나 다른 도구를 만드는데 사용되었다. 현대의 심장 수술에 사용하는 흑요석으로 만든 심장용 메스는 머리카락 두께의 10만분의 3(3nm)두께로 만들어진다.

Q2 흑요석 < 에메랄드 < 다이아몬드

흑요석은 마그마가 지표 가까이 솟아오르면서 만들어졌고, 에메랄드는 마그마가 지하 깊은 곳에서 암석 틈으로 들어가 생성되었기 때문에 흑요석보다는 에메랄드가 지하 깊은 곳에서 생성되었다. 다이아몬드는 열과 압력이 매우 높은 지하에서 생성되었으므로 에메랄드보다 더 깊은 곳에서 생성되었을 것으로 추측된다.

Q3 〈 예시 답안 〉 ① 가까운 거리는 걸어서 이동하고, 대중교통을 주로 이용한다.

② 사용하지 않는 전기 제품의 플러그는 뽑는다.

③ 이면지를 사용한다.

④ 양치컵을 사용한다.

⑤ 불필요한 물건은 사지 않는다.

⑥ 음식을 남기 않는다 등

해설 하루동안 행하는 19가지의 행동으로 배출되는 이산화탄소 배출량은 다음과 같다.

시간	행동	CO_2 배출량
7시	일어나자마자 마시는 생수 500ml 한병	11g
7시 5분	외출을 위해 씻는 시간 15분	86g
7시 30분	헤어드라이어로 머리 말린 시간 5분	43g
	무심코 켜놓은 TV 30분	20g
7시 50분	아침을 데우기 위해 사용한 전자레인지 1분 20초	392g
7시 55분	가전 제품의 플러그를 꽂은채 외출	360g
8시 30분	학교와 직장에 가기 위해 이용한 자동차 이용 시간 30분	6,360g
9시	하루 일과를 위해 켜놓은 컴퓨터 10시간	258g
11시	겨울철 집, 직장 등에서의 실내 온도 26도 10시간	1,500g
12시 20분	점심식사로 이탈리아 수입산 파스타 1봉지	330g
14시 30분	음료수를 먹기 위해 사용한 일회용컵 1개	11g
16시 30분	아무 생각없이 사용한 종이 10장	29g
19시	마트에서 콜라, 샴프 등 구입	600g
19시 30분	물건을 담기 위한 비닐 봉지 구입	24g
20시	음식물로 꽉 찬 냉장고 24시간	554g
21시	세탁기 돌리기 1시간	791g
22시	핸드폰 충전 1시간	0.9g
23시	스탠드 켜놓고 책읽기 1시간	10g
24시	형광등, 스탠드 켜놓고 잠들기 7시간	72g
총 사용량		11.45kg

출처 : CAP 서울기후행동 가이드북

II. 판 구조론과 지각 변동

Question 180 ~183 쪽

Q1. 답 실제는 대륙 지각의 암석의 밀도가 작아 더 높은 고도를 가지면서 모호면의 깊이가 깊고, 해양 지각의 암석의 밀도는 커서 더 낮은 고도를 가지면서 모호면의 깊이가 얕다. 따라서 이것은 프레트설과 에어리설을 혼용하여 설명할 수 있다.

Q2. 답 조륙 운동의 경우는 지각이 가벼워졌을 때 넓은 범위에서 융기하기 때문에 높은 산은 생성될 수 없다. 따라서 높은 산에 해양 생물이 존재하기 위해서는 판의 경계에서 충돌하는 횡압력에 의해 바닷속에 있던 지각이 밀려올라가 높은 산을 형성하는 조산 운동이 일어나야 한다.

Q3. 답 A는 발산형 경계(해령)이다. 아프리카와 남아메리카, 북아메리카와 유라시아 대륙 등 현재는 대서양과 태평양에 의해 나누어져 있는 대륙들이 해저의 확장이 일어나지 않았다면 하나의 초대륙 판게아를 형성하고 있었을 것임을 유추할 수 있다.

Q4. 답 지진대가 아님에도 화산이 존재하는 경우로는 열점이 있다. 열점은 맨틀 심부에 고정된 마그마 근원지를 가지는 곳으로, 판의 이동에 상관없이 고정되어 지속적으로 마그마를 분출하고 화산을 형성한다.

Q5. 답 습곡 산맥이 형성될 때 횡압력을 지나치게 많이 받으면 습곡의 축이 옆으로 쓰러져 오버스러스트가 일어나 먼저 쌓인 지층의 일부가 위로 올라오는 심한 역단층이 형성된다.

유형 Problem 184 ~ 186 쪽

033 (1) 해령으로부터 거리가 0인 (가) 지점은 맨틀 상승부이고, 여기에서 해양 지각이 생성되어 발산하여 멀리 이동하므로 해양 지각의 연령은 해령으로부터 가장 거리가 먼 (라)가 가장 높다.
(2) (다)는 지각 열류량이 작아지므로 맨틀 대류의 하강부인 해구이고, (라)는 해구 이후에 지각 열류량이 커지므로 섭입대에 생성된 마그마의 상승으로 생성되는 호상 열도이다.

034 깊이에 따른 지온 증가율은 지각 열류량이 높은 지역에서 크게 나타나며, 지각 열류량이 낮은 지역에서 낮게 나타난다. ㉠은 깊이에 따른 지온 증가율이 지각 평균 지온선보다 크므로 지각 열류량이 큰 해령이고 ㉡은 깊이에 따른 지온 증가율이 지각 평균 지온선보다 작으므로 지각 열류량이 작은 해구이다.

035 A 지점은 빙하가 녹기 전인 1만년 전과 비교하여 전혀 융기하지 않았고 B 지점은 250m를 융기하였으므로 1만년 전 B 지점의 빙하가 더 두껍게 쌓여 가라앉아있었을 것이다. 따라서 1만년 전에는 B 지점의 모호면의 깊이가 지금보다 훨씬 깊었고, A 지점의 모호면의 깊이는 변화하지 않았을 것이다.

036 (1) A는 홍해에 위치한 발산형 경계이므로 시간이 지날수록 바다는 점점 넓어질 것이다.
(2) B와 C는 발산형 경계이고 D는 대륙판과 대륙판이 충돌하는 수렴형 경계로 습곡 산맥이 형성되는 히말라야 산맥이다. 따라서 D에서 가장 높은 지형이 형성된다.

037 (1) A 지점 남쪽에는 변환 단층이 위치하며 북쪽에 있는 판은 오른쪽으로 이동하고, 남쪽에 있는 판은 왼쪽으로 이동한다. 따라서 시간이 갈수록 해령은 해구 쪽으로 점점 가까워진다.

(2) 퇴적물의 두께는 지각의 나이가 많을수록 두꺼워지는데, 지각의 나이는 해령에서 멀수록 증가한다. B가 C에 비해 해령에서 멀기 때문에 나이가 많고 최적물의 두께가 더 두껍다.
(3) D는 산안드레아스 단층으로 변환 단층이 있는 보존형 경계이기 때문에 판이 생성되거나 소멸되지 않고, 화산 활동이 발생하지 않는다. 따라서 천발 지진만 발생한다.

038 300만 년 이전 해령에서 ㉠과 함께 형성된 반대쪽 지각의 고지자기 분포가 존재하였으므로 ㉠ 지점의 해양 지각은 300만 년 이전에 생성되었다는 것을 알 수 있다. 따라서 ㉠지점의 절대 연령은 300만 년보다 크다.

039 지자기 북극은 현재와 과거에 모두 하나이지만 고지자기 북극의 이동 경로가 2개로 나뉘어 있고, 이것을 통해 유라시아 대륙과 북아메리카 대륙이 하나의 덩어리로 붙어 있었다가 나뉘어진 것을 알 수 있다.

040 (가)는 두 해양판의 발산 경계이고, (나)는 두 대륙판의 수렴 경계이다. 진원의 평균 깊이는 수렴 경계에서 깊고 대륙판의 두께가 더 두꺼우므로 (나)가 (가)보다 깊다.

041 섭입이 일어나는 수렴형 판의 경계에서는 섭입한 판에 부분 용융으로 인한 마그마가 발생하여 화산 활동이 일어난다. 즉 화산 활동이 일어나는 판 아래로 섭입이 일어난다는 것을 알 수 있다. 따라서 ㉠에서는 필리핀 판이 유라시아 판 밑으로, ㉡에서는 태평양 판이 유라시아 판 밑으로, ㉢에서는 태평양 판이 필리핀 판 아래로 섭입한다. 섭입하는 판이 더 무거운 판이므로 가장 무거운 판은 태평양 판이다.

042 규모 7.0 이상의 지진은 환태평양 부근에서 주로 발생한 것으로, 심발 지진의 대부분은 판과 판이 만나는 수렴형 경계에서 무거운 판이 가벼운 판 아래로 섭입되면서 발생한다. 따라서 수렴형 경계에서 주로 심발 지진이 발생한다.

창의력 Master

187 ~ 193 쪽

043 A : 밀도가 서로 다른 지각 기둥으로 구성되어 있다고 설명한 프래트의 모형(프래트설)
B : 맨틀보다 밀도가 작은 지각이 맨틀 깊이 뿌리를 내리고 고도가 낮은 지역은 지각이 얇고 밀도가 큰 맨틀이 지표면 가까에 존재한다고 설명한 에어리의 모형(에어리설)
C : 균형
D : 침강, 융기가 일어나는 조륙 운동

044 (1) 나무토막 위에 얼을 조각을 올려 놓으면 수면 위로 나온 나무토막의 높이는 줄어들며 수면 아래로 들어간 나무토막의 길이는 증가한다. 이는 지각 위에 빙하가 두껍게 쌓여 맨틀에 가하는 압력이 증가하여 지각이 침강하는 작용에 해당한다.
(2) 나무토막 위에 올려놓은 얼음이 녹으면 나무토막은 수면 위로 나온 높이가 증가하며 수면 아래로 잠긴 깊이는 감소한다. 이는 지각 위의 빙하가 녹으면서 맨틀에 가하는 압력이 감소하여 지각이 융기하는 작용에 해당한다.
(3) 물에 띄운 박달나무 위에 12g의 얼음을 올려놓으면 물 속에 잠기게 된다.

해설 (3) 박달나무가 물에 잠겼을 때 밀어낸 물의 부피는 박달나무의 부피와 같은 100cm3 이므로, 밀어낸 물의 무게는 100g(중)이다. 박달나무의 무게는 0.88×100 = 88g(중)이므로 12g 이상의 얼음을 올려놓으면 박달나무가 물에 잠긴다.

045 (1) 해령에서 더 멀리 떨어져 있는 해양판 A가 B보다 퇴적물의 두께가 두껍고, 퇴적물의 연령이 더 많다.
(2) 해령에서 더 멀리 떨어져 있는 해양판 A가 먼저 생성되어 오래된 해양판이므로 온도가 더 낮고, 두꺼운 퇴적물로 부터 강한 압력을 받아 밀도가 더 크다. 따라서 해양판의 기울기가 더 급하다.
(3) ㄴ, ㅂ

해설 ㄱ. 대서양 중앙해령 : 해양판 - 해양판 (발산형)
ㄴ. 안데스 산맥 : 대륙판 - 해양판(수렴형)
ㄷ. 히말라야 산맥 : 대륙판 - 대륙판(수렴형)
ㄹ. 동아프리카 열곡대 : 대륙판 -대륙판(발산형)
ㅁ. 산안드레아스 단층 : 대륙판 - 해양판(보존형)
ㅂ. 마리아나 해구 : 대륙판 - 해양판(수렴형)

046 (1) 깊이에 따라 지하 온도가 높아지는 암석권이 얇아졌으므로 발산형 경계이다.
(2) (나), 암석권이 얇아 맨틀의 상층부와 더 가까우므로 같은 깊이를 들어가도 온도의 상승률이 더 커진다.
(3) (나), 지하 온도 분포 곡선에서 현무암의 용융 곡선보다 온도가 높아지는 구간이 있으므로 현무암질 마그마가 형성되어 분출함으로써 새로운 해양 지각이 형성될 수 있다.

047 (1) 지구의 화산은 암석 상태인 고온 고압의 맨틀 상층부 - 지각 하층부가 급격한 지각 이동 등의 지각 변화에 의해 압력이 낮아지면서 액체 상태로 용융되어 마그마가 형성되었다가, 지각의 약한 부분이나 단층, 균열이 일어났던 틈을 따라 지표면으로 나와서 화산 폭발이 일어나게 된다. 하지만 이오는 기조력의 차이에 의한 내부 마찰로 인해 화산 폭발이 일어난다.
(2) (가) 판의 운동 : 맨틀에서 방사성 원소에 의한 핵붕괴 열과 같은 지구 내부의 에너지 공급원이 줄어 판의 운동이 매우 약하거나 없을 것이다.
(나) 화산의 크기와 분포 : 판의 운동으로 인해 판의 경계를 따라 화산 지역이 균일하게 분포되고 크기가 제한되어 있었지만, 판의 이동이 없다면 화산의 크기가 크고 불규칙하게 분포할 것이다.

048 (1) 대륙판인 인도판과 대륙판인 유라시아판이 충돌하여 인도판이 유라시아판 아래로 비스듬히 들어가면서 지진이 발생한 것이다.
(2) 규모가 7.9로 큰 지진이었으며, 진원의 깊이가 11km로 상대적으로 얕았고, 주민들 대부분이 비보강 벽돌로 지어진 지진에 취약한 집에 살고 있어서 더욱 피해 규모가 커졌다.

049 진원의 깊이는 두 판의 경계에서 필리핀 판 쪽으로 갈수록 대체로 깊어진다. 이를 통해 태평양 판이 필리핀 판 아래로 섭입하여 해구가 발달하는 수렴형 경계인 것을 알 수 있다. 태평양 판이 필리핀 판 아래로 섭입되어 형성된 베니오프 대에서는 마그마가 생성되어 화산 활동이 일어난다. 따라서 이 지역의 화산 활동은 주로 필리핀 판에서 일어난다.

050 (1) 진앙과 가까울수록 지진파의 도달 시각이 빠르기 때문에 A는 ㉠, B는 ㉡, C는 ㉢의 지진 기록에 해당한다.
(2) 〈예시 답안〉 모든 관측소에서 일정 진도 이상의 지진이 관측되었을 때 전국에 지진 경보를 자동으로 송출하는 시스템을 구축한다. 지진이 일어나기 전에 예측하는 것은 불가능하기 때문에 진앙과 가장 가까운 곳에 있는 관측소가 지진을 관측하자마자 지진 경보를 송출한다면 진앙과 비교적 멀리 떨어져 있는 지역에서는 지진에 대비할 시간을 가질 수 있어 지진의 피해를 줄일 수 있다.

051 백두산은 해양판인 태평양 판과 대륙판인 유라시아 판이 서로 가까워지면서 부딪치는 경계(수렴형 경계)에서 상대적으로 밀도가 큰 태평양 판이 유라시아 판 아래로 비스듬히 들어가면서 발생한 화산이다.

기출 Check

194 ~ 197 쪽

052 (1) B, D이다. B, D는 수렴형 경계인 해령으로 새로운 해양지각이 생성되는 곳이다.
(2) A, B, D이다. A는 수렴형 경계로 무거운 해양지각이 섭입하며, 마그마가 만들어져 화산 활동이 활발하며, B, D는 발산형 경계로 마그마가 상승하는 곳으로 화산 활동이 활발하다.

해설 A는 수렴형 경계, B와 D는 해령으로 발산형 경계, C는 보존형 경계로 변환단층이다.

053 (1) 맨틀이 상승하여 새로운 지각이 형성되고 바깥으로 발산하는 판의 경계는 해령이다.
(2) 현무암질 마그마, 맨틀 대류에 의해 맨틀 물질이 상승하면 깊이가 낮아지므로 압력이 감소하여 맨틀 물질이 용융함으로써 해령의 하부로부터 현무암질 마그마가 발생한다.
(3) (나)의 일본 해구에서 (가)의 유라시아 대륙 쪽으로 갈수록 진원의 깊이가 깊어지고, 화산대도 줄어든다. 이것은 태평양판(해양판)과 유라시아판(대륙판)이 충돌하여 밀도가 큰 태평양판이 유라시아판 밑으로 섭입되면서 유라시아판인 일본에 지진과 화산 활동을 수반하게 된 결과이다.

054 A지역은 상부 맨틀이 상승하여 용융됨으로써 현무암질 마그마가 생성되기 때문에 순상 화산이 우세하게 형성된다. B지역은 해양판이 섭입되면서 물이 섞인 유문암질 마그마가 생성되기 때문에 화산 분출이 격렬한 종상화산이 형성된다.

055 (1) 지구의 표면이 밀도가 작은 대륙 지각과 비교적 무거운 해양 지각으로 뚜렷이 구분되는 것은 판의 운동 때문이다. 해양 지각을 구성하는 현무암질 암석은 맨틀의 부분 용융에 의해 중앙 해령에서 생성된 것이고, 대륙 지각의 암석은 현무암질 암석이 재용융의 과정을 반복하여 생성된 화강암질 암석이다. 판의 운동이 없다면 대륙 지각과 해양 지각으로 분리되지 않고 암석이 혼합되어 나타날 것이다.
(2) 히말라야와 같은 지구상의 대규모 산맥은 판과 판이 충돌하는 판의 경계에 주로 분포한다. 이는 지층의 융기와 습곡, 암석의 화성 활동이 일어나기 때문으로, 판의 운동이 없다면 이러한 대규모 습곡 산맥도 생성되지 않을 것이다.
(3) 열점은 고정되어 있지만 상부의 태평양판이 이동하기 때문에 하와이의 화산섬들은 일렬로 배열되어 있는 크고 작은 화산섬의 집단으로 이루어졌다. 판의 운동이 없다면 계속해서 같은 장소에 마그마가 상승하므로, 하나의 거대한 화산이 만들어질 것이다.

056 (1) 5000만 년 전에는 화산섬 c 가 a 화산 위치에 존재하는 열점에서 마그마를 공급받았을 것이다. 이후 판의 이동에 따라 1000만 년간 북쪽으로 1000km 이동하여 화산섬 b 위치에 열점이 도달하였는데, 이때 이동 속도는
$(1000 \times 10^5\text{cm}) \div (1 \times 10^7\text{년}) = 10\text{cm/년}$ 이다.
다음으로 a 화산 위치에 있던 화산섬 b 가 4000만 년 동안 북서쪽으로 2000km 이동하였다. 이때 이동 속도는
$(2000 \times 10^5\text{cm}) \div (4 \times 10^7\text{년}) = 5\text{cm/년}$ 이다.
따라서 판 A는 열점에 대하여 10cm/년의 속도로 북쪽으로 이동한 후, 북서쪽 5cm/년 속도로 북서쪽으로 이동하였다.
(2) 해령에서 생성된 판이 멀어지면서 냉각하고 밀도가 커진 후 해구로 섭입하는 맨틀 대류의 영향을 받으므로 해저의 깊이는 해령에서 해구로 갈수록 깊어진다. 따라서 판을 따라 이동하는 해산 역시 열점으로부터 멀어질수록 해구에 가까워져 침강한다.

057 (1) 63km (2) 4.7km

해설

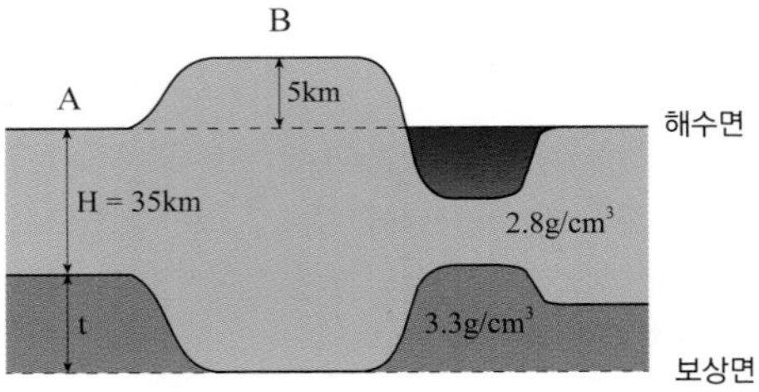

(1) 모호면은 대륙 지각의 무게가 상부 맨틀과 지각 평형을 이루는 만큼 깊어지므로 해발 고도가 0km인 대륙 지각의 보상면까지의 무게와 해발 고도가 5cm인 산맥 하부의 보상면까지의 무게가 같다. 따라서 해발 고도가 5km인 산맥(B) 위치와 해발 고도 0km인 평지(A) 위치의 모호면 깊이 차이 t를 가지고 관계식을 세우면
$35 \times 2.8 + t \times 3.3 = (40 + t) \times 2.8$
$t = 28$(km)가 되고
따라서 산맥 하부의 모호면의 깊이는 $35 + 28 = 63$(km)가 된다.
(2) 산맥의 상부 2km가 침식에 의해 깎여 나간 후의 관계식은
$35 \times 2.8 + t \times 3.3 = (68 - 2) \times 2.8$
$t = (184.8 - 98) \div 3.3 = 26.3$(km)가 되고
따라서 지각 평형이 다시 이루어진 후의 산맥의 높이는
$66 - 35 - 26.3 = 4.7$(km)이다.

058 (1)

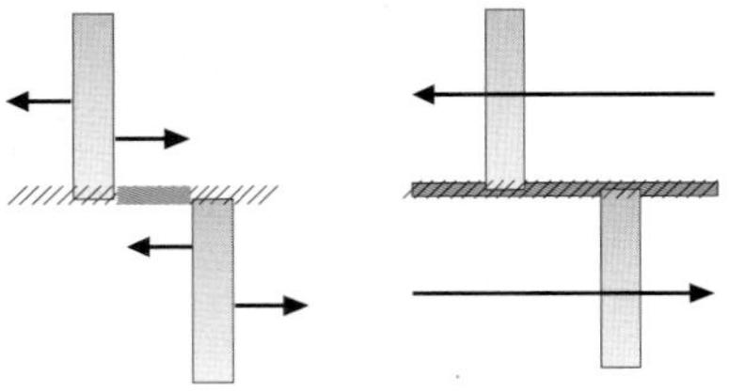

(가) 변환단층 (나) 주향이동단층

(2) 변환단층은 해령의 양쪽 판이 확장되어 이동하면서 상대적인 이동은 양쪽 해령 사이에서만 일어나기 때문에 양쪽 해령사이에서만 지진이 발생한다. 하지만, 주향이동단층은 단층 양쪽의 상대적인 이동이 단층 전체에 걸쳐서 일어나기 때문에 지진도 단층 전체에서 발생한다.

주제 탐구 및 논술 198 ~ 201 쪽

Q1 〈예시 답안〉 활성 단층인 양산 단층 부근에는 원전의 50%에 달하는 원전 12기가 전부 위치하고 있으므로 지진이 발생하면 액상화 현상 등으로 인해 지반꺼짐 현상이 일어날 가능성이 크므로, 돌이킬 수 없는 원전 사고가 발생할 우려가 있다.

해설 2017년 6월 고리 원전 1호의 폐쇄가 결정되었다. 1972년 12월 15일 착공되어 1978년 4월 29일 상업 운전을

시작하고 지난 40년 동안 한국 산업화와 경제개발의 견인차 역할을 한 국내 첫 원전이 영구 정지되어 역사 속으로 사라지게 되는 것이다. 해체에는 2022년부터 본격적인 작업에 들어가 15년 이상이 걸릴 예정이다. 그러므로 가동시키는 것보다 가동 중단(해체 작업 및 마무리)이 더 어렵고 그 과정에서 핵연료 재처리 등 안전하고 신중하게 접근해야 하는 것들이 많으며, 천문학적인 수준의 폐로 비용(국내의 경우 최근 방사성폐기물관리비용산정위원회를 통해 원전 1기당 해체비용을 6,033억 원으로 결정한 것으로 발표했다.)이 소요된다. 또한, 현재 고리 원전 1호 해체 작업에 필요한 기술을 모두 확보하지 못한 실정이다.

Q2

대륙과 대륙 사이에 판이 침강하는 해구가 있으면 차츰 대륙 사이의 거리가 좁혀진다, 이때 대륙이 충돌하면서 초대륙이 형성된다. 형성된 초대륙의 모포 효과로 고온의 맨틀이 상승하면, 해령이 형성(판이 생성)되고 해령을 중심으로 초대륙이 분열된다.

Q3

〈예시 답안〉 지금까지 판의 이동이나 초대륙이 형성되는 과정도 다양한 기록과 증거를 이용하여 추정하고 있는 것이다. 따라서 해석하는 연구자에 따라 의견이 다를 수도 있으며, 이전과 다른 변수로 인하여 움직임은 항상 변할 수도 있기 때문에 100% 완벽하게 예측하기란 어려울 것이다.

Ⅲ. 수권과 기권

Question 202 ~ 207 쪽

Q1. 답 심층수는 수심 200m 이상의 깊은 바닷물을 말하는데 표층수와 20도 이상의 온도 차이로 인해 섞이지 않는다. 따라서 표층수의 유기물이 섞이지 않아 대장균이나 일반 세균에 의한 오염이 거의 없고, 육지나 공기로부터 오염 물질과의 접촉도 일어나지 않으며, 태양광선이 도달하지 않아서 식물성 플랑크톤에 의한 광합성이 일어나지 않아 유기물의 분해가 촉진된다. 그래서 심층수를 지구상에서 가장 깨끗한 물이라고 할 수 있다.

Q2. 답 해수가 어는 지역에서는 해수가 얼 때 순수한 물만 얼고, 염류는 얼지 않기 때문에 주위 해수의 염분이 높아진다. 반면에 빙하가 녹는 지역에서는 물이 해수 속으로 녹아들면서 염분이 낮아지게 된다.

Q3. 답 비행기의 항로로 이용되는 층은 성층권이다. 그 이유는 성층권은 높이 올라갈수록 온도가 높아져서 대류 운동이 일어나지 않으므로 기층이 안정하기 때문이다.

Q4. 답 습구 온도계는 물로 감싸 두었으므로 상대 습도가 100%라고 할 수 있는데, 물이 증발하며 공기 중의 열을 흡수한 후의 온도를 재기 때문에 물이 열을 흡수한 만큼 온도가 내려가게 된다. 반대로 건구 온도는 자연 대기 중 수증기의 양에 따라서 기온이 달라지게 되는데, 건구 온도와 습구 온도의 온도 차를 비교함으로써 대기 중의 상대 습도를 알 수 있다.

Q5. 답 동쪽에 눈이 더 많이 내릴 것이다. 동해에서 불어오는 북동풍은 수증기를 많이 포함하고 있는데, 이 바람이 태백 산맥을 올라가면서 건조 단열 감률에 따라 온도가 내려가다가 포화 상태가 되어 눈이 내리면서 습윤 단열 감율에 따라 온도가 내려간다. 이후 정상에 올랐다가 서쪽 능선을 타고 내려갈 때는 건조 단열 감률에 의해 온도가 올라가므로 눈이 더 내리지 않는다.

Q6. 답 지구가 둥글어서 위도에 따라 입사하는 태양 복사 에너지량이 다르기 때문이다. 적도에 가까운 저위도 지역은 태양 복사 에너지 흡수량이 방출량보다 많고 고위도 지역은 태양 복사 에너지 흡수량이 방출량보다 적다. 때문에 저위도 지역의 과잉된 에너지가 대기와 해수의 순환을 통해 고위도 지역으로 운반되면서 지구 전체의 에너지 평형을 이루게 된다.

유형 Problem 208 ~ 210 쪽

059 기압은 높이에 따라 큰 변동없이 일정하게 감소하지만 기온은 높이에 따라 증가 구간과 감소 구간이 번갈아가며 나타나기 때문에 층상 구조를 나누는 기준이 된다.

060 (1)

염류	동해		황해	
	질량(g)	구성비(%)	질량(g)	구성비(%)
염화나트륨	25.64	(77.7)	24.10	77.7
염화마그네슘	3.60	10.9	3.38	(10.9)
황산마그네슘	1.55	(4.7)	1.46	4.7
황산칼슘	1.19	3.6	1.11	(3.6)
황산칼륨	0.83	(2.5)	0.77	2.5
기타	0.19	0.6	0.18	(0.6)
합계	33g	100.0	31g	100.0

(2) 동해 : 33‰, 황해 : 31‰

(3) 구성 비율은 같다.

(4) 염분비 일정의 법칙에 의해 염분 내의 염류 비율은 같다.

061 그림 (가)에서는 한랭 다습한 오호츠크 해 기단과 온난 다습한 북태평양 기단이 만나서 장마 전선을 형성하므로 초여름의 일기도이고 그림 (나)에서는 우리나라 북서쪽에 강한 고기압이 발달되어 있는 것을 알 수 있으며 서고동저형의 기압 배치가 나타나므로 겨울철 일기도이다.

062 플라스크 속에 물을 더 넣는다. 넣어 주는 물의 온도를 높인다. 향 연기를 넣어 준다. 더 센 공기 펌프를 이용하여 압력 변화를 더 크게 한다. 등

063 A : 수면의 온도와 수심 1000m의 온도 차이가 크지 않으므로 입사되는 태양 복사 에너지양이 가장 적은 고위도의 수온 변화 그래프이다.
B : 바람이 많이 불어 수온이 일정한 혼합층이 뚜렷이 나타나므로 중위도의 수온 변화 그래프이다.
C : 수면의 수온이 가장 높고 바람이 적게 불어 혼합층의 두께가 가장 얇으므로 입사되는 태양 복사 에너지양이 가장 많은 저위도의 수온 변화 그래프이다.

064 태양과 가까운 근일점에서 여름, 태양과 먼 원일점에서 겨울이 되어 기온의 연교차가 현재보다 커진다. 근일점의 공전 속도가 더 빨라지므로 여름 계절의 길이가 더 짧아진다.

065 공기 덩어리 P, R은 지표면에서 상승 응결 고도까지 건조 단열 변화를 하며, 상승 응결 고도에서 산 정상(2000m)까지는 습윤 단열 변화를 한다. 그리고 산사면을 따라 내려올 때에는 건조 단열 변화를 한다. 공기 덩어리 Q는 지표면에서 산 정상까지 올라갈 때와 산 정상에서 지표면까지 내려올 때 모두 건조 단열 변화를 한다. 그러므로 C 지점에서의 기온은 R이 가장 높다.

066 시간 규모와 공간 규모를 따져보았을 때 A 규모는 미규모, B 규모는 중간 규모, C 규모는 종관 규모, D 규모는 지구 규모이다. A, B는 규모가 작아 전향력이 무시할 수 있을 정도로 작게 주어지기 때문에 전향력의 영향을 고려하지 않아도 된다.

067 (1) 해수의 표층 수온은 고위도로 갈수록 태양 복사 에너지의 흡수량이 적기 때문에 수온이 더 낮다.
(2) 북반구에는 남반구에 비해 육지가 더 많이 분포하고 있다. 육지는 해수보다 비열이 더 작기 때문에 더 빨리 가열이 된다. 그래서 여름철 육지가 많은 북반구가 더 높은 온도로 가열이 되어 해수의 표층 수온 분포에 영향을 주는 것이다.

068 엘니뇨나 라니냐 현상은 기권에 의한 수권의 변화이다. 기권의 무역풍의 세기 변화로 인해 해류의 흐름이 약해져 지역의 기후가 변하게 된다.

창의력 Master 211 ~ 219 쪽

069 (1) A : 수조에 온도계를 표면에서부터 2cm 간격으로 설치하고 온도를 측정한다.
B : 전등을 켠 후 10분 후에 온도를 측정한다.
C : 다시 몇 분 후에 부채질을 몇 분간 한 후 온도를 측정한다.
(2) 그래프의 C에서 혼합층의 두께가 더 두꺼워 질 것이다.
(3) 해수 수온의 연직 분포는 태양 복사에너지와 바람에 의해 결정된다. 이 실험에서 전등은 태양 복사에너지, 부채질은 바람에 해당된다. 태양 복사에너지가 지금보다 더 커진다면 B 그래프는 더 오른쪽으로 나갈 것이고, 바람이 더 강해진다면 C 그래프의 혼합층의 두께가 더 두꺼워질 것이다.

070 (1) 위도 0°부근
(2) 위도 30° 부근
(3) 중위도 지역, 곡선 B를 보면 중위도 지역에서 최고값을 나타낸다. 이것은 이 지역이 강수량은 적고 증발량이 많다는 것을 의미한다. 따라서 이 지역에서 비가 잘 오지 않는 고기압 기후대가 형성되어있을 것으로 판단된다.

071 (1) 증발량이 많다. 건조 기후로 유입량과 같은 양의 수분이 증발된다.
(2) 염분값이 높으면 바닷물의 밀도가 커지고(무거워지고) 바닷물에 들어갔을 때 부력이 커져서 사람이 물에 뜨게 된다.
(3) 브로민, 포타슘, 진흙, 화장품
(4) 수분의 증발량이 많다. 사해의 수면 높이는 강물을 차단하여 조정한다.

072 (1) 플라스크 속에 물을 넣는다. 플라스크 속에 향 연기를 넣는다. 큰 공기 펌프를 사용하여 플라스크 안의 압력을 더 높인다. 등
(2) ㄱ → ㅂ → ㄹ → ㅁ → ㄷ → ㄴ
(3) 단열 팽창 : A, C, D 단열 압축 : B

073 145g

온도와 포화 수증기량의 관계를 나타내는 표에서 1㎥당 포화 수증기량이 18℃에서 15.4g이므로

$80\% = \frac{x(g/m^3)}{15.4(g/m^3)} \times 100$

$x = 80 \times 15.4 \div 100 ≒ 12.3g$

현재 비닐하우스(부피 50 m^3) 기온이 10℃이므로 공기에 포함되어 있는 수증기의 양은 공기 1㎥ 당 수증기 9.4g이므로

(12.3 - 9.4) × 50 = 125g의 수증기가 필요하다.

074 (1) 건구와 습구 온도의 차가 작을수록 습도가 높다. D는 건구 온도를 나타내고 A ~ C는 습구 온도를 나타내고 있으므로 온도 차이가 가장 작게 나는 A의 경우에 상대 습도가 가장 높다.

(2) A와 C의 경우 모두 젖은 헝겊을 씌운 온도계를 설치하여 물이 증발하면서 기화열을 빼앗기게 되므로 온도가 내려간다. 그런데 C에 비하여 A 장치는 덮개를 씌운 비커 속에 온도계를 설치하였으므로 증발이 적게 일어난다. 증발이 적게 일어나면 그만큼 기화열을 적게 빼앗기므로 온도가 적게 내려가게 된다. 따라서 C보다 A의 경우 온도가 더 높게 나타난다.

(3) C의 온도가 건구 온도에 비하여 낮은 이유는 증발 현상이 일어났기 때문이다. 제시된 〈보기〉에서 증발 현상을 설명한 것은 ㄴ이다.

075 (1) 1 km

(2)

	A	B	C	D
기온	20℃	10℃	5℃	25℃
이슬점	12℃	10℃	5℃	9℃

(3) (A 지점) 상대 습도 : 61.8%, 온도 20℃

(D 지점) 상대 습도 : 38.1%, 온도 25℃

올라갈 때에는 B→C에서 습윤한 공기의 온도 감률로 천천히 온도가 내려가며 수증기는 비가 되어 내리고, 내려갈 때에는 건조한 공기의 온도 증가율로 온도가 빨리 증가하며 수증기는 그대로이므로 D 지점에 도달했을 때는 A 지점에서보다 고온 건조한 공기가 된다.

해설 (1) 상승하는 건조한 공기의 온도와 이슬점이 같아져 상대 습도가 100%일 때 공기 덩어리의 응결이 일어나 구름이 생성된다. 이슬점은 현재 수증기량이 포화 수증기량이 되는 온도이므로 10.7g/㎥ 의 포화 수증기량이 되는 기온은 12℃ 이다. 불포화 공기(건조한 공기)는 1km 상승할 때 마다 10℃씩 온도가 내려가고 이슬점은 2℃씩 온도가 내려가므로 응결이 일어나 구름이 생성되는 높이(응결 고도)를 h (km)라고 하면,

건조한 공기의 온도 − (건조한 공기의 감률 × 응결 고도)
= 이슬점 − (이슬점 감률 × 응결 고도)
→ 20℃ − (10 × h) = 12℃ − (2 × h) ∴ h = 1 km

(2) (A → B) : 건조한 공기의 온도 변화율 = 1℃/100m 이므로 고도가 1000m(1km) 높아지면 10℃ 감소하게 된다. 따라서 B 점의 기온은 20℃ - 10℃ = 10℃가 된다. B 지점에서 응결이 일어나 구름이 생성되기 시작하므로 공기의 온도와 이슬점은 같은 10℃ 이다.

(B → C) : 고도 1km 지점에서 응결이 시작되었으므로 상대 습도는 100%이다. 즉 상승하는 공기가 포화 상태에 이르렀으므로 이후부터 상승하는 공기는 습윤한 공기의 온도 변화율 = 0.5℃/100m 비율로 온도가 낮아진다. 따라서 산의 정상(C)에서 공기 덩어리의 온도는 10℃ - (1000m × $\frac{0.5℃}{100m}$) = 5℃가 된다.

응결된 물방울이 모두 비로 내린다면 산의 정상(2000m)에 이르렀을 때 공기의 온도는 이슬점과 같으므로 이슬점은 5℃가 된다.

(C → D) : 비가 내린 뒤 공기가 산맥의 정상을 넘어서 하강할 때에는 불포화된 건조한 공기가 된다. 따라서 정상에서 기온이 5℃인 건조한 공기가 하강하게 되므로 기온은 1℃/100m 로 상승하게 되고 D지점에서 기온은 25℃ 이다. 이슬점도 마찬가지로 건조한 공기가 하강하게 되므로 이슬점 감률 0.2℃/100m 에 따라 상승하여 산 너머 D 지점에서의 이슬점은 9℃가 된다.

(3) A 지점 : 20℃에서 포화 수증기량 = 17.3g/㎥, 현재 포함된 수증기량 = 10.7g/㎥ 이므로, 상대 습도 = $\frac{10.7}{17.3}$ × 100 ≒ 61.8% 이다.

D 지점 : 25℃에서의 포화수증기량 = 23.1g/㎥, 이슬점은 현재 수증기량이 포화 수증기량이 되는 온도이므로 이슬점 9℃ 를 통해 구한 현재 수증기량 = 8.8g/㎥ 이 되므로,

상대 습도 = $\frac{8.8}{23.1}$ × 100 ≒ 38.1% 이다.

076 (1) 지구 표면 기온은 계속 상승하고 있다.

(2) 북반구, 대륙 (붉게 표시된 부분이 기온 이상이 크다.)

(3) 지구 온난화, 해수면 상승으로 저지대 침수, 기후대 변화(식량 생산 변화 등), 생태계 파괴, 사막화 등

(4) 이산화 탄소, 화석 연료 사용의 억제, 무공해 대체에너지 개발, 산림의 면적 확대, 에너지와 자원 절약 등

077 (1) 약 23시부터 다음 날 오전 8시까지, 기온이 이슬점 온도보다 낮을 경우 수증기의 응결이 일어나 안개가 발생한다.

(2) 오전 6시와 7시 사이, 기온은 해가 뜨면 상승하므로 기온이 상승하기 시작하는 시간이 해가 뜨는 시간이라고 할 수 있다.

078 (1) A 지역은 고기압 중심이고, B 지역은 저기압 중심이다. 북반구 지표면에서 바람은 고기압 중심에서는 하강 기류가 지표면에서 시계 방향으로 돌며 빠져나가고, 저기압 중심에서는 시계 방향으로 돌며 모여들어 상승한다.

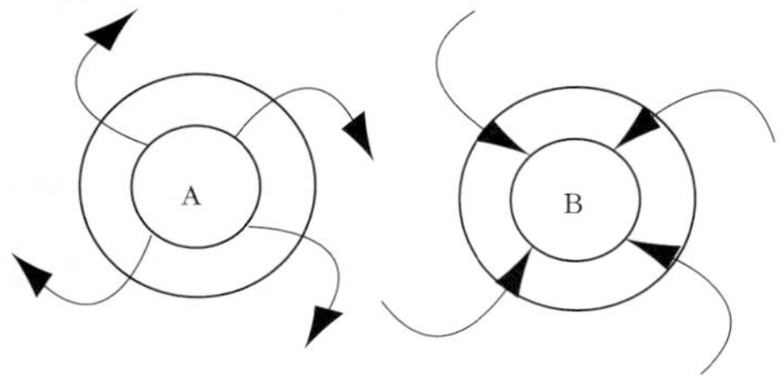

(2) 지구 자전에 의한 전향력에 의해 휘어져 분다.
(3) 고기압에서는 공기가 하강하면서 단열 압축되므로 온도가 높아져서 상대 습도가 낮아진다. 따라서 구름이 소멸되고 날씨가 맑아진다. 반면 저기압에서는 공기가 상승하여 단열 팽창하므로 온도가 내려가 구름이 만들어지고 비가 온다.

기출 Check 220 ~ 227 쪽

079 (1) 전등을 켠 직후에는 컵이 열을 흡수하되 적게 방출하지만, 나중에는 컵이 흡수한 열만큼 방출하기 때문에 복사 평형이 일어났기 때문이다.
(2) 알루미늄 컵이 전등에서 멀어질수록 받는 열이 적고, 그만큼 방출하기 때문에 더 낮은 온도에서 복사 평형이 일어난다.
(3) 지구는 태양에서 받는 복사 에너지만큼 외부로 지구 복사를 하여 에너지를 방출하므로 복사 평형이 일어나 지구의 연평균 기온은 일정하게 유지된다.
(4) 위 실험에서 처음에 온도가 올라가는 것 처럼 지구가 흡수하는 태양 복사 에너지가 지구 복사 에너지보다 크다면 지구의 연평균 기온은 상승할 것이다.
(5) ㄱ, ㄷ

해설 ㄴ. 전등과 컵 사이의 거리의 제곱에 반비례하여 흡수하는 에너지가 증가하므로 전등과 컵 사이의 거리가 가까울수록 컵의 온도가 상승하는 속도가 커진다.
ㄷ. 전등을 켠 후 컵의 온도는 상승하므로 컵에서 방출되는 복사 에너지 양은 점점 증가한다. 온도가 높을수록 물체에서 방출되는 복사 에너지의 양은 증가한다.
ㄹ. 복사 평형에 도달하여 온도가 계속 증가하지 않는 까닭은 컵이 방출하는 복사 에너지의 양과 흡수하는 양이 같기 때문이다.

080 온도가 30℃, 상대 습도가 90%인 공기의 절대 습도량을 주어진 표를 통해 구하면

$$90\% = \frac{x(\text{g/m}^3)}{30.4(\text{g/m}^3)} \times 100$$

$x = 90 \times 30.4 \div 100 \fallingdotseq 27.36$g이고
이 공기가 온도가 5℃, 상대 습도가 80%로 변한다면 수증기로 남아있는 수증기량은

$$80\% = \frac{x(\text{g/m}^3)}{6.8(\text{g/m}^3)} \times 100$$

$x = 80 \times 6.8 \div 100 \fallingdotseq 5.44$g이다.
따라서 응결되는 수증기량은
$27.36 - 5.44 = 21.92$g이다.
(2) 남쪽 입구를 통해 새로운 바깥 바람이 잘 들어오게 함으로써 공기 순환이 잘 일어나도록 했고, 이때 지붕의 환풍구를 통해 온도가 높은 공기가 위로 빠져나가게 했다. 또한 바닥에 배수로를 경사지게 설치함으로써 얼음이 열을 흡수하여 녹아서 생긴 물이 빠르게 바깥으로 빠져나가도록 하여 내부의 온도와 습도를 낮게 유지하였다.

081 (1) ㉠ 해수의 염분은 32.0‰이고, ㉡ 해수의 염분은 33.0‰이다.
염분이 35.0‰인 그린란드 근해의 해수 1kg에 염화 나트륨 27.1g이 들어있는데, 염분비 일정의 법칙에 따라 섞은 해수에도 같은 비율로 염화 나트륨이 들어 있으므로 비례식을 세울 수 있다.
㉠ 해수의 경우
$32.0‰ : x\text{g} = 35.0‰ : 27.1\text{g}$
$x = 32.0 \times 27.1 \div 35.0 = 24.78(\text{g})$
㉡ 해수의 경우
$33.0‰ : y\text{g} = 35.0‰ : 27.1\text{g}$
$y = 33.0 \times 27.1 \div 35.0 = 25.55(\text{g})$
총 염화 나트륨의 양은 $x + y \fallingdotseq 50.3$g이다.
(2) 강수량, 증발량, 강물의 유입, 빙하의 결빙 등
(3) (나), 문제의 일기도는 서고동저형 기압 배치를 보이고 있는데, 이것은 겨울철의 대표적인 기압 배치의 모습이다. 겨울철에는 응고가 일어나고 강수량이 줄어들어 염분이 전반적으로 높아지므로 (나)가 겨울의 염분 분포도를 나타내고 있다.

082 (1)

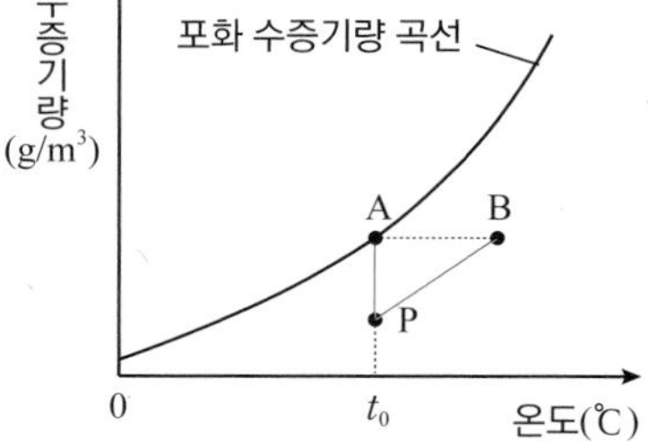

자동차를 타면 문이 닫힌 자동차 내부에서 사람이 호흡하므로 수증기량은 증가하게 되고, 차의 발열로 인해 온도도 올라간다. 유리창 주변은 바깥의 차가운 공기가 맞닿아 있어 온도가 거의 변하지 않아 포화 수증기량 곡선에 닿아 김이 서리게 되고(A), 자동차 실내 중앙은 타기 직전보다 온도가 올라가 김이 서리지 않는다(B).
(2) -에어콘을 가동하는 경우 제습 기능이 함께 작동하므로 공기 중의 수증기량이 줄어들어 이슬점이 내려가고 유리창의 서린 김을 제거할 수 있다.
-히터를 가동하는 경우 전체적인 자동차 실내 온도를 높임으로써 유리창 근처의 공기의 온도도 높여 상대 습도가 감소하므로 김을 제거하여 수증기로 만듦으로써 포화 수증기량 곡선에 이르지 않도록 한다.

083 (1) 5월 7일
(2) 달의 공전으로 남중 시각이 하루에 약 50분씩 늦어지므로 보통 하루에 만조 2회, 간조 2회이지만, 둘 중 하나가 1회만 나타날 수 있다. 이유는 달의 공전으로 달의 남중 시각이 하루에 약 50분씩 늦어져서 4일 오후에는 만조가 나타나고 하루가 넘어가서 5일 00시 28분에 간조가 나타난다.
(3)

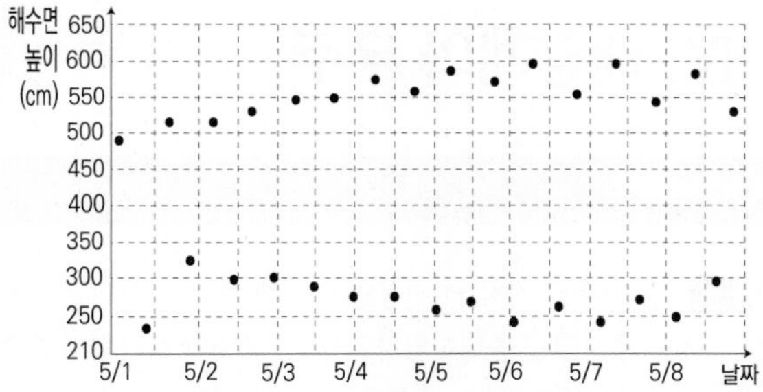

해설 (1) 만조와 간조의 차(조차)가 가장 큰 날이 사리이다. 만조 중 최대값을 찾으면 7일 08시 13분에 383cm이고 최저는 7일 01시 46분에 32cm이다. 인접한 만조과 간조의 차가 조차이므로 5월 7일 조차는 383cm - 32cm = 351cm 로 가장 크므로 사리이다.
(3) 사리는 5월 7일이며, 태양-지구-달(망)이거나 태양-달-지구(삭)의 직선 배치 상태이다. 자료에서 조금(조차 최소)은 5월 1일이다. 다음 사리까지 15일 걸리므로, 5/14일 경에는 태양-지구-달이 직각을 이루는(상현, 하현) 조금이 된다. 5/14~15일 경에는 5/1과 비슷하게 조차가 210 정도가 된다. 자료를 참고해서 그림을 그리면 된다.

084 (1) 산을 올라가도 기온이 크게 변하지 않을 것으로 예상하였으나, 높이가 높아질수록 지표의 복사열이 적게 도달하기 때문에 기온이 낮아진다.
(2) 고도가 높아질수록 기압이 감소하기 때문으로, 풍선은 산을 오를수록 부피가 커졌을 것이다.
(3) 태양에 의한 부등 가열에 의해 산풍과 곡풍이 불어 바람의 방향이 바뀌었다.

085 온대 저기압의 에너지원 : 더운 기단과 찬 기단이 만나면 밀도가 큰 찬 기단이 밀도가 작은 더운 기단 아래로 내려가면서 섞인다. 차가운 공기가 아래로 내려가면 전체 공기의 무게 중심이 이전보다 낮아져 위치 에너지가 감소하고 감소한 위치 에너지는 운동 에너지로 전환되어 온대 저기압에 에너지를 공급한다.
열대 저기압의 에너지원 : 열대 해상으로부터 상승하는 공기는 많은 양의 수증기를 포함하는데 상승하던 공기가 단열 팽창에 의하여 냉각되면 수증기가 응결된다. 이때 발생하는 잠열이 열대 저기압인 태풍의 에너지원이다.

086 (1) 30%. 지구에 입사되는 평균 복사 에너지량을 100%로 보았을 때 구름 반사 20%, 지표면 반사 4%, 대기 반사(산란) 6%이므로 총 반사율은 30%이다.
(2) 대기가 흡수하는 총 에너지 : 태양 복사 20% + 지표면 복사 117% + 지표면에서의 대류와 전도 10% + 지표면으로부터 잠열 20% = 167%.
(3) 〈지표면〉
흡수 : 태양 복사 50% + 대기 복사(대기→지표면) 103% = 153%
방출 : 지표면 복사(지표면→대기, 외부) 123% + 대기로의 대류와 전도 10% + 잠열(기화열 등) 20% = 153%
〈대기〉
흡수 : 태양 복사 20% + 지표면 복사 117% + 지표면에서의 대류와 전도 10% + 지표면에서 잠열로 전달 20% = 167%
방출 : 대기 복사 167%
〈지구 외부 공간〉
흡수 : 대기 복사 64% 지표면 복사 6% = 70%
방출 : 태양 복사 70 % (외부→지구)

087 (1) 습도표에서 습구 온도 16℃에서 오른쪽, 건구와 습구의 온도차가 4℃에서 아래쪽으로 내리면 만나는 곳의 숫자 66%가 상대 습도이다.
(2) $1m^3$당 포화 수증기량이 20℃에서 17.3g이고 상대 습도가 66%이므로 수증기량은

$$66\% = \frac{x(g/m^3)}{17.3(g/m^3)} \times 100$$

$x = 66 \times 17.3 \div 100 ≒ 11.4g$

(3) (2)번 문항에서 현재 공기 1㎥에 포함된 수증기량이 11.4g, 그래프에서 10℃의 포화 수증기량이 9.4g임을 알 수 있다. 따라서 공기 1㎥당 11.4g - 9.4g = 2.0g이 응결되며, 실험실 공기의 부피가 100㎥이므로 응결된 물방울의 총 질량은 2.0g × 100 = 200g이 된다.

주제 탐구 및 논술 228 ~ 231 쪽

Q1

북극해로 유입된 북대서양 표층수는 열과 에너지를 잃으면서 점점 차가워지고 밀도가 높아진다. 밀도가 높아진 표층수는 아래로 하강하여 북대서양 심층수를 형성하여 심해를 순환한다.

해설 북태평양에서 출발한 저위도의 따뜻한 물은 인도양과 대서양을 거쳐 북극해로 가까워지면서 에너지를 차가운 대기로 방출하고 차가워진다. 밀도가 높아져 무거워진 물은 스발바르군도 서쪽에 있는 그린란드 앞바다 밑으로 가라앉으면서 다시 남쪽 저위도로 향한다. 심층수는 이후 주변 해류와 섞이면서 서서히 따뜻해지다가 다시 북태평양의 표층수가 되어 북극해로 유입된다. 이처럼 바다에서 물리적, 화학적 성질이 비슷한 해수의 덩어리인 수괴의 수온과 염분의 밀도 차에 의한 해양 순환을 열염분 순환이라고 한다. 해양 열염분 순환은 지구의 열수지를 유지해 현재와 같은 기후 시스템을 유지하게 한다. 바닷물이 하나의 컨베이어 벨트처럼 이동하는 데 걸리는 시간은 약 1,000년이다. 1,000년의 세월 동안 따뜻한 적도의 표층수는 극지방에 에너지를 전달하고 북극해와 그린란드 바다에서 형성된 차갑고 무거운 심층수는 적도 지방을 식혀주는 역할을 하여 1만 년이 넘는 시간 동안 지구의 평균 온도가 15℃로 유지될 수 있었다.

Q2

주변을 둘러싸고 있는 대륙의 강에서 많은 양의 담수가 지속해서 유입되기 때문이다.

해설 북극해의 염분 농도가 다른 대양에 비해 낮은 이유는 증발량이 적고 주변 대륙의 강에서 대규모의 담수가 지속해서 유입되기 때문이다. 또한, 북극해 서쪽 해수 순환에 영향을 미치는 보퍼트 환류가 시계 방향으로 돌면서 염분 농도가 낮은 표층수를 가두어 놓고, 다른 대양과 제한적으로 연결되어있어서 염분 농도가 낮은 해수의 유출이 적은 것도 한 원인이다. 또한 담수로 이루어진 빙하가 녹는 영향도 있다.

Q3

식물성 플랑크톤이 증가하게 되면 해수면이 어두운 빛을 띠게 되고, 이는 해수면의 알베도를 감소시켜 태양열을 더 많이 흡수하게 되므로 얼음을 더 빨리 녹인다.

해설 얼음이 녹아 미생물과 식물성 플랑크톤이 번성하여 위성 관측 결과 그린란드 얼음은 10년 새 5% 더 어두운 빛을 띠게 되었다고 한다.

Q4

고기압은 주위보다 상대적으로 기압이 높은 곳으로, 북반구의 지상에서는 고기압 중심부의 공기가 시계 방향으로 돌면서 주변으로 발산되므로 하강 기류가 발생하고, 단열 압축 현상에 의해 기온이 상승하여 상대 습도가 낮아진다. 이에 따라 구름이 소멸되어 맑은 날씨가 된다. 열돔 현상은 지상에서 발달한 고기압으로 인하여 지속적으로 하강 기류가 발생하여 기온이 상승하고, 맑은 날씨가 계속되면서 열기가 쌓여서 더위가 한층 강화된 것이다.

Q5

북태평양 고기압은 한 곳에 오래 머무르며 이동이 거의 없는 정체성 고기압이고, 대기 대순환에 의해 중위도 상공에 수렴된 공기가 하강하여 형성된 온난 고기압으로 중심부의 온도가 주변보다 높고 고도가 높게 형성된 키 큰 고기압이다.

Ⅳ. 태양계와 우주

Question 232 ~ 238 쪽

Q1. **답** 진자(푸코 진자)의 진동면이 시계 방향으로 회전함을 관측하여 지구의 자전을 증명하였다. 진자에 중력만 작용한다면 언제나 처음과 같은 진동면에서 진동해야 하나, 실제로는 반시계 방향으로 자전하는 지구 위에서 이를 관측하였기 때문에 진자의 진동면은 북반구에서 시계 방향으로 회전한다.

Q2. **답** 별이 태양에 비해 멀리 있기 때문에 태양이 고정되어 있는 별 사이를 이동하는 것을 전제로 한 것이 태양의 연주 운동으로, 근본적으로는 지구의 공전으로 인해 별과 태양 사이에 상대적 위치가 달라지는 동일한 현상이다. 단 태양의 연주 운동은 별을 기준으로 태양의 위치 이동을, 별의 연주 운동은 태양을 기준으로 별의 위치 이동을 관찰하기 때문에 움직이는 방향이 다르게 보인다.

Q3. **답** 일식은 달이 태양을 가리는 것이고 월식은 지구가 달을 가리는 것인데, 지구가 달보다 크고 거리도 가까워서 달을 가릴 수 있는 그림자의 면적이 더 넓다. 그래서 월식이 일식보다 더 자주 일어난다.

Q4. 답 달은 공전과 자전의 주기가 같아 지구에서 한 면만 관찰할 수 있는데 비해 지구의 자전 주기는 1일에 1바퀴, 공전 주기는 1년에 1바퀴로 큰 차이가 있으므로 달에서는 지구의 모든 면을 관찰할 수 있다.

Q5. 답 태양 광구의 밝기가 매우 강하기 때문에 태양 대기는 광구가 가려지는 개기 일식 때만 육안으로 관측할 수 있다. 그러나 태양 대기는 높은 에너지를 가진 극자외선(파장이 자외선과 X선의 중간인 전자기파)이나 X선을 방출하므로 관측 기기를 이용하여 존재를 확인할 수 있다.

Q6. 답 B별이 더 가깝다. B별은 10pc의 위치에서 보이는 밝기(절대 등급)보다 현재 위치에서 보이는 밝기(겉보기 등급)가 더 밝으므로 10pc보다 더 가까이에 있는 별이다. 그러나 A별은 그 반대이므로, 10pc보다 더 멀리 있다.

Q7. 답 별은 표면 온도가 높을수록 짧은 파장의 에너지를 강하게 방출하고, 표면 온도가 낮을수록 긴 파장의 에너지를 많이 방출한다. 따라서 표면 온도가 높은 별일수록 파장이 짧은 파란색을 띠고, 표면 온도가 낮은 별일수록 파장이 긴 붉은색을 띤다.

유형 Problem 239 ~ 242 쪽

088 지평 좌표계는 관측자 중심이므로 시간과 장소에 따라 좌표의 값이 달라지는 불편함이 있지만 적도 좌표계는 시간과 장소에 상관없이 좌표의 값이 일정하여 천체 위치 표시에는 적도 좌표계가 더 많이 이용된다.

089 극궤도 위성은 빠른 자전주기로 지구를 1바퀴 돈다. 이때 지구가 자전을 하므로 인공위성은 서쪽으로 이동하는 것처럼 보이는 서편 현상을 보인다. 지구는 1시간에 15° 서에서 동으로 자전하므로, 공전 주기 90분 후 극궤도 위성은 22.5° 서쪽으로 이동하는 것처럼 보인다. 이 인공위성이 다시 한반도 상공을 지날 때는 한반도의 반대쪽 180°로 서편되었을 때(북극과 남극을 통과하므로 한반도를 지남)이므로, 180÷22.5°= 8번 왕복한 후이다. 90분 × 8번 = 720분. 즉, 720분을 시간으로 고치면 12시간이다. 따라서 3월 21일 0시경에 한반도 상공을 지나게 된다.

090 천구상에서 달의 움직임이 태양의 움직임보다 빠르므로, 서에서 동으로 공전하는 달이 태양의 오른쪽부터 서서히 가리기 시작한다. 따라서 일식 때에는 태양의 오른쪽부터 가려지기 시작하므로 그림 (가)에서 일식은 B방향으로 일어난다.
일식과 반대로 월식은 지구의 그림자가 달의 왼쪽부터 가려지기 시작한다. 따라서 그림 (나)에서 월식은 C방향으로 일어난다.

091 A : 추분날 태양의 적경은 12^h이다.
B : 하짓날 태양의 적경은 6^h이고, 자정에 남중하는 별은 태양보다 적경이 12^h크므로 별의 적경은 18^h이다.
C : 춘분날 태양의 적경은 0^h이고, 적위 0°인 별은 태양과 같은 일주권에 있으면서 태양보다 3시간 늦게 졌으므로 별의 적경은 태양의 적경보다 3^h크다. 따라서 별의 적경은 3^h이다.
따라서 천체의 적경 크기는 B > A > C의 순서로 나열할 수 있다.

해설 적경과 적위는 적도 좌표계에서 천체의 위치를 나타내는 좌표이다. 관측자의 위치에 따라 값이 변하지 않는다.

092 ㄷ

해설 ㄱ. A에서 달의 위상은 삭이고 B에서 달의 위상은 망이다.
ㄴ. 달의 위상이 반복되는 주기는 삭망월로, A에서 D까지의 기간이다.
ㄷ. A~C 까지 달은 지구 주위를 1바퀴 공전했다.

093 달의 위상이 삭일 때는 달이 태양과 지구 사이에 있어 태양빛이 반사되지 않는 것이므로 가장 태양과의 거리가 가깝다. 삭의 위상을 가진 날은 8일이다.

094 4월 4일, 5월 15일. 4월 초에 수성은 동방 최대이각 부근에 위치하고, 금성은 외합이 되기 이전이므로 서방 이각에 위치한다. 따라서 4월 초에는 수성과 금성을 사진과 같이 같은 방향에서 관측할 수 없어 촬영이 불가능하다.
5월 15일 경에도 수성은 서방 최대이각이고, 금성은 외합 이후 동방 최대이각이 되기 전이므로 수성과 금성을 동시에 관측할 수 없으므로 촬영할 수 없다.

095 별까지의 거리를 측정하는 대표적인 방법인 연주 시차는 100pc 이내의 별까지의 거리 측정에만 적용할 수 있는 한계점이 있다. 하지만 우리 은하와 가장 가까이 있다고 하는 안드로메다 은하까지의 거리가 약 250만 광년일 정도로 우주는 매우 넓다. 따라서 세페이드 변광성의 주기 - 광도 관계를 이용하면 먼 거리에 있는 별들에 대해서도 거리를 구할 수 있다.
거리 지수를 이용하여 별까지의 거리를 구하기 위해서는 겉보기 등급과 절대 등급을 알아야 한다. 이때 겉보기 등급은 관측을 통해 쉽게 구할 수 있으며, 실제 밝기(절대 등급)는 세페이드 변광성의 주기 - 광도 관계로부터 구할 수 있기 때문에 세페이드 변광성을 표준 광원이라 부른다.

해설 멀이 있는 별까지의 거리를 구하기 위해서는 별의 절대 등급과 겉보기 등급을 알면 된다. 절대 등급은 변광성의 변광 주기로부터 구할 수 있다. 세페이드 변광성이 속해 있는 천체(은하, 성단 등)까지의 거리는 세페이드 변광성까지의 거리를 구하면 된다.

096 별이 탄생하기 위해서는 중력 수축이 일어나 중심부의 온도가 핵융합 반응이 일어날 수 있을 만큼 상승해야 한다. 그런데 기존 성운의 온도가 높을 경우 기체의 팽창력이 높아 중력 수축하기 어렵고, 저밀도일 경우 중심부의 온도가 충분히 올라갈 만큼의 강한 중력이 일어나지 않는다. 따라서 저온 고밀도의 성운에서 가장 별이 탄생하기 쉽다.

097 (1) M형에서 O형으로 갈수록 별의 광도가 커지므로 에너지를 많이 소모해 별의 수명이 짧아진다. 따라서 M형의 별의 수명이 더 길다.
(2) O형 별은 별의 광도가 커서 수명이 짧기 때문에 생명체가 탄생하고 진화할 시간이 충분하지 않으므로 행성에 생명체가 존재할 가능성이 가장 작다.

098 태양 공전 궤도의 주기 공식은 $T = \frac{2\pi r}{v}$이므로 태양 공전 궤도의 반지름 길이 $r = 3 \times 10^{17}$km과 $\pi = 3$, $v = 300$km/s를 공식에 대입하면 $T = \frac{2\times3\times3\times10^{17}}{300}$초이고,
1년이 3×10^7초이므로 태양의 공전 주기는 $\frac{2\times3\times3\times10^{17}}{300\times3\times10^7} = 2\times10^8$년이다. 태양이 A 위치에서 현재의 위치까지 공전 궤도의 절반을 이동했으므로 이동하는 데 걸린 시간은 10^8년이다.

창의력 Master 243 ~ 249 쪽

099 (1) 이 별은 시간이 지나도 지평선 아래로 사라지지 않고 고도만 조금씩 변하며 계속 눈에 보이는 주극성이다. 따라서 북극성이 있는 북쪽에서 볼 수 있다.
(2) 주극성은 북극성이 있는 자전축을 중심으로 일주 운동을 하는데, 최고 고도와 최저 고도의 사이에 북극성이 있다고 볼 수 있다. 따라서 북극성은 $\frac{52.5^\circ - 22.5^\circ}{2} + 22.5^\circ = 37.5^\circ$의 고도에 위치해 있다.

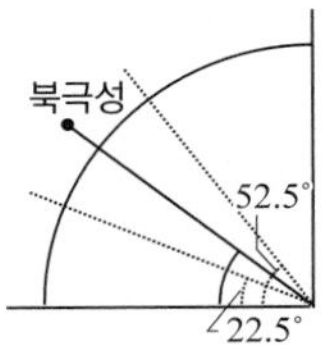

100 (1) 미선이가 본 초승달은  모양인데, 정아는 남반구에 있으므로 모양이 거꾸로 된  이와 같은 모양의 달을 본다.
(2) 초승달은 아침 7~9시 경에 동쪽하늘에서 떠서 저녁 7~9 시 경 서쪽 하늘로 진다. 그러나 태양 빛에 가려 볼 수 없고, 저녁 6시 이후 해가 진 다음 서쪽 하늘에서 6~9시 경 관측이 가능하다.

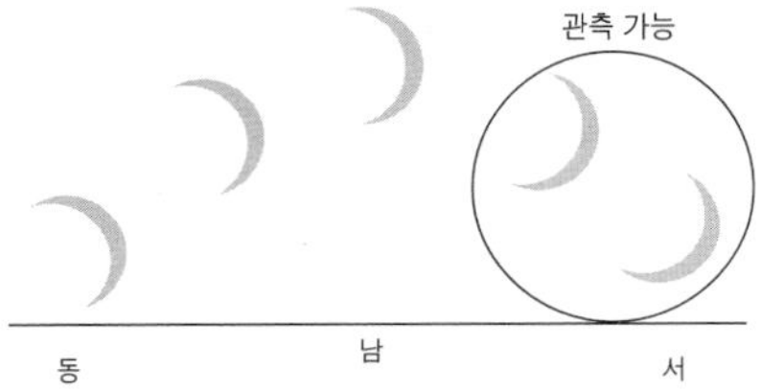

〈우리나라에서 관측한 초승달〉

(3)

(4) 서울과 캘거리에서 관측된 달의 모양과 달 표면 무늬의 위상이 180° 차이가 난다. 우리나라는 북반구에 있고, 호주는 남반구에 있기에 달의 이미지가 거꾸로 보인다.

해설 북반구의 우리나라와 남반구의 호주는 다음과 같이 달을 거꾸로 된 시선으로 관측한다.

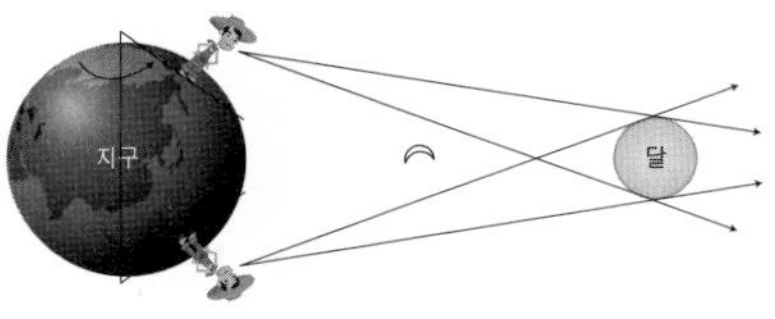

(4) 우리나라와 호주에서 각각 관측되는 달의 모습은 다음 사진과 같다.

우리나라

호주

101 (1) A는 공전 주기가 가장 짧으므로 수성, B는 1년 동안 지는 시간이 한 주기 반복되며 가장 늦게 질 때가 20시 무렵이므로 태양이다. C는 태양보다 2시간 가량 늦게 지거나 일찍 지므로 내행성인 금성이고 D는 자정 무렵에도 관측이 가능한 행성이므로 외행성인 화성이다. 화성은 6월 중순에 자정에 지므로 동구에 위치한다. 따라서 초저녁에 남중한다.
(2) 6월 중순에서 7월로 갈수록 지는 시간이 빨라진다. 화성은 지구보다 공전 속도가 느리므로 위치 관계는 공전 방향과 반대로 변하고, 화성은 동구에서 합으로 이동한다. 따라서 시직경이 점점 작아진다.
(3) 9월에 금성은 태양보다 지는 시각이 늦으므로 태양보다 동쪽에 위치하고 있고, 10월 중순에 태양과 같이 지므로 내합에 가까운 위치에 있다. 따라서 금성의 위상은 초승달 모양이다.
(4) 수성은 지구보다 공전 속도가 빠르므로 지구에서 관측할 때 상대적으로 지구를 앞질러서 공전하게 된다. 10월 중순 이전에 수성은 태양보다 먼저 지다가 10월 중순 이후에는 수성이 태양보다 나중에 지므로 태양의 서쪽에 위치하다가 동쪽에 위치하였다. 따라서 10월 중순에 수성은 외합 부근에 위치한다.

해설 (1) 1월에 태양, 수성, 금성은 18시 경에 지고, 화성은 보이지 않는다. 다음과 같은 배치를 가진다. 수성은 점점 지는 시간이 빨라진다.

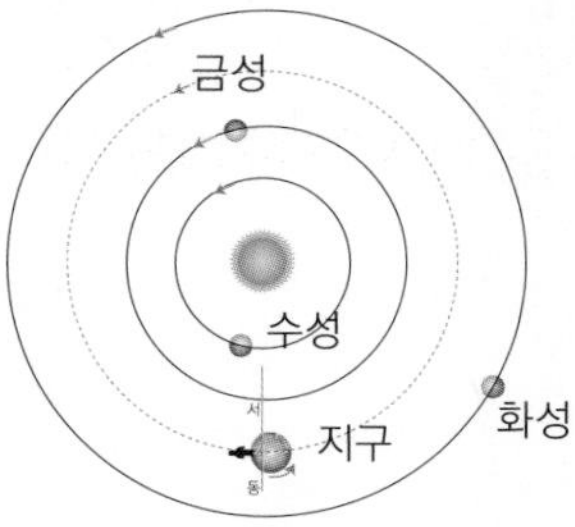

(2) 6월에 지구는 반바퀴 공전하며, 화성은 자정에 진다. 이때 화성은 동구에 위치하며, 태양이 질 무렵 남중한다. 다음의 배치이다.

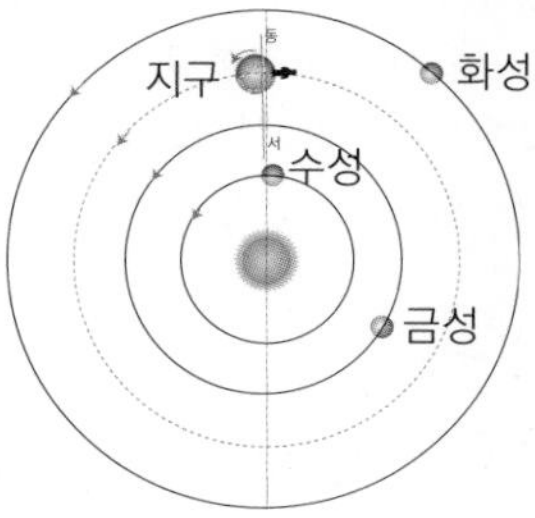

(3) 9월에 금성은 내합을 향해서 공전한다. 태양보다 동쪽에 있으므로 태양보다 지는 시각이 늦다. 따라서 초저녁에 초승달 모양으로 보인다. 다음의 배치이다.

102 (가) 지동설에서는 외행성인 화성의 공전 속도가 지구의 공전 속도보다 느리기 때문에 대부분의 기간 동안 순행하다가 충의 위치를 전후하여 역행하는 운동을 하게 된다.
(나) 천동설에서는 화성이 주전원을 따라 운동하면서 주전원이 지구를 공전하기 때문에 화성이 역행하게 된다.

103 월식 현상은 달이 지구의 그림자에 의해 가려지는 현상이다. 이는 태양 - 지구 - 달의 순으로 일직선으로 배열되는 망일 때 일어나며, 월식이 일어날 때는 달의 왼쪽(동쪽)부터 가려진다. 이러한 월식 현상이 진행될 때 보이는 둥근 그림자를 통해 그 그림자는 지구에 의한 것이므로 지구는 둥근 모양이라고 주장할 수 있었다. 또한 지구가 태양 주위를 돌면서 태양과 달 사이에 들어갈 수 있기 때문에 태양 - 지구 - 달의 순으로 행성들이 배열되어 지구의 그림자에 의해 월식이 일어난다고 주장할 수 있었다.

104 (1) A > 지구 > B
지구에서 5km 깊이에 있는 암석 시료의 밀도는 지각의 밀도(2.5g/cm^3~3.0g/cm^3)와 같다. A는 크기와 총질량은 지구와 동일하지만 내부 구성 물질이 균질하므로 지구의 평균 밀도(5.5g/cm^3)와 비슷할 것이다. B 또한 내부 구성 물질이 균일하나 반지름이 지구의 4배이므로 지구의 밀도보다 64배 작을 것이다. 대기의 밀도는 행성의 밀도에 큰 영향을 주지 않는다.
(2) B > A > 지구
충돌 후 생긴 구덩이가 가장 오랫동안 보존되려면 풍화 침식이 되지 않아야 된다. B는 대기가 없으며 물이 존재하지 않아 풍화 침식에 강하다. 또한 A도 약간의 물만 존재하므로 지구보다 풍화 침식에 강하다.
(3) B > 지구 > A

표면 중력이 작을수록 멀리 던져진다. 질량이 같으나 지구의 반지름이 4배인 B는 표면 중력이 가장 작다. 지구와 A는 중력이 같으나 A는 대기의 밀도가 70배이므로 공기의 저항이 많기에 지구보다 더 적게 날아간다.

105 (1) 천왕성의 공전 주기는 총 84년이다. 1 → 2로 가는 기간은 총 공전 주기의 1/4이므로 21년이다.
(2) 천왕성의 극지방에서 태양을 관측하면 태양주위를 1회 공전하는 1년 중 절반 동안은 태양이 뜨는 낮 기간이고, 나머지 절반 동안은 태양이 뜨지 않는다. 그러므로 태양이 뜨고 지는 것을 기준으로 볼 때, 천왕성의 극지방에서의 1년은 1일과 같다.
(3) 천왕성의 공전 기간 중 반은 낮이고, 반은 밤이므로, 42년은 낮 기간이고, 42년은 밤 기간이다. 만약 천왕성에 남극기지를 세운다면 우주비행사는 아마 태양을 한번도 보지 못한 채 반평생을 보내게 될 수도 있을 것이다.

106 840일

해설 B에 있는 관측자가 동방 최대 이각에서 A를 관측하였으므로, 행성 A는 행성 B보다 안쪽 궤도에서 공전하고 있는 것을 알 수 있다. 따라서 18시에 동방 최대 이각에서 관측한 행성 A는 서쪽 하늘에서 관측된다. 이때 행성 C는 동쪽 지평선 위에 있으므로, B보다 바깥 쪽 궤도에서 공전하고 있으며, 외행성의 충과 같은 위치임을 알 수 있다. 즉, ㉠과 같은 관측 결과를 얻었을 때 행성의 위치는 다음과 같다.

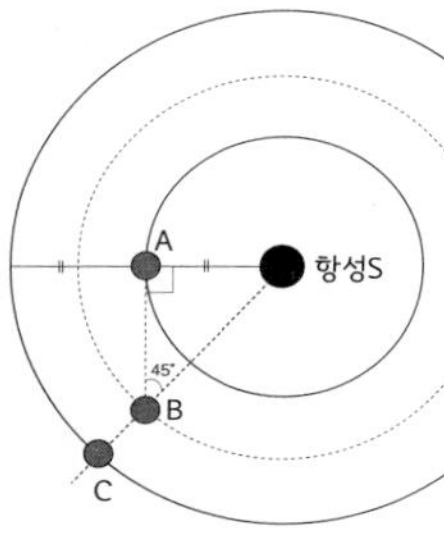

행성 A, B, C의 궤도 반지름이 각각 a_A, a_B, a_C 이고, 공전 주기가 각각 P_A, P_B, P_C 일 때, 케플러 제3법칙에 의해 다음과 같은 식이 성립한다.

$$\frac{a_A^3}{P_A^2} = \frac{a_B^3}{P_B^2} = \frac{a_C^3}{P_C^2}$$

또한 항성 S와 행성 A, C 사이의 거리 비는 1 : 2 이므로, $2a_A = a_C$ 이다. a_B = 1AU, P_B = 360일이다.
내행성 A 의 공전 주기가 P_A, 행성 B의 공전 주기 E = P_B = 360일, 회합 주기가 S_A = 600일(㉡으로 부터 600일이 지난 후 같은 위치에서 관측되었기 때문에 내합에서 내합까지 600일이 걸렸음을 알 수 있다.) 일 때 다음과 같은 공식이 성립한다.

$$\frac{1}{S_A} = \frac{1}{P_A} - \frac{1}{P_B} \rightarrow \frac{1}{P_A} = \frac{1}{600} + \frac{1}{360}$$

$$\therefore P_A = \frac{3600}{16} = 225(\text{일})$$

$$\frac{a_A^3}{225^2} = \frac{1^3}{360^2} = \frac{(2a_A)^3}{P_C^2}$$

$$\rightarrow a_A^3 = \frac{225^2}{360^2},\ P_C^2 = (2a_A)^3 \times 360^2 = 8a_A^3 \times 360^2$$

$$\therefore P_C^2 = 8\left(\frac{225^2}{360^2}\right) \times 360^2 = (2\sqrt{2})^2 \times (15^2)^2$$

$P_C = 225 \times 2\sqrt{2} ≒ 630(\text{일})$

따라서 행성 B에 사는 사람이 행성 C를 같은 시간, 같은 위치에서 관측하기 위해서 회합 주기만큼의 시간이 흘러야 한다.

$$\frac{1}{S_B} = \frac{1}{P_B} - \frac{1}{P_C} \rightarrow S_B = \frac{P_B P_C}{P_C - P_B}$$

$$\therefore S_B = \frac{360 \times 630}{630 - 360} = 840(\text{일})$$

107 (1) 순행은 서 → 동이고, 역행은 동 → 서이다. 따라서 역행 구간은 B → C → D이다.
(2) 화성은 충의 위치에서 역행이 일어난다. 따라서 그림 (가)의 C는 충이므로, 그림 (나)에서 충의 위치인 ㄱ이다. 화성이 충에 위치할 때, 자정에 남중한다.
(3) 역행이 나타나는 이유는 행성들의 공전 속도가 각각 다르기 때문이다. 외행성은 지구보다 바깥쪽 궤도에서 지구보다 느리게 공전하기 때문에 역행이 일어난다.

108 A, B 지점에서 관찰한 달과 지구의 위치는 다음과 같다.

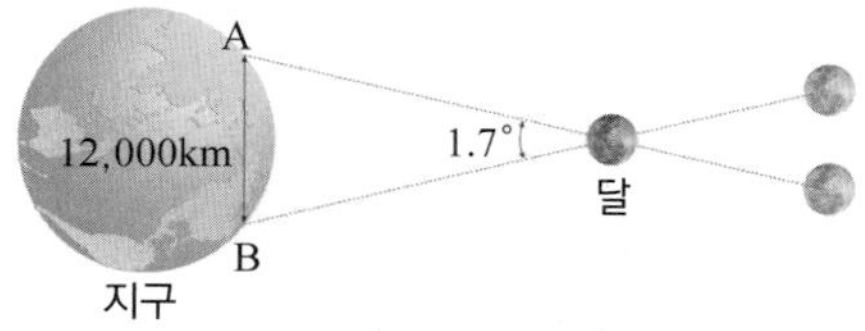

달의 시차는 0.3° + (2 − 0.6)° = 1.7° 이고, 원의 반지름과 원호의 길이가 같은 각도는 57° 이므로 달까지의 거리 r 은 다음 식을 만족한다.

57° : (원호길이 = r) = 1.7° : 12,000

$$\therefore r = \frac{57 \times 12{,}000}{1.7} = 402{,}352.941\cdots$$
$$≒ 402{,}353(\text{km})$$

기출 Check 250 ~ 257 쪽

109 (1) 2월 17일 , 이유 : 2월 17일은 그믐달이므로 해 뜨기 직전에 동쪽 하늘에서 잠깐동안 관측된다.
(2) (2) 금성 - B, 달 ㉠

해설 (2) 19시는 초저녁이다. 이때 서쪽 지평선 아래 태양이 있으며, 금성과 달은 태양보다 더 동쪽에 있다. 그림 (나)의 지구에서 태양 방향이 서쪽 지평선이라고 하면 이때 지평선 위에서 볼 수 있는 금성과 달의 위치는 A, B, ㉠, ㉡ 이다. 남쪽 하늘에서 행성이나 달을 관측한다고 할 때, 오른쪽이 서쪽, 왼쪽이 동쪽이 된다. 달의 위상이 초승달이므로 달의 위치는 ㉠이다. 지구에서 볼 때 금성이 달보다 태양으로부터 왼쪽으로 더 멀리 있어야 한다. 오른쪽으로 달이 진 후 금성이 진다. 금성의 위치는 B이다.

110 (1) E → B → A → C → D
(2) C → E → A → B → D
(3) 개기 월식이 일어났을 때. 이유 : 붉은 빛은 파장이 길어 굴절및 회절이 잘 되므로, 달이 지구의 본그림자 속으로 완전히 들어갔을 때에도 붉은 빛만 굴절되어 달을 비추기 때문이다.

해설 (1) (가) 지역에서 태양과 달을 바라볼 때 서→동 방향(남쪽을 봤을 때 오른쪽→왼쪽)의 달의 공전 속력이 더 빠르므로 달이 태양의 오른쪽에 달이 도달하여 점차 태양을 가리게 되고, 태양의 오른쪽에서부터 태양이 사라지고, 다시 나타나게 된다.

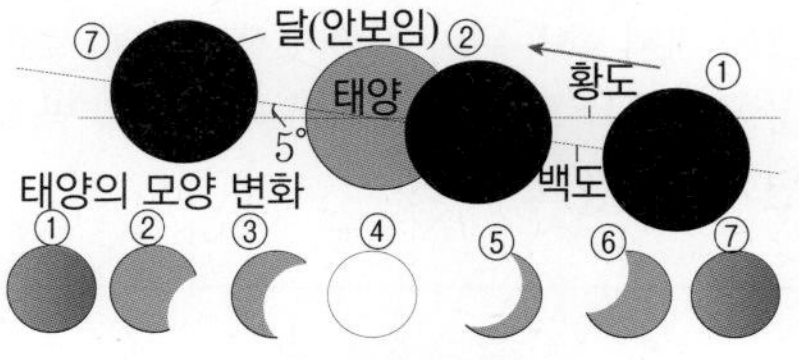

▲ 일식의 진행 과정

(2) (나) 지역에서 달을 바라볼 경우 달이 서→동(남쪽을 봤을 때 오른쪽→왼쪽)으로 공전하여 지구의 그림자 속으로 들어가는 것이므로, 달의 왼쪽부터 가려지기 시작하며, 빠져 나올 때에는 달의 오른쪽 부분부터 보이기 시작한다.

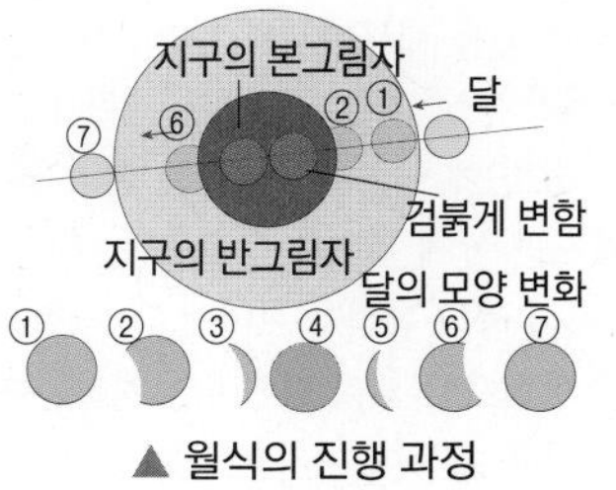

▲ 월식의 진행 과정

(3) 달이 지구의 본그림자 속으로 완전히 들어가면 붉은 빛만 달을 비춰 붉은 달(블러드 문)의 모습으로 보인다.

111 (1) 하지날 태양의 남중고도(h)는 90°-그 지방의 위도(φ) + 23.5°로 구할 수 있다. 각각의 위도로 h를 계산하면 A 지역 남중고도 83.5° B 지역 78.5° C지역 73.5°로, 하지날 태양의 고도가 가장 높은 곳은 A이다.
(2) 여름철 낮의 길이가 가장 긴 곳은 태양의 고도가 가장 높은 곳으로 A이다. 태양이 천구를 지나가는 속도는 일정하기 때문에 태양의 고도가 높은 곳에서 태양이 지나가는 길이도 길어진다.
(3) 해가 가장 먼저 뜨는 곳은 동경 값이 클수록 먼저 뜬다. 경도는 영국의 그리니치 천문대를 기준으로 하는데, 그리니치 천문대에서 1°씩 동쪽으로 갈수록 해가 뜨는 시간은 4분 빨라지게 된다. 따라서 A에서 해가 가장 먼저 뜬다.

112 (1) 태양과 가까운 행성일수록 공전주기가 짧게 나타나므로 공전 주기와 상관 관계가 가장 밀접한 특성은 태양까지 거리이다.
(2) 행성들이 공전 궤도를 유지할 수 있는 것은 태양이 잡아당기는 만유인력과 행성들이 도는 원심력이 평형을 이루고 있기 때문이다. 그런데 만약 행성들이 공전을 하지 않는다면 원심력이 사라져 태양의 인력만이 존재하게 되므로 행성들은 모두 태양 쪽으로 끌려가서 태양과 충돌하게 된다.

113 (1) 태양의 고도가 가장 높은 A 지점은 하지, 태양의 고도가 가장 낮은 B 지점은 동지 때의 태양의 위치이다. 약 23.5° 기울어진 지구 자전축 때문에 태양의 고도가 바뀌는 것이므로 A와 B의 고도 차이는 47°이다.
(2) 지구는 타원 궤도를 따라 태양을 공전하는데, 지구가 태양에 가장 가까이 접근하는 근일점(겨울)에서는 공전 속도가 가장 빠르고 태양에서 가장 멀어지는 원일점(여름)에서는 공전 속도가 가장 느리다. 이로 인해 지구의 공전 속도는 동지에 가장 빨라지고 하지에 가장 느려짐으로써 일정한 시각에 관측한 태양의 위치가 달라지게 된다. 또한 지구는 공전 구도면에 비해 약 23.5° 기울어져 있는데, 이것 때문에 북반구를 기준으로 여름에는 자전축이 태양 쪽으로 기울면서 태양의 고도가 높아지고, 반대로 겨울에는 자전축이 태양에서 멀어지면서 태양의 고도가 낮아지는 변화가 생긴다.

114 화성의 위치는 태양과 정반대에 위치해 있는 충에 해당한다(달인 경우 망의 위치). 화성이 충에 있을 때 초저녁 6시에 동쪽 하늘에서 뜨고, 12시에 남쪽 하늘에 남중, 새벽 6시에 서쪽 하늘에서 지므로 9시에 화성은 남동쪽 하늘에 위치한다.

115 (1) 별 A까지의 거리 = $\frac{1}{0.1}$ = 10(pc)
거리가 10(pc)이므로 절대 등급 = 겉보기 등급 = 1등급이다.
(2) 별 B까지의 거리 = $\frac{1}{0.01}$ = 100(pc)
(3) 거리가 $\frac{1}{10}$이 되므로 밝기는 100배 밝아진다.
(4) 절대 등급은 모든 별을 10pc거리에 두었을 때의 등급이다. 등급이 5등급 작아지면 밝기는 100배가 된다. 따라서 겉보기 등급이 5등급인 별 B는 10pc에 가져왔을 때 밝기가 100배가 되었으므로 절대 등급은 겉보기 등급에 비해 5등급 낮아져서 절대 등급은 0등급이 된다.

116 (1)

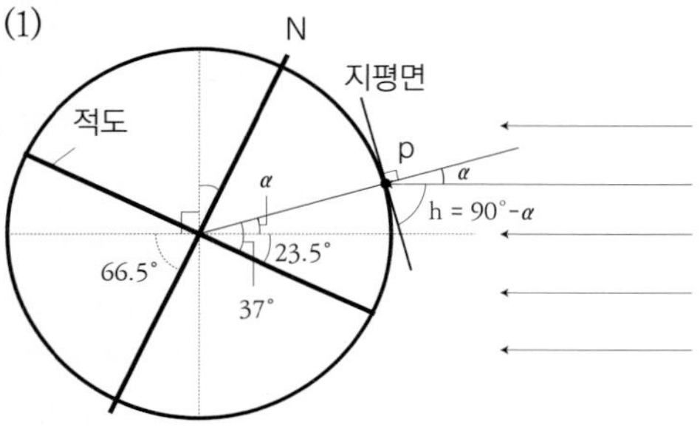

이날 태양 고도가 가장 높은 12시경에 그림과 같이 태양 광선이 지평면을 비추게 되므로 이때 각 h가 남중고도이다. h = 90°-α이고, α = 37-23.5 = 13.5°이므로 h = 90°-13.5°= 76.5°이다.
(2)

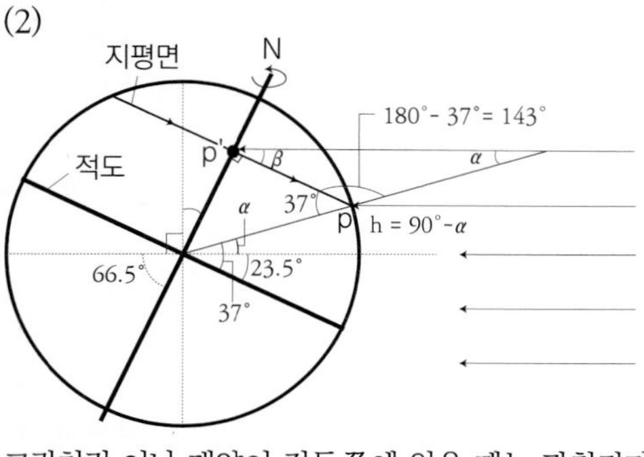

그림처럼 이날 태양이 정동쪽에 있을 때는 관찰자가 p'에 있을 때이다. 지구가 자전하면서 관찰자는 p' → p 로 이동하게 된다. 태양의 고도는 이후에 점점 커지게 된다. 태양이 정동쪽이므로 각 지점은 모두 한 평면에 있다고 할 수 있으므로, p'일 때 태양의 고도는 각 β가 된다. β = 180°-143°-α이고, α = 37-23.5 = 13.5°이므로 β = 23.5°이다.
관찰자의 표면 속도로 인해 해가 뜰 때는 태양의 고도가 천천히 상승하다가 시간이 지나면서 상승속도가 증가하고, 정오에 남중고도인 76.5°가 되었다가 오후에 하강하여 태양이 정서쪽에 있을 때 다시 23.5°가 된다.

117 (1) 태양과 가까이에 있는 내행성은 초저녁과 새벽에만 관측되고 밤 10시에 관측될 수 없다. 따라서 수성, 금성은 별 A가 될 수 없다.
(2) 겉보기 등급을 알고 있는 별과 겉보기 밝기를 비교하여 별 A의 겉보기 등급을 추정할 수 있다. 사진을 통해 별 F의 겉보기 등급은 6등성(6등급)이라는 것을 알 수 있고, 사진 필름에서 별 A의 반지름은 0.4mm, 별 F의 반지름은 2.5배인 1mm이고 면적은 2.5^2 배이다. 별의 면적과 밝기는 비례한다고 주어졌으므로 별 F는 별 A보다 2.5^2 배 더 밝아 2등급 차이가 난다. 따라서 별 A는 별 F보다 2등급 큰 8등급이다.
(3) 별의 등급이 작을수록 밝고, 겉보기 등급과 절대 등급의 차인 거리 지수(겉보기 등급 - 절대 등급)가 작을수록 별이 지구와 가까이 있다.
별 B의 거리 지수는 5.9, 별 C의 거리 지수는 4.9, 별 D의 거리 지수는 6.0, 별 E의 거리 지수는 5.0이므로 가장 가까운 별은 거리 지수가 가장 작은 C이다. 6개월 후에는 지구가 공전 궤도의 반대쪽에 위치하게 되므로 연주 시차로 인해 멀리 있는 배경별에 대해 별의 위치 변화가 생기는데, 별이 가까운 곳에 있을수록 연주 시차가 커지므로 별 C의 위치 변화가 가장 크다.

118 (1) 원의 반지름이 더 커진다.
(2) 타원 모양이 된다.
(3) 0.1″

해설 (1), (2) 연주 운동 때문에 나타나는 멀리 있는 배경별에서의 별의 궤적은 지구에서의 방향에 따라 달라진다. 별이 지구 공전면에 수직한 방향(황극 방향)에 놓여 있을 때는 별의 궤적이 원운동으로 나타나고, 공전 궤도면 상에 위치해 있을 때는 직선 운동, 그 사이에 위치한 별들은 타원 운동의 궤적을 보이게 된다. 현재 황극 방향의 별 A가 윗(또는 아랫) 방향으로 멀리 떨어지면 궤적은 타원이 된다. 별이 가까이 있을 수록 시차 운동이 커지므로 별 A가 지구에 가까워지면 원(타원)의 반지름 또는 직선 운동의 폭이 더 커지는 운동을 한다.
(3) 겉보기 등급이 절대 등급과 같다면 별까지의 거리는 10 pc이므로 p(연주 시차) = $\frac{1}{10}$ = 0.1"이다.

119 (1) 3a
(2) 20,000 km/s

해설 (1) 은하의 후퇴속도와 거리는 비례하므로 은하 E와 우리 은하 사이의 거리가 a라면 우리은하와 은하 B 사이의 거리는 2a이다. 따라서 은하 E와 은하 B 사이의 거리는 3a가 된다.
(2) 은하 A에서 관측했을 때 우리은하는 15000 km/s로 멀어진다. 그런데 우주탐사선은 5000km/s로 멀어지므로 우리은하에서 관측하면 우주탐사선은 은하 A 방향으로 10,000km/s로 멀어진다. 은하 C에서 관측하였을 때 우리 은하는 10,000km/s로 멀어지므로 우주탐사선은 20,000km/s로 은하 A 방향으로 멀어진다.

주제 탐구 및 논술 258 ~ 261 쪽

Q1 〈예시 답안〉 ① 지구에 더 이상 생명체가 살기 어려워질 경우를 대비하여 인류의 새로운 터전을 찾는 것이 필요할 것이다.
② 생명체가 존재하는 외계 행성이 지구보다 나이가 적은 행성일 경우 우주의 기원이나 생명의 기원을 밝히는데 도움이 될 것이다.

Q2 〈예시 답안〉 케플러 452b에 도달하기 위해서는 빛의 속도로 1,400년 동안 이동해야 하므로 현실적으로 갈 수가 없는 거리이다. 반면에 화성의 경우 지구와 가장 가까이 있을 때의 거리가 약 7,800만 km로 유인 우주선으로 약 18개월이면 도달할 수 있다고 한다. 따라서 만약 이주를 계획한다면 도달 가능한 거리에 있으므로 가장 현실적인 대안으로 화성 이주를 꼽는 것이다.

Q3 연주 시차가 1"(초)일 때의 거리를 1pc(파섹)이라고 한다. 별이 매우 멀리 떨어져 있을 경우 연주 시차가 아주 작아 관측하기 어렵다, 또한 지구 대기의 산란 효과 등으로 인한 오차 때문에 미세한 연주 시차는 더더욱 관측하기가 어렵다. 따라서 100pc 이상 멀리 떨어진 별은 연주 시차를 이용한 거리를 측정하기가 어렵다.

해설 세페이드 변광성은 1 ~ 50 일을 주기로 밝기가 변하는데 주기에 따라서 밝기가 어느 정도인지 주기 - 광도의 상관 관계가 잘 알려져 있다. 즉, 거리를 알 수 없는 은하나 구상 성단을 관측했을 때 그 곳에 있는 세페이드 변광성을 발견하여 주기를 측정하면 절대 밝기(절대 등급)를 알 수 있고, 이를 겉보기 등급과 비교하면 거리를 추정할 수 있는 것이다.

http://cafe.naver.com/creativeini

창/의/력/과/학

세페이드

시리즈(1F~5F)

1. 파이널 대비
2. 주요 이론 요약
3. 실생활 관련 질문
4. 창의력 파이널 문제
5. 기출문제 퍼레이드
6. 주제탐구 및 논술